U0247501

电声技术译丛 
AAP Audio Amateur Press

扬声器系统
设计手册（第7版修订）

[美] Vance Dickason 著 王经源 于长亮 译 王以真 审

LOUDSPEAKER Design Cookbook 7th edition

人民邮电出版社
北京

图书在版编目（CIP）数据

扬声器系统设计手册 : 第7版 / (美) 迪卡森(Dickason,V.) 著 ; 王经源, 于长亮译. -- 修订本. -- 北京 : 人民邮电出版社, 2014.7（2024.4重印）
（电声技术译丛）
ISBN 978-7-115-35880-6

Ⅰ. ①扬… Ⅱ. ①迪… ②王… ③于… Ⅲ. ①扬声器系统－设计－手册 Ⅳ. ①TN643.02-62

中国版本图书馆CIP数据核字(2014)第127143号

版权声明

Loudspeaker Design Cookbook,7th Edition by Vance Dickason, ISBN 1-882580-47-8

Copyright © 2009 by Audio Amateur Incorporated, Peterborough NH 03458-0876 USA.

All rights reserved. No part of this work may be reproduced in any form except by written permission of the publisher.

Simplified Chinese translation edition jointly published by Audio Amateur Incorporated and POSTS & TELECOM PRESS.

本书简体中文版由 Audio Amateur 公司授权人民邮电出版社出版发行。未经出版者书面许可，不得以任何形式复制或抄袭本书的任何部分。

版权所有，侵权必究。

◆ 著　　[美] Vance Dickason
译　　王经源　于长亮
责任编辑　房　桦
责任印制　周昇亮

◆ 人民邮电出版社出版发行　　北京市丰台区成寿寺路 11 号
邮编　100164　　电子邮件　315@ptpress.com.cn
网址　http://www.ptpress.com.cn
北京捷迅佳彩印刷有限公司印刷

◆ 开本：800×1000　1/16
印张：31　　2014 年 7 月第 2 版
字数：630 千字　　2024 年 4 月北京第 21 次印刷
著作权合同登记号　图字：01-2010-2140 号

定价：120.00 元

读者服务热线：(010)81055493　印装质量热线：(010)81055316
反盗版热线：(010)81055315
广告经营许可证：京东市监广登字 20170147 号

内 容 提 要

《扬声器系统设计手册（第7版修订）》是对国外扬声器系统设计最新技术的一个概括。全书紧密围绕高性能扬声器系统设计，结合大量图表深入浅出地介绍了扬声器的基本特性、密闭式、倒相式和传输线式扬声器箱的原理与设计要点、扬声器箱结构与障板效应，以及被动和主动式分频网络的设计。书中特别介绍了最新的扬声器及扬声器系统测量技术与软件工具，以及扬声器系统和声重放环境的计算机辅助模拟设计软件与技术，并将这些最新技术的应用贯穿全书。最后还介绍了家庭影院和汽车音响的扬声器设计以及两个扬声器系统的设计制作实例。

本书适合扬声器系统设计制造行业的技术人员、相关专业研究人员、大专院校师生及具备电声基础知识的音响爱好者阅读。

谨将此书献给我挚爱的家人，

我亲爱的母亲和逝去的父亲，

我的姐妹 Jeanne 和兄弟 Steve，

我的孩子 Jason 和 Jennifer，

我的孙儿、孙女 Jackson 和 Belle，

以及他们的父亲 Arch，

并深刻铭记

生命之中真正重要的两件事

唯有爱以及对知识的追求

作者简介

Vance Dikason 是美国扬声器设计师、电声专业作家，同时为众多扬声器厂商提供咨询服务。他是《Voice Coil》杂志的编辑，《Speaker Builder》杂志的特约编辑，他曾担任 1992 年和 1994 年 AES 测试与测量分会主席。他于 1978 年开始出版的《Loudspeaker Cookbook》目前已出到第 7 版，并以英语、德语、法语、荷兰语、意大利语和葡萄牙语等多种语言出版，同时还出版了扬声器计算机辅助系统设计教程《Loudspeaker Recipes》，在电声专业人员和爱好者群体中受到广泛好评。

第 7 版前言

《扬声器系统设计手册》最早出版于 1977 年，到今年（2005 年）已经整整 28 年了。每一版本的推出都伴随着一些不同以往的扬声器领域最新技术的增加。有几个版本直接包含了当时最新的扬声器软件的设计结果，这些结果除了通过计算机模拟得来之外，很难有其他办法可以得到。比如第 4 版的出现在很大程度上依赖于 LinearX LEAP 4.0 软件的推出，而第 6 版的推出则以使用 *Red Rock Acoustics* 的 *SpeaD* 程序来进行转换模拟为主要特色。本次推出的第 7 版则主要扩展了对 LEAP 5.0 和 Wolfgang Klippel 博士的 Klippel 失真分析仪的使用内容。

《扬声器系统设计手册》距离上一个版本的发行已经过去了 5 年时间，和以前推出的新版本一样，这次的第 7 版也增加了大量的新内容。以参考文献和图表为例，第 6 版比第 5 版增加了参考文献 83 项和图表 214 项，而第 7 版依据传统新增加了 42 项参考文献和 341 项图表。这些图表会更加方便地帮助你理解 LEAP 5.0 里面出现的那些指向性图。

虽然总体上来说，《扬声器系统设计手册》是对现存扬声器系统设计技术的一个概括。但是每一版本都会有一些自己独有的东西在里面，而这种独有在第 7 版里达到了极致。在第 5 章和第 6 章里对声波衍射的阐述、对箱体形状的意义和单元在面板上的安放位置做出了解答。然而，所有此类信息都可以通过单点传声器测量然后经计算机模拟得到，而这些模拟可以对你的实际测量结果有非常好的参考价值。但是即使这样，还是会存在一个问题，声波的衍射和反射到底会对一个扬声器的主观听感存在哪方面的影响呢？由于我在任何一本书上都找不到解答，所以我在第 6 章里对扬声器系统设计中不同的衍射/反射现象对听感的影响做了一个主观评价研究，虽然结果并不是非常出人意料，但是起码很有趣而且有借鉴意义。

本版的第二个独有的原创部分是以一种较为易懂的方式对低频单元的线性进行了研究，在 Red Rock Acoustics 的总裁 Pat Turnmire 先生的协助下，我们制作了 11 只 10 英寸的低频单元，从极端的非线性设计开始，然后逐步对每个单元设计逐一进行各方面的改良，直到最后的单元具备大多数高性能换能器所必需的附加特性。在这个过程中，每个单元通过 Klippel 的 DA-2 失真分析仪进行测试，来揭示每一次运算变化的结果，同时还研究了导磁柱气孔尺寸的热学特性。

最后一部分新添原创内容是关于扬声器系统的调声。这个术语经常被扬声器系统生产商使用。第 7 章里这个新增部分将给予读者一个可靠的方案，对任何新设计做最后的主观调整。

《扬声器系统设计手册》的每一次改版写作对我而言都是一次有意义和值得高兴的过程，所以我真心地希望你们喜欢这本书，尽可能地通过这本书去实践，就像我尽我最大努力去写和研究这本书一样。

Vance Dickason

2005.8

丛　书　序

人民邮电出版社策划、组织出版一套《电声技术译丛》。第一批有 4 本译作，以后将推出更多译作。这是一件为中国电声界造福的好事。

中国已是一个电声大国，正在向电声强国迈进。我们坚持科学发展观，提升创新能力，这里要做很多工作，付出很多努力。其中最重要的一条，要赶上世界电声最高技术水平，就要将世界电声的理论与技术学到手，弄清各国电声发展的优势与软肋。高屋建瓴、兼收并蓄、海纳百川、融会贯通、吸取精华，结合中国实际，就会有所进步、有所突破、有所创新，最终成就中国电声强国伟业。

改革开放 30 多年以来，我们看到了世界各国最优秀的电声产品、制造设备、测试仪器和手段、标准与新理念……外国产品走进来，中国人走出去。我们打开了眼界、开拓了思路，使我们的硬实力产生了跳跃式的发展。但是我们的软实力还不够强，我们对电声理论研究的投入很少，成果就更少，我们除了解读外人的发明、专利、创新外，自己独特的内容很少，对测试设备、设计软件我们仅是使用者，我们只在国外优质电声产品面前徘徊，还有人对外国产品盲目崇拜……

追赶世界电声技术先进水平，扩充提高中国电声的软实力，这一光荣而艰巨的任务，落在中国电声技术人员及相关人员的肩上。

一名优秀的电声技术人员，应该是一个学习型的人才。对电声新技术、新发展要时刻关注，充满好奇心与求知欲，使自己的能力与时俱进，使你技术水平的提高速度高于产品的发展速度。这需要决心、耐心与热心，要有责任感与使命感。

希望这套《电声技术译丛》能在提高中国电声软实力方面起到一定作用。国外电声方面出版的书籍本来不多，国内技术人员也不大容易见到，而翻译出版的书更是凤毛麟角。这套《电声技术译丛》也许在内容上不能完全满足各方面要求。欢迎读者提出宝贵意见。

古人讲“多见者博、多闻者智”。这也是本丛书策划者、出版者、译者的希望。

王以真

译 者 序

20 世纪 80 年代至 90 年代，人民邮电出版社曾经出版过几本扬声器系统设计制作的书籍，在国内音箱制作爱好者中广受欢迎，促进了当时国内音箱业余设计制作热潮的出现和迅猛发展，这一热潮又进一步推动了国内扬声器制造业的发展。一些企业抓住了这个机遇，成长为国际知名的扬声器制造商。21 世纪以来，计算机辅助工程（Computer Aided Engineering，CAE）技术的飞速发展对很多行业和领域都有着深刻的影响，同时也推动了电声科技的进步，在扬声器、扬声器系统的设计以及制造方面出现了很多创新性的理论思维和技术方法。这些新的思维和工具不仅仅影响着扬声器相关的电声科技的理论研究和生产应用，也促进了音箱业余设计制作水平的提高。

近年来，国内一些相关企业已经开始在设计开发和生产管理中采用 LMS、LEAP、CLIO、MLSSA 等软件工具。在爱好者之中，一些先行者也开始学习研究这些软件，并将之应用于扬声器系统的业余设计制作。中国音响 DIY 论坛（bbs.hifidiy.net）在 2004 年成立之初便开始介绍这些新的知识和理念，并推出“音箱测量套件”用于配合 LSPCAD 之 JUSTMLS、LSPLAB 等软件进行扬声器系统的电声测量，此后更致力于推广基于电声测量的扬声器系统设计新理念，促进国内爱好者设计制作水平的提高。但在国内，扬声器系统设计技术仍然常常有意无意地被赋予种种神秘色彩，而这些扬声器系统设计相关新技术及其应用研究的介绍仅散见于一些专业期刊，尚未见到反映这些新成果相关知识的书籍出现。爱好者迫切需要一本系统介绍相关知识的参考书，以清除在学习和应用这些新理念以及软件工具过程中存在的障碍。因此，当我们获悉邮电出版社计划出版一些扬声器系统设计制作方面的译作时，便欣然接受了任务，于长亮先生更在众多同类外文著作中选择并推荐了这一本《扬声器系统设计手册（Loudspeaker Design Cookbook）》，因为它正好是近年来国外扬声器系统设计新技术的体现与概括，相信这本书对国内的爱好者和相关领域从业人员都会具有很好的参考价值。

本书的作者 Vance Dickason 先生是一位资深扬声器设计师，他在 1974 年成立了 SRA 公司（Speaker Research Associates），开始了扬声器专家职业生涯，1978 年在 CES 展出了他设计的 High-end 音箱产品，近年来还为多个扬声器厂商提供咨询服务。此外，他还是个杰出的电声专业作家，1986 年加入 Audio Amateur 公司，成为扬声器专业杂志《Voice Coil（音圈）》的编辑，同时他还是《Speaker Builder》杂志的特约编辑。本书《Loudspeaker Design Cookbook》最初出版于 1977 年，此后一再修订再版，并被翻译成德语、法语、荷兰语、意大利语和葡萄牙语等多国文字，受到了爱好者和众多专业扬声器工程师的欢迎，得到广泛的好评，甚至被誉为扬声器行业的“圣经”（the Loudspeaker Industry “Bible”）。我们在翻译的过程中也深刻地体会到，这并不仅仅是一本以爱好者为对象的普及读物。这本书与其他以爱好者为对象的读物最大的差别是，书中引用了大量的科技文献，完全是当今世界扬声器电声学研究现状的一个缩影，同时行文措辞大多相当严谨，颇有专业性。相信不仅可以为爱好者提供较全面的学习材料，对于国内的扬声器行业专业人士也是一份很好的参考资料。

本书共有 13 章，其主要内容大致可以分为 7 个部分。第一部分主要介绍了扬声器单元的工作原理。在这一部分中，除了介绍磁路结构、振动系统结构等扬声器主要结构与扬声器声学表现的关系之外，作者还以不同用途扬声器单元为例，详细介绍了应用软件工具设计高品质锥盆扬声器的所需考虑的各种参数以及详细的设计过程。对于爱好者来说，虽然通常不会专门为自己设计一个专用的扬声器单元，但熟悉这些知识，特别是其中关于扬声器的线性冲程、磁路结构与失真的关系、各种参数的设计取舍、单元的热工性能等方面的知识，对于在扬声器系统设计工作中设计目标的明确以及合适单元的选择来说将是非常重要的。

第二部分包括本书的第 1 章至第 4 章，系统介绍了密闭式、开口式、被动辐射式等几种常见低频箱体结构类型的设计知识；也介绍了这些基本箱体类型的许多派生类型，如推挽结构、复合结构、低音电子辅助增强、带通结构、阻力式倒相管、声杠杆等在以往同类读物中难得一见的箱体结构知识；同时介绍了关于箱体阻尼物填充分析、倒相管动力学分析等知识。

第三部分则包含了箱体形状以及单元位置和障板衍射对箱系统响应特性的影响及其主观评价等。这个部分介绍了扬声器箱设计制作方面大量的新知识。与以往出版的同类读物不同的是，本书不仅详细地介绍了基于扬声器单元参数和设计表格的箱体设计方法，还采用计算机辅助设计软件，提供大量的图表实例，对各种不同具体情况以及调节方法对箱体系统最终声学特性的实际影响进行分析，开始真正地从实际频率响应、瞬态响应、动态要求等扬声器系统的最终电声学特性来考察设计的结果。虽然作者在本书中没有进一步介绍计算辅助设计软件在箱体设计中的直接应用，仍然以介绍表格设计方法为主，但是书中所提供的这些知识都是爱好者们日后学习使用软件工具辅助设计箱体的必要基础，相信爱好者们具备了这些基础知识之后，那些 CAD 软件也就不难用好了。

第四个部分对扬声器系统的分频网络设计原理及具体方法进行介绍。在以往的中文出版物中往往只介绍各种分频网络的电路形式、元件取值和它们的理想衰减特性，而未能给出结合扬声器单元的阻抗特性、单元自身的响应特性以及装箱后各单元声中心的空间偏移等具体情况进行分析的思考和方法。爱好者们在分频网络设计中如果照搬这些电路形式以及它们的计算公式，其结果只能是事与愿违，得不到设计时所要达到的结果，而且又缺乏必要的测量方法对结果进行检测，也就很难对设计偏差进行分析和调整。所以分频设计对于爱好者，甚至许多专业厂商来说都是非常困难的工作，不可避免地带有许多神秘主义色彩。这种神秘主义的影响相当深厚，以至于作者也时常借用“秘诀”、“巫术”、“魔法”之类的词汇。本书在详细介绍这些原理和公式的基础上，明确指出了这些分频设计公式在应用中的局限性，并给出调声方法以及其他必要的分频器设计制作知识，如电容、电感元件的选择等，对爱好者的设计制作有重要的指导意义。在这里我们还需特别指出，可能是作者将相关内容安排为另一本书《Loudspeaker Recipes（扬声器秘诀）》的主要内容的缘故，在本书中没有详细介绍 CAD 工具在分频器设计中的具体应用，这是本书最让人遗憾之处。而学会应用这些分频器 CAD 软件对分频器设计工作来说，所能带来的便利远远不是事半功倍这个成语所能形容的。如同我们这几年来所强调的，在这里也再次强烈建议爱好者在阅读本书的基础上，掌握必要的电声测量技术，进一步学习一些分频器 CAD 软件的使用方法，并将之实际应用于扬声器系统设计。

第五部分是关于扬声器测量技术以及扬声器相关 CAD 软件的介绍。以前，对于爱好者来说，测量扬声器的阻抗特性也许并不困难，但普遍缺乏必要的知识和条件对 T/S 参数、频率响应等其他更重要的基本参数进行测量，更不用说进行指向性、失真谱、阶跃响应、后沿累积谱等其他电声参数的测量。也可能是由于这个原因，虽然我们一直在倡导，但国内仍未普遍认识到从电声测量到计算机辅助设计再到电声测量检验的设计策略的优点，爱好者们往往或是迷失在对箱体和分频器等的理想特性的公式描述之中，无法在设计制作的实践中真正将之实现；或是对这些描述完全失去信心而放弃科学方法的指导，转而求之于各种神秘经验。因此，本书这一部分的内容虽然篇幅不长，却是重要的内容之一，值得认真研读，并通过实际操作熟练掌握一些测量方法和必要的软件工具。与前一部分相似，本书对测量技术的介绍更注重于基本方法的原理和过程，而手工进行这些测量可能显得有点烦琐，如果可以结合一些软件分析仪进行这些工作，则是相当容易的事。另外，人民邮电出版社这一丛书中还包括了一本 D'Appolite 博士写的扬声器测试专著，值得感兴趣的朋友进一步深入阅读。

此外，本书的第 10 章和 11 章还分别介绍了家庭影院和汽车音响扬声器的设计，内容比较全面，感兴趣的爱好者可以从中得到很多必要的知识。最后一章给出两个扬声器系统的设计制作实例，可供爱好者模仿、参考。

从以上这些粗略的介绍中不难看出，此书确实值得爱好者们认真研读，也值得扬声器从业人员参考。希望此书中文版的出版，也能像人民邮电出版社当年出版的那些书籍一样，不仅可以提高爱好者们的扬声器系统设计制作水平，还能再次对国内扬声器行业的发展发挥一定的作用，那将是对我们这些微不足道的努力的最高奖赏。

由于这是一本专业性颇强的书，在本书的翻译过程中，虽然我们也努力使译文更通俗易懂，但为了准确地传递原文的信息，我们有时避免过多的意译，并且由于我们电声知识以及语言能力等方面的水平有限，最后的文字读起来可能并不会很轻松，在这里向读者表示歉意。我们在翻译中对原文的个别错误做了一些修订，同时也给出原文的内容或含义，供读者参考，而翻译中一定还会出现更多的错误，恳请读者不吝指正。此外，文中有一些术语和背景知识作者未做更详细的描述，部分读者可能会觉得费解，建议大家可以同时参考一些其他书籍。这里向大家推荐王以真先生所著的《实用扬声器技术手册》，这是一本很全面而系统的工具书。另外，在本书正式出版时，我们也将在 bbs.hifidiy.net 上发表一些讨论帖，与大家一起学习讨论。

最后，在此感谢 bbs.hifidiy.net 提供的网络交流空间，感谢 hifidiy 论坛版主李玉生、薛国雄、郛志扬、肖鹏，以及王康运先生等朋友的指导。特别感谢人民邮电出版社，没有你们的支持和督促，本书的翻译工作将难以完成。

王经源　于长亮

辛卯年春节

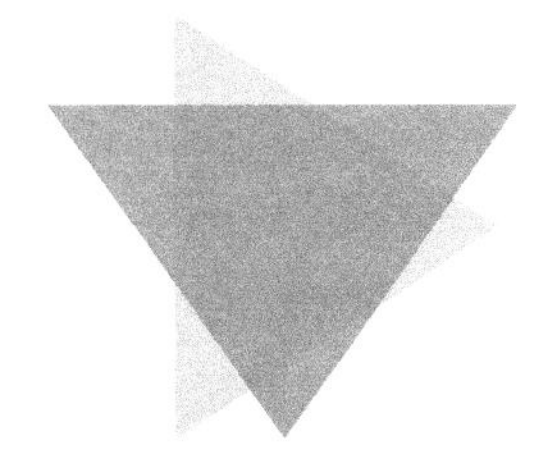

审 稿 序

一本书能连续7版、发行量在100 000册以上，这是一件不简单的事，而且它不是一般文艺类、大众类的读物，而是一本科技类的图书，那就更不简单了。这本书就是Vance Dickason的《扬声器系统设计手册（Loudspeaker Design Cookbook）》。

我最早看到的是1987年出版的这本书的第3版。那是20世纪80年代一位曾与我有合作项目的美国朋友送给我的。该书初版为1977年，全书共有8章，共75页。

后来看到中国台湾一家音响杂志，将此书译出连载。觉得译文表达未尽人意，于是自己动手译了一部分，但终因为其他工作太忙而做罢。一件事往往看似容易，如果没有亲手干过，就不知其中艰辛，正如民间谚语总结的“事非经手不知难”。

20世纪90年代，我到广州豪杰音响公司参观访问。我的同事王伟先生在公司负责技术工作。看到王伟手头上有此书的第4版，十分高兴，翻看之余，请他们帮忙复印一份。他们办事效率很高，出豪杰公司厂门时一份装订好的书送到我手上。这本第4版是1991年出版，已成为9章加0章，总计10章、141页。

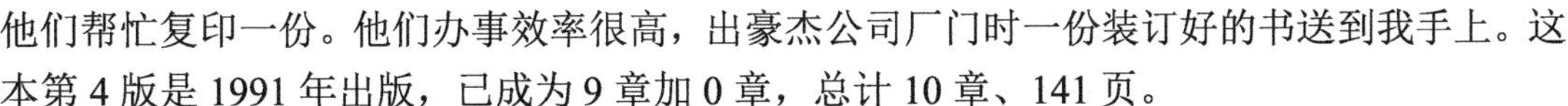

到了21世纪初，我的同事王仕强去美国拉斯维加斯参观音响展。行前来看我时，我希望他能带回点技术资料。喜出望外的是，他带回此书的第6版。第6版出版于2000年，已累计发行85 000册。全书已加厚到232页。到了2006年，Vance Dickason又出版了此书的第7版，全书已曾厚到275页。这次是我的同行朋友石小勇在2008年送给我的。

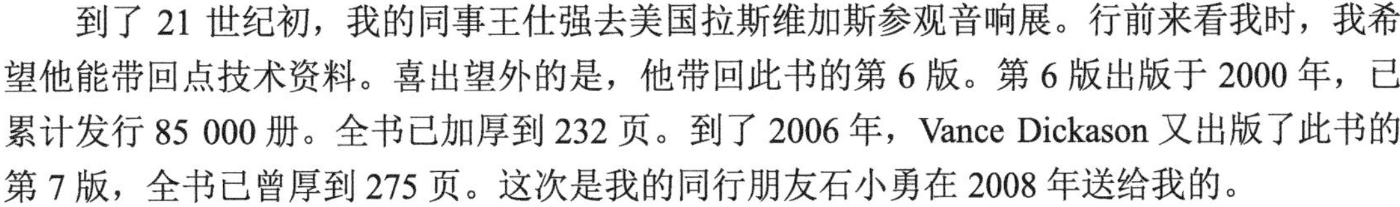

阅读这本书，不仅可以学到扬声器箱设计的许多知识、设计思路和技巧，从中还可以悟

出许多有益的东西。

一本关于扬声器、音箱的技术类书籍，30 多年来连续 7 版，差不多 5 年 1 版，累计发行 100 000 册，这是一个罕见的现象。说明在美国、在世界还有一批小众读者执着地关注着扬声器的发展。

音箱的技术和理论在这 30 多年来不断地快速发展。特别是从 20 世纪 70 年代以后，Thiele-Small 理论被世界电声界所接受，音箱的设计开始由定性向定量转变。音箱、扬声器技术发展产生一个飞跃。这本书正好顺应这个发展，反过来，这本书的 30 年出版发行又在一定程度上推动了扬声器、音箱技术的发展。

30 年来扬声器、音箱应用领域不断扩大，如家庭影院、汽车音响、专业监听等在扬声器、音箱设计、测试方面开发了众多软件。这本书与时俱进，每个新版都及时增添新的内容。

中国台湾杂志将这本书译为《实用扬声器设计手册》。从原文看，《Loudspeaker Design Cookbook》中并无“实用”二字，但“实用”真的可概括本书的特点。本书遵循理论，并不论证理论。本书引用理论结果，而不去推导来源。对音箱设计，列举了大批实用图表，读者按图索骥，即可完成设计。这对一线技术人员来讲，十分方便。我想，这也是本书能畅销 100 000 册的原因之一。

当然对有些读者也会觉得某些论述过于简单、不够详尽、不够完善。

本书名中 Loudspeaker Design，在书中实指扬声器系统设计、音箱设计，而不是扬声器设计。这也许是中外习惯的不同。因此我认为此书似乎应译成《扬声器系统设计手册》。

本书再版 7 次，作者采用一种积木式的方法，即原书结构不动，每次只是新加章节，甚至原章节号基本不变。从原来的几章，最后到 12 章。新加一章“扬声器是怎样工作的”，为不改序号，命名为 0 章。为了增添方便，章下的节之序号也是不连续的。这种写作方式，是不是可以参考、借鉴呢？实际上我的《实用磁路设计》第 2 版亦采用了这种方式。

原书末有扬声器厂商名录，介绍许多情况。对读者有利，对出版社是广告，恐怕不适合中国国情。

当年李白登黄鹤楼，面对滔滔江水、楚天碧空，本来也是诗兴大发，题笔要写的。但读到崔颢的《黄鹤楼》，只好说“眼前有景道不得，崔颢题诗在上头”。这本《Loudspeaker Design Cookbook》，似乎也如李白眼中的《黄鹤楼》，有人再想写关于音箱设计的书，就有了相当难度。

这次人民邮电出版社将这本书正式翻译出版，是对中国音响界的一大贡献。本书作者长期担任美国音响杂志《Voice Coil》的主编与主笔，同时担任音响顾问，为美国多家音响公司设计音箱和做技术咨询，他还作曲与演奏乐器，长期在一个摇滚乐团演奏吉他等乐器。我不知道 Vance Dickason 是否访问过中国，但我见过《Voice Coil》的另一位编辑，也是 Vance Dickason 先生的同事。我向他问起杂志和 Vance Dickason 先生的情况，据他讲，Vance Dickason 先生是一位埋头工作、不善与人交住的人。

中国讲“文如其人”，从作者的状况和书本身，我们知道这是一本很实用的书、适合生产厂家使用的书，注意经验与实际操作，有实例、有根据，不纸上谈兵，而且重视产品的音质。作者能沉下心来，将自己的体会系统整理，并且将新的设计软件与测试工具吸收进来，这说明作者是不断进步、不断完善、与时俱进的。

当然作者也有不够完善的地方，如扬声器本身讲得少，有些说法不严谨……但此书还是一本不可多得的好书。

王以真

目　　录

第 0 章　扬声器是怎样工作的

0.1　电动式扬声器

如同本书的前 6 版，《扬声器系统设计手册》第 7 版的目标是介绍电动扬声器的工作、应用和测量，以及相关的箱体和分频网络。绝大多数音箱上的电动扬声器单元（译注：原文中的 Driver，为扬声器的英语俗称，可直译为“驱动器”），包括低频单元、中频单元和高频单元，全都基于相同的工作原理：振膜由一个被调制的电磁场产生的机械力驱动。正如 JBL 公司的 Mark Gander 所说的，“要发出声音，必须驱动空气。”[1]

这个机制与电动机的相似，扬声器中的动圈系统相当于电动机的转子。图 0.1 所示展示了一个典型动圈扬声器的剖面图。当电流加到音圈时，产生了一个与电流方向以及永磁体磁场成直角的电磁场，产生的机械力引起锥形或球顶振膜运动，其方向与气隙中的磁场方向垂直，并驱动振膜两侧的空气。

电动式扬声器单元中有 3 个相互独立但又相互联系的系统在一起协同工作。

（1）驱动系统：由磁体、导磁柱、导磁上板/气隙和音圈等组成。

（2）振膜：通常是一个锥形振膜和防尘罩，或是单个球顶振膜。

（3）支撑系统：由定心支片和折环组成。

0.2　驱动系统

驱动系统由 5 个基本部分组成，包括共同形成气隙的导磁上板和导磁柱、磁体、音圈和导磁下板。导磁上板、导磁下板和导磁柱是用铁等高导磁性的材料制成，提供磁体的磁场通路。磁体通常用陶瓷铁氧体材料做成环形。这几个部分经由气隙形成一个完整的磁路，并在导磁柱和导磁上板之间的气隙中产生一个密集磁场。

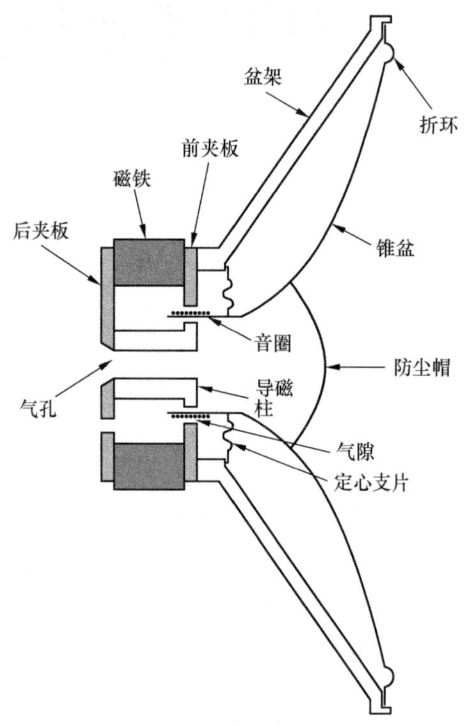

图 0.1　低频单元图解

当一个交流电流以某个频率，如 60Hz 的正弦波形式通过音圈，正半周方向的电流将使音圈向一个方向运动，而负半周反方向的电流使音圈的磁场逆转，两个磁场交替吸引和排斥的结果将使音圈的运动方向改变。

为了精确地重放正弦波感应的运动，音圈在气隙中向两个方向的运动必须相同。为了做到这一点，磁场尽可能地对称是很重要的，这样，一个方向运动与另一个方向运动的动力才会相等，否则将导致信号的失真。

如果磁流只局限于气隙中的狭窄空间内，磁场的对称性就可以得到保证而无须操心。然而，磁力线会“溢出”气隙区域，并在气隙的两侧产生被称为“边缘磁场（Fringe Field）”的杂散场[2]。为了保证边缘磁场的对称，有几种常用方法列举于图 0.2。图 0.2（a）所示的是一个直角导磁柱因不对称的气隙结构而产生的不均匀边缘磁场。尽管对于许多用途来说已是足够，它仍是最差的一种结构。图 0.2（b）所示的是一种由 T 形导磁柱产生的对称边缘磁场。图 0.3（c）所示的图形描绘了一种角形导磁柱的效果，与 T 形导磁柱相似，可以产生一个较对称的边缘磁场。

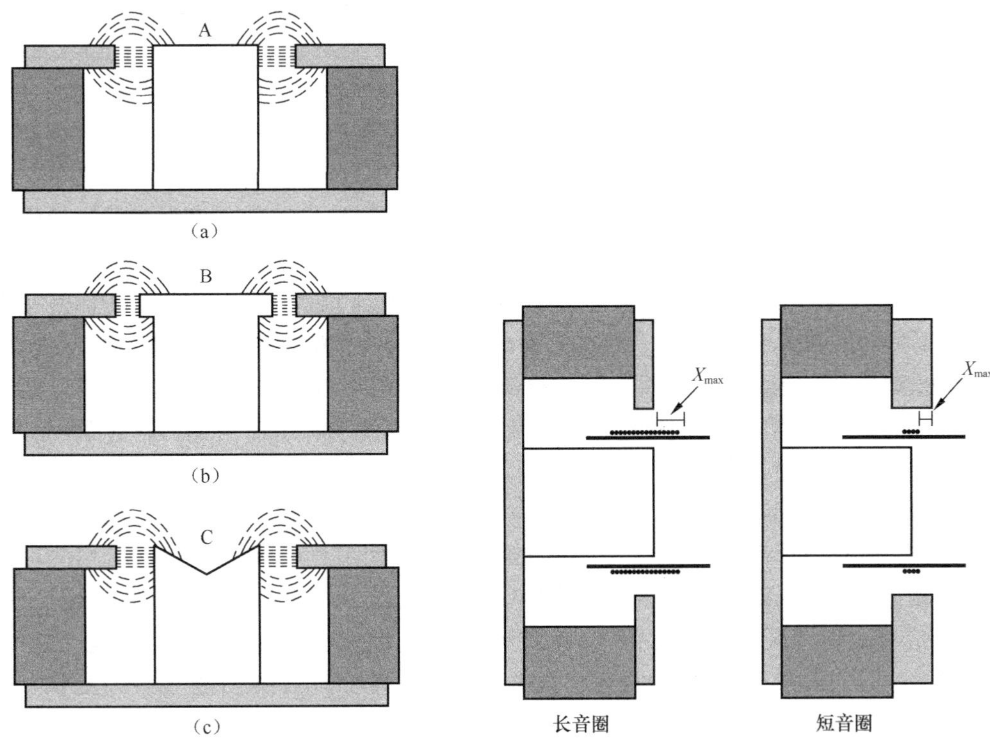

图 0.2 不同形状导磁柱的边缘磁场效应

图 0.3 长音圈和短音圈结构

流经音圈的电流所产生的机械力可以用术语“*Bl*”表示。*Bl* 是由一定的导线圈数（*l*）（译注：一般指音圈导线的有效长度，米）与它所受到的每平方厘米的磁通密度（*B*）相乘得到的力系数[3]。*Bl* 用于衡量驱动系统的强度，用 T • m/N（特斯拉米/牛顿）表示。测量 *Bl* 的方法将在第 8 章“扬声器测试”中给出。

0.2.1 气隙/音圈结构与 *Bl*

有两种不同的气隙/音圈基本结构用于扬声器中，分别是短音圈（Underhung Voice Coil）结构和长音圈（Overhung Voice Coil）结构。对于这两种结构，如图 0.3 所示，长音圈是最常见的一种。图中的 X_{max} 代表最大线性位移，即音圈在气隙中向某一方向运动时，可保持恒定数目的线圈位于气隙内的最大位移。X_{max} 可由音圈绕线宽度减去气隙高度再除以 2 计算得到。

图 0.4 比较了在冲程加大时，两种气隙/音圈结构的 *Bl* 变化（图中表示的是音圈在气隙中单个方向的位移）。当加到扬声器上的电压增大，音圈越来越向气隙外移动，位于气隙内的音圈线圈数越来越少，因而总 *Bl* 值也随之减少。当位于气隙内的线圈数保持恒定时，扬声器工作于线性状态。而位于气隙内的线圈数减少变化时，扬声器工作于非线性状态。

短音圈在短距离内有着极好的线性。但通常短音圈的 *Bl* 要比长音圈的低，因为短音圈结构的气隙长度增加因而需要更大的磁场；此外由于音圈较短，音圈质量也就比较低。长音圈结构则具有相当好的线性和更高的效率（即使音圈质量更大），这是它受到各制造商欢迎的原因。

气隙高度和音圈绕宽的不同组合可以得到相同的 X_{max} 值，但就非线性行为而言（超出 X_{max} 时），则表现出相当大的差别。例如，12mm 的音圈绕宽配合 8mm 的气隙高度，X_{max} 与 8mm 音圈绕宽配合 4mm 气隙高度相等，都是 2mm。虽然这两种结构的 X_{max} 相等，但气隙高度与 X_{max} 的比值却有很大的不同，12mm 音圈的是 4∶1，而 8mm 音圈的只有 2∶1。这个比值在音圈越出气隙时决定了 *Bl* 的下降比例。

图 0.5 所示的曲线说明了具有相同 X_{max} 但气隙高度/X_{max} 不同的两种结构之间非线性行为的差异，如上述的例子（来自与 Chris Strahm 的交谈，他是 LinearX Systems 公司的总裁，扬声器箱体分析程序 LEAP 的设计者）。从图中可以看出，从 X_{max} 到 2 倍 X_{max}，*Bl* 逐渐下降，当超过 2 倍 X_{max} 时，开始剧烈地下降。气隙高度/X_{max} 比值高的，*Bl* 下降的速度较比值低的缓慢。对于冲程的最大极限，当音圈越出气隙很大的距离，增大冲程不会明显改变 *Bl*，曲线越来越低，并平平地延伸，趋向于零。

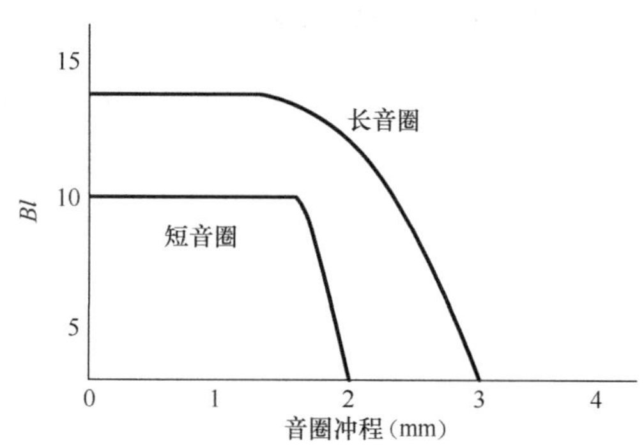

图 0.4　不同音圈结构的 *Bl* 值比较

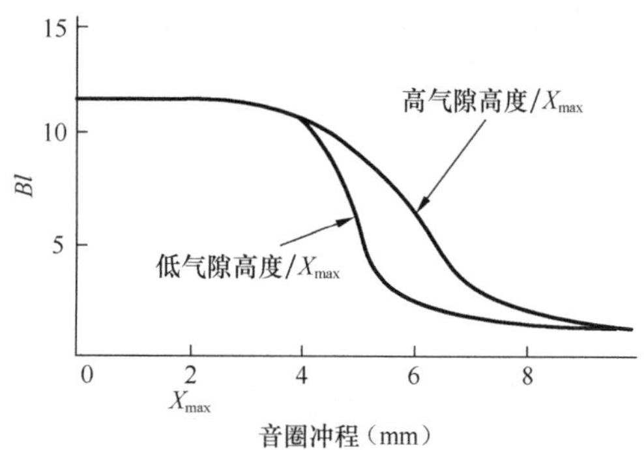

图 0.5　相同 X_{max} 但不同音圈/气隙尺寸的 *Bl* 变化比较

尽管 *Bl* 值趋于缓慢地下降，直到冲程达到大约 2 倍 X_{max} 距离，但可测量的失真则更早出现。就失真而言，音圈的最大位移限制通常可视为 X_{max} 再加上 15%。最大冲程可使用失真分析仪检测，设置到 3 次谐波失真检测功能，然后给音圈加上逐渐增大的电压。当冲程增加并超过 X_{max}，其 3 次谐波失真成分随之增大，达到 X_{max} + 15%的同时，3 次谐波失真常常也增大到约 3%的水平[1]。

0.2.2 短路环及法拉第环

引起音圈运动的电流也会引起一个额外的但方向相反的电流，即所谓的反电动势（Back EMF）。音圈感应的反电动势电流与发电机转子中的感生电流相同。与音圈中的驱动电流产生的交流场一样，这种反电动势电流也会调制气隙中的磁场。这个现象于 1949 年被 W. J. Cunningham 发现[4]，它导致了明显的 2 次谐波失真。对这一现象的进一步研究发现，调制的结果取决于音圈在磁场中的运动方向，随运动方向的不同而异，是一种不对称的效应[5]。

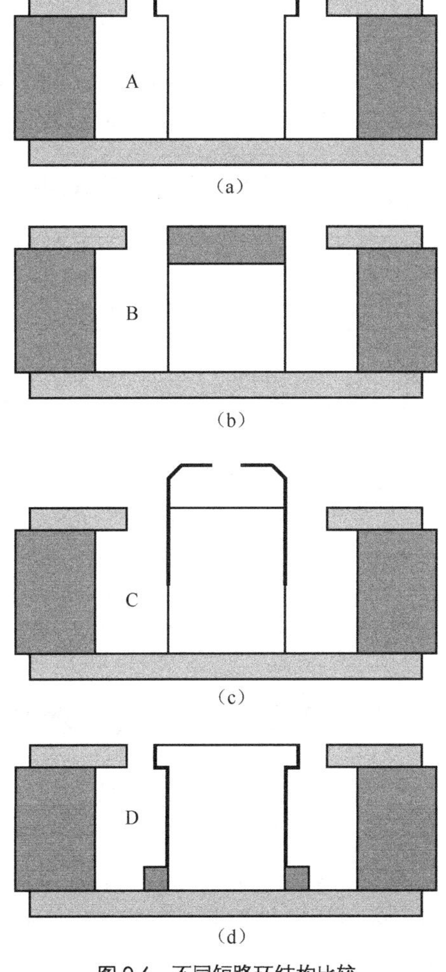

图 0.6 不同短路环结构比较

这种不对称现象发生的部分原因是因为导磁柱像变压器的铁芯，在音圈冲程超过 X_{max} 并且向后运动时与音圈完全重合，而在音圈向前运动时只有部分重合。音圈磁通与边缘磁场的相互作用使边缘磁场的形状改变也被认为是原因之一。这些发现至少部分解释了第 1 章和第 2 章中讨论的推挽结构的好处。

最显而易见的解决方案是将音圈附近的金属用导磁率足够高的材料制成，这样它就常常处于饱和状态，因而磁路的调制可以被忽略。但这个技术不常使用，因为高导磁率金属比较昂贵。针对这种磁场调制/涡流问题最常用的技术方案是所谓的短路环，或称法拉第环。如图 0.6 所示，短路环的应用有几种不同的形式，但都能达到与音圈感应产生的磁场相等且相反的磁场。图 0.6（a）所示的是在导磁柱顶端覆盖一层例如铜等的导电层。图 0.6（b）所示的是导磁柱上的铜帽。图 0.6（c）所示的是将铜做成圆筒包围着导磁柱[2]。图 0.6（d）展示了一种有时用铝做成的短路环（磁通稳定环）置于导磁柱基部的情况。

给导磁柱上部套短路环的方法还有个额外的好处，它实际上可以引起音圈电感的降低，从而导致高频响应的提升。短路环的位置和数量可以同时用来控制单元中频段和高频段的响应。与上部套短路环的方法相同，置于导磁柱基部的短路环还可以减少 2 次谐波失真，但不会影响音圈的电感，高频响应几乎同样不受影响。虽然失真的降低是短路环方法的好处之一，但通常更多的是出于对控制中频段和高频段频响的考虑。

图 0.7 所示的是使用 T 形导磁柱和短路环的高频响应改变情况。用同一种 Bravox5.5 英寸（1 英寸≈2.54cm）复合锥形振膜低频单元，比较了使用或不使用 T 形导磁柱/短路环复合结构的情况[6]。可以注意到，使用 T 形导磁柱/短路环结构的单元，500Hz 以上的响应增加，因为减少了因感生涡流所致的损失，SPL 比不用此改进结构的增加了 3～4dB。图 0.8 所示的是上述比较在离轴 30° 的情况，显示此效应不仅在 500Hz 以上的频率存在，而且还在单元全部辐射角度中存在，正如降低音圈电感时所期望得到的结果。

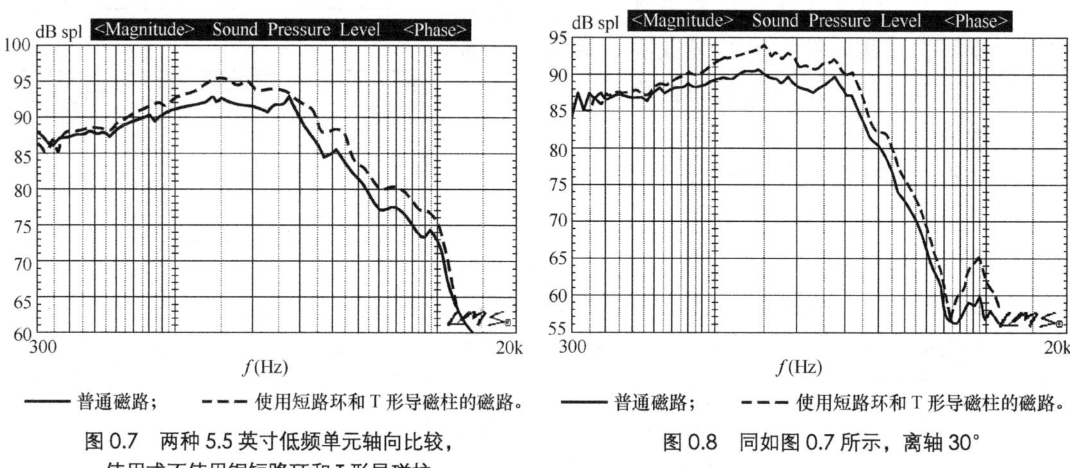

图 0.7 两种 5.5 英寸低频单元轴向比较，使用或不使用铜短路环和 T 形导磁柱

图 0.8 同如图 0.7 所示，离轴 30°

0.2.3 音圈——骨架材料与卷绕结构

音圈可绕制在多种不同的骨架材料之上，这些材料不仅影响某个特定单元的 T/S 参数，还会影响高频端的频率响应。有两种典型的骨架材料用于扬声器，即导体与非导体。目前最普遍的是导体骨架，用铝或硬铝（硬铝有更高的强度可以避免长冲程时音圈的颈部变形等问题）的薄片制成。由于铝是一种导电材料，它能与部分驱动系统（导磁柱和导磁板）相同的方式产生涡流。这些寄生电流引起损失，表现为热和失真。

铝骨架不是一个连续的圆筒，而是有条细缝贯穿首尾，这样它就不会像个短路元件（顺便说说，如果把细缝去掉，使用一个连续的铝卷并不会得到与短路环相同的效果，虽然可使 Q_{ms} 降低约 10%）。非短路的导体骨架在两个重要方面与聚酰亚胺 Kapton（Dupont 公司生产的一种耐高温塑料材料）等非导体骨架不同。最大差别是使用导体的 Q_{ms}（机械 Q）

通常比使用非导体骨架的低 2～4。非导体骨架较高的 Q_{ms} 值通常介于 4～12（导体骨架的涡流损失导致更低的 Q_{ms}）。由于非导体骨架没有感生涡流问题，它们通常也表现出稍低一点的失真。

导体与非导体骨架材料之间的另一个差别发生在频率响应的高频端。图 0.9 所示的是两个基本相同的 Bravox5.5 英寸低频单元[6]，它们具有相同的锥形振膜、支撑和磁路结构，除了其中一个单元使用硬铝音圈骨架，另一个使用聚酰亚胺 Kapton 骨架。可以看出，使用聚酰亚胺 Kapton 骨架的低频单元在 1.5kHz 以上的输出更高 1～2dB。图 0.10 所示的是上述比较在偏轴 30° 的结果，其效果更显著一点。同样，这主要是由于两种材料涡流损失的差别。还应当指出，这个效果的部分原因是质量上的差别（即聚酰亚胺 Kapton 是比硬铝轻的材料）。

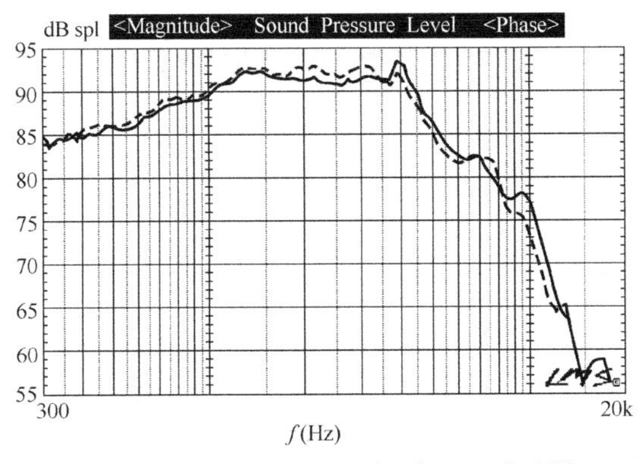

图 0.9 两种 5.5 英寸低频单元轴向比较，一个使用铝音圈骨架，另一个使用聚酰亚胺 Kapton 音圈骨架

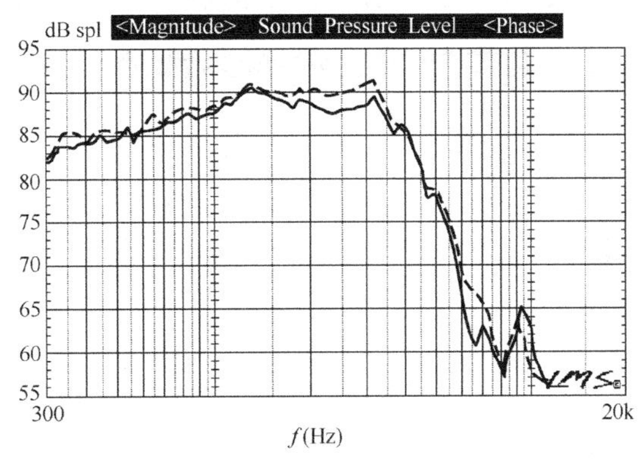

—— 铝音圈骨架； - - - 聚酰亚胺 kapton 音圈骨架。

图 0.10 同如图 0.9 所示，偏轴 30°

另一个由音圈引起的值得注意的响应差别与音圈的卷绕方式有关。显然，具有更长的卷绕长度的较大音圈具有较多的圈数，因而具有更大的电感。这个电感与分频器中串联电感的作用相同，将使高频端的响应出现衰减。各种不同的绕线圈数、骨架直径以及导磁柱的组合具有不同的音圈电感，其中绕在骨架上的线圈的层数对单元电感的差别起决定性作用。低频单元中最常见的线圈层数是 2 层和 4 层。为了获得达到目标响应所需的 Bl 值，超低频单元经常使用 4 层音圈。

然而，这也可以看作是对高频端响应的控制。图 0.11 所示的曲线比较了两个基本相同的 Bravox5.5 英寸低频单元[6]的响应情况，它们具有相同的磁路、锥形振膜和支撑，但其中一个单元使用 2 层音圈，另一个使用 4 层音圈（图 0.12 所示的是同一比较的偏轴 30° 响应）。可以看出，使用 4 层音圈的单元，其低通衰减频率（–3dB，2.5kHz）要比 2 层音圈的（–3dB，4.5kHz）低得多。一些厂家利用 4 层音圈的这个特点，通过控制其电感以产生自然的低通衰减，可以与特定高频单元相配合，并开发了一些 2 路分频音箱。这样，低频单元不需要一个独立的低通滤波部分就可以与只由高频单元的高通滤波器构成的分频器通过“直通”方式连接。几年前，我曾经用 5.5 英寸 Bravox 低频单元和 13mm MB 钛膜高频单元为 MB Quart 公司做过一系列 2 路样品箱。其中一个样箱使用了机械衰减频率为 3kHz 的 4 层音圈低频单元，另一个使用标准的 2 层音圈，其衰减频率就高得多。两者的分频均经过计算机优化。使用 4 层音圈低频单元的样箱低频部分没有接低通滤波，高频部分接一个 3 阶高通滤波，而 2 层音圈低频单元的样箱的低频接 2 阶低通，高频也是接 3 阶高通滤波。在对 2 个样箱的主观比较中，两个版本听起来都相当好，当音量调到相等时，两箱的整体音质也相当。对于厂家来说，4 层音圈版具有分频器元件更少、成本更低的优点。另一个不同之处就是，由于 4 层音圈较大的质量，4 层音圈版的整体效率低 2～3dB，这是它的代价。

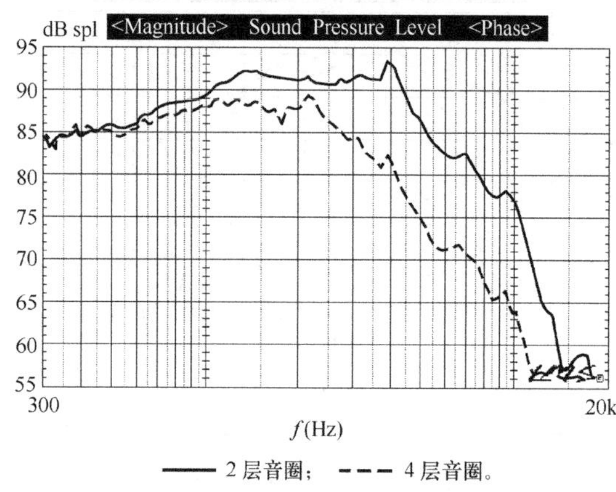

图 0.11 两种 5.5 英寸低频单元轴向比较，一个使用 2 层音圈，另一个使用 4 层音圈

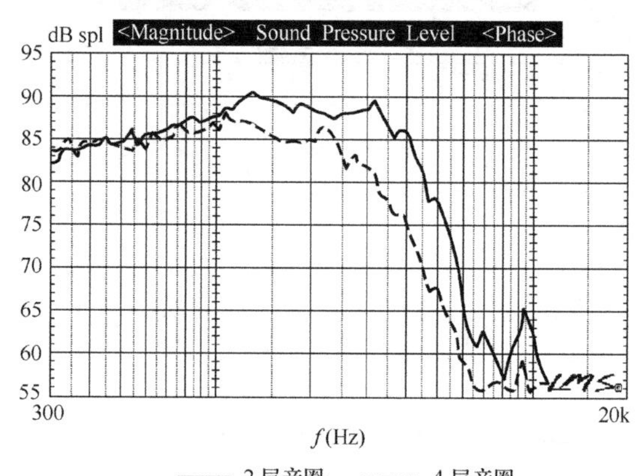

图 0.12 同如图 0.11 所示，偏轴 30°

0.3 振膜

对扬声器锥形振膜物理的解释常常是从这样的理论讨论开始：刚性无穷大的活塞推动空气产生声辐射。从活塞运动到空气运动的转移会受到阻碍。就频率而言，在频谱的低频端受到它的谐振频率影响（低于此频率，能量转移受到机械结构的限制），在高频段受到空气辐射阻抗特性的限制。空气对振动具有阻力，表现为辐射阻抗，它随频率的增加而增大，当频率增加到某个点（译注：原文为“……随频率减小到某个点……”），无论频率再增加多少，受到的阻力都将不变。

高于（译注：原文为“低于”）这一高频点时能量转移将表现为稳定的减少，这个高频点是空气辐射阻抗特性和辐射表面半径的函数。较小的辐射表面与较大的辐射表面相比，可以重播更高的频率。事实上，这也解释了为什么存在各种专门的覆盖不同频率范围的扬声器。

现实中的锥形振膜的刚性并非无穷大的，会发生某种程度的弯曲变形，变形的程度由锥形振膜制造材料的特性决定。锥形振膜的变形对扬声器的高频效率、SPL 响应和极性响应有极重要的影响。不同的材料具有不同的硬度和内部振动传递速度，它们均趋于产生几种相同类型的变形，通常称为“模式（Modes）”。

0.3.1 锥形振膜共振模式

有两类模式，径向和同心圆，用于分析扬声器锥形振膜的振动，如图 0.13 所示（修改自 Beranek）。径向模式从锥形振膜中央扩展到边缘，最常发生在低频，被认为是次要的类型。同心圆模式形成一系列从锥形振膜中央向外扩展的波纹。这种同心圆模式可用激光全息摄影技术观察到，和你把一颗石子丢在一盆水中央时可以看到的情况相似。

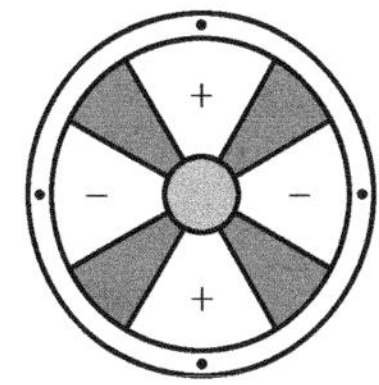

径向模式

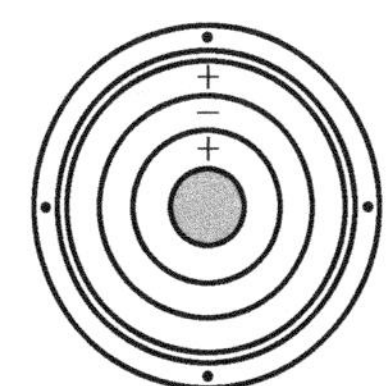

同心圆模式

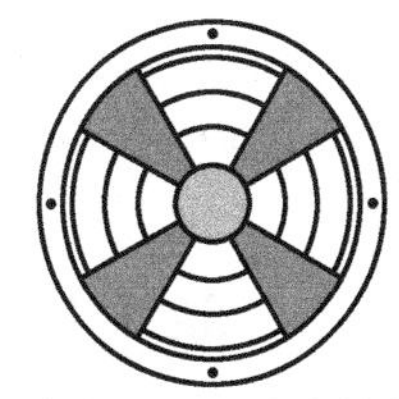
径向与同心圆复合模式

图 0.13 锥形振膜振动模式

不同的波纹，其频率也不同，并且当频率改变时，一些波纹向中心反射，形成干涉样式。这些波纹以复杂的方式推动空气，其中一些与音圈信号相位相同，而另一些则不同。标在图 0.13 中的“+”和“−”区域代表锥形振膜中相位相反的区域。这种被称为锥形振膜裂变的复杂的叠加和消减关系在典型的扬声器 SPL 曲线上产生了许多峰谷。

当频率升高，锥形振膜上有效的辐射面积减少，因而频率很高的声波往往只从锥形振膜的中央区域发出。在某些频率上，锥形振膜的有效辐射质量变小，输出开始迅速减少，这被称为高频衰减。为了获得高的截止频率，音圈质量与锥形振膜质量的比值必须尽可能的小[7]。高频衰减也可以通过音圈电感控制。

0.3.2 锥形振膜指向性

当频率增加，所有扬声器的指向性都变强，输出的高频开始像汽车大灯射出的光线那样形成“束”。在某一频率的声波波长（波长等于声速除以频率（*c*/*f*），如 1kHz 的声波频率为 1.13 英尺（译注：约 0.34m），其大于锥形振膜的周长（约为直径的 3 倍）时，声辐射呈球面。当频率增加至波长等于或小于扬声器周长时，辐射的图形逐渐变窄。图 0.14 给出了不同直径的扬声器振膜离轴的–6dB 频率点（修改自 Daniels，JBL Pro Soundwaves，1998）。

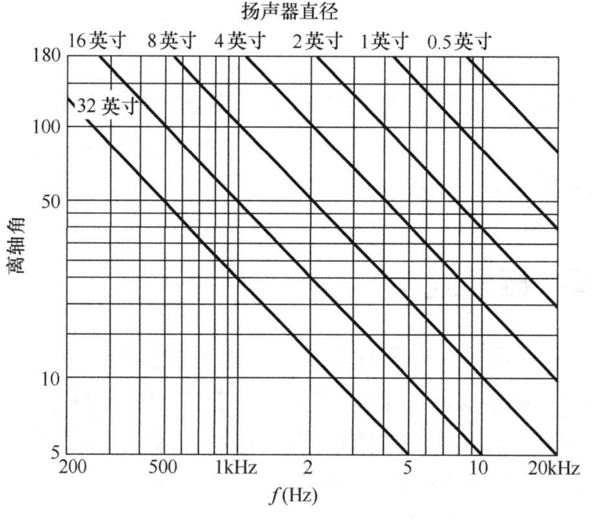

图 0.14　振膜指向性

0.3.3　锥形振膜形状

不同的锥形振膜形状具有不同的响应特性。有两种基本形状用于锥形振膜的设计：圆锥形或称平面形和凸面形。圆锥形锥形振膜往往在响应范围的上限处形成一个高的响应峰，峰的位置部分取决于锥形振膜的顶角。与凸面形相比，其频响带宽更宽一些。凸面形锥形振膜往往具有一个更平滑的频率响应，高频端的峰不是很大（较低的高频效率），但与平面形锥形振膜相比其频响带宽稍窄些[8]。

凸面形锥形振膜的频率响应可以通过改变锥形振膜的曲率来调节和控制。

0.3.4　防尘罩

扬声器气隙的宽度大的如大口径扬声器的零点几英寸，小至小锥形振膜高频单元的与薄卡纸厚度相近的宽度。在允许音圈定位变化和热膨胀的情况下，宽度应当尽可能地窄，以使磁通密度最大化。当音圈粘到锥形振膜上面之后，导磁柱与音圈之间通常塞上定位规以精确组装定位。这种做法在音圈与导磁柱之间留下的空隙，外来物可以进入。这样，小的颗粒就有可能堵在这两个部分之间，并造成明显的问题。传统的是解决办法是用叫做防尘罩的东西将这个区域封上。

在锥形振膜与音圈连接处加上防尘罩解决了一个问题，却带来了其他几个值得注意的问题。有两种基本类型的防尘罩用于锥形振膜，分别是实心防尘罩和多孔防尘罩。实心防尘罩可以阻止空气通过其表面，在导磁柱前形成一个小的音室，在锥形振膜前后运动时，产生气压变化。这种压缩和扩张会对扬声器的工作造成有害影响。

由于音圈与导磁柱之间的区域太小，防尘罩运动产生的气压难以有效地通过它释放，制造商们用两种方法来解决这个问题。一种是在导磁柱上开孔，这需要钻一个贯穿导磁柱的小孔，使空气可以从导磁下板上的开口上透出。另一种办法是在音圈骨架粘到锥形振膜上的位置冲孔。这样做可以让空气流出小室区域，释放导磁柱与防尘罩之间的气压。

多孔防尘罩也可以释放导磁柱上方产生的气压变化，但产生了其他问题。首先它们提供了箱体内部的一个泄漏通道，由于通过气隙泄漏的空气体积很小，特别是与有损折环的损耗相比，这个问题不算非常严重。另一个问题发生在锥形振膜在导磁柱上向内运动的时候，空气被迫通过防尘罩到锥形振膜的辐射表面，这种意外喷出的空气将与锥形振膜辐射不同相，从而造成频率响应上的问题[9]。把引起这种令人讨厌的异常现象的多孔防尘罩密封起来可能不是个好主意，因为原本的设计可能还将多孔防尘罩用于冷却。流过气隙区域的空气可以为音圈产生的热量提供显著的冷却效果。将防尘罩密封还会导致顺性和 Q 的改变，这可能是合适的，也可能不是。

防尘罩也能改变单元高频段的频率响应。由于锥形振膜在高频区的辐射往往靠近中心部分，防尘罩就成为形成扬声器高频响应的一个关键部分，取决于它的材料构造以及形状。实心防尘罩常常比多孔防尘罩在频率响应上引起更大的改变。有时你可以看到实心防尘罩上有带网的小圆孔用于释放气压，这使它们同时具有两种方法的益处（和害处）。

图 0.15 所示的是对 5 个基本相同的 Bravox5.25 英寸低频单元的频率响应进行比较，它们具有相同的磁路、支撑和锥形振膜、音圈等，但防尘罩分别是 5 种不同的类型：多孔布、掺杂布、软 PVC（聚氯乙烯）、硬聚丙烯和一个反装的硬塑防尘罩（此研究中的其他防尘罩都是标准的凸面形）。由于这个图要看清所包含的诸多信息有点困难，在图 0.16～图 0.19 给出更容易看清楚它们的比较，每个图都是以多孔布防尘罩作为标准与其余的 4 种防尘罩进行比较。

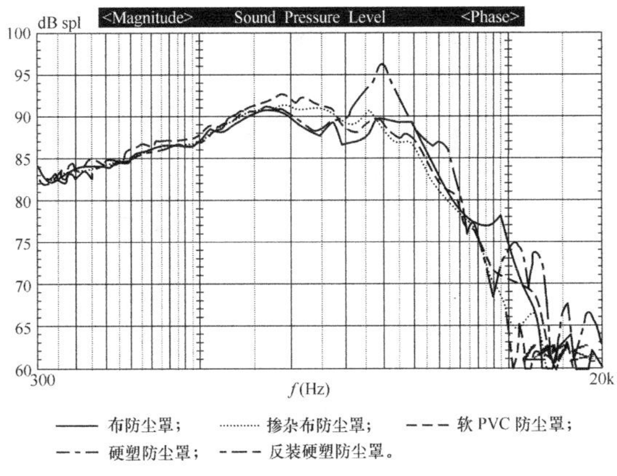

图 0.15　5 个不同防尘罩的同类型 5.25 英寸低音单元的轴向比较

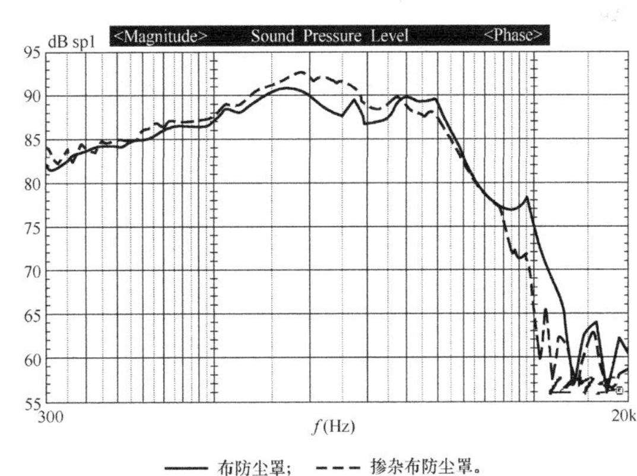

图 0.16　布防尘罩和掺杂布防尘罩的同类型 5.25 英寸低频单元的轴向比较

图 0.16 比较了多孔布防尘罩和掺杂布防尘罩（同样的布罩，在其表面涂上柔性阻尼材料）。虽然不是很直观的，掺杂布确实增加了高频区的输出，并且 4kHz 以上的衰减更多一些，整体响应更为平滑。无掺杂（Undoped）防尘罩（译注：即多孔布防尘罩）的整体响应也相当平滑，并且由于提供了通过音圈的空气流动，具有加强音圈散热的额外好处。

图 0.17 是对布防尘罩和软 PVC 防尘罩进行比较，后者受到许多制造商的欢迎。可以看出，PVC 防尘罩的响应更为平滑，甚至没有明显的响应异常，但 4kHz 以上的延伸稍有不足，可能是由于这种材料的质量及密度的影响。制造商经常选择这种类型的防尘罩，不仅仅是因为它良好的响应特性，还由于它可修饰的外观可以使这个区域视觉上更为连贯，在工业美术上，这个区域经常加入许多强调元素。

图 0.18 比较了布罩和硬聚丙烯罩。硬质塑料材料在这里有一个显著的共振，以 5kHz 为中心，输出增加超过了 6dB。如果你想用这个低频单元在 3kHz 与高频单元分频的话，这样的异常在这个位置真的不很方便。这不一定是所有硬质塑料材料的典型，因为这种异常的性质取决于防尘罩的直径、形状与密度。但就我这些年来所看到的情况来说，它还是有点代表性的，我从未为 2 路分频应用订制过特意使用硬质塑料防尘罩的低频单元样品。对于超低频单元，或者用于和小口径单元搭配的低频单元，如果分频点比防尘罩产生的响应异常位置低 1～2oct（倍频程），倒没什么关系，这时使用硬质塑料防尘罩可以接受。

图 0.19 所示的是布防尘罩与反装的硬塑防尘罩的最后一个比较。反装的硬塑防尘罩有许多优点，也受欢迎许多年了。在响应比较中可以看出，反装防尘罩与布防尘罩有着相似且平滑的响应。反装防尘罩还具有另一个特点：如果把它做成合理的大小，可以恰好装在锥形振膜颈部结合处（音圈骨架和锥形振膜连接的位置），防尘罩可以辅助增加结合处的强度，减少锥形振膜颈部在大冲程时变形的趋势。

—— 布防尘罩；－－－ 软 PVC 防尘罩。

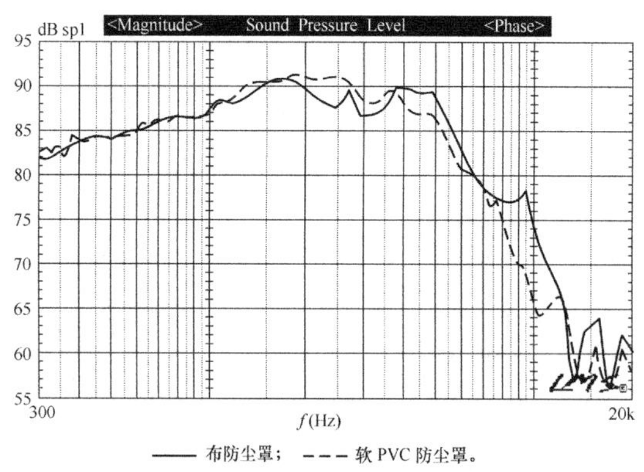

图 0.17　布防尘罩和软 PVC 防尘罩的同类型 5.25 英寸低频单元的轴向比较

—— 布防尘罩；－－－ 硬塑防尘罩。

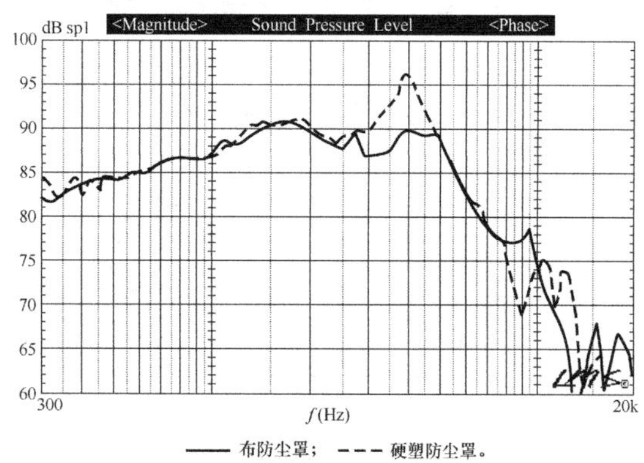

图 0.18　布防尘罩和硬塑防尘罩的同类型 5.25 英寸低频单元的轴向比较

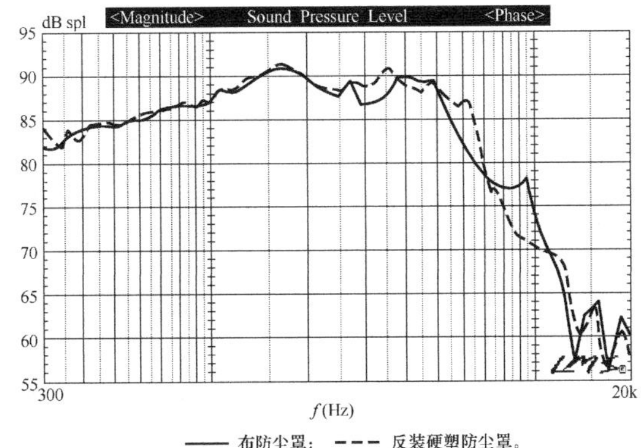

图 0.19　两个 5.25 英寸低频单元的轴向比较，一个使用布防尘罩，另一个使用反装的凹面硬塑防尘罩

0.3.5　球顶形状

球顶高频以及中频单元也具有锥形振膜单元的上述特征。有两种基本形状，分别是凸面形和凹面形。凹面形球顶的辐射面通常在高频区具有更高的效率，但指向性更为狭窄。更高的效率的原因，部分是由于凹面谐振所产生的一个宽的峰（虽然可以被阻尼到某种程度）以及凹面球顶（译注：原文为凸面球顶）通常是用硬质材料制成。凸面球顶在高频区则具有更广的指向性样式，但在相应区域的效率不如凹面形球顶。

0.4　支撑系统

任何扬声器单元的支撑系统都是由两个元件构成：折环和定心支片。折环具有多种功能，通常是用橡胶、发泡材料或加工过的亚麻布做成。折环可以协助将锥形振膜定位在中央，并提供一部分恢复力，使音圈保持在气隙中。折环还为锥形振膜边缘提供一个有阻尼的边界。定心支片通常是用做成波纹状的亚麻布制造的，同样可以保持音圈与导磁柱同心，并提供恢复力将音圈保持在气隙中。

0.4.1　折环

折环和支片提供的劲度通常用运动的容易程度或称“顺性”（劲度的倒数）来表示。就单元的总顺性来说，支片提供大约 80%的总顺性，折环提供约 20%。折环具有两个重要功能。其首要的作用是保持音圈与导磁柱同心，而阻尼锥形振膜外缘的振动状态也是非常重要的。

折环所用的材料类型以及厚度的选择可以显著地改变一个单元的响应。折环对锥形振膜振动状态的阻尼以及阻碍其反射回锥形振膜的能力会改变响应幅度和相位的组合模式，因此是锥形振膜设计中不可或缺的一个因素，也是对响应曲线进行调整的一种切实可行的手段。

图 0.20 所示的是对 3 个使用不同折环材料的同类型 5.25 英寸 Bravox 低频单元[6]（锥形振膜、支片、音圈和磁路等均相同）的比较结果。这 3 种材料分别是橡胶（这里用的不是纯的丁基橡胶，而是一种常用于折环的橡胶复合物，称为 NBR）、发泡塑料和注塑成形的热塑人造橡胶（Santoprene）（译注："山都平"或"山都坪"，一种高性能完全交联型热塑弹性材料）（这是 Bravox 使用的一种先进工艺，将 Santoprene 通过外模注射到锥形振膜边缘成形）。橡胶折环的响应最为平滑，异常响应最少，也是折环所用材料中边缘阻尼最好的一种。在折环的选择中，需要考虑频率上段的响应。使用橡胶作为折环材料唯一的不足是它的制造必须采用硫化工艺，这个工艺比发泡塑料折环所用的热发泡工艺费时且成本更高。通过比较可以发现，泡沫折环的响应没有那么平滑，在 10kHz 附近有一个明显的问题，即对锥形振膜高频区模式的阻尼不足。当然，这对于一个准备将分频点设在 2～3kHz 的低音单元来说，不是很重要。泡沫折环相对易于装配，成本也较低，但时间久了容易因暴露在光下以及大城市（嗯，有时甚至是小城镇）的各种空气污染物中而毁坏。总之，就边缘阻尼来说，泡沫的表现不如橡胶，但它仍然是使用最广泛的折环材料之一。不那么常用，但将更为流行的是热塑橡胶（Santoprene）。Santoprene 看起来像橡胶，既可以像泡沫折环那样加热成型（许多超低频单元的折环是这么做的），也可以模具注射成型。这种材料和泡沫一样廉价，但通常来说它在高频区并不具有很好的边缘阻尼特性，就如插图中可以看到的那样。图 0.21 所示的是全部 3 个折环材料在离轴 30° 的情况。从这里可以明显看出，在轴向上有一些响应上的问题，但在离轴情况上看，许多响应异常就比较不明显了。

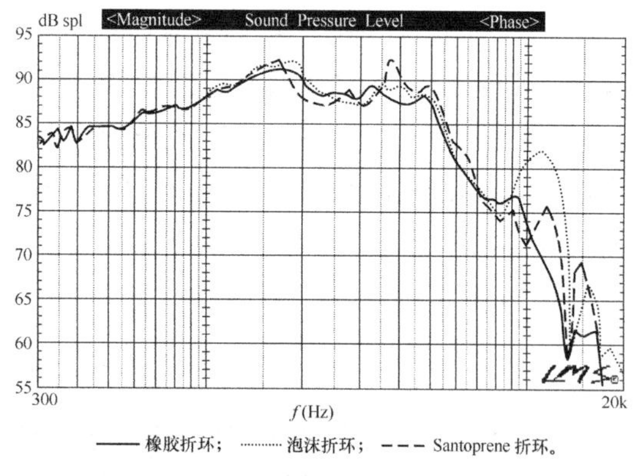

图 0.20 3 个 5.25 英寸低频单元的轴向比较，一个使用橡胶折环，一个使用泡沫折环，另一个使用 Santoprene 折环

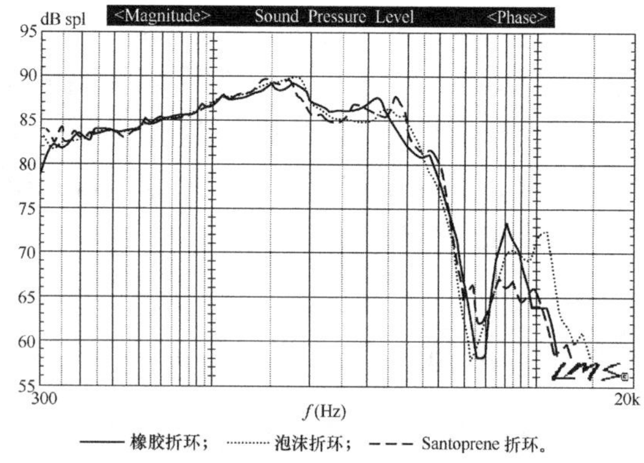

图 0.21 同如图 0.20，离轴 30°

0.4.2 定心支片

定心支片有许多功能。它第二重要的功能是保持音圈与导磁柱同心，并作为一个屏障防止外来颗粒进入气隙区域。然而，其首要的功能是为扬声器提供主要的恢复力（力顺、顺性）。定心支片的劲度决定了扬声器的谐振。扬声器谐振是顺性和质量的函数，它们的关系可以表述为

$$f_s=\left[6.28\left(C_s M_D\right)^{\frac{1}{2}}\right]^{-1}$$

式中，f_s 为单元自由场谐振频率，C_s 是单元的顺性，M_d 为单元总振动质量（锥盆、音圈、定心支片和折环等锥形振膜装配总质量再加上加载的空气质量）。

0.4.3 线性及渐进式支撑系统

显而易见，最好的支撑系统应该能够在整个冲程范围内提供均匀的恢复力。对于密闭型音箱来说这可以实现，音箱内部的空气顺性可以作为一个恢复力作用于锥形振膜。但对于开口箱上的单元来说则正好相反。Don Keele 将这种不规则现象称为"油壶效应（Oil-can Effect）"[11]，它导致音圈的动态偏移。偏移问题作为一个非线性现象，是单元在运动到它的 X_{max} 极限附近时发生的。当音圈运动到有多个线圈移出气隙的位置时，*Bl* 降低，反电动势下降，音圈中通过更多的电流，更进一步推动音圈向气隙外移动，于是产生了失真。

渐进式支撑系统可以克服这种非线性偏移问题。这种定心支片与折环的组合在 *Bl* 下降（如图 0.5 所示）的同时提供增大的劲度。如果劲度增加的转折点与 *Bl* 下降的转折点接近重合，就可以阻止音圈加速冲出气隙。这种支撑系统经常用在为高声压应用而设计的专业低频单元中。不幸的是，许多业余音响设计者似乎并不了解这一点，因为将具有极高线性支撑系统的低频单元用于开口箱设计的情况并不罕见。

0.5 扬声器阻抗建模

我曾经描述过的所有系统都可以用一个等效电路作数学建模，这个等效电路可以模拟它们的工作方式。这个技术是第 1～4 章所描述的箱体计算方法的核心。一个具有与真实扬声器单元相同阻抗的电路是扬声器电子模拟的代表。图 0.22 所示的是对一个典型扬声器阻抗的实际测量结果。图 0.23 所示的是一个电动式扬声器的等效电路，电路元件如下。

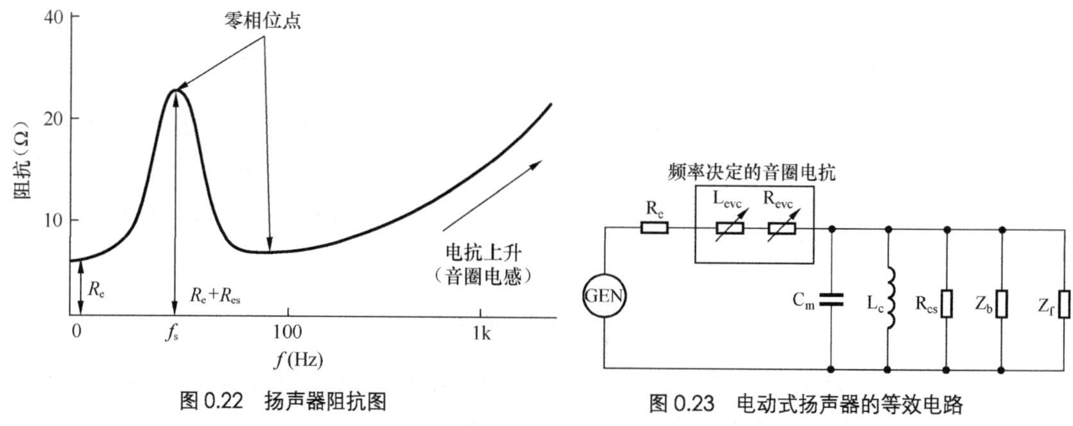

图0.22 扬声器阻抗图

图0.23 电动式扬声器的等效电路

R_e——扬声器直流电阻。

R_{evc}——频率决定的音圈电抗上升时的电阻元件（音圈电感的实数部分）。

L_{evc}——频率决定的音圈电抗上升时的感抗元件（音圈电感的虚数部分）。

M_d——振动系统的等效质量。

C_s——支撑系统的等效力顺。

R_{es}——支撑系统的等效力阻。

Z_b——单元背向辐射阻抗。

Z_f——单元前向辐射阻抗。

这个模型与Beranek[12]曾描述过的一个模型相似，除了音圈电抗在他的模型中被当成固定值，而在此图中是频率决定的[13]。

0.6 功率、效率及房间大小

功放输出的某一功率能产生多大的声音，是扬声器效率以及所推动空气体积的一个直接体现。判断在特定房间中扬声器能否达到你想要的音量水平是一个重要的问题，必须在建立你自己的扬声器系统之前加以考虑。由于大多数扬声器是效率相当低的设备，通常为0.5%～2%，要计算合适的声功率并不容易。如果我们考虑一个典型的效率为0.5%的无限障板单元（扬声器效率的计算在第1章和第2章中讨论），和一个可以输出50W RMS功率的功放，那么从这个系统可以得到的声功率将是0.25声瓦（0.005×50W=0.25W）。

图0.24可以用于估算在给定房间体积和特定声功率输出时，音乐节目材料可产生的声压级。如果我们将0.25声瓦放在一个典型的20英尺×22英尺×8英尺，即约100立方米（约

6.1m×6.7m×2.44m）的起居室中，可以达到约 97dB 的声压级。如果要多产生 3dB 以达到 100dB 的声压级，我们需要将功放功率翻倍，加大到 100W。

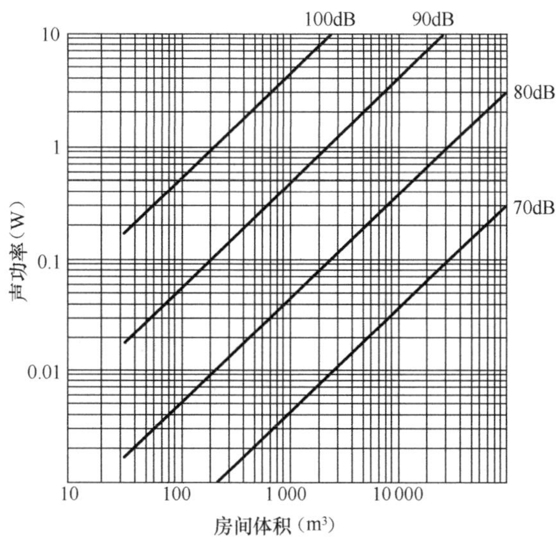

图 0.24　声功率/房间尺寸关系表

基于扬声器的 RMS 范围，并假设这个范围在某种意义上与单元的热性能相关（许多时候并不相关），我们这个单个效率为 0.5%的扬声器的声压可能不足。与其把功放的功加倍，不如采用另一个解决方案，即使用一个附加的单元。增加一个并联的单元使锥形振膜面积加倍，而且使声功率增加到 4 倍。在同样的房间中，用同一个输出功率为 50W 的功放驱动，这个复合单元产生的 1W 声功率可以产生将近 103dB 的声压。只用一个单元，要达到相同声压级水平则需要 200W。

0.7　高级换能器设计

本书中，大多数针对扬声器箱体设计（详见第 1～4 章）的讨论，以及扬声器行业的相关文献，都是有关从特定单元参数组合预测箱体性能的思考。然而，这只是扬声器系统设计师的考虑，换能器工程师有其他一些不经常发表的观点，他们的工作是把锥形振膜、音圈、磁体、导磁上板及导磁下板、防尘罩、折环以及定心支片等部件组合在一起，设计制造出一个将安装在特定类型箱体上的低音单元。

一般来说，换能器工程师是“稀缺资源”，而优秀工程师更属凤毛麟角。在一般大学里没有专门的课程讲授这些技能，所以要在这个领域中成为行家，只能通过自学或者通过专业人员之间的相互传授，这些专业人员通常就职于大的扬声器公司或单元 OEM 厂商。

系统设计曾经被认为是一种“魔法”，直到用于此类工作的专业 CAD 软件包出现（如 Linea X LEAP 软件，这是我在本书中进行模拟时最常用的软件）。直到最近换能器工程师仍然常常陷于“魔法”之中，因为设计制造一个新低频单元的唯一途径就是依靠多年经验进行反复的尝试。大概是在我整理本书第 6 版的时候，通过引进新发行的换能器模拟软件，这个过程也已经被根本改变。曾经需要许多经验的，通常需要 3 到 4 次的试样重复的，并且可能花费数个月的研发时间来开发的设计过程，现在可以利用计算机模拟而迅速完成。

第一种这样的新 CAD 程序是 Red Rock Acoustic 公司发行的名为 Spea*D*（Speaker Designer，扬声器设计师）的软件（关于 Spea*D* 以及同类的其他软件 WinMotor，详见第 9 章）。Spea*D* 由一系列软件工具组成，使换能器设计可以更快更容易。实际上它可以让你和你的设计玩“试试看会怎样（What If）”的游戏，然后在你的电脑上设计出一个低频单元。

Spea*D* 工具包括两个独立的程序。

（1）Reverse Spea*D*（逆向 Spea*D*）可以合成所需单元的 T/S（Thiele/Small）参数，以符合 f_3、箱体大小、箱体类型以及调谐频率等一系列箱体设计目标。

（2）Spea*D* 产生扬声器各部件的具体参数，以得到具有目标 T/S 参数的单元。

这种换能器模拟软件中令人兴奋的部分是你可以瞬间更改设计并且很容易地探索各种可能性，而这些曾经是非常费时或相当困难的。有了这些可以预测所要制造的低音单元各部件规格的软件，换能器工程师就可以少玩尝试游戏，而多玩电脑游戏，这就是我们生活的这个时代。

借助 Spea*D* 和它的搭档 Reverse Spea*D*，我提出下列小教程，对箱体设计的要求改变以后，如何更改低频单元的磁路以及锥形振膜装配部件进行说明。我考虑的箱体设计均使用 12 英寸低频单元，第一个用计算机设计的低频单元是为 2.0 立方英尺中等大小的密闭箱而优化的。

第二个设计显示，同样的低频单元用于 2.0 立方英尺倒相箱时，其磁路和锥形振膜装配部件所需要的优化工作。然后，将这个低音装于 2.0 立方英尺密闭后腔带通箱时，磁路/锥形振膜所需的改变。最后一个模拟是同样的 12 英寸低频单元，用于 0.75 立方英尺的紧凑型密闭箱时，磁路和锥形振膜部件的要求。

这个教程中所有的数据和图片（有些是文字）均由 Red Rock 公司，特别是 Red Rock 公司的 CEO Pat Turnmire 提供，他正好是一位那种凤毛麟角般的换能器工程师。

0.7.1 为闭箱设计低频扬声器

第一个例子是生成为闭箱设计的低频扬声器各部件的规格指标。这个项目的规格从箱体性能的指标开始。为了达到这个教程的目的，先假设你是一个小型汽车音响公司的扬声器工程师，销售部要求你开发一个新的密闭箱式 12 英寸超低频扬声器。

给你的指标相当有限。销售部的调查表明这样的一个单元将会受到市场欢迎：12 英寸的汽车音响超低频扬声器，f_3 在 2.0 立方英尺的箱体中可达 40Hz，承受功率为 200W RMS，使用聚丙烯振膜和橡胶折环，音箱系统的品质因数 Q_{tc} 是 0.9。换句话说，即一个中等大小的 12 英寸闭箱用汽车超低频扬声器，低频下端的声音厚暖，有足够的冲程，所以声音够大、下潜够低（考虑车厢的提升效果，40Hz 是较低的截止频率，详见第 11 章）。表 0.1 总结了这些信息，包括设想的 12 英寸超低频扬声器的 X_{max}，它可以来自经验或者观察，以及一个借助 Spea*D* 应用工具估计的 Q_{ms}。

表 0.1　　闭箱单元指标

R_{EVC}	3.5Ω	4Ω 汽车音响低频单元的标准
S_d	0.049 m²	标准 12 英寸锥形振膜的有效振动面积
Q_{ms}	10	基于音圈、锥形振膜类型及 Spea*D* 帮助系统的数据表得到的估计值
箱体积	2.0ft³（立方英尺）	销售部决定
Q_{tc}	0.9	对效率与汽车音响爱好者喜欢的稍厚暖的低频的折衷
M_{md}	????	
X_{max}	8mm	多数 12 英寸超低频扬声器中较大的冲程
f_S	40Hz	

设计步骤从生成 T/S 参数开始，将之设为能够得到符合销售部要求的产品规格的结果。Spea*D* 的逆向箱体合成部分，即 Reverse Spea*D*，就是为这项工作而设计的。请看表 0.1 中的数据，Reverse Spea*D* 所需的目标参数中，M_{md} 是唯一未立即明确的一个，它代表扬声器的总振动质量（不含加载的空气质量，如果包含加载的空气质量则称为 M_{ms}）。

任何单元的 M_{md} 是由 4 个部分组成：锥形振膜质量、折环质量的一半、音圈质量（骨架和线圈），及防尘罩、定心支片、锥形振膜组装用的胶粘剂等各种其他质量。锥形振膜和折环质量比较容易得到，这个例子中使用的塑料锥形振膜以及附加的橡胶折环质量为 72g，已扣除折环质量的一半。

音圈装配质量是 M_{md} 的第二个部分。设计者根据经验（注意，经验在换能器设计中仍然很重要，即使有了高级软件和快速的计算机）可以知道，直径 2 英寸的音圈将可以达到销售部要求的 200W 目标功率所需的热功率。经验还建议，需要 4 层音圈来产生特别高的 *Bl* 值，以推动沉重的 12 英寸锥形振膜。

表 0.1 给定的 X_{max} 是 8mm，依照经验可知导磁上板厚度将是 10mm 左右，那么音圈绕线宽即为 26mm（音圈绕宽=导磁上板厚度+$2X_{max}$）。然后你就可以用 Reverse Spea*D* 提供的

一个工具计算出目标音圈的质量。此处，绕线宽 26mm，直流电阻（DCR）为 3.5Ω，直径 2 英寸的 4 层音圈，其质量约为 51g。振膜重 72g 加上估计的 51g 音圈质量，以及防尘罩等各种其他部分的 17g，你可以算出目标 M_{md} 为 140g。

当你将以上的这些信息输入到 Reverse Spea*D* 后，程序就自动计算出参数组合（参数集），显示如图 0.25 所示。可以看出，最终的扬声器将具有相当高的效率，SPL 达到 89.66dB/2.83V。

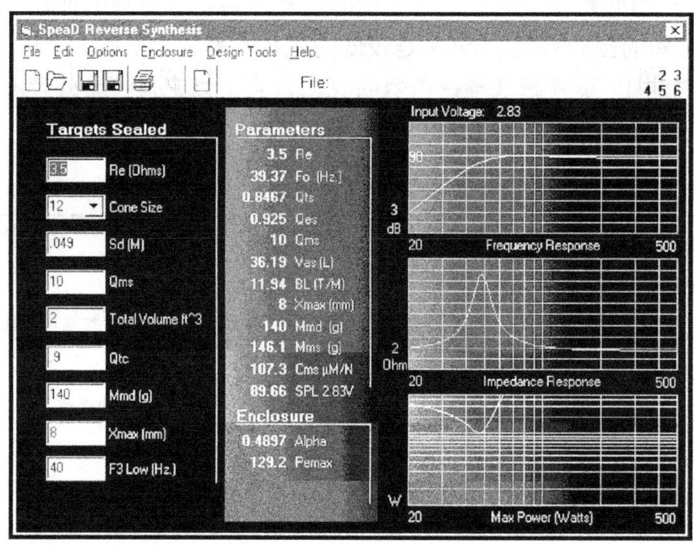

图 0.25　用 Reverse Spea*D* 计算的参数

当你决定了这个低频单元的参数目标后，接下来的步骤是用 Spea*D* 软件的主体得到可以产生以上参数的一套低频单元部件。第 1 步是用 Spea*D* Voice Coil Optimizer（音圈优化工具）来确定音圈规格，输入已经用 Reverse Spea*D* Coil Tool（Reverse Spea*D* 音圈工具）得到的音圈数据（4 层音圈，2 英寸内径，Kapton 骨架，26mm 绕线宽，以及直流电阻 3.5Ω）到 Coil Optimizer（音圈优化器）。Coil Optimizer 计算得到音圈线径应为 25AWG，3.5Ω DCR 的实际绕线宽将为 24.767mm，足够接近于 26mm 的目标（如图 0.26 所示）。

第 2 步是磁路设计。同样的，经验将指引一个换能器工程师从 30 盎司（1 盎司≈28.35g）的磁体开始，这种磁体可能已经成功用于其他类似的 12 英寸低频单元工程中。30 盎司磁体的尺寸是 120mm 外径×20mm 厚×60mm 内径。根据经验，理想的上、下导磁板直径一般等于磁体外径减去导磁上板厚度，在这里，110mm 将是理想的。

输入导磁上板直径 110mm，厚度 10mm，然后使用 Spea*D* 建议的 54.25mm 内径，你就完成了导磁上板设计。在这个过程中，程序考虑了音圈直径、骨架厚度和绕线层高，以及典型的可以产生最大 *Bl* 值又有足够机械活动空间的气隙大小。

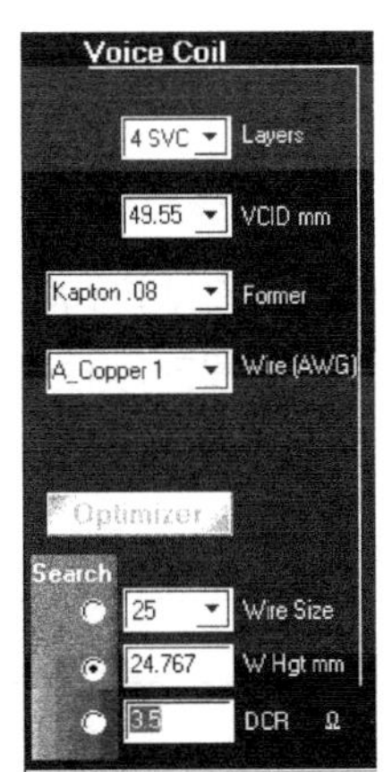

图 0.26 SpeaD 音圈优化工具

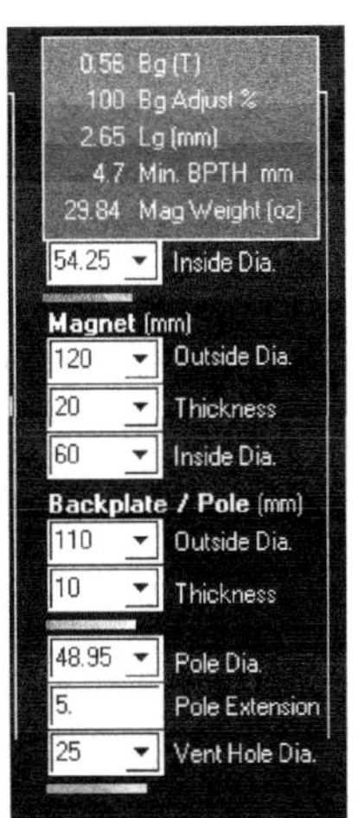

图 0.27 用 SpeaD 设计磁路

导磁下板和导磁柱的设计同样简单。在任何设计的开始阶段，设计者常常可以假设导磁下板的外径和厚度与导磁上板相同。至于导磁柱，一个直径为 48.95mm 的标准导磁柱可以在音圈骨架内径与导磁柱之间给出一个大小合适的径向空隙。

还有一个加长了 5mm 的导磁柱也包含在这个单元的磁路设计中(参阅加长型导磁柱动力学的最后一个部分)，根据 Spea*D* 的帮助菜单，它对于 10mm 厚的导磁上板来说比较理想。加长的导磁柱不仅可以为音圈两个方向的运动都提供更为线性的磁通，还可以在音圈冲程达到极限，完全冲出气隙时为它提供导向定位作用。延长的导磁柱防止了音圈卡在导磁上板上并导致灾难性后果的可能性。最后一个细节是导磁上板的 25mm 气孔，加上它是为了冷却和防尘罩后腔压力的释放。

当你把这些数字全部输入到软件中以后，软件立即给出大量关于磁路设计的信息。首先，每个金属部件、导磁上板、导磁下板和导磁柱都有一个“Saturation Bar（饱和条）”，一个显示该部件磁饱和程度的指示栏。通常，设计低频单元效率最高（并且成本最低）的方法是使部件达到或稍低于它们的饱和水平。在这个设计中，模拟磁路中所有金属件都没接近饱和，表明这个磁路不会因部件太单薄（过饱和）而有什么能量损失。

接着，从图 0.27 所示的下拉框中可以看到，磁通读数为 0.56T（Bg）。Spea*D* 同样表明，在本设计中导磁下板最小厚度小于 6mm。这意味着如果磁路设计达到目标，公司可以通过将导磁下板厚度从 10mm 减少为 6mm 而节省部件成本。

此时，已经得到了 Spea*D* 的 Soft Parts（译注：软部件，即音圈、振膜、定心支片以及折环等振动部件）部分需要的绝大多数信息，可以输入到程序中以得到最后的结果。这些信息包括锥形振膜面积（S_d）为 0.049 1m^2，锥形振膜 f_0 为 41Hz，由制造商提供（锥形振膜 f_0 和锥形振膜的质量可以用来确定锥形振膜的顺性），折环的半重量和锥形振膜的总重为 72g，另外估计的防尘罩胶粘剂等其他重量为 17g。直径 6 英寸、中孔 2 英寸的定心支片位移参数由供应商提供，在 50g 测量力作用下，此支片位移量是 0.5mm。Q_{ms} 值为 10，来自 Spea*D* 帮助系统，这是最后一个要求输入的数值。

磁路部分的数据以及 Soft Parts 部分的数据输入程序后得到的 T/S 参数组合列于表 0.2。从表中可以明显看出，至少还存在一个问题，起始数据显示预测的 f_0 约为 34Hz，比 f_0 目标值 40Hz 低了 6Hz。由于提高 f_0 最简单的方法是减少定心支片的顺性（即使用劲度更大的支片），首先要改变的就是试验定心支片的位移参数。

表 0.2　　闭箱单元磁路及软部件参数

	目标参数	起始数据	第 1 次运算
R_{evc}	3.5	3.5	3.5
f_0	39.7	33.77	39.21
Q_{ts}	0.846 7	0.740 4	0.849 5
Q_{es}	0.925 0	0.799 6	0.928 6
Q_{ms}	10	10	10
V_{as}	36.19	51.47	39.18
Bl	11.94	11.64	11.64
M_{md}	140.00	139.86	139.86
SPL 2.83V	90.69	89.46	89.46
关键部件			
定心支片位移		0.5mm@50g	0.15@50g

译注：上表中，M_{md} 原文为 X_{max}。

通过几次试验，0.15 的位移量得到与原初目标一致的参数组合，如图 0.28 所示。经过这个分析，设计者就能充分地确定此设计可以得到需要的结果，为订购部件并构建一个低频单元原型样品做好了准备。

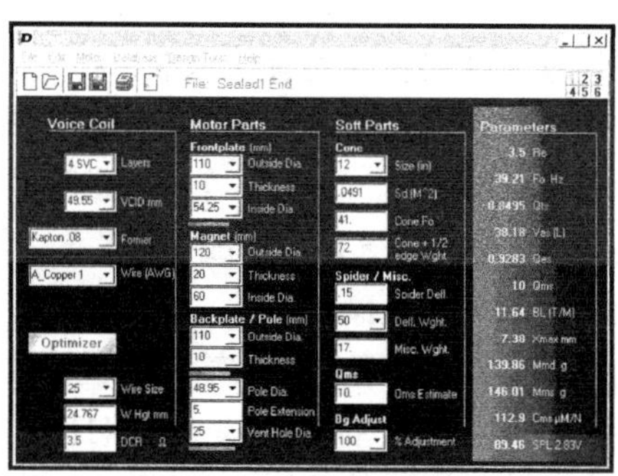

图 0.28　Spea*D* 给出的低频单元最终参数

0.7.2 为开口箱设计低频扬声器

继续上述作为一个小型汽车音响公司的换能器工程师的话题，假设你刚刚完成密闭箱产品的原型设计，而销售部决定生产 2 立方英尺，f_3 约降低半个倍频程的开口箱会更好。销售部还希望考虑做一个体积相同的带通扬声器箱，并要求有 2 个新的原型样品用于测试。

首先要做的事就是核实将现有低频扬声器原型样品用于 2 立方英尺开口箱的可行性。虽然 Q_{ts} 值高了许多（参阅第 1 章 1.4 节，低频扬声器的选择与密箱体结构），继续使用那个密闭箱低频扬声器的参数，用 LEAP 模拟一个 2 立方英尺，调谐频率为 40Hz 的开口箱。模拟结果证实了这一点（如图 0.29 所示），响应上的 7dB 峰值表明这个单元/箱体组合严重欠阻尼而无法接受。

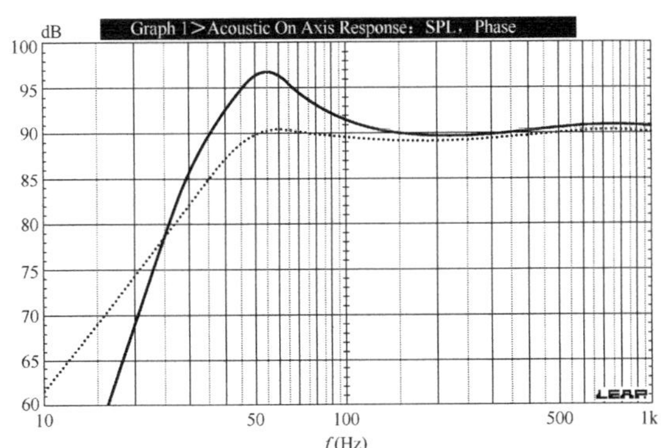

图 0.29 低频单元样品的 LEAP 模拟

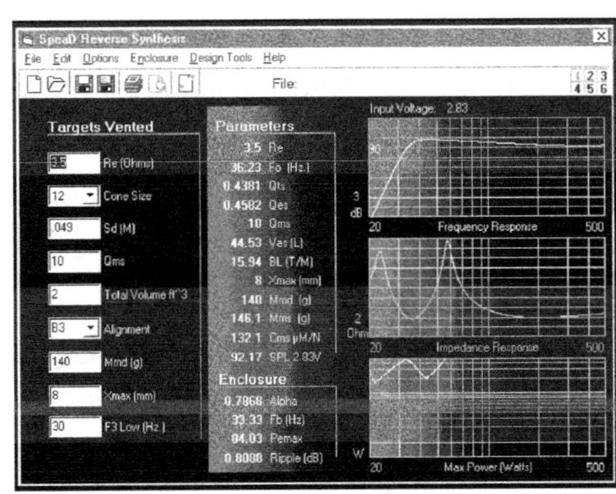

图 0.30 用 Reverse SpeaD 得到的开口箱样品低频扬声器参数

使用 Reverse Spea*D* 并在计算机上稍做尝试，我通过降低 f_3 目标值至 30Hz 得到了箱体大小中等、阻尼良好的 B3 型响应（如图 0.30 所示），销售部喜欢频率潜得更低的低频。我将从 Reverse Spea*D* 得到的信息输入到程序主体，3 次更改运算后得到表 0.3 的数据。

表 0.3 开口箱设计

目标参数		起始数据	第 1 次运算	第 2 次运算	第 3 次运算
R_{evc}	3.5	3.5	3.5	3.5	3.5
f_0	36.23	33.77	36.20	36.20	36.20
Q_{ts}	0.438 1	0.740 4	0.785 9	0.474 0	0.421 0
Q_{es}	0.458 2	0.799 6	0.857 2	0.497 6	0.439 5
Q_{ms}	10	10	10	10	10
V_{as}	44.53	51.47	44.79	44.79	44.79
Bl	15.94	11.64	11.64	15.28	16.26
X_{max}	8.00	7.38	7.38	7.39	7.39

续表

目标参数		起始数据	第 1 次运算	第 2 次运算	第 3 次运算
M_{md}	140.00	139.86	139.86	139.9	139.90
SPL 2.83V	92.17	89.46	89.46	91.82	92.36
关键部件					
定心支片偏移		0.5mm@50g	0.25mm@50g	0.25mm@50g	0.25mm@50g
磁体外径		120	120	140	140
导磁上、下板外径		110	110	130	130
磁体厚度		20	20	20	25

与闭箱设计相同，第 1 步是调整顺性，使之与目标值相符。通过调整定心支片位移参数使之更硬，这个也是很容易就完成了。通过降低支片顺性使位移值为 0.25mm，将 f_0 提高到足以与新开口箱体目标值相符。

接下来的步骤是增加 Bl 值到一定水平，以降低 Q_{ts} 至其目标值。先试着增大磁体的外径是最显而易见的办法。更大一点的可选规格外径是 140mm。随着磁体外径的增大，有必要同时增大导磁上板和导磁下板的外径与磁体相匹配。

这个外径 140mm 磁体的使用将使 Q_{ts} 降低，很接近目标值，但 Q_{ts} 还是太高了。继续增大磁体，使外径超过 140mm 是一种可能的方法，可以增大 Bl 值至足以获得目标 Q_{ts}，但还有一个方法是尝试增大磁体的厚度。这将给音圈在向后的运动中增加更多的行程，也有助于防止“打底”现象（音圈骨架后端在向后剧烈运动时撞到导磁下板上）。

考虑到所有开口箱单元在低于调谐频率时的冲程都会很大，这无疑将是个合适的选择，特别是了解到这个几乎众所周知的事实之后：汽车音响消费者是出了名地喜欢用他们的系统在高音量下播放充满低音的音乐。将磁体厚度从 20mm 增加到 25mm 可增大 Bl 到足以提供正好达到目标值的 Q_{ts}。

0.7.3 为带通箱设计低频扬声器

带通设计更为复杂，并且 Reverse Spea*D* 需要更多的信息以确定设计目标。典型的附加规格（除了总体积为 2 立方英尺，以及 f_3 在 40Hz 附近）包括纹波为 0dB 的平坦响应和介于 80Hz 和 90Hz 之间的–3dB 高频截止频率。输入适当的数据后，Reverse SpeaD 计算这些参数得出的箱体目标为：0.77 立方英尺的后腔体积和 1.2 立方英尺的前腔体积，调谐于 60Hz（如图 0.31 所示）。

上述的低频扬声器灵敏度为 90.6dB/2.83V，带通音箱的系统增益为 4.25dB。输入这些数据到主程序菜单，得到表 0.4 的结果，包括为得到最终结果而改变扬声器部件的 4 次运算。

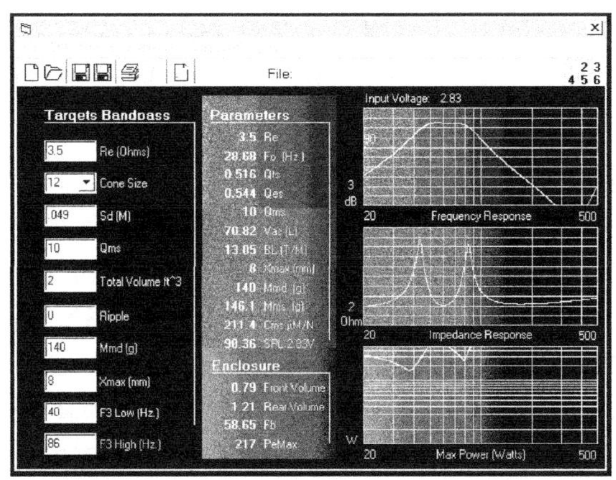

图 0.31　用 Reverse Spea*D* 设计带通音箱之例

表 0.4　　带通式音箱设计

目标参数		起始数据	第 1 次运算	第 2 次运算	第 3 次运算	第 4 次运算
R_{evc}	3.5	3.5	3.5	3.5	3.5	3.5
f_0	28.68	33.77	29.62	28.79	28.79	28.79
Q_{ts}	0.516 0	0.740 4	0.655 3	0.638 1	0.516 1	0.536 6
Q_{es}	0.544 0	0.799 6	0.701 3	0.681 6	0.544 2	0.567
Q_{ms}	10	10	10	10	10	10
V_{as}	70.82	51.47	66.91	70.83	70.83	70.83
Bl	13.05	11.64	11.64	11.64	13.03	12.77
X_{max}	8.00	7.38	7.38	7.38	7.38	7.38
M_{md}	140.00	139.86	139.86	139.86	139.86	139.86
SPL 2.83V	90.36	89.46	89.46	89.46	90.43	90.26
Vb1S	0.79					
Vb2V	1.20					
关键部件						
锥形振膜 f_0		41	35	35	35	35
定心支片偏移		0.5mm@50g	0.5mm@50g	0.7mm@50g	0.7mm@50g	0.7mm@50g
磁体外径		120	120	120	120	130
磁体厚度		20	20	20	40	20
磁体内径		60	60	60	60	65
导磁上、下板外径		110	110	110	110	120
					60 盎司磁体	35 盎司磁体

第一次运算需要一个新的折环（较低的锥形振膜 f_0）。改变定心支片参数用于开口箱时调高了支撑劲度，与这个做法不同，这里所需要的是一个劲度比原初设计更小的折环。我用

了一个中等劲度（也称为“硬度计”）的材料来获得 35Hz 的锥形振膜 f_0。这使得低频扬声器单元的 f_0 为 29.62Hz，只比目标值高一点。如第二次运算所示，再对定心支片作一个小调整就是为获得单元的目标 f_0 所要多做的。

下一步是要调整 Q_{ts} 使之达到目标值。由于 Q_{ts} 受到 Q_{es} 的巨大影响，后者又与 Bl 有很大关系，我就对磁体厚度进行调整。

可以看出，厚 40mm 的新磁体可使 Q_{ts} 达到目标，这是原初尺寸的 2 倍，但磁通密度稍微高了点。这似乎也是个昂贵的方案。所以通过改变磁体的外径，可以容易地做出决定，将磁体外径从 120mm 改成 130mm 以产生良好的结果。

查看磁体供应商的产品目录后，我选择了外径 130mm，内径 65mm 的磁体尺寸，以减少总磁体体积，将参数调到接近于所要的目标。在图 0.32 中可以看出这些运算的每一步是如何影响箱体的结果的，此图是用此练习中的初始 T/S 参数组合和 4 次运算得到各 T/S 参数组合进行 LEAP 箱体模拟得到的一系列结果。

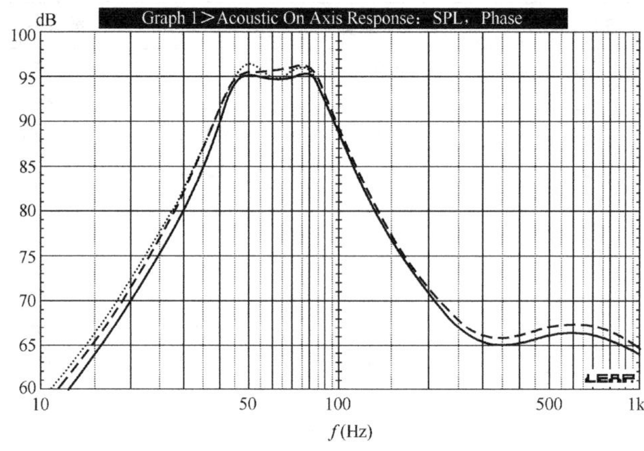

图 0.32　LEAP 带通模拟

0.7.4　为紧凑型箱体设计低频扬声器

做完这些工作之后，小型汽车音响公司的销售部终于醒悟过来，认识到大多数竞争对手正在销售 0.75～1.25 立方英尺、性能表现还不错的用于汽车音响的小型超低频音箱。2 个新的性能参数加了进来——f_3 为 50Hz，大小为 0.75 立方英尺的箱体。考虑到多数汽车车厢低频响应的“提升”效果，50Hz 完全足够了（参见第 11 章 11.4 节，密闭场表现的计算机模拟）。

这些箱体标准代表了现在市场上的汽车超低频，也是对许多 12 英寸车用超低频的描述，我曾为《Car Audio and Electronic（汽车音响与电子）》杂志对这些扬声器作近 2 年的回顾述评。

Reverse Synthesis 程序决定了一个目标参数组合（如图 0.33 所示），然后我将这些参数输入到 SpeaD 的主菜单系统，你可以跟随这些更改分别做 4 次运算，得到表 0.5 的扬声器参数。

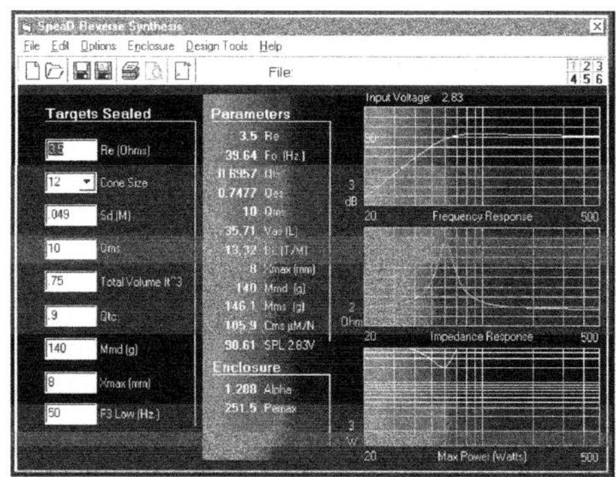

图 0.33　用 Reverse SpeaD 设计紧凑型音箱的参数

表 0.5　紧凑型密闭箱设计

目标参数		起始数据	第 1 次运算	第 2 次运算	第 3 次运算
R_{evc}	3.5	3.5	3.5	3.5	3.5
f_0	39.64	33.77	39.21	39.21	39.21
Q_{ts}	0.695 7	0.740 4	0.849 5	0.646 1	0.682 0
Q_{es}	0.747 7	0.799 6	0.928 3	0.690 7	0.736 8
Q_{ms}	10	10	10	10	10
V_{as}	35.71	51.47	38.18	38.18	38.18
Bl	13.32	11.64	11.64	13.50	13.07
X_{max}	8.00	7.38	7.38	7.38	7.38
M_{md}	140	139.86	139.86	139.86	139.86
SPL 2.83V	90.61	89.46	89.46	90.74	90.46
关键部件					
定心支片偏移		0.5mm@50g	0.15mm@50g	0.15mm@50g	0.15mm@50g
磁体外径		120	120	130	130
导磁上、下板外径		110	110	120	120
导磁上板内径		54.25	54.25	54.25	54.75

如同其他几个设计，设计步骤从获得与目标参数相匹配的 f_0 开始。这个单元的 f_0 与第一个设计的相似，只需要改变定心支片偏移参数来达到自由场共振目标值。

第二个更改仍然是加大磁体和导磁板的外径。这次更改外径得到比所要的更大一点的磁能，因而在最后一次运算中，通过修改导磁上板的内径以精调 *Bl* 值，从而对 Q_{ts} 进行调节。

应用 Reverse Spea*D* 的 Design Overview（设计总览）功能，你可以对这次练习得到的 4 个不同的响应曲线进行比较（如图 0.34 所示）。有趣的是，前 3 个设计的箱体大小目标值相同，但响应却有很大的差别。第一个密闭箱系统效率最低，开口箱系统效率稍高些，且低频延伸更好。带通箱系统效率很高，但带宽有点窄。

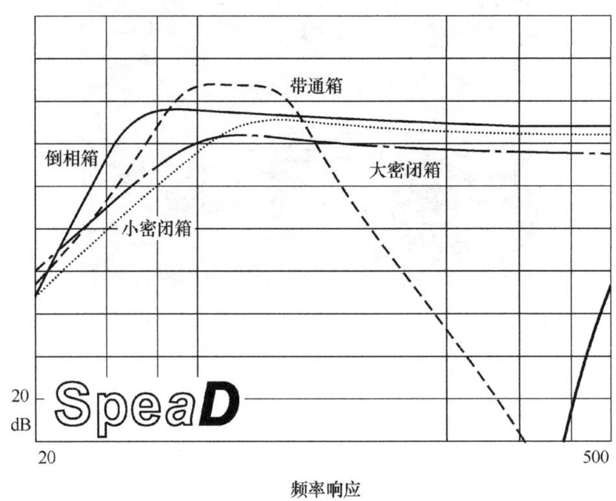

图 0.34　不同设计的响应比较

作为一个汽车音响超低频音箱，小型闭箱可能是 4 个中最好的选择。它的效率较高，功率承受能力较好，小而得当的磁体结构可以控制其成本。

0.7.5　加长型导磁柱动力学

在第 0.2 节驱动系统中讨论了一些不同导磁柱形状以及它们影响扬声器磁路的磁场线性的基本原理。对于加长型导磁柱这一特定结构，Spea*D* 提供了一些特有的功能，可以用不同加长程度的导磁柱玩“试试看会怎样”的游戏。

磁体建模系统跟踪气隙磁通密度的方式是这个软件最重要的特征之一，另一个更重要的特征是磁场形状，它决定作用在音圈上能量的大小。使用软件这些特征的一个有趣方式是将导磁柱从完全与导磁上板上表面平齐加长到比导磁上板高出正好一个气隙的高度，对单元参数的变化进行比较。

为了辅助说明这些是如何进行的，图 0.35 给出一个磁通密度坐标图（Bg 曲线），反映了气隙中部的磁场强度测量结果。3 条曲线分别代表导磁柱加长 0mm（平齐）、5mm、10mm 时，导磁上板气隙的 Bg（磁通密度）值，以 T 为单位。

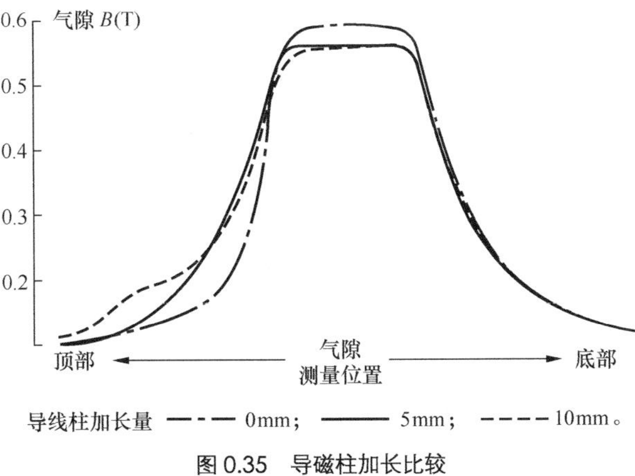

图 0.35 导磁柱加长比较

加长 0mm 的平齐的导磁柱是当前最常见的设计，实际上在气隙中央有着最高的读数峰值。但气隙两端的磁场形状不对称，磁场结构上端的杂散场有大量的磁通损失。

加长 5mm（即导磁上板厚度的一半）提供了一个非常对称的磁场。由于杂散场被更好地控制，气隙中 Bg 峰值略小于加长 0mm 的，但实际可用的能量增加了。当加长长度继续增加，超过导磁上板厚度一半的理想值后，提高的对称性继续被保持，然而可用能量减少了，因为磁场必须“驱动”加长导磁柱中更多的金属而导致损失。可以在导磁柱的顶部做一个杯状凹陷（如图 0.20 所示）以减少金属体积，从而使额外加长产生的损失减少到最小。

加长导磁柱所提供的其他优点包括在极限冲程时提高定位稳定性，以及最值得注意的工作热功率的增加，这是音圈附近散热面积增加的结果。图 0.36 和图 0.37 所示的是低频单元磁路在气隙附近的 FEA（有限元分析）模型，显示了气隙内部和周围的磁场强度，使之容易看出气隙中磁通的形状。图 0.36 描述的是一个平齐的导磁柱，而图 0.37 描绘了一个具有理想加长量的导磁柱。请注意与平齐导磁柱相比，加长型导磁柱气隙上、下端之外的磁场对称性。

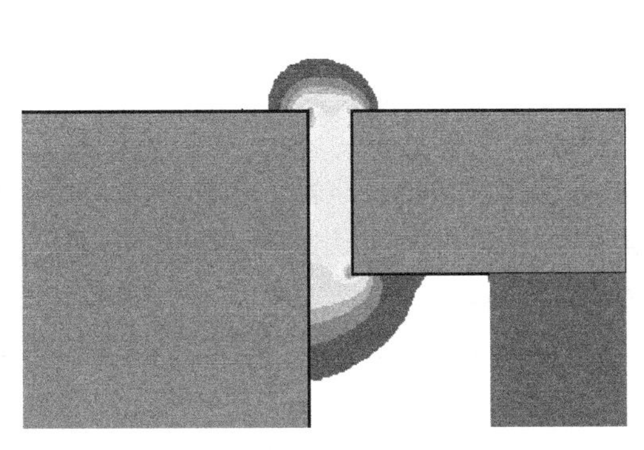

图 0.36 导磁柱与导磁上板平齐的磁场分布

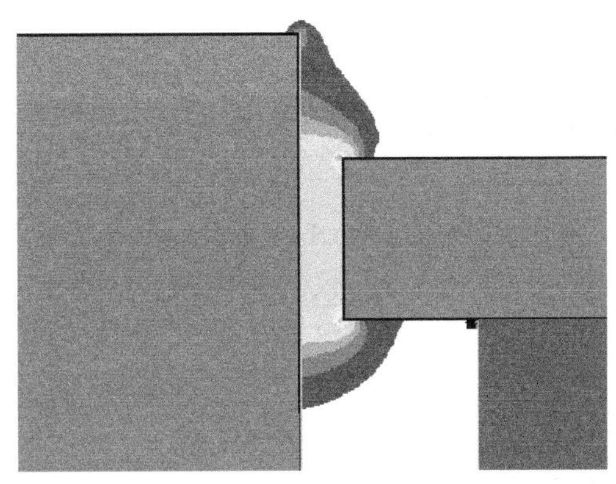

图 0.37 导磁柱高于导磁上板平面的磁场分布

表 0.6 中的数据给出对递增的导磁柱长度的预测（只显示受导磁柱加长量变化影响的参数）。请注意在 0～5mm 变化时，效率和 *Bl* 值增加以及 Q_{ts} 减少的情况。当导磁柱加长量超过导磁上板一半（5mm）这一理想值后再加大到 10mm，上述关系逆转，效率和 *Bl* 值减少而 Q_{ts} 增大。Spea*D* 能够做出这些预测是因为它可以对气隙内外的磁通形状建模。

表 0.6　　导磁柱加长动力学

导磁柱加长量（mm）									
	0	1	2	3	4	5	6	8	10
B_g（T）	0.61	0.60	0.59	0.58	0.57	0.56	0.56	0.56	0.55
Bl（T·m）	10.90	11.02	11.16	11.30	11.47	11.64	11.60	11.51	11.42
Q_{ts}	0.958	0.939	0.919	0.897	0.874	0.850	0.856	0.868	0.881
Q_{es}	1.060	1.036	1.012	0.985	0.958	0.928	0.936	0.951	0.966
X_{maxf}（mm）	9.58	9.77	9.98	10.23	10.50	10.82	10.82	10.82	10.82
SPL@2.83V	88.88	88.98	89.08	89.2	89.32	89.46	89.42	89.35	89.29

这种磁路模型也可以让程序可以确定扬声器真正“有效”的 X_{max}。Spea*D* 既使用通常意义上的 X_{max}=（音圈高度–气隙高度）/2，也使用基于软件的磁场结构建模的有效 X_{max}，称为 X_{maxf}。X_{maxf} 是对音圈线性冲程更真实的表示，即音圈线圈总有效圈数（Bl 中的“l”）开始减少，扬声器开始失控和失真之前音圈的行程。

在本书任何章节中，均用 X_{max}+15%作为磁场范围的近似值（在第 1.6.2 节，位移限制下的声功率输出中解释），并以此作为确定扬声器系统线性工作范围的标准。这种近似值并未将普通结构与导磁柱加长这样更为线性的结构相区别，而 Red Rock Acoustic 的软件可以做到。表 0.6 包含了不同导磁柱加长量的 X_{maxf} 值。

0.8　高级换能器分析研究

毫无疑问，Klippel 失真分析仪是近年出现的最值得注意的扬声器特性测量新工具。通过将先进的失真分析仪（如图 0.38 所示）与激光定位（如图 0.39 所示）相结合，Wolfgang Klippel 博士和他的团队给予这个行业一个理解低频、中频和高频单元动力学行为的有力武器（更多信息请访问 Klippel 网站，www.klippe.de，特别注意“Know How”部分）。这个设备如此重要的原因是因为小信号线性模型——如大家熟悉的 Thiele/Small 模型——无法描述电动扬声器在大振幅下的行为。

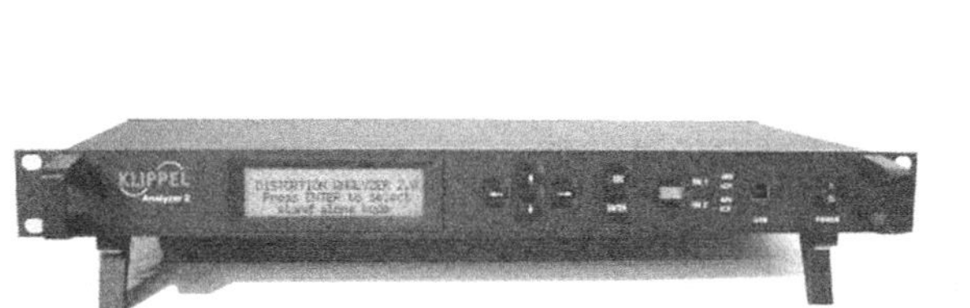

图 0.38　失真分析仪

图 0.39　激光定位

由于标准的小信号模型不涉及输入电平增大时的动力学（LEAP 模型是个例外，它常常以某种方式涉及动力学和非线性变化），忽略了热的变化和其他各种引起失真的非线性机制，以及设备的极限声输出。由于 Klippel 分析仪可以测量动态 *Bl*、顺性、电感、温度，以及大量其他的扬声器特性，它是进行为本书所设计的一系列简短研究的最佳选择。使用 Klippel 失真分析仪来阐述的内容包括 *Bl* 线性、导磁柱延长与非线性、短路环与失真、音圈温度与磁路质量以及音圈温度与导磁柱气孔。

0.8.1　*Bl* 及顺性的线性

如果你通读并理解了这一章的第一部分（0.2.1～0.2.3 节），可以知道 *Bl* 描述了扬声器磁路的电磁“马力”，它实际上是暴露于气隙的密集磁场中的线圈数量。每个扬声器设计师的目标都是获得一个线性完美、在行程的两向同样工作良好，并且零失真地忠实跟随输入信号的低频单元。一般来说，这样的单元并不存在，但它确实是目标。

从一个到另一个，所有的低频单元都以引起输入波型一定程度失真的方式运动，带有一些无规则振动。让它们尽可能线性地工作是要做的事。为此，我和 Pat Turnmire，Red Rock Acoustics 公司的 CEO 以及 Spea*D* 和 Reverse Spea*D* 软件（第 0.7 节）的作者，做了一个小研究，以阐明像 Turnmire 先生这样的换能器工程师如何让扬声器以更线性的方式更低失真水平地工作。

这个想法是建立一系列的 10 英寸低频单元，从故意的非线性设计开始，每次运算逐步改变一个部分，直至从最初表现不良的低频到我们把所有可用的方法都用来提升其性能。总的来说，Pat 先生做了 10 个 *Bl*、导磁柱延长量、短路环，以及音圈温度不同的低频单元，详细说明将后述。在这一节中只使用 10 个单元中的 5 个。这 5 个单元使用相同的盆架、锥形振膜、折环、卷绕在相同直径和厚度的铝骨架上的 4 层音圈、相同的碳钢导磁板，都使用 Y33 磁体材料，并且每个磁隙高度均为 10mm。每个单元的物理规格见表 0.7。

表 0.7　　每单元的物理规格

样品#	磁体尺寸	音圈长度	X_{max}	支片类型	导磁柱加长
1	110mm × 15mm	14mm	2mm	台式	无
2	140mm × 20mm	24mm	7mm	台式	无
3	140mm × 40mm	40mm	15mm	台式	无
4	140mm × 40mm	40mm	15mm	平式	无
5	140mm × 40mm	40mm	15mm	平式	加长（5mm）

在使用 Kilppel 分析仪之前，用 MLSSA 分析仪测量所有的 Thiele/Small 参数，结果见表 0.8。

表 0.8　　测量的参数结果

	1	2	3	4	5
R_e	3.10Ω	3.00Ω	2.96Ω	3.06Ω	3.07Ω
F_S	30.49Hz	30.76Hz	28.13Hz	28.19Hz	27.82Hz
Q_{MS}	6.86	6.52	6.06	7.34	7.92
Q_{ES}	0.78	0.65	0.58	0.58	0.56
Q_{TS}	0.70	0.59	0.53	0.54	0.52
V_{AS}	34.23 L	39.51L	36.92L	37.21L	38.20L
M_{MD}	88.9 g	122.1 g	157.3 g	157.3 g	157.3 g
Bl	9.47 T · m	10.56 T · m	12.07 T · m	12.22 T · m	12.44 T · m

从表 0.7 可以看出，低频单元样品 1～3#首先改变的是音圈的长度。从表 0.8 给出的数据还可以看到将这几个单元归为同一类所采用的一些标准。显然，R_e 和 f_s 被努力保持适当的稳定，因而所有的低频单元可以在共同的密闭箱上具有大致相同的调谐参数。然而，由于这 5 个样品使用相同的锥形振膜，锥形振膜的装配质量（M_{md}）将随音圈尺寸的不同而不同。由于 M_{md} 明显不同，你还会注意到磁体的尺寸改变了，这是为了将 Q_{ts} 值控制在一个相当窄的范围内，但低频单元样品 1#是个例外，它的 Q_{ts} 要比这一类中其余几个稍高一点。

在最初增大前 3 个低频扬声器的 X_{max} 之后，紧接着改变的是支撑系统，这意味着前 3 个单元使用的是凹式（Cupped）或台式（Elevated）定心支片，样品 4#和 5#使用更为线性的平式定心支片，平式定心支片没有常常伴随着台式定心支片的不对称性问题。最后一次运算的改变是为了使磁路系统更为线性，将低频扬声器样品 5#的导磁柱长度延长，延长量等于气隙高度的一半。将表 0.8 中的所有数据输入到 LEAP5 Enclosure Shop 软件，模拟这 5 个低频扬声器在 2 立方英尺填充 50%玻璃纤维的箱体上的情况。

SPL 和阻抗曲线分别如图 0.40 和图 0.41 所示。除低频扬声器样品 1#外，其余 4 个样品在相同体积的箱体上至少具有相近的特性。然而，用计算机进行箱体模拟，你可以看到的只是一些单元具有相近的箱体特性，以及一些 SPL 差异和一些明显更高的音圈阻抗，但你对这些单元动态表现如何确实了解不了多少，甚至再用更高的输入电压，你也只能看到 SPL 的相对增加和单元/箱体复合体总阻尼的改变。

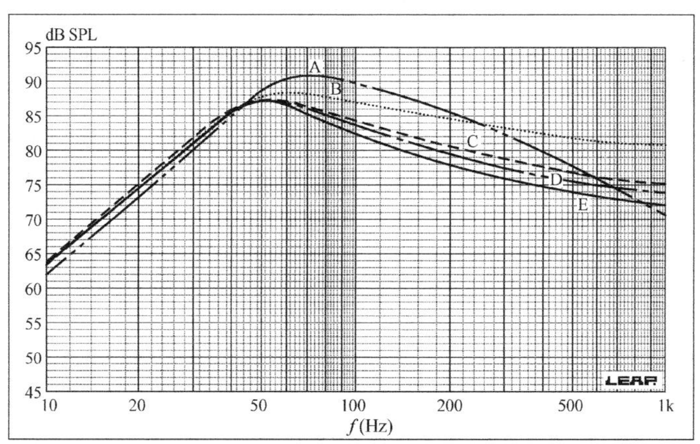

A—低频扬声器 1；B—低频扬声器 2；C—低频扬声器 3；D—低频扬声器 4；E—低频扬声器 5。

图 0.40　低频扬声器样品 1～5#计算机箱体模拟的 SPL 曲线

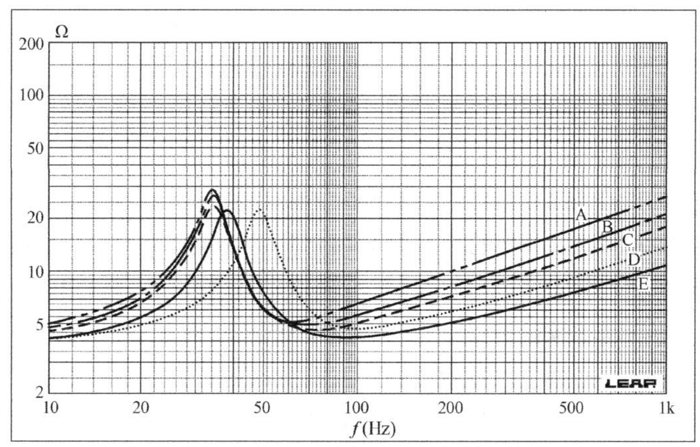

A—低频扬声器 1；B—低频扬声器 2；C—低频扬声器 3；D—低频扬声器 4；E—低频扬声器 5。

图 0.41　低频扬声器样品 1～5#计算机箱体模拟的阻抗曲线

要揭示加大音圈长度、提高支撑线性和加长导磁柱长度对改善上侧边缘磁场线性时单元线性的变化，最好的办法是使用 Klippel 分析仪。它是一个非常昂贵的测量设备，需要 20 000～30 000 美元，因此不幸超过了大多数业余设计者甚至一些小的扬声器制造商的承受范围。然而，Klippel 博士的团队慷慨地提供了一套完整的 Klippel 装置，Patrick Turnmire 和我用它来为《音圈（Voice Coil）》杂志做单元测试，为《汽车音响与电子（Car Audio and Electronics）》提供述评，以及撰写本书第 7 版的这一部分。

我从 Klippel 分析仪生成的数据中为这一部分挑选了 3 幅图：$Bl(X)$，$K_{ms}(X)$ 和 $L_e(X)$。这些基本曲线组合和我每个月在《Voice Coil》杂志的"测试台（Test Bench）"部分所用的曲线组合相同。$Bl(X)$ 是对低频扬声器在冲程的两向均达到极限时 Bl 变化的动态描述。$K_{ms}(X)$ 是支撑劲度的曲线，也是顺性曲线在数学上的倒数。$L_e(X)$ 曲线显示了在音圈向两个方向运动时电感所发生的变化。

用 Klippel 失真分析仪测量低频扬声器涉及发送一系列预编码不同电平的噪声刺激信号。每个单元进行这个测量需要 5～10min。得到 5 个低频扬声器 Klippel 数据的图序如下。

	$Bl(X)$	$K_{ms}(X)$	$L_e(X)$
样品 1#	图 0.42	图 0.43	图 0.44
样品 2#	图 0.45	图 0.46	图 0.47
样品 3#	图 0.48	图 0.49	图 0.50
样品 4#	图 0.51	图 0.52	图 0.53
样品 5#	图 0.54	图 0.55	图 0.56

请看样品 1#低频扬声器的几幅曲线，可以看到相当尖的 Bl 曲线形状，在锥形振膜行程的两个方向均快速地下降。事实上，这和你经常在高效率专业音响低频扬声器上看到的情况非常相似，它们的冲程相对于效率来说不是那么重要。$Bl(X)$ 和 $K_{ms}(X)$ 曲线都表现为音圈的前向偏移，在这个例子中并不极端。目标一般是要让曲线以静态位置[14]为中心并两向对称。然而，音圈对静态位置的偏移可以是好的，也可以是坏的。一般来说，偏移的音圈只会产生额外的信号失真，而故意为补偿非对称磁场而设置的偏移确实可以提升低频扬声器的性能[15]。

Klippel 分析的另一个副产品是可以为软件生成单独的 Bl、顺性、和电感成分的冲程限制，确定这些成分对特定失真水平的影响[16]。由于为这个测试制作的低频扬声器基本上都是 4Ω 超低频扬声器，失真 20%的标准是 Bl 减少到 70%的最小值，顺性减少到最少的 50%，电感减少到最低的 10%。超低频扬声器一个可接受的失真标准是 20%，在频率低于 100Hz 时，并不容易在主观听感上识别。对于全频单元这一标准需从 20%调整到更低的 10%的失真水平。

$L_e(X)$ 对于低频扬声器和超低频扬声器不是很重要的，更多与中频扬声器可闻的互调失真有关。表 0.9 给出 5 个单元位移限制的 Bl 和顺性值。对于 1#低频扬声器样品，虽然物理上 X_{max} 只有 2mm,这个单元可以在 Bl 引起的失真慢慢变得可闻之前提供超过 5mm 表现良好的冲程。

表 0.9　　5 个单元位移限制的 ***Bl*** 和顺性值

样品#	*Bl*（*X*）	C_{ms}（*X*）
1	5mm	7.3mm
2	10mm	8.4mm
3	15.2mm	11.3mm
4	15.2mm	10.8mm
5	16.5mm	10.4mm

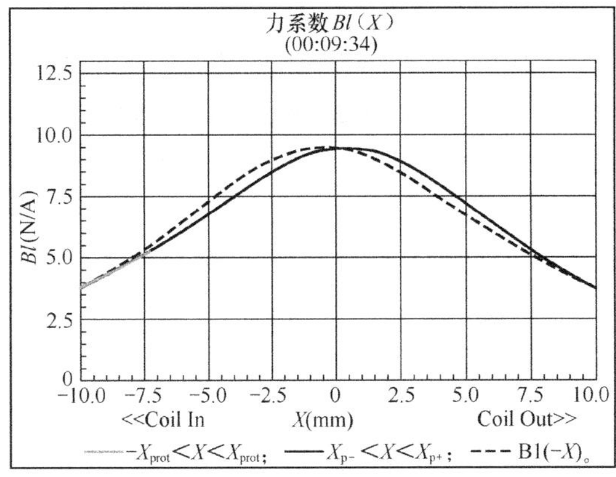

图 0.42　低频扬声器样品 1#的 Klippel *Bl*（*X*）曲线

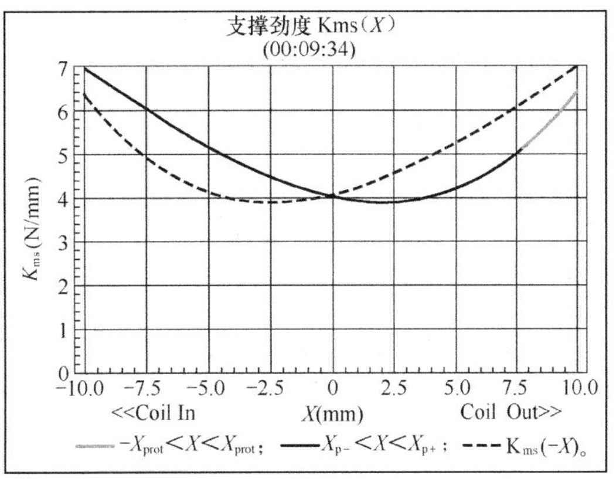

图 0.43　低频扬声器样品 1#的 Klippel K_{ms}（*X*）曲线

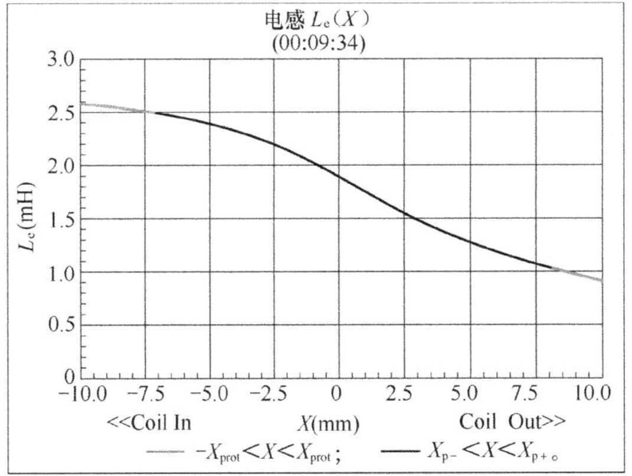

图 0.44　低频扬声器样品 1#的 Klippel L_e（*X*）曲线

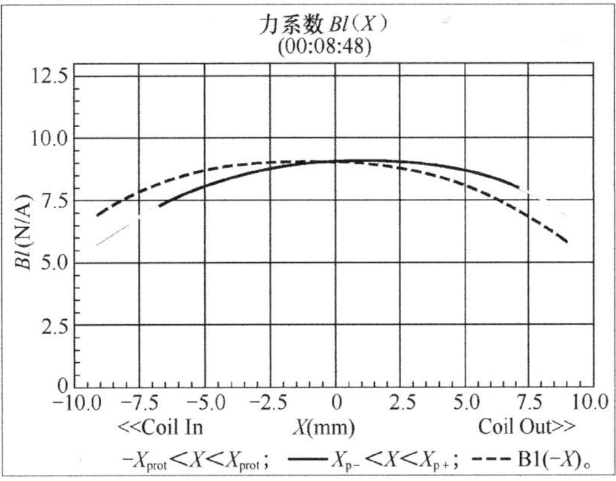

图 0.45　低频扬声器样品 2#的 Klippel *Bl*（*X*）曲线

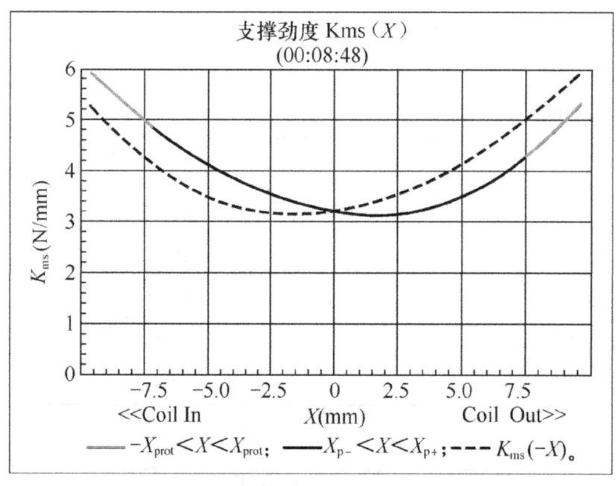

图 0.46　低频扬声器样品 2#的 Klippel K_{ms}（X）曲线

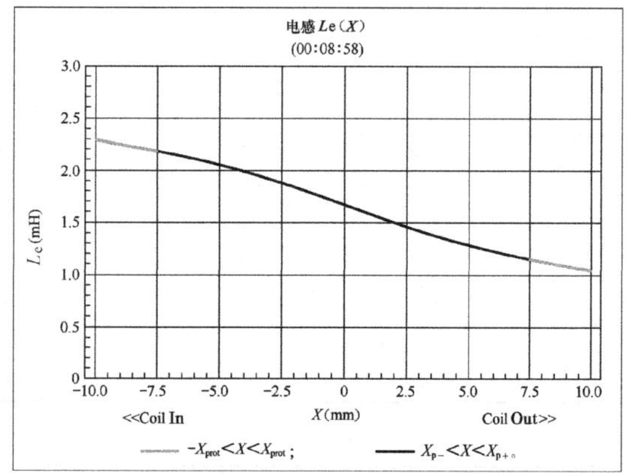

图 0.47　低频扬声器样品 2#的 Klippel Le（X）曲线

低频扬声器样品 2#最主要的改变是音圈长度从 14mm 增加到 24mm，使这个单元的 X_{max} 从低频扬声器样品 1#的 2mm 提高到 7mm。观察图 0.45 所示的 Bl（X）曲线，一眼就可以看出增加的音圈长度对低频扬声器冲程能力的影响。这个低频扬声器的 Bl 曲线具有一个更宽的平台形状，并且随着两个方向冲程的增加，Bl 逐渐地降低。如同单元样品 1#中的那样，你仍然可以看到 Bl（X）有一个中等幅度的前向偏移，而 K_{ms}（X）或 Le（X）曲线没有太大的改变。位移限制值同样增加，但现在比这个单元的物理 X_{max} 稍小一些。

低频扬声器样品 3#的音圈长度也有一个大幅的增加，还伴随着磁体尺寸的增大。样品 3#的 X_{max} 现在是 15mm，是低频扬声器样品 2#的 X_{max} 的 2 倍多。图 0.48 所示的 Bl（X）曲线现在更明显地具有一个更宽而隆起的平台区，但也有一个明显的不对称倾斜和离静止位置 7mm 的大幅后向偏移，主要是由于气隙磁场的不对称性和更长的音圈。再次，由于支撑未变，K_{ms}（X）曲线与低频扬声器样品 2#相似。

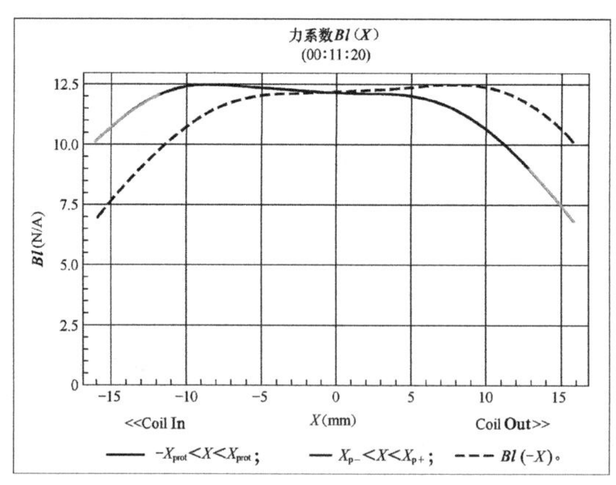

图 0.48　低频扬声器样品 3#的 Klippel Bl（X）曲线

低频扬声器样品 4#唯一的改变是将不对称的台式定心支片换成更为线性的平式定心支片。样品 4#的 *Bl*（*X*）曲线没有什么改变，而 K_{ms}（*X*）曲线现在比前 3 个使用台式定心支片的单元更为对称且前向偏移更少。

使前向边缘磁场更像后向边缘磁场最简单的方法是加长导磁柱（参阅第 0.7.5 节和图 0.36～图 0.37 所示）。这是样品 5#唯一的改变，而效果非常显著。请看图 0.54 所示的 *Bl*（*X*）曲线，*Bl* 的平台现在非常对称，并且实际上没有丝毫的偏移。

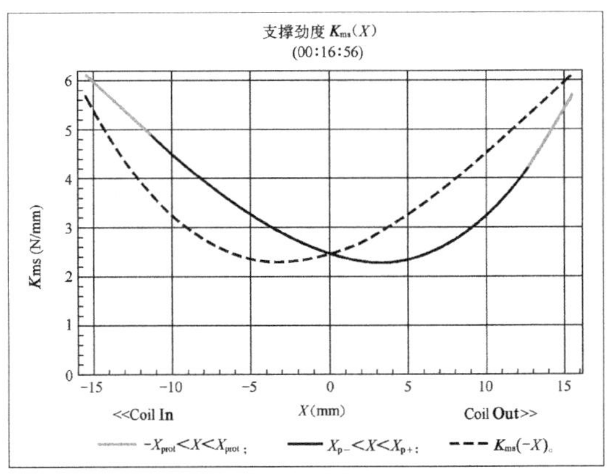

图 0.49　低频扬声器样品 3#的 Klippel K_{ms}（*X*）曲线

图 0.50　低频扬声器样品 3#的 Klippel *Le*（*X*）曲线

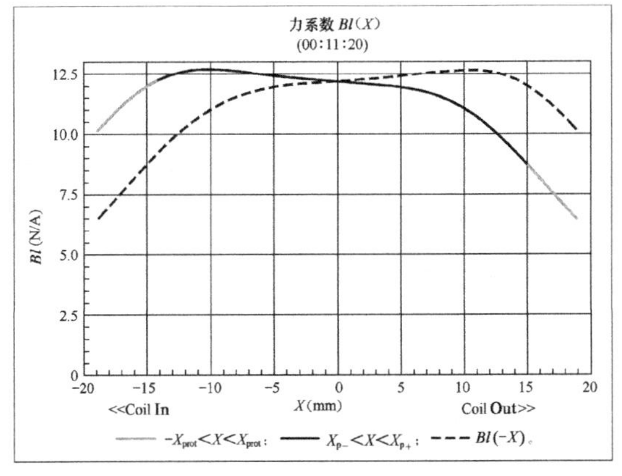

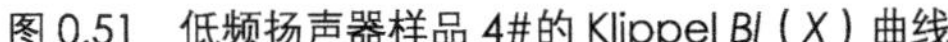

图 0.51　低频扬声器样品 4#的 Klippel *Bl*（*X*）曲线

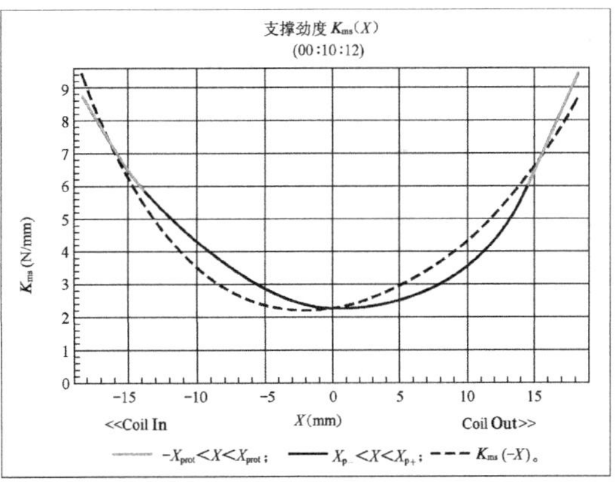

图 0.52　低频扬声器样品 4#的 Klippel K_{ms}（*X*）曲线

由于 Klippel 分析仪也可以为 *Bl*、顺性或电感引起的单一失真成分提供失真曲线，为了比较使用和不使用导磁柱加长生成了 *Bl* 失真曲线。图 0.57 和图 0.58 分别绘出低频扬声器样品 4#和低频扬声器样品 5#的 *Bl* 函数的失真成分，两者唯一的差别是 5mm 的导磁柱加长。

在 5#低频扬声器样品中，将这个加长与合理的对称性补偿相结合，你现在得到了一个与低频扬声器样品 1#相比远为线性的单元，在高输出水平时有着明显更大的冲程，失真更低。

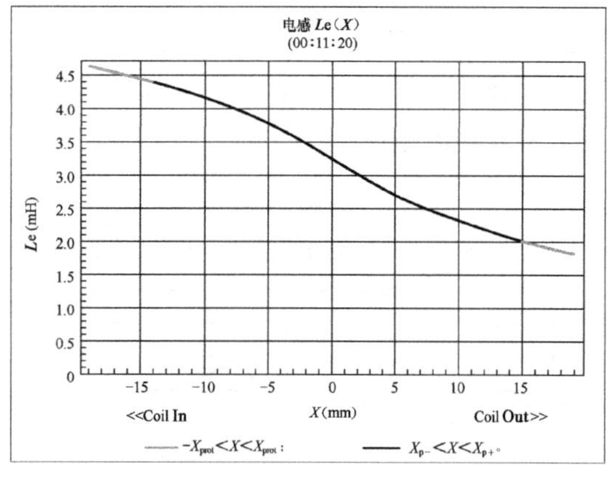

图 0.53　低频扬声器样品 4#的 Klippel *Le*（*X*）曲线

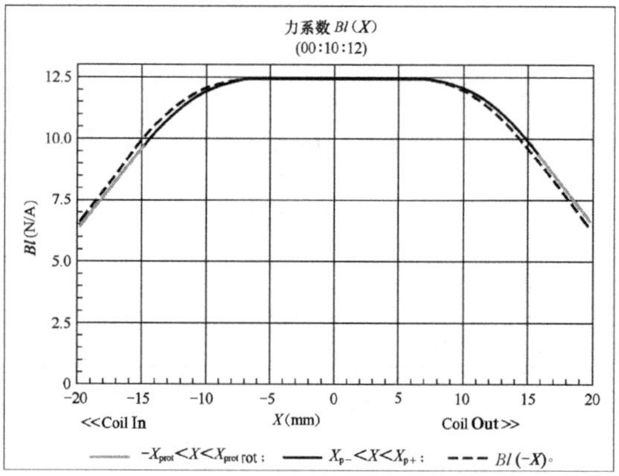

图 0.54　低频扬声器样品 5#的 Klippel *Bl*（*X*）曲线

0.8.2　短路环与失真

0.2.2 节讨论了给低频扬声器或中频扬声器附加短路环的好处，它可以降低音圈运动产生的涡流，这是一种导致磁场的磁通调制的寄生电流，有时在大磁体的低频扬声器和超低频扬声器中会产生可观的感应热。如果你观察低频扬声器样品 6#和低频扬声器样品 10#的 Klippel Le（*X*）曲线，一眼就可以看出使用短路环引起的电感变化，它们是相同的单元但样品 10#装有一个大型铝质短路环，与图 0.6 所示的 D 型类似。

如果你比较表 0.10 由 MLSSA 生成的 T/S 参数，可以看到短路环实际上没有引起什么变化。然而，音圈电感的差别可以很容易通过 Le（*X*）曲线观察到，图 0.59 所示的是低频扬声器样品 6#而图 0.60 所示的是低频扬声器样品 10#。使用大型铝质短路环不仅降低了后向的电感，还导致了磁路总电感的整体降低。

至于 *Bl* 以及电感所致的失真，图 0.61 和图 0.62 所示分别给出了低频扬声器样品 6#和 10#的失真曲线。价值仅几美分的铝短路环带来了实实在在的失真水平和电感的降低。

表 0.10　　生成的 T/S 参数

	样品 6#	样品 10#
R_E	3.08	3.06
f_S	24.86	24.67
Q_{MS}	6.81	6.23

续表

	样品 6#	样品 10#
Q_{ES}	0.50	0.50
Q_{TS}	0.46	0.47
V_{AS}	40.82 L	40.43 L
M_{MD}	158.85	158.85
Bl	12.52	12.36

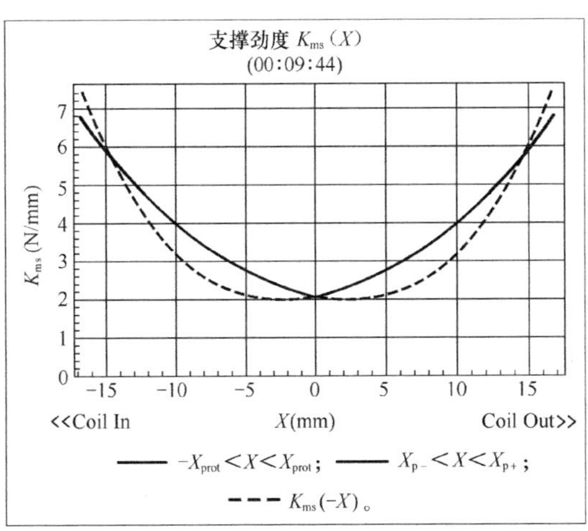

图 0.55　低频扬声器样品 5#的 Klippel K_{ms}（X）曲线

电感 Le（X）
(00:09:44)
Le (mH)
<<Coil In
X(mm)
Coil Out>>
−Xprot<X<Xprot；
Xp−<X<Xp+。

图 0.56　低频扬声器样品 5#的 Klippel Le（X）曲线

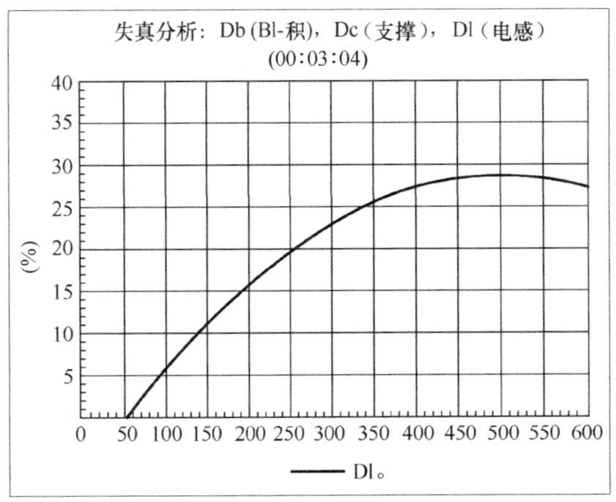

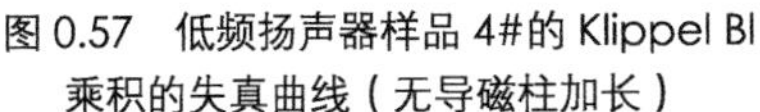
图 0.57　低频扬声器样品 4#的 Klippel Bl 乘积的失真曲线（无导磁柱加长）

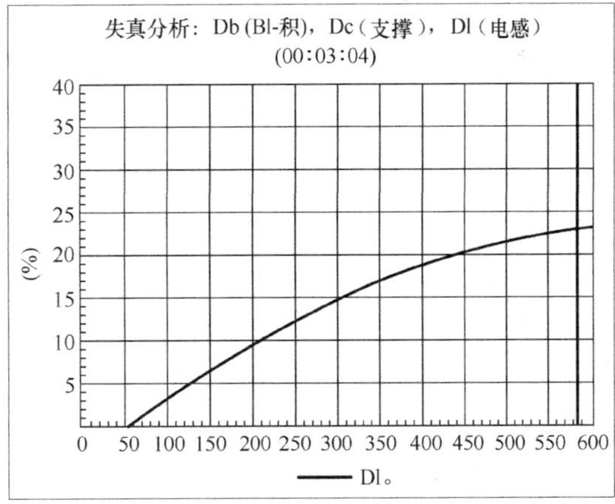

图 0.58　低频扬声器样品 5#的 Klippel Bl 乘积的失真曲线（导磁柱加长 5mm）

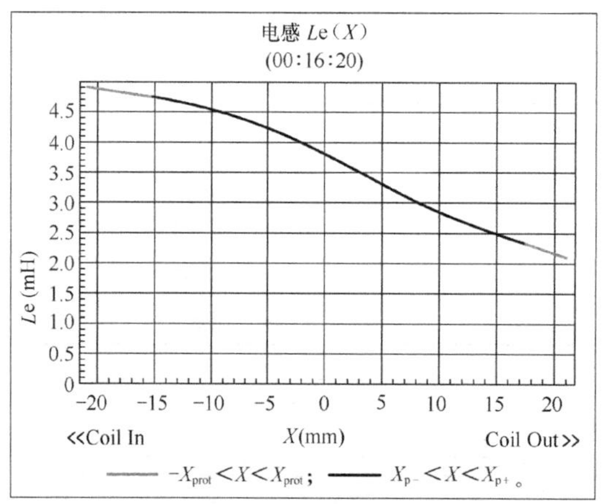

图 0.59　低频扬声器样品 6#的 Klippel Le（X）曲线（无短路环）

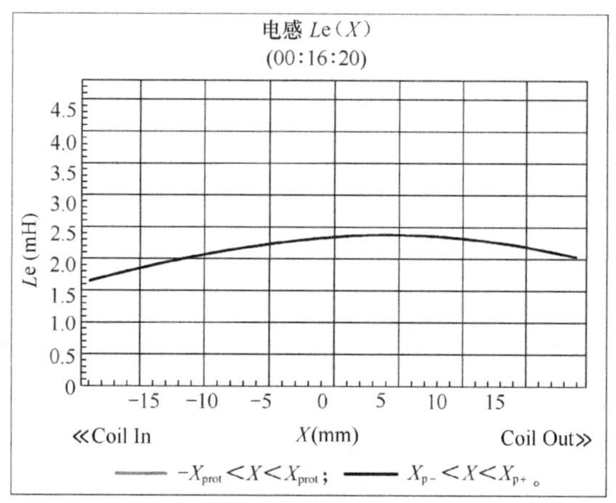

图 0.60　低频扬声器样品 10#的 Klippel Le（X）曲线（有短路环）

0.8.3　音圈温度与磁路质量

将低频扬声器制作得尽可能不易损坏的窍门，在某种意义上是要处理音圈电流因音圈电阻（嗯，超导音圈线将是个解决办法）产生的热量。在单元工作于高 SPL 时，将磁路温度保持在部件开始融化以及胶粘剂分解的水平以下，可以增加单元的工作功率，并降低失真。显然最需要考虑的因素是磁体的质量。较大的低频扬声器磁体比小的磁体可以控制并辐射更多的热量。

Klippel 失真分析仪软件模块中另一个可用的测量程序是功率测量模块，这个模块可进行 Klippel PWT 温度测量[17]。这是一个功率测试，测量音圈温度随时间的变化值（ΔT）。所有参加测量的 10 个低频扬声器都进行一个持续 60min 的高电压 PWT 过程。对于低频扬声器样品 1～3#，结果如图 0.63～图 0.65 所示。磁体尺寸见表 0.7。低频扬声器样品 1#磁体重 17.61 盎司，导磁上、下板直径为 102mm；而低频扬声器样品 2#的磁体为 38.61 盎司，导磁上、下板直径为 120mm；低频扬声器样品 3#的磁体为 77.23 盎司，导磁上、下板直径 120mm。

考虑到其他因素，如音圈的尺寸、圈数、线径（低频扬声器样品 1#使用长为 21.33m、直径为 0.37mm 的导线，样品 2#使用长为 30.85m、直径为 0.45mm 的导线，而单元样品 3#使用长为 42.774m、直径为 0.55mm 的导线）。低频扬声器样品 1#的音圈温度很快从环境温度 75 华氏度（℉）（约 24℃）上升了 100K（开尔文）。这个改变相当于 180℉的温度增加，意味着在 30W 的粉红噪声测试 60min 后，音圈将工作于 255℉（约 124℃）。使用了更大的磁体和导磁板，低频扬声器样品 2#在功率测试结束时的温度是 184℉，而磁体最大的低频扬声器样品 3#结束时的温度是 151℉。

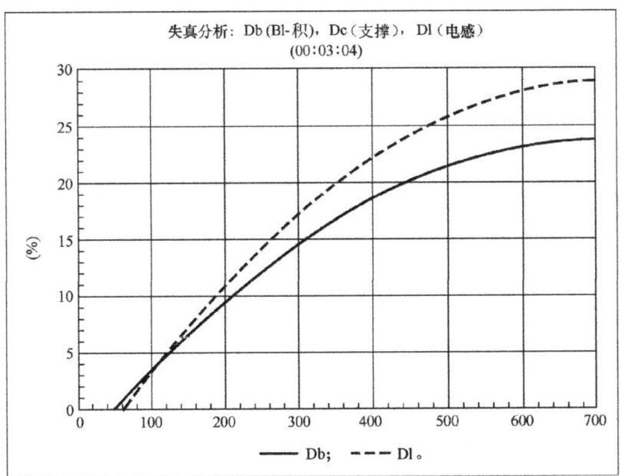

图 0.61　低频扬声器样品 6#的 Klippel Bl 乘积以及电感的失真曲线（无短路环）

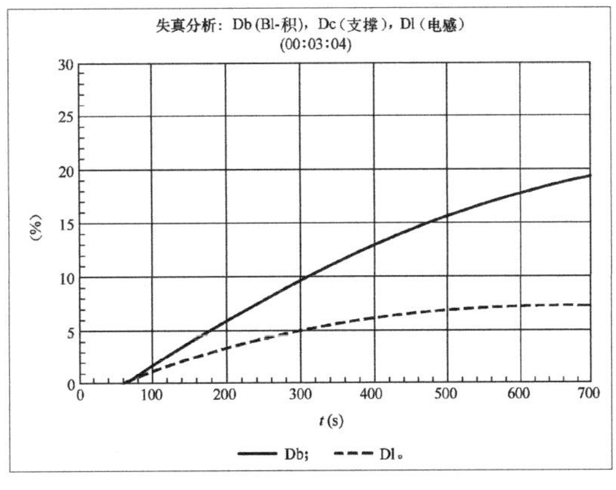

图 0.62　低频扬声器样品 10#的 Klippel Bl 乘积以及电感的失真曲线（有短路环）

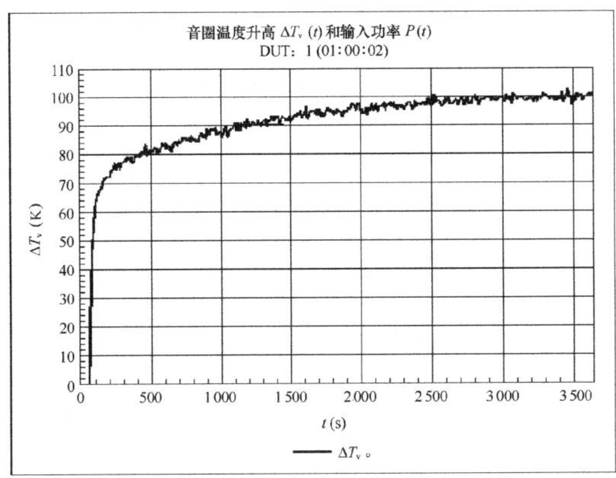

图 0.63　低频扬声器样品 1#的 Klippel PWT 温度变化图（17.6 盎司磁体）

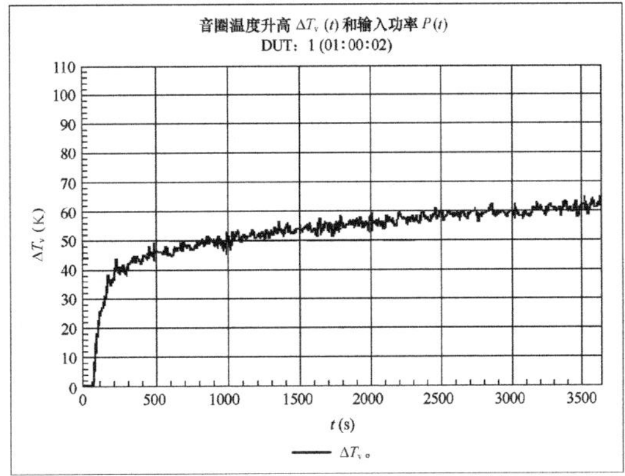

图 0.64　低频扬声器样品 2#的 Klippel PWT 温度变化图（38.6 盎司磁体）

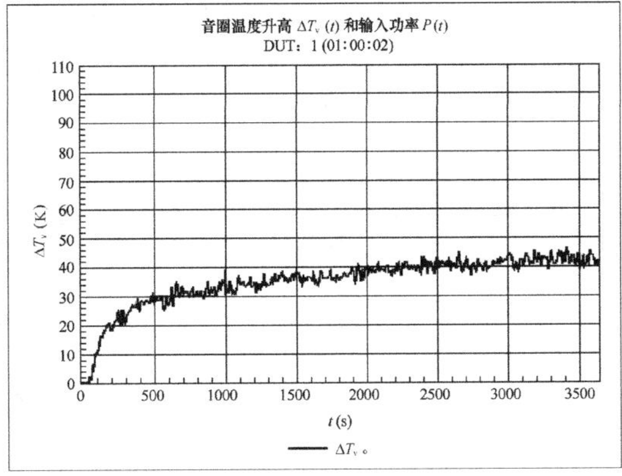

图 0.65　低频扬声器样品 3#的 Klippel PWT 温度变化图（77.2 盎司磁体）

0.8.4 音圈温度与导磁柱气孔

为高功率低频扬声器加快散热的一种非常传统的办法是在磁路的导磁柱上开一个直径尽可能大的孔。这个通气孔允许空气从音圈附近带着热量通过磁路后面散出，是个有效的传统方法。然而，这个传统智慧在第 114 届 AES 会议上受到 Wolfgang Klippel 博士一篇名为“扬声器热传递的非线性建模”的论文[18]的挑战。

这篇论文讨论了传统热建模的局限，并提供了一个新扩展的热模型，还给出了一个优化的散热设计例子。这个优化设计将一个具有典型的导磁柱气孔的低频扬声器与一个相同的但把导磁柱堵上因而空气不能通过导磁柱气孔的单元进行直接比较。结果伴随着单元 Q_{ms} 的下降，还有一个显著的随时间温度变化的下降。从根本上说，把气孔堵上迫使更多的空气通过音圈并从气隙的顶部流出，进入定心支片下方的区域，比导磁柱大气孔提供了更多的热转移。由于我曾经为《Car Audio and Electronics（汽车音响与电子）》杂志写过许多年的超低频扬声器述评，有机会观察到高功率单元热控制的一些趋势，其中有一个现在受到欢迎的技术是在定心支片固定座下方与导磁上板之间提供充分的通气。

当我建议 Turnmire 先生对此做一个低频扬声器的 Klippel 研究时，他认为将一系列低频扬声器包含在此研究中会更有意思，这些单元从一个典型的大导磁柱气孔开始，然后做 4 个气孔直径逐渐减小的单元，以观察实际的温度差异，以及除了将气孔堵上之外是否存在一个最优的气孔规格。低频扬声器样品 6～9#就是专为这个目的而制作的。这 4 个单元都具有与表 0.7 中低频扬声器样品 5#相同的机械参数，表 0.7 列出了导磁柱气孔的尺寸以及由 MLSSA 导出的 T/S 参数。

你可以从表 0.11 观察到这些低频扬声器全都相同，参数上只有一些小的变化，但导磁柱气孔从直径 1.2 英寸下降到大约 0.5 英寸，导致了不同的随时间变化的温升。单元样品 6～9#的温度-时间关系分别如图 0.66～图 0.69 所示。ΔT 值是根据这些图表数据得出的统计学最佳拟合结果。显然，过了某个确定点之后，随导磁柱气孔面积减少的音圈温度降低趋势似乎停止了。虽然结果未显示，气孔被完全堵上后，温度变化还是与单元样品 8#和 9#相同。

表 0.11 低频扬声音参数

	样品 6#	样品 7#	样品 8#	样品 9#
R_e	3.08	3.06	3.08	3.10
f_s	24.86Hz	24.90Hz	23.72Hz	24.55Hz
Q_{ms}	6.81	5.67	6.24	6.83
Q_{es}	0.50	0.43	0.42	0.43
Q_{ts}	0.46	0.40	0.39	0.43
V_{as}	40.82 L	40.67L	44.82L	41.72L
M_{md}	158.85 g	158.85 g	158.85 g	158.85 g

续表

	样品 6#	样品 7#	样品 8#	样品 9#
Bl	12.52	13.53	13.37	12.98
开口直径	30mm	22.5mm	16.9mm	12.7mm
Δ*T*	47 K	44 K	38 K	38 K

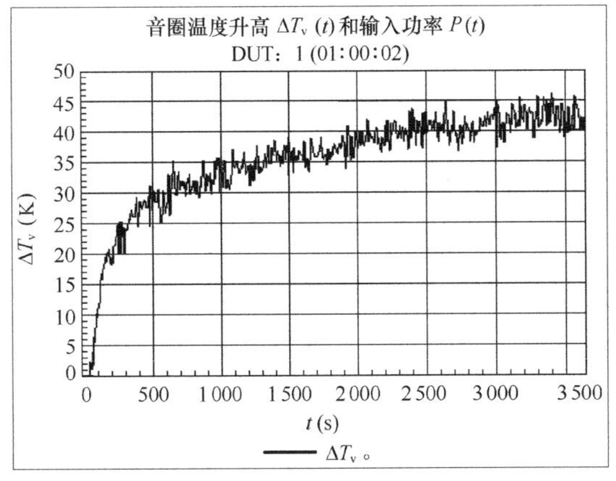

图 0.66　低频扬声器样品 6#的 Klippel PWT 温度变化图（30mm 导磁柱气孔）

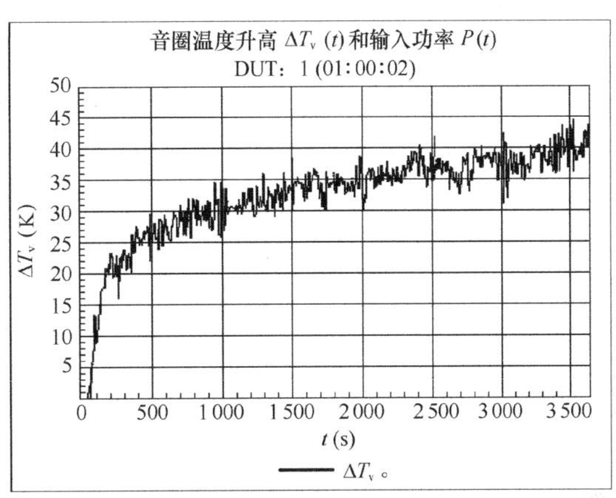

图 0.67　低频扬声器样品 7#的 Klippel PWT 温度变化图（22.5mm 导磁柱气孔）

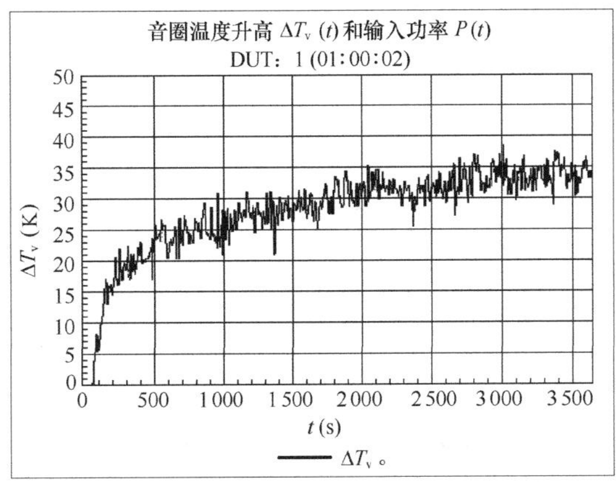

图 0.68　低频扬声器样品 8#的 Klippel PWT 温度变化图（16.9mm 导磁柱气孔）

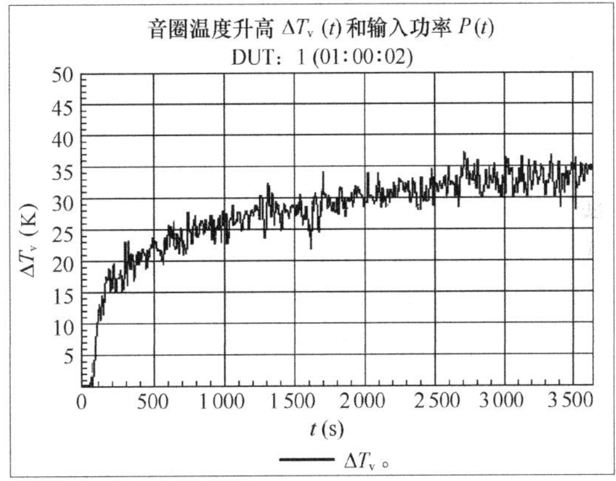

图 0.69　低频扬声器样品 9#的 Klippel PWT 温度变化图（12.7mm 导磁柱气孔）

看了以上这些，我想这么说：如果你有一个具有非常大导磁柱气孔的低频扬声器，负责设计的工程师很可能不了解优化导磁柱通气孔的规格，以获得最大的音圈冷却效果的可能性。此外，你应该知道这仅仅代表低频扬声器设计中多种可用的、在传统基础上提高降温效果的方法之一。

参考文献

1．Gander, Mark, “Moving Coil Loudspeaker Topology as an Indicator of Linear Excursion Capability”, *JAES*, Jan./Feb. 1981.

2．Lian, R., “Distortion Mechanisms in the Electrodynamic Motor System”, 84th AES Convention, March 1988, preprint #2572.

3．Jordan, E.J., Loudspeakers, Focal Press Ltd., 1963. (from the *Encyclopedia of High Fidelity*, John Borwick, editor).

4．Cunningham, W. J., “Nonlinear Distortion in Dynamic Loudspeakers Due to Magnetic Effects”, *Journal Acoustical Society of America*, Vol. 21, May 1949.

5．Birt, David, “Nonlinearities in Moving Coil Loudspeakers with Overhung Voice Coils”, 88th AES Convention, March 1990, preprint #2904.

6．BRAVOX S/A，巴西的一家大型 OEM 单元制造商，最近五年我是这家公司的代理，他们提供本章全部单元样品，我的好朋友 Sergio Pires 制作了本书新版这一章中的全部样品。

7．Frankfort, F. J. M., “Vibration Patterns and Radiation Behavior of Loudspeaker Cones”, *JAES*, September 1978.

8．Pierce, Richard, “The Dust Cap Solution”, *Speaker Builder*, 1/91.

9．Shindo, Yashima and Suzuki, “Effect of Voice- Coil and Surround on Vibration and Sound Pressure Response of Loudspeaker Cones”, *JAES*, July/August 1980.

10．Suzuki and Tichy, “Radiation and Diffraction Effects by Convex and Concave Domes”, *JAES*, December 1981.

11．Keele, Jr., D.B., “Equipment Profile: The Paradigm SE Loudspeaker”, *Audio*, September 1990, P. 90, sidebar.

12．Beranek, Leo, *Acoustics*, McGraw-Hill, 1954, Acoustical Society of America, 1986.

13．Wright, J. R., “An Empirical Model for Loudspeaker Motor Impedance”, *JAES*, October 1990.

14．Klippel Application Note, “AN-01 Voice Coil Rest Position”, April 25, 2002.

15．Klippel Application Note, “AN-21 Reduce Distortion by Shifting Voice Coil”, June 26, 2003.

16．Klippel Application Note, “AN-05 Displacement Limits Due to Driver Nonlinearities”, June 25.2002.

17．Klippel Application Note, “AN-18 Thermal Parameter Measurement”, March 14, 2003.

18．Klippel, W., “Nonlinear Modeling of the Heat Transfer in Loudspeakers”, JAES, January/February 2004.

第1章 闭箱低频系统

1.1 定义

闭箱由一定体积的封闭空气和扬声器或驱动器组成，它的设计是所有音箱设计中最简单的一种。根据谐振以及相关的阻尼对响应的控制，它的等效电路被类比成2阶高通滤波器。闭箱系统有两种基本类型：无限障板式（Infinite Baffle，IB）和气垫式（Air Suspension，AS）。

无限障板式的箱体做得很大，因此箱体内空气的顺性（空气“弹簧”的特性）大于单元支撑的顺性。当箱体内空气体积的顺性小于或等于低频扬声器顺性的1/3时[1,2]，闭箱扬声器系统就成为一个气垫式音箱。这种设计由折环宽松的低频扬声器和较小的箱体组成，在20世纪50年代由Acoustic Research公司推出，并受到欢迎，至今仍然被许多扬声器制造商所采用。

由于它高度可控的响应和瞬态特性，并且由于相对容易得到正确的箱体参数，闭箱设计可能是最适合家庭制作的，尤其适合于初学者。

术语定义

f_3——–3dB半功率频率（标示低频端衰减开始）。

f_s——扬声器谐振频率。

f_c——闭箱系统的谐振频率。

Q——电抗与电阻的比值（串联电路）或电阻与电抗之比（并联电路）。

Q_{ts}——扬声器在f_s处的总Q，考虑扬声器的总电阻。

Q_{tc}——扬声器系统在f_c处的总Q，包括系统的全部电阻。

V_{as}——声学顺性与扬声器支撑顺性相同的空气体积，等效容积。

V_{ab}——声学顺性与音箱顺性相同的空气体积。

X_{max}——扬声器锥形振膜的最大线性位移。

S_d——扬声器锥形振膜的有效面积。

V_d——扬声器锥形振膜的最大位移体积。

V_b——箱体净容积。

α——顺性比。

η_0——参考效率。

C_{as}——扬声器支撑的声顺。

C_{ab}——箱内空气的声顺。

1.2 历史

闭箱的无限障板式设计很早就开始流行，一直到 20 世纪 50 年代初期。然而在 1949 年 Harry Olson 和他的合作者 J. Preston 申请了气垫设计的专利之后，情况开始改变。这个改变主要是 AS（气垫式）设计早期支持者 Edgar Villchur 的工作带来的。1954 年[1]，他开始在《Audio（音响）》杂志上发表一系的列文章，树立 AS 作为终极扬声器设计的地位。同一时期，Acoustic Research（AR）公司推出了经典 AS 设计的音箱，AR-3。AR 公司的奠基人之一（另一个是 Villchur）Henry Kloss 还成立了另外两家成功的公司，分别命名为 KLH 和 Advent，继续推广 AS 设计。

1972 年，Richard Small 发表了对闭箱设计现代化最具决定性的论文[3,4]。后续的关于密闭箱设计的描述都是以这部清晰而又简洁的不朽论文为基础的。

1.3 扬声器的“Q”和箱体响应

为某个低频扬声器设计一个合适的箱体积的关键在于控制这个扬声器系统的响应特性。客观的方法是测量并调节因子 Q。Q 是一个复合术语，在这里用于描述音箱谐振的影响状况。它代表低频扬声器/箱体组合的电、力、声等控制谐振的程度。图 1.1 所示[5,6]描绘了不同 Q 值和频率响应的关系。

从图 1.1 所示的几条响应曲线可以得到以下这些观点。首先，密闭箱的响应表现为相当平缓的衰减，约 12dB/oct（octave，倍频程）。与开口箱以及被动辐射式设计的 24dB/oct 衰减斜率相比，具有相同 f_3 的密闭箱将可以得到更低的低频而具有更好的瞬态稳定性。

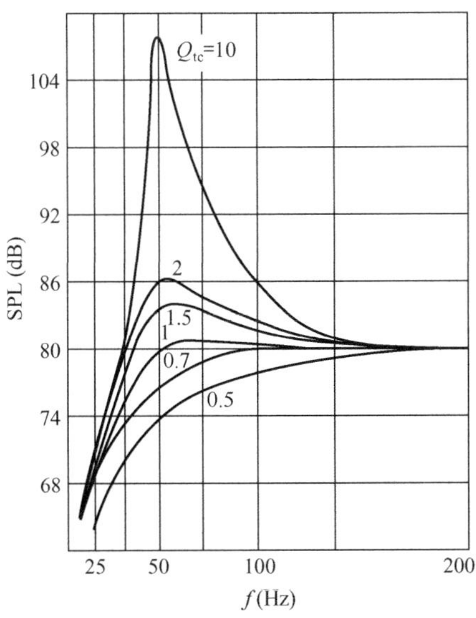

图 1.1　不同 Q_{tc} 值闭箱系统的频率响应

其次，一定数值的 Q_{tc} 具有特定的响应特性，它们可以分类如下。

$$Q_{tc} = 0.5$$

临界阻尼—理想瞬态

$$Q_{tc} = \frac{1}{\sqrt{3}} = 0.577$$

贝塞尔（Bessel）响应（D_2）——最大平坦迟延

$$Q_{tc} = \frac{1}{\sqrt{2}} = 0.707$$

巴特沃斯（Butterworth）响应（B_2）——最小截止的最大平坦幅度响应

$$Q_{tc} \geqslant \frac{1}{\sqrt{2}}$$

契比雪夫（Chebyshev）（椭圆-C_2）等幅起伏响应——最大操作使用功率和最大效率，稍差的瞬态。

虽然这些特定的 Q_{tc} 只是在连续数值体系上的几个特殊的点，我们还是可以归纳出它们相应的主观音质特点。在 1 附近的高 Q 值往往具有温暖，或许稍嫌粗壮的音质，销售人员将之描述为“可卖性好”。在 0.8 附近的较低一些的 Q 值听起来有更多的细节（部分由于瞬态的提升）但相对有点薄。Q_{tc}=0.5 通常被认为是过于“瘦紧”和过阻尼的。但一些权威人士坚持认为这个值（0.5～0.6）是最佳的[7]。有时候，高质量的音箱，如 Rogers LS3/5A，被设计成具有非常高的 Q（1.2）。这样，使得这个小监听箱在移动播音车环境中具有更明显的低频。但是，应该认为 1.2 左右或比 1.2 更大的 Q_{tc} 是不适宜的。

表 1.0 阐明了 Q 值与频率响应上高出平坦部分的峰值之间的关系。这个峰的频率 f_{gmax} 是以它与箱体谐振频率 f_c 的比值的方式给出，表 1.0 中还包括锥形振膜最大位移频率 f_{xmax} 与 f_c 的比值。

表 1.0 频率响应参数

Q_{tc}	峰值（dB）	f_{gmax}/f_c	f_{xmax}/f_c
0.5	0	—	0
0.577	0	—	0
0.707	0	—	0
0.8	0.213	2.138	0.468
0.9	0.687	1.616	0.619
1.0	1.249	1.414	0.707
1.1	1.833	1.305	0.747
1.2	2.412	1.238	0.808
1.3	2.974	1.192	0.839
1.4	3.515	1.159	0.863
1.5	4.033	1.134	0.882

此处

$$\text{峰值 dB} = 20\log_{10}\sqrt{\frac{Q_{tc}^{4}}{Q_{tc}^{2}-0.25}}$$

$$f_{gmax} = \frac{1}{\sqrt{1-\frac{1}{2Q_{tc}^{2}}}}$$

$$f_{xmax} = \frac{1}{\sqrt{1-\frac{1}{2Q_{tc}^{2}}}}$$

Richard Small 教授在 1969 年对美国、英国，以及欧洲其他国家的闭箱系统进行了调查[4]，结果表明，绝大多数 AS 音箱可以分成这两类。

（1）截止频率低于 50Hz，Q_{tc} 小于 1.1，体积大于 1.4 立方英尺。

（2）截止频率高于 50Hz，Q_{tc} 从 1.2～2.0，体积小于 2 立方英尺。

第（1）类音箱倾向于适合播放管弦乐和管风琴的高质量超低频，而第（2）类音箱在播放流行电子音乐时具有“明显强大的低音”。

分析音箱“Q”的替代方法

除了峰的高度、f_{xmax} 和 f_{gmax} 的变化以外，还有其他几种因数可以用于描述音箱 Q。

当作用于扬声器的机械阻尼改变时，它的脉冲响应变差时（从听觉来说，低频由“瘦紧”变为“肥大”），整个频谱发生了改变。这些改变包括–3dB 频率的相位角、锥形振膜冲程曲线、群迟延曲线的形状和幅度、阻抗曲线的形状，以及锥形振膜速度和流动空气的体积流（Volume Current）。用于计算这些信息的数学运算非常复杂并且劳神，但是使用某种扬声器设计的 CAE（计算机辅助工程）程序不仅容易且快速得多，而且可以提供许多手工计算根本无法完成的信息，因为工作量太大。

本书从头至尾采用 LEAP4.0（LinearX Systems 公司推出的 Loudspeaker Enclosure Analysis Program，扬声器箱分析程序）进行计算机模拟。截至本书出版时，LEAP4.0 仍是专业设计中最灵活和最有用的工具，也是唯一能够很方便地从 DRA Labs MLSSA 和 Audio Precision System I 等基于计算机的分析仪中输入和输入数据的程序。

利用这个程序建立了一系列 Q 值在 0.7～1.5 的闭箱模型，使用模拟结果来阐明这些概念。这些模拟用的是一个参数适合于无限障板式箱体的 10 英寸扬声器（型号是 Audio Concepts AC-10）。不设串联电阻，箱体模拟为内部填充量为 50%的玻璃纤维（50%填充量一般相当于在箱体的背面和四侧衬有 3 英寸厚的密度为 1 磅/立方英尺的玻璃纤维，1 磅≈0.45kg）。计算箱体积以提供每个 Q 值的峰值高度以及从生成的其他图形曲线上读出的数据，结果见表 1.1。

表 1.1　　闭箱模型参数

Q_{tc}	峰（dB）	相位角	斜率（dB/oct）	f_3（Hz）	V_b（立方英尺）
0.7	0	90°	10.60	35	2.6
0.9	0.69	97°	11.95	39	1.6
1.0	1.25	100°	12.08	43	1.18
1.1	1.83	103°	12.82	46	0.92
1.2	2.41	106°	13.19	50	0.74
1.5	4.0	110°	13.96	64	0.42

从表 1.1 的信息，以及图 1.2 所示模拟的 SPL 和相位关系曲线，可以明显看出：当 Q 增大时，–3dB 相位角、衰减斜率，以及–3dB 频率都相应增加。“相位”，当它用于扬声器时，是幅度响应斜率的一个函数。如果某一系统不存在此幅度响应所示更多的相移，那么这个系统就可以称为最小相位系统，一般认为扬声器是最小相位系统。相位的测量是通过测定从信息源来的输入信号与锥形振膜产生的输出信号之间的时间差来进行的。时间迟延越多，在这一点上测量到的相移就越大。从图 1.2 所示的相位曲线群显示，在响应的衰减斜率发生改变的位置有明显的相位变化。

图 1.3 所示表明，伴随着箱 Q 的改变，锥形振膜的冲程也发生变化。在扬声器不变的状况下，所用的箱体积增大时，冲程也随之增加，而扬声器产生可接受失真水平的最高声压降低。观察这些曲线，需要更好的阻尼还是更大的承受功率，可以很容易看出其间的权衡关系。

其他可以显示阻尼变化（Q 改变）的方法，可从装箱后的群迟延曲线的形状和绝对值得知。根据定义[8]，群迟延是指相位响应曲线的斜率（具体地说，是指相位曲线斜率的负导数）。它描述了一个波形的各个频谱成分之间的相对迟延。数学上可表达为

$$群迟延 = -（f_2 的相位 - f_1 的相位）/（f_2 - f_1）$$

Q_{tc}=0.707, 0dB 峰值；Q_{tc}=0.9, 0.69dB 峰值；Q_{tc}=1.0, 1.25dB 峰值；Q_{tc}=1.1, 1.83dB 峰值；Q_{tc}=1.2, 2.4dB 峰值。

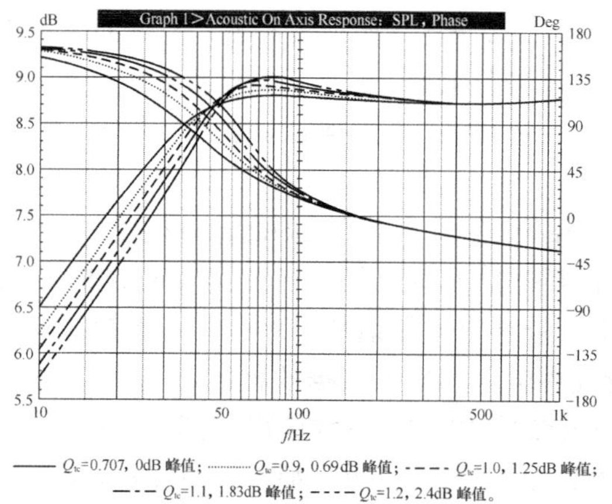

图 1.2　模拟 SPL 和相位关系曲线

Q_{tc}=0.707, 0dB 峰值；Q_{tc}=0.9, 0.69dB 峰值；Q_{tc}=1.0, 1.25dB 峰值；Q_{tc}=1.1, 1.83dB 峰值；Q_{tc}=1.2, 2.4dB 峰值。

图 1.3　箱 Q 改变模拟曲线

平坦的群迟延曲线意味着所有频率声音同时到达，而群迟延上的峰表示有些频率的声音更迟到达。更好的阻尼特性伴随着这种各频率同时到达的特性。图 1.4 所示描绘了不同 Q_{tc} 的群迟延曲线。注意当 Q 增加时，曲线的形状从 $Q_{tc}=0.7$ 时的接近平坦（$Q=0.5$ 时会有个平坦的群迟延）发展到 $Q_{tc}=1.2$ 时形成一个尖尖的膝状突起。

在谐振频率处阻抗的“驼峰”形状也会随着 Q 的改变而改变。当 Q_{tc} 增大时，其形状变得更窄更尖。图 1.5 所示为一组不同 Q 的阻抗曲线之间的比较。还可以注意到阻抗峰的高度随着 Q 的增加而降低。

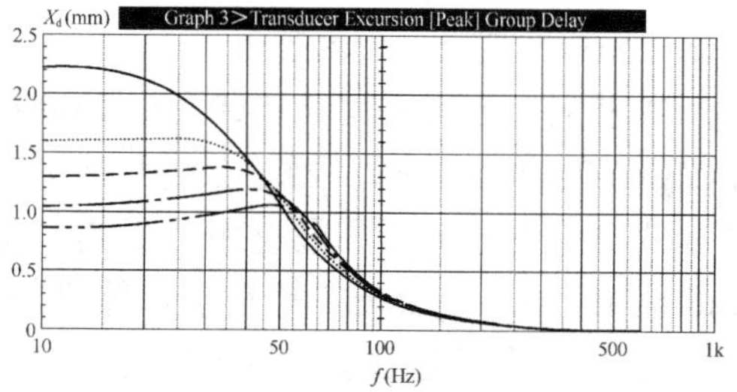

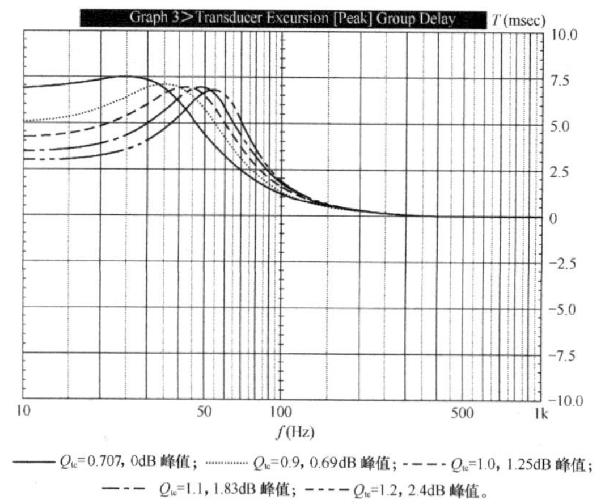

Q_{tc}=0.707, 0dB 峰值；Q_{tc}=0.9, 0.69dB 峰值；Q_{tc}=1.0, 1.25dB 峰值；Q_{tc}=1.1, 1.83dB 峰值；Q_{tc}=1.2, 2.4dB 峰值。

图 1.4　不同 Q_{tc} 群迟延曲线

Q_{tc}=0.707, 0dB 峰值；Q_{tc}=0.9, 0.69dB 峰值；Q_{tc}=1.0, 1.25dB 峰值；Q_{tc}=1.1, 1.83dB 峰值；Q_{tc}=1.2, 2.4dB 峰值。

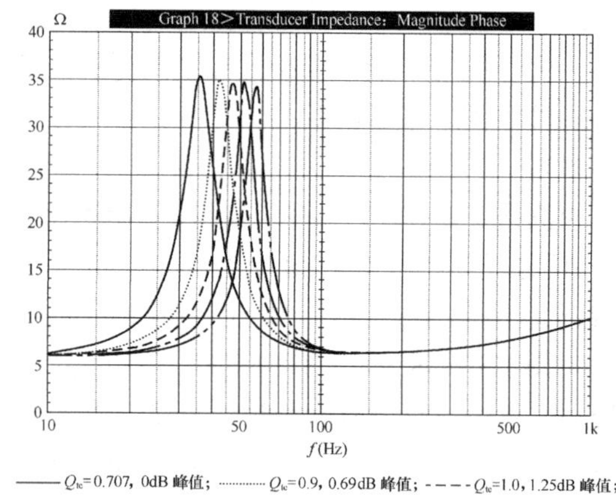

图 1.5　不同 Q 阻抗曲线

图 1.6 所示的是锥形振膜速度和体积流曲线。锥形振膜速度曲线给出了频率和扬声器加速度之间的关系，以 m/s 为单位。体积流曲线代表了一个相似的概念，表达的是频率与扬声

器加速时所推动的空气（流）体积之间的关系，单位是 m^3/s。请注意这些曲线的形状，如同阻抗曲线，当 Q 增大时形状变得窄而尖。加速度最大的频率发生在箱体谐振频率 f_c 附近。

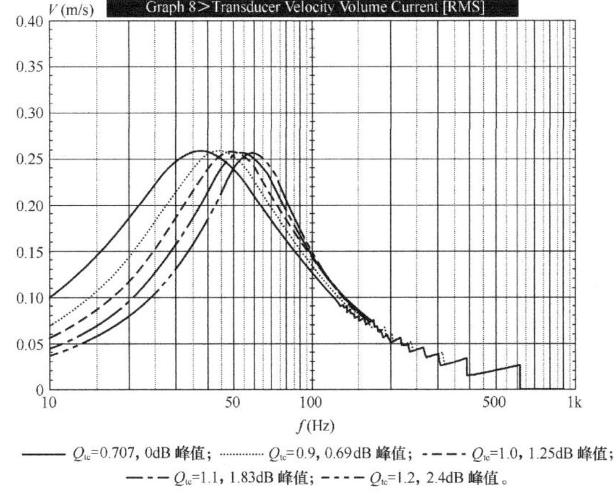

—— Q_{tc}=0.707，0dB 峰值；······ Q_{tc}=0.9，0.69dB 峰值；- - - - Q_{tc}=1.0，1.25dB 峰值；
— - - Q_{tc}=1.1，1.83dB 峰值；- - - - Q_{tc}=1.2，2.4dB 峰值。

图 1.6 锥形振膜速度和体积流关系曲线

表 1.2

闭箱 Q_{tc} = 1.0		
	扬声器 1	扬声器 2
f_s(Hz)	31.5	38
Q_{ts}	0.45	0.54
V_{as}(ft³)	2.97	1.92
V_b(ft³)	0.75	0.79
f_c	69.9	70.4

V_b 的变化应该在 10%以内，这里正是如此

1.4 低频扬声器的选择与箱体结构

用于闭箱系统低频扬声器具有谐振频率（f_s）低、锥形振膜质量相对较高，以及音圈长的特征。目前在市场上制作者可以得到的许多低频扬声器都符合这种描述。

从低频扬声器的 Q_{ts} 来说，闭箱扬声器系统通常要求低频扬声器具有大于 0.3 的 Q_{ts}。这意味着要使用那些具有中等大小磁体结构的低频扬声器，应该避免使用磁体太小（欠阻尼）的低频扬声器[9,10]。R. Small 提出了一个很好的经验公式，他称其为效率带宽积（Efficiency

Bandwidth Product，EBP）[11]。

EBP 的计算

$$EBP = \frac{\text{谐振频率}}{\text{单元电}Q} = \frac{f_s}{Q_{es}}$$

EBP 在 50 左右或更小时，意味着闭箱可能更合适；当 EBP 约为 100 时，建议使用开口箱[2]。

选择低频扬声器的另一个重要标准是音圈超出磁隙部分的长度。由于闭箱低频扬声器的冲程必须比对应的开口箱单元大，它们通常需要有更长的冲程。以绝对值计算，这意味着小口径低频扬声器（6～8 英寸）至少需要 2～4mm，大口径低频扬声器（10～12 英寸）至少需要 5～8mm。如果制造商没有提供音圈超出磁隙部分的长度（X_{max}），你可以自己检查一下。将低频扬声器拿到光线强的地方，透过定心支片观察，绝大多数定心支片足够透明可以看得到音圈（如图 1.7 所示）。

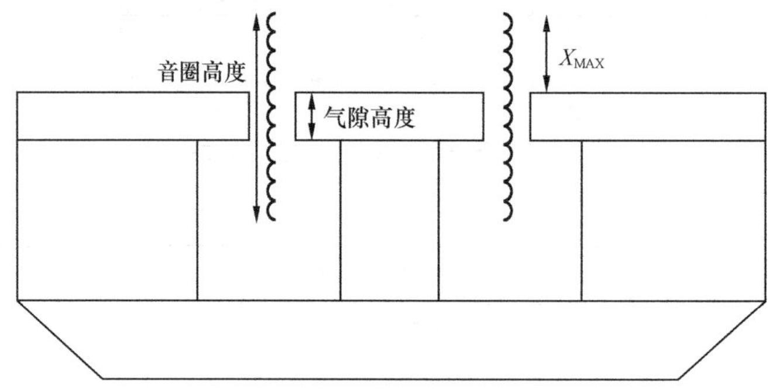

图 1.7　音圈超出气隙（Overhung）

闭箱的箱体必须是密不透气的。保证箱体气密性的一个好办法是用硅橡胶粘胶剂涂在所有箱体接缝的内侧，无论箱体的拼合结构是怎样的（平头连接或斜面连接等）。还要小心避免空气从接线端子处泄漏。如果你使用市售的扬声器接线座，请确认它已经带有密封垫。如果接线座不带密封垫，须用硅胶封住任何可能有空气泄漏的地方。可以忽视低频扬声器的有损折环或透气防尘罩引起的空气泄漏，因为修正这些问题的企图可能会产生同样多的问题。泄漏大的褶边折环（Pleated Edge）通常不适合于闭箱，应该完全避免使用。透气防尘罩也会引起空气泄漏，但它通常用来加强音圈的冷却效果。如果把这种防尘罩密封可能会引起低频扬声器提前损坏，以及单元 Q 的非线性变化。

1.5　箱体尺寸的决定以及相关参数

确定一个闭式音箱的箱体大小是个相当简单的过程，需要下列扬声器的参数。

（1）f_s——扬声器在自由场谐振频率。

（2）Q_{ts}——扬声器总 Q。

（3）V_{as}——与扬声器顺性等效的空气体积。

（4）X_{max}——音圈超出磁隙部分的长度，mm。

（5）S_d——扬声器有效辐射面积，m^2。

（6）V_d——振膜的位移体积 $= S_d(X_{max})$，m^3。

参数（4）、（5）和（6）可由制造商提供。你需要用第 8 章“扬声器测试”中介绍的步骤重新计算参数（1）、（2）和（3）。不仅仅是制造商提供的数据会受到生产线变化的影响（这是你可能知道也可能不知道的），你在测量中所用的不同的串联电阻也会对最后的结果有重要影响。这些串联电阻包括放大器输出电阻，连接线缆（功放与音箱之间）以及串联的分频器电阻。

选择箱体积以及相关响应的最好方法是生成一个设计表格，详细列出 Q_{ts} 在 0.5～1.1 的数据，然后考虑不同的可能性。使用表 1.3～表 1.12，或以下的设计公式，以找出 α 值和扬声器装箱后的谐振频率 f_c。而 f_3，–3dB 截止点可以从表 1.12 中得到。

表 1.3　　$Q_{tc} = 0.5$，2 阶，临界阻尼

	Q_{ts}	α	f_c/f_s
气垫式	0.100 0	24.000 0	5.000 0
	0.120 0	16.361 1	4.166 7
	0.130 0	13.792 9	3.846 2
	0.140 0	11.755 1	3.571 4
	0.150 0	10.111 1	3.333 3
	0.160 0	8.765 6	3.125 0
	0.170 0	7.650 5	2.941 2
	0.180 0	6.716 1	2.777 8
	0.190 0	5.925 2	2.631 6
	0.200 0	5.250 0	2.500 0
	0.210 0	4.668 9	2.381 0
	0.220 0	4.165 3	2.272 7
	0.230 0	3.725 9	2.173 9
	0.240 0	3.340 3	2.083 3
	0.250 0	3.000 0	2.000 0
无限障板式	0.260 0	2.698 2	1.923 1
	0.270 0	2.429 2	1.851 9
	0.280 0	2.188 8	1.785 7
	0.290 0	1.972 9	1.724 1
	0.300 0	1.777 8	1.666 7
	0.310 0	1.601 5	1.612 9

续表

	Q_{ts}	α	f_c/f_s
无限障板式	0.320 0	1.441 4	1.562 5
	0.330 0	1.295 7	1.515 2
	0.340 0	1.162 6	1.470 6
	0.350 0	1.040 8	1.428 6
	0.360 0	0.929 0	1.388 9
	0.370 0	0.826 2	1.351 4
	0.380 0	0.731 3	1.315 8
	0.390 0	0.643 7	1.282 1
	0.400 0	0.562 5	1.250 0
	0.410 0	0.487 2	1.219 5
	0.420 0	0.417 2	1.190 5
	0.430 0	0.352 1	1.162 8
	0.440 0	0.291 3	1.136 4
	0.450 0	0.234 6	1.111 1
	0.460 0	0.181 5	1.087 0
	0.470 0	0.131 7	1.063 8
	0.480 0	0.085 1	1.041 7
	0.490 0	0.041 2	1.020 4

表 1.4　　$Q_{tc}=0.577$，2 阶贝塞尔（D_2），最大平坦迟延

	Q_{ts}	α	f_c/f_s
气垫式	0.100 0	32.292 9	5.770 0
	0.110 0	26.514 8	5.245 5
	0.120 0	22.120 1	4.808 3
	0.130 0	18.670 0	4.438 5
	0.140 0	15.986 2	4.121 4
	0.150 0	13.379 7	3.846 7
	0.160 0	12.005 0	3.606 3
	0.170 0	10.520 0	3.394 1
	0.180 0	9.275 6	3.205 6
	0.190 0	8.222 4	3.036 8
	0.200 0	7.323 2	2.885 0
	0.210 0	6.549 4	2.747 6
	0.220 0	5.878 7	2.622 7
	0.230 0	5.293 6	2.508 7
	0.240 0	4.780 0	2.404 2
	0.250 0	4.326 9	2.308 0
	0.260 0	3.925 0	2.219 2
	0.270 0	3.566 9	2.137 0
	0.280 0	3.246 5	2.060 7

续表

	Q_{ts}	α	f_C/f_s
无限障板式	0.290 0	2.985 7	1.989 7
	0.300 0	2.699 2	1.923 3
	0.310 0	2.464 4	1.861 3
	0.320 0	2.251 3	1.803 1
	0.330 0	2.057 2	1.748 5
	0.340 0	1.880 0	1.697 1
	0.350 0	1.717 8	1.648 6
	0.360 0	1.568 9	1.602 8
	0.370 0	1.431 9	1.559 5
	0.380 0	1.305 6	1.518 4
	0.390 0	1.188 9	1.479 5
	0.400 0	1.080 8	1.442 5
	0.410 0	0.980 5	1.407 3
	0.420 0	0.887 4	1.373 8
	0.430 0	0.800 6	1.341 9
	0.440 0	0.719 7	1.311 4
	0.450 0	0.644 1	1.282 2
	0.460 0	0.573 4	1.254 3
	0.470 0	0.507 1	1.227 7
	0.480 0	0.445 0	1.202 1
	0.490 0	0.386 6	1.177 6
	0.500 0	0.331 7	1.154 0
	0.510 0	0.280 0	1.131 4
	0.520 0	0.231 2	1.109 6
	0.530 0	0.185 2	1.088 7
	0.540 0	0.141 7	1.068 5
	0.550 0	0.100 6	1.049 1
	0.560 0	0.061 6	1.030 4
	0.570 0	0.024 7	1.012 3

表 1.5　$Q_{tc}=0.707$，2 阶巴特沃斯（B_2），最大平坦振幅响应

	Q_{ts}	α	f_C/f_s
气垫式	0.150 0	21.215 5	4.713 3
	0.160 0	18.525 4	4.418 8
	0.170 0	16.295 8	4.158 8
	0.180 0	14.427 4	3.927 8
	0.190 0	12.846 2	3.721 0
	0.200 0	11.496 2	3.535 0
	0.210 0	10.334 4	3.366 7
	0.230 0	8.448 9	3.073 9
	0.240 0	7.677 9	2.945 8

续表

	Q_{ts}	α	f_c/f_s
气垫式	0.250 0	6.997 6	2.828 0
	0.260 0	6.394 2	2.179 2
	0.270 0	5.856 6	2.618 5
	0.280 0	5.375 6	2.525 0
	0.290 0	4.943 5	2.437 9
	0.300 0	4.553 9	2.356 7
	0.310 0	4.201 3	2.280 6
	0.320 0	3.881 3	2.209 4
	0.330 0	3.590 0	2.142 4
	0.340 0	3.324 0	2.079 4
	0.350 0	3.080 4	2.020 0
无限障板式	0.360 0	2.856 9	1.963 9
	0.370 0	2.651 2	1.910 8
	0.380 0	2.461 6	1.860 5
	0.390 0	2.286 3	1.812 8
	0.400 0	2.124 1	1.767 5
	0.410 0	1.973 5	1.724 4
	0.420 0	1.833 6	1.683 3
	0.430 0	1.703 3	1.644 2
	0.440 0	1.591 9	1.606 8
	0.450 0	1.468 4	1.571 1
	0.460 0	1.362 2	1.637 0
	0.470 0	1.262 8	1.504 3
	0.480 0	1.169 5	1.472 9
	0.490 0	1.081 8	1.442 9
	0.500 0	0.999 4	1.414 0
	0.510 0	0.921 8	1.386 3
	0.520 0	0.848 6	1.359 6
	0.530 0	0.795 5	1.334 0
	0.540 0	0.714 2	1.309 3
	0.550 0	0.652 4	1.285 5
	0.560 0	0.593 9	1.262 5
	0.570 0	0.538 5	1.240 4
	0.580 0	0.485 9	1.219 0
	0.590 0	0.435 9	1.198 3
	0.600 0	0.388 5	1.178 3

表 1.6　$Q_{tc}=0.8$，2 阶契比雪夫（C_2），等波纹响应

	Q_{ts}	α	f_c/f_s
	0.200 0	15.000 0	4.000 0
气垫式	0.210 0	13.512 5	3.809 5
	0.220 0	12.223 1	3.636 4
	0.230 0	11.098 3	3.478 3
	0.240 0	10.111 1	3.333 3
	0.250 0	9.240 0	3.200 0
	0.260 0	8.467 5	3.076 9
	0.270 0	7.779 1	2.963 0
	0.280 0	7.163 3	2.857 1
	0.290 0	6.610 0	2.758 6
	0.300 0	6.111 1	2.666 7
	0.310 0	5.569 7	2.580 6
	0.320 0	5.250 0	2.500 0
	0.330 0	4.877 0	2.424 2
	0.340 0	4.536 3	2.362 9
	0.350 0	4.224 5	2.285 7
	0.360 0	3.938 3	2.222 2
	0.370 0	3.674 9	2.162 2
	0.380 0	3.432 1	2.105 3
	0.390 0	3.207 8	2.051 3
	0.400 0	3.000 0	2.000 0
	0.410 0	2.807 3	1.951 2
无限障板式	0.420 0	2.628 1	1.904 8
	0.430 0	2.461 3	1.860 5
	0.440 0	2.305 8	1.818 2
	0.450 0	2.160 5	1.777 8
	0.460 0	2.024 6	1.739 1
	0.470 0	1.897 2	1.702 1
	0.480 0	1.777 8	1.666 7
	0.490 0	1.665 6	1.632 7
	0.500 0	1.560 0	1.600 0
	0.510 0	1.460 6	1.568 6
	0.520 0	1.366 9	1.538 5
	0.530 0	1.278 4	1.509 4
	0.540 0	1.194 8	1.481 5
	0.550 0	1.115 7	1.454 5
	0.560 0	1.040 8	1.428 6
	0.570 0	0.969 8	1.403 5
	0.580 0	0.902 5	1.379 3
	0.590 0	0.838 6	1.355 9
	0.600 0	0.777 8	1.333 3

表 1.7　　$Q_{tc}=0.9$，2 阶契比雪夫（C_2），等波纹响应

	Q_{ts}	α	f_c/f_s
气垫式	0.200 0	19.250 0	4.500 0
	0.210 0	17.367 3	4.285 7
	0.220 0	15.735 5	4.090 9
	0.230 0	14.311 9	3.913 0
	0.240 0	13.062 5	3.750 0
	0.250 0	11.960 0	3.600 0
	0.260 0	13.982 2	3.461 5
	0.270 0	10.111 1	3.333 3
	0.280 0	9.331 6	3.214 3
	0.290 0	8.631 4	3.103 4
	0.300 0	8.000 0	3.000 0
	0.310 0	7.428 7	2.903 2
	0.320 0	6.910 2	2.812 5
	0.330 0	6.438 0	2.727 3
	0.340 0	6.006 9	2.647 1
	0.350 0	5.612 2	2.571 4
	0.360 0	5.250 0	2.500 0
	0.370 0	4.916 7	2.432 4
	0.380 0	4.609 4	2.368 4
	0.390 0	4.325 4	2.307 7
	0.400 0	4.062 5	2.250 0
	0.410 0	3.818 6	2.195 1
	0.420 0	3.591 8	2.142 9
	0.430 0	3.380 7	2.093 0
	0.440 0	3.183 9	2.045 5
	0.450 0	3.000 0	2.000 0
无限障板式	0.460 0	2.828 0	1.956 5
	0.470 0	2.666 8	1.914 9
	0.480 0	2.515 6	1.875 0
	0.490 0	2.373 6	1.836 7
	0.500 0	2.240 0	1.800 0
	0.510 0	2.114 2	1.764 7
	0.520 0	1.995 6	1.730 8
	0.530 0	1.883 9	1.698 1
	0.540 0	1.777 8	1.666 7
	0.550 0	1.677 7	1.636 4
	0.560 0	1.582 9	1.607 1
	0.570 0	1.493 1	1.578 9
	0.580 0	1.407 8	1.551 7
	0.590 0	1.326 9	1.525 4
	0.600 0	1.250 0	1.500 0

表 1.8 $Q_{tc}=1.0$，2 阶契比雪夫（C_2），等波纹响应

	Q_{ts}	α	f_C/f_s
气垫式	0.250 0	15.000 0	4.000 0
	0.260 0	13.792 9	3.846 2
	0.270 0	12.717 4	3.703 7
	0.280 0	11.755 1	3.571 4
	0.290 0	10.890 6	3.448 3
	0.300 0	10.111 1	3.333 3
	0.310 0	9.405 8	3.225 8
	0.320 0	8.765 6	3.125 0
	0.330 0	8.182 7	3.030 3
	0.340 0	7.650 5	2.941 2
	0.350 0	7.163 3	2.857 1
	0.360 0	6.716 0	2.777 8
	0.370 0	6.304 6	2.702 7
	0.380 0	5.925 2	2.631 6
	0.390 0	5.574 6	2.564 1
	0.400 0	5.250 0	2.500 0
	0.410 0	4.948 8	2.439 0
	0.420 0	4.668 9	2.381 0
	0.430 0	4.408 3	2.325 6
	0.440 0	4.165 3	2.272 7
	0.450 0	3.938 3	2.222 2
	0.460 0	3.725 9	2.173 9
	0.470 0	3.526 9	2.127 7
	0.480 0	3.340 3	2.083 3
	0.490 0	3.164 9	2.040 8
	0.500 0	3.000 0	2.000 0
	0.510 0	2.844 7	1.960 8
无限障板式	0.520 0	2.698 2	1.923 1
	0.530 0	2.560 0	1.886 8
	0.540 0	2.429 4	1.851 9
	0.550 0	2.305 8	1.818 2
	0.560 0	2.188 8	1.785 7
	0.570 0	2.077 9	1.754 4
	0.580 0	1.972 7	1.724 1
	0.590 0	1.872 7	1.694 9
	0.600 0	1.777 8	1.666 7

表 1.9　Q_{tc} = 1.1，2 阶契比雪夫（C_2），等波纹响应，大使用功率/最大效率

	Q_{ts}	α	f_c/f_s
气垫式	0.250 0	18.360 0	4.400 0
	0.260 0	16.899 4	4.230 8
	0.270 0	15.598 1	4.074 1
	0.280 0	14.433 7	3.928 6
	0.290 0	13.387 6	3.793 1
	0.300 0	12.444 4	3.666 7
	0.310 0	11.591 1	3.548 4
	0.320 0	10.816 4	3.437 5
	0.330 0	10.111 1	3.333 3
	0.340 0	9.467 1	3.235 3
	0.350 0	8.877 6	3.142 9
	0.360 0	8.336 4	3.055 6
	0.370 0	7.838 6	2.973 0
	0.380 0	7.379 5	2.894 7
	0.390 0	6.955 6	2.820 5
	0.400 0	6.562 5	2.750 0
	0.410 0	6.198 1	2.682 9
	0.420 0	5.859 4	2.619 0
	0.430 0	5.544 1	2.558 1
	0.440 0	5.250 0	2.500 0
	0.450 0	4.975 3	2.444 4
	0.460 0	4.718 3	2.391 3
	0.470 0	4.477 6	2.340 4
	0.480 0	4.251 7	2.291 7
	0.490 0	4.039 6	2.244 9
	0.500 0	3.840 0	2.200 0
	0.510 0	3.652 1	2.156 9
	0.520 0	3.474 9	2.115 4
	0.530 0	3.307 6	2.075 5
	0.540 0	3.149 5	2.037 0
	0.550 0	3.000 0	2.000 0
无限障板式	0.560 0	2.858 4	1.964 3
	0.570 0	2.724 2	1.929 8
	0.580 0	2.596 9	1.896 6
	0.590 0	2.476 0	1.864 4
	0.600 0	2.361 1	1.833 3

表 1.10　$Q_{tc}=1.2$，2 阶契比雪夫（C_2），等波纹响应

	Q_{ts}	α	f_c/f_s
气垫式	0.250 0	22.040 0	4.800 0
	0.260 0	20.301 8	4.615 4
	0.270 0	18.753 1	4.444 4
	0.280 0	17.367 3	4.285 7
	0.290 0	16.122 5	4.137 9
	0.300 0	15.000 0	4.000 0
	0.310 0	13.984 4	3.841 0
	0.320 0	13.062 5	3.750 0
	0.330 0	12.223 1	3.636 4
	0.340 0	11.456 7	3.529 4
	0.350 0	10.755 1	3.428 6
	0.360 0	10.111 1	3.333 3
	0.370 0	9.518 6	3.243 2
	0.380 0	8.972 3	3.157 9
	0.390 0	8.467 5	3.076 9
	0.400 0	8.000 0	3.000 0
	0.410 0	7.566 3	2.926 8
	0.420 0	7.169 3	2.857 1
	0.430 0	6.788 0	2.790 7
	0.440 0	6.438 0	2.727 3
	0.450 0	6.111 1	2.666 7
	0.460 0	5.805 3	2.608 7
	0.470 0	5.518 8	2.553 2
	0.480 0	5.250 0	2.500 0
	0.490 0	4.997 5	2.449 0
	0.500 0	4.760 0	2.400 0
	0.510 0	4.536 3	2.352 9
	0.520 0	4.325 4	2.307 7
	0.530 0	4.126 4	2.264 2
	0.540 0	3.938 3	2.222 2
	0.550 0	3.760 3	2.181 8
	0.560 0	3.591 8	2.142 9
	0.570 0	3.432 1	2.105 3
	0.580 0	3.280 6	2.069 0
	0.590 0	3.136 7	2.033 9
	0.600 0	3.000 0	2.000 0
无限障板式	0.610 0	2.869 9	1.967 2
	0.620 0	2.746 1	1.935 5
	0.630 0	2.628 1	1.904 8
	0.640 0	2.515 6	1.875 0
	0.650 0	2.408 3	1.846 2

表 1.11　$Q_{tc}=1.5$，2 阶契比雪夫（C_2），等波纹响应

	Q_{ts}	α	f_C/f_s
	0.300 0	24.000 0	5.000 0
气垫式	0.310 0	22.413 1	4.838 7
	0.320 0	20.972 7	4.687 5
	0.330 0	19.661 2	4.545 5
	0.340 0	18.463 7	4.411 8
	0.350 0	17.367 3	4.285 7
	0.360 0	16.361 1	4.166 7
	0.370 0	15.435 4	4.054 1
	0.380 0	14.581 7	3.947 4
	0.390 0	13.792 9	3.846 2
	0.400 0	13.062 5	3.750 0
	0.410 0	12.384 9	3.684 9
	0.420 0	11.755 1	3.571 4
	0.430 0	11.168 7	3.488 4
	0.440 0	10.621 9	3.409 1
	0.450 0	10.111 1	3.333 3
	0.460 0	9.633 3	3.260 9
	0.470 0	9.185 6	3.191 5
	0.480 0	8.765 6	3.125 0
	0.490 0	8.371 1	3.061 2
	0.500 0	8.000 0	3.000 0
	0.510 0	7.650 5	2.941 2
	0.520 0	7.321 0	2.884 6
	0.530 0	7.010 0	2.830 2
	0.540 0	6.716 0	2.777 8
	0.550 0	6.138 0	2.727 3
	0.560 0	6.174 7	2.678 6
	0.570 0	5.925 2	2.631 6
	0.580 0	5.688 6	2.586 2
	0.590 0	5.463 7	2.542 4
	0.600 0	5.250 0	2.500 0
	0.610 0	5.046 8	2.495 0
	0.620 0	4.853 3	2.419 4
	0.630 0	4.668 9	2.831 0
	0.640 0	4.493 2	2.343 8
	0.650 0	4.325 4	2.307 7
	0.660 0	4.165 3	2.272 7
	0.670 0	4.012 3	2.238 8
	0.680 0	3.865 9	2.205 9
	0.690 0	3.725 9	2.173 9
	0.700 0	3.591 8	2.142 9

表 1.12　　–3dB 衰减点 f_3

Q_{tc}	f_3/f_c
0.500	1.553 8
0.577	1.272 5
0.707	1.000 0
0.800	0.897 2
0.900	0.829 5
1.000	0.786 2
1.100	0.756 7
1.200	0.735 8
1.500	0.699 3

闭箱设计公式

$$\alpha = \left(\frac{Q_{tc}}{Q_{ts}}\right)^2 - 1$$

$$f_c = \frac{Q_{tc} f_s}{Q_{ts}}$$

$$f_3 = \left[\frac{\left(\frac{1}{Q_{tc}^{\ 2}} - 2\right) + \sqrt{\left(\frac{1}{Q_{tc}^{\ 2}} - 2\right)^2 + 4}}{2}\right]^{1/2} f_c$$

然后使用设计表格

箱体积　$V_b = \dfrac{V_{as}}{\alpha}$

–3dB 点　$f_3 = \left(\dfrac{f_3}{f_c}\right) f_c$

箱体谐振频率　$f_c = \left(\dfrac{f_c}{f_s}\right) f_s$

记住，α 值在 3～10 时气垫式系统才能存在。α 值小于此范围的音箱将归入无限障板式范围[4]。同样的，对于书架式的音箱，50Hz 或更低的 f_c 对于闭箱系统来说是个还算不错的数字[12]。

Q_{ts}，f_s 和 V_{as} 差异

对于完全相同的扬声器（相同的锥形振膜、音圈、折环、防尘罩、磁体、气隙等）来说，Q_{ts}、f_s 和 V_{as} 的数值可能会表现出很大的差异。因此，如果对小样本(对我们大多数人来说，通常是 2 个)的测量结果差别很大，不要太紧张。虽然一个扬声器的参数会有相当宽范围的变化值，但 f_s/Q_{ts} 之比，以及 $V_{as}f_s^2$ 的乘积却相当稳定。因而，最终和基本的结果也将趋于稳定。请研究表 1.2 中 2 个相同扬声器的数据。

1.6 其他参数

有 3 个其他参数在评价闭箱系统的潜在性能时有用：参考效率、位移限制的声输出功率，以及达到位移输出限制所需的输入电功率。

1.6.1 参考效率(η_0)

参考效率主要由扬声器参数决定，而不是由箱体参数决定。它经常用百分比表示，或者更普遍地采用声压级（SPL）表示。总的来说，η_0 对于多扬声器单元音箱系统中各个扬声器单元效率的比较非常有用。从这一点来说，它可以用于确定中频和高频扬声器单元的衰减量（出于实用的目的，在多路音箱中，极少通过衰减低频扬声器单元来和其他扬声器单元匹配）。

自由场参考效率可以通过以下公式计算

$$\eta_0 = \frac{Kf_s^3V_{as}}{Q_{es}}$$

式中，$K = 9.6 \times 10^{-10}$，V_{as} 以 L(升)为单位；$K = 9.6 \times 10^{-7}$，V_{as} 以 m^3 为单位；$K = 2.7 \times 10^{-8}$，V_{as} 以立方英尺为单位。

对于以上计算，V_{as} 必须是在一个障板或是和音箱箱体相同的壳体上测量得到。这个公式给出的 η_0 是小数形式。若要转换 η_0 成为百分数形式，则为：

$$百分数 = \eta_0 \times 100$$

$$SPL\ (1W/1m\ dB = 112 + 10\lg\eta_0)$$

η_0 可以在低至 0.35%到高达 1.5%的范围中变化。一些著名扬声器的效率数据见表 1.13，从中可以判断这个状况。

表 1.13　　著名扬声器效率数据

品牌型号	自由场（%）	η_0 SPL（dB）
Altec 411-81A	1.44	94
KEF B-139	0.62	90
Polydax HD-20 B 25	0.42	88
Focal 8N401	0.48	89
Focal 10C02	0.62	90

为了方便进行比较，对于闭箱体（无填充）中的 η_0 有

$$\eta_0 f_c = \frac{k f_c^3 V_{as} V_b}{Q_{ec}(V_{as} + V_b)}$$

1.6.2　位移限制下的声功率输出(P_{ar})

P_{ar} 是指一个扬声器工作在它的线性工作范围中并且没有明显失真时，所能产生的最大输出功率。你可以从音圈超出磁路（气隙）的长度来确定它的线性工作范围（如图 1.7 所示）。要计算这个长度（设计的 X_{max}），可以将总音圈长度减去磁体气隙高度，然后除以 2。如果考虑到人耳对低频失真的相对不敏感性[13]，将最大线性冲程设为 X_{max} + 15%是比较保守的，这允许你得到稍大一点的冲程，从而得到更高的输出水平。

P_{ar} 可以按 RMS 正弦波功率来计算：

$$P_{ar(cw)} = K_p f_3^4 V_d^2$$

K_p 是随箱 Q_{tc} 变化的功率比例常数。

不同 Q_{tc} 值的 K_p 值见表 1.14。

表 1.14　　不同 Q_{tc} 值的 K_p 值

Q_{tc}	K_p
0.500	0.06
0.577	0.15
0.707	0.39
0.800	0.57
0.900	0.75
1.000	0.84
1.100	0.85
1.200	0.84
1.500	0.71

V_d 是锥形振膜达到最大冲程限制时所推动的空气位移体积，以立方米为单位。因而有，$V_d=S_dX_{max}$。S_d 是扬声器锥形振膜的有效辐射面积，不同直径的锥形振膜的 S_d 列于表 1.15。S_d 可以这样计算

$$S_d=\frac{3.1416D^2}{4}$$

式中，D 为锥形振膜直径加上两边的折环各 1/3 的宽度。

表 1.15　　不同直径锥形振膜的 S_d

标称口径（英寸）	$S_d(m^2)$
5	0.008 9
7	0.015 8
8	0.021 5
10	0.033 0
12	0.045 0
15	0.085 5

由于 $P_{ar(cw)}$给出了不同 Q_{tc} 值的输出水平的相对比较，所以将它包含在这个讨论之中。$Q_{tc}=1.1$ 时使用功率将达到最大值，而后随 Q_{tc} 值降低而下降，比较结果与这一事实相符。然而，所有比 1.1 低的 Q_{tc}，其 X_{max} 发生的频率均低于 f_3。由于音乐节目的大部分频率高于 f_3，所以实际上可以将 P_{ar} 取为最大值。因此，对于 $P_{ar(p)}$，以 W 为单位，对于音乐节目来说有

$$P_{ar(p)}=0.85{f_3}^4{V_d}^2$$

并且

$$SPL\ 1W/1m\quad dB=112+10\lg P_{ar(p)}\ (dB)$$

1.6.3　最大输入功率（P_{er}）

P_{er}是达到 P_{ar} 所需要的输入功率。

P_{er}取决于

$$P_{er}=\frac{P_{ar(cw)}}{\eta_0}$$

此处，P_{er} 以 W 为单位；P_{ar} 以 W 为单位；η_0 为小数。

你可以将 P_{er} 与制造商给出的温度限制的工作功率进行比较。建议注意扬声器的额定热

功率是否小于 P_{er}。

1.7 设计图表示例

表 1.16 和表 1.17 给出了两个适合于闭箱结构的扬声器例子。记住，在计算箱体总体积时，为了对那些将使目标容积减少的因素进行补偿，把箱体做大一点是很重要的。这些因素包括如下几个。

（1）中频扬声器腔室。

（2）低频扬声器盆架与磁体结构。

（3）纤维阻尼材料（约为测量体积的 10%）。

（4）分频器。

（5）固体阻尼材料、支撑条、毛毡等。

表 1.16　　8 英寸低频扬声器示例

Q_{ts}	Q_{es}	Q_{ms}	f_s	X_{max}(mm)	S_d(m²)		V_d(m³)		V_{as}(ft³)	
0.45	0.53	3.0	31.5	3.5	2.1×10^{-2}		7.52×10^{-5}		2.97	
Q_{tc}	V_B(ft³)	f_3(Hz)	f_c(Hz)	$P_{ar(cw)}$ (W)	SPL(dB)	$P_{ar(p)}$(W)	SPL(dB)	η_0(%)	SPL(dB)	P_{er}(W)
0.5	12.70	54	35	0.003 3	87	0.041	98	0.47	89	0.70
0.7	2.02	50	50	0.014	94	0.028	97	0.47	89	2.98
0.8	1.38	50	56	0.020	95	0.03	97	0.47	89	4.26
0.9	0.99	52	63	0.032	97	0.035	98	0.47	89	6.81
1.0	0.75	55	70	0.044	98	0.044	99	0.47	89	9.76

表 1.17　　10 英寸低频扬声器示例

Q_{ts}	Q_{es}	Q_{ms}	f_s	X_{max}(mm)	S_d(m²)		V_d(m³)		V_{as}(ft³)	
0.446	0.51	3.63	27.2	5.25	3.4×10^{-2}		1.7×10^{-4}		5.79	
Q_{tc}	V_B(ft³)	f_3(Hz)	f_c(Hz)	$P_{ar(cw)}$(W)	SPL(dB)	$P_{ar(p)}$(W)	SPL(dB)	η_0(%)	SPL(dB)	P_{er}(W)
0.5	24.80	54	35	0.016	94	0.23	106	0.62	90	2.58
0.7	4.10	43	43	0.038	98	0.09	102	0.62	90	6.13
0.8	2.60	44	49	0.067	100	0.10	102	0.62	90	10.81
0.9	1.88	46	55	0.103	102	0.12	103	0.62	90	16.61
1.0	1.47	48	60	0.139	103	0.13	104	0.62	90	22.42

最后，在计算 Q_{ts}（第 8 章）时一定要将各种串联阻抗包含在内。闭箱结构的范例文章

可以在《Speaker Builder》上找到。比如“A Ceramic Speaker Enclosure（一种陶瓷扬声器箱）”，David Weems 著，6/88，第 33 页；“A Small Two-Way System（一种小型 2 路系统）”，Fred Thompson 著，2/90，第 24 页；以及“A Modular Three-Way Active Loudspeaker（一种模块式 3 路主动有源扬声器箱）”，Fernando Ricart 著，4/90，第 36 页。

1.7.1 最低截止频率

有一种普遍的观点认为，闭箱的截止频率随箱体积的增大而降低。但是这个观点只有在 Q_{tc} 大于或等于 0.707 时才是正确的。对于 Q_{tc} 值小于 0.707 的情况，增加体积将引起截止频率的上升[14]。显然，使用所谓的过阻尼设计的代价将是一个较不优化的 f_3。表 1.18 给出了使用不同 Q_{ts} 单元的不同箱体 Q_{tc} 的 f_3/f_s 比率。

表 1.18 f_3/f_s(Q_{tc} 对 Q_{ts})

		Q_{ts}			
		0.20	0.30	0.40	0.50
Q_{tc}	1.5	5.2	3.5	2.6	2.1
	1.2	4.4	2.9	2.2	1.8
	1.1	4.2	2.8	2.1	1.7
	1.0	3.9	2.6	2.0	1.6
	0.9	3.7	2.5	1.9	1.5
	0.8	3.6	2.4	1.8	1.4
	0.71	3.5	2.4	1.8	1.4
	0.58	3.7	2.5	1.9	2.0
	0.5	3.9	2.6	2.0	—

对于所有 Q_{tc} 低于 0.707 的情况，f_3/f_s 都随体积的增加而增大。请看表 1.16 和表 1.17 中的设计，正如预期的那样，两个扬声器在 $Q_{tc}=0.707$ 时若再继续增加箱体积，其截止频率 f_3 均表现为增加。

1.7.2 频率响应的动态变化

虽然对 P_{ar} 和 P_{er} 等大信号参数的计算可以给你一些关于扬声器冲程的概念，但这些概念并未充分地描述扬声器在输入功率和工作温度上升时的动态变化。在采用 Thiele/Small 计算方法进行扬声器箱体设计时，无论是闭式还是开口式音箱，计算出的响应特性均是在小信号下的结果。在输入功率为 1W 时，扬声器的表现可以和设计表格或方程所设计的相同。一旦超过这一功率，随着功率和音圈温度的增加，扬声器/箱体复合体的特性将产生一个持续的动态变化。

扬声器通常工作于从约为 25℃的室温到 250℃附近胶粘剂开始分解和失效的温度范围内。扬声器的额定功率在某种程度上应当与单元逼近热失效时的水平相关。如果一个扬声器标称功率为 200W，它必须能够在稍低于 250℃的温度下维持一段时间。作为输入功率的一个函数，将最高温度 250℃，除以扬声器额定功率，可以粗略估计每增加 1W 功率所致的温升（这是假设制造商在一定程度上将额定功率与热失效相联系，但并非都是如此）。例如，一个标称功率为 150W 的扬声器，扬声器的功率每增加 1W，温度将升高 1.667℃。

由于音圈温度升高，音圈电阻将增加，而且扬声器的总阻尼将降低（译注：即 Q 值升高）。这个效应如图 1.8 所示。计算机模拟的结果显示了一个计算 $Q_{tc}=0.7$ 的箱体/扬声器组合，在从 1W 开始的 5 个递增的功率水平（1、5、10、20 和 40W）上，不同的 SPL 曲线，结果见表 1.19。逐渐增加的相位角（–3dB 处）和斜率意味着总阻尼的降低，并以等效 Q_{tc} 值表示。

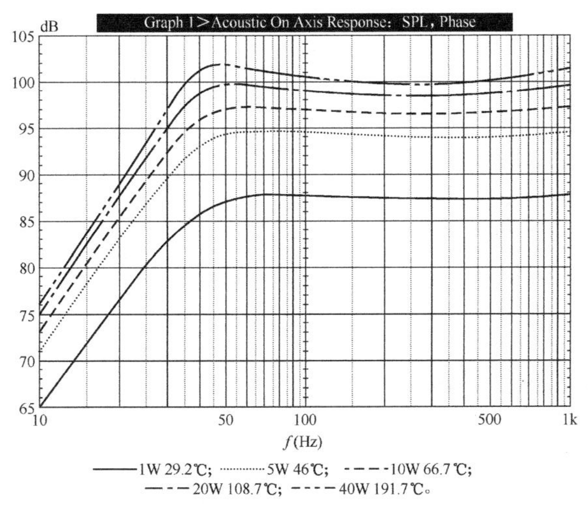

图 1.8 音圈电阻的热效应

表 1.19 不同功率水平下扬声器响应的动态变化

V	功率	温度（℃）	–3dB 相位角（°）	斜率（dB/oct）	等效 Q_{tc}	f_3(Hz)
2.83	1	29.2	90	10.60	0.7	35
6.35	5	46	93	10.87	0.8	34
8.95	10	66.7	95	11.18	0.85	34
12.68	20	108.7	100	11.74	1.0	32
17.89	40	191.7	106	12.71	1.2	31

阻尼的变化同时还反映在锥形振膜冲程（如图 1.9 所示），群迟延（如图 1.10 所示），阻

抗（如图 1.11 所示），换能器锥形振膜速度（如图 1.12 所示）的变化上。锥形振膜冲程和群迟延看起来像图 1.3 和图 1.4 所示不同 Q 和箱体积的曲线。但是请注意，f_c 处的阻抗峰保持了基本相同的频率和宽度，虽然总的阻抗水平随温度持续地增大。锥形振膜速度峰也保持了相同的频率，并不随输入功率的增大而变化。

如果使用手工计算的方法进行设计，是不可能预料到这些动态偏差的。最好的建议是在其他因素许可时将误差向较低 Q 值的方向偏移。根据某种观点，一些成功的商品扬声器箱设计的小信号 Q_{tc} 低至 0.5。

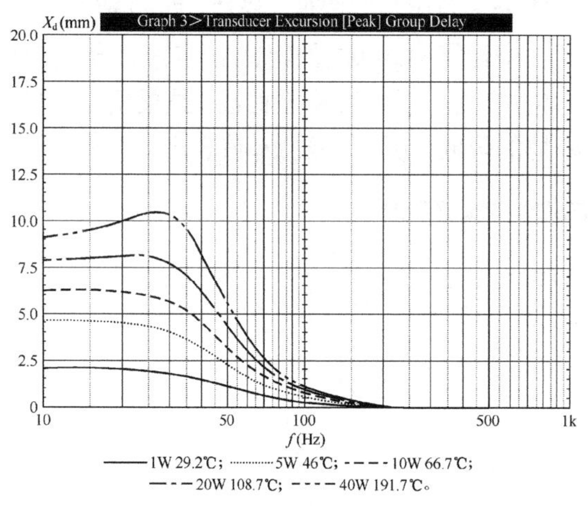

图 1.9 锥形膜冲程

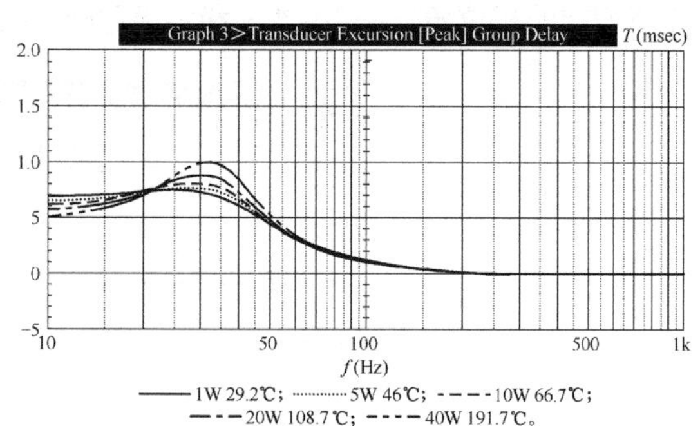

图 1.10 群迟延

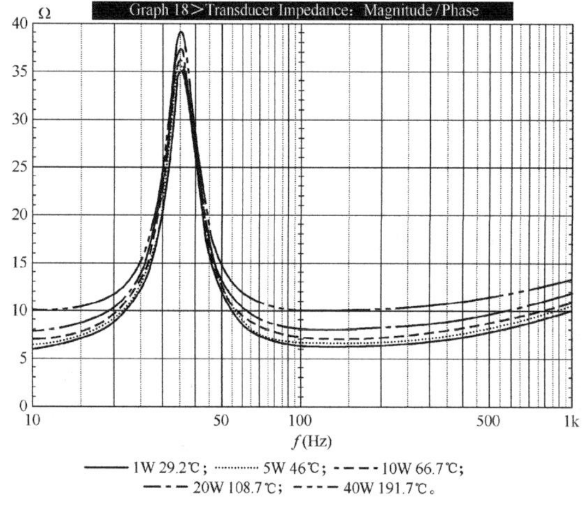

图 1.11 阻抗

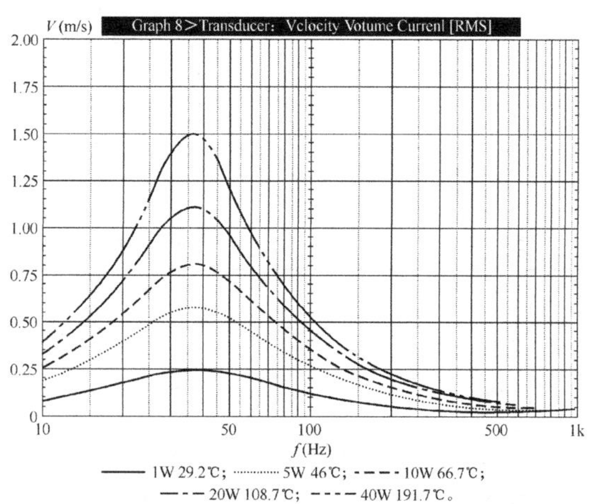

图 1.12 换能器锥形振膜速度

1.8 箱体内的填充物

以上所有的箱体积计算都是基于没有填充物的箱体，或者只是为了阻尼驻波而在箱内衬有最多不超过 1 英寸厚的玻璃纤维。这是因为设计适当的箱体可以达到设计目标而无须作任何附加的修改，本来就应该如此。然而，在现实中箱体填充的“艺术”还可以是个非常重要的工具，以便在其他方法均无法使用时可以用来改变箱体响应以获得特定的箱体尺寸以及 Q 值等参数。

箱体内部反射可能会引起严重的染色现象[15]，箱体填充除了具有能够更好地抑制内部反射这个明显的优点之外，它对箱体参数还有如下效果。

（1）顺性增大。使用低密度、高比热材料（玻璃纤维、涤纶和长纤维羊毛）将使得箱体的声顺（C_{ab}）增大。这相当于增加了箱体积，而且在理论上其增幅可以达到 40%。实际上等效体积增大 15%～25%是相当容易达到的。

（2）效率增加。适当选择填充数量、材料的类型，以及材料在箱体内的位置可以引起效率增加，高达 15%。

（3）质量改变。填充材料具有改变系统总振动质量的潜力。这个现象通常认为是与扬声器正后方气流的限制有关。有效质量的增加将引起效率的降低，但不如顺性改变所致的效率增加那么大。由于效率的降低是人们所不希望的，有两个技术可以限制这种效果。方法一用在 Advent 扬声器系统上，是在低频扬声器的正后方使用一个支架以撑开扬声器单元后方的阻尼材料（在这里是海棉）。第二个方法是在扬声器单元盆架的正后方区域使用一种非压缩的低密度材料，作为高密度材料与扬声器单元之间的一个缓冲[16]。

（4）阻尼损失。如果你把填充材料填塞到相当密实，并靠近扬声器单元盆架后部的话，摩擦损失将相当可观。

填充材料将箱体内的空气运动从绝热过程转变为等温过程（即上述准则所描述的），有许多作者针对填充材料的数量给出了建议[17,18,19]，但并未真正明确地指出所使用的材料是否是最常用的填充材料——玻璃纤维。但是，在计算机模拟中可以很容易观察到玻璃纤维阻尼材料的效果。

采用上述模拟所用的同一种 10 英寸扬声器单元进行这一次模拟。选择一个稍小一些的箱体积，1.75 立方英尺，因为它具有足够高的 Q_{tc} 从而使填充材料的影响容易被观察到。使用不同数量的玻璃纤维填充材料，然后进行模拟，以计算这个 1.75 立方英尺箱体的响应，表 1.20 的数量是标准的 1 磅/立方英尺 R19 家用型玻璃纤维的。这种型号材料的密度有点不好计算，因为它会被压缩或扩张，取决于不同的摆放方式。1 磅/立方英尺是将它从卷状展开并移去它的背纸后，保持大约 3 英寸的厚度时测量得到的。表格所示的是在填充百分比不同时，f_3 和相位角的变化。图 1.13 所示为幅度响应的变化，而图 1.14 所示给出箱阻抗的变化。可以看出，f_3 衰减频率的降低伴随着 Q_{tc} 的降低。对于每一个扬声器单元，变化的量将不会完全相同，并将一定程度上取决于箱体与扬声器单元的顺性比。

表 1.20　　1 磅/立方英尺 R19 家用参数

填充（%）	f_3	相位	Q_{tc}
0	39.94	98.92°	1.19
50	38.31	96.42°	0.89
100	37.37	93.38°	0.73

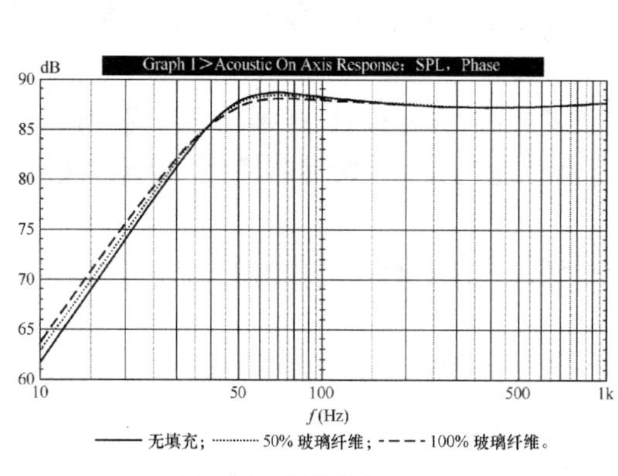

图 1.13　幅度响应

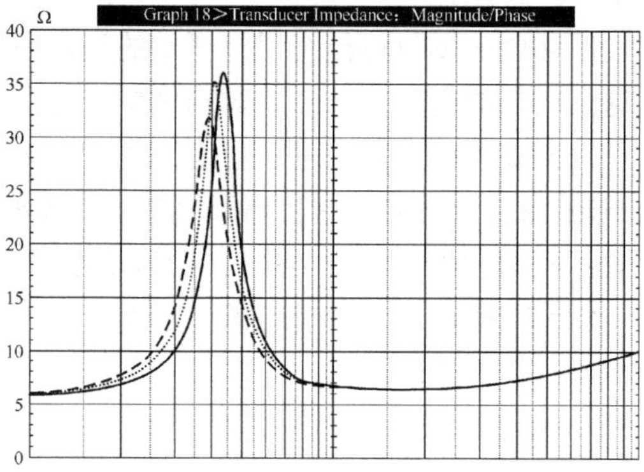

图 1.14　箱阻抗

1.8.1　箱体填充的设计程序

为了确定某个特定填充方案的效果，最好的途径是给箱体添加填充材料然后在接线端子上测量 Q_{tc} 的变化。在第 8 章“扬声器测试”中介绍了测量自由场 Q 的方法，使用与这个方法相同的步骤要点。Small 和 Margolis[20]提供了一个在构建箱体之前，手工计算 100%填充中低密度玻璃纤维材料近似效果的方法。程序 1 给出体积保持不变时 Q_{tc} 变化的近似值，而程序 2 给出保持 Q_{tc} 不变时体积的变化。

程序 1——箱尺寸保持不变时新的 Q_{tc}。

公式	例子（表 1.17 的 10 英寸扬声器单元）
$V_{ab} = 1.2V_b$	$V_{ab} = 4.92\text{ft}^3$
$\alpha = \dfrac{V_{as}}{V_{ab}}$	$\alpha = 1.177$
$L = \sqrt{\alpha + 1}$	$L = 1.475$
$Q_{tc}' = LQ_{ts}$	$Q_{tc}' = 0.658$

$$Q_{tc}=\left(\frac{1}{Q_{tc}'}+0.2\right)^{-1} \qquad Q_{tc}=0.58$$

程序 2——Q_{tc}保持不变时，新的箱体积，V_b。

公式　　　　　　　　　　　　例子（表 1.17 的 10 英寸扬声器单元）

$$Q_{tc}=\left(\frac{1}{Q_{tc}'}-0.2\right)^{-1} \qquad Q_{tc}'=1.098$$

$$L=\frac{Q_{tc}'}{Q_{ts}} \qquad L=2.461$$

$$\alpha=L^2-1 \qquad \alpha=5.056$$

$$V_{ab}=-\frac{V_{as}}{\alpha} \qquad V_{ab}=1.145\text{ft}^3$$

$$V_b=\frac{V_{ab}}{1.2} \qquad V_b=0.95\text{ft}^3$$

1.8.2 箱体填充材料的实验比较

以上介绍的计算方法可以给你一个关于 Q 与箱体尺寸消长关系的大致概念，但是最后的结果会有很大的不同。不仅f_3和Q_{tc}的测量结果会随填充材料的密度及其在箱体内的分布而改变，而且除玻璃纤维外的多种其他材料，如涤纶和音响用海棉等，以及这些材料的组合，可以用于影响扬声器箱响应的变化。

多年以来，业余和专业人员使用了多种多样的填充材料来改变扬声器箱响应。同时还伴随着同样多种多样的说法，宣称某某材料从主观表现来说是最佳选择。由于计算机模拟和手工计算程序被限制于标准型号的玻璃纤维，在试图确定这些不同复合材料的效果时，以下信息可以作为一个参考。

测量的方法是相当的简单易懂，虽然需要对其结果进行解释。使用了绦纶、Acousta-Stuf®（一种类似涤纶的材料，具有波浪型纤维，据称可使此产品具有与长纤维羊毛相同的音速特性，由 Mahogany Sound 公司提供）、密度为 1 磅/立方英尺的玻璃纤维（标准家用型 R19）、2 磅/立方英尺的玻璃纤维、4 磅/立方英尺的玻璃纤维，以及音响用海绵（音响用海绵是 Audio concepts 公司提供的型号，但与市场上许多其他种类“鸡蛋箱”形状的海绵相似）等 6 种材料。这些材料在实验箱体内分别填充 50%和 100%进行测试。另外测试了 6 个 50/50 组合（列出的第一种材料用于衬在箱内，用第二种材料填满余下的空间到 100%）：2 磅/1 磅玻璃纤维、2 磅玻璃纤维/Acousta-Stuf、4 磅/1 磅玻璃纤维、4 磅玻璃纤维/Acousta-Staf、AC 海棉/1 磅玻璃纤维，以及 AC 海绵/Acousta-Stuf。

材料放在一个 0.95 立方英尺的标准方形实验箱体内，箱体由 0.75 英寸（18mm）的刨花板构成。箱体密封，并使用适合 8 英寸扬声器单元的闭孔海绵密封垫。每种材料的数量以及组合依次放入箱内，并按种类执行两项测量。

第一项测量是使用 Audio Precision System I 分析仪正弦波扫描测量阻抗曲线。System I 设置为分析仪的信号发生器以 600Ω 串接的电阻分压输出。然后将计算机 ASCII 数据文件输入到 LEAP4.0，并转换成真阻抗读数（串联大电阻的阻抗计算结果相似，但不完全等同于扬声器单元阻抗的函数）。再将数据载入到 LEAP 的自动 Speaker Parameter Measurement（扬声器参数测量）模块中计算箱体 Q_{tc} 参数。

第二项测量是使用 DRA Labs MLSSA FFT 分析仪和一个 ACO Pacific 7012 精密测量传声器进行近场频率响应测量。MLSSA 设置为 2 048 点采样长度和 20kHz 带宽。对脉冲响应作 2 048 点 FFT（快速傅立叶变换）并打印结果。数据从 MLSSA 输出并输入到 LEAP4.0 以获得 PostScript 打印输出。为了进行比较，使用每一类填充材料的单元响应均与未填充材料的响应一起显示。

这一系列测量结果的总结见表 1.21。表格分成 3 个组：50%填充、100%填充以及 50/50 组合的 100%填充。从表中可以看出，阻抗峰的高度 Z_0，从空箱的 38.96Ω 降低至填充 4 磅/1 磅玻璃纤维组合的 14.67Ω。音箱谐振频率 f_0 的变化范围从空箱的 84.54Hz 降低到 4 磅/1 磅玻璃纤维组合的 75.16Hz。机械 Q，即 Q_{mc}，表现出大幅的差异，从空箱的 7.74 降低到仍然是填充 4 磅/1 磅玻璃棉组合的 1.79。电 Q，即 Q_{ec}，在同质材料的 50%和 100%填充中大多保持不变，但在不同材料组合中确实表现出一些差别。Q_{tc} 从无填充物的 1.22 降低到均为玻璃纤维 50/50 组合的 0.75。–3dB 点 f_3 取决于 Q_{tc} 和音箱谐振频率 f_0，看起来不受其他的趋势影响。

表 1.21　　箱体填充材料比较

	Z_0	f_0	Q_m	Q_e	Q_{tc}	f_3
空箱	38.96	84.54	7.74	1.45	1.22	61.91
50%						
填充涤纶	34.46	83.21	6.51	1.41	1.16	61.86
Acousta-Stuf	33.53	82.08	6.23	1.40	1.14	61.36
1 磅/ft³ 玻璃纤维	27.77	79.51	4.93	1.40	1.09	60.37
2 磅/ft³ 玻璃纤维	30.27	78.75	5.42	1.39	1.10	59.59
4 磅/ft³ 玻璃纤维	31.52	82.06	5.78	1.40	1.13	61.52
音响海绵	33.44	80.23	6.19	1.40	1.14	59.98
100%						
填充涤纶	29.77	81.77	5.39	1.40	1.11	61.68
Acousta-Stuf	23.82	80.09	3.97	1.38	1.02	62.42

续表

	Z_0	f_0	Q_m	Q_e	Q_{tc}	f_3
1 磅/ft³ 玻璃纤维	19.87	76.79	3.20	1.44	0.99	60.64
2 磅/ft³ 玻璃纤维	15.80	79.37	2.27	1.44	0.88	66.71
4 磅/ft³ 玻璃纤维	16.71	78.66	2.37	1.42	0.89	65.67
音响海绵	17.35	75.91	2.44	1.35	0.87	64.26
50/50 组合						
2 磅/1 磅 玻璃纤维	14.78	78.12	1.80	1.28	0.75	73.91
2 磅玻纤/Acousta-Stuf	20.97	77.17	3.22	1.35	0.95	62.17
4 磅/1 磅玻纤*	14.67	75.86	1.79	1.29	0.75	71.76
4 磅玻纤/Acousta-Stuf	21.96	79.11	3.49	1.33	0.96	63.40
海绵/1 磅玻纤	18.11	73.55	2.58	1.33	0.88	61.83
海绵/Acousta-Stuf	24.28	76.91	4.04	1.37	1.02	59.94

译注：原文中，这一项填充材料名称缺失，根据正文内容补充。

看来 100%填充标准 R19 玻璃纤维的老方法仍然是获得中度阻尼和低 f_3 的合理选择。但是几种其他材料也值得认真考虑。均为玻璃纤维的 50/50 组合得到较低的 Q 值，仅 f_3 频率略高一些。海绵/玻璃纤维组合具有合理的阻尼和更低的–3dB 点，看来也很有吸引力。

图 1.15～图 1.33 所示给出了表 1.21 不同材料组合的阻抗曲线以及相关的近场（传声器大约距离防尘罩 6 英寸）频率响应。为了方便观察，图 1.24～图 1.28 以及图 1.30 和图 1.32 中阻抗的显示范围标到 20Ω，其他的阻抗图显示范围全部标到 40Ω。在 MLSSA 频率响应的结果图中，实线是填充材料的曲线，而虚线代表未填充材料箱体的曲线。

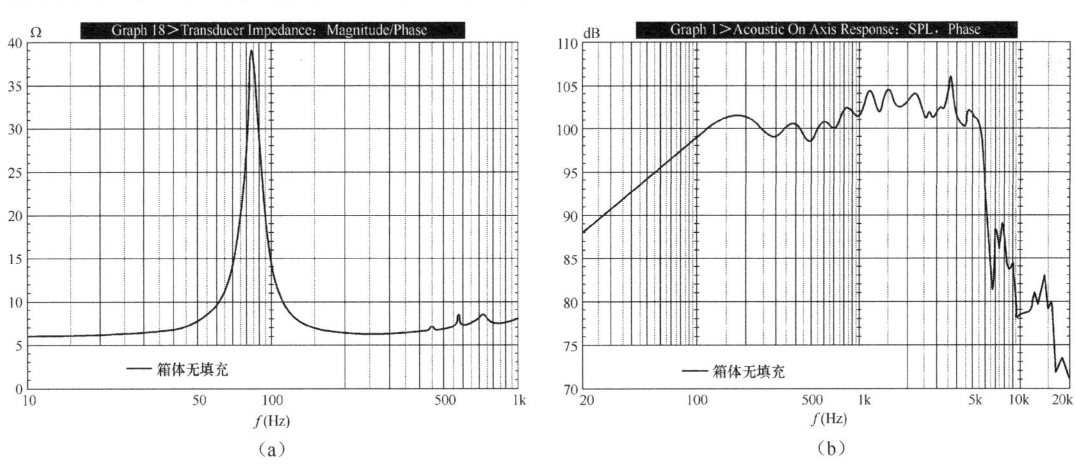

图 1.15 阻抗曲线及近场频率响应

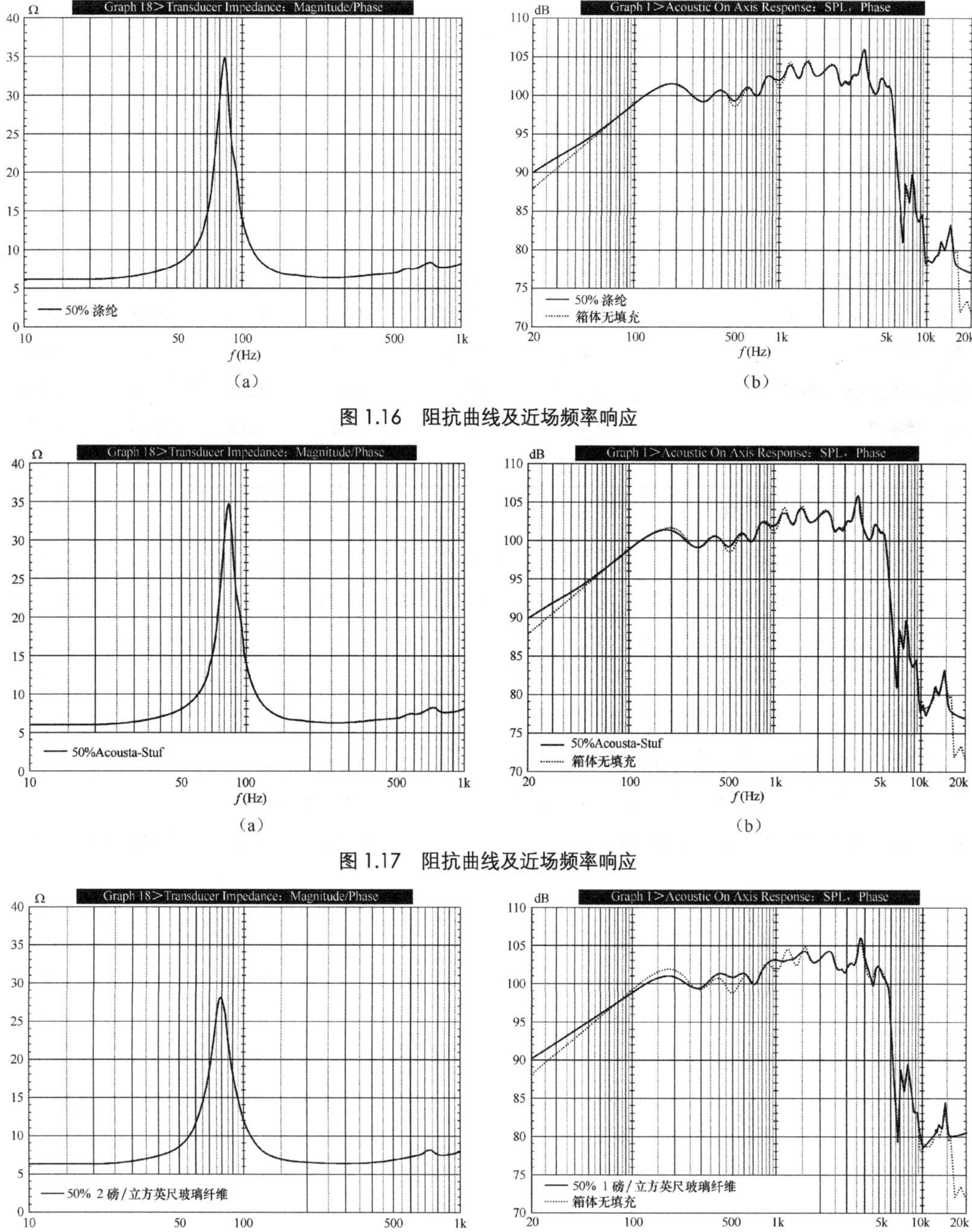

图 1.16　阻抗曲线及近场频率响应

图 1.17　阻抗曲线及近场频率响应

图 1.18　阻抗曲线及近场频率响应

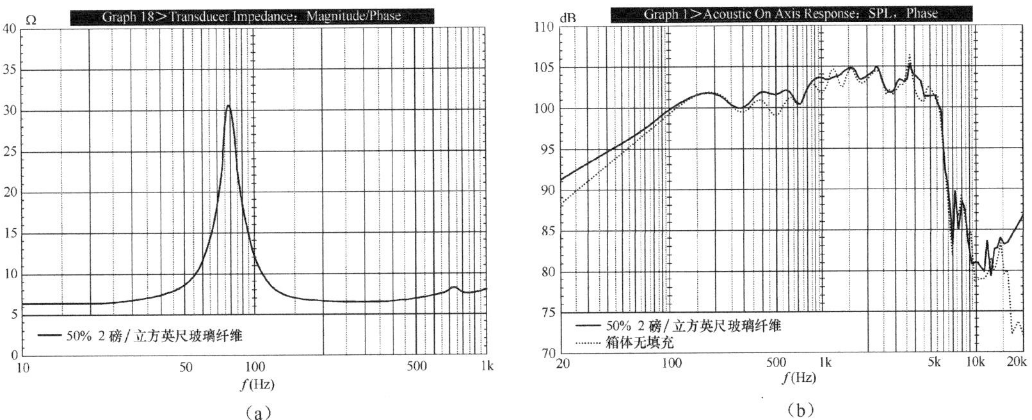

图 1.19 阻抗曲线及近场频率响应

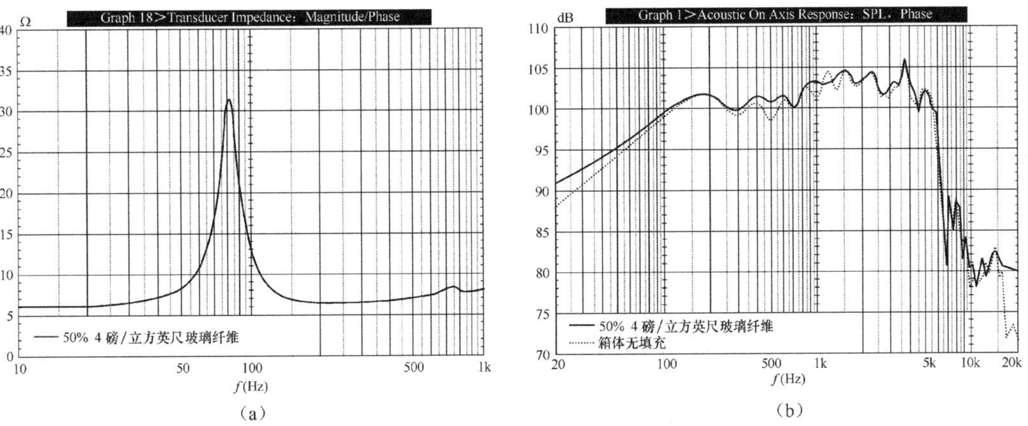

图 1.20 阻抗曲线及近场频率响应

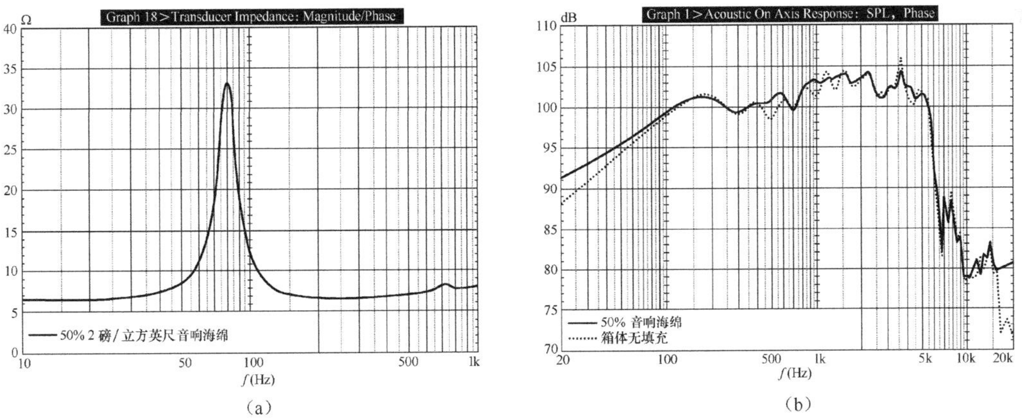

图 1.21 阻抗曲线及近场频率响应

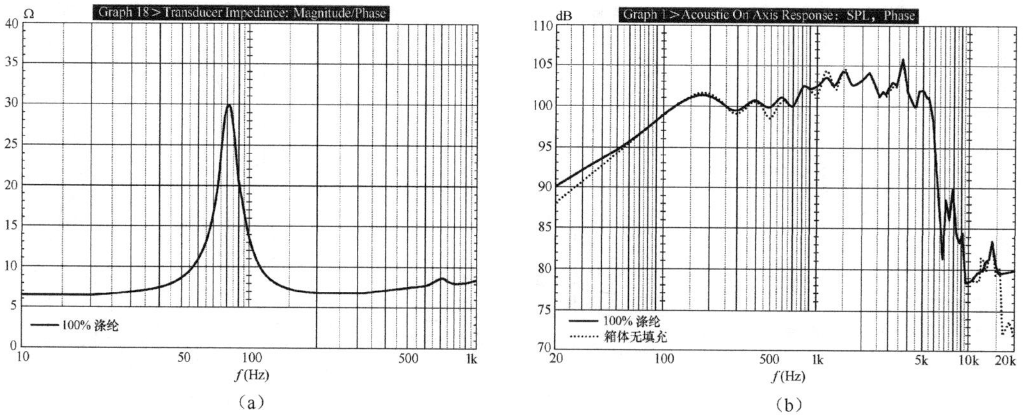

（a）　　（b）

图 1.22　阻抗曲线及近场频率响应

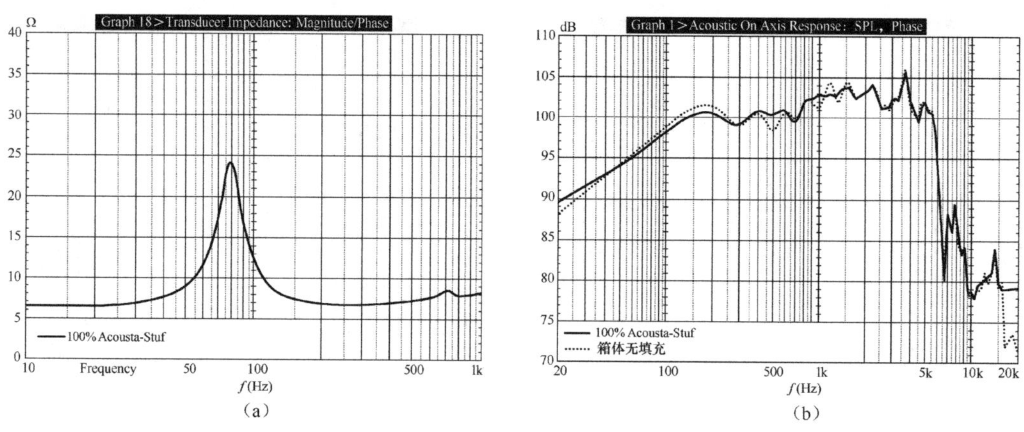

（a）　　（b）

图 1.23　阻抗曲线及近场频率响应

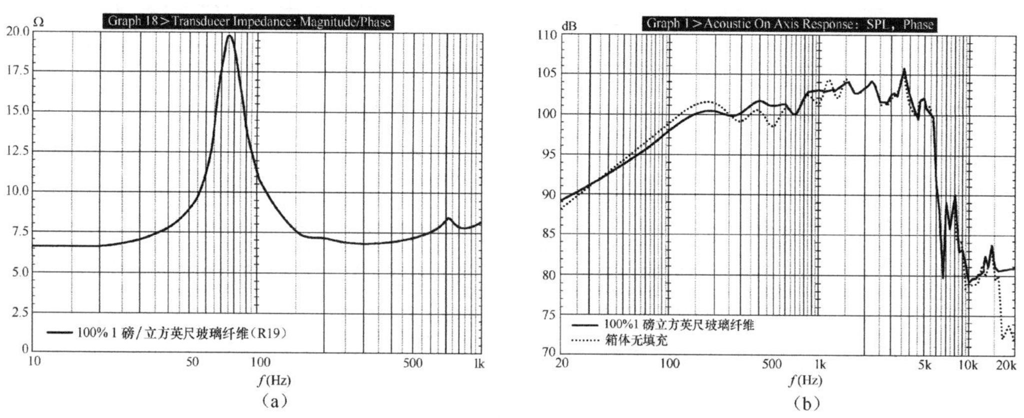

（a）　　（b）

图 1.24　阻抗曲线及近场频率响应

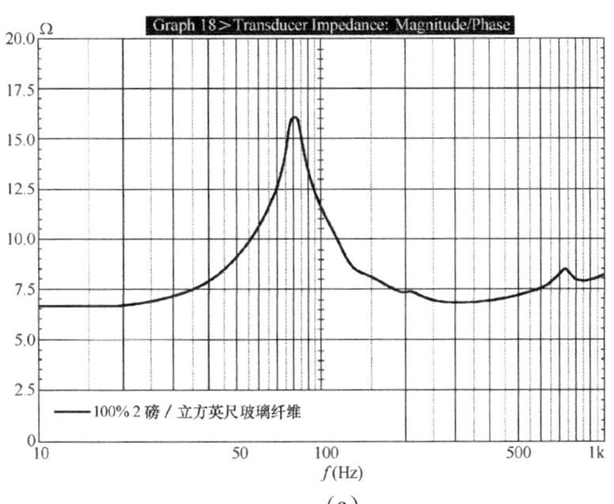

（a）

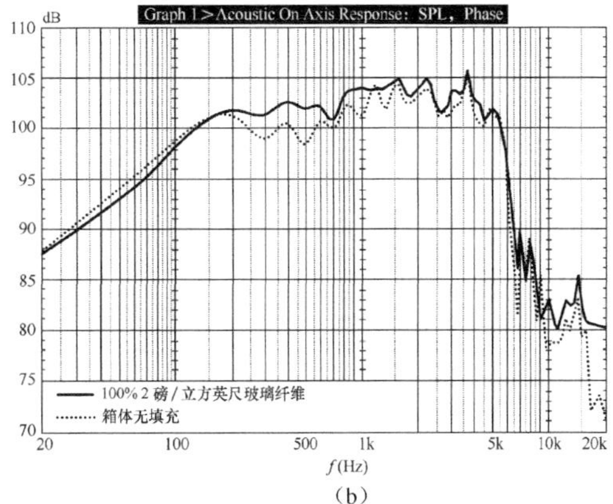

（b）

图 1.25 阻抗曲线及近场频率响应

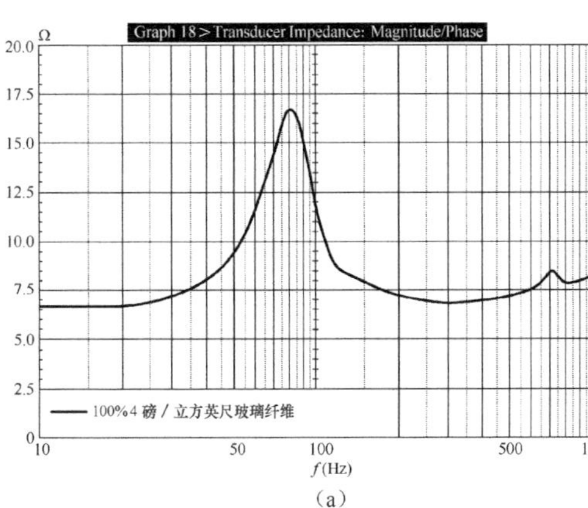

（a）

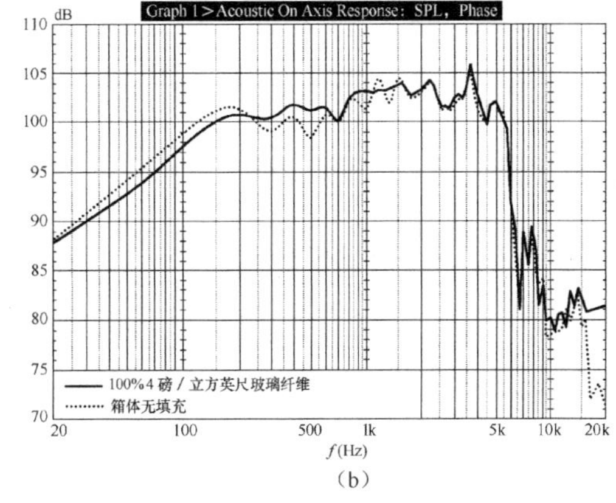

（b）

图 1.26 阻抗曲线及近场频率响应

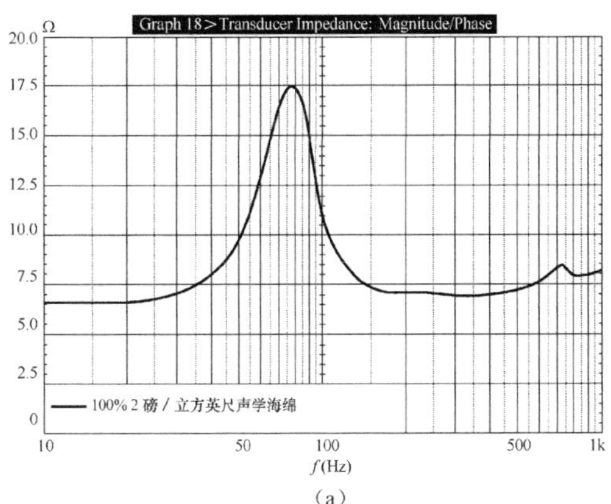

（a）

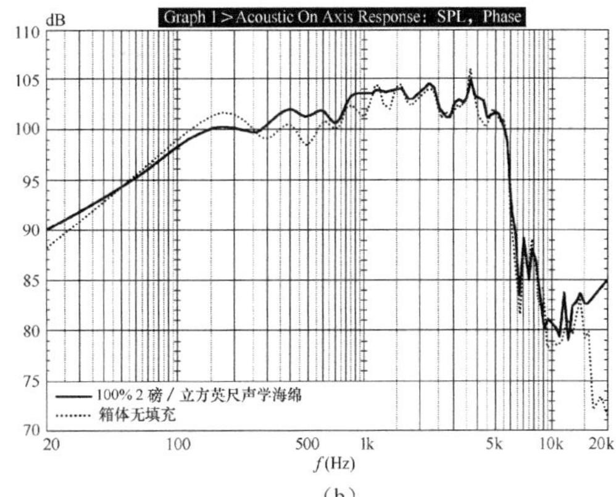

（b）

图 1.27 阻抗曲线及近场频率响应

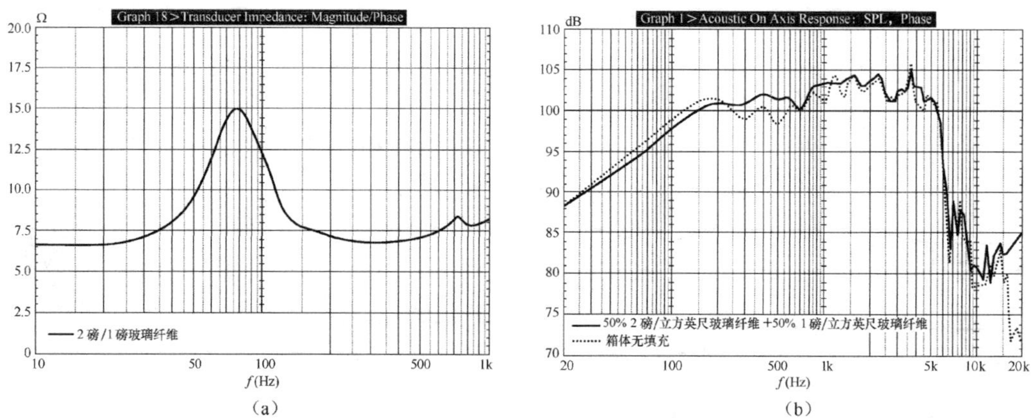

图 1.28　阻抗曲线及近场频率响应

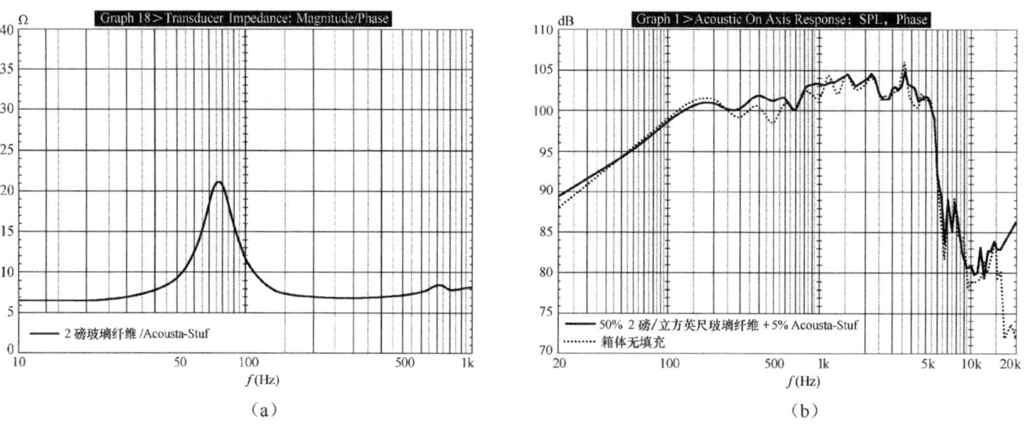

图 1.29　阻抗曲线及近场频率响应

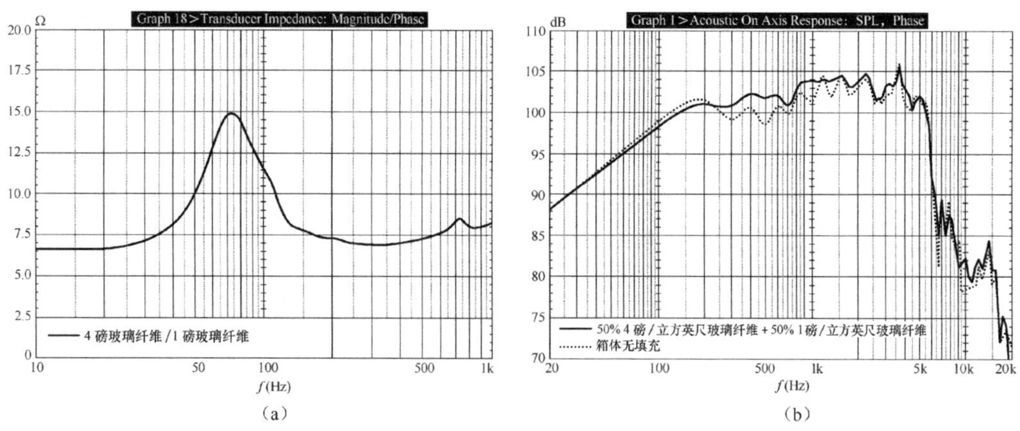

图 1.30　阻抗曲线及近场频率响应

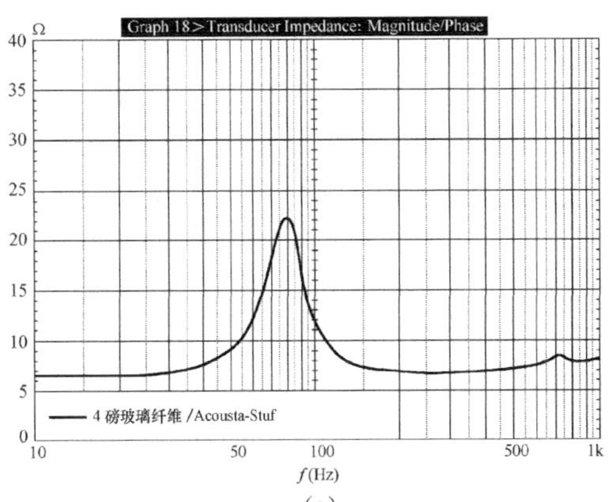

（a）

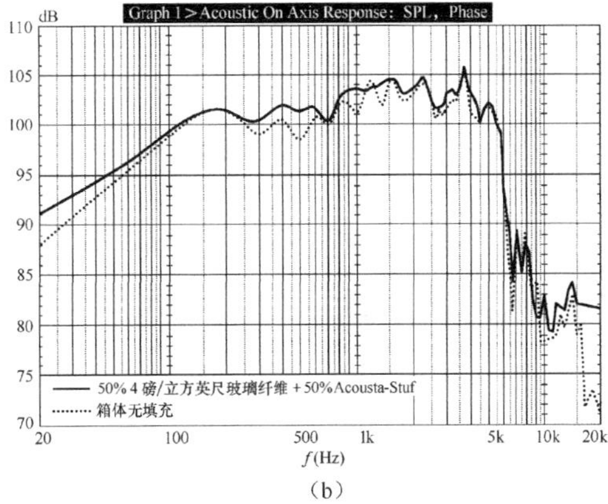

（b）

图 1.31　阻抗曲线及近场频率响应

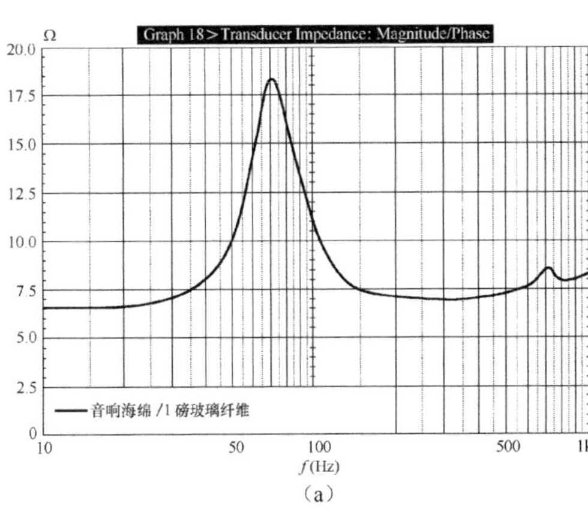

（a）

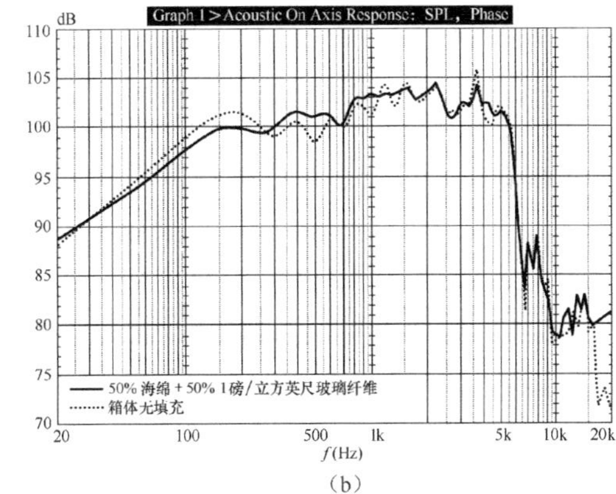

（b）

图 1.32　阻抗曲线及近场频率响应

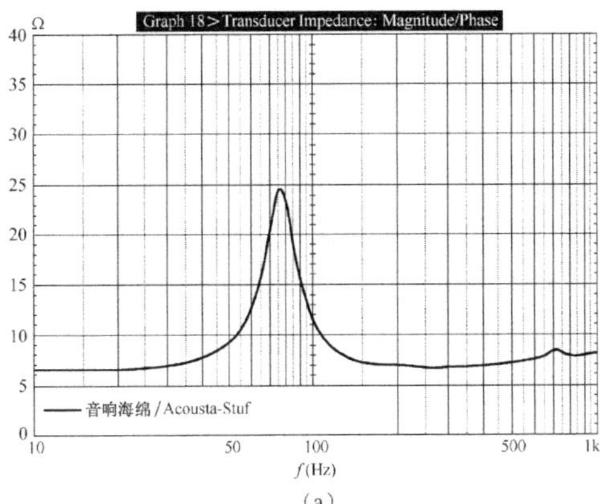

（a）

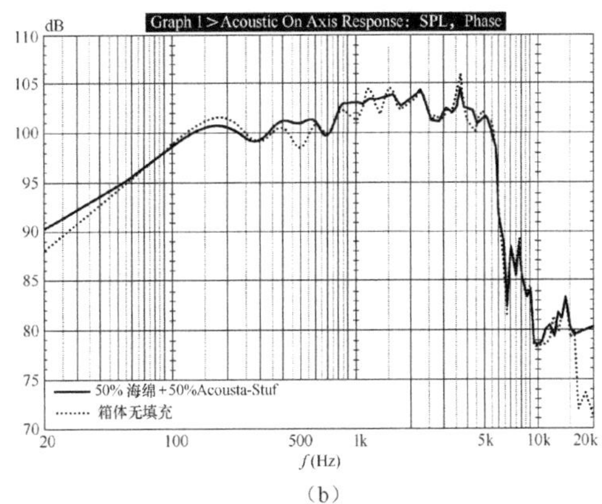

（b）

图 1.33　阻抗曲线及近场频率响应

不同填充百分比所引起的响应变化很有意思。对于 50%填充组，涤纶类型的填充材料看起来对箱体状态的抑制没有太大的作用。为了得到更大的效果，这种材料可能需要压缩到更大的密度。对比 50%填充组和 100%填充组，增加的材料数量明显抑制了箱体内的驻波现象。50/50 组表现为与其他 100%填充组相似的状态。使用 100%填充来抑制箱内驻波现象与改变 f_3 和 Q_t 同样很重要。

1.9 多低频扬声器格式

在一个低频箱体上使用 2 个或更多的低频扬声器可以给你许多不同的优于单个低频扬声器设计的好处。有 3 种基本的配置方式：标准式、推挽式和复合式。

1.9.1 标准式

这种结构定义为 2 个或更多相同的低频扬声器单元使用同一个箱体并尽可能相互靠近地安装在一起。对于 2 个低频扬声器单元的情况，有如下几点。

（1）f_s，2 个扬声器单元的谐振频率 f_s 与单个扬声器单元相同。

（2）Q_{ts} 与单个扬声器单元的相同。

（3）V_{as}（以及相应的箱容积，V_b）是单个扬声器单元的 2 倍。

（4）组合阻抗，并联时是单个扬声器单元的一半，而串联时是单个扬声器单元值的 2 倍。

（5）灵敏度与单个扬声器单元相比，在并联连接时将增加 6dB，而串联连接时将不变（译注：原文分别为“增加 3dB”和“减少 3dB”）。

（6）锥形振膜冲程将比单个扬声器单元的音箱减少一半。

用 4 个相同低频扬声器单元构成串并联结构将同样比单个扬声器单元增加了 6dB 的效率，增益与 2 个低频扬声器单元的并联相同。4 个扬声器设计的锥盆面积比双低频扬声器设计增加 1 倍，使声学效率增加了 6dB，但再将并联的 2 个低频扬声器单元改为串联的，增益为 0dB（译注：原文为“……增加了 3dB，……增益为−3dB”），因而与双低频扬声器单元结构相比，净变化为 0。

图 1.34 所示的是对单低频扬声器单元、双低频扬声器单元，以及 4 个低频扬声器单元音箱设计的 2.83V SPL（译注：原文为 1W SPL）计算机模拟比较。请注意 4 个低频扬声器单元组合相对于 2 低频扬声器单元组合在中频响应的差异。当多个低频扬声器单元紧密地组合在一起，复合辐射阻抗的变化会引起显著的中频段偏差。如期望的那样，2 个和 4 个低频扬声器单元设计的增益比单个低频扬声器单元高 6dB。观察图 1.35 所示锥形振膜冲程和群迟延关系曲线，2 个低频扬声器单元和 1 个低频扬声器单元设计的冲程在相同驱动电压下约为 4 低频扬声器单元设计的 2 倍，而这 3 种设计的群迟延则相同。图 1.36 所示的阻抗曲

线显示双低频扬声器单元音箱的阻抗减少为单个扬声器单元的一半。1 个扬声器单元和 4 个扬声器单元音箱具有相似的阻抗曲线，除了 4 个扬声器单元音箱的阻抗峰更低，这是多个扬声器单元辐射阻抗中存在差异的结果。多个扬声器单元组合的优点在高功率水平时更为明显。图 1.37 所示的仍然是 1 个、2 个和 4 个扬声器单元音箱这 3 种设计的 SPL 比较，但这次都是在 100dB 水平上。对于单个扬声器单元要达到这个 SPL，所需的输入电压是 12.68V，而 2 扬声器单元以及 4 扬声器单元组合是 6.35V。单个低频扬声器单元的总体中频段声压现在下降了约 1.5dB，而且衰减斜率变得更陡峭些，意味着音圈温升引起了电阻增大，并导致阻尼改变。

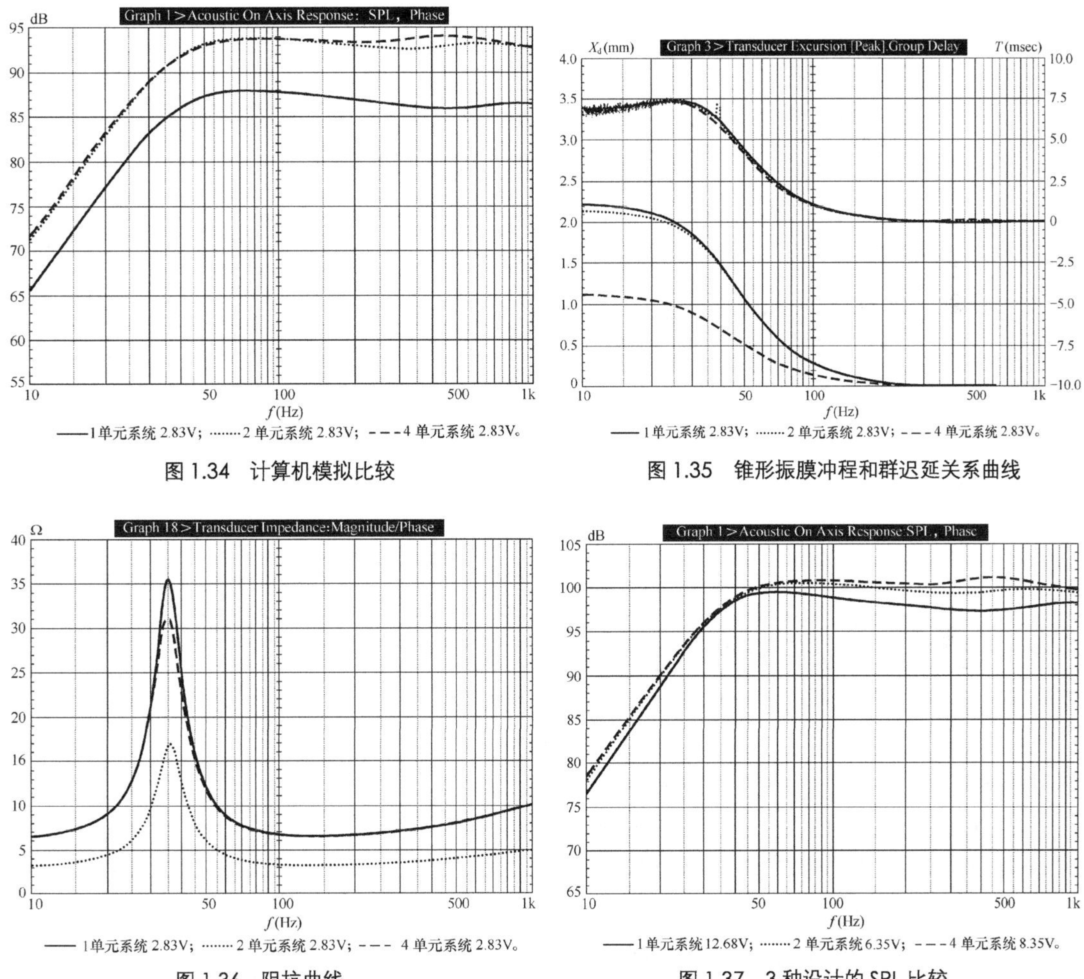

图 1.34 计算机模拟比较

图 1.35 锥形振膜冲程和群迟延关系曲线

图 1.36 阻抗曲线

图 1.37 3 种设计的 SPL 比较

在 2.83V、1W 水平，3 种设计的–3dB 相位角都是 90°，但现在单个扬声器单元的变为 100°

（相当于 Q 为 1.0），2 个扬声器单元音箱的变为 93°，而 4 个低频扬声器单元的没有变化（仍然是 90°）。看图 1.38 所示的群迟延曲线，2 个扬声器单元和 4 个扬声器单元设计的曲线形状基本相同，而单个扬声器单元的突出部分明显更尖。锥形振膜冲程曲线与期望的相同。2 个扬声器单元设计的冲程为 1 个扬声器单元的一半，4 个低频扬声器单元设计的冲程又是双低频扬声器单元设计的一半。图 1.39 所示的阻抗曲线显示单个扬声器单元设计的音圈温升引起整个频宽范围内的电阻上升了约 1.7Ω。

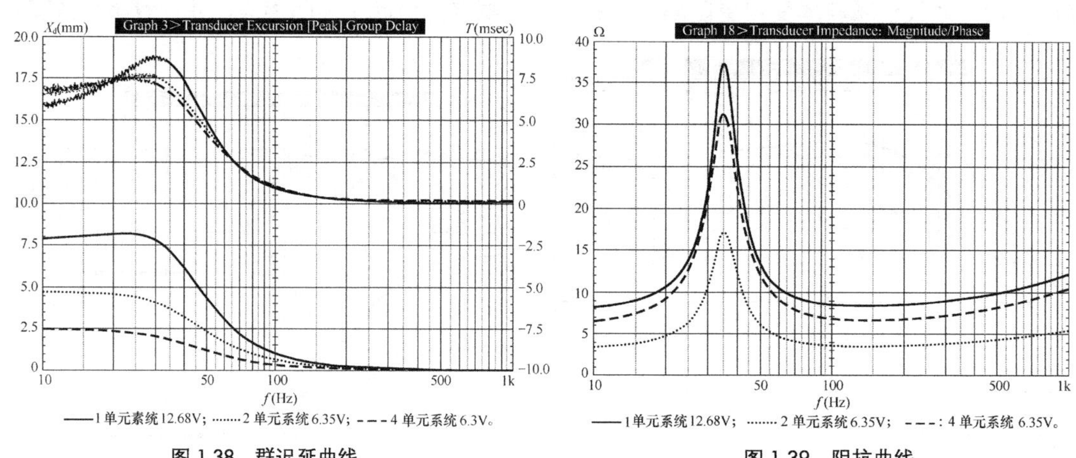

图 1.38 群迟延曲线

图 1.39 阻抗曲线

1.9.2 推挽式

如果两个扬声器单元在箱体上是以背靠背或者面对面的方式安装，并以相位相反的电压驱动（如图 1.40 所示），就成为推挽结构。这种结构可以消除奇次非线性失真，而导致扬声器单元失真的大幅降低。以上列出的特征也适用于推挽式扬声器单元结构。此外，和闭箱一样，推挽低频扬声器单元结构也可用于开口式、被动辐射式系统。在《Speaker Builder》上的两篇制作文章讨论了这种结构："Tenth Row Center"，H. Hirsch 著，2/84，第 11 页；以及"The Curvilinear Vertical Array"，S. Ellis 著，2/85，第 7 页。

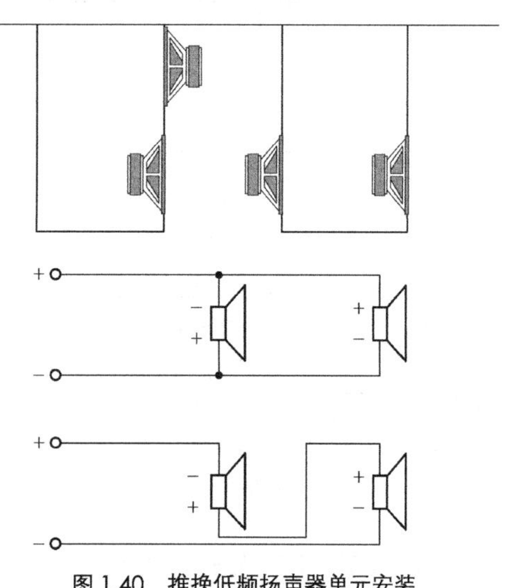

图 1.40 推挽低频扬声器单元安装

1.9.3 复合式低频系统

这种设计首先是由 Olson 于 20 世纪 50 年代提出。这种复合系统或称等压（Isobarik，恒压）系统与其他双低频扬声器单元结构相比具有一些令人惊讶的优点。对于图 1.41 所示的物理及电学结构类型，有如下几点[3]。

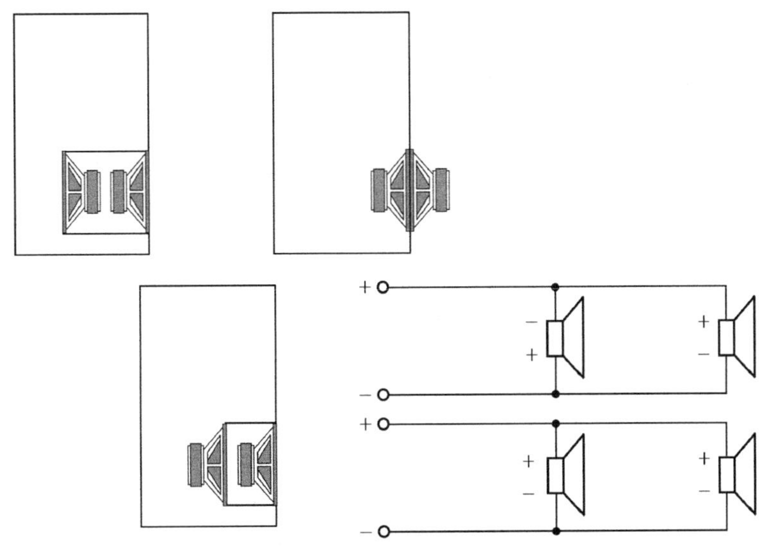

图 1.41 复合低频扬声器单元安装

（1）Q_{ts} 将与单个扬声器单元相同。

（2）F_s 将与单个扬声器单元相同。

（3）V_{as}（以及相应的箱容积 V_b）将是单个扬声器单元的一半。

（4）阻抗将是单个扬声器单元的一半（假设是并联连接）。

（5）当构成推挽结构，装置将具有第 1.9.2 节所列的优点。

（6）复合体的灵敏度将与单个扬声器单元相同（灵敏度将因负载为 4Ω 而提高 3dB，但因锥形振膜质量加倍而降低 3dB）。

恒压方式的主要优点是箱体容积可比单个扬声器单元减半，使它成为超低频单元应用的一种理想选择。

应该注意到以下制作细节。

（1）箱体尺寸须按闭箱系统计算，使用单个扬声器单元的 Q_{ts} 和 $V_{as}/2$。

（2）制作图 1.41 所示的短管道。可以用木材做成方形，或用 Sonotube（译注：用于制造水泥柱的硬纸管）做成圆筒形。其长度不是关键，但要保证后面的低频扬声器单元的锥形振膜不会碰到前面低频扬声器单元的磁体结构。管道必须密封，除了管壁上粘贴某种声音吸收体（如毛毡）外，不要放入阻尼材料。

还有 2 篇有意思的相关文章刊登在《Speaker Builder》上：“*Constructing a Sontek Subwoofer*”，P. Todd 著，2/85，第 20 页；以及“*The Wonder of Symmetrical Isobarik*”，*Bill Schwefel* 著，5/90，第 10 页。

1.10 电子辅助闭箱系统

某些使用主动式滤波提升电路的方法，有时被建议用于改变闭箱系统的低频端响应。Leach[21, 22]，Staggs[23]以及 Greiner 和 Schoessow[24]发表的几篇论文介绍了降低扬声器截止频率或增强其瞬态响应的不同方法。表 1.22 总结了这 3 种滤波器的参数。

表 1.22 闭箱主动 EQ

	Q_{tc}	新 Q_{tc}	提升（dB）	扩展效果
A	B_2-0.707	B_4- 0.707	8	1oct
B	C_2-1.1	D_3- 0.577	5	阻抗转换（Imp Trans.）
C	B_2-0.707	B_2- 0.707	10	1 oct

可以用计算机模拟阐明提升闭箱扬声器单元低频端输出所产生的问题。在下面这个例子中，用计算机模拟重复了 Marshall Leach 在 1981 年的《*JAES*》论文“*Active Equalization of Closed Box Systems*（闭箱扬声器系统的主动均衡）”中介绍的方法。所用箱体/扬声器单元组合的 Q_{tc} 为 0.7，f_3 为 35Hz。使用的提升滤波器是 4 阶响应，在 24Hz 处增益为 8dB。滤波器的传输函数如图 1.42 所示。图 1.43 所示给出这个设计在使用以及不使用滤波器时 1W 水平的 SPL 比较。使用提升滤波器后，闭箱的 f_3 为 24Hz，比未使用滤波器的扬声器降低了 11Hz，但有个高达 38.5dB/oct 的高阶衰减。乍看之下，这似乎是个好选择。但是再认真检查图 1.44 所示的锥形振膜冲程和群迟延关系曲线，会发现冲程（位置较低的一组曲线）增加了 1 倍多，而群迟延曲线有个非常尖的膝盖形状，阻尼看起来完全变了个样。然而，20W 功率水平才告诉你事情的真相。虽然图 1.45 所示的比较结果揭示了在更高功率水平下 SPL 的预期变化，但图 1.46 所示加滤波器设计的锥形振膜冲程和群迟延曲线完全无法接受。冲程增大到接近 19mm，由于单元的 X_{max} 只有 7mm，这很难实现。虽然可以辩解说这个峰只局限在一个相当窄的频率范围，并且这一范围内音乐信号很少，但仍然可以预料 1812（译注：柴可夫斯基降 E 大调序曲，作品第 49 号。该作品以曲中的炮火声闻名，一些录音中采用真的大炮声录制）里的加农炮

声或一些低频合成器乐音将把音圈彻底送出磁隙，并且在向后往回运动时可能撞到导磁上板上引起灾难性后果。

我从未尝试过使用这些滤波器系统所体现的设计方法。然而，它们被认为是前面讨论过的几种系统的一种可能替代选择。上述滤波器的主要不足是在更低频率大大地增加了对功放的功率需求。这些改变响应的技术，在结合诸如 CD 播放器等大动态范围音源使用时，变得更加难以接受。如果你想要更低的截止频率或提高瞬态，可能最佳的方案是首先选择一个合适的非辅助设计。

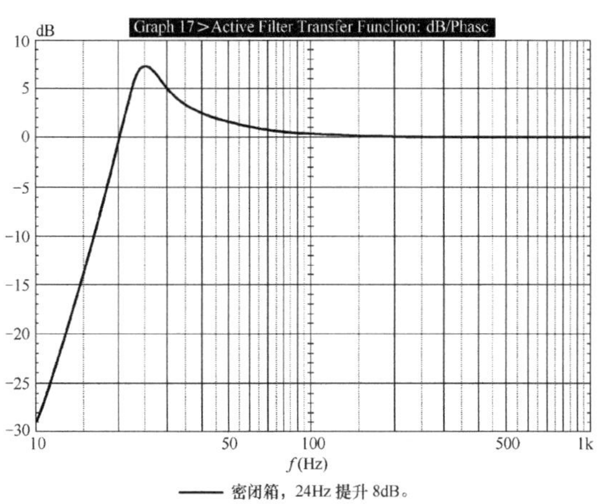

图 1.42　滤波器传输函数

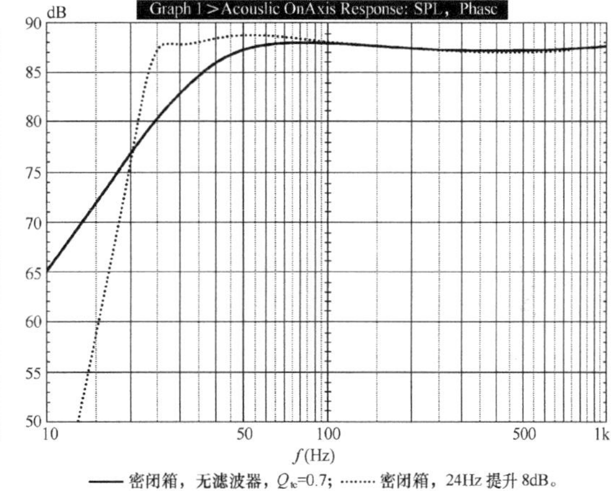

图 1.43　SPL 比较

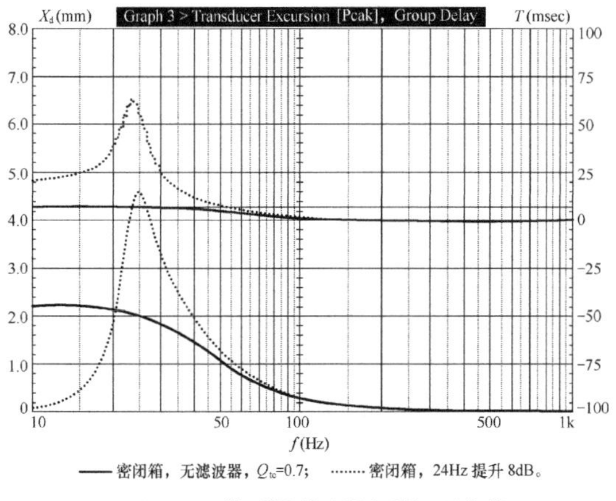

图 1.44　锥形振膜冲程和群迟延曲线

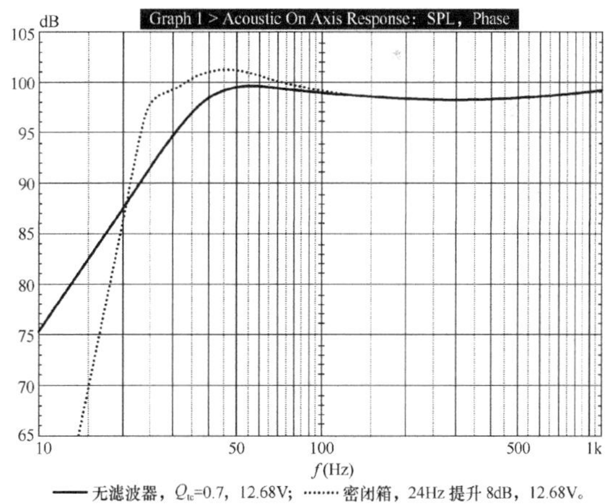

图 1.45　SPL 比较

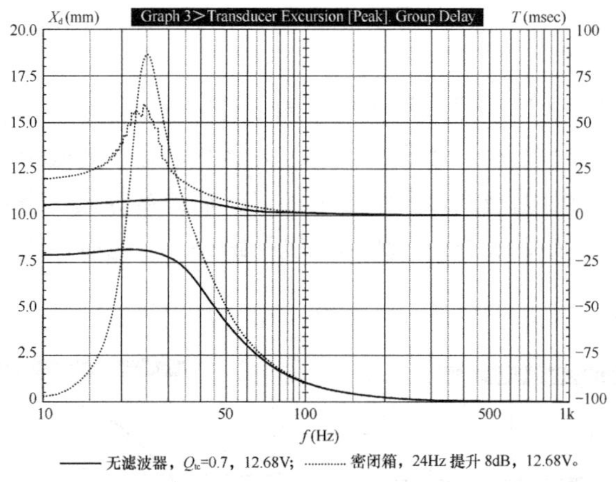

图 1.46　锥形振膜冲程和群迟延曲线

1.11　质量加载技术

用附加质量来调整扬声器是一个老办法，在扬声器工业上已经应用了许多年。这个部分讨论两种质量加载配置，简单质量加载和用于制造被动辅助扬声器单元的质量加载。

1.11.1　简单质量加载调整法

将重物附加到扬声器锥形振膜会引起许多工作参数变化。表 1.23 总结了一个 10 英寸低频扬声器单元因锥形振膜质量增加 75%所引起的参数改变。低频扬声器单元和箱体工作参数变化的数据均给出。

表 1.23　　　　附加质量后 Q_{ts} 和 Q_{tc} 的变化

扬声器单元						箱体		
M_{md}	Q_{ms}	Q_{es}	Q_{ts}	f_s(Hz)	SPL(dB)	Q_{tc}	f_3(Hz)	SPL(dB)
47g	2.86	0.5	0.43	22.5	87	0.7	35	87.9
80g	3.67	0.65	0.55	17.5	82.7	1.0	25	84.9

从表 1.23 的数据来看，随着质量增加，明显地，Q_{ts} 增大，f_s 下降，扬声器单元效率也下降。同样地，附加质量后，箱 Q 和–3dB 点的相位角都增大，而 f_3 和 SPL 下降。图 1.47 所示给出箱体上的低频扬声器单元在附加和未附加质量时 SPL 的模拟比较。图 1.48 所示的锥形振膜冲程和群迟延曲线证实了阻尼的减小，而图 1.49 所示的阻抗曲线显示附加质量组合

具有较低的f_c和较高的Q。即使观察功率增加到 20W 水平时的效果，这种取舍看起来仍然相当合理。图 1.50 所示 SPL 的变化符合预期，但图 1.51 所示锥形振膜冲程的增加可能过度了。这个扬声器单元的X_{max}是 7mm。考虑到 3 次谐波失真在X_{max}+15%或 8mm 处增大至 3%，未加重的扬声器单元/箱体复合体仍然很好地工作。而质量加载的X_{max}约为 9.5mm，虽然不算超出太多，但已经开始显得更为紧张。有个好的解决方案是使用 2 个质量加载低频扬声器单元而不是 1 个，可以在更高的工作声压下降低Q和冲程，并提高效率到一个可接受的程度。然而，有一点需要注意：随着时间推移，附加质量会引起锥形振膜变形。如果变形过度了，将导致音圈错位并引扬声器单元提前损坏。

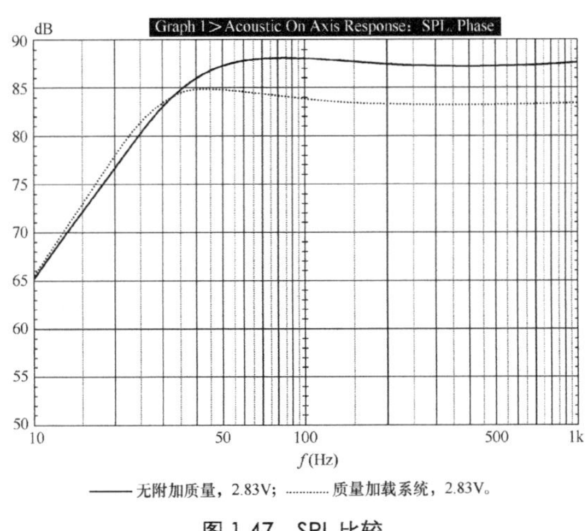

图 1.47 SPL 比较

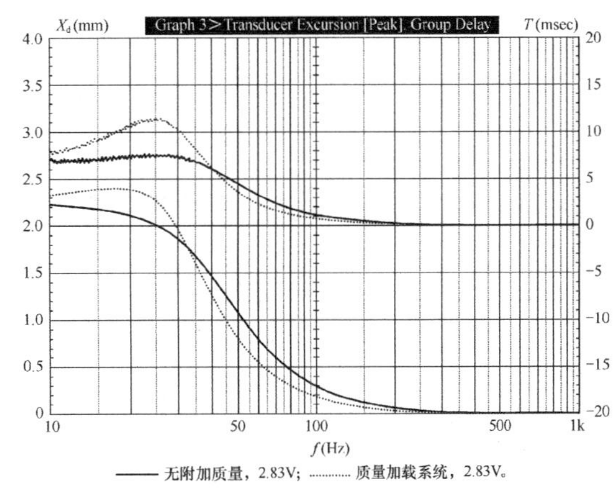

图 1.48 锥形振膜冲程和群迟延曲线

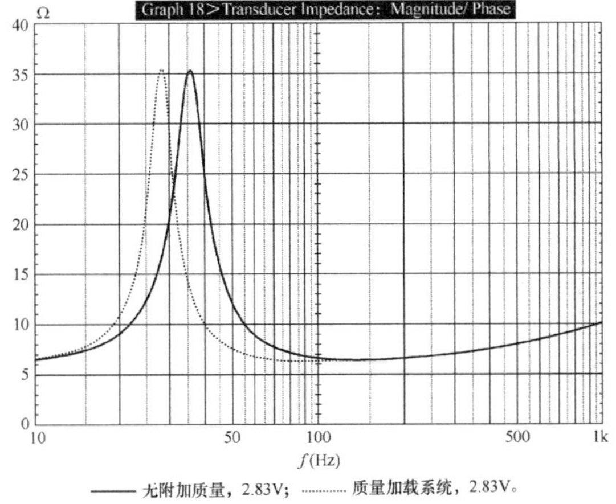

图 1.49 阻抗曲线

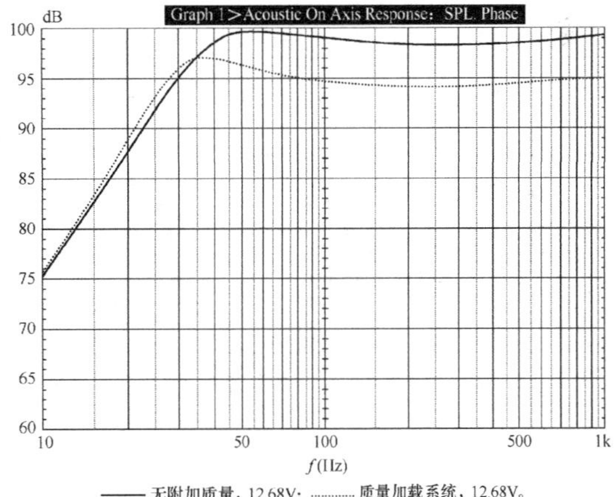

图 1.50 SPL 比较

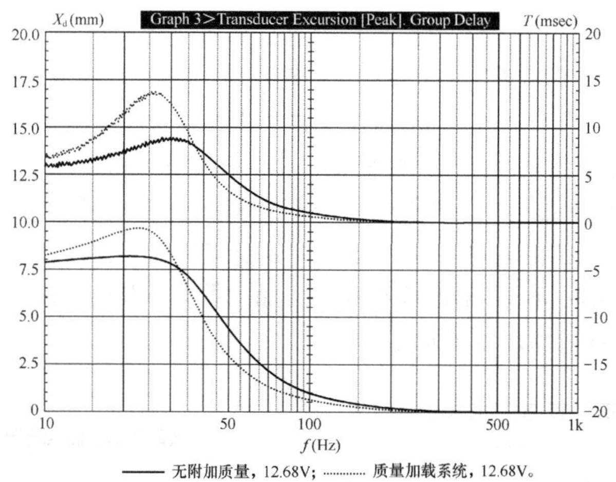

图 1.51　锥形振膜冲撞群迟延曲线

1.11.2　被动式辅助质量加载扬声器

被动式辅助音箱不一定需要质量加载，但由于这是本节介绍的一种获得必要参数的方法，它也被当做一种质量加载技术。被动辐射扬声器箱是从最初由 Thiele 所作的关于 5 阶被动辅助开口箱调准类型发展而来的。Benson[25]以及 Von Recklinghausen[26]首先介绍了一个概念，通过将箱体/扬声器单元组合的传输函数与被动高通滤波器相结合，来扩展闭箱的低端响应。Geddes 和 Clark 在 1985 年第 79 届 AES 会议上提交的论文发展了这个概念[27]。他们认为这样的设计对于那些无法实现主动均衡的结构将是很有吸引力的，例如与低频扬声器单元一起使用的卫星音箱。他们还建议在汽车音响上应用，同样可能受欢迎，因为汽车上主动式 EQ 可用的功放电压很有限（但由于主动式 EQ 在汽车音响上有重要作用，后者似乎是无效的）。1989 年 Tom Nousaine 在《Speaker Builder》上介绍了一个有意思的应用实例[28]，将这个想法带到真正的扬声器制造的现实世界中。

这类被动式辅助设计的基本标准要求低频扬声器单元具有 7～10 的 Q_m。Geddes 和 Clark 的论文中描述的设计使用了一个具有高 Q_m 的 JBL 128H 12 英寸低频扬声器单元，因为它使用了一个非导体的骨架。由于大多数家用 Hi-Fi 扬声器单元使用导体骨架，而且 Q_{ms} 值在 3～5，附加质量可用来提升 Q_{ms} 到一个可接受的水平。

为了应用这个方法，需要选择一个具有较高 Q_{ms} 值的低频扬声器单元，约为 4.5，并附加足够的质量以提高机械 Q 到 7～8。在 Nousaine 文章中使用的 12 英寸低频扬声器单元需要增加的质量达到 80%（大约与前述的质量加载例子相同）。未加辅助的箱体 Q_{tc} 需要设为大约 1.1。与前面的例子相同，使用两个扬声器单元组合，就冲程和效率而言，会更符合要求。

串联的高通滤波器只有一个电容。这个电容的值按如下公式计算

$$C = \frac{0.234}{R_E f_C}$$

Tom Nousiane 在《Speaker Builder》上发表的文章中所用的单元是 Precision TA305F 12 英寸低频扬声器单元，表 1.24 给出与之相同的加载质量和箱体大小等有关扬声器单元及箱体的数据。

表 1.24　被动式辅助质量加载设计

	M_{md}(g)	Q_{ms}	Q_{es}	Q_{ts}	SPL(dB)	f_s(Hz)	Q_{tc}	斜率 (dB/oct)	SPL(dB)	f_3(Hz)
未加载	72	5.8	0.32	0.31	91	24	0.7	11.03	95	54
加载	129	7.6	0.42	0.40	87	19	1.1	12.34	90	38
附加电容	—	—	—	—	—	—	4 阶	21.6	90	28

这个设计所需的电容计算为约 1 750μF，可以使用一个大的电动机启动电容，或用几个无极性电解电容并联得到。

对装箱后未加载质量的扬声器单元、加载质量的扬声器单元以及加载质量并使用滤波器的 1W SPL 计算机模拟结果如图 1.52 所示。辅助式设计的 f_3 比仅加载质量的设计下降了 10Hz。但是频率响应如同 4 阶响应似的有个非常尖的膝盖形状。这一结果得到了图 1.53 所示群迟延和锥形振膜冲程曲线的确认。群迟延曲线的形状非常像一个欠阻尼的开口箱设计，但这是获得良好低端延伸的代价。此外，滤波器设计的锥形振膜盆冲程也同样增加。观察图 1.54 所示的阻抗曲线，串联的高通滤波器并没有改变扬声器单元/箱体组合的阻抗特性。

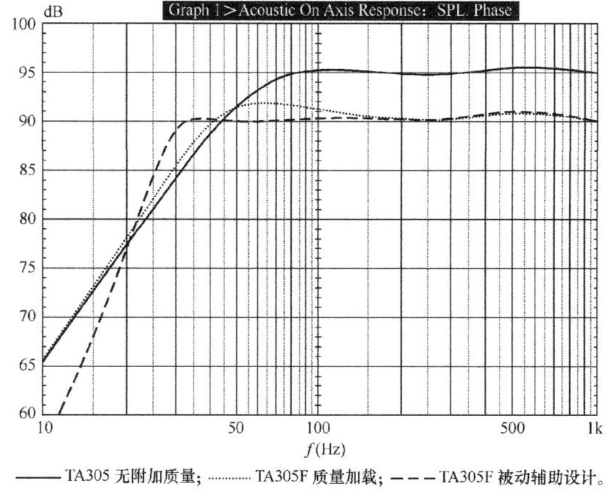

图 1.52　计算机模拟结果

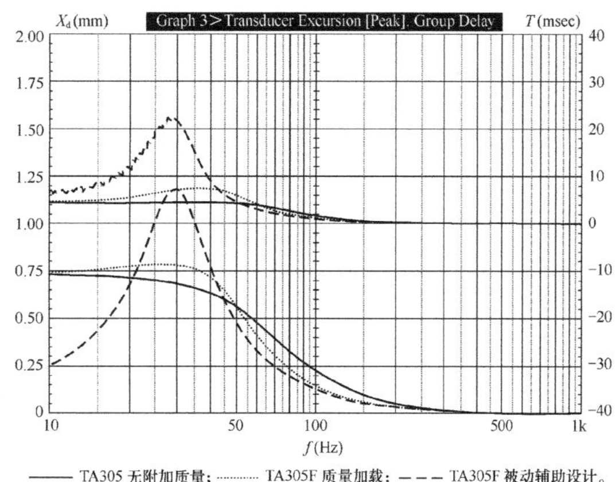

图 1.53　锥形振膜冲程和群迟延关系曲线

提高输入功率至 20W 得到图 1.55 所示的 SPL 图形。扬声器虽然驱动电压增加，由于多个单元的结构配置，但响应的变化仍在我们能接受的范围之内。图 1.56 所示的群迟延和锥形振膜冲程曲线也反映了在功率增大时阻尼的变化。考虑到这个扬声器单元的 $X_{max}+15\%$ 是 6.9mm，被动辅助设计 7mm 的冲程要求算是适当的。仅有的不足是它伴随着 4 阶响应形状的不良群迟延响应，以及存在由于加载质量而引起音圈下垂的可能性。不时地把箱体上的扬声器单元翻转 180° 可能可以避免下垂问题。

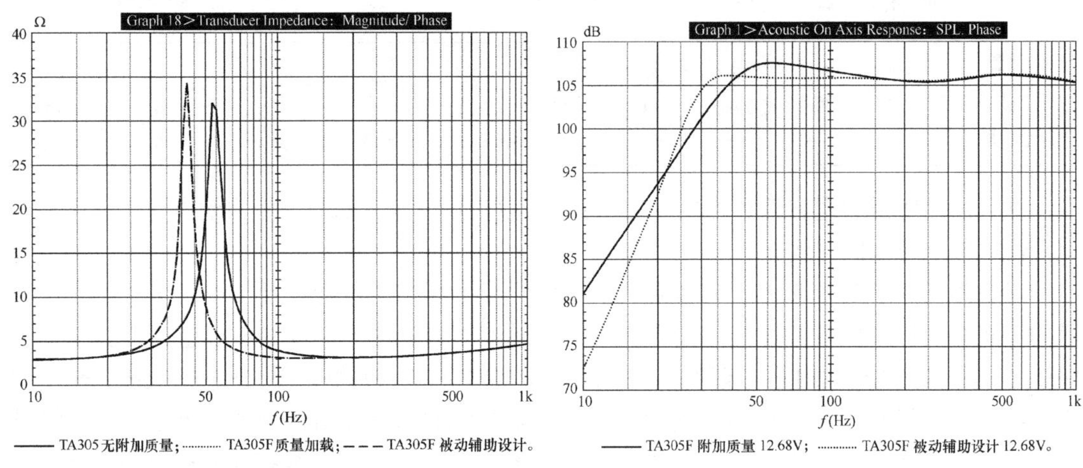

图 1.54　阻抗曲线　　　　图 1.55　SPL 比较

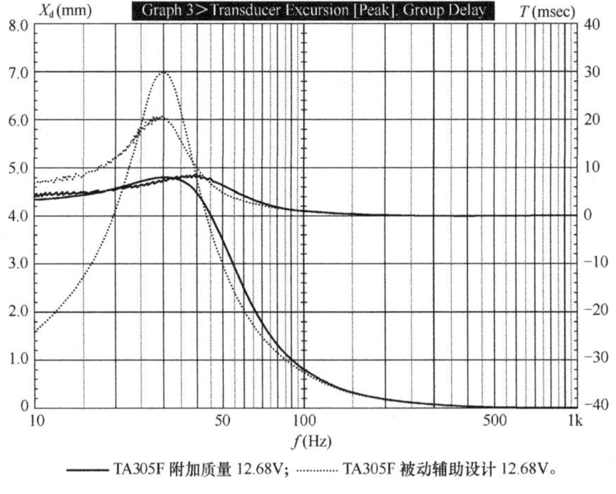

图 1.56　锥形振膜冲程和群迟延曲线

1.12 闭后腔带通式音箱

1.12.1 定义

闭后腔带通式箱体从根本上说是一种带有附加的与扬声器单元前向辐射串联的声学滤波器的闭箱系统。由于附加了滤波器元件，在带宽与效率之间取舍的余地比简单闭型音箱更大。

1.12.2 补充术语

f_b——前腔导声管的调谐频率。

f_L——低频衰减的 f_3。

f_H——高频衰减的 f_3。

L_V——导声管长度，英寸（或厘米）。

Q_{bp}——带通后腔的 Q。

R——导声管半径，英寸（或厘米）。

S——带通纹波（幅度响应上的变化程度）。

V_f——前腔（声学滤波器）的体积。

V_r——后腔的体积。

V_t——两个腔室的总体积。

1.12.3 历史

尽管现在似乎很流行带通箱设计，但它并不是一个新的设计理念。最初的专利是在 1934 年由 Andre D'Alton[29]提交的（专利号 1969704）。后来，在 1952 年，麻省理工学院研究生 Henry Lang 提交了另一份专利。新的兴趣可能是由 Laurie Fincham 在 1979 年第 63 届 AES 会议上发表的题为“A Bandpss Loudspeaker Enclosure（一种带通扬声器箱体）”（AES 预印编号 no. 1512）的论文所激发的。在 1982 年，两个法国设计师，Augris 和 Santens 在法国出版物 L'Audiophile[30]上发表了一个手工计算闭箱室带通扬声器的设计系统。不久以后，Bose 于 1985 年 10 月获得一个前腔和后腔开孔带通箱的专利授权（专利号 4549631），后来成为 Acoustimass （译注：Bose 公司的一个音箱产品系列）3 件式音箱系统。Earl Geddes 在 1986 年 11 月的 81 届 AES 会议上提交的题为“Bandpass Loudspeaker Enclosure（带通扬声器箱）”（预印编号 No.2383）

的论文，继续发展了这项工作。这篇论文改写后发表在 1989 年 5 月的《JAES》上。然而，带通箱设计真正在业余爱好者和制造商中爆发流行可能是在 Jean Margerand 重新发表 Augris 和 Santens 的方法之后才发生，这篇文章刊在《Speaker Builder》88 卷第 6 期上。

1.12.4 低频扬声器单元选择

为闭后腔带通箱选择低频扬声器单元与标准的非滤波器闭箱有点相似。在带通箱中，由于取舍的余地加大了，f_s/Q_{ts} 的比率很重要。低比率意味着更高的 Q_s，用于密闭箱系统，通常可以得到更低的 f_3 衰减。

1.12.5 确定箱体大小

以下介绍的确定箱体大小的方法来自《Speaker Builder》88 卷第 6 期的文章，但简化了一些。3 个设计表格用于获得箱体参数。每个表格代表一个不同的阻尼水平，以带通宽度内的纹波因子“*S*”来表示。纹波因子“*S*”描述的是音箱在 2 个–3dB 频率 f_L 和 f_H 之间幅度响应的 SPL 变化，f_L 指低频衰减的–3dB 频率，f_H 指高频衰减的–3dB 频率。表格 1.25 中的 $S=0.7$，表明 0dB 纹波并且具有最好的瞬态表现。表格 1.26 的 $S=0.6$，允许 0.35dB（不明显）的纹波，瞬态表现稍有些降低。表 1.27 的 $S=0.5$，允许 1.25dB 的纹波，而瞬态表现比 $S=0.6$ 的稍差一些。“*S*”还是整个带宽的整体指示，在 $S=0.5$ 时带宽最宽，而 $S=0.7$ 时最窄。

表 1.25　　$S=0.7$　纹波= 0dB

Q_{bp}	f_L 因子	f_H 因子	灵敏度（dB）
0.450 7	0.216 7	0.937 3	–8
0.477 4	0.237 8	0.958 4	–7
0.505 7	0.260 6	0.981 2	–6
0.535 6	0.285 2	1.005 8	–5
0.567 4	0.311 8	1.032 4	–4
0.601 0	0.340 4	1.061 0	–3
0.636 6	0.371 2	1.091 8	–2
0.674 3	0.404 3	1.124 8	–1
0.714 3	0.439 7	1.160 3	0
0.756 6	0.477 7	1.198 3	1
0.801 4	0.518 4	1.239 0	2
0.848 9	0.561 9	1.282 5	3
0.877 2	0.608 4	1.329 0	4
0.952 5	0.658 1	1.378 7	5
1.009 0	0.711 1	1.431 7	6
1.068 7	0.767 5	1.488 1	7
1.132 1	0.827 7	1.548 3	8

表 1.26　　$S = 0.6$　纹波 = 035dB

Q_{bp}	f_L因子	f_H因子	灵敏度（dB）
0.525 8	0.232 6	1.188 6	–8
0.557 0	0.256 0	1.211 9	–7
0.590 0	0.281 3	1.237 3	–6
0.624 9	0.308 8	1.264 8	–5
0.661 9	0.338 5	1.294 5	–4
0.701 2	0.370 6	1.326 6	–3
0.742 7	0.405 2	1.361 2	–2
0.786 7	0.442 5	1.398 6	–1
0.833 3	0.482 7	1.438 7	0
0.882 7	0.525 8	1.481 8	1
0.935 0	0.572 1	1.528 1	2
0.990 4	0.621 7	1.577 8	3
1.049 1	0.674 9	1.630 9	4
1.111 3	0.731 7	1.687 7	5
1.177 1	0.792 5	1.748 5	6
1.246 9	0.857 3	1.813 4	7
1.320 7	0.926 6	1.882 6	8

表 1.27　　$S = 0.7$　纹波 = 1.25dB

Q_{bp}	f_L因子	f_H因子	灵敏度（dB）
0.631 0	0.260 0	1.531 2	–8
0.668 3	0.286 7	1.557 9	–7
0.707 9	0.315 8	1.587 0	–6
0.749 9	0.347 4	1.618 6	–5
0.794 3	0.381 7	1.652 8	–4
0.841 4	0.418 9	1.690 0	–3
0.891 3	0.459 1	1.730 2	–2
0.944 1	0.502 5	1.773 6	–1
1.000 0	0.549 3	1.820 4	0
1.059 3	0.599 7	1.870 9	1
1.122 0	0.654 0	1.925 1	2
1.188 5	0.712 2	1.983 3	3
1.258 9	0.774 7	2.045 8	4
1.333 5	0.841 7	2.112 8	5
1.412 5	0.913 4	2.184 5	6
1.496 2	0.990 1	2.261 2	7
1.584 9	1.072 0	2.343 1	8

推荐的步骤是从表 1.25，$S = 0.7$ 开始，通过反复试验来确定选择的单元是否能够在要求的灵敏度水平提供所需的 f_L 和 f_H 频率。高频和低频的衰减 f_3 点通过将单元的 f_s/Q_{ts} 比率与表格中的 f_L 以及 f_H 相乘得到。这可以在不同的灵敏度水平下进行，直到满意的 f_L/f_H 和灵敏度之间的权衡得到确定。

一旦选择了其中的一个表格，就可以计算前腔的体积 V_f，因为它与其他因子不相关，除了"S"。V_f通过下式计算

$$V_f = (2s \times Q_{ts})^2 \times V_{as}$$

浏览这些表格时，请记住 Q_{bp} 值越高，灵敏度也越高，带宽越窄。相反地，Q_{bp} 值越低，灵敏度越低，带宽越宽，正如你可以在图 1.57 所示中所看到的那样。

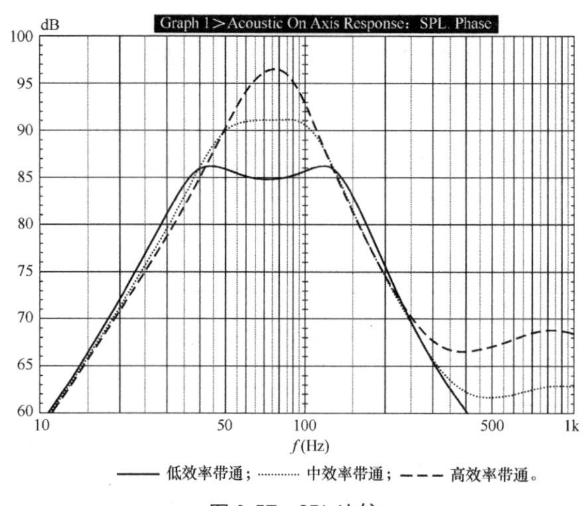

图 1.57　SPL 比较

接着，V_r 可以按下式计算

$$V_r = \frac{V_{as}}{(Q_{bp}/Q_{ts})^2 - 1}$$

前腔滤波器的导声管调谐频率计算公式为

$$f_b = Q_{bp} f_s / Q_{ts}$$

当调谐频率确定后，一定 V_{as}（立方英寸）以及一定导声管半径 R（英寸）相关的导声管长度（英寸）可以根据下式计算

$$L_v = \frac{1.463 \times 10^7 R^2}{f_b^2 V_f} - 1.463R$$

对于以 cm 为单位的 L_v，以升为单位的 V_f 和以厘米为单位的导声管半径则用以下

公式

$$L_v = \frac{9.425 \times 10^4 R^2}{f_b^2 V_f} - 1.595R$$

在考虑箱体深度的实际可能的前提下，导声管直径应做得尽可能大，以避免过度的开口非线性。对于给定深度的箱体，使用 Shelf Ports（架式导声管）（译注：用木板做成的矩形导声管，形如书架格子），通常可以将开口截面积尺寸做到最大，将在第 2 章“开口箱低频系统”中讨论。更长的导声管则需要一个肘状弯头连接。

1.12.6 设计图表示例以及计算机模拟

表 1.28 给出一个使用 8 英寸低频扬声器单元的闭后腔带通箱设计实例。将设计表格中的数据输入 LEAP4.0 用于计算机模拟。与计算器设计表格相比，LEAP 程序的模型更为先进得多。LEAP 除了考虑一系列不同的与频率相关的参数以外，还考虑非线性 Bl，顺性，以及导声管开口损耗。一般的 Thiele/Small 模型（这是本书所有计算器设计表格的基础）是以广义常数为基础，不考虑频率相关的损耗属性或对单元的非线性进行处理。然而，在小信号（1W）水平，计算器方法通常相当精确，而且对于设计工作来说完全足够可靠。显示在表 1.28 中的结果支持这个说法，因为 LEAP 对 f_L 和 f_H 的预测与设计表的预测相差不到 1Hz。

表 1.28　　8 英寸低频扬声器带通箱示例，$S = 0.7$，低频扬声器单元

			f_s	Q_{ts}	V_{as} (ft³)		f_s/Q_{ts}	
			32	0.328	2.49		0.99	
箱体								
	V_f	V_r	f_b (Hz)	Q_{bp}	f_L (Hz)	f_H (Hz)	L_v (英寸)	D (英寸)
计算值	0.53	0.66	71	0.714 2	43.5	115	9.75	4
模拟值	0.53	0.66	71		42	114	9.25	4

1W SPL 和相位如图 1.58 所示，表现为典型的带通形状。–3dB 点很低，为 42Hz；与这个低频扬声器单元在一个 0.7 立方英尺的闭箱体上将具有的大约 55Hz 的–3dB 点相比是很好的。

低频端的衰减斜率大约 15dB/oct，是比较陡峭的 2 阶衰减，而响应的高频端的斜率是 17.5dB/oct。然而，许多资料有意无意地暗示带通箱是个很好的低通滤波器，但事实上并不是这样的。图 1.59 所示显示了在 LEAP 中开启导声管驻波模式后，同样的箱体在 20～20kHz 的情况。为了强调模拟的效果，这次模拟前腔中没有填充任何阻尼物。导声管谐振引起响应异常，并且驻波从管口传播出来（导声管谐振在第 2 章中详细讨论）。这是一个很好的模拟。图 1.60 所示则显示了真实的情况，这是对一个 10 英寸低频扬声器单元闭腔室带通箱（此设计的前腔内衬 1 英寸厚的玻璃纤维）的频率响应测量结果。这个近场测量使用 DRA MLSSA FFT 分析仪和一个 ACO Pacific 7012 精密测量传声器进行，随后将数据输入 LEAP4.0。这个问题并非微不足道的，而且不带滤波器的带通箱并不好用，除非你可以接受这种高频输出特性。

一些技术可以使通过导声孔传播出去的箱体驻波影响减到最小。第一种是给前腔室的所有内壁衬上玻璃纤维或其他的阻尼材料。在箱体内导声管与扬声器单元之前蒙上一截如车用的烫平布料（Pressed Cloth）之类的材料将会同样有效。在导声管与扬声器单元之间，用内部隔板按一定的角度加固来改变驻波模式同样会有些效果。在某些设计中，管状的导声管直接对着扬声器单元，比架式导声管更招麻烦。许多设计师并不尝试使用不加滤波器的音箱，而常常采用电子滤波器或简单的 1 阶滤波器和一个阻抗补偿电路，这要求重新调谐导声管频率。另一个方法是给带通箱附加 1 阶高通和低通滤波器，同时重新调谐音箱，这种方法是 Joe D'Appolito 在 91 届 AES 会议提交的论文中描述的[31]。这个方法被整合到计算机软件 TOPBOX 中，现在容易得到[32, 33]。所有这些方法都将涉及一定数量的反复试验，才能达到较为理想的效果。

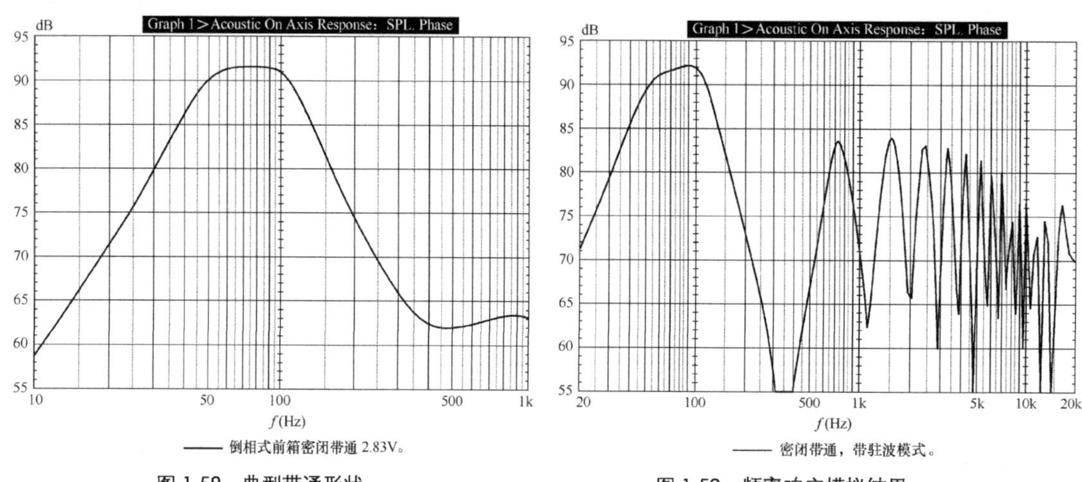

图 1.58　典型带通形状

图 1.59　频率响应模拟结果

图 1.61 所示为群迟延和锥形振膜冲程曲线。群迟延表明其阻尼图形类似于开口箱。虽然低频端衰减斜率可能像闭箱一样是 2 阶的滤波器曲线，但是瞬态性能对比起来就差一些。阻抗曲线如图 1.62 所示，而锥形振膜速度如图 1.63 所示。这两个图看起来都像是一个开口

箱，最大的扬声器单元加速度都发生在谐振频率处。

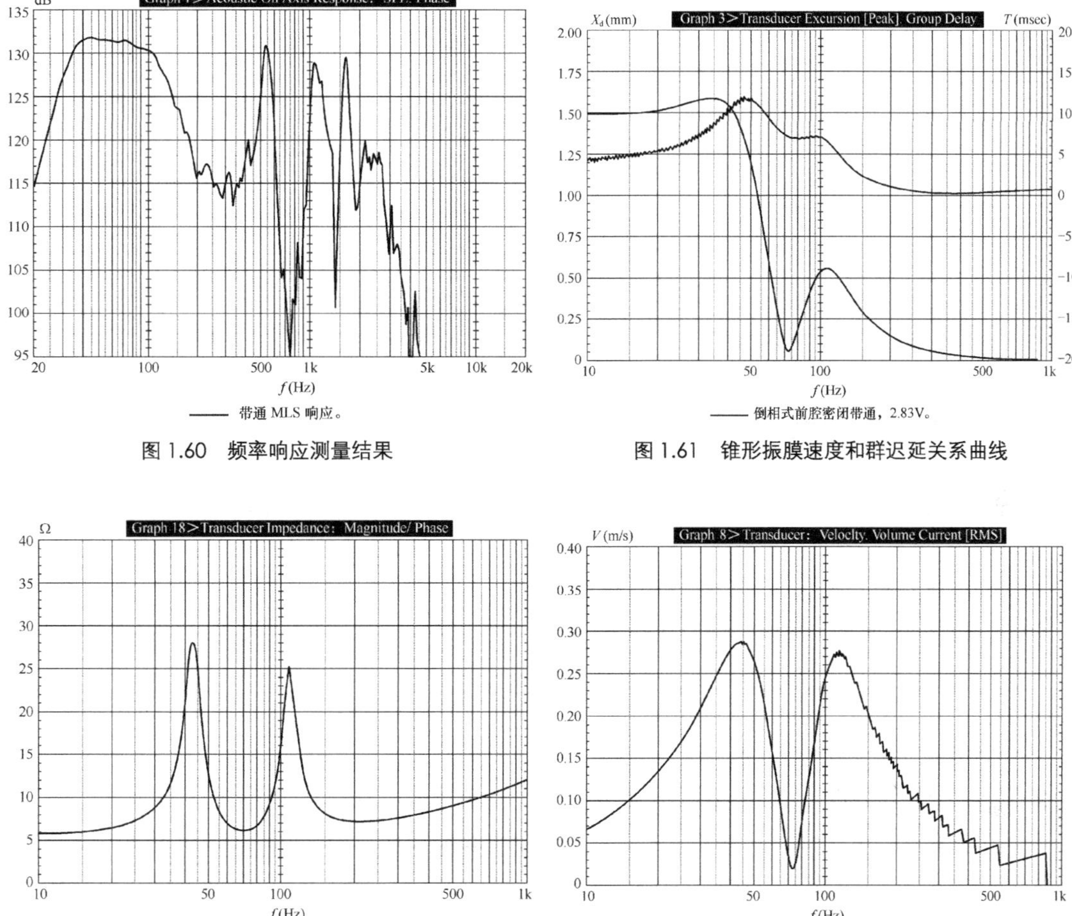

图 1.60 频率响应测量结果

图 1.61 锥形振膜速度和群迟延关系曲线

图 1.62 阻抗曲线

图 1.63 锥形振膜速度

增大输入功率至 20W，在高频端幅度响应有一点峰出现，从图 1.64 所示可以看到。图 1.65 所示的锥形振膜冲程达到 6.4mm，在这样的声压级 SPL（102dB）下算是不错的，因为 X_{max} + 15%是 6mm。这个设计的总箱体积约为 1.2 立方英尺，对于单个 8 英寸扬声器单元来说比较大。带通设计可以和复合加载一起使用，以创建更紧凑的箱体。

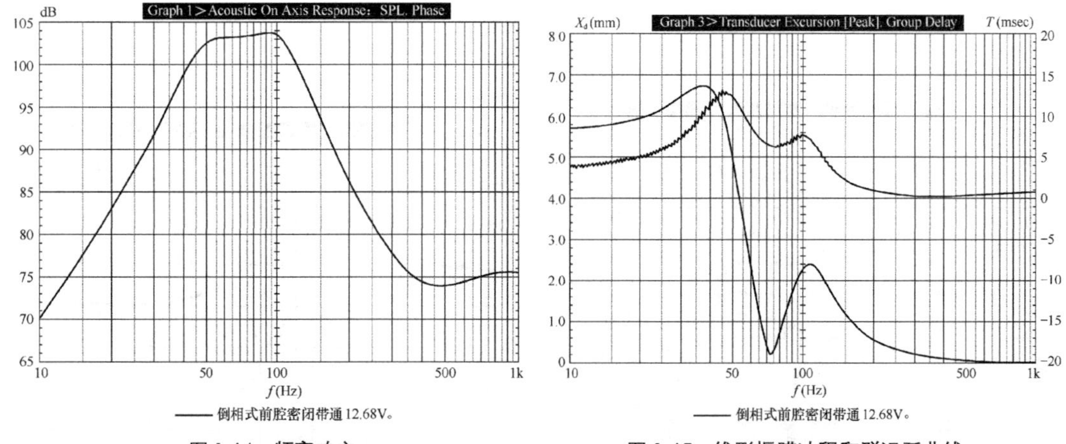

图 1.64 频率响应

图 1.65 锥形振膜冲程和群迟延曲线

1.12.7 带通箱的类型

闭后腔带通箱有几种可能的变化形式。图 1.66 所示的示意图描绘了 5 种不同的可能变型。

（1）单个扬声器单元带通。

（2）双扬声器单元推挽带通。

（3）推挽复合带通。

（4）三腔带通。

（5）推挽三腔带通。多扬声器单元结构（2）用了两个扬声器单元的合成体积。三腔带通的中央腔体等于每个扬声器单元前腔的合成，并调谐到同样的频率。(2)、(3) 和 (4) 中的多个扬声器单元的接线方式为相互反相地接成并联或串联。有一篇描述车用推挽三腔带通箱的制作文章可供参考，Matthew Honnert 著，刊于《Speaker Builder》，1990 年 6 期，第 20 页，题为“*Symmertrical Loading for Auto Subwoofers*（车用超频扬声器的对称加载）”。

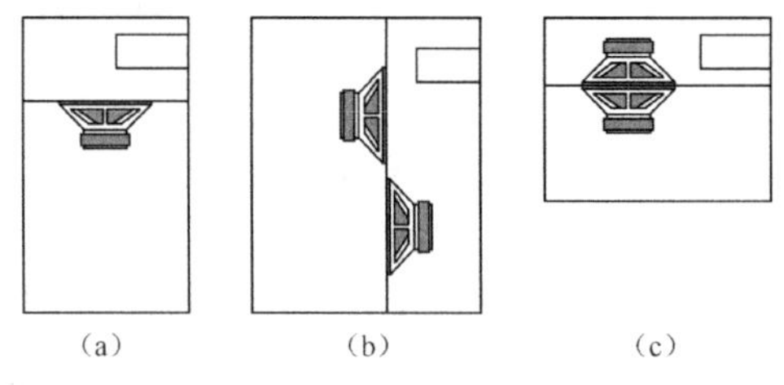

图 1.66 带通箱体

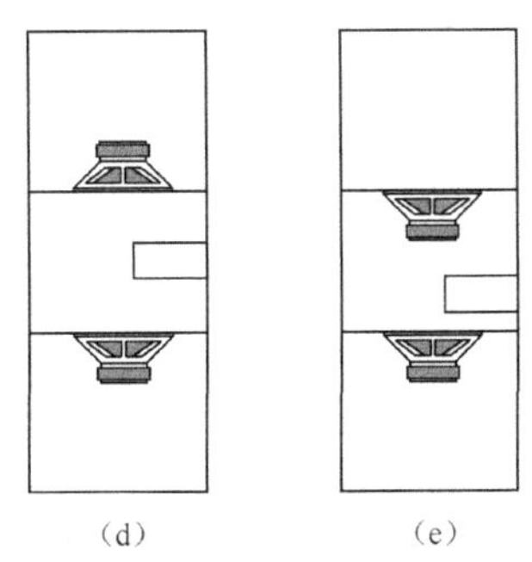

图 1.66　带通箱体（续）

1.13　非常规闭箱

非常规（Aperiodic）音箱设计是闭箱形式的一种变型，更像是第 1.82 节介绍的阻尼技术的一个特殊延伸形式。非常规音箱是使用了一种叫做变形开口（Variovent）设备的闭箱。Variovent 由 Scan Speak 和 Dynaudio 销售（译注：由 Scan Speak 销售的叫做 flow resistor），它为流出音箱的气流提供一种带阻力的通道，将闭箱转变为一种带阻力泄漏的闭箱。这种设备安装在一个直径 4 英寸的圆孔上，就像一个导声管，由一个塑料框夹着一片 1 英寸厚的高密度玻璃纤维材料构成。玻璃纤维提供带阻力的泄漏，并且不会有导声管的作用。Variovent 倾向于阻尼闭箱的阻抗，和填充 100%的高密度材料的作用一样。两种技术都增大了箱体的有效容积。非常规设计的历史可追溯到 20 世纪 60 年代 Dynaco A-25 系列。高度成功的 A-25 是 Scan Speak 的产品，使用了 Variovent。

Variovent 的应用并不复杂。简单地在箱体后面挖一个安装孔，给箱内衬上玻璃纤维，在低频扬声器单元到 Variovent 之间留下一个通路就可以了。建议 50L 以下的箱体使用 1 个 Variovent，80L 以下的容积使用 2 个，超过 80L 的用 3 个。

为了证实 Variovent 箱体阻尼能力的实用前景，测量了 Dynaudio 的 Variovent，然后和第 1.8.2 节中的一些阻尼材料的阻尼效果相比较。相同的测量步骤、低频扬声器单元和测量箱体合在一起，用 Audio Precision System 1 测量扬声器单元/箱体组合的阻抗。对装有 Variovent 但不附加玻璃纤维的箱体，以及使用前述数量玻璃纤维（大约填充 50%）的箱体进行测量。

System 1 的.DAT 文件随后输入到 LEAP4.0，转换成真阻抗值并绘图，如图 1.67 所示。图示了 3 条曲线：不使用玻璃纤维和 Variovent 的箱体，使用 Variovent 但不使用玻璃纤维的箱体，以及同时使用 Variovent 和玻璃纤维的箱体。

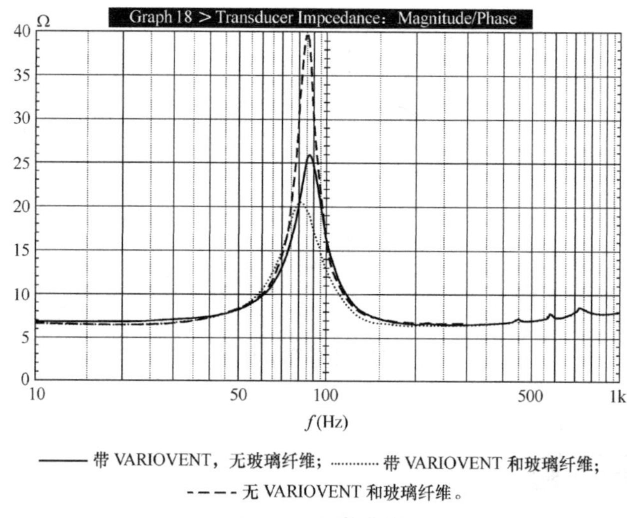

图 1.67　阻抗曲线

用 LEAP 的 Automatic Speaker Parameter Measurement（自动扬声器参数测量）工具计算箱体参数。表 1.29 是对 Variovent 在和以及不和玻璃纤维一起使用时的测量结果的比较，此外还包括了表 1.21 中 50%填充 1 磅/立方英尺（R19）玻璃纤维以及 50/50 的 4 磅/立方英尺的玻璃纤维和 Acousta-Stuf 混合填充的数据。

表 1.29　　测量结果比较

	Z_0	f_0	Q_m	Q_e	Q_{tc}	f_3
Variovent 无玻纤	25.74	86.62	4.53	1.42	1.08	66.00
Variovent 加玻纤	20.22	81.65	3.17	1.39	0.96	65.30
1 磅/立方英尺玻纤	27.77	79.51	4.93	1.40	1.09	60.37
4 磅玻纤/Acousta-Stuf	21.96	79.11	3.49	1.33	0.96	63.40

Variovent 的效果几乎与 50/50 的 4 磅/立方英尺玻璃纤维/Acousta-Stuf 复合物的效果一样。从这个信息来看，很显然地 Variovent 确实是某些其他填充形式的一个可行的替代。频率响应未测量，因为它将与第 1.82 节中 50%填充 R10 玻璃纤维的例子基本相同。

参考文献

1. D. B. Weems, “Closed-Box Speaker System Design”, *Popular Electronics*, June-July 1973.

2. E.M. Villchur, “Revolutionary Loudspeaker and Enclosure”, *Audio*, October 1954.

3. R. Small, "Direct Radiator Loudspeaker System Analysis", *JAES*, June 1972.

4. R. Small, "Closed-Box Loudspeaker System, Part 1, 2", *JAES*, Jan./Feb. 1973.

5. V. Brociner, "Speaker Size and Performance in Small Cabinets", *Audio*, March 1970.

6. L. Beranek, *Acoustics,* McGraw-Hill, 1954, P. 226.

7. M. Colloms, *High Performance Loudspeakers,* Pentech Press, 1978, 1985.

8. Dr. Richard C. Cabot, "Audio Tests and Measurements", *Audio Engineering Handbook*, edited by K. Blair Benson, 1988 by McGraw-Hill Inc.

9. J. Ashley and T. Saponas, "Wisdom and Witchcraft of Old Wives Tales and Woofer Baffles", *JAES*, October 1970.

10. H. D. Harwood, "Some Factors in Loudspeaker Quality", *Wireless World*, May 1975.

11. R. Small, "Suitability of Low-Frequency Drivers for Horn Loaded Loudspeaker Systems", AES preprint No. 1251.

12. H. J. J. Hoge, "Switched on Bass", *Audio*, August 1976.

13. M. Gander, "Moving Coil Loudspeaker Topology as an Indicator of Linear Excursion Capability", *JAES*, January 1981.

14. K. P. Zacharia, "On the Syntheses of Closed-Box Systems Using Available Drivers", *JAES*, November 1973.

15. D. B. Weems, "Ten Speaker Enclosure Fallacies", *Popular Electronics,* June 1976.

16. W. D'Ascenzo, "The AR-1 Rejuvenated", *Speaker Builder*, 2/82.

17. L. M. Chase, "The Thermo-Acoustic Properties of Fibrous Materials", *IEEE Transactions on Acoustics, Speech, and Signal Processing*, August 1974.

18. W. M. Leach, "Electroacoustic-Analogous Circuit Models for Filled Enclosures", *JAES*, July/August 1989.

19. A. Carrion-Isbert, "A New Method of Designing Closed Box Loudspeaker Systems Under the Influence of Enclosure Filling Material", 75th AES Convention, preprint No. 2058.

20. Small and Margolis, "Personal Calculator Program", *JAES*, June 1981.

21. W. M. Leach, "Active Equalizer of Closed-Box Loudspeaker Systems", *JAES*, June 1981.

22. W. M. Leach, "A Generalized Active Equalizer for Closed-Box Loudspeaker Systems, Part I—Isolated Filters Driving Second Order (Closed-Box) Systems", *JAES*, July/August 1979.

23. V. Staggs, "Transient-Response Equalization of Sealed-Box Loudspeakers", *JAES*, December 1982.

24. Greiner and Schoessow, "Electronic Equalization of Closed-Box Loudspeakers", *JAES*, March 1983.

25．J. E. Benson, “An Introduction to the Design of Filtered Loudspeaker Systems, Part I—Isolated Filters Driving Second Order (Closed-Box) Systems”, *JAES*, July/August 1979.

26．D. R. Von Recklinghausen, “Low-Frequency Range Extension of Loudspeakers”, *JAES*, June 1985.

27．Geddes and Clark, “Passively Assisted Loudspeakers”, 79th AES Convention, preprint No. 2291.

28．Tom Nousaine, “A Passively Assisted Woofer System”, *Speaker Builder,* 2/89, p. 16.

29．*Voice Coil*, August 1990.

30．Augris and Santens, “Optimization des enceintes a charge symetrique”, *L'Audiophile*, No. 23, 1982.

31．J. A. D'Appolito, “Designing Symmetric Response Bandpass Loudspeakers”, 91st AES Convention, preprint No. 3205.

32．V. Dickason, “New Design Software: TopBox”, *Voice Coil*, June 1992.

33．V. Dickason, “TopBox Speaker Enclosure Program”, *Audio*, June 1994.

[1] *Audio,* Oct. 1954, July 1955, Oct. 1957; also *JAES*, July 1957.

[2] 这个标准建议了最佳的工作参数。然而密闭箱对于所有的 Q_{tc} 值都是可能的。

[3] 面对面类型主要适合于低频分频点为 100Hz 或更低的超低音应用。

[4] 很奇怪的是这篇文章专注于被动辐射器的使用，而不是倒相管。KEF 最后出品的带通式音箱，KEF104-2 系列，用的是倒相管，而不是辐射器。

第 2 章　开口箱低频系统

2.1　定义

开口式扬声器箱被类比作一个斜率为 24dB/oct 的高通滤波器，它的特征是箱体上有一个开放的可以让空气进出箱体的管或者孔[1]。在低频部分，导声管对系统的声音输出有重要的贡献。但是它是通过增加对锥形振膜后部的声学加载来实现这个作用的，加载抑制了锥形振膜的运动，也减少了扬声器单元的输出。因而，导声管所增加的仅仅和它减少的一样多。在后面我们还将看到，导声管还会导致其他额外的不受欢迎的异常声音。

与闭箱系统相比，开口箱拥有一些独有的特点。

（1）在谐振频率附近具有更低的锥形振膜冲程，因而具有相对较高的操作承受功率以及较低的调制失真[2]。这个特性使开口式音箱在 2 分频扬声器箱中的应用相当有吸引力。但是同时，在比谐振频率低较多的频率，它的冲程将变得很大，使得这种设计对于如传统 LP 唱片变形等引起的次声波噪音极为敏感。还好，开口式音箱的这个问题可以用低频滤波器轻易地解决。

（2）对于同样的扬声器单元，具有更低的截止频率。

（3）理论上，效率比同体积闭箱系统高+3dB。但是这一点在实际应用中并不是特别显著的，对于给定的磁路，为开口式音箱设计的扬声器单元可以降低锥形振膜的质量，缩短音圈超出磁隙部分的长度，这对效率的增加也有显著的贡献。

（4）在缺点方面，开口箱对不合适的调整（Aligment）参数更为敏感[3]。这一因素使开口式扬声器箱的制作对于没有经验的制造者来说更困难一些。

2.2 历史

最早详细描述扬声器单元与导声管相互作用的专利是 A. C. Thuras 于 1932 年获得授权的。在 20 世纪 50 年代中，Locanthi，Beranek，Van Leeuwen，de Boer，Lyon，和 Novak 等非常详细地阐述了类比于高通滤波器综合体的数学模型。A. N. Thiele 将 Novak 设计的模型简化，于 1961 年发表了他的里程碑式的论文（1971 年重新发表于 *JAES*）[4]。虽然 Thiele 的工作从实际可行性来说，是最为全面和详细的一个，但它仍未将箱损耗的系统计算包括在内。

野村（Nomura）在他 1969 年的论文“An Analysis of Design Conditions of a Bass-Reflex Loudspeaker Enclosure for Flat Frequency Response”里，一定程度上详细描述了箱体损耗对响应偏差的影响。1973 年，Richard Small 在“*JAES*”上发表了他关于开口式扬声器系统的系列论文[1]。同样值得注意的是 Robert Bullock 对 Small 设计图表的重新综合，重新合成的设计表格更精确且易于识读[5]。总之，当我们听到经常被提到的“Thiele/Small”这个词汇时，应当知道，虽然这两位作者在这个领域中极为重要，他们的理论也有赖于他们的前人的大量工作。

2.3 扬声器单元的“Q”和箱体响应

和闭箱系统一样，开口式设计的低频响应特性可以通过调节开口箱的总 Q 来预测和控制。最主要的区别是设计的方式。在闭箱设计中，你可以先选择一个 Q_{tc}（如图 1.1 所示），然后得到一个可以获得这个响应的箱体尺寸。但是在开口箱设计中，通常用“特性校准（Specific Alignment）”（或“特性调整”）一词进行讨论，调整所有的参数以获得具有特定 f_3 的基本平坦或不平坦的响应（Q=1.0）。

换而言之，你无法调整一个开口式系统得到 Q 为 0.7 或 1.5 这样的响应曲线，引起低音区域增加或减少的变化被称为“调整失当（Misalignments）”。例如，在±20%的范围内改变扬声器单元的 Q_{ts}，将导致 f_3 处的 SPL 变化为±2～4dB[6]。这与改变一个闭箱的 Q_{tc}，使之在 0.7～1.5 范围内变化的作法不同。开口式系统具有更为陡峭的衰减特性，而且如果调整严重失当，将很可能听到瞬态的振铃现象。事实上，开口式系统之前被称为“轰鸣箱”的不良声誉无疑是那些严重调整不当的扬声器箱所造成的。

2.4 低频扬声器单元选择

与为闭箱设计优化的低频扬声器单元相比，为开口式音箱设计的低频扬声器单元往往倾向于更低的锥形振膜质量、音圈露出磁隙的部分更少（因为更小的冲程需求）和更低的整体 Q_{tc}。作闭箱设计使用时，人们几乎可以使用任何数值的 Q_{ts} 的低频扬声器单元，然而对于开口箱来说，通常在 0.2～0.5 的 Q_{ts} 的低频扬声器单元才可以提供满意的响应。Small 的 EBP 建议值（详见第 1.4 节）在 100 左右的扬声器单元可以在开口箱中工作良好。

虽然损耗对箱体尺寸和调谐频率的确定有重要影响，某些型号低频扬声器单元明显的泄漏问题也许可以忽略。多孔防尘罩提供了一个箱内空气泄漏的途径，但低频扬声器单元设计者通常将其用于音圈散热的目的，如果将它们密封，会在解决问题的同时产生同样多的新问题。有损的布边折环同样会产生高的泄漏损失。但是，只要单元的参数和损耗得到准确测量，就没有理由回避这种类型的产品，除非它们的性能不合要求。

2.5 调整

确定箱体尺寸，要从选择一个合适的调整类型开始，以满足各种设计要求或扬声器单元的限制。“校准调整”并不是一个特别难以掌握的概念。调整是对特定箱体尺寸和调谐频率结合，产生可实现的，也就是平坦或不平坦的频率响应。截至本书写作时，至少有 15 种明确定义的调整类型。

有两种基本类型，分别是辅助式和非辅助式。辅助式调整，最早是由 Thiele[4]描述，需要某种程度的主动式电子滤波均衡，以获得一个既定的响应（第 2.11 节）。非辅助式调整不需要电子均衡来获得预期的响应，也是制造商最常用的一种类型。

对于非辅助式调整来说，也有两个基本类群：平坦和非平坦。平坦响应类群通常要求低频扬声器单元的 Q_{ts} 值小于 0.4，并以下列 6 类为代表。

（1）SBB_4。超 4 阶轰鸣箱（Super Fourth-Order Boom Box）是 Hoge 的 BB_4 的一种延伸类型，要求较低的 Q_{ts}。SBB_4 最早是 Bullock 描述的[5]，以大箱体、低调谐频率（长导声管）、和良好的瞬态响应为特征。在这里，“轰鸣箱”一语有点用词不当。

（2）SC_4。4 阶亚契比雪夫（Fourth-Order Sub-Chebyshev）是契比雪夫（Chebyshev，C_4）响应的一种的扩展类型，要求较低的 Q_{ts}。这种响应的箱体尺寸及 f_3 与 SBB_4 大体相当，但具有不同的调谐频率。与 SBB_4 相比，SC_4 的瞬态响应稍逊一些。

（3）QB_3。准3阶（Quasi Third-Order）调整，是最常用的开孔箱调整方式之一，因为对于给定扬声器单元的 Q_{ts}，它可以获得较小的箱体和较低的 f_3。但它的瞬态响应不如 SBB_4 和 SC_4。

（4）个别调整法（Discrete Alignments）。有3种个别调整类型。

B_4（4阶巴特沃斯，Fourth-Order Butterworth）。

BE_4（4阶贝塞尔，Fourth-Order Bessel）。

IB_4（阶内巴特沃斯，Butterworth Inter-Order）。

这些校准类型被称为“个别”是因为它们只对应一个特定的 Q_{ts} 值而存在。由于箱体损耗影响个别校准的数值，要获得这类校准很困难，虽然并非不可能。在以上3种之间，BE_4 具有最好的瞬态响应。

非平坦类调整通常是在使用更高的 Q_{ts} 值时产生的，具有较差的瞬态和频率响应特征。因而，它们在高质量音响设备中的应用受到一些限制。然而，如果在特定情况下可以容忍它们的负面特性，对于给定的扬声器单元，它们将可以获得更低的 f_3 值。

（1）C_4。契比雪夫等幅波纹调整，将有利于获得小于1dB的低幅纹波响应。最早由Van Leeuwen在1956年描述（参见参考文献[1] P. 364）。

（2）BB_4。4阶轰鸣箱（Fourth-Order Boom Box）最初由Hoge提出[7]。这个名字来自紧邻衰减起点处的响应尖峰，如果这个峰足够大，其特性将与高 Q_{tc}（1.2以上）的闭箱同样不可取。

（3）SQB_3。超级3阶准巴特沃斯（Super Third-Order Quasi-Butterworth），QB_3 校准的高 Q_{tc} 值延伸类型，由R. Bullock在Speaker Builder杂志 3/81期中提出。

计算机模拟允许我们对这6种调整类型进行比较。模拟使用了2种低频扬声器单元：一个12英寸低频扬声器单元，Q_{ts} 为0.3，用于 SBB_4、SC_4 和 QB_3 平坦调整；另一个是10英寸低频扬声器单元，Q_{ts} 为0.5，用于 SQB_4、BB_4 和 C_4 非平坦调整（因于个别调整类型只适用于特定的参数值，在此不做模拟）。虽然这个模拟仅代表特定扬声器单元的表现，仍然可以从中得到不同响应类别的一般化结论。不同的箱体参数比较结果见表2.0（−3dB频率处的相位角不作为开口箱设计的指标，因为它并不易与调整类型相联系，不像在闭箱设计中与 Q_{tc} 相关）。

表2.0　不同箱体参数比较结果

调整类型	V_b	f_b	f_3	斜率 dB/oct
	平坦调整			
SBB_4	2.7	25	36	18
SC_4	2.4	27	36	19
QB_3	2.0	31	36	20

续表

调整类型	V_b	f_b	f_3	斜率 dB/oct
	非平坦调整			
SQB_3	7.6	30	34	27
BB_4	2.8	37	30	30
C_4	5.3	30	27	30

表 2.0 中关于平坦调整类型的数据显示，3 种调整类型的衰减斜率都近乎相同（至少对于这个低频扬声器单元来说是这样）。差别是 SBB_4 调整的衰减斜率稍平缓一些，反映出它略好一点的瞬态表现。然而，这是以更大的箱体容积为代价的。平坦调整类型模拟的图形结果如图 2.1～图 2.5 所示。图 2.1 所示的不同的响应以及相位曲线非常接近，表现为典型的陡峭的斜率，为 18～20dB/oct。观察图 2.2 所示的群迟延曲线，3 条曲线的形状都类似于 Q_{tc} 为 0.9 的闭箱，但迟延的绝对值则大得多。与闭式音箱相比，最好的开口箱的瞬态性能差于最好的闭箱，两者间的差异显然是可以听出来的[15]。但事实上，仍然存在着许多评价良好的、被深深喜爱的、以及在商业上获得成功的开口箱设计实例。在 3 种平坦响应调整类型中，QB_3 可能是最好的选择，因为它可以产生与这一类群中任何其他类型几乎相同的 f_3 和相近的瞬态表现，而箱体又最为紧凑[8]。

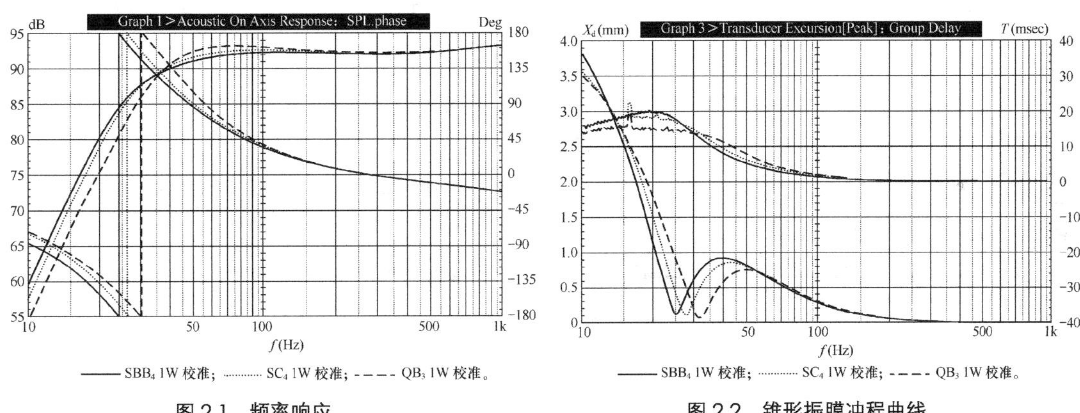

图 2.1 频率响应

图 2.2 锥形振膜冲程曲线

图 2.2 所示的锥形振膜冲程曲线表明了开口箱最主要的优点：冲程较小。

在调谐频率以上的频率，锥形振膜的冲程要求明显比闭箱小，同时也意味着更低的失真。这个优点同时也有一个重要的问题，因为在频率低于调谐频率 f_b 时，冲程迅速地增加，并持续增加到次声波范围。这样在遇到超低频音乐材料或是如变形的唱片所产生的隆隆声噪声时，就会产生冲程限制问题（第 2.12 节）。

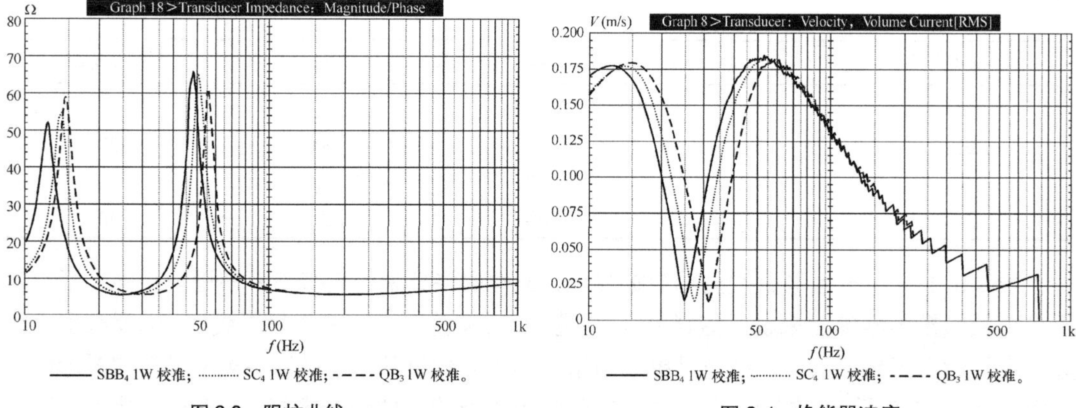

图 2.3　阻抗曲线

图 2.4　换能器速度

图 2.3 所示对阻抗曲线进行比较，结果表明 3 种调整类型都彼此相似。图 2.4 所示给出换能器速度（Transducer Velocity），显示扬声器单元加速度的峰大约与阻抗峰一致，在阻抗曲线谷点处也达到一个谷点。导声管气流速度（Port Velocity），如图 2.5 所示，速度的峰值在 f_b 附近。

Q 值较高的扬声器单元的非平坦调整模拟结果展示于图 2.6～图 2.10，表现出一些差别。观察图 2.6 所示的幅度响应，可以看到不同的扬声器类型之间在整体响应形状上的差别。BB_4 调整在箱容积和 f_3 方面类似于平坦校准类群，但较为欠阻尼，而且衰减斜率要高得多。虽然 Q 值较高的扬声器单元可以用于开口箱，但它们在瞬态性能方面不太出色。其他的调整类型，C_4 和 SQB_3，可以得到相当低的 f_3，但同样需要对于这些扬声器单元来说相当大的箱容积。图 2.7 所示的群迟延曲线证实这种使用高 Q 扬声器单元的扬声器类别瞬态性能较差。显示于同一图中的锥形振膜冲程曲线给出与平坦调整大致相同的图形，在 f_b 以上频率较好，但低于 f_b 时则对输入功率高度敏感。

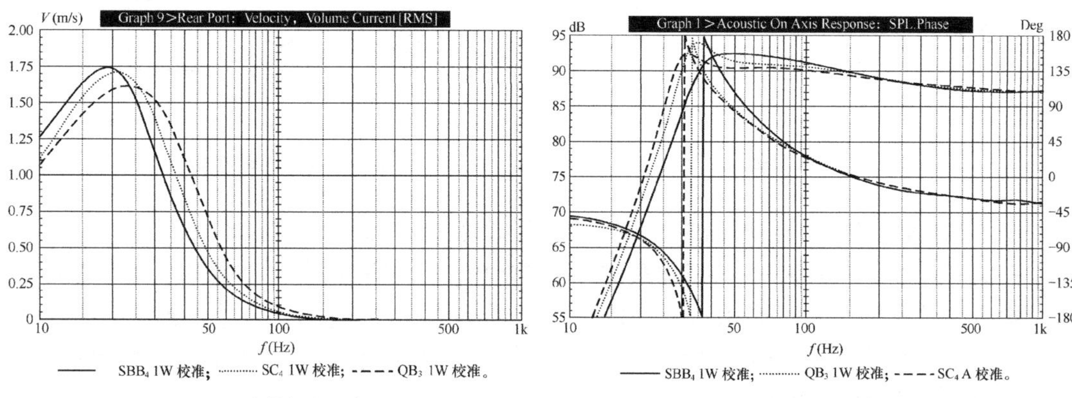

图 2.5　导声管气流速度

图 2.6　幅度响应

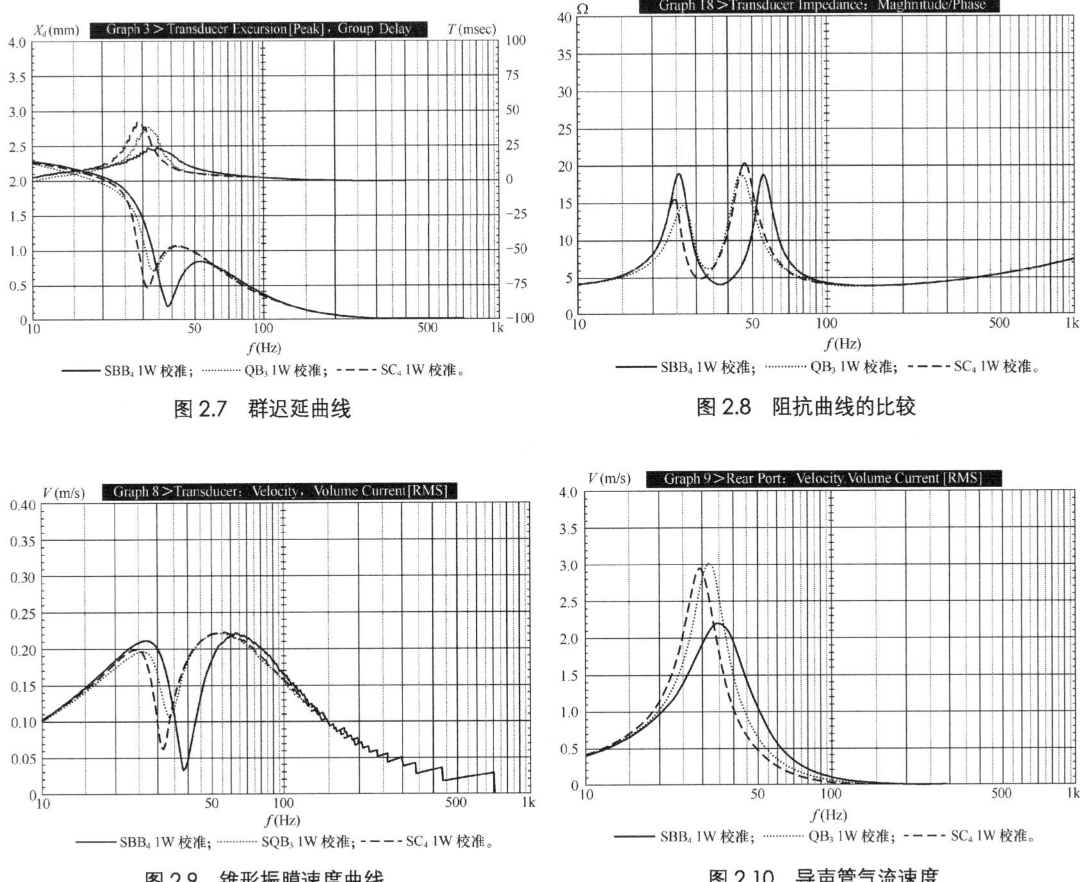

图 2.7 群迟延曲线

图 2.8 阻抗曲线的比较

图 2.9 锥形振膜速度曲线

图 2.10 导声管气流速度

图 2.8 所示为阻抗曲线的比较。欠阻尼的 C_4 和 SQB_3 调整在 f_b 处的最低点阻抗高度值较高。图 2.9 所示的锥形振膜速度曲线显示，大约在和两个阻抗峰 f_L 和 f_H（如图 2.42 所示）相同的位置，锥形振膜速度也达到了峰值，而大约在和阻抗谷值频率相同的位置，锥形振膜速度出现一个最小值。导声管气流速度图 2.10 所示，峰出现在 f_b 附近。

2.6 箱体大小的确定及相关参数

开口箱箱体大小的确定要比闭式箱体稍微复杂一些。首先从获得低频扬声器单元下列参数开始。

（1）f_s——扬声器单元在自由场中的谐振频率。

（2）Q_{ts}——扬声器单元总 Q，包含所有串联电阻。

（3）V_{as}——与扬声器单元顺性相等的等效空气体积。

（4）X_{max}——音圈超出磁隙部分的长度（mm）。

（5）S_d——扬声器单元有效辐射面积（m^2）。

（6）V_d——扬声器位移体积 = $S_d X_{max}$（m^3）。

参数（4）、（5）和（6）可以从扬声器单元制造商处得到。参数（1）、（2）和（3）的合适计算步骤请参考第 8 章“扬声器测试”。即使你决定使用公布的 f_s、Q_{ts} 和 V_{as} 数据，仍然需要确定 Q_{ts} 中是否包含了串联电阻（如果 Q_{ts} 是和 Q_{es} 及 Q_{ms} 一起给出即可确定）。

就如在闭箱系统中所做的那样，下一步最好的方法是生成一个设计表格。这里收集了 3 个平坦调整的所有数据。观察设计表 2.1～2.10[5]，可以注意到，除了 3 种调整类别各 3 套表格外，还有一个个别调整表格。它们分别是：表 2.1～表 2.3，SBB_4 和 BB_4；表 2.4～表 2.6，QB_3 和 SQB_3；表 2.7～表 2.9，SC_4 和 C_4；表 2.10，个别调整。每一对调整类别（一个平坦和一个非平坦）的 3 套表格对应于不同的箱体损耗或 Q_L。

表 2.1 **Q_L=3，SBB_4 及 BB_4**

Q_{ts}	H	α	f_3/f_s	峰（dB）
0.200 0	1.000 0	5.444 4	3.540 1	0
0.210 0	1.000 0	4.903 1	3.325 5	0
0.220 0	1.000 0	4.435 5	3.128 0	0
0.230 0	1.000 0	4.029 0	2.945 4	0
0.240 0	1.000 0	3.673 6	2.776 1	0
0.250 0	1.000 0	3.361 1	2.618 6	0
0.260 0	1.000 0	3.085 0	2.471 8	0
0.270 0	1.000 0	2.839 9	2.334 7	0
0.280 0	1.000 0	2.621 3	2.206 8	0
0.290 0	1.000 0	2.425 7	2.087 3	0
0.300 0	1.000 0	2.250 0	1.975 9	0
0.310 0	1.000 0	2.091 6	1.872 4	0
0.320 0	1.000 0	1.948 4	1.776 3	0
0.330 0	1.000 0	1.811 4	1.687 6	0
0.340 0	1.000 0	1.700 2	1.606 0	0
0.350 0	1.000 0	1.592 4	1.531 3	0
0.360 0	1.000 0	1.493 8	1.463 2	0
0.370 0	1.000 0	1.403 5	1.401 4	0
0.380 0	1.000 0	1.320 5	1.345 5	0
0.390 0	1.000 0	1.244 1	1.295 2	0
0.400 0	1.000 0	1.173 6	1.249 9	0
0.410 0	1.000 0	1.108 5	1.209 1	0.01

续表

Q_{ts}	H	α	f_3/f_s	峰（dB）
0.420 0	1.000 0	1.048 2	1.172 4	0.05
0.430 0	1.000 0	0.992 3	1.139 4	0.12
0.440 0	1.000 0	0.940 3	1.109 6	0.20
0.450 0	1.000 0	0.892 0	1.082 8	0.30
0.460 0	1.000 0	0.846 9	1.058 5	0.41
0.470 0	1.000 0	0.804 9	1.036 5	0.53
0.480 0	1.000 0	0.765 6	1.016 5	0.66
0.490 0	1.000 0	0.728 9	0.998 3	0.79
0.500 0	1.000 0	0.694 4	0.981 5	0.93
0.510 0	1.000 0	0.662 1	0.966 3	1.08
0.520 0	1.000 0	0.631 8	0.952 3	1.23
0.530 0	1.000 0	0.603 3	0.939 4	1.38
0.540 0	1.000 0	0.576 5	0.927 5	1.54
0.550 0	1.000 0	0.551 2	0.916 5	1.70
0.560 0	1.000 0	0.527 4	0.906 3	1.86
0.570 0	1.000 0	0.504 8	0.896 8	2.02
0.580 0	1.000 0	0.483 6	0.888 0	2.18
0.590 0	1.000 0	0.463 5	0.879 7	2.34
0.600 0	1.000 0	0.444 4	0.872 0	2.50
0.610 0	1.000 0	0.426 4	0.864 9	2.66
0.620 0	1.000 0	0.409 3	0.858 1	2.82
0.630 0	1.000 0	0.393 1	0.851 8	2.98
0.640 0	1.000 0	0.377 7	0.845 8	3.14
0.650 0	1.000 0	0.363 1	0.840 2	3.30
0.660 0	1.000 0	0.349 2	0.834 9	3.46
0.670 0	1.000 0	0.335 9	0.829 9	3.61
0.680 0	1.000 0	0.323 3	0.825 2	3.77
0.690 0	1.000 0	0.311 3	0.820 7	3.92
0.700 0	1.000 0	0.299 9	0.816 5	4.08

表 2.2　　Q_L=7，SBB_4 及 BB_4

Q_{ts}	H	α	f_3/f_s	峰（dB）
0.200 0	1.000 0	5.898 0	3.368 6	0
0.210 0	1.000 0	5.333 9	3.151 8	0
0.220 0	1.000 0	4.845 7	2.952 1	0
0.230 0	1.000 0	4.420 4	2.767 4	0
0.240 0	1.000 0	4.047 8	2.596 0	0
0.250 0	1.000 0	3.711 4	2.436 6	0
0.260 0	1.000 0	3.428 6	2.228 3	0

续表

Q_{ts}	H	a	f_3/f_s	峰（dB）
0.270 0	1.000 0	3.169 9	2.150 3	0
0.280 0	1.000 0	2.938 8	2.022 0	0
0.290 0	1.000 0	2.731 5	1.903 1	0
0.300 0	1.000 0	2.544 8	1.793 2	0
0.310 0	1.000 0	2.376 1	1.692 2	0
0.320 0	1.000 0	2.223 3	1.600 0	0
0.330 0	1.000 0	2.084 3	1.516 2	0
0.340 0	1.000 0	1.957 6	1.440 6	0
0.350 0	1.000 0	1.841 9	1.372 8	0
0.360 0	1.000 0	1.735 7	1.312 2	0
0.370 0	1.000 0	1.639 2	1.258 3	0
0.380 0	1.000 0	1.548 4	1.210 4	0.01
0.390 0	1.000 0	1.465 6	1.167 9	0.06
0.400 0	1.000 0	1.389 0	1.130 2	0.14
0.410 0	1.000 0	1.318 1	1.096 6	0.24
0.420 0	1.000 0	1.252 3	1.066 7	0.37
0.430 0	1.000 0	1.191 1	1.039 9	0.51
0.440 0	1.000 0	1.134 1	1.016 0	0.66
0.450 0	1.000 0	1.080 9	0.994 4	0.82
0.460 0	1.000 0	1.031 3	0.975 0	1.00
0.470 0	1.000 0	0.984 9	0.957 4	1.17
0.480 0	1.000 0	0.941 4	0.941 5	1.36
0.490 0	1.000 0	0.900 6	0.927 0	1.55
0.500 0	1.000 0	0.862 2	0.913 7	1.74
0.510 0	1.000 0	0.826 2	0.901 5	1.93
0.520 0	1.000 0	0.792 3	0.890 4	2.13
0.530 0	1.000 0	0.760 3	0.880 1	2.33
0.540 0	1.000 0	0.730 2	0.870 6	2.53
0.550 0	1.000 0	0.701 7	0.861 9	2.73
0.560 0	1.000 0	0.674 7	0.853 7	2.93
0.570 0	1.000 0	0.649 3	0.846 2	3.13
0.580 0	1.000 0	0.625 1	0.839 1	3.33
0.590 0	1.000 0	0.602 2	0.832 5	3.53
0.600 0	1.000 0	0.580 5	0.826 4	3.73
0.610 0	1.000 0	0.559 9	0.820 6	3.93
0.620 0	1.000 0	0.540 3	0.815 4	4.12
0.630 0	1.000 0	0.521 6	0.810 2	4.32
0.640 0	1.000 0	0.503 8	0.805 4	4.51
0.650 0	1.000 0	0.486 9	0.800 9	4.70
0.660 0	1.000 0	0.470 8	0.796 9	4.90
0.670 0	1.000 0	0.455 4	0.792 6	5.09
0.680 0	1.000 0	0.440 7	0.788 9	5.27
0.690 0	1.000 0	0.426 7	0.785 3	5.46
0.700 0	1.000 0	0.413 3	0.781 9	5.65

表 2.3　　Q_L=15，SBB_4及BB_4

Q_{ts}	H	a	f_3/f_s	峰（dB）
0.200 0	1.000 0	6.084 4	3.299 6	0
0.210 0	1.000 0	5.511 3	3.081 8	0
0.220 0	1.000 0	5.014 9	2.881 1	0
0.230 0	1.000 0	4.582 1	2.695 5	0
0.240 0	1.000 0	4.202 5	2.523 3	0
0.250 0	1.000 0	3.847 8	2.363 3	0
0.260 0	1.000 0	3.571 1	2.214 6	0
0.270 0	1.000 0	3.307 0	2.076 4	0
0.280 0	1.000 0	3.307 0	1.948 3	0
0.290 0	1.000 0	2.858 8	1.830 1	0
0.300 0	1.000 0	2.667 8	1.721 4	0
0.310 0	1.000 0	2.465 0	1.622 2	0
0.320 0	1.000 0	2.338 4	1.532 3	0
0.330 0	1.000 0	2.195 8	1.451 4	0
0.340 0	1.000 0	2.035 7	1.379 0	0
0.350 0	1.000 0	1.946 7	1.314 6	0
0.360 0	1.000 0	1.837 5	1.257 6	0
0.370 0	1.000 0	1.737 2	1.207 1	0.01
0.380 0	1.000 0	1.644 7	1.162 6	0.07
0.390 0	1.000 0	1.559 3	1.123 3	0.16
0.400 0	1.000 0	1.480 3	1.088 6	0.27
0.410 0	1.000 0	1.407 0	1.057 7	0.41
0.420 0	1.000 0	1.339 0	1.030 3	0.57
0.430 0	1.000 0	1.275 7	1.005 9	0.73
0.440 0	1.000 0	1.216 7	0.984 0	0.91
0.450 0	1.000 0	1.161 6	0.964 3	1.10
0.460 0	1.000 0	1.110 1	0.946 6	1.30
0.470 0	1.000 0	1.061 9	0.930 5	1.50
0.480 0	1.000 0	1.016 7	0.916 0	1.71
0.490 0	1.000 0	0.974 3	0.902 7	1.91
0.500 0	1.000 0	0.934 4	0.890 6	2.13
0.510 0	1.000 0	0.896 9	0.879 5	2.34
0.520 0	1.000 0	0.861 6	0.869 6	2.56
0.530 0	1.000 0	0.828 2	0.859 9	2.78
0.540 0	1.000 0	0.796 7	0.851 3	2.99
0.550 0	1.000 0	0.767 0	0.843 2	3.21
0.560 0	1.000 0	0.738 8	0.835 8	3.43
0.570 0	1.000 0	0.712 1	0.828 9	3.65
0.580 0	1.000 0	0.686 8	0.822 4	3.86

续表

Q_{ts}	H	a	f_3/f_s	峰（dB）
0.590 0	1.000 0	0.662 8	0.816 4	4.08
0.600 0	1.000 0	0.640 0	0.810 8	4.29
0.610 0	1.000 0	0.618 3	0.805 5	4.51
0.620 0	1.000 0	0.597 7	0.800 6	4.72
0.630 0	1.000 0	0.578 1	0.795 9	4.93
0.640 0	1.000 0	0.559 4	0.791 6	5.14
0.650 0	1.000 0	0.541 5	0.787 4	5.35
0.660 0	1.000 0	0.524 5	0.783 6	5.55
0.670 0	1.000 0	0.508 3	0.779 9	5.76
0.680 0	1.000 0	0.492 7	0.776 4	5.96
0.690 0	1.000 0	0.477 9	0.773 1	6.16
0.700 0	1.000 0	0.463 7	0.770 0	6.36

表 2.4　　　　Q_L=3，QB_3 及 SQB_3

Q_{ts}	H	a	f_3/f_s	峰（dB）
0.100 0	4.330 3	31.290 4	5.670 9	0
0.110 0	3.937 1	25.682 4	5.146 5	0
0.120 0	3.609 6	21.416 9	4.706 9	0
0.130 0	3.332 5	18.097 4	4.334 8	0
0.140 0	3.095 0	15.463 5	4.015 0	0
0.150 0	2.889 2	13.338 6	3.737 1	0
0.160 0	2.709 2*	11.599 4	3.493 2	0
0.170 0	2.550 4	10.158 1	3.277 2	0
0.180 0	2.409 2	08.950 2	3.084 4	0
0.190 0	2.283 0	07.928 0	2.911 3	0
0.200 0	2.169 4	07.055 2	2.754 8	0
0.210 0	2.066 6	06.304 1	2.612 5	0
0.220 0	1.973 3	05.653 1	2.482 4	0
0.230 0	1.888 1	05.085 1	2.363 0	0
0.240 0	1.810 0	04.586 6	2.252 8	0
0.250 0	1.738 1	04.146 7	2.150 8	0
0.260 0	1.671 9	03.756 6	2.055 9	0
0.270 0	1.610 5	03.409 0	1.967 4	0
0.280 0	1.553 6	03.098 0	1.884 5	0
0.290 0	1.500 6	02.818 6	1.806 5	0

续表

Q_{ts}	H	a	f_3/f_s	峰（dB）
0.300 0	1.451 2	02.566 6	1.733 1	0
0.310 0	1.405 0	02.338 6	1.663 6	0
0.320 0	1.361 7	02.131 7	1.597 8	0
0.330 0	1.321 0	01.943 2	1.535 1	0
0.340 0	1.282 8	01.771 2	1.475 4	0
0.350 0	1.246 7	01.613 6	1.418 3	0
0.360 0	1.212 7	01.469 0	1.363 6	0
0.370 0	1.180 6	01.336 0	1.311 0	0
0.380 0	1.150 1	01.213 3	1.260 5	0
0.390 0	1.121 3	01.099 9	1.211 8	0
0.400 0	1.093 9	0.994 9	1.164 9	0
0.410 0	1.067 9	0.897 4	1.119 8	0
0.420 0	1.043 1	0.806 9	1.076 3	0
0.430 0	1.019 5	0.722 5	1.034 6	0
0.440 0	0.997 0	0.643 9	0.994 7	0
0.450 0	0.975 5	0.570 4	0.956 8	0
0.460 0	0.955 0	0.501 6	0.921 0	0.02
0.470 0	0.935 4	0.467 2	0.887 5	0.06
0.480 0	0.916 6	0.376 7	0.856 3	0.14
0.490 0	0.898 6	0.319 9	0.827 6	0.27
0.500 0	0.881 3	0.266 5	0.801 4	0.45
0.510 0	0.864 7	0.216 1	0.777 5	0.70
0.520 0	0.848 8	0.168 6	0.755 8	1.00
0.530 0	0.833 6	0.123 8	0.736 3	1.36
0.540 0	0.818 9	0.081 4	0.718 6	1.77
0.550 0	0.804 7	0.041 3	0.702 7	2.25
0.560 0	0.791 1	0.003 3	0.688 3	2.78

*译注：原文此值为 2.079 2。

表 2.5　　Q_L=7QB$_3$ 及 SQB$_3$

Q_{ts}	H	a	f_3/f_s	峰（dB）
0.100 0	3.841 6	34.392 5	5.223 3	0
0.110 0	3.494 7	28.234 1	4.738 6	0
0.120 0	3.205 8	23.549 9	4.333 7	0
0.130 0	2.961 5	19.904 6	3.990 2	0
0.140 0	2.752 5	17.015 0	3.694 9	0
0.150 0	2.571 2	14.678 4	3.438 1	0

续表

Q_{ts}	H	a	f_3/f_s	峰（dB）
0.160 0	2.412 9	12.768 5	3.212 6	0
0.170 0	2.274 3	11.185 5	3.012 8	0
0.180 0	2.149 5	9.858 9	2.834 5	0
0.190 0	2.038 8	8.736 1	2.674 1	0
0.200 0	1.939 3	7.777 5	2.528 9	0
0.210 0	1.849 4	6.952 4	2.396 8	0
0.220 0	1.767 8	6.237 2	2.275 9	0
0.230 0	1.693 5	5.613 2	2.164 7	0
0.240 0	1.625 4	5.065 5	2.062 0	0
0.250 0	1.562 9	4.582 2	1.966 7	0
0.260 0	1.505 4	4.153 5	1.877 8	0
0.270 0	1.452 2	3.771 4	1.794 6	0
0.280 0	1.402 9	3.429 5	1.716 5	0
0.290 0	1.357 1	3.122 3	1.642 9	0
0.300 0	1.314 5	2.842 1	1.573 2	0
0.310 0	1.274 8	2.594 4	1.507 0	0
0.320 0	1.237 6	2.366 7	1.443 9	0
0.330 0	1.202 8	2.159 4	1.383 6	0
0.340 0	1.170 2	1.969 9	1.325 8	0
0.350 0	1.139 5	1.796 4	1.270 2	0
0.360 0	1.110 6	1.637 1	1.216 7	0
0.370 0	1.083 4	1.490 5	1.165 1	0
0.380 0	1.057 8	1.355 2	1.115 3	0
0.390 0	1.033 5	1.230 0	1.067 4	0
0.400 0	1.010 6	1.114 1	1.021 4	0
0.410 0	0.988 9	1.006 5	0.977 6	0
0.420 0	0.968 3	0.906 4	0.936 2	0.01
0.430 0	0.948 8	0.813 1	0.897 5	0.05
0.440 0	0.930 3	0.726 0	0.861 8	0.14
0.450 0	0.912 8	0.644 5	0.829 4	0.31
0.460 0	0.896 1	0.568 2	0.800 1	0.56
0.470 0	0.880 2	0.496 6	0.774 1	0.90
0.480 0	0.865 1	0.429 4	0.751 0	1.32
0.490 0	0.850 7	0.366 1	0.730 7	1.85
0.500 0	0.837 0	0.306 5	0.712 9	2.46
0.510 0	0.824 0	0.250 3	0.697 2	3.18
0.520 0	0.811 6	0.197 1	0.683 5	4.01
0.530 0	0.799 8	0.146 8	0.671 5	4.97
0.540 0	0.788 6	0.099 2	0.661 0	6.08
0.550 0	0.777 9	0.054 0	0.651 8	7.36
0.560 0	0.767 7	0.011 1	0.643 8	8.87

表 2.6 Q_L=15，QB_3 及 SQB_3

Q_{ts}	H	a	f_3/f_s	峰（dB）
0.100 0	3.684 1	35.479 3	5.071 5	0
0.110 0	3.349 4	29.128 6	4.600 4	0
0.120 0	3.073 2	24.298 4	4.206 9	0
0.130 0	2.839 8	20.539 2	3.873 0	0
0.140 0	2.640 0	17.556 3	3.585 9	0
0.150 0	2.467 0	15.149 8	3.336 2	0
0.160 0	2.315 8	13.180 2	3.116 9	0
0.170 0	2.182 6	11.547 8	2.922 5	0
0.180 0	2.064 4	10.179 7	2.748 8	0
0.190 0	1.958 9	9.021 8	2.592 6	0
0.200 0	1.864 0	8.033 1	2.451 2	0
0.210 0	1.778 4	7.182 2	2.322 5	0
0.220 0	1.700 7	6.444 6	2.204 5	0
0.230 0	1.629 9	5.801 0	2.096 0	0
0.240 0	1.565 2	5.236 1	1.995 6	0
0.250 0	1.505 8	4.737 5	1.902 3	0
0.260 0	1.451 2	4.295 2	1.815 3	0
0.270 0	1.400 7	3.901 1	1.733 8	0
0.280 0	1.354 0	3.548 4	1.657 1	0
0.290 0	1.310 6	3.231 4	1.584 6	0
0.300 0	1.270 3	2.945 5	1.515 9	0
0.310 0	1.232 7	2.686 7	1.450 4	0
0.320 0	1.197 6	2.451 7	1.388 0	0
0.330 0	1.164 8	2.237 6	1.328 1	0
0.340 0	1.134 1	2.042 0	1.270 5	0
0.350 0	1.105 2	1.862 9	1.255 1	0
0.360 0	1.078 1	1.698 3	1.161 5	0
0.370 0	1.052 6	1.546 8	1.109 9	0
0.380 0	1.028 6	1.407 0	1.060 2	0
0.390 0	1.005 9	1.277 7	1.012 5	0
0.400 0	0.984 5	1.157 9	0.967 2	0
0.410 0	0.964 3	1.046 6	0.924 5	0.02
0.420 0	0.945 2	0.943 0	0.884 9	0.08
0.430 0	0.927 2	0.846 4	0.848 8	0.21
0.440 0	0.910 1	0.756 2	0.816 2	0.43
0.450 0	0.893 9	0.671 9	0.787 2	0.76
0.460 0	0.878 6	0.592 8	0.761 8	1.18
0.470 0	0.864 1	0.518 5	0.739 5	1.72
0.480 0	0.850 3	0.448 8	0.720 2	2.36

续表

Q_{ts}	H	a	f_3/f_s	峰（dB）
0.490 0	0.837 3	0.383 0	0.703 4	3.13
0.500 0	0.824 9	0.321 1	0.688 9	4.04
0.510 0	0.813 2	0.262 5	0.676 4	5.09
0.520 0	0.802 1	0.207 2	0.665 6	6.33
0.530 0	0.791 6	0.154 7	0.656 3	7.79
0.540 0	0.781 7	0.105 0	0.648 3	9.56
0.550 0	0.772 3	0.057 7	0.641 6	11.80
0.560 0	0.763 5	0.012 8	0.635 9	14.70

表 2.7 Q_L=3，SC_4及C_4

Q_{ts}	H	a	f_3/f_s	纹波（dB）
0.250 0	1.009 3	3.408 0	2.608 3	0
0.260 0	1.032 2	3.230 1	2.439 1	0
0.270 0	1.052 9	3.051 6	2.286 0	0
0.280 0	1.070 3	2.873 1	2.147 3	0
0.290 0	1.087 1	2.695 2	2.021 7	0
0.300 0	1.100 4	2.518 8	1.907 8	0
0.310 0	1.110 9	2.344 7	1.804 2	0
0.320 0	1.118 7	2.173 8	1.709 7	0
0.330 0	1.123 6	2.006 9	1.623 2	0
0.340 0	1.125 5	1.844 8	1.543 7	0
0.350 0	1.124 4	1.688 5	1.470 2	0
0.360 0	1.120 3	1.538 7	1.402 3	0
0.370 0	1.113 3	1.396 1	1.339 0	0
0.380 0	1.103 4	1.261 6	1.279 8	0
0.390 0	1.090 9	1.135 6	1.224 4	0
0.400 0	1.075 8	1.018 7	1.172 3	0
0.410 0	1.058 6	0.911 0	1.123 6	0
0.420 0	1.039 4	0.812 8	1.077 8	0
0.430 0	1.018 8	0.723 8	1.034 8	0
0.440 0	0.977 0	0.643 9	0.994 7	0
0.450 0	0.974 4	0.572 6	0.957 2	0
0.460 0	0.951 5	0.509 3	0.922 2	0
0.470 0	0.928 6	0.453 3	0.889 8	0
0.480 0	0.905 9	0.404 0	0.859 7	0
0.490 0	0.883 7	0.360 5	0.831 8	0

续表

Q_{ts}	H	a	f_3/f_s	纹波（dB）
0.500 0	0.862 1	0.322 3	0.806 0	0.01
0.510 0	0.841 2	0.288 5	0.782 2	0.02
0.520 0	0.821 2	0.258 6	0.760 1	0.02
0.530 0	0.802 1	0.232 1	0.739 7	0.03
0.540 0	0.783 8	0.208 4	0.720 8	0.05
0.550 0	0.766 4	0.187 2	0.703 3	0.06
0.560 0	0.749 9	0.168 1	0.687 1	0.08
0.570 0	0.734 1	0.150 8	0.672 0	0.10
0.580 0	0.719 2	0.135 0	0.657 9	0.12
0.590 0	0.704 9	0.120 5	0.644 7	0.14
0.600 0	0.691 3	0.107 2	0.632 4	0.17
0.610 0	0.678 4	0.098 4	0.620 9	0.20
0.620 0	0.666 1	0.083 2	0.610 1	0.23
0.630 0	0.654 3	0.072 3	0.599 9	0.26
0.640 0	0.643 0	0.063 0	0.590 6	0.29
0.650 0	0.632 2	0.052 4	0.581 2	0.32
0.660 0	0.621 8	0.043 1	0.572 6	0.35
0.670 0	0.611 8	0.034 3	0.564 4	0.39
0.680 0	0.602 2	0.025 8	0.556 7	0.42
0.690 0	0.592 9	0.017 5	0.549 3	0.46
0.700 0	0.584 0	0.009 6	0.542 3	0.50

表 2.8 $Q_L=7$，SC_4 及 C_4

Q_{ts}	H	a	f_3/f_s	纹波（dB）
0.250 0	1.033 8	3.896 1	2.394 9	0
0.260 0	1.053 4	3.675 5	2.228 2	0
0.270 0	1.070 3	3.455 1	2.078 4	0
0.280 0	1.084 2	3.236 0	1.943 9	0
0.290 0	1.095 1	3.019 3	1.822 9	0
0.300 0	1.102 8	2.806 2	1.713 7	0
0.310 0	1.107 3	2.597 7	1.614 9	0
0.320 0	1.108 6	2.395 2	1.525 1	0
0.330 0	1.106 5	2.199 7	1.443 1	0
0.340 0	1.101 2	2.012 5	1.367 9	0

续表

Q_{ts}	*H*	*α*	f_3/f_s	纹波（dB）
0.350 0	1.092 6	1.834 7	1.296 8	0
0.360 0	1.081 0	1.667 2	1.234 5	0
0.370 0	1.066 7	1.510 9	1.175 1	0
0.380 0	1.049 8	1.366 5	1.120 0	0
0.390 0	1.030 9	1.234 3	1.068 9	0
0.400 0	1.010 3	1.114 6	1.021 5	0
0.410 0	0.988 6	1.007 0	0.977 7	0
0.420 0	0.966 2	0.911 3	0.937 3	0
0.430 0	0.943 6	0.826 6	0.900 1	0
0.440 0	0.921 2	0.752 1	0.866 0	0
0.450 0	0.899 2	0.686 8	0.834 8	0.01
0.460 0	0.878 0	0.629 7	0.806 4	0.01
0.470 0	0.857 8	0.579 8	0.780 4	0.02
0.480 0	0.838 5	0.536 1	0.756 7	0.03
0.490 0	0.820 3	0.497 8	0.735 1	0.05
0.500 0	0.803 1	0.464 2	0.715 5	0.07
0.510 0	0.787 0	0.434 5	0.697 5	0.09
0.520 0	0.771 9	0.408 3	0.681 0	0.12
0.530 0	0.757 8	0.384 9	0.665 9	0.15
0.540 0	0.744 5	0.364 0	0.652 0	0.19
0.550 0	0.732 1	0.345 3	0.639 3	0.23
0.560 0	0.720 5	0.328 4	0.627 5	0.27
0.570 0	0.709 6	0.313 1	0.616 6	0.31
0.580 0	0.699 3	0.299 2	0.606 5	0.36
0.590 0	0.689 6	0.286 5	0.597 1	0.41
0.600 0	0.680 5	0.274 9	0.588 3	0.46
0.610 0	0.671 9	0.264 1	0.580 2	0.51
0.620 0	0.663 8	0.254 2	0.572 6	0.57
0.630 0	0.656 1	0.244 9	0.565 4	0.63
0.640 0	0.648 8	0.236 3	0.558 7	0.68
0.650 0	0.641 8	0.228 3	0.552 4	0.74
0.660 0	0.635 3	0.220 8	0.546 5	0.80
0.670 0	0.628 9	0.213 6	0.540 9	0.89
0.680 0	0.622 9	0.206 9	0.535 5	0.92
0.690 0	0.617 1	0.200 6	0.530 5	0.98
0.700 0	0.611 6	0.194 6	0.525 8	1.05

表 2.9　　Q_L=15，SC_4 及 C_4

Q_{ts}	H	a	f_3/f_s	纹波（dB）
0.250 0	1.042 0	4.089 0	2.309 7	0
0.260 0	1.060 1	3.850 0	2.147 7	0
0.270 0	1.075 1	3.611 9	1.997 0	0
0.280 0	1.087 1	3.375 7	1.864 7	0
0.290 0	1.095 8	3.142 9	1.746 0	0
0.300 0	1.101 1	2.914 7	1.639 1	0
0.310 0	1.103 1	2.692 4	1.542 6	0
0.320 0	1.101 6	2.477 4	1.451 9	0
0.330 0	1.096 6	2.271 1	1.374 9	0
0.340 0	1.088 4	2.074 8	1.301 6	0
0.350 0	1.076 9	1.889 6	1.234 2	0
0.360 0	1.062 6	1.716 6	1.172 0	0
0.370 0	1.045 6	1.556 7	1.114 6	0
0.380 0	1.026 5	1.410 1	1.061 5	0
0.390 0	1.005 8	1.277 9	1.012 5	0
0.400 0	0.984 0	1.159 1	0.967 5	0
0.410 0	0.961 5	1.053 5	0.926 2	0
0.420 0	0.939 0	0.960 4	0.888 4	0
0.430 0	0.916 7	0.878 7	0.853 9	0
0.440 0	0.895 1	0.807 4	0.822 6	0.01
0.450 0	0.874 4	0.745 3	0.794 2	0.02
0.460 0	0.854 7	0.691 1	0.768 4	0.03
0.470 0	0.836 1	0.643 9	0.745 1	0.05
0.480 0	0.818 7	0.602 7	0.723 9	0.07
0.490 0	0.802 5	0.566 6	0.704 9	0.09
0.500 0	0.787 3	0.534 8	0.687 3	0.12
0.510 0	0.773 2	0.506 8	0.671 4	0.16
0.520 0	0.760 1	0.482 0	0.656 9	0.20
0.530 0	0.747 9	0.459 9	0.643 7	0.24
0.540 0	0.736 6	0.440 2	0.631 5	0.29
0.550 0	0.726 0	0.422 5	0.620 4	0.34
0.560 0	0.716 2	0.406 5	0.610 1	0.39
0.570 0	0.707 0	0.392 1	0.600 6	0.45
0.580 0	0.698 4	0.378 9	0.591 9	0.51
0.590 0	0.690 3	0.367 0	0.583 8	0.57
0.600 0	0.682 8	0.356 0	0.576 2	0.63
0.610 0	0.675 7	0.345 9	0.569 2	0.70
0.620 0	0.669 0	0.336 6	0.562 6	0.77

续表

Q_{ts}	H	α	f_3/f_s	纹波（dB）
0.630 0	0.662 7	0.328 1	0.556 5	0.83
0.640 0	0.656 7	0.320 1	0.550 8	0.90
0.650 0	0.651 1	0.312 7	0.545 4	0.97
0.660 0	0.645 8	0.305 8	0.540 3	1.00
0.670 0	0.640 8	0.299 4	0.535 5	1.12
0.680 0	0.636 0	0.293 3	0.531 1	1.19
0.690 0	0.631 4	0.287 6	0.526 8	1.26
0.700 0	0.627 1	0.282 3	0.522 8	1.33

表 2.10　　个别调整，巴特沃斯

Q_L	Q_{ts}	H	α	f_3/f_s
3	0.438 6	1.000 0	0.654 3	1.000 0
7	0.404 8	1.000 0	1.061 3	1.000 0
15	0.393 7	1.000 0	1.244 4	1.000 0
		贝塞尔		
3	0.353 5	0.969 6	1.403 6	1.491 1
7	0.331 2	0.973 5	1.907 6	1.494 1
15	0.323 0	0.974 9	2.129 6	1.495 1
		巴特沃斯阶内		
3	0.383 5	1.139 7	1.172 2	1.243 2
7	0.357 2	1.118 4	1.680 2	1.231 5
15	0.347 7	1.111 7	1.903 0	1.227 8

2.6.1　箱体损耗

3 种类型的损耗会影响最终的箱体容积以及调谐特性：泄漏（Q_L）、吸收（被阻尼材料吸收）（Q_A）和导声管损耗（Q_P）。对于任何一种开口箱来说，总调损耗（Q_B）是这 3 种独立损耗之和，并且可以从以下等式得到：

$$\frac{1}{Q_B}=\frac{1}{Q_L}+\frac{1}{Q_A}+\frac{1}{Q_P}$$

实际上，Q_A 和 Q_P 一般很低，所以不是很重要。这是基于导声管未受阻塞，而且箱体内壁仅衬有极少量阻尼材料（1 英寸厚）的假设。由于泄漏损耗是主要的，它是各个设计表格考虑的唯一的损耗类型。这些不同损耗水平对于特定扬声器单元和调整类型频率响应的影响如图 2.11 所示。不幸的是，这些损耗都是无法预测的，必须通过一个实验箱体来测量。

为了对损耗的影响进行修正，首先假设一个“典形”的损耗值 Q_L=7，制造一个适当大小的箱体，调谐到表格所指定的调谐频率，然后测量这个新箱体的准确损耗。如果测量损耗接近于目标值 Q_L=7，就不必再做任何附加的变动。但是，如果测量得到的损耗值比 Q_L=7 更大或更小，就必须重新计算并改变箱体的大小和调谐频率。

图 2.12 给出了箱体大小与可能的 Q_L 范围的关系。Q_L 测量值小于 7 的情况并不少见。因此，需要增大箱体的容积。如果你熟悉木工工艺，叩击刨花板箱体可以帮助你快速地判断损耗情况。如果这个看起来很难做到，你可以先把箱体做得偏大一些，约 25%，然后用可以去掉的固体填充物来调节容积。

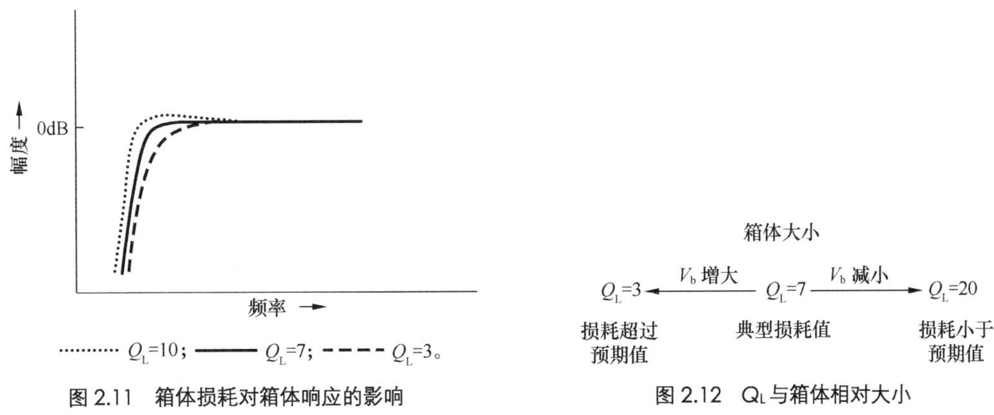

图 2.11 箱体损耗对箱体响应的影响

图 2.12 Q_L 与箱体相对大小

如果 Q_L 值的结果太低了，可以移掉一定数量的填充物。如果 Q_L 值太高，再加入更多的固体填充物。对于任何会占用箱体容积的物体，也都要相应地扣除它们的体积（第 1.7 节）。Q_L 值的实测步骤将在第 2.10 节中给出。

2.6.2 设计表 2.1～表 2.10 的用法

一旦你确定了使用某一个调整类型，就可以用 H 值（调谐比率），α（系统顺性或箱体体积比率），和 f_3/f_s（f_3 比率）来找出箱体调谐频率 f_B，箱体容积（V_B）和（f_3）分别为

$$V_B = \frac{V_{as}}{\alpha} \quad f_B = Hf_s$$

$$f_3 = (f_3/f_s)\,f_s$$

2.7 计算导声管尺寸

家庭供水用的 PVC 管事实上是最好用和最容易制作的，而且也是制作导声管最容易找到的材料。有一系列实用的直径（1/2、3/4、1、1.5、2、3 和 4 英寸）可供选择，也容易在调整时切割。同时你还可以用木料制作矩形的导声管，但是在调谐时改变导声管的长度很费功夫。因此，我们将只讨论管状导声管。

对于平齐地装于音箱面板上的管状导声管，长度可以按下式计算

$$L_v = \frac{1.463 \times 10^7 R^2}{f_B{}^2 V_B} - 1.463R$$

式中，L_v = 长度，单位为英寸；f_B = 调谐频率，单位为 Hz；V_B = 箱容积，以立方英寸为单位。

由于事实上 f_B 处所有的声功率都是由导声管发出，为了防止功率压缩，要有最小体积排量的要求。你可以用下式计算最小体积的大致数值[9]

$$d_v \geqslant 39.37\left(\frac{411.25V_d}{\sqrt{f_B}}\right)^{1/2} \quad (1)$$

此处，d_v≥导声管最小直径，以英寸为单位；f_B = 调谐频率，以 Hz 为单位；V_d = 锥形振膜位移体积，以 m^3 为单位。

作为一般性指导原则，Small 提供了一个更保守一些的方程（单位同上）

$$d_v \geqslant 39.37\left(f_B V_d\right)^{1/2} \quad (2)$$

对于一个调谐到 33.5Hz，装有一个 10 英寸低频扬声器单元的音箱来说，按式（1）得到的导声管最小直径将是 3.57 英寸，而式（2）计算结果为 2.45 英寸。由于这些数字是估算值，建议的 3～4 英寸直径将是足够的。然而，计算机模拟以及依照经验的测试都显示几乎各种大小的导声管直径，都会导致非线性。

图 2.13 所示的阻抗曲线显示 4 个不同直径管状导声管的计算机模拟在 1W 水平的比较，用的是同样的箱体、扬声器单元和调谐频率（使用和第 2.5 节相同的 12 英寸扬声器单元和 QB_3 箱体）。直径和导声管长度为

直径（英寸）	长度（英寸）
6	30.0
4	12.3

3　　　　6.2

2　　　　2.3

显然，直径 6 英寸的导声管具有一个无法实现的导声管长度，但可以作为一个参照，帮助理解导声管非线性。从图 2.13 所示的不同阻抗曲线很明显地可以看出，即使在 1W 水平，4 英寸、3 英寸和 2 英寸直径的导声管就都工作于非线性的状态，可以认为它们无法以要求的速度推动足够多的空气。为了得到更准确的关于导声管功能非线性意义的观点，对 6 英寸、4 英寸和 2 英寸直径的导声管进行了一系列不同功率的模拟。这一系列模拟在 5 个功率水平上进行：1W、5W、10W、20W 和 40W，音圈的温度也随之递增。图 2.14～图 2.16 是直径 6 英寸的管状导声管的，图 2.17～图 2.19 是 4 英寸导声管的，图 2.20～图 2.22 是 2 英寸导声管的。图 2.14 所示 6 英寸导声管不仅显示了在输入功率增大时声压的提高，还显示导声管非线性的迹象。不出所料，f_3 随着功率的增大而升高，从 1W 时的 46Hz 升高到 40W 时的 42.3Hz。斜率温和地从 1W 时的 18.4dB/oct 变为 40W 时的 17.4dB/oct。然而，在较高功率水平下，大约在 20Hz 处发生了一种不连续现象（译注：指原先降低的斜率在 20Hz 附近及以下频率又升高）。这种变化是由于在较高功率下导声管的非线性提高了导声管谐振频率，并引起 20Hz 处的响应改变为更高的衰减斜率。图 2.15 所示的群迟延曲线随着功率的增加，逐渐变得更差，40W 的群迟延是最差的一种情况。在最高功率水平，冲程小于 5mm，仍然比这个 12 英寸扬声器单元的 6mm 的 X_{max} 小 0.5mm（如前面提到的，开口箱的冲程在 f_b 以上是相当好的）。图 2.16 所示阻抗曲线表现出的非线性模式，和图 2.13 所示可以看到的不同直径导声管 1W 阻抗曲线相同。低频峰 f_L 的高度，在幅度方面降低了 24Ω（1W 时为 69Ω，而 40W 时为 45Ω），而在频率方面，40W 水平的比 1W 时高了 4Hz。

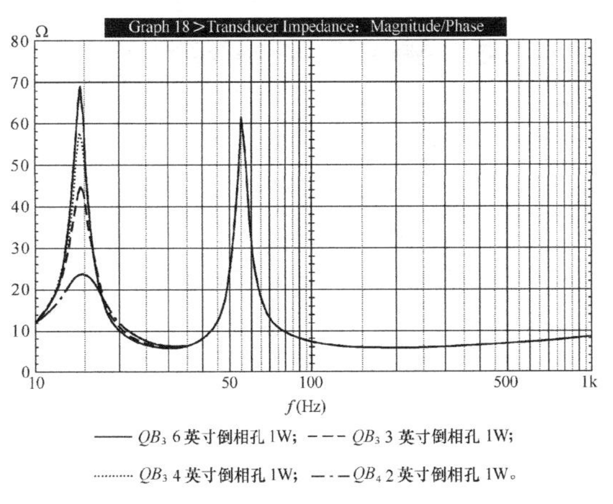

图 2.13　不同阻抗曲线

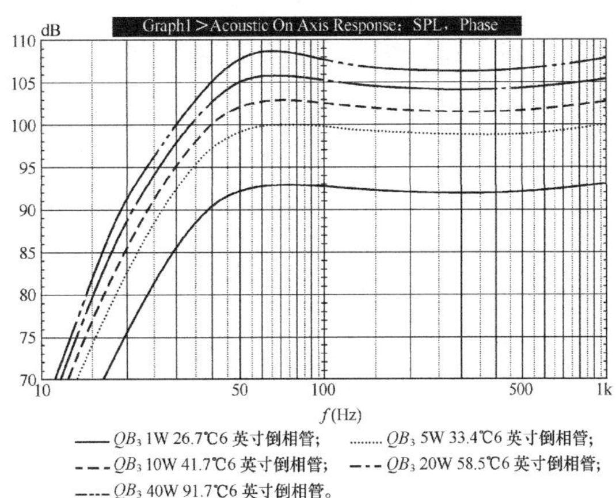

图 2.14　功率模拟

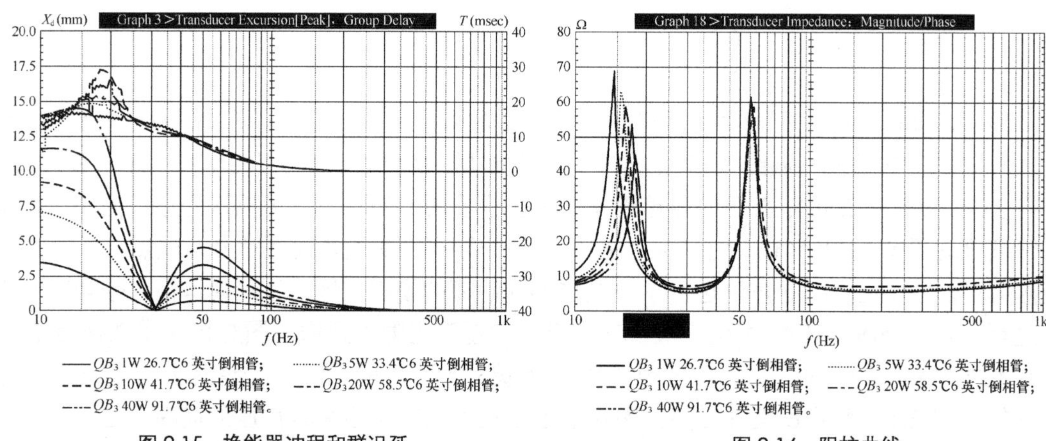

图 2.15 换能器冲程和群迟延

图 2.16 阻抗曲线

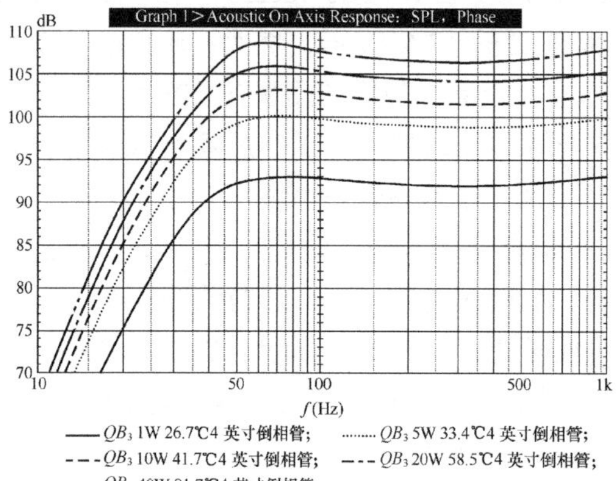

图 2.17 频率响应

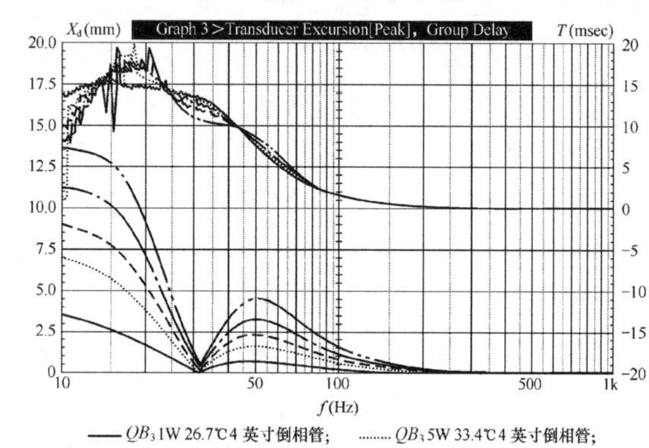

图 2.18 换能器冲程和群迟延

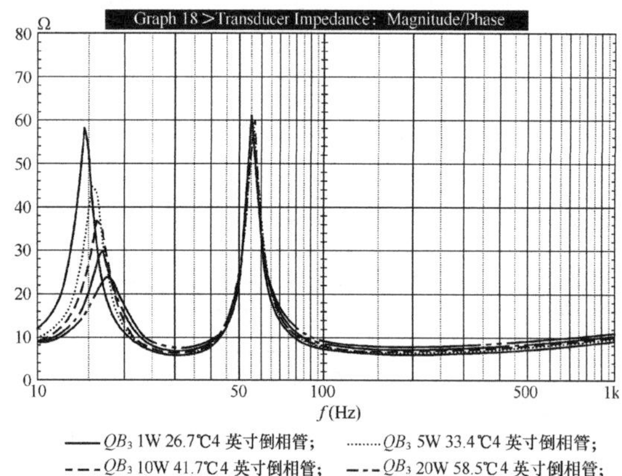

图 2.19 阻抗曲线

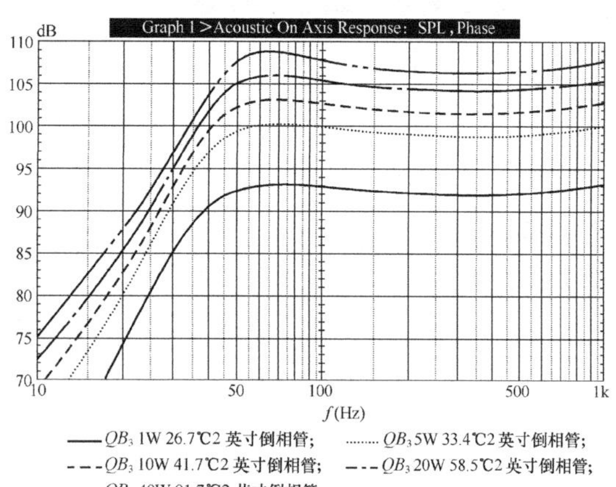

图 2.20 频率响应

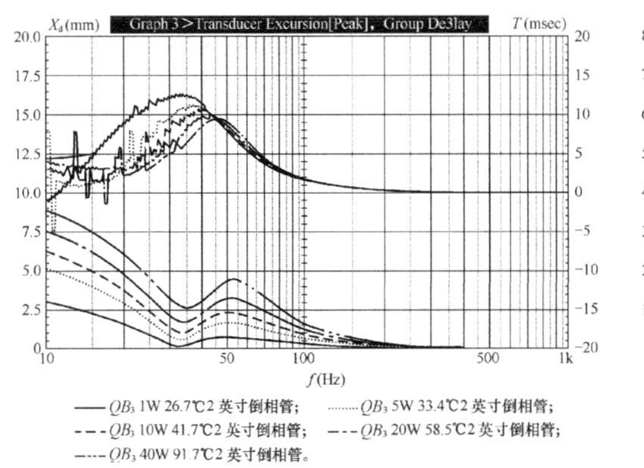

图 2.21 换能器冲程和群迟延

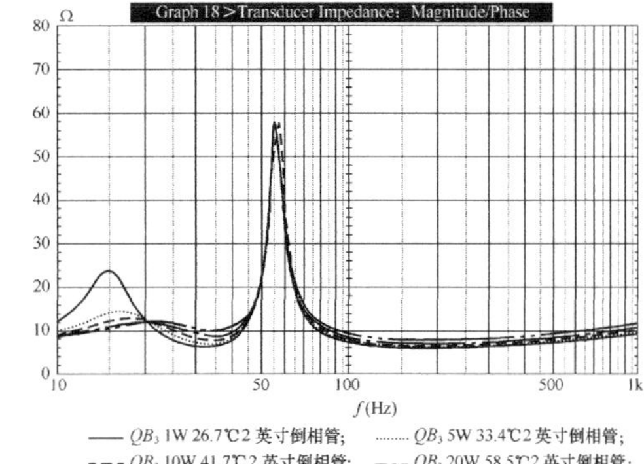

图 2.22 阻抗曲线

如图 2.17 所示，4 英寸直径导声管的 SPL 曲线显示出与 6 英寸导声管几乎相同的 SPL 响应变化。f_3 从 1W 的 38Hz 到 40W 的 42Hz，原因是动态的变化。斜率发生了轻微的变化，从 17.7dB/oct 改变为 17.4dB/oct，由于导声管的非线性，再次少于预期值。在较高功率水平下的斜率与 6 英寸导声管相似，表现出一个在 20Hz 处的不连续现象。图 2.18 所示的群迟延曲线在 40W 水平形成一个更尖锐的膝状曲线，因动态变化而使瞬态表现变差。图 2.19 所示的阻抗曲线显示 f_L 的峰逐渐消失，1～40W 下降了 33Ω（58～25Ω），在频率方面上移了 3Hz，并在整体上表现出比 6 英寸导声管更多的压缩。

直径 2 英寸导声管的 SPL 曲线如图 2.20 所示，说明了这种尺寸导声管的严重非线性。从曲线末端一直到低于 20Hz，开始转变成 2 阶响应。f_3 从 1W 的 40Hz 升高到 40W 的 45Hz。斜率从 1W 的 19dB/oct 变成 40W 的 14.4dB/oct，反映了 20Hz 处响应的改变。图 2.21 所示群迟延图像显示在功率增加时，瞬态性能更剧烈的变化，显然这主要是导声管非线性引起的。注意最小冲程幅度在所有功率水平下都不再是零，而且随着功率的增加，最低水平也随之增大。图 2.22 所示的阻抗曲线显示，在功率大于 5W 时，导声管开口实际上不存在了。一个线性良好的开口，如直径 6 英寸的例子，与一个极不线性的开口，如 2 英寸的例子，二者在 5W 输入水平（100dB）的比较结果如图 2.23～图 2.25 所示，无需再作解释。

从得到的数据来看，结论非常清楚：虽然未被大多数人所理解，几乎没有任何一个实际存在的管状导声管能以完全线性的方式工作，而且实际上所有现实的导声管在较高功率水平的性能都会有所妥协。导声管的最小尺寸要比两种公式给出的都大得多。虽然这些计算可以给出最小导声管直径的绝对值，但建议的导声管尺寸仍然会产生显著的非线性表现。在任何给定条件下，较大的截面积总是可以得到更好的线性。对于大功率应用，例如为舞台演出设计的扬声器，将导声管截面积尽可能接近等同于单元面积是合理的。使用更大导声管直径的不足之处是加长导声管长度可能产生的“管风琴”谐振。加长导声管产生的管道谐振会引起轻微的响应异常，约 1～2dB，但这种响应异常应该不会比开口尺寸不足所产生的严重非线性更令人烦恼。

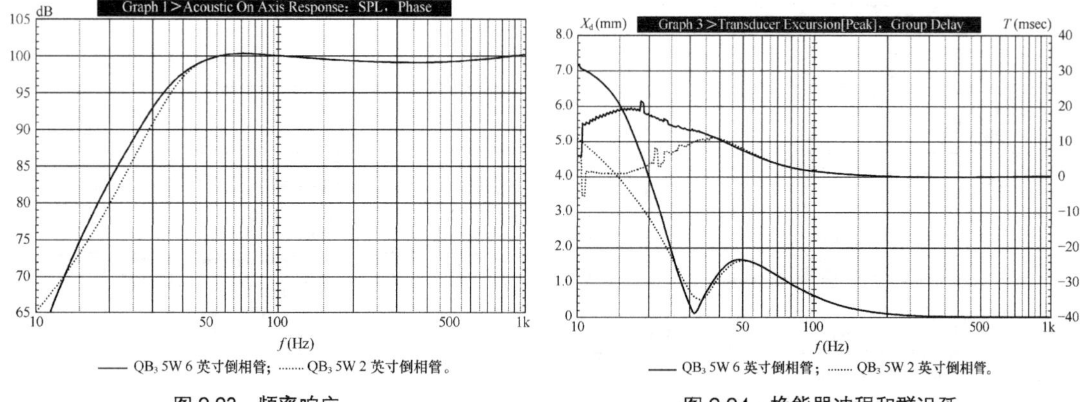

图 2.23　频率响应

图 2.24　换能器冲程和群迟延

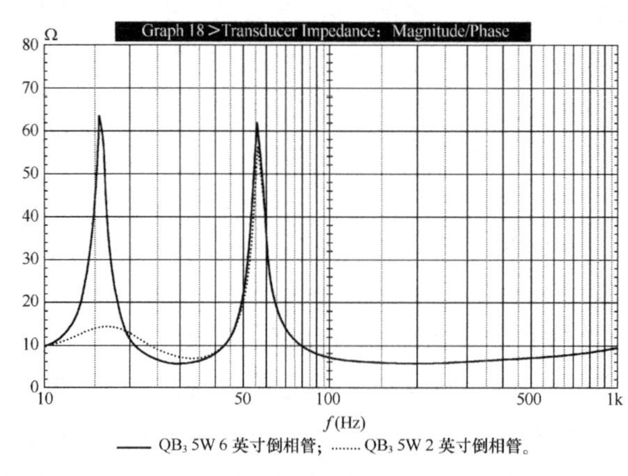

图 2.25　阻抗曲线

导声管非线性通常是个问题，但对于这个问题大多数设计者或是盲目乐观，或不怎么关心。对于中等体积的家用系统来说，特别是在你采用的导声管直径大于建议的最小直径时，这个影响倒不是特别突出。当导声管面积与扬声器单元面积的比例最少是 1/9 时，非线性的影响不是非常严重的。1/4 或更大的比例通常可以获得较好的开口线性。按标准的塑料管直径来说，直径 1 英寸的开口对于直径只有 4 英寸的单元来说表现良好；2 英寸直径的开口用于 4 英寸和 5 英寸的扬声器单元是很好的，对于 6 英寸扬声器单元也是可用的；开口直径 3 英寸对于 6 英寸扬声器单元是很好的，也刚好达到 8 英寸扬声器单元的最小可用标准；4 英寸直径的开口可以很好地用于 8 英寸和 10 英寸扬声器单元，刚好达到 12 英寸和 15 英寸扬声器单元的最小可用直径；6 英寸的开口可以很好地用于 12 英寸和 15 英寸的型号（也可用于任何口径更小的扬声器单元，只要箱体足够大，能容得下它的长度）。

虽然管状导声管有很多便利，但对于一个给定的箱体深度，正如 Thiele 在他的第一篇论文（重印于《AES Loudspeaker Anthology》，第一卷）中描述的那样，使用框架式导声管可以得到最大的截面积。框架式开口不是很容易调谐，可能需要成功的样箱，因而不在此处讨论。

对于大口径的低频扬声器单元，当 $R \geqslant 2$ 英寸，可以使用多个导声管。2 个导声管，d_1 和 d_2 的复合体等效直径 d_t 按下式计算

$$d_t = (d_1^2 + d_2^2)^{1/2}$$

同时使用 2 个 4 英寸直径的导声管将导效得到一个 5.7 英寸直径的导声管。

如果导声管较长，箱体后壁（假设导声管安装于面板上）到导声管末端的距离小于 3 英寸，可以使用一个 90° 的 PVC 肘状接头（如图 2.26 所示）。Small 提醒不要使用这么长的导声管，认为它们会产生额外的噪声。而其他人，包括 Weems 和 Bullock，则表示不必考虑这个问题。

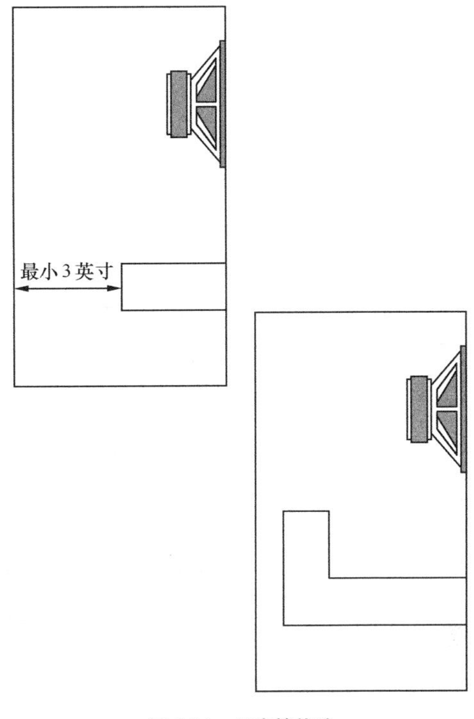

图 2.26 导声管构造

为了增加线性，除了将开口直径做得尽可能大之外（包括使用多个导声管或使用肘状接头使长长的大口径导声管可以装于箱体内等技术），最近 5 年出现的另一个方法现在非常常用——喇叭状开口导声管。不幸的是，如果不用注模塑料来制作导声管的话，这个技术应用起来有点困难。但毫无疑问这种导声管确实可以增加线性。

喇叭状开口导声管并不是个全新的概念。相关专利最早出现于 1980 年[10]，指明把导声管的两端加工成圆形，作为减少导声管噪声并提升性能的一项技术。从那时起，诸如 Bose[11]，Polk Audio[12] 和 Philips[13]等公司提出了大量的专利，描述各种喇叭状导声管结构，因而现在主流的商品开口式音箱都装上了各种各样的喇叭形开口。喇叭形开口不仅仅可以提高导声管的表现，同时它还可以赋予音箱一个更有吸引力的外观表现。

针对涡流引起的导声管非线性以及导声管噪声的研究很好地证实了这一章节前面部分所给出的信息，即所有的导声管在足够高的 SPL 时都是非线性的[14, 15, 16, 17]，并进一步得出这样的结论：给导声管的两端加上几乎是各种形式的圆边都有助于改善这个状况[14]。

我曾在 1996 年发表过一个关于喇叭形导声管的简短研究[18]，描述喇叭形导声管对线性的增加。在此文中，导声管是由于 Lightning Audio 公司提供，这家公司销售一种模块化的喇叭形导声管系统。他们提供的是喇叭形的内开口端（在箱体内）和外开口端，内外开口端上带有可以与直管相连的安装法兰。当你把这两个喇叭形开口端安装到直管（可以截到合适的长

度）上，就形成如图 2.27 所示的那种导声管。

测量程序包括对 3 种不同形状的导声管在不同电压水平下阻抗和 SPL 的测量，3 种导声管分别是直管形导声管、带有一个喇叭形外开口端（无内开口端）的直管，以及带喇叭形内开口端和外开口端的直管。使用 LinearX VIBox（参见第 8 章 8.3.1 节），我分别测量了每种导声管类型（直管，单喇叭形开口和双喇叭形开口）在 1V、2.83V 及 10V 时的阻抗，并对每种导声管类型在 2.83V 和 10V 时进行地平面 SPL 测量（译注：参见第 8 章 8.8.1 节）。结果明确地肯定了其他的研究结果，即喇叭形导声管可以减少导声管末端发生的涡流，而在较高电压水平明显具有更高的线性。图 2.28 所示为所有 3 种导声管类型在 10V 电平的阻抗比较。在这些图中，曾在本节前面模拟过的非线性阻抗表现的导声管类型，和压缩类型的导声管的状态相似。可以注意到，与 1V 电平的测量结果（如图 2.29 所示）相比，低频端阻抗峰的高度下降，而 2 个峰之间的谷的幅度增加了。然后，虽然测量的所有 3 种导声管类型均表示出这种状态，双喇叭形开口是这 3 个中最好的，表现出较小的系统干扰。这在图 2.30～图 2.32 所示的每种导声管类型在 1V，2.83V 和 10V 测量的阻抗得到进一步的阐明。可以注意到，导声管调谐频率随电压升高而升高。这可能是由于开口端涡流增加时，导声管有效长度缩短的缘故。

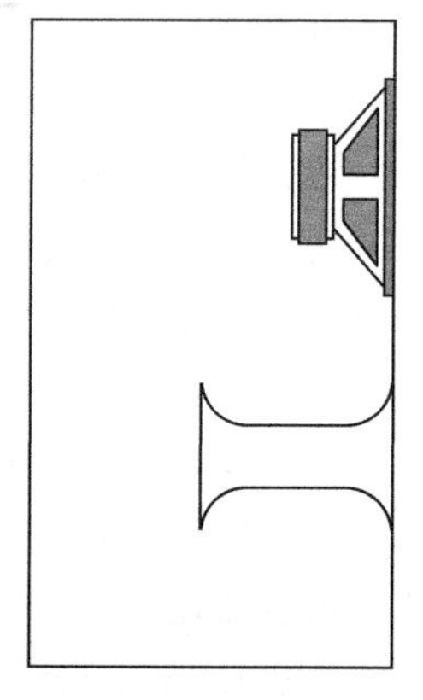

图 2.27　双喇叭口导声管示例

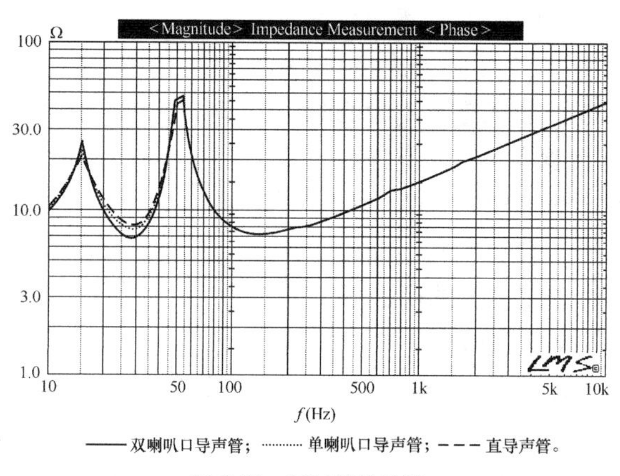

图 2.28　10V 阻抗比较

在 1V（如图 2.33 所示）和 10V（如图 2.34 所示）电平进行的地平面法 SPL 测量也检测到这种非线性变化。在低于所用低频扬声器单元（Vifa M26WR 10 英寸低频扬声器单元）衰减频率的位置，由于双喇叭形导声管更好的线性，双喇叭形开口的输出增加了 1.5～2dB。这也是末端涡流减少的结果。

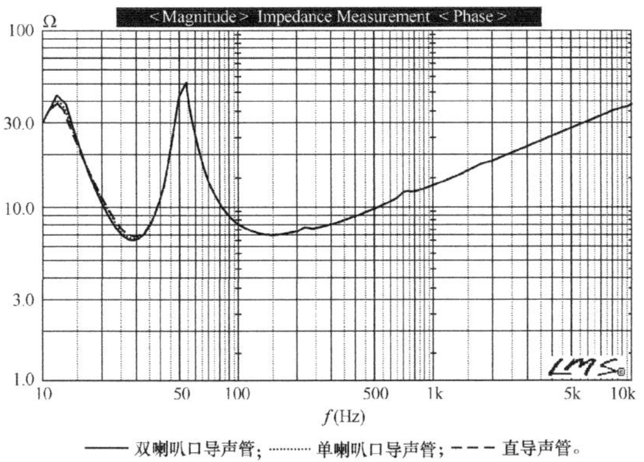

图 2.29 1V 阻抗比较

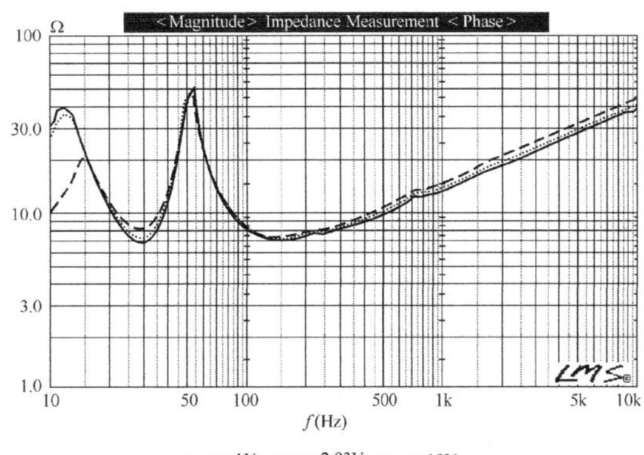

图 2.30 不同输入电平导声管阻抗

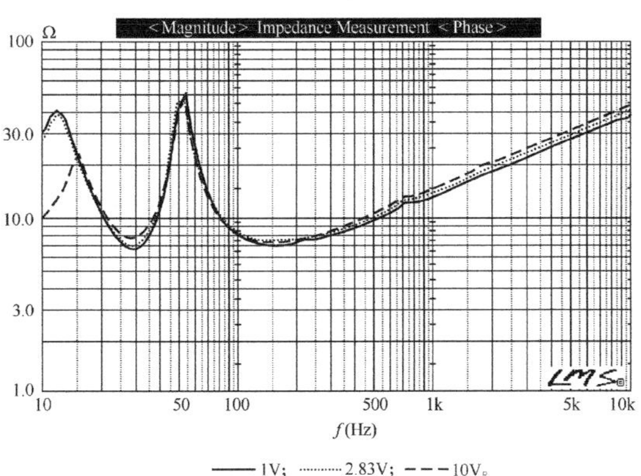

图 2.31 不同输入电平单喇叭口导声管阻抗

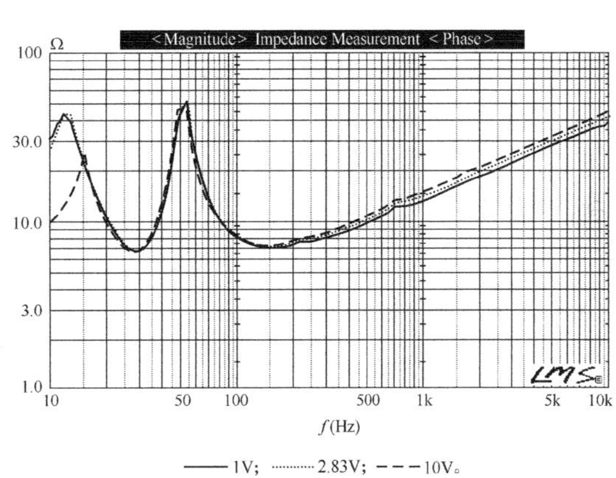

图 2.32 不同输入电平双喇叭口导声管阻抗

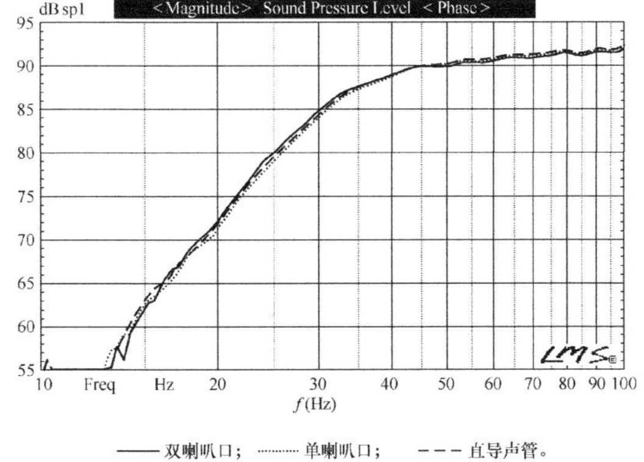

图 2.33 3 种导声管在 1V 电平的 SPL 比较

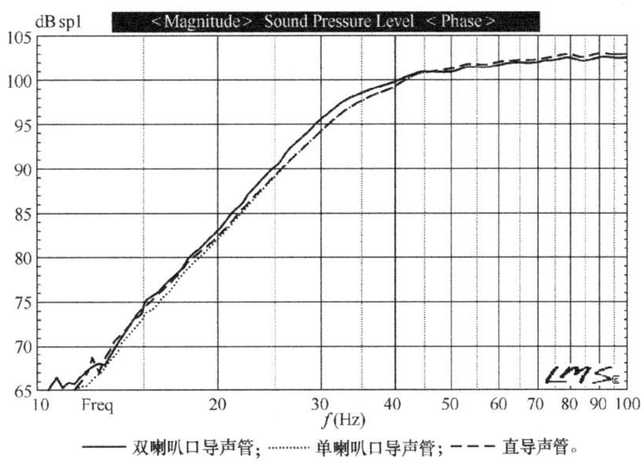

图 2.34 3 种异声管在 10V 电平的 SPL 比较

迄今为止，最详尽的研究是来自 JBL Professional 和 Infinity 的 3 个 Harman International 工程师所做的[19]，得出下列这些关于喇叭形开口的有意思的结果。

（1）喇叭形开口导声管表现出低于直管形导声管的功率压缩。

（2）喇叭形开口导声管的调谐频率仅轻微地由喇叭形部分决定，而主要取决于导声管的最小直径和总长度。

（3）当导声管压缩时出现谐振频率增加，可能是因为在涡流增加时导声管有效长度减少了。

（4）在最大 SPL 水平下，过度弯曲的喇叭形开口表现出比中等弯曲的喇叭形开口更大的压缩和失真，提示两种形状之间的折衷更为可取。

（5）导声管内表面的粗糙程度与导声管功能不相关。

（6）没有哪一种导声管形状是最佳的，一系列近乎无穷多种的导声管喇叭开口均有效。

（7）不对称的内外开口，内开口端半径较小，外开口端的半径较大（如图 2.35 所示）可以提供降低失真和压缩的最佳平衡。

这些结果很好地肯定了荷兰 Philips Research Labs 所做的研究[17]，他们的研究认为一些弯曲半径中等的类型可以产生较好的结果。在这个研究中，导声管噪声最小（失真最低）的导声管形状是：从倒相导声管外开口中部开始有个轻微的 6° 喇叭形扩展，并且两端喇叭形扩展半径小而得当，如图 2.36 所示。据报告，在 95dB SPL 声压级这种导声管的噪声减少了 5.5dB，效果相当显著。虽然一些从业人员认为这种噪声可以有效地被节目信号掩蔽，毫无疑问，控制它们的影响并增加导声管线性是有益的。

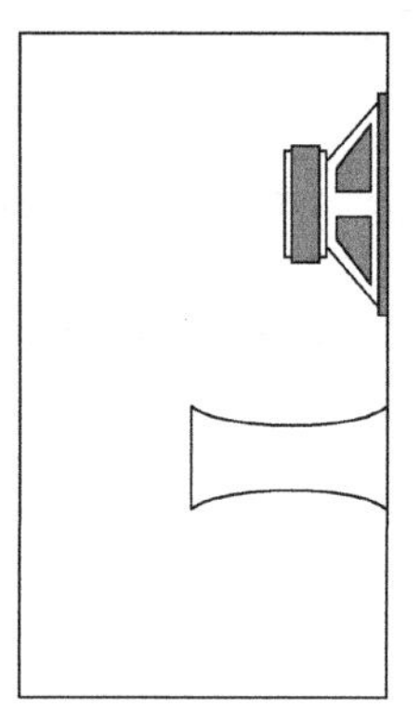

图 2.35　不对称喇叭形开口示例

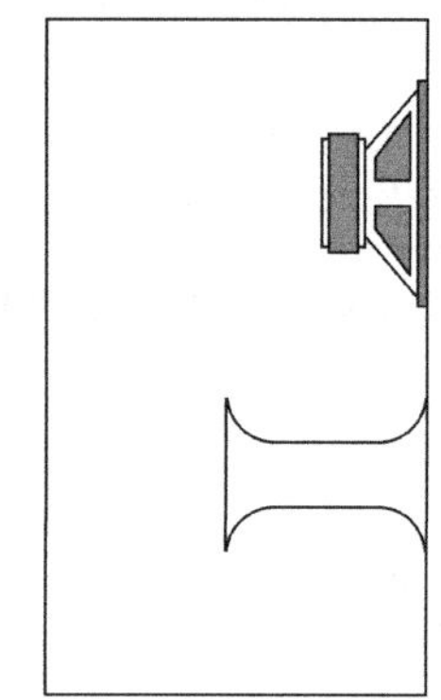

图 2.36　较低噪声和失真喇叭形开口折衷设计示例

2.7.1　开口谐振与互耦

开口会产生一系列令人讨厌的响应变化，这是开口与扬声器单元之间以及多个开口之间声耦合的结果。除了影响音箱低频端整体声输出之外，开口还会产生风噪、谐振干扰，以及因箱体内驻波模式的传播而引起的声染色。

音箱导声管的“管风琴”谐振是导声管直径和长度的函数。通常，如果管状导声管的长度不是远大于它的直径，就不会有较长导声管所具有的谐振问题。图 2.37 所示的计算机模拟阐明了第 2.7 节的模拟中所用的导声管的谐振问题，同时还添加了一个多个导声管的例子。为了便于观察，曲线特意做了均匀的分贝数间隔移动。导声管的直径、长度以及扬声器单元中心到导声管中心的距离数据如表 2.11 所示。

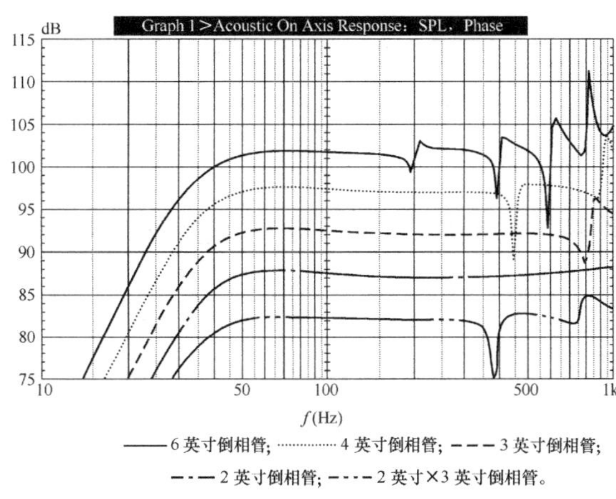

图 2.37 导声管谐振的计算机模拟

表 2.11 **导声管的参数及扬声器单元到导声管中心的距离**

直径（英寸）	长度（英寸）	扬声器-开口（英寸）	开口-开口（英寸）
6	30.25	9.75	—
4	12.3	8.5	—
3	6.25	8.0	—
2×3	15.0	9.75	6.5

在模拟中，所有开口均紧邻着扬声器单元放置，以提供初步的参考。在这些实际模拟中，幅度被放大了至少 10 倍，而且给出的方式也仅仅是为了方便理解不同尺寸倒相导声管的管道谐振发生的相对位置。如第 2.7 节中所提到的，管道谐振通常只产生较小的扬声器单元响应变化，而且常常很难和扬声器单元响应异常相区分。管道谐振非常难以预测，而且通常取决于它们在面板上的位置、导声管接近箱壁的距离，以及最靠近导声管的阻尼材料的位置。导声管也可以安装于箱体后壁。这种安装方式将引起低频端输出的一些微小变化，取决于音箱在房间内的位置，但趋于减轻导声管有关噪声问题的主观重要性。

导声管和扬声器单元之间的互耦会随着倒相导声管的位置和直径而改变。计算机模拟至少可以提供一个变化预期的线索，除此之外并不存在统一的指导规则。图 2.38（6 英寸管）、图 2.39（4 英寸导声管）、图 2.40（3 英寸导声管）和图 2.41（2 个 3 英寸导声管）所示的例子显示导声管与扬声器单元之间的距离对导声管谐振影响的变化（同样地，导声管谐振的幅度被放大了至少 10 倍）图 2.38、图 2.39 和图 2.40 的 3 条曲线代表导声管位于紧邻着扬声器单元的位置，导声管中心到 12 英寸锥形振膜的中心的距离分别是 13 英寸和 16 英寸。在 2 个 3 英寸导声管的例子中，导声管位于和扬声器单元等距的位置，但曲线 1 的两个导声管互相靠近，而在曲线 2 中则分开一定的距离。对于 6 英寸和 4 英寸直径的例子，非常紧密地靠近扬声器单元产生的干扰量似乎是最小的。3 英寸导声管在距扬声器单元有一定距离时，表现出的问题较小。双 3 英寸导声管，如图 2.41 所示，当 2 个导声管隔开一个合理的距离时，产生的问题较小。

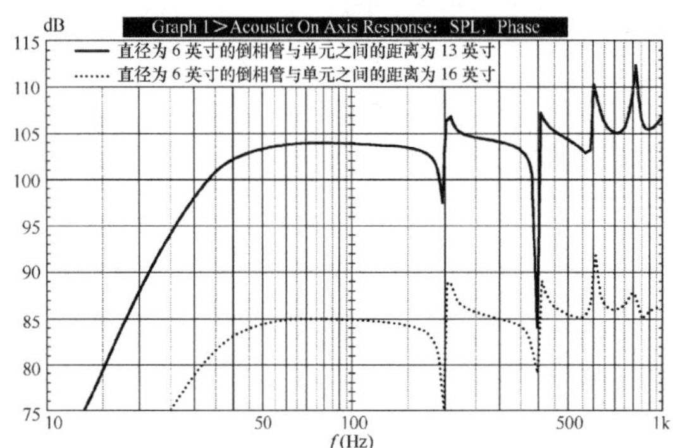

图 2.38　导声管与扬声器单元之间的距离对导声管谐振影响的变化

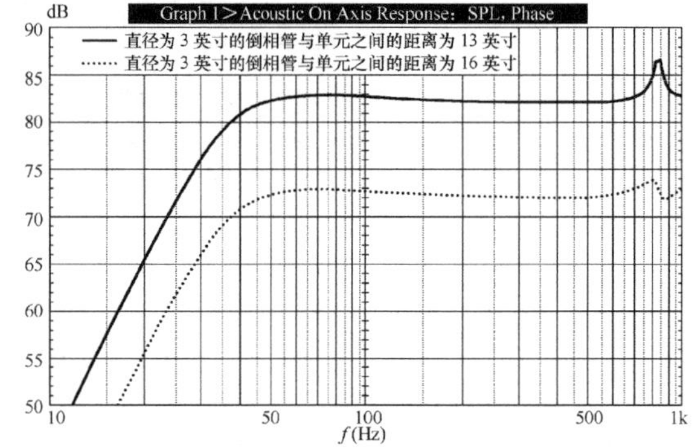

图 2.39　导声管与扬声器单元之间的距离对导声管谐振影响的变化

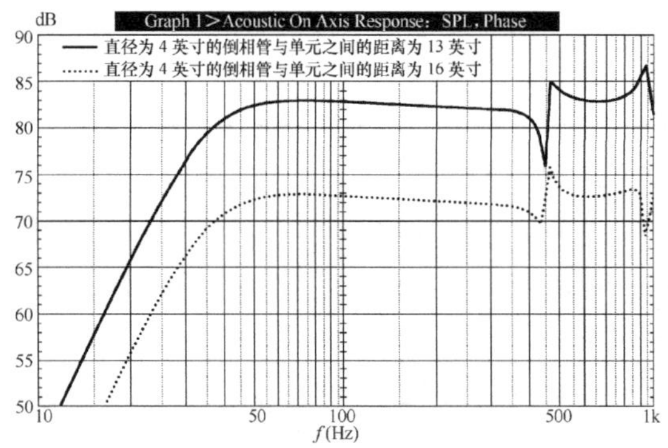

图 2.40　导声管与扬声器单元之间的距离对导声管谐振影响的变化

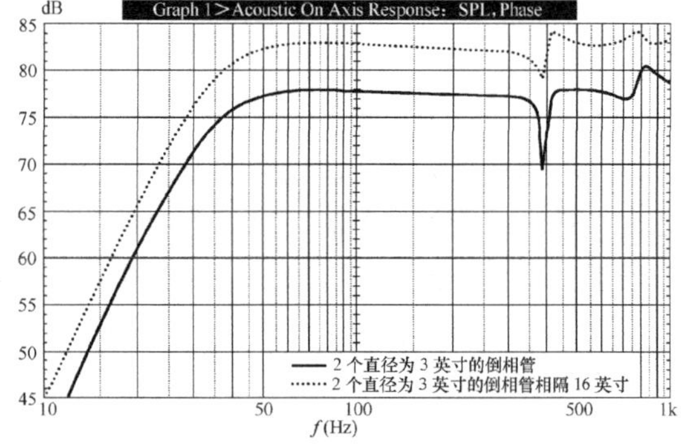

图 2.41　导声管与扬声器单元之间的距离对导声管谐振影响的变化

2.7.2 箱体调谐

一旦选择了一个导声管尺寸，你就可以完成最后的调谐工作。使用信号发生器和电压计绘出一条阻抗曲线（第 8 章），测量位于两个阻抗峰之间的谷的频率 f_B。如果测量的 f_B 值低于或高于目标值，调整导声管长度直到得到准确的数值（如图 2.42 所示）。

由于 f_B 会随箱体损耗和音圈电感量改变，你可能希望使用一个更准确的调谐技术。可以将一个声压计放在靠近低频扬声器单元振膜的位置，借助信号发生器，并调整到最小输出。这样可以得到 f_B 的真实值。使用这两种方法时，你的测量工作在必须正确地填充箱体并连接分频器之后进行。如果你不好确定谷的中间位置 f_B，可以先找出那两个表现出响应升高的位置，再将它们相加除以 2。阻尼材料可以去掉，分频器也可以断开，使这个频率容易判读，但如果填充材料的用量大，超过总体积的 30%，f_B 的位置将会受到影响，在测量中必须将阻尼材料考虑在内。

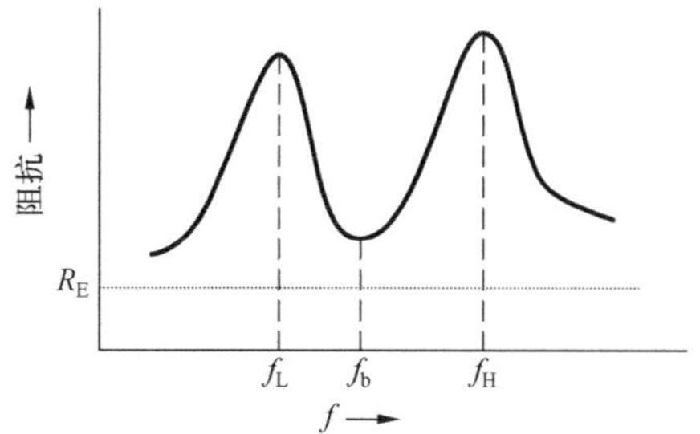

图 2.42 用于导声管调谐的阻抗图

2.8 附加参数

与闭式音箱相同，3 个附加参数有助于评价扬声器单元的表现：参考效率，位移限制下的声功率输出，以及要求的最大功率输入。

2.8.1 参考效率（η_0）

对于开口式音箱，η_0 可以看成自由场参考效率，由下式计算

$$\eta_0 = \frac{K f_s^3 V_{as}}{Q_{es}}$$

其中，K=9.64×10^{-10}，V_{as} 以 L 表示；K=9.64×10^{-7}，V_{as} 以 m^3 表示；K=2.70×10^{-8}，V_{as} 以立方英尺表示；K=1.56×10^{-11}，V_{as} 以立方英寸表示。

将 η_0 转换为

百分比　　　　　$\% = \eta_0 \times 100$

SPL，1W/1m　$\mathrm{dB} = 112+10\lg\eta_0$

2.8.2　位移限制下的声功率输出（P_{ar}）

主要落在系统频率响应范围内的节目信号的 P_{ar}，可以按下计算

$$P_{ar}=3.0f_3^4V_d^2$$

式中，P_{ar} 以 W 为单位；V_d 是锥形振膜位移体积，以 m^3 为单位。

以 SPL 表示

$$dB = 112+10\lg P_{ar}$$

2.8.3　最大电输入功率（P_{er}）

根据系统的参考效率，P_{er} 与 P_{ar} 有关，按下式给出

$$P_{er}=\frac{P_{ar}}{\eta_0}$$

此处，P_{ar} 以 W 为单位，η_0 是小数形式。然后你可以将 P_{er} 与制造商提供的热功率（以 W 为单位）相比较，看看你提出的箱体设计所要求的输出是否将超出扬声器单元的功率限制。一般来说，这些数字并不绝对决定一个校准的可接受性。同时还要考虑所用的节目的类型、可接受的失真水平，以及你的平均期望聆听声压。换言之，如果你听以 85～90dB 播放的原声爵士（Acoustic Jazz），超出热功率限制将是无关紧要的。如果你喜欢超过 115dB 的重金属摇滚乐，那么采取更为保守的态度将是明智的。

表 2.12　　8 英寸低频扬声器单元示例

Q_L=7											
Q_{ts}	Q_{es}	Q_{ms}	f_s（Hz）	X_{max}（mm）	S_d（m^2）		V_d（m^3）		V_{as}		
0.26	0.28	4.0	32	3.5	2.15×10^{-2}		7.53×10^{-5}		2.76 立方英尺		
调整	V_B（立方英尺）	f_3（Hz）	F_b（Hz）	L_v（英寸）	d_v（英寸）	$P_{ar(p)}$（W）	SPL（dB）	η_0（%）	SPL（dB）	P_{er}（W）	
QB_3	0.67	61	49	2	1.5	0.235	106	0.908	92	26	
SC_4	0.75	72	34	4	1.5	0.457	109	0.908	92	50	
SBB_4	0.81	74	32	8.7	1.2	0.509	109	0.908	92	56	

表 2.13　　　　10 英寸低频扬声器单元示例

Q_L=7										
Q_{ts}	Q_{es}	Q_{ms}	f_s（Hz）	X_{max}（mm）	S_d（m^2）		V_d（m^3）		V_{as}	
0.25	0.29	2.1	22	3.5	3.3×10^{-2}		1.16×10^{-4}		7.51 立方英尺	
调整	V_b（立方英尺）	f_3（Hz）	f_B（Hz）	L_v（英寸）	d_v（英寸）	$P_{ar(p)}$（W）	SPL（dB）	η_0（%）	SPL（dB）	P_{er}（W）
QB_3	1.7	42	34	3	2	0.126	103	0.724	91	17.4
SC_4	2.0	51	23	12	2.5	0.267	106	0.724	91	36.9
SBB_4	2.1	52	22	12	2.5	0.288	106	0.724	91	39.8

2.9　设计表格示例

表 2.12 和表 2.13 给出 2 个适合开口式音箱结构的扬声器单元例子。当计算你的箱体总体积，须先将箱体的体积设计得过大一些，以补偿任何将使最终体积减少的物品体积（第 1.7 节）。同样重要的是，在计算最终 Q_{ts} 时，你必须将所有的串联电阻计算在内（第 8 章）。

对于更多的开口式音箱计算和制作实例，以下这些来自《Speaker Builder》杂志的文章将是相当有用的。

（1）P. Stampler, “How to Improve That Small Cheap Speaker”,1/80.

（2）R. Saffran, “Build a Mini-Pipe Speaker”, 3/81.

（3）M. Lampton, “A Three-Way Corner Loudspeaker System”, 4/82.

（4）R. Parker, “A Thiele/Small Aligned Satellite/Subwoofer System”, 1/84..

（5）H. Hirshc, “Tenth Row, Center”, 2/84.

（6）D. Baldwin, “A Beginner Builds His First Speaker”, 3/84.

（7）S. Ellis, “The Curvilinear Vertical Array”, 2/85.

（8）W. Marhall Leach, Jr., “The Audio Laboratory Loudspeaker System”, 2/89.

（9）Bill Schwefel, “The Beer Budget Window Rattler”, 3/90.

（10）Thomas Nousaine, “Four Eight by Twos”, 6/90.

（11）M. Rumreich, “Box Design and Woofer Selection: A New Approach”, 1/92, P.9.

（12）G. R. Koonce and R. O. Wright,Jr., “Alignment Jamming”, 4/92,P. 14.

（13）P. E. Rahnefeld, “Non-Optimum Vented-Box Spreadsheet Documentation”, 5/92,P. 16.

（14）R. Gonzalez, “Quasi-Monotonic Vented Alignments”, 1/93, P. 24.

（15）M. Redhill, “Stalking f_3”, 2/93, P. 24.

2.10 Q_L 的测量

如前面所讨论的，一旦你决定了箱体尺寸，并以 Q_L=7 为目标损耗值制作，你必须根据实际的损耗重新检验并调整系统。从新系统的阻抗测量开始，记录 f_L、f_M、f_H 和 R_0 的数值（如图 2.43 所示）。R_0 等于 f_M 处的校正阻抗。

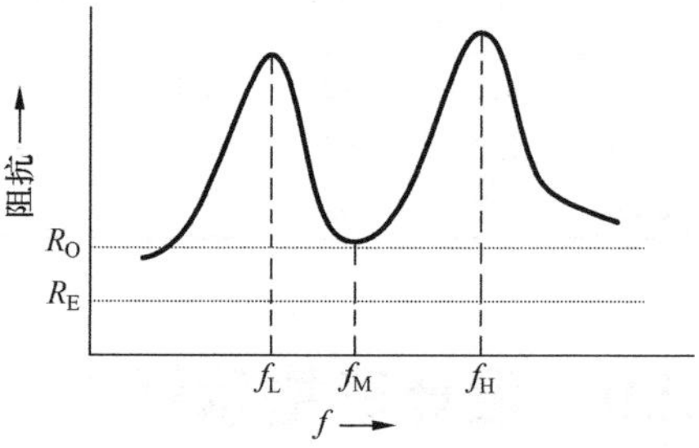

图 2.43　用于确定箱体损耗的阻抗图

如果不使用箱体填充材料，并且不接分频器，f_B 通常将等于测量到的最小阻抗的频率 f_M（$f_M=f_B$）。然而，大电感音圈所引起的相移，会导致两个频率稍微有些不同。为了找到一个更好的 f_B 近似值，可将导声管堵上并测量闭箱的谐振频率（f_C），然后有：

$$f_B=(f_L^2+f_H^2-f_C^2)^{1/2}$$

下列等式将给出测量的 Q_L 值

$$f_{sb}=\frac{f_L f_H}{f_B}$$

$$r_m=\frac{R_0}{R_E}$$

此处，R_E 为扬声器单元的直流电阻

$$Q_{msb}=\frac{f_s}{f_{sb}}Q_{ms}$$

$$Q_{esb}=\frac{f_s}{f_{sb}}Q_{es}$$

$$Q_{tsb}=\frac{f_s}{f_{sb}}Q_{ts}$$

$$h_a=\frac{f_B}{f_{sb}}$$

$$\alpha'=\frac{(f_H^2-f_B^2)(f_B^2-f_L^2)}{f_H^2 f_L^2}$$

$$Q_L=\frac{h_a}{\alpha'}(\frac{1}{Q_{esb}(r_M-1)}-\frac{1}{Q_{msb}}$$

如果装箱后测量的 Q_L 与 $Q_L = 7$ 的目标值有很大的不同，按新数值选择接近的新设计表格，并用 Q_{tsb} 重新计算所有的参数。如果是在一个尺寸与箱体前面板相近的障板上测量 Q_{ts}，它的数值将接近于 Q_{tsb}。

测量的 Q_L 的准确性可以按下式检验

$$\frac{f_B}{f_M} = 1 \approx \left(\frac{\alpha' Q_L^2 - h_a^2}{\alpha' Q_L^2 - 1} \right)^{1/2}$$

如果计算结果合理地接近于 1，可以认为 $f_B = f_M$，并且程序是准确的。

2.11 调整失当导致的频率响应变化

如前文提到的，开口式设计要求一定程度的精确度，主要是因为调整失当的参数存在中等严重程度的不良后果。表 2.14 总结了在 Q_{ts} 测量不正确，以及箱调谐不准确（如图 2.44 所示）状况下，拐角频率（稍早于衰减频率）处发生的响应变化[1, 3]。

表 2.14　调整失当的响应变化

Q_{ts}		h	
目标%	dB	目标%	dB
+100	+7	+50	+7
+20	+2	+20	+2
−20	−3	−20	−2
−20	−5	−50	−4

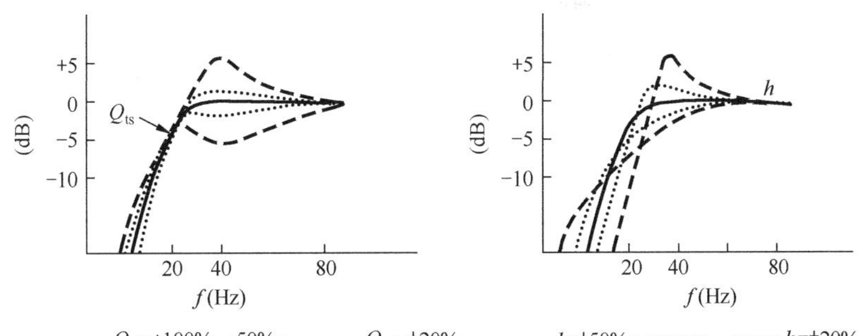

图 2.44　不同 Q_{ts} 与调谐（h）的响应变化

不同调整类型频率响应的动态变化

由于导声管的非线性，在开口式音箱中，输入功率增大和音圈温度升高导致的频率响应以及其他因素的变化，并不像闭式音箱那样容易发现。这一点在第 2.7 节的讨论中是很明显的。对 6 种平坦和非平坦调整类型的计算机模拟，也有助于明确因输入功率增大而导致的动态变化。频率响应和锥形振膜冲程/群迟延的模拟与第 2.5 节中 1W 水平显示的基本一致，另外添加了 20W 水平的模拟用于比较。不同调整类型的图解分别如表 2.15 所示。

表 2.15　　不同调整类型的图解

调整类型	图号
SBB_4	2.45～2.46
SC_4	2.47～2.48
QB_3	2.49～2.50
BB_4	2.51～2.52
SQB_4	2.53～2.54
C_4	2.55～2.56

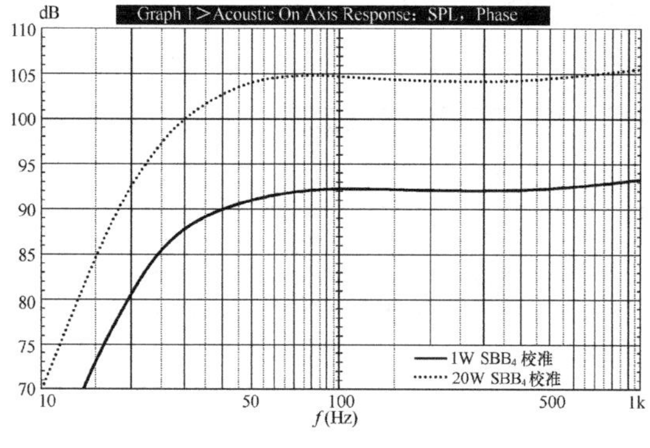

图 2.45　频率响应

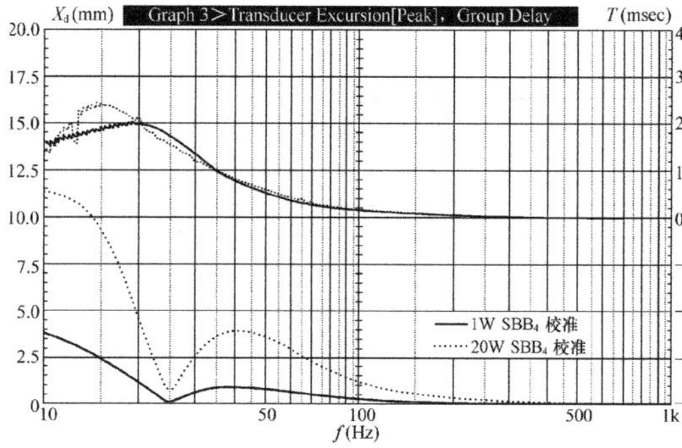

图 2.46　换能器冲程和群迟延

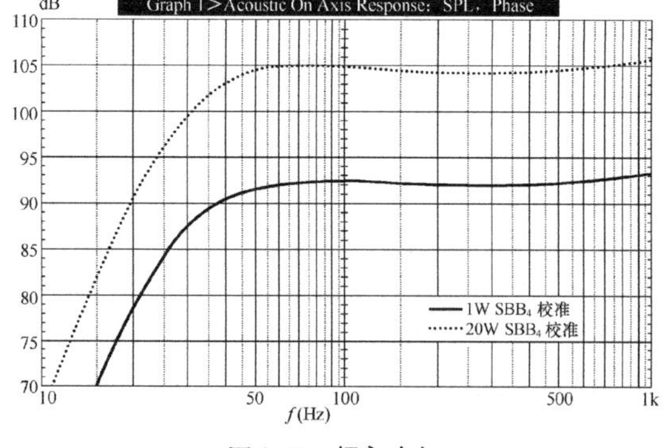

图 2.47　频率响应

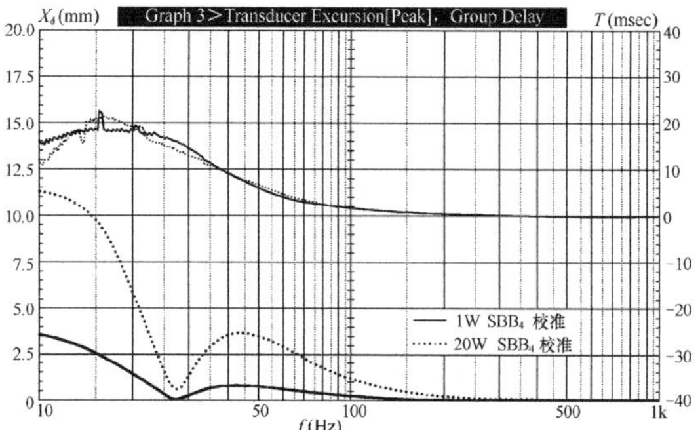

图 2.48　换能器冲程和群迟延

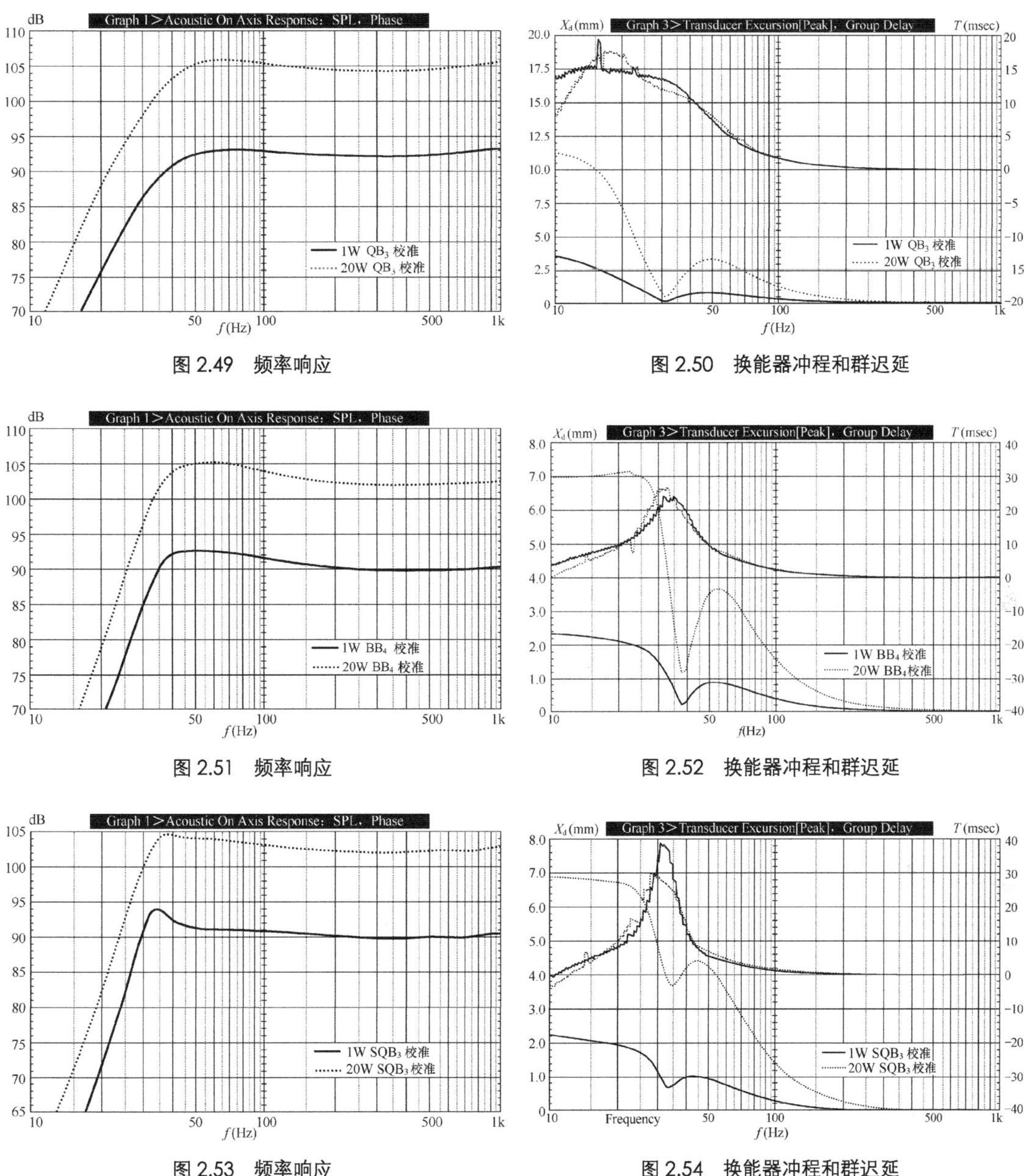

图 2.49 频率响应

图 2.50 换能器冲程和群迟延

图 2.51 频率响应

图 2.52 换能器冲程和群迟延

图 2.53 频率响应

图 2.54 换能器冲程和群迟延

观察不同调整类型在 1W 和 20W 输入功率的表现，得到的结论与第 1 章中闭式音箱的相似。当功率增大时，阻尼趋于降低，伴随着 f_3 的稍微增大。由于阻尼通常是降低的，平坦调整类型在较高功率水平形成一个峰。如果无法得到计算机模型，你可以通过选择比设计表

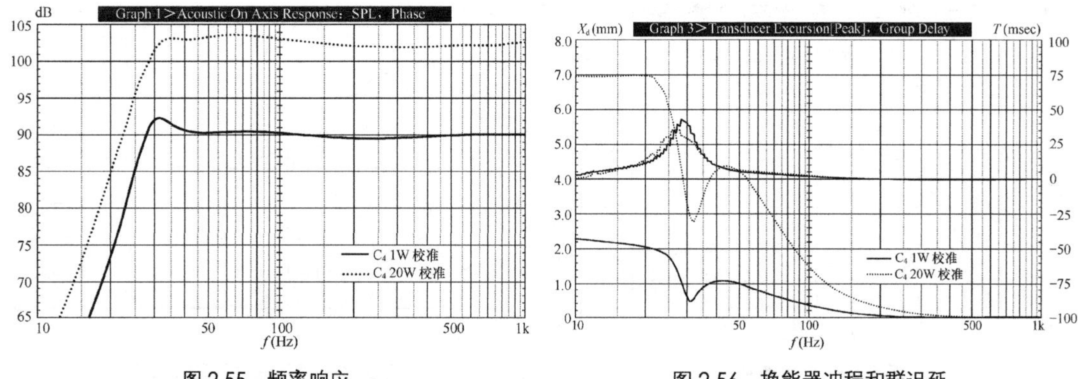

图 2.55 频率响应

图 2.56 换能器冲程和群迟延

格中 Thiele/Small 模型推荐的稍为更低一点的调谐频率，对较高功率水平下的响应变化进行补偿。Thiele/Small 模型是在较低输入信号下对小信号进行预测并进行平坦设计。将 f_B 调谐到更低 10%～20%，将得到一个在低输入功率下过阻尼（译注：原文为欠阻尼）的响应，但在较高功率水平输入下更接近于平坦响应。然而，这么做可能有困难，因为使用直径足够大的导声管已经要求比较长的导声管长度。调谐到更低的 f_B 使这一长度甚至更长，可能会由于箱体的实际尺寸限制而无法实现。

2.12 次声滤波

如第 2.1 节讨论过的，开口式音箱对次声信号高度敏感，这种次声信号来自诸如翘曲的唱片等音源。在这种情况下，低频扬声器单元的冲程将大大地超过 X_{max}，并产生大量的失真。因而有必要在任何倒相开口式扬声器箱上使用主动或被动式的低频滤波。12dB/oct 或 18dB/oct 的主动式滤波器，如 Old Colony 公司型号为 KF-6 的产品，比较便宜而有效，并且是以套件的形式提供。

作为一个替代方案，你可以制作一个简单的被动式 CR 滤波器，如图 2.57 所示的一种。这种类型的滤波器的一个特征是，f_3 取决于功率放大器的输出阻抗。给出的数值对大多数晶体管功率放大器有效，虽然截止频率可能会有±6Hz 左右的变化。尽管这种中庸的电路对抑制锥形振膜的次声运动相当的有效，用 IC 缓冲器构建的滤波器仍然更为可取。

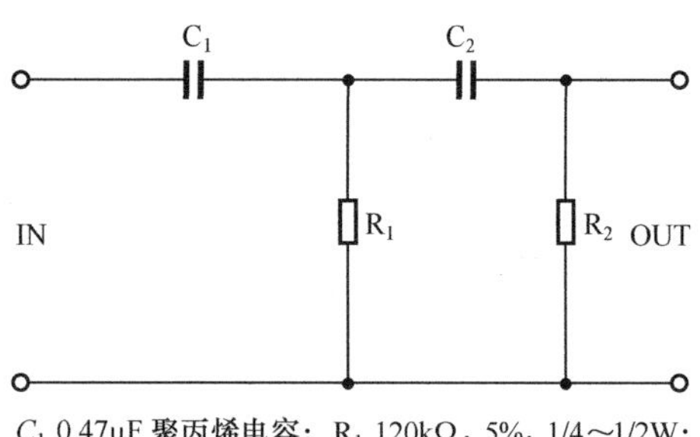

C_1 0.47μF 聚丙烯电容； R_1 120kΩ，5%，1/4～1/2W；
C_2 0.68μF 聚丙烯电容； R_2 100kΩ，5%， 1/2W。

图 2.57 被动式低频滤波器

2.13 箱体阻尼

为了抑制在开口式音箱系统中的驻波，“传统的”箱体阻尼方法是在每对箱壁的其中一面衬一层 1～2 英寸的玻璃纤维。但是，建议把所有直接位于低频扬声器单元后方以及附近的壁都覆盖上。但 Colloms 建议这些阻尼材料应该放置在箱内中部空间，而不是箱壁上。

阻尼材料的效果可以用计算机模拟观察到。使用与第 2.5 节中的模拟相同的 12 英寸低频扬声器单元和 QB_3 箱体，模拟了 3 个分别填充 0%、10%和 50%标准玻璃纤维（R19）的箱体。10%填充的例子是给每对壁的一面衬一层 1 英寸厚的玻璃纤维。50%的例子相当于全部 4 个侧壁以及后壁都衬上 3 英寸厚的阻尼材料。计算机生成的图形给出了比较的结果，如图 2.58～图 2.60 所示。图 2.58 中的 SPL 曲线显示响应变化很小，同时从图 2.59 所示的群迟延曲线看出阻尼变化也是轻微的。图 2.60 所示的阻抗曲线同样表明只有很小的变化。事实如此，最主要的益处是由箱内驻波引起的响应变化的减小，使得 50%填充成为一个有吸引力的选择。但要保证导声管不要被填充材料阻塞。

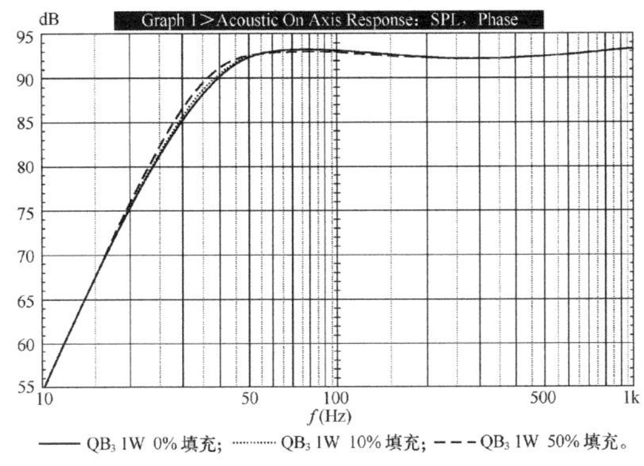

图 2.58 SPL 曲线

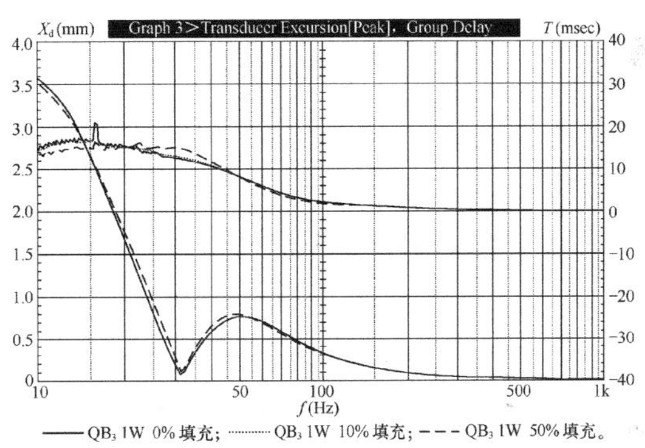

图 2.59 群迟延曲线

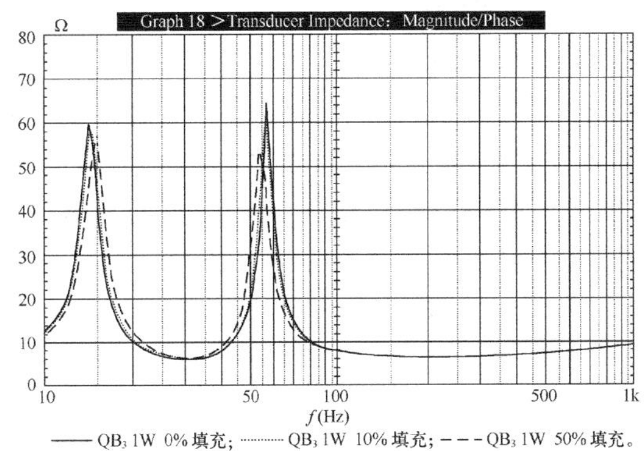

图 2.60 阻抗曲线

2.14 双低频扬声器类型

使用开口式箱体时，在闭式音箱部分（第 1.9 节）讨论的所有内容均适用。唯一的例外是复合低频扬声器单元类型。在某些情况下，较小的箱体所需要导声管长度可能无法实现。

下列来自《Speaker Builder》的文章提供了复合开口式音箱的制作设计实例。

（1）John Cockroft, “The Demonstrator: A Vented, Compound Speaker System”, 2/87.

（2）Chris Edmondson, “A Thunderbird Isobarik”, 3/89.

2.15 阻力式和分布式导声管

根据 Thiele 的分析[4]，阻力式导声管（Resistive Vents）（串联阻力，以放在导声管中的纤维填充物或致密布料的形式存在）和分布式导声管（并联阻力，用许多成组的小孔代替一个较大的管）导致正常的开口式音箱的下列变化。

（1）f_3 升高。

（2）输出（效率）降低。

（3）邻近截止频率处的锥形振膜冲程增大。

（4）Q_{tc} 降低（译注，原文为 Q_{ts} 降低）。

Thiele 的观点是，如果一个没有阻力的符合要求的调整比带有阻力的同一尺寸的箱体具有更低的截止频率和更高的效率，那为何还要多此一举？然而，如同在闭式音箱系统中的那样，能够对一个已经做好的箱体进行微调（Tweak）有时是有益的。

以下列出可以应用的一些不同技术。除了上面提到的损耗，成功地应用这些方法中的任何一种都将需要不断的测量和一些重复尝试。

（1）盆架式阻尼（Basket Damping）。降低扬声器单元 Q 值最有效的一种技术是在扬声器单元盆架后方的开口上蒙上一种声阻布料[1, 21]。胶布（Fabric Adhesive）适用于这种目的。可能需要连续使用多层，直到达到目标 Q 值。这种调整 Q 值的方法优于附加导声管阻力。

（2）导声管阻尼。可以使用涤纶、羊毛、玻璃纤维，或泡沫海绵给导声管增加阻力。将一种致密的多孔布料蒙在导声管末端也有相同的效果。

（3）箱体填充。如果使用玻璃纤维或涤纶填充箱体，将获得类似于（2）的结果，同时这种方法将从扬声器单元获得更好的中频音质[21]。

（4）多吸管式导声管。这种技术是分布式导声管概念的一种变形，工作得相当好。简单地使用一捆塑料吸管或卷起来的装饰用波纹卡纸。这种方法提供了比串联阻力更好的控制。通过重复尝试，可以改变导声管长度以产生与未填充导声管相同的调谐频率。测量 Q_L 可以给出关于变化剧烈程度的提示。

2.16 电子辅助式开口箱的设计

Thiele 的第一篇论文中有一个值得注意的细节是，他建议采用 QB_3 或 C_4 调整，降低调谐频率，并提供一定程度的提升低频（相对于闭式音箱电子辅助的大量提升），同时使用次声滤波器，以降低 f_3 约（1/2）oct。从 Thiele 发表的原文开始，许多作者发展了这些想法[22, 23, 24]，但都不像 Robert Bullock 所做的那么彻底，他有篇关于 6 阶调整的文章刊于《Speaker Builder》1/82。表 2.16 列出了 3 类电子辅助式调整与它们相对应的每一种非辅助类型的比较结果。

表 2.16　3 类电子辅助式调整与其相应非辅助类型的比较

辅助式（Q_L=7）				非辅助式（Q_L=7）	
Q_{ts}	类群	提升（-dB）	f_3/f_s	Q_{ts}	f_3/f_s
0.3	I	5.1	1.098	0.31（QB_3）	1.573
0.3	II	1.7	1.990	0.30（QB_3）	1.573
0.55	III	6.3	1.009	0.49（C_4）	0.735

观察表 2.16，我们可以看到，类群 I 的系统只有中等程度的提升，可以具有大约半个倍频程的扩展。虽然类群 II 和类群 III 的系统实际上产生更高的 f_3，它们可以产生比相应的非辅助类型更高的不失真 SPL。然而，大动态范围的音源，诸如 CD，使得在高 SPL 下的低频提升都显得有点问题，与闭辅助式音箱（第 1.1 节）相比，6 阶类的调整是改变低频端响应的一种更有吸引力得多的方法。具体内容以及一种改良的 Old Colony KF-6 滤波器套件的简单用法，请看上文提到的一篇发表在《Speaker Builder》上的文章。

虽然电子辅助式开口式音箱冲程产生灾难性后果的可能性较低，附加提升的闭箱却有可能产生这种后果。但也有一种折衷方法，使用 Bullock 在 1/82《Speaker Builder》的文章（P20～P24）描述的方法，用一个计算机模拟，显示了一个类群 I，6 阶调整的动态结果。同一个 12 英寸低频扬声器单元的参数再次用于一个 QB_3 箱体。这个箱体的 V_b 为 2.7 立方英尺，f_b 调谐至 24.8Hz。主动滤波器调谐频率是 27.14Hz，Q 为 1.77，使低频提升量为 5.33dB。图 2.61 所示 1W SPL 下使用和不使用附加电子滤波器的响应比较。f_3 以及 2 种响应的斜率如下。

类型	f_3（Hz）	斜率（dB/oct）
无滤波器	36	20
带滤波器	26	34

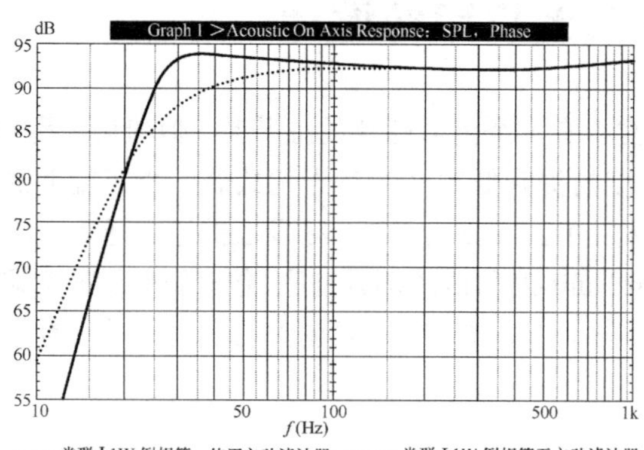

图 2.61　使用和不使用附加电子滤波器的响应比较

实际延伸是预计的（1/2）oct，但衰减斜率可观地增加了。观察图 2.62 所示 1W 群迟延曲线，带滤波器的曲线形成一个非常尖的“膝”状曲线，并且群迟延增大了 3 倍。图 2.63 所示为在 20W 输入时的锥形振膜冲程和群迟延。音箱/滤波器组合的冲程最大值仅为 5.8mm，另外，频率低于 f_B 时，典型的冲程比率持续升高现象被减弱到低水平。考虑到单元的 X_{max} 是 6mm，系统 I 可以提供良好的高 SPL 表现。唯一的不足之处，或者说是折衷的代价，是在使用滤波器时相当严重的阻尼变化。如果这个系统被用于超低频场合，高频端的衰减为 75Hz 处的 24dB/oct，那么瞬态性能的损失将不会被觉察。

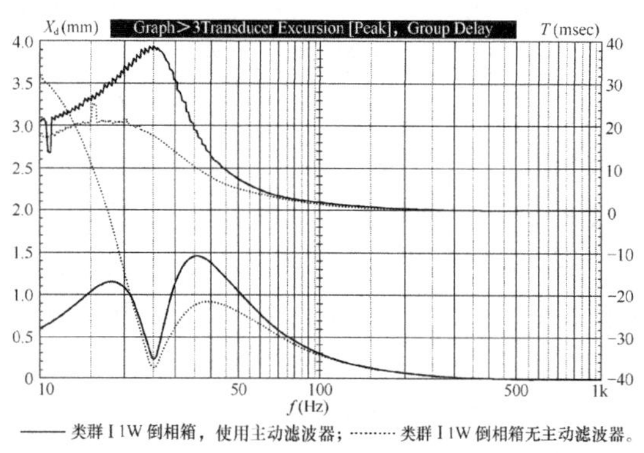

图 2.62　群迟延曲线

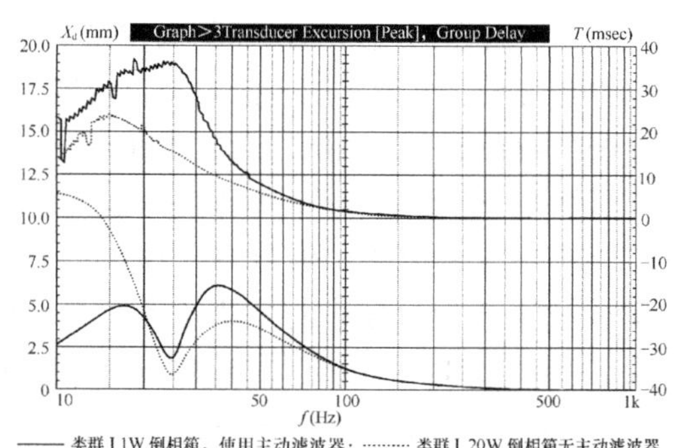

图 2.63　锥形振膜冲程和群迟延

2.17 后开口式带通音箱

后开口式带通音箱在数学上实际比第 1 章描述的闭后腔带通箱类型更为复杂。虽然它们拥有很高的设计灵活性，没有人曾经发表过设计这些箱体变形的手工计算方法。虽然现在有一些计算机程序可以用于生成这些设计的模拟，过去几年制造销售的音箱当中，仍有许多是通过反复尝试进行设计的。在本书出版时，有 3 种程序可以做这种工作，分别是 SpeakEasy 公司的 Low Frequency Designer，DLC Design 公司的 Speak 和 LinearX System 公司的 LEAP 4.0。

用 LEAP 4.0 生成一个使用 12 英寸低频扬声器单元的模拟，这个扬声器单元与本章前面大部分模拟使用的相同。后腔体积为 5.65 立方英尺，调谐于 21Hz，前腔体积为 1.25 立方英尺，调谐于 48Hz。这样产生了一个相当大的箱体，总体积接近 7 立方英尺。图 2.64 所示为在 1W 和 20W 输入的频率响应。f_{3L} 为 15Hz，衰减斜率为 16dB/oct。f_{3H} 为 78H，衰减斜率为 15dB/oct。效率与这个扬声器单元其他校准类型的相似，为 90dB，所以主要的代价是为了低频端扩展而加大的箱体尺寸。

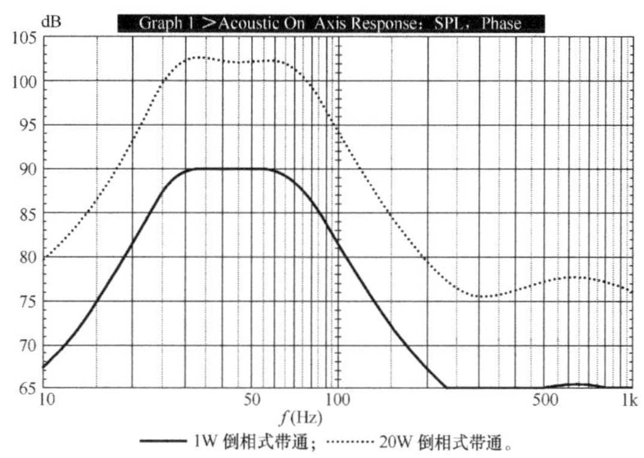

图 2.64 输入的频率响应

图 2.65 所示为群迟延和锥形振膜冲程。与任何开口式音箱一样，冲程在低于调谐频率处增加，但即使在 20W 水平，调谐频率以上的最大值仍只有 4.4mm，而 X_{max} 是 6mm。与其他调整相比，群迟延较高，对于这个特定的低频扬声器单元/箱体组合，绝对值达到了 20ms。阻抗曲线如图 2.66 所示，表现出后开口式带通箱的典型的 3 峰阻抗曲线特征。图 2.67～图 2.70 所示分别为后和前导声管冲程、换能器锥形振膜速度、后导声管体积速度（Volume Velocity）和前导声管体积速度。

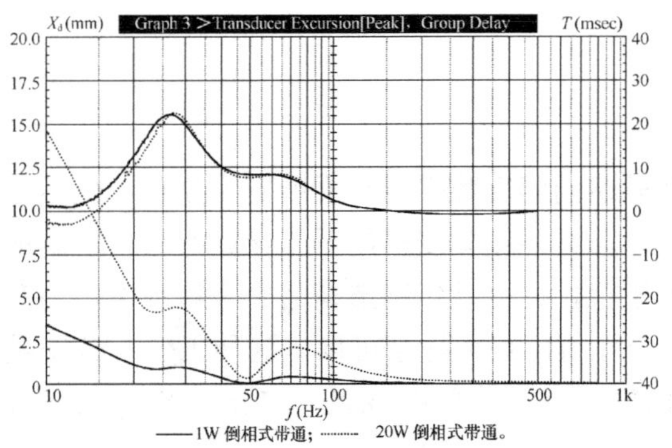

图 2.65　群迟延和锥形振膜冲程

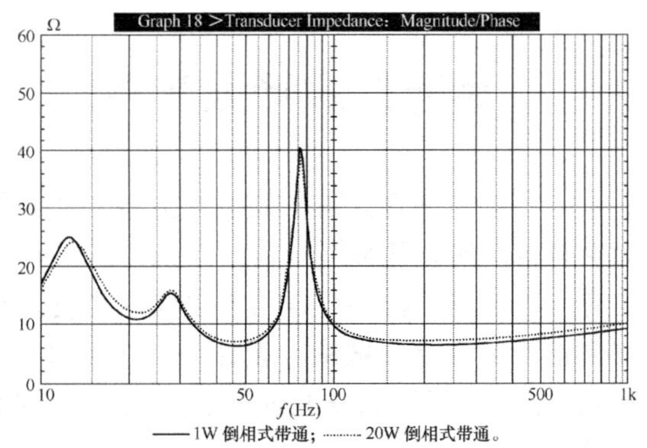

图 2.66　阻抗曲线

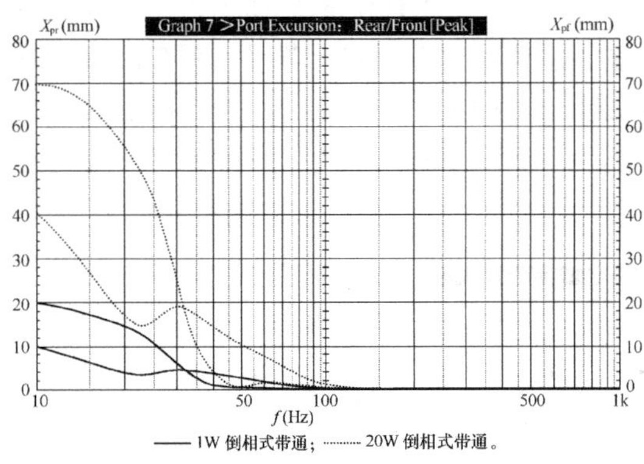

图 2.67　前导声管冲程

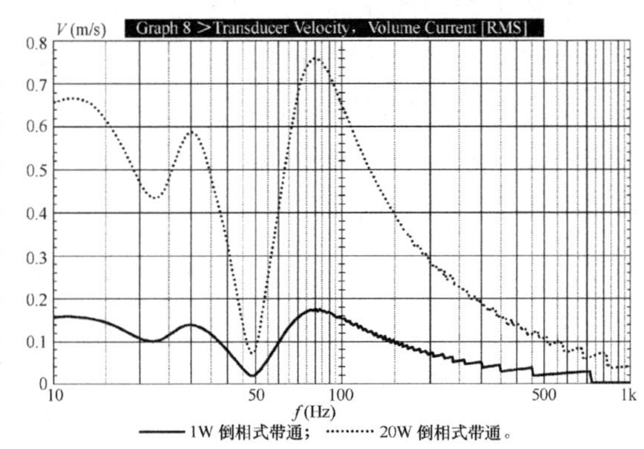

图 2.68　换能器锥形振膜速度

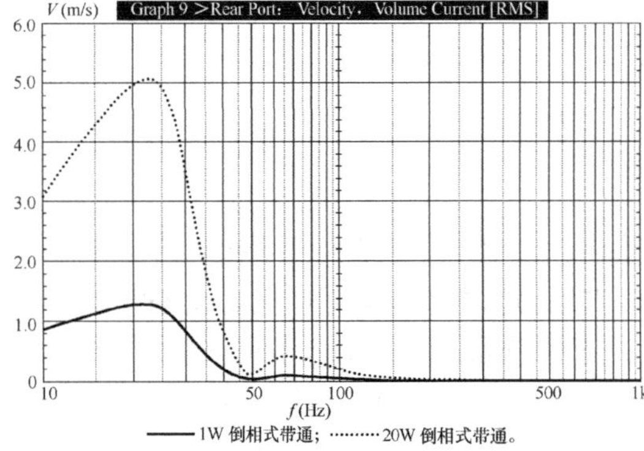

图 2.69　后导声管体积流速度

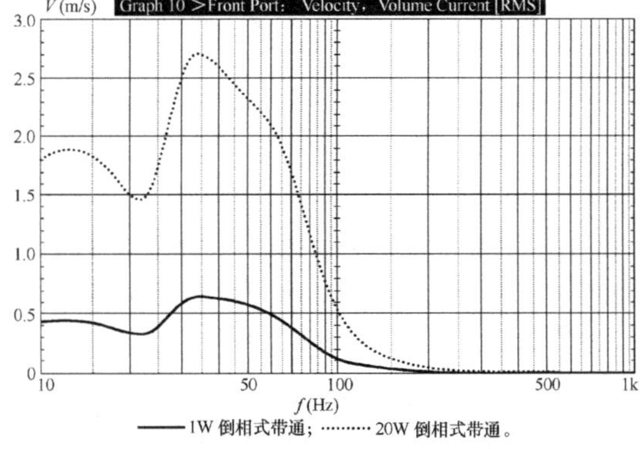

图 2.70　前导声管体积流速度

参考文献

1．R. Small, “Vented-Box Loudspeaker Systems”, *JAES*, June through October 1973.

2．M. Lampton and L. Chase, “Fundamentals of Loudspeaker Design”, *Audio*, December 1973.

3．D.B. Keele, Jr., “Sensitivity of Thiele’s Vented Loudspeaker Enclosure Alignments to Parameter Variations”, *JAES*, May 1973.

4．A. N. Thiele, “Loudspeakers in Vented-Boxes”, *JAES*, May～June 1971.

5．R. Bullock III, “Thiele, Small and Vented Loudspeaker Design”, *Speaker Builder*, 3/81.

6．Gunter J. Krauss, “Low Frequency Transient Response Problems in Vented Boxes”, 88th AES Convention, March 1990, Preprint #2895.

7．W. J. J. Hoge, “A New Set of Vented Loudspeaker Alignments”, *JAES*, Vol. 25 1977.

8．G. R. Koonce, “The QB_3 Vented Box is Best”, *Speaker Builder*, 5/88, P. 22.

9．M. E. Engebretson, “Low Frequency Sound Reproduction”, *JAES*, May 1984.

10．R. Laupman, US Patent No. 4,213,515, “Speaker System”, awarded July 1980.

11．B. Gawronski, US Patent No. 5,714,721, “Porting”, assigned to Bose Corporation, awarded Feb. 3, 1998.

12．M. Polk and C. Campbell, US Patent No. 5,717,573, “Ported Loudspeaker System and Method of Reduced Air Temperature”, assigned to Polk Audio, awarded May 14, 1996.

13．Roosen, Nicolaas, Vael, Jozef, Nieuwendijk, and Joris, US Patent No. 5,892,183, “Loudspeaker System Having a Bass-Reflex Port”, assigned to Philips Corporation, awarded April 6, 1999.

14．Juha Backman, “The Nonlinear Behavior of Reflex Ports”, 98th AES Convention, February 1995, preprint No. 3999.

15. John Vanderkooy, “Loudspeaker Ports”, 103rd AES Convention, September 1997, preprint No. 4523.

16. John Vanderkooy, “Nonlinearities in Loudspeaker Ports”, 104th AES Convention, May 1998, preprint No. 4748.

17. Roosen, Vael, and Nieuwendijk, “Reduction of Bass-Reflex Port Nonlinearities by Optimizing the Port Geometry”, 104th AES Convention, May 1998, preprint No. 4661.

18．Vance Dickason, “Aeroport Low-Distortion Ports”, *Voice Coil*, September 1996.

19．Button, Devantier, and Salvatti, “Maximizing Performance from Loudspeaker Ports”, 105th AES Convention, September 1998, preprint No. 4855.

20．W. Jung, “A L.F. Garbage Filter”, *Audio Amateur*, April 1975.

21．J. Graver, “Acoustic Resistance Damping for Loudspeakers”, *Audio*, March 1965.

22．D.B. Keele, Jr., “A New Set of Sixth-Order Vented-Box Loudspeaker System Alignments”, *J*AES, June 1975.

23．R. Bywater and H. Wiebell, “Alignment of Filter Assisted Vented-Box Loudspeaker Systems”, *J*AES, May 1982.

24．R. Normandin, “Extended Low Frequency Performance of Existing Loudspeaker Systems”, *J*AES, Jan./Feb. 1984.

*Old Colony 套件的有关信息可以去函询问：Old Colony Sound Lab, Box 876, Peterborough,NH 03458-0243, FAX(603)924-9467, E-mail custserv@audioXpress.com.

第 3 章　被动辐射式低频系统

3.1　定义

被动辐射器（Passive-Radiator，PR）是导声管的一种替代品，被动式辐射音箱设计方法和性能特征与开口式扬声器箱非常接近。它们有时被称为“无源盆”，具有两个不同于导声管的重要优点。首先，它们消除了导声管的声染色（比如管道共鸣声），风噪声，以及从倒相导声管反射出来的内部高频声。第二，在那些要求的导声管长度超过箱内尺寸的小箱体上，它们是可以安装的。被动辐射器在处理上也更简单，具有的调整类型较少，与损耗计算的关系也较小。至于不足方面，与开口式音箱相比，被动式辐射音箱具有更陡峭的截止曲线（和更低的瞬态稳定性）、稍高一些的截止频率以及更大的总损耗（Q_L）。

一个流行的关于被动式辐射器的错误概念是：它们工作于低频范围，而在频率较高的频段上，被动辐射器通过机械性衰减与扬声器单元分频，而扩展扬声器单元的低频。事实上，被动辐射器在低频范围与扬声器单元一起工作，共同承担声负载，并降低扬声器单元冲程。工作方式和导声管相同，被动辐射器带来的优点与相伴的缺点一样多。这意味着它们具有和导声管相同的正面属性，如较高的使用功率和较低的失真。

3.2　历史

Harry Olson 在 1935 年 1 月提出了他的专利“Loudspeakers and Method of Propagating Sound（传播声音的扬声器与方法）”，这是关于被动辐射器的最早描述。除了 Olson 在 1954 年发表的一篇文章[1]，关于被动辐射器的出版文献非常少，直到 1973 年 10 月 Nomura 和

Kitamura 发表了他们的 IEEE 论文[2]，以及 Small 在 1974 年 10 月发表的《*JAES*》论文。Polk Audio 公司是美国最大和最成功的一个被动式辐射音箱商业化生产商。

3.3 扬声器单元“*Q*”与箱体响应

被动式辐射音箱表现出和开口式箱体大约相同的 *Q*/box 关系，处理方法也相近。图 3.1 所示为使用相同扬声器单元的闭式、开口式和被动式辐射系统的频率响应的比较。被动式辐射区别于开口式系统的特征是在被动式辐射的谐振频率（f_p）处有一个下沉或 V 形下陷。虽然位于系统截止频率以下，但是这个下陷增大了扬声器单元的低频衰减斜率，并劣化了瞬态性能。Clarke 的扩大式被动辐射器系统（Augmented Passive-radiator System）从根本上解决了这个问题，将在独立的章节中讨论。

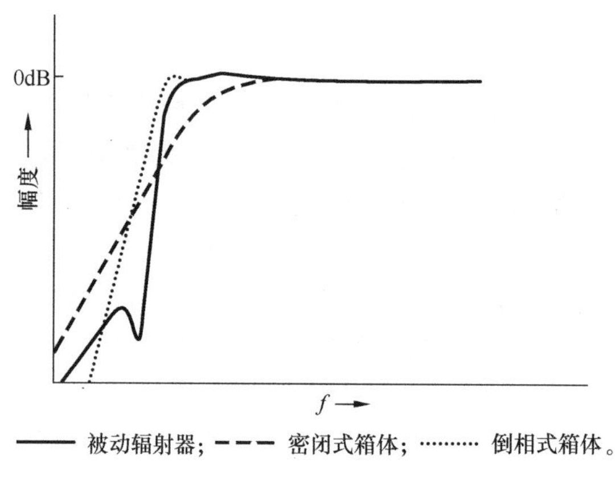

图 3.1　开口式、闭式箱体和被动辐射器系统的响应比较

低频扬声器单元选择

与第 2.4 节描述的开口式扬声器单元选择程序相同。

3.4 调整

如上文提到的，被动辐射箱的调整通常仅限于 QB_3、B_4 和 C_4 类型[3]。大于 0.5 的 Q_{ts} 不可用，因为它们产生的 C_4 响应具有过高的频率响应纹波。这就使得产生平坦响应的 QB_3 调

整类型的 Q_{ts} 选择范围缩小在 0.2～0.35。尚未有电子辅助校准的介绍。

低 α 调整的瞬态性能相当差，而且具有一个高纹波的 C_4 响应（α 为 1～2，对应的 Q_{ts} 为 0.44～0.35）。在 Small 的分析中，假设辐射器顺性比（δ）等于系统的顺性比（α），结果确实是这样的。换句话说，被动辐射器是用和扬声器单元完全相同的锥形振膜、折环、定心支片和盆架构建的（$\delta=\alpha$）。可是，如果制作的辐射器的顺性比扬声器单元的大，甚至低 α（高 Q_{ts}）调整也会更像它们对应的开口式，而具有可接受的瞬态响应。

图 3.2 所示的频率响应和相位图是一个对 $\delta=\alpha$ 的被动辐射器 QB_3 调整的计算机模拟，使用与第 2 章开口式模拟相同的 12 英寸扬声器单元。这个响应是在 1W 功率，阐明被动辐射器箱体在频率响应下限的典型形状。箱体容积与 QB_3 开口式箱体相同，为 2 立方英尺，但辐射器是调谐到 18Hz，相比之下，开口式调谐频率是 31Hz。使用 $\delta=\alpha$ 校准，辐射器具有与扬声器单元相同的锥形振膜面积和顺性。将 12 英寸的辐射器调谐到目的频率需要 131.9g 的质量。被动辐射箱的 f_3 为 41Hz，衰减斜率为 29dB/oct。图 3.3 所示比较了 QB_3 被动辐射箱的 1W 响应与 QB_3 开口式音箱的 1W 响应。在这个例子中，开口箱比被动辐射箱体具有效的低频端响应。尽管使用同一扬声器单元的低频量有所降低，但被动辐射箱的主要优点是它不受开口式音箱存在的管道谐振和驻波传播问题的困扰。被动辐射箱还具有独特的主观声音质量，不同于开口式音箱。图 3.4 所示描绘了两种箱体的阻抗曲线。当输入功率增大到 20W，SPL 输出上升到大约 105dB 时，两种箱体响应的动态变化如图 3.5 所示。响应情况表明，在大功率下阻尼降低伴随着−3dB 频率的小幅上升，至 42Hz。群迟延和锥形振膜冲程曲线如图 3.6 所示。至于冲程，和开口式音箱一样，高于两个阻抗峰值之间中心频率 f_m（对应于辐射器调谐频率）部分的最大值是适中的 3mm。由于扬声器单元的 X_{max} 是 6mm，失真较低。但是和开口式音箱一样，在低频部分冲程迅速增大，建议使用 20Hz 的高通滤波器。而群迟延，显示于同一张图中，两种箱体类型均大约为 10ms。但是，被动辐射箱的相位在低频端凹口处发生变化，导致

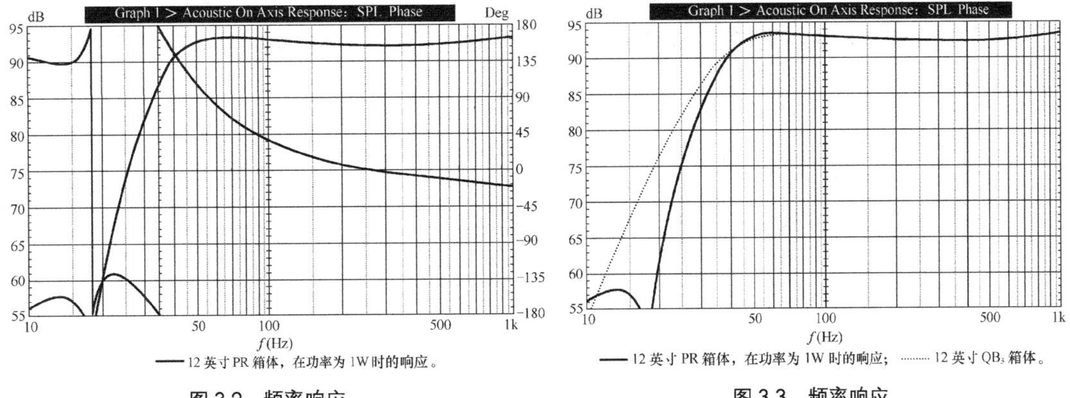

图 3.2 频率响应

图 3.3 频率响应

负的群迟延。图 3.7 所示辐射器冲程，在辐射器调谐频率处达到最大值。图 3.8 所示的扬声器锥形振膜速度，形状与 QB_3 开口箱曲线相似，在阻抗峰处达到最大速度。辐射器速度最大值出现在扬声器单元最小速度处，如图 3.9 所示。

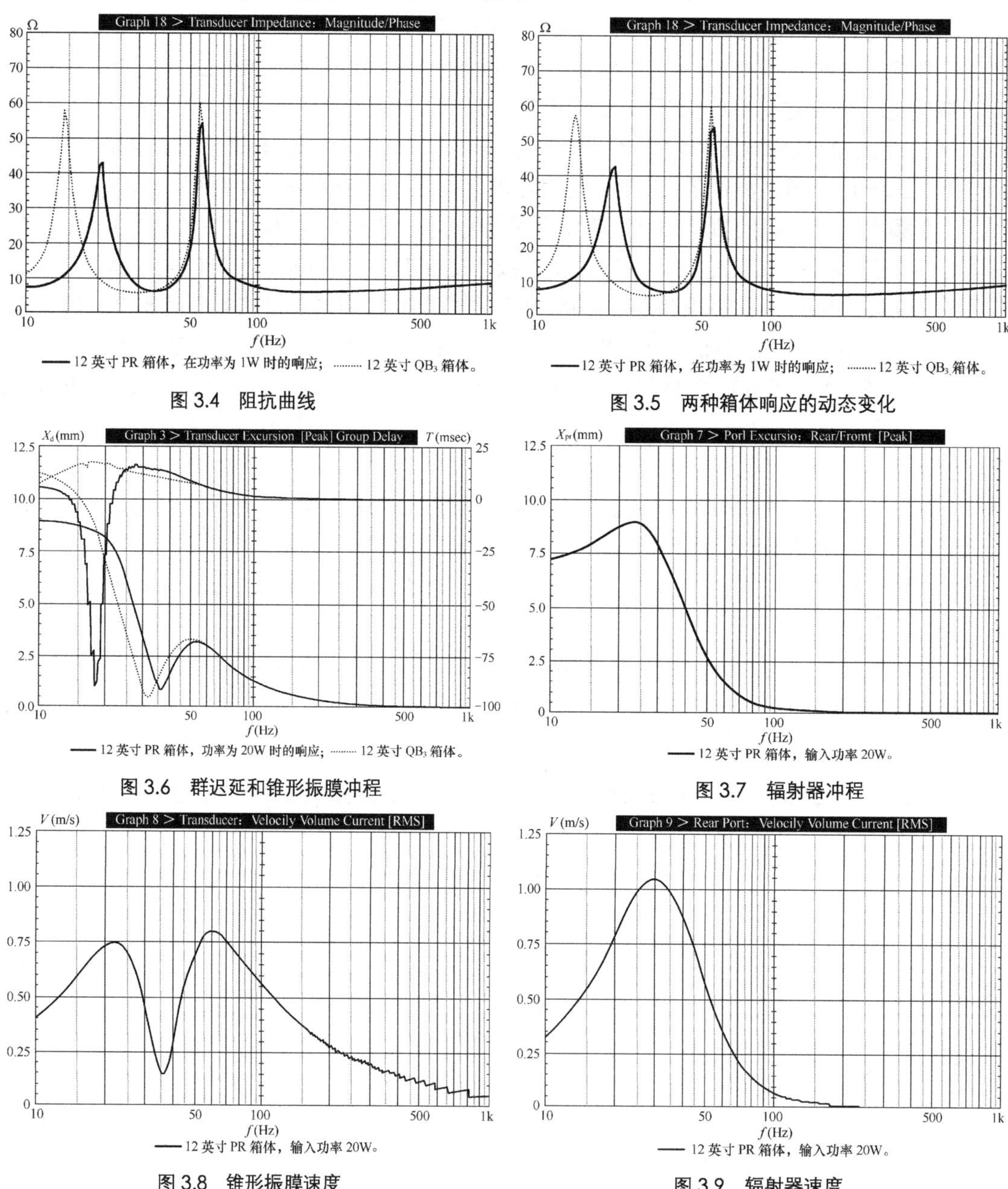

图 3.4　阻抗曲线

图 3.5　两种箱体响应的动态变化

图 3.6　群迟延和锥形振膜冲程

图 3.7　辐射器冲程

图 3.8　锥形振膜速度

图 3.9　辐射器速度

上述被动辐射箱的设计步骤以及设计例子仅限于使用锥形振膜及顺性与扬声器单元相同的辐射器。使用不同尺寸和顺性的辐射器需要反复尝试或某种可用的计算机箱体设计程序。虽然不在此处重复，另一个使用不同被动辐射器的设计方法可以在 Carrion-Isbert 提出的一个方法中找到，这个方法在“Generalized Design Method of Lossy Passive-Radiator Loudspeaker Systems（有损被动辐射器扬声器系统的通用设计方法）”一文中介绍，这篇文章的 AES 预印号为 No. 2539。

在 Douglas Hurlburt 的“Complete Response Function and System Parameters for a Loudspeaker whith Passive Radiator（一种被动辐射器扬声器的完整响应函数与系统参数）”[4]文章中，可以找到被动辐射器系统的完整分析，包括不同类型的损耗，和填充材料对阻尼的影响，以及描述这些影响所需要的数学。

箱体尺寸确定及相关参数

除了额外的辐射器参数，你可以按照与设计倒相开口式音箱相同的方法确定被动辐射器系统的箱体尺寸和调谐。从收集下列扬声器单元参数开始。

（1）f_s（在障板上模拟最终箱体负载下的计算值）。

（2）Q_{ts}（扬声器单元 Q，包括所有的串联电阻）。

（3）V_{as}。

（4）X_{max}。

（5）S_d。

（6）V_d。

（7）S_{dp}（被动辐射器面积）。

（8）δ（被动辐射器的顺性比）。

可以用与第 2.6 节相同的方法得到参数（1）～（6），使用第 1 章中单元 S_d 计算公式计算 S_{dp}。δ 需要一个单独的测试步骤，在第 3.5 节中描述。

3.5 确定被动辐射器的 δ

这里描述的技术是一种开口式音箱调谐方法的变形，最早是由 Weems[5]建议的，并由 G. R. Koonce[6]应用于被动辐射箱。

附加术语的定义。

（1）V_T——测试体积，等于 V_b，以 m^3 为单位。

（2）C_{ab}——箱体的声顺。

（3）C_{mp}——被动辐射器的机械顺性，以 m/N 为单位。

（4）C_{ap}——被动辐射器的声顺，等于 $C_{mp}S_{dp}^2$。

（5）S_{dp}——被动辐射器的面积，以 m^2 为单位。

（6）V_{ap}——与辐射器顺性相等的空气体积。

下列程序对任何类型被动辐射器均有效，包括用锥形振膜、折环、定心支片和盆架做成的被动辐射器，或是由加上折环的扁平硬纸板或泡沫做成的被动辐射器。

（1）计算 V_{ap}，找出被动辐射器的自由场谐振频率，f_p。将辐射器安装于障板（尺寸和形状与用于测量 V_{ap} 的测试箱相同），然后用一个小扬声器单元驱动，小扬声器单元放在辐射器的正后方以便将扬声器单元的运动耦合到辐射器上。使用一个信号发生器驱动扬声器单元，并改变频率，直到被动辐射器的最大冲程出现，通过观察辐射器的运动确定这一点。

（2）使用图 3.10 所示的测试装置，改变信号发生器的频率，直到发现箱体谐振频率。接着可以用下式计算 V_{ap}。

$$V_{ap} \approx V_T\left[\left(f_c/f_p\right)^2 - 1\right]$$

然后

$$C_{ap} = \frac{V_{ap}}{1.42\times10^5}$$

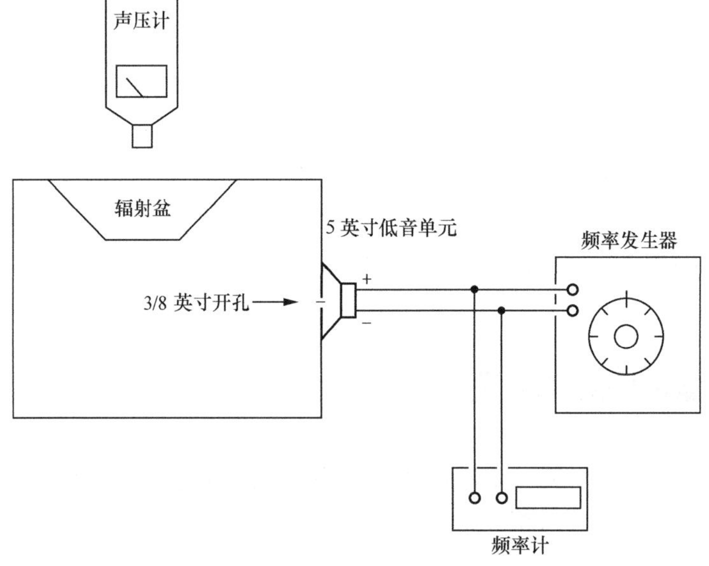

图 3.10 确定扬声器单元参数的装置

（3）设计箱体的 C_{ap} 按下式计算

$$C_{ab}=\frac{V_{ab}}{1.42\times10^5}$$

（4）最后，计算 δ、被动辐射器顺性比，有

$$\delta=\frac{C_{ap}}{C_{ab}}$$

作为一个不需要在箱体上钻孔及填充吸声材料的替代方法，你可以使用最终箱体来计算 α。首先，测量阻抗曲线（见 2.10）。再假设 $f_M=f_B{}^2$

$$f_{SB}=\frac{f_L f_H}{f_B}$$

然后

$$\alpha=\left(\frac{f_H{}^2+f_L{}^2-f_B{}^2}{f_{SB}{}^2}\right)-1$$

为了找出 δ，解方程

$$\frac{\alpha\delta}{\alpha+\delta+1}=\frac{\left(f_H{}^2-f_B{}^2\right)\left(f_B{}^2-f_L{}^2\right)}{f_L{}^2 f_H{}^2}$$

3.5.1 使用设计表 3.1

由于被动辐射器具有非常固定的损耗，通常为 Q_L=7，而且因为只研究一种调整方法，你将只需要一个设计表格（见表 3.1）。按照和开口式箱相同的方式使用这个表格，但注意额外的 V_{pr}/V_d 比，它是被动辐射器的位移体积与扬声器单元的位移体积之比。

表 3.1　　**Q_L=7；被动辐射器；QB_3，B_4，和 C_4　$\delta=\alpha$**

Q_{ts}	H	α	f_3/f_s	V_{pr}/V_d
0.200 0	2.10	8.21	2.65	1.81
0.210 0	2.02	7.26	2.51	1.84
0.220 0	1.94	6.38	2.36	1.88
0.230 0	1.88	5.76	2.26	1.92
0.240 0	1.82	5.20	2.16	1.98
0.250 0	1.77	4.76	2.06	2.02
0.260 0	1.73	4.33	1.98	2.07
0.270 0	1.68	4.01	1.90	2.10
0.280 0	1.64	3.65	1.82	2.15
0.290 0	1.59	3.34	1.74	2.20

续表

Q_{ts}	H	α	f_3/f_s	V_{pr}/V_d
0.300 0	1.56	3.08	1.67	2.24
0.310 0	1.51	2.78	1.59	2.35
0.320 0	1.48	2.58	1.53	2.44
0.330 0	1.45	2.38	1.49	2.53
0.340 0	1.42	2.20	1.44	2.61
0.350 0	1.39	2.06	1.38	2.67
0.360 0	1.35	1.91	1.33	2.76
0.370 0	1.33	1.80	1.30	2.84
0.380 0	1.30	1.66	1.27	2.94
0.390 0	1.26	1.53	1.23	3.09
0.400 0	1.23	1.41	1.19	3.11
0.410 0	1.21	1.30	1.17	3.19
0.420 0	1.19	1.22	1.14	3.25
0.430 0	1.16	1.12	1.11	3.32
0.440 0	1.13	1.03	1.08	3.38
0.450 0	1.10	0.96	1.05	—
0.460 0	1.06	0.87	1.01	—
0.470 0	1.03	0.80	0.98	—
0.480 0	1.00	0.73	0.95	—
0.490 0	0.98	0.69	0.92	—
0.500 0	0.95	0.65	0.90	—
0.510 0	0.92	0.60	0.87	—
0.520 0	0.90	0.55	0.84	—
0.530 0	0.87	0.52	0.82	—
0.540 0	0.84	0.48	0.79	—
0.550 0	0.81	0.44	0.76	—
0.560 0	0.78	0.39	0.72	—
0.570 0	0.75	0.37	0.69	—
0.580 0	0.72	0.33	0.67	—
0.590 0	0.70	0.31	0.65	—
0.600 0	0.68	0.28	0.62	—

注：Q_{ts} > 0.44 时没有给出 V_{pr}/V_d，因为 Small 的计算机模拟没有给出以上数据。已经提到过，高 Q_{ts} 校准在 α 接近 1 时，瞬态稳定性一定有问题（$\delta=\alpha$），应避免这种情况

箱体体积　　$V_b = \dfrac{V_{as}}{\alpha}$

−3dB 点　　$f_3 = (f_3 / f_s) f_s$

调谐频率 $f_p = Hf_s$

被动辐射器位移体积 $V_{pr} = \left(V_{pr} / V_d\right)V_d$

3.5.2 被动辐射器的位置和互耦

由于从扬声器单元到被动辐射器的中心-中心距离较大（与开口式设计相比），由二者的相互靠近而引起的响应问题可以忽略。

3.5.3 箱体调谐

调谐被动辐射器系统的方法和开口式箱的调谐（第 2.72 节）相同。唯一不同的是频率调节方法。在开口式箱中，你可以改变导声管的长度，但在被动辐射器中，必须通过加减辐射器的重量（黏土或金属防尘帽）直到得到f_B。

3.5.4 附加参数

按照与开口式箱相同的方法（第 2.8 节）计算 η_0，$P_{ar(p)}$，和 P_{er}。

3.5.5 设计图表示例

与第 2.9 节设计图表所用的相同的 2 个低频扬声器单元用来生成表 3.2 和表 3.3。

表 3.2　　8 英寸低频扬声器单元例子

Q_{ts}	Q_{es}	Q_{ms}	f_s (Hz)	X_{max} (mm)	S_d (m²)		V_d (m³)		V_{as} (ft³)
0.26	0.28	3.95	32	3.5	2.15×10^{-2}		7.53×10^{-5}		2.764
AL	V_b (ft³)	f_3 (Hz)	f_B (Hz)	V_{pr} (m³)	$P_{ar(p)}$ (W)	SPL (dB)	η_0 (%)	SPL (dB)	P_{er} (W)
QB3	0.64	64	56	1.6×10^{-4}	0.285	107	0.91	91	31

表 3.3　　10 英寸低频扬声器单元例子

Q_{ts}	Q_{es}	Q_{ms}	f_s	X_{max} (mm)	S_d (m²)		V_d (m³)		V_{as} (ft³)
0.25	0.29	2.05	22	3.5	3.3×10^{-2}		1.16×10^{-4}		7.51
AL	V_b (ft³)	f_3 (Hz)	f_B (Hz)	V_{pr} (m³)	$P_{ar(p)}$ (W)	SPL (dB)	η_0 (%)	SPL (dB)	P_{er} (W)
QB3	1.64	44	38	2.4×10^{-2}	0.151	104	0.72	91	20.9

由于 Small 的设计方法指定 $\delta=\alpha$，用下式找出被动辐射器要求的冲程

$$\frac{V_{pr}}{S_d}=7.5\text{mm}$$

这个数字大于扬声器单元冲程的 2 倍，但对于大多数高顺性折环来说是可行的。如果被动辐射器是用一个 10 英寸锥形振膜做成（$S_d=3.3\times10^{-2}\ \text{m}^2$），冲程将降低到 4.7mm。

与 8 英寸的例子相同，你的被动辐射器冲程是 7.5mm。如果你使用 12 英寸被动辐射器，需要的冲程是 5.3mm。对于 $\delta=\alpha$ 的系统，将箱体调谐到 f_B 所需要的质量是扬声器单元的 2 倍。

3.5.6　Q_L 测量

同前文所述，被动辐射器系统损耗是典型的 $Q_L=7$，因而不需要其他设计表格。然而，为了更好地检验一个已经完成的设计，可以用与第 2.1 节中描述的相同的程序重新计算 Q_L。如果 Q_L 比 5 或 6 小得多，你的箱体可能存在空气泄漏，或者可能是扬声器单元、被动辐射器密封、或防尘罩泄漏。

3.5.7　频率响应变化

与开口式音箱相同（第 2.11 节）。

3.5.8　次声滤波

与开口式音箱相同（第 2.12 节）。

3.5.9　阻尼

与开口式音箱相同（第 2.13 节）。

3.6　被动辐射器带通箱

如同开口式带通箱，被动辐射器带通箱不适合采用手工计算方法。除了乏味的反复调整

尝试的方法外，设计这种类型音箱的唯一方法是通过计算机模拟。在编写本书这一版时，只有两种音箱设计程序可以胜任后腔和前腔被动辐射器带通箱的模拟：DLC Design 公司的 Speak 和 LinearX System 公司的 LEAP4.0。

虽然已经有一些关于被动辐射器带通扬声器箱的研究工作，诸如 Laurie Fincham 在 1973 年 63 届 AES 会议上提交的论文［“A Bandpass Enclosure（一款带通箱）”，AES 预印号 No.1512］，大多数商品的设计是开口式的变形。开口式带通箱的一个主要缺点是，前腔管谐振和驻波会通过前导声管传播出来（如第 1 章图所示）。但是，在前腔使用被动辐射器不会受到这种弊端的困扰，或者至少不那么严重。图 3.11 所示比较了被动辐射器后腔/被动辐射器前腔与被动辐射器后腔/开口式前腔箱体的响应。模拟与第 2 章描述的相同，使用同样的 12 英寸扬声器单元，5.65 立方英尺后腔和 2.12 立方英尺前腔。两种后腔均为 12 英寸被动辐射器设计（$\delta=\alpha$），质量负载为 104.4g，使后腔调谐到 20Hz。两个装置的前腔调谐大不相同。前辐射器被调谐于非常接近后腔，用 68.6g 调到 24Hz。在这个例子中前导声管调到 45Hz，导声管直径为 6 英寸，长度为 10 英寸。两个响应形状相似，但辐射器版本少了驻波和管道谐振异常。

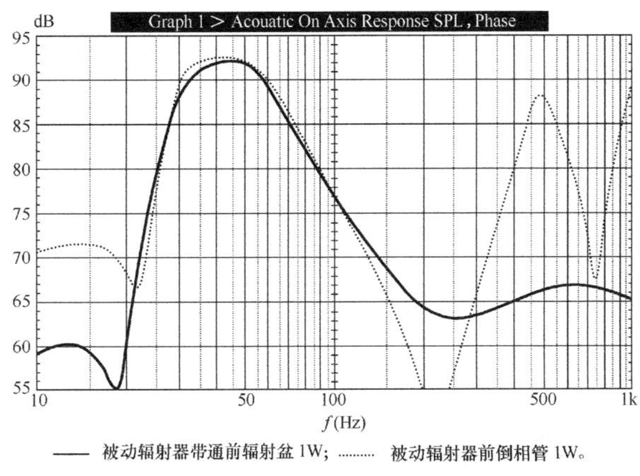

图 3.11 扬声器箱体响应比较

图 3.12 所示比较了两个设计的锥形振膜冲程曲线，结果表明两个带通箱的冲程基本相同。图 3.13 所示给出群迟延曲线。比较前和后腔被动辐射器/导声管冲程，结果如图 3.14 所示，前导声管冲程比前辐射器冲程大得多，直接反映了 6 英寸导声管和 12 英寸辐射器之间的表面积差别。前导扬声器单元的锥形振膜速度，如图 3.15 所示，对于被动辐射器/导声管组合来说，在低频处比被动辐射器盆/被动辐射器组合要大一些。

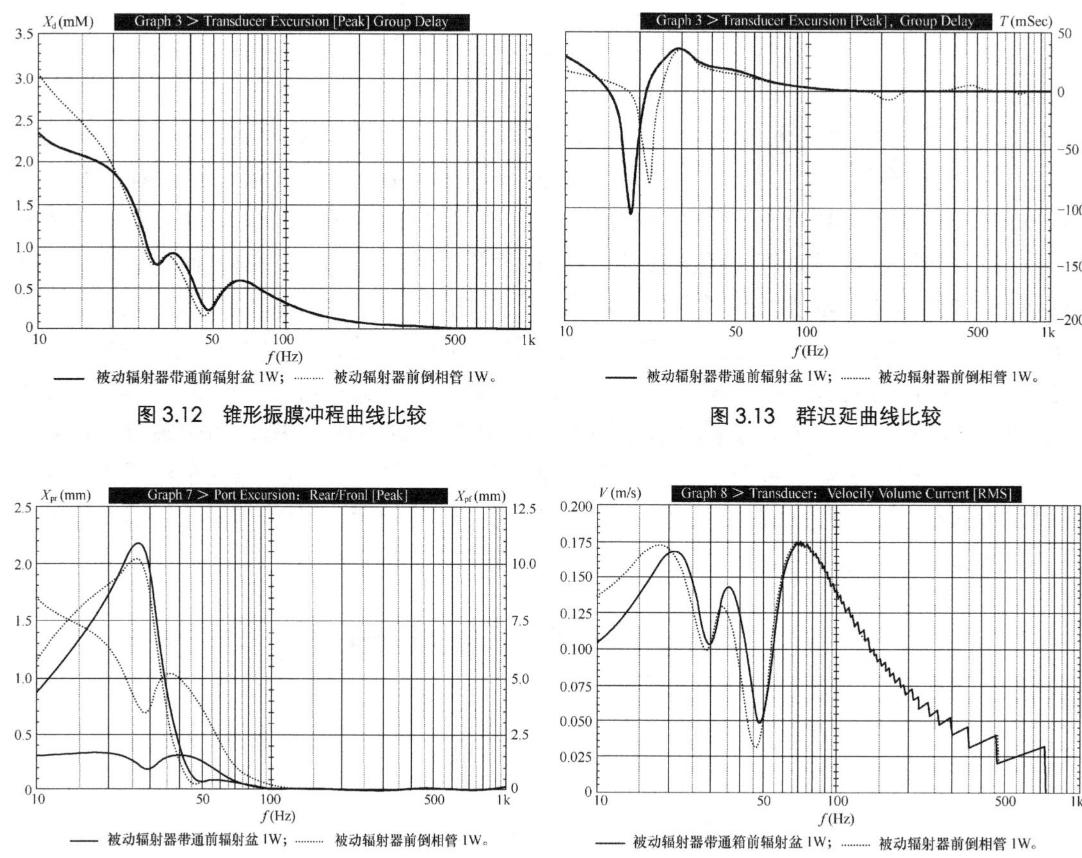

图 3.12　锥形振膜冲程曲线比较

图 3.13　群迟延曲线比较

图 3.14　被动辐射器/导声器冲程比较

图 3.15　锥形振膜速度

3.7　扩大式被动辐射器

3.7.1　定义

扩大式被动辐射器（Augmented Passive-radiator，APR）是普通被动辐射器概念的双腔式变形。它可以使用大多数开口式和被动辐射器系统（译注：原文为 APR 系统）的调整类型。对于一个给定扬声器单元（Q_{ts}），扩大式被动辐射器可以具有较高的功率承受能力，以及低 15%～25%的截止频率（扩展量高达（1/2）倍频程）。这种低频性能大幅提升的代价是箱体总体积增大了 20%。与普通被动辐射器相比，扩大式被动辐射器具有更好的瞬态性能和更低的截止频率。这是由于下陷频率被降低到有效频带以外的缘故[2, 7]。

3.7.2 历史

扩大式被动辐射器是一种较新出现的装置，最早的专利在 1973 年 11 月授权于 E. Hossbach。另一个变形是 Thomas Clark 在 1978 年 2 月获得授权的。这里介绍的设计步骤主要基于 Clark 的《*JAES*》论文，6 月号、7 月/8 月号，1981。还可见于《Speaker Builder》2/86，P. 20. –*Ed.*。

3.7.3 结构

图 3.16 所示为扩大式被动辐射器的独特结构。它包括两个面积不相等的被动辐射器，背靠背连接，从前障板连到内部的分隔障板。辐射器由折环-锥形振膜组合制成，直接粘到箱体上，而不使用金属的盆架。V_1（译注：指扬声器单元箱体积，即前腔体积）占总体积的 33%～75%，具体取决于调整类型。

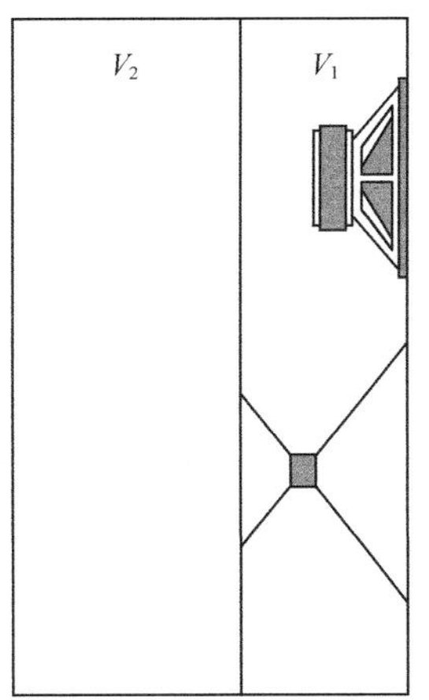

图 3.16 扩大式被动辐射器（APR）剖面图

3.7.4 低频扬声器单元选择

与开口式和被动辐射式系统相同。

3.7.5 调整

虽然多种调整类型可以用于扩大式被动辐射器设计，只有平坦响应 QB_3 和低纹波 C_4 调整将在本文讨论。

3.7.6 箱体尺寸确定

扩大式被动辐射器箱体尺寸的确定，可以依照开口式和被动辐射式系统的程序。从获得以下标准扬声器单元参数开始。

（1）f_3——自由场谐振频率。

（2）Q_{ts}——扬声器单元总 Q，包括串联电阻。

（3）V_{as}——与扬声器单元顺性等效的空气体积。

（4）X_{max}——音圈最大位移，以 mm 为单位。

（5）S_d——有效辐射面积，以 m^2 为单位。

（6）V_d——扬声器单元位移体积，以 m^3 为单位。

与本书描述的其他操作系统相同，无论你选择哪一种调整类型，最好的方法是生成一个设计图表，显示所有不同的计算参数。你可以注意到设计表 3.4 多少和已有的开口式和扬声器设计表相似。可是，有一些新的参数需要考虑。

附加术语的定义。

（1）α 等于 V_1 和 V_2 的顺性比。

（2）Γ 为两个被动辐射器锥形振膜面积之比。

对于 Γ=1.67，下列锥形振膜比例（以英寸为单位）将是合适的。8∶6.5；12∶8；15∶10。

大锥形振膜装在外侧，而小锥形振膜盆与内部空间相连。

（3）Σ 为扬声器单元箱体积与总体积之比

$$\Sigma = \frac{V_1}{V_b}$$

3.7.7 使用设计表 3.4

与开口式以及被动辐射式系统不同的是，设计表 3.4 不包括对泄漏损失的补偿。为了更简单些，下列等式经过调整，使结果接近 Q_L=7。

表 3.4　　Q_L 未确定；被动辐射器；QB_3，B_4，和 C_4　$\delta=\alpha$

Q_{ts}	α	H	f_3/f_s
0.200 0	3.20	1.75	1.85
0.210 0	3.01	1.70	1.80
0.220 0	2.81	1.65	1.75
0.230 0	2.71	1.60	1.65
0.240 0	2.42	1.55	1.55
0.250 0	2.25	1.50	1.50
0.260 0	2.03	1.49	1.49
0.270 0	1.84	1.40	1.40
0.280 0	1.64	1.35	1.38
0.290 0	1.45	1.30	1.25
0.300 0	1.25	1.20	1.15
0.310 0	1.18	1.19	1.13
0.320 0	1.10	1.18	1.11
0.330 0	1.03	1.17	1.10
0.340 0	0.96	1.15	1.05
0.350 0	0.89	1.10	0.99
0.360 0	0.81	1.02	0.95
0.370 0	0.74	1.00	0.90
0.380 0	0.67	0.95	0.85
0.390 0	0.59	0.87	0.80
0.400 0	0.52	0.80	0.75

箱体积　$V_b = V_1 + V_2 = \dfrac{V_{as}}{0.95\alpha}$

$$V_1 = V_b\Sigma$$

$$V_2 = V_b - V_1$$

调谐频率　$f_B = 1.1Hf_s$

−3dB 点　$f_3 = 1.09(f_3/f_s)f_s$

3.7.8 扬声器单元与扩大式被动辐射器的互耦

与标准被动辐射器相同。

3.7.9 箱体调谐程序

与标准被动辐射器相同（第 3.5.3 节）。

3.8 附加参数

η_0，$P_{ar(p)}$，和 P_{er} 的计算方法与开口式以及被动辐射器系统相同。注意 $P_{ar(p)}$是一个比其他类型保守得多的数字。

3.8.1 扩大的被动辐射器系统的 V_{pr}

扩大的被动辐射器位移体积 V_{pr} 通常是扬声器单元位移体积的 2 倍。由于扩大的被动辐射器的面积是两个辐射器锥形振膜之和，对于大多数折环来说，所需要的冲程量不成问题。无需关心辐射器的顺性，因为它们主要由 V_2 的空气弹簧决定。

3.8.2 设计图表示例

用第 2.9 节中的两个相同扬声器单元生成设计图表，分别见表 3.5 和表 3.6。

表 3.5　　8 英寸低频扬声器单元例子

Q_{ts}	Q_{es}	Q_{ms}	f_s	X_{max}（mm）	S_d（m²）	V_d（m³）	V_{as}(ft³)	Γ	E
0.26	0.28	3.95	32	3.5	2.15×10^{-2}	7.5×10^{-5}	2.76	1.67	0.40
AL	V_b(ft³)	V_1(ft³)	V_2(ft³)	f_3(Hz)	f_B（Hz）	$P_{ar(p)}$(W)	SPL（dB）	η_0(%)	SPL（dB）	Per（W）
QB3	1.43	0.57	0.86	52	53	0.09	102	0.91	92	9.9

表 3.6　　10 英寸低频扬声器单元例子

Q_{ts}	Q_{es}	Q_{ms}	f_s	X_{max}（mm）	S_d（m²）	V_d（m³）	V_{as}(ft³)	Γ	E
0.25	0.29	2.05	22	3.5	3.3×10^{-2}	1.16×10^{-4}	7.51	1.67	0.40
AL	V_b(ft³)	V_1(ft³)	V_2(ft³)	f_3(Hz)	f_B(Hz)	$P_{ar(p)}$(W)	SPL（dB）	η_0(%)	SPL（dB）	Per（W）
QB3	3.67	1.47	2.2	36	36	0.048	99	0.72	90.6	6.6

对于 Γ=1.67（8 英寸扬声器单元）和给定的 V_{pr}/V_d=2，由一个 8 英寸和一个 6.5 英寸锥形振膜组成的扩大式被动辐射器将是足够的。如果 P_{er} 和 P_{ar} 看起来低了，Clarke 认为这个数字过于保守，可将此值乘以 2～3 倍（20～30W P_{er}）。

对于 Γ=1.67（10 英寸扬声器单元）和给定的 V_{pr}/V_d=2，由一个 12 英寸和一个 8 英寸锥形振膜组成的扩大式被动辐射器将是令人满意的。同样的，P_{er} 和 P_{ar} 是非常保守的，将此值乘以 2～3 倍（13～20W P_{er}）。

3.8.3 调整失当的响应变化

与开口式以及被动辐射系统相同。

3.8.4 次声滤波

与第 2.12 节相同。

3.8.5 阻尼

为了抑制驻波，可以在 V_1 中使用最少量的阻尼材料。V_2 不需要阻尼，但必须做好空气密封（和 V_1 一样）。

3.8.6 双低频扬声器单元结构

虽然和扩大式扬声器式被动辐射器一起使用的双扬声器单元结构比较复杂，但第 1.9 节中讨论的事项在这里都适用。与扩大式被动辐射器一起使用双低频扬声器单元复合结构有特殊的趣味。两个方法的组合可以使用一个普通大小的箱体来得到很低的 f_3。可以用普通大小的箱体来实现这一点，是因为复合体的 V_{as} 减半了，因为扩大式被动辐射器的 α 值大约减小了一半，（对“普通”大小的开口式和被动辐射器系统来说）还因为它们的结合消除了它们的相互影响。图 3.17 所示给出复合扩大式被动辐射器箱的结构。依照扬声器单元（Q）和箱体尺寸，可能需要给内侧被动辐射器装一个短的管道。

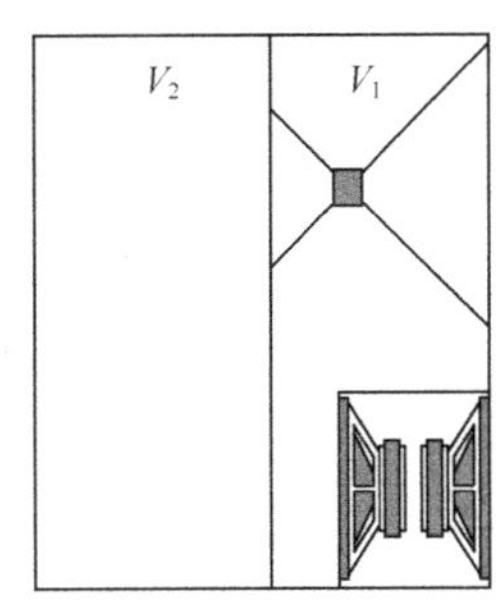

图 3.17　复合扩大式被动辐射器剖面图

3.9 声杠杆

1999 年，一种新的被动辐射器带通扬声器箱被发明出来[8]，即声杠杆（Acoustic Lever，AL）[9]，这要感谢 Earl Geddes 博士的创造性工作（Geddes 博士此前在带通扬声器箱上的工作参见第1章1.2节“历史”）。声杠杆基本上是第3.7节讨论的扩大式被动辐射器的类似产品。如果你观察图3.18所示的图样，最先注意到的将是声杠杆使用一对耦合的被动辐射器，两个辐射器具有不同的活塞面积（S_d），非常像Thomas Clarke的扩大式被动辐射器。然而，相似之处只有这些。扩大式被动辐射器将“杠杆”作为与扬声器单元平行使用的辅助装置，就像一个标准导声管，而且主要只是为了扩展带通的低端而工作，带宽的其余部分依赖于扬声器单元的直接辐射。Geddes博士的声杠杆将“杠杆”装置与单元串联使用，因此它对辐射的体积速度（Radiating Volume Velocity）进行转换，其转换方式用电子来比喻，就像叠层变压器；用机械来比喻，就像支点和杠杆。这意味着当外部辐射面积大于内部辐射面积时，声杠杆输出的体积速度将大于单元的输出，放大倍数等于两个辐射面积的比率。由此，辐射面积比为1∶2的声杠杆，与单元的直接输出相比，具有大约6dB的放大倍数，事实确是如此，这也使声杠杆成为一个非常有意思的装置。

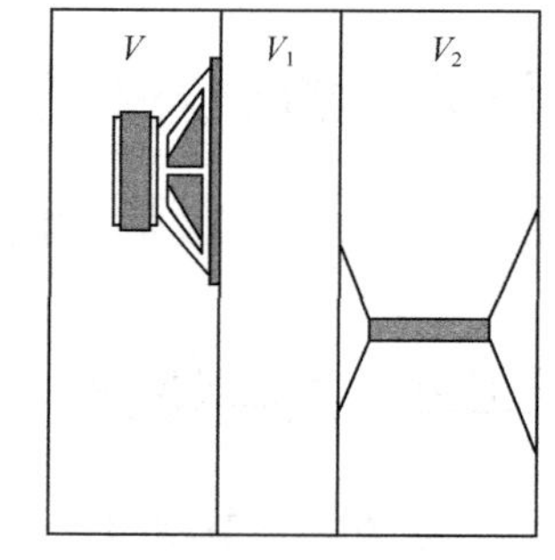

图3.18　声杠杆（单杠杆）图解

图3.19（注意：图3.19和图3.21～图3.24都由Geddes博士提供，并使用Speak_32程序生成）所示为一个标准被动辐射器带通箱的响应与装在一个声杠杆类型的箱中的同一扬声器单元响应的比较。一个标准的带通箱，如图3.20所示，在效率增加时带宽减小。和所有的事情一样，天下没有白吃的午餐，AL确实也要付出代价，这就是更大一些的体积。但是，由于可以使用高密度玻璃纤维来增大箱体的有效容积，图3.18所示AL箱的V_2可以相当大幅度地减少，使得额外6dB效率的代价变得比较合理。

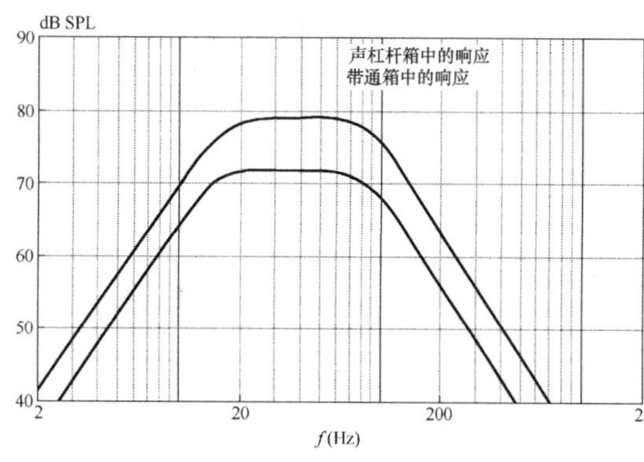

图3.19　低频扬声器单元及辐射锥形振膜（AL的为外杠杆辐射锥形振膜）S_d相同的被动辐射器带通箱与声杠杆比较

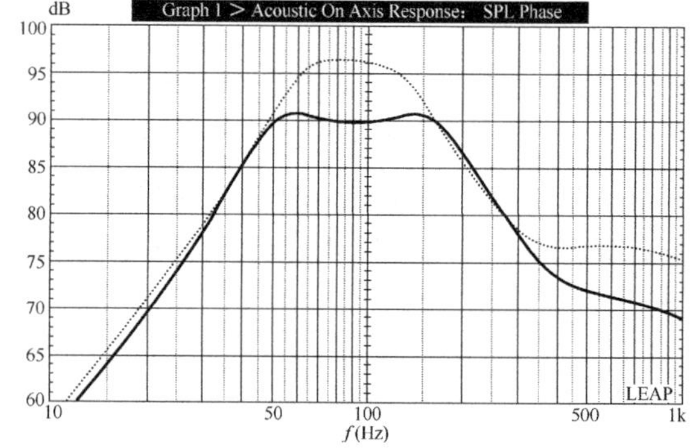

图3.20　一个标准带通箱体的LEAP模拟，显示效率与带宽的消长

有许多变量可以控制“声杠杆”的响应，如杠杆箱的体积（V_2）和阻尼、前腔、V_1和后

面的单元腔 V。图 3.21 所示为杠杆腔 V_2 的体积直接控制 AL 的低频响应。当 V_2 体积减少，AL 低频 f_3 频率就升高。

前腔和 V_1 控制系统的低通（较高频率）衰减有点像标准的带通。然而，观察图 3.22 所示的图形，可以看到 AL 有一些非常有趣的东西。当耦合腔（标准带通的前腔）体积减少，带宽增加，可是输出只有少量的变化。正如 Geddes 在他的 AES 论文里写的那样，这是一个“设计师的梦想”。

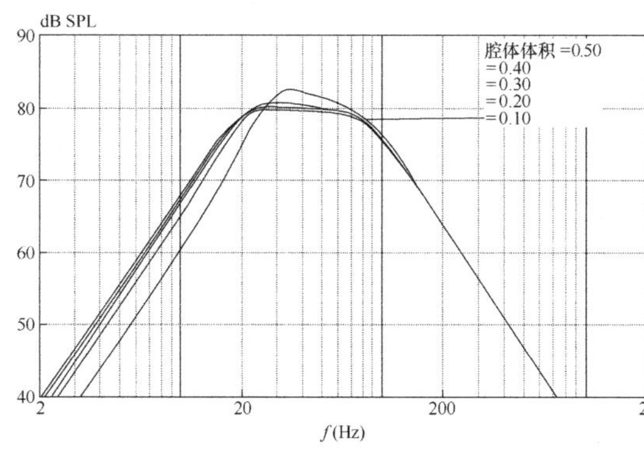

图 3.21　减少声杠杆 V_2 杠杆腔体积对低频响应的影响

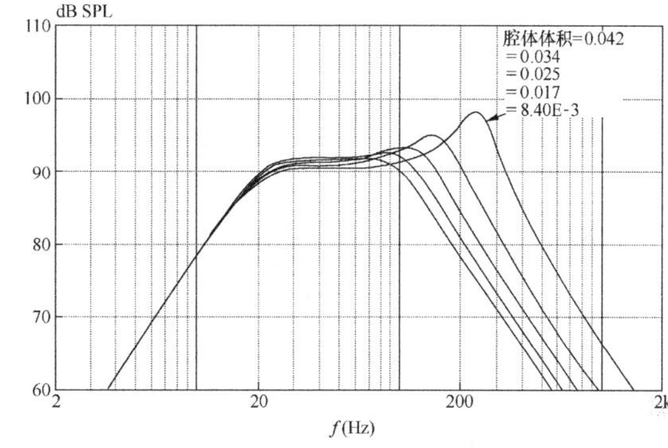

图 3.22　减少声杠杆 V_1 杠杆腔体积对低频响应的影响

就 AL 中每个独立箱体的阻尼而言，这些效应可以用于 AL 系统的最终调谐。由于低频扩展受杠杆腔 V_2 的控制，增加这个腔室的阻尼对 AL 系统的高通衰减，与增加标准闭箱系统的“填充物”具有相似的效应（如图 3.23 所示），可能由于耦合腔 V_1 主要控制 AL 系统的低通衰减，阻尼效果改变了高频衰减的“膝盖”形状，如图 3.24 所示。

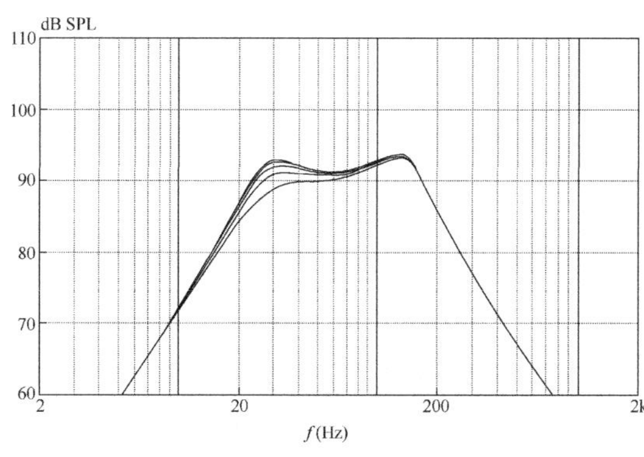

图 3.23　增大声杠杆 V_2 杠杆腔内部阻尼（增加填充材料）的效果

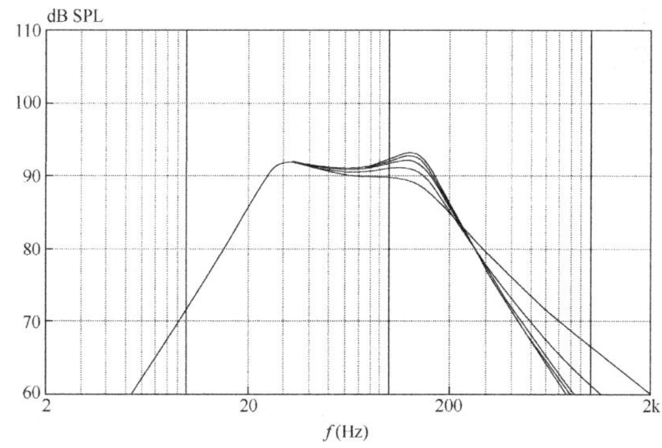

图 3.24　增大声杠杆 V_1 杠杆腔内部阻尼（增加填充材料）的效果

由于这是个相对较新的设计概念，还没有为制作 AL 的设计表格出版。然而，构建一个 AL 的准则相当简单。如果你准备做，方案不过是设计一个带有被动辐射器的标准的闭后腔带通。AL 两个前腔的大小，V 和 V_1，和标准的被动辐射器 BP 是相同的。对于一个 2∶1 AL 类型的设计，杠杆系统的质量将是标准系统的 PR 质量的 1/4。如果标准带通箱的 PR 质量是 500g，那么杠杆系统可以用大约 125g 进行调谐。杠杆的大活塞的面积是小活塞的 2 倍，并且大活塞的面积与你为标准被动辐射器带通箱设计的相同。和所有的被动辐射器系统一样，选择一个大于单元的被动辐射器活塞面积（对于声杠杆，指那个较大的活塞）（例如，对于 8 英寸扬声器单元，使用大约 6.5 英寸和 10 英寸直径的活塞）。至于杠杆腔体积 V_2，根据 Geddes 博士[10]提出的经验法则，是要使这个腔体不小于另两个腔体体积 V 及 V_1 之和（$V_2 \geqslant V+V_1$）。同样地，V_2 的体积可以通过用玻璃纤维填充箱体来增大（译注：原文为减小），只要填充的材料不影响杠杆的功能。例如，你可以在杠杆腔内表面衬上 Owens-Corning703 玻璃纤维，并给余下的位置部分填充 R19 型玻璃纤维。

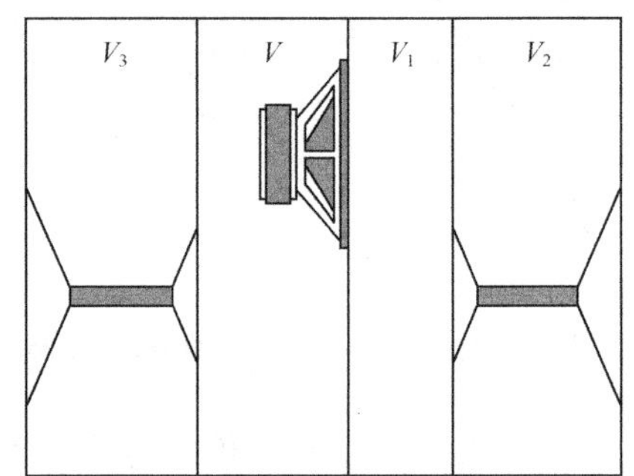

图 3.25 单元前后辐射表面均使用杠杆的双声杠杆图解

这种装置还有一种双杠杆变形（多级杠杆不可行）如图 3.25 所示。在这种情况中，V 和 V_3 的体积都将影响系统的高通衰减。

Geddes 博士要我提醒读者，AL 是一个专利装置，制作不完全合法，即使是为了自己使用，并且未经授权进行生产是绝对违法的。你可以用 Earl Geddes 的 CAD 设计软件 Speak_32（见第 9 章）模拟这种独特类型的箱体。购买这个程序同时授予用户制作一个个人使用的 AL 的权利。

参考文献

1．H. Olson, “Recent Developments in Direct Radiator High Fidelity Loudspeakers”, *JAES*, October 1954.

2．Nomura and Kitamura, “An Analysis of Design Conditions for a Phase Inverter Speaker System with a Drone Cone”, *IEEE Transactions Audio and Electroacoustics*, Octorber 1973.

3．R. Small, “Passive-Radiator Loudspeaker Systems”, *JAES*, Oct. /Nov. 1974.

4．Douglas H. Hurlburt, “Complete Response Function and System Parameters for a Loudspeaker with Passive Radiator”, *JAES* Volume 48, No. 2, March 2000.

5．D. B. Weems, “How to Design and Build and Test Complete Loudspeaker Systems”, Tab Books, No. 1064, 1978,(out of print.)

6. G. R. Koonce, "Find f_p for Passive Radiator Speakers", *Speaker Builder*, 4/81, p. 25.

7. T. Clarke, "Augmented Passive-Radiator Loudspeaker Systems", *J*AES, June/July 1981.

8. E. R. Geddes, "The Acoustic Lever Loudspeaker Enclosure", *J*AES Jan. /Feb. 1999.

9. Acoustic Lever is a trademark of Gedlee Associates with exclusive license to Visteon Automotive products.

10. E-mail correspondence between Earl Geddes and Vance Dickason.

第 4 章 传输线低频系统

4.1 定义

闭箱、开口箱和被动辐射箱，所有这些都是使用不同的技术控制动圈扬声器固有谐振峰的设计。而传输线（Transmission Line, TL）音箱代表另一类一般认为是无谐振的音箱。传输线音箱是一类以低频相位反转器方式工作的装置，让传输线音箱扬声器单元锥形振膜后方的能量与锥形振膜前方的能量汇合（这也是开口式或被动辐射式设计的目的），其转换函数相当于一个抑制高频的一阶低通滤波器[1]。然而，在一开始，人们可能就深刻地注意到，传输线扬声器不是非常独特的，它可以类比成一个电传输线。电传输线通常比波长长，可以使由能量反射引起的驻波最小化。而传输线音箱比所产生的声波波长短，而且具有讨厌的共鸣模式，需要大量的阻尼（包含独特的阻尼材料）。对这一类型扬声器箱来说，称之为“阻尼线（Damped Line, DL）”音箱可能要好得多，但在这一点上，我不认为阻尼线音箱这个术语将会“流行”。说到这里，传输线音箱的特征大体上可以总结如下。

（1）较低的音箱谐振。

（2）在低频有足够的响度（低于 50Hz）。

（3）高度阻尼的阻抗峰。

（4）减少了 40Hz 左右锥形振膜的位移，但伴随着次声的锥形振膜运动增加（如同开口式、被动辐射式和扩大的被动辐射式系统），这个问题容易通过一个合适的滤波器解决。

（5）较低程度的中低频声染色。

（6）较低的整体效率，有点像气垫闭式音箱。

（7）高通衰减和群迟延类似于一个良好阻尼的（$Q_{TC}=0.6\sim0.7$）闭箱[2,3]。

传输线音箱在美国获得的成功程度一般，但在英国非常受欢迎，这种设计是在那里得到开发的。一个典型的英国传输线音箱特征如下。

（1）采用 KEF 扬声器单元。

（2）采用锥形聚氨酯泡沫（译注：俗称“鸡蛋棉”）或长纤维羊毛作为传输线中阻尼材料。

（3）箱体内壁上涂覆声学涂层。

（4）双内壁箱体结构。

（5）用音箱脚架将音箱与地面隔开。

不是所有的音响专家都赞成这种设计。Martin Colloms，英国 Monitor Audio 的创始人，认为传输线音箱的表现不比一个制作良好的开口式音箱好，并且很难得到稳定的低频性能，同时难以抑制由管谐振引起的中低音区域的声染色[4]。

尽管在美国的业余音箱制作者中受到热烈的追随，传输线音箱从未受到美国音箱制造商的欢迎，无论是主流的或是高端的。我记得的最近一个专门生产传输线音箱并获得成功的美国音箱公司是 Audionics，它在 20 世纪 70 年代中期出品过一系列折叠式传输线大落地箱。在过去的 10 年中，我为许多音箱公司设计过大量评价良好的家用音响产品，这些公司包括 Atlantic Technology、MB Quart、NEAR、Parasound、Signet、Snell（当时我的朋友 Kevin Voecks 在这个公司负责工程部）和其他一些我未被允许提及的著名的制造商。不仅是我从未向这些公司提供或推荐将传输线音箱设计加入到它们的产品系列中，他们也从未要求过。这不是因为传输线音箱不能提供准确的富有音乐性的低频端音质，因为它们确实可以提供。但这些装置不容易应用现代制造工序，而且通常制造的成本更高，并且体积比其他设计方法大得多。大尺寸传输线音箱的典型体积正好与紧凑型超低音的现代趋势相悖，如 Bob Carver 的 Sunfire 产品。从缺少商品化的传输线音箱来看，似乎它与其他执行良好的设计之间只有微小的音质差别，因而通常不值得那些花费和努力。然而，对那些寻求曾经生产过的最好的扬声器的人们来说，这种常常被误解的装置仍然可以为他们提供一个富有成效的追求，我知道还有许多这样的人。就说我吧，我仍然记得在 20 世纪 70 年代与传输线音箱的接触，记得音箱淋漓尽致地播出 Pink Floyd 的“Dark Side of the Moon”那个心跳声时结实的低频[要不然我不会相信“Dark Side of the Moon”是为了电影 Wizard of Oz（绿野仙踪）的同声音轨而写的]。所以，虽然我没有把这种类型的装置加入到我的顾问实践中，但我努力在这一章中收集我觉得最新的，准确而且有用的信息，来引导你成功地制作一个传输线音箱。

4.2 历史

传输线设计的前身是声迷宫箱（Acoustic Labyrinth Enclosure）设计，声学迷宫箱最早的专利，由 Benjamin Olney 提出，并描述在他 1936 年发表于《JAES》的论文中[5]。这个专利后来转化为 Stromberg-Carson 公司生产的商品，从 20 世纪 30 年代开始生产，直到第二次世界大战结束后的一小段时间。最初的设计是由长度固定为扬声器单元自由场谐振频率波长的 25%和截面积约等于扬声器单元 S_d 的管道组成。然后这个“管道”被折叠成可接受的形状，可以放置在那时的“美国式”起居室并成为一个可接受的家具（足够怪异，是追求极致音箱中常常与时代无关的一个重要的设计目标）。声学迷宫箱被衬上阻尼材料，这个想法是要滤掉较高频率的线路谐振，然后把低频扬声器单元在低频处的前向和后向能量理想地结合起来。

在 20 世纪 60 年代，带着相同的基本理念，A. R. Bailey 在折叠式迷宫线路中实验了不同的阻尼材料和技术[6, 7, 8]。这个工作从此成为大多数传输线音箱设计的经典。使用 Bailey 的 0.5 磅/立方英尺的作为密度标准，A. T. Bradbury 于 1976 年发表了一篇论文，描述不同类型的阻尼材料（玻璃纤维和长纤维羊毛）对声音速度的改变。

由于 Bailey 的工作和许多商业传输线箱的成功（更不用说《Speaker Builder》以及世界上其他类似出版物的读者们对传输线音箱的强烈兴趣），有许多尝试想要建立一个 Novak/Thiele/Small 类型的模型，让计算机能像设计闭式、开口式、带通和被动辐射器扬声器箱那样设计传输线箱。在最值得注意的尝试中，有两个分别是由 Robert Bullock[10]和 Juha Backman[2]所做的。Bullock 博士和 Peter Hillman 在传输线音箱数学建模上获得了一些成功，这个数学模型同时转变成一个软件程序（TL Box Model），作者自己承认这个模型在预测低频行为方面做得不太好。另一个重要的进步来自 Juha Backman 用数学描述传输线音箱的尝试。这一尝试无疑是值得注意的，提出了包括群迟延和锥形振膜冲程曲线在内的模型，但同时，作者自己承认这个工作从未经过实验证实，另外，这个模型还认为收细管线提高了管线的截止频率，显然不符合实际。

现在，在传输线箱上最让人印象深刻的并经实验证实的工作来自 George Augspurger。George 是一个著名的业内专家，他在 1958 年加入 James B. Lansing Sound 公司。开始了他的扬声器职业生涯，在 1968 年之前是 JBL Pro 的经理，离开后创建了他自己的公司——Perception Inc.。如果你读过《*JAES*》，George 曾经写过许多年的专利评论专栏（他在评论音响专利时，带有极好的幽默感）。本章中大部分的分析和结构建议都来自 Augspurger 在传输线音箱上的工作[1, 3, 11, 12, 13]。

传输线性能与建模

将低频扬声器单元装在一个开口管道上时，它的性能究竟如何？在传输线特性方面最好的研究之一，也是我在这一研究领域的文献中从未见到引用的，是 Sven Tyrland 的工程学硕士学位论文，1974 年由瑞典歌德堡 Chalmers 技术大学公布[14]。图 4.1 所示的 3 种未阻尼传输线的实验比较，分别是直管线、收细管线和扩张管线（实线是低音单元的近场响应，虚线是管线出口的近场响应)。有两个特点是一目了然的。第一，这些直管线的各种变形在 100Hz 以上都存在谐振响应异常。第二，同时也是最重要的，与直管以及扩张管相比，收细型管线降低了低频扬声器单元的 f_3。扩张管线看起来完全不可取，因为与直管线的表现相比，它倾向于提升 f_3。从管线引起上部频率响应异常来说，将管线折叠除了可以使这个装置更为紧凑的明显好处之外，似乎还可以提供另一个直接的益处。这一点可以从图 4.2 的两个直管线变形中得到阐明。可以注意到将管线折叠同时还影响到低频表现，稍微增大了 f_3 频率。

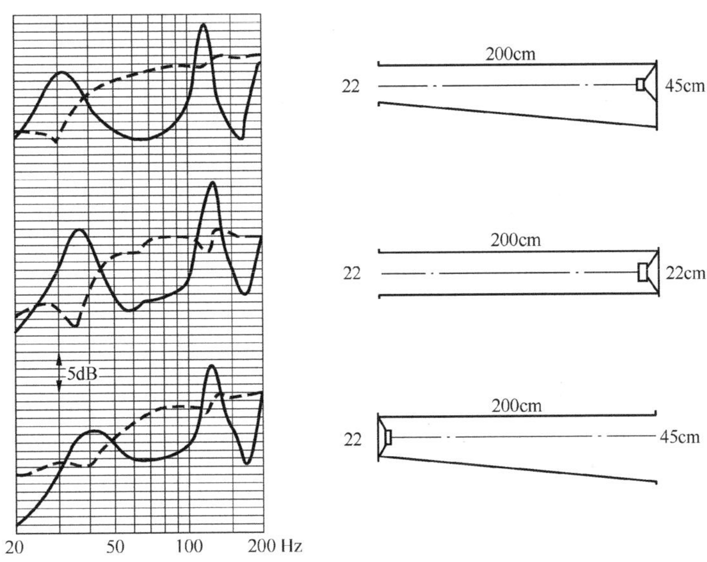

图 4.1　未经阻尼的收细管线、直管线和扩张管线 SPL 测量输出比较（引自 Chalmers Report 74-35）

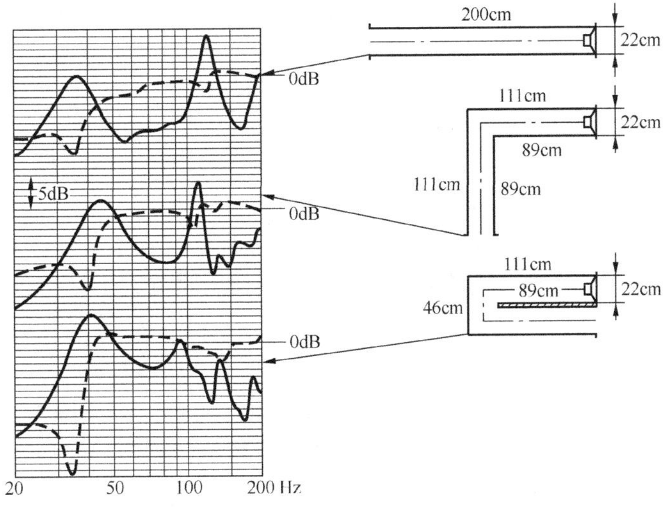

图 4.2　未经阻尼的直管线、单 90° 弯曲管线以及折叠管线 SPL 测量输出比较（引自 Chalmers Report 74-35）

图 4.3 所示比较了 3 个成功的传输线变形：直管线与收细管线、简单折叠收细管线，以及一个更复杂的折叠管线。所有例子都不含填充材料，所以问题仍然是如何消除由管线传播出来的上部频率样式和谐振。

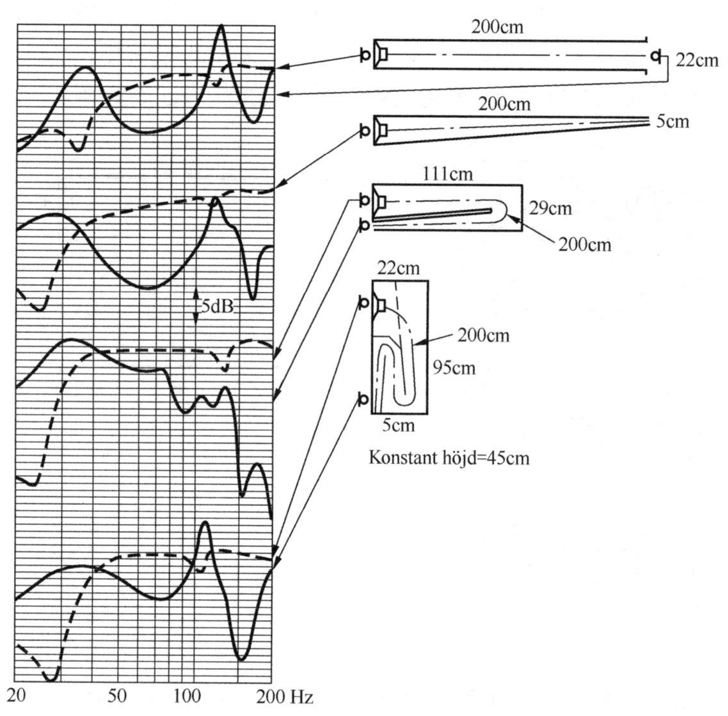

图 4.3 未经阻尼的直管线、直收细管线、折叠收细管线以及 Bailey 型折叠收细管线 SPL 测量输出比较（引自 Chalmers Report 74-35）

针对管线的阻尼话题，Tyrland 先生（如图 4.4 所示）用 3 段折叠管线进行实验，连续地对填充进行反复分析，从无填充开始，到几种综合的填充方法。实线是管线出口的输出，虚线是低频扬声器单元的锥形振膜输出，均为近场测量。显然，当管线变得更复杂，对管线进行阻尼的不同方法获得了不同的结果，使它成为音箱调整的理想方法。

是什么使这些数据如此有吸引力，除了使用或不使用阻尼的不同的管线效果表现出的明显作用之外，还因为这个研究得到了与 George Augspurger 对传输线音箱的研究工作非常相似的结果。图 4.5 所示为了 1999 年对一个偏置安装于收细管道的低音单元的测量结果。注意和图 4.3 所示 Chalmers 研究的收细管线的曲线相比，两条曲线（黑线是锥盆的近场输出，灰线是管线开口输出，也是近场测量的）形状的接近程度。虽然形状是一样的，但是非常明显，管线中的谐振样式发生于很不相同的频率。Chalmers 的研究采用一个装在 78.75 英寸管线上的 KEF B139 低频扬声器单元，而 Augspurger 先生使用一个装在 28 英寸管线上的 3 英寸扬声器单元，这解释了你观察到的管线谐波输出的频率差异。Augspurger 先生还注意到他的结果非常接近地和另一篇 1975 年悉尼电子工程系（Sydney Electrical Engineering department）学位论文[15]的研究结果相似。

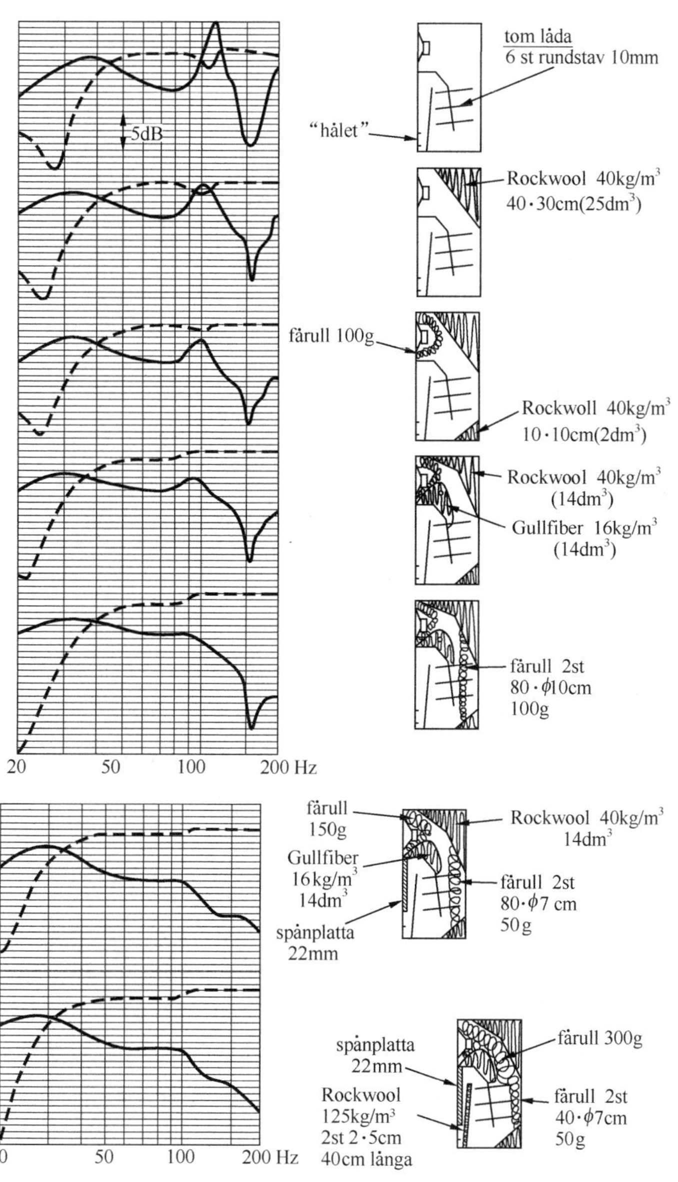

图 4.4 不同填充方式的 Bailey 型折叠收细管线 SPL 测量输出比较（引自 Chalmers Report 74-35）

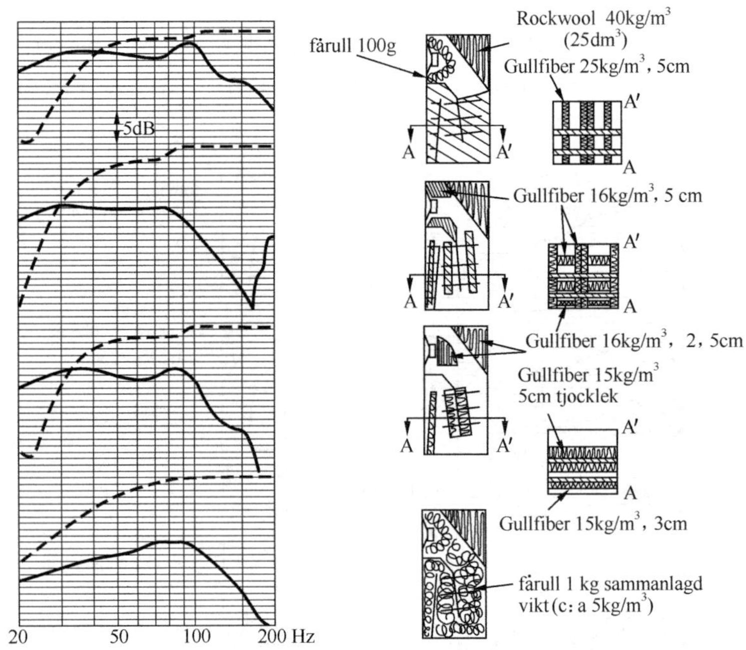

图 4.4 不同填充方式的 Bailey 型折叠收细管线 SPL 测量输出比较（引自 Chalmers Report 74-35）（续）

牢固地掌握了实验结果中的管道表现，Augspurger 先生开始着手提出某种类型的计算机模拟，不仅可以预测性能，还可以让计算机研究方法。前人对传输线音箱计算机模拟的尝试已经失败[2,10]，他用明显不同的方法继续这个研究。Augspurger 先生从被阻尼的管道可以按无损号角进行分析的假设开始，而不是试图用集中于阻尼材料引起空气传播速度降低及管道有效长度变化的模型来工作。由此他改写了 Bart Locanthi 开发的一个模拟电子传输线的基本模型[16]（Locanthi 先生前几年去世了，但仍然是这个时代最优秀的扬声器工程师之一）。从图 4.6 所示可以看到的那样，结果令人印象深刻。将这个无阻尼管线响应的模拟与图 4.5 所示的管线测量结果相比较，表现出一种高度的准确性，这是此前的尝试从未获得过的。除此之外还加入了一个非常复杂的，对传统用于传输线音箱制作的填充材料进行模拟的方法，这些材料有玻璃纤维、聚酯、微纤维和 Acousta-stuf®-Mahogany Sound 公司提供的一种尼龙聚酯。对阻尼损耗的联合分析包括 4 个实验参数：固定损耗、可变损耗的拐点频率（频率决定的损耗）、可变损耗的斜率和穿过材料的相对声速。有意思的是，Augspurger 先生发现此前大多数传输线音箱研究工作真正关心的声音穿过阻尼材料的速度，并不是一个密切相关的控制参数，而且管道长度和填充物密度也没有直接的相关性。似乎每个人都读过 Bailey 的论文，他令人信服的假设使得考虑“箱体之外的事”变得有点困难，而我们每个人都有过错，因为“搞错了对象”，如他在《Speaker Builder》发表的文章中这就是么写的[1]。更进一步地说，传输线音箱最主要的控制参数是单元的 Q_{TS}，而紧随其后的是管道的形状。

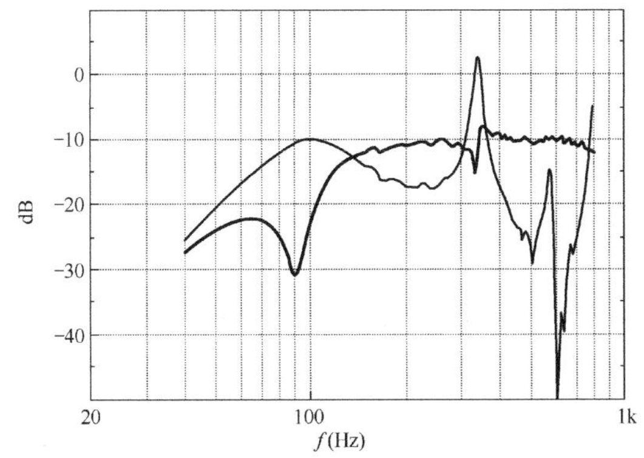

图 4.5　不同填充方式的 Bailey 型折叠收细管线 SPL 测量输出比较（引自 Chalmers Report 74-35）

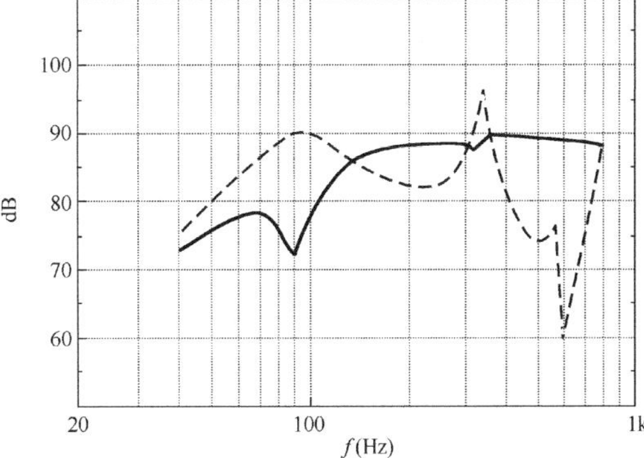

图 4.6　未经阻尼偏心管线（同图 4.5 所示）的计算机模拟（引自 AES 预印号 5011）

配备上合理描述阻尼管道的模拟工具，现在有可能模拟不同填充密度的效果。图 4.7～图 4.10 所示是对一个装于 3 英尺管道的小型低频扬声器单元的计算机模拟，管道中填充材料的密度逐渐增大。随着填充物密度增大，可以观察到一些变化：响应变得更平滑，因为填充材料阻尼了上部的谐振异常；当密度增大时，外开口输出的幅度降低；阻抗也逐渐被阻尼。与一个逐步过度填充的闭箱相似，在管线中填充物的密度增大时，高通衰减的膝（拐角）变得更平缓而且 f_3 增大（可能可以认为在这一点上也会有个群迟延的减小）。

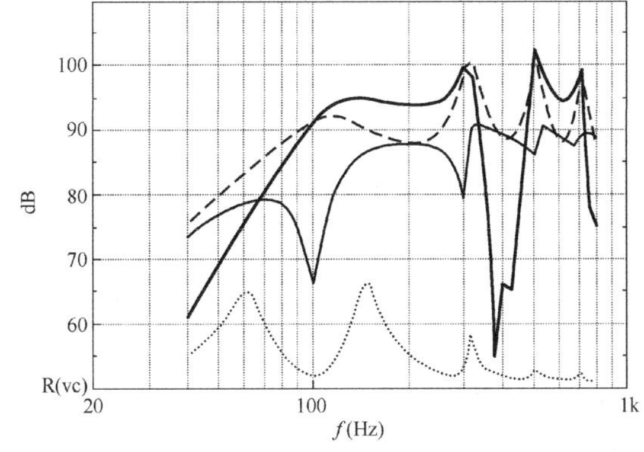

图 4.7　未经阻尼直管线的计算机模拟（引自 SB 2/00）

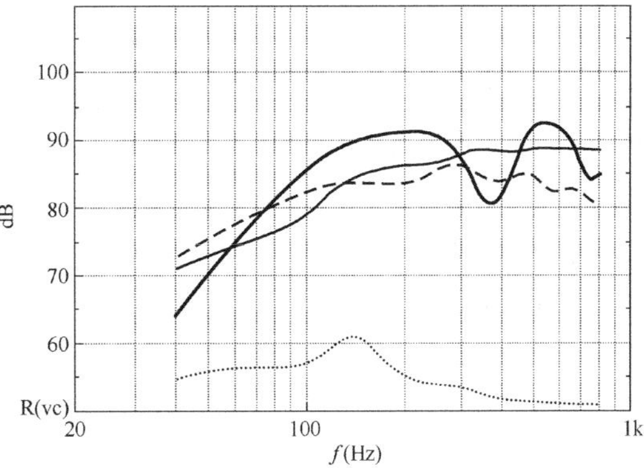

图 4.8　轻度阻尼直管线的计算机模拟（引自 SB 2/00）

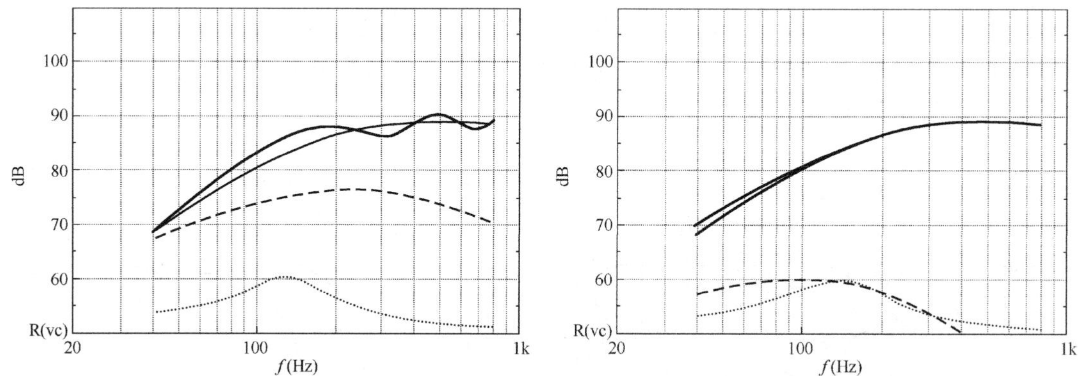

图 4.9　中度阻尼直管线的计算机模拟（引自 SB 2/00）　图 4.10　重度阻尼直管线的计算机模拟（引自 SB 2/00）

图 4.7～图 4.10 显示了如图 4.4 所示 Chalmers 研究的更复杂管线反复填充实验的比较结果。对这个模拟和实验测量数据的一个说明，有人告诫说这样的模拟和实验测量数据必须是对放在房间中的真实系统响应进行的。图 4.4 所示的近场实验测量结果以及图 4.7～图 4.10 所示计算机模拟的系统响应曲线，都假设锥形振膜输出和管线出口处的相位相关。相位相关（Phase Correlation）的意思是锥形振膜与管线出口的声波是从空间和时间上几乎相同的点上传出的。Augspurger 先生和 Letts 先生都指出，如果出口与锥形振膜输出隔开了较大的距离，房间的声音总和将没有可预测的结果。由此，你可以得出这样的结论：锥形振膜和出口辐射一致的折叠管线可能具有不同于直管线的主观音质，后者的锥形振膜和开口基本上不相关。

4.3　管线阻尼的有关事项

之前的实验证据暗示，通过增加填充物密度，较短的管线是可能的[17]，也就是说较短的管线需要增加填充物密度以达到较长管线的表现。Augspurger 的研究也肯定了这一点。虽然在短管线里增加管线阻尼材料的密度可以产生与长管线较低密度同样的转换效果（频率决定的减弱比例），这并不是对截止频率的主要控制。将 6 英尺管道里按 1 磅/立方英尺密度填充和 3 英尺管道里按 3 磅/立方英尺密度填充进行比较，结果如图 4.11 所示。如可以看到的那样，结果几乎是相同的，然而，路径长度是主导因素，而且无法通过增加填充密度改变声速进行补偿。从这个研究得到的重要结论是：管线的截止频率 f_3 将在 0.7～1.4 倍未阻尼管线的管线谐振频率 f_p 之间。进一步地说，调整响应最好是改变扬声器单元参数，而不是改变填充密度。

由于填充密度主要与阻尼通带响应异常（纹波）有关，所以有可能提供一种等效填充密度的标准，确定不同类型材料达到大致相同的响应时所需要的密度。这正是表 4.1 所做的事，比较了不同长度的管线产生相同可接受的纹波水平时（±1dB），不同材料填充的密度。这些数据经过实验证实，包括玻璃纤维、聚酯填充物（涤纶）和 Acousta-Stuf（混有少量的超细纤维 Microfiber），而且对收细型、偏置型（Offset）和耦合腔（Coupled Chamber）类型的管线有效。但未对简单直管线进行验证。

表 4.1　不同类型材料达到大致相同响应时所需密度

管线长度（英寸）	f_P（Hz）	ACOUSTA-STUF	涤纶	玻璃纤维	超细纤维
24	140	1.70	1.80	0.90	0.65
36	94	1.30	1.40	0.70	0.55
48	71	1.00	1.10	0.60	0.45
72	48	0.75	0.85	—	0.35
96	36	0.50	0.65	—	0.27

虽然表 4.1 中的管线填充密度就上部谐波水平的抑制而言是大致等效的，每一种材料都提供不同的，由频率决定的对低频扬声器单元后部声波的减弱效果。图 4.12[1]所示为一个以归一化（Normalized）传输函数表示的测量响应比较，这是在 Augspurger 的研究中完成的，玻璃纤维和 Acousta-Stuf 带有明显不同的频率响应。根据不太严谨的经验，长纤维羊毛常常是经验丰富的传输线音箱制作者的首选利器，Acousta-Stuf 次之，而涤纶和玻璃纤维常常被报告提供了就主观音质来说较次的结果。考虑到“不太严谨”证据的性质和它典型的不稳定性，很难对这些材料的主观性质做一个有效的说明，只能说这些材料每一种都会有它自己的主观音质。就纯应用而言，长纤维羊毛通常不容易获得并难以使用，而玻璃纤维也是一种用起来有点让人发痒的材料。就只留下涤纶和 Acousta-Stuf 是相对容易使用的。

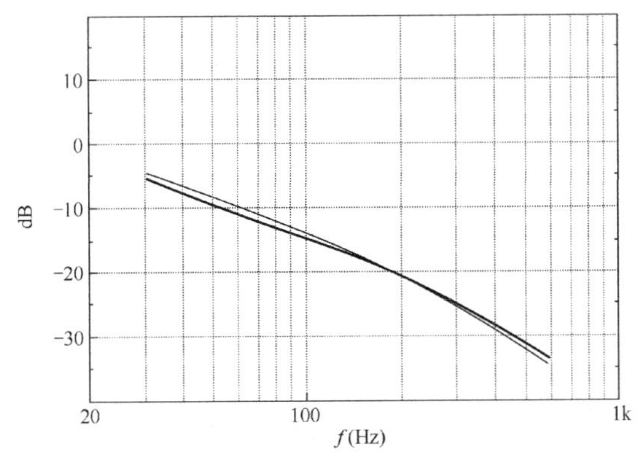

图 4.11　1 磅密度 Acousta-Stuff 填充的 6 英尺管线和 3 磅密度 Acousta-Stuff 填充的 2 英尺管线传输函数差异的计算机模拟（引自 SB 3/00）

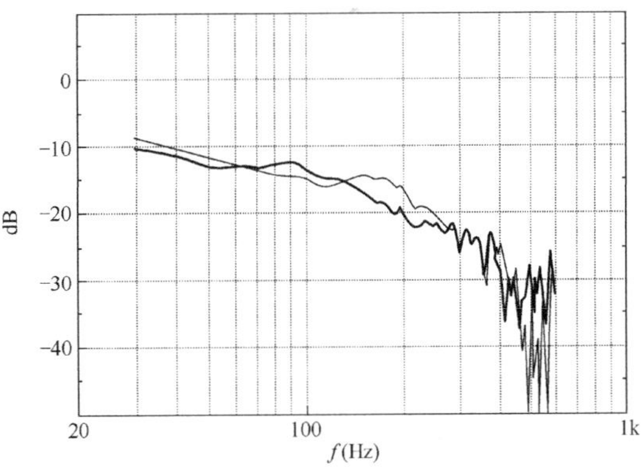

图 4.12　1 磅 Acousta-Stuff 和 0.5 磅密度 R19 玻璃纤维填充的 6 英尺管线传输函数的测量差异（引自 SB 3/00）

正如从图 4.4 所示可以看出的，填充传输线音箱的方式种类很多。阻尼材料可以用梢钉或尼龙绳悬挂固定在管线体中，或者管线的表面，如一些英国制造商提供的用于阻尼管线的聚酯泡沫（在 Augspurger 的研究中，泡沫海绵没有作为管线阻尼材料提到）。另一种最普遍的管线填充方法是沿管线长度改变密度。典型格式包括在扬声器后面较小的密度逐渐增大到出口处的全密度（在广范围内导致一个连续阻力负载），或更普遍地，留下最后 20%的管线长度不作阻尼。最终的调谐意味着调整管线最后几英尺的填充密度，经常可以在简单的 2 管折叠收细管线中看到。这通常是主观地进行，除了可能后续进行的阻抗曲线分析，以得到阻尼的一些指示（如图 4.13 所示）。

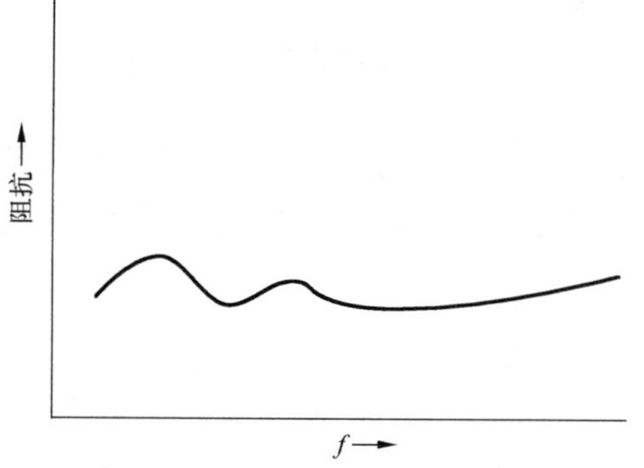

图 4.13　传输线调谐的典型阻抗曲线

管线形状

Augspurger 先生研究的第二部分包含了对管线类型各种变形的评判。虽然他没有把我这些年看到的各种类型都包括在内，他的数据证实了那些最常用格式的功用。这些如图 4.14 所示的格式分别是收细管线，耦合腔管线和偏置单元管线。收细管线广泛用于生产传输线音箱，它最简单的实例是一个带有斜放内障板的落地箱，如图 4.15（c）所示。Augspurger 的研究推荐 1:3 到 1:4 的收细管线。在图 4.3 所示的 Chalmers 研究中，收细比例大约是 1:4.4。观察图 4.16 所示的图形[14]，这个图形也是来自 Chalmers 的研究，你可以看到从直管到出口越来越小的变化过程，收细比例增大的无阻尼管线的结果。效果很容易看出。当收细比例增大，f_3 频率降低，同时效率也降低了。在这个比较中，对于 1:4.4 收细比例，f_3 从 36Hz 降到 29Hz，同时效率降低了 2dB。谐波共鸣高度的降低也很明显，这也是有益的。

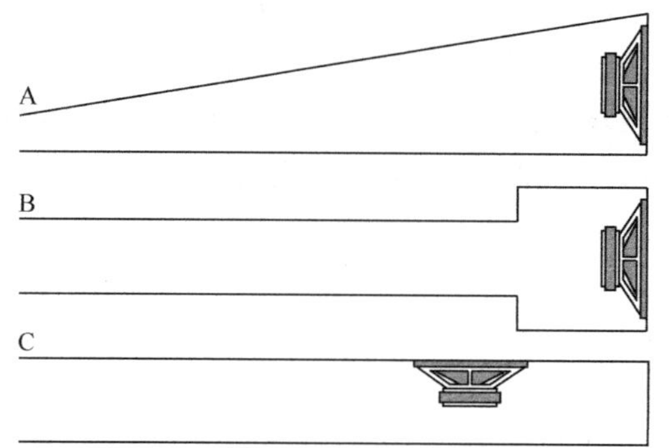

A 收细型；B 耦合腔型；C 偏置型。

图 4.14　Augspurge 研究中使用的传输线类型

Augspurger 的研究假设管线的起始面积大约在扬声器单元 S_d 的 25%以内。之前不太严谨的研究已经将起始面积从扬声器单元 S_d 的 1.25 倍提到高 2.5 倍，被报告为具有不同的主观音质[18]。既然 Augspurger 先生已经提供了一个创造成功管线的统一方法，其他收细比例和管线起始面积当然值也得考虑和实验。

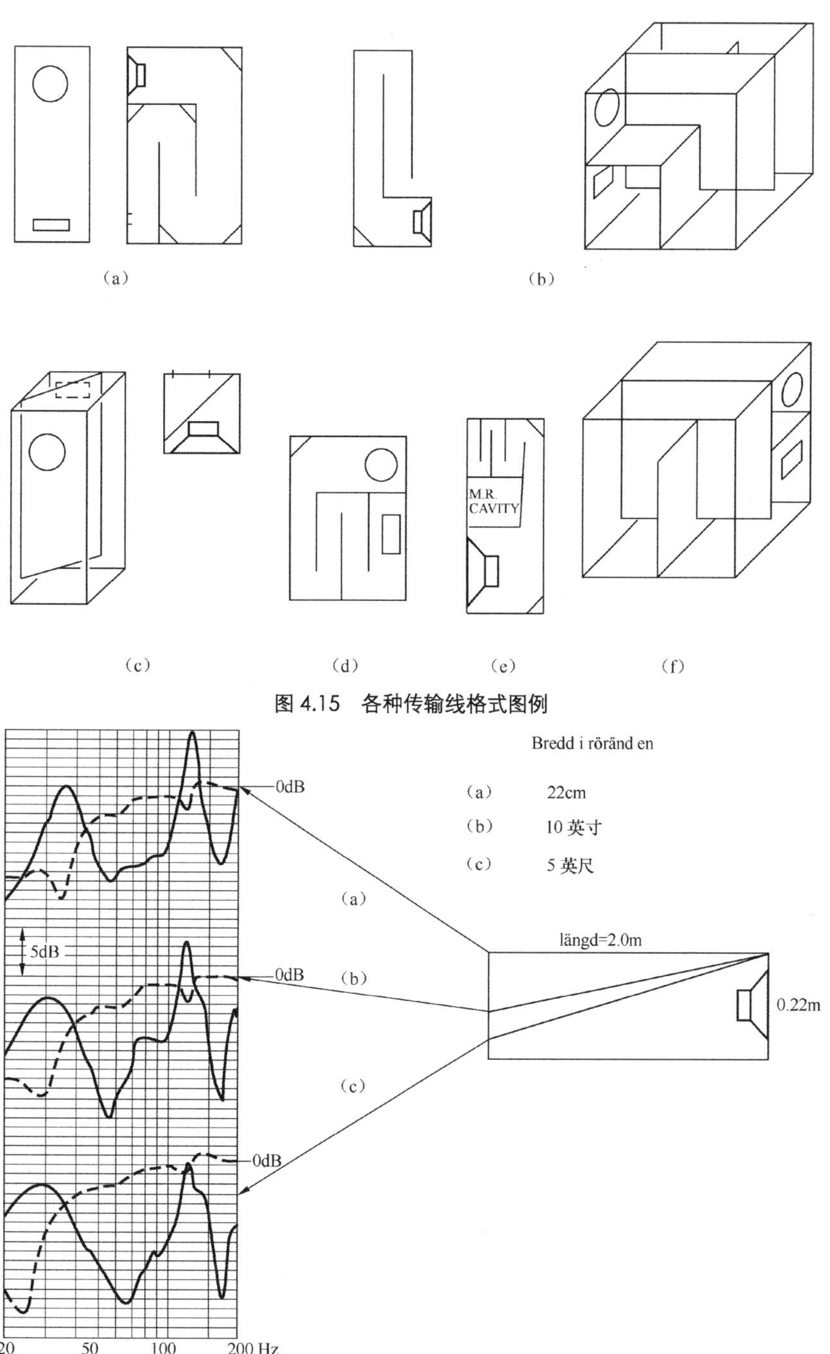

图 4.15 各种传输线格式图例

图 4.16 直管线、2.2：1 收细管线、和 4.4：1 收细管线 SPL 测量输出比较（引自 Chalmers Report 74-35）

耦合腔型管线（图 4.14 所示的 B）描述了多年来许多成功的管线，一个典型的实例将类似于图 4.15（e）所示的箱体（这个箱体还整合了一个收细管线）。将扬声器单元装于一个小腔提供了一个额外的 6dB 低通滤波器，可以进一步减弱管线产生的上部谐波。Augspurger 的建议是使这个体积约为管线总体积的 1/3。

在这个研究中，调查的最后一种箱体类型是偏置型管线。在这里，管线里的低频扬声器单元到管线起始处的距离在管线长度的 1/3～1/5，类似于图 4.15（c）所示的箱体图。对于 1/5 偏置，为了名义上的平坦频率响应，单元的 f_3 被设为比管线 f_p[12]高 20%。

4.4　传输线音箱调整表

使用作为这个研究项目的结果开发出来的软件，Augspurger 先生导出了一套特定管线类型的调整表格。提供了两个调整种类，一个是标准调整，其结果是较紧凑的管线，f_3 高于 f_p，另一个类使用特定 Q_{TS} 的扬声器单元，体积较大，有更低的 f_3，对于收细管线约为 1/3oct，而对于耦合腔管线约为 1/6oct。用于确定截止频率、管线长度和管线体积的比例见表 4.2（Augspurger 的标准调整）和表 4.3（Augspurger 的扩展调整）。每套调整都提供 3 个不同的 Q_{TS} 选择。显然地，对于二者之间的点，可以对数字做一些修改。

表 4.2　　标准传输线调整

管线类型	Q_{TS}	f_3/f_s	f_3/f_p	f_s/f_p	V_{as}/V_p
1：4 收窄	0.36	2.0	0.8	0.40	3.10
	0.46	1.6	0.8	0.50	2.00
	0.58	1.3	0.8	0.63	1.20
耦合腔	0.31	2.00	0.80	0.40	2.14
	0.39	1.60	0.80	0.50	1.35
	0.50	1.30	0.80	0.63	0.84
偏置	0.36	2.00	1.20	0.60	3.10
	0.46	1.60	1.20	0.74	2.00
	0.58	1.30	1.20	0.94	1.20

表 4.3　　标准传输线调整

管线类型	Q_{TS}	f_3/f_s	f_3/f_p	f_s/f_p	V_{as}/V_p
1：4 收窄	0.25	2.00	0.80	0.40	1.50
	0.33	1.60	0.80	0.50	1.00
	0.41	1.30	0.80	0.63	0.60

续表

管线类型	Q_{TS}	f_3/f_s	f_3/f_p	f_s/f_p	V_{as}/V_p
耦合腔	0.31	1.75	0.70	0.40	1.10
	0.39	1.40	0.70	0.50	0.68
	0.50	1.10	0.70	0.63	0.42
偏置	0.25	2.00	1.20	0.60	1.50
	0.33	1.60	1.20	0.74	1.00
	0.41	1.30	1.20	0.94	0.60

例如，一个 8 英寸 KEF B-200 扬声器的 Q_{TS} 为 0.41，f_s = 25.0Hz，V_{as} 为 131L。使用扩展调整表格 4.3，f_3/f_s = 1.3，因而 f_3 = 1.3 × 25.0Hz= 32.5Hz，考虑到传输线音箱的平缓衰减，这个结果还不错。管线的标称 1/4 波长谐振频率也用与 f_3 或 f_s 之比的形式出现在表格中。比较两种结果，得到 f_p 约为 41Hz。由于传输线音箱是一种相当宽容的装置，你可以在表 4.1 中插入一个管线长度 84 英寸长，填充密度约为 0.6 磅/立方英尺的 Acousta-Stuf，或直接使用另一个长度可能也可以工作得很好。管线总体积由它和单元 V_{as} 的比例决定。这里 8 英寸的低频扬声器单元 B-200 的 V_{as} 是 131L，表 4.3 中的比例是 0.6，所以管线的体积将是 131L/0.6 = 218.3L，或是 7.71 立方英尺。管道的开放区域将是 16 英寸 × 16 英寸，最后开口将是 4 英寸 × 16 英寸，因而这是一个相当大的装置，即使管道被折叠起来。将同一个扬声器单元装于一个 2.0 立方英尺的闭箱（Q_{TC} = 0.73），f_3 将是 38Hz（具有这一扬声器单元有限的动态范围的特征），因而采用传输线音箱，为了这个多出来的 5.5Hz，需要多做很多事。你必须真正喜欢传输线音箱的主观音质，使它对得起这些努力。

4.5 设计成功的论文

这一章关于传输线音箱的制作主要采用 George Augspurger 的方法，就像闭式和开口式章节参照 Neville Thiele 和 Richard Small 的工作。然而传输线音箱具有一个更广泛的品种变化可能。Augspurger 先生的工作覆盖了许多传输线音箱领域，但你可能希望研究其他的“已有技术（Prior Art）”，可以看看这些年出现的一些成功设计的论文。

《Speaker Builder》杂志：

1. R. Sanders, “An Electrostatic Speaker System”, 2, 3, 4/80.
2. G. Galo, “Transmission Line Loudspeakers”, 1, 2/82.
3. C. Cushing, “A Compact Transmission Line Subwoofer”, 1/85.
4. T. Cox, “An Experimental Transmission Line”, 4/85.
5. C. Bauza, “The Modified Daline”, 4/85.

6. D. Weems, “Experiments with Tapered Lines”, 2/87, P. 18.

7. J. Cockroft, “The Octaline: A Small Transmission Line”, 3/87, P. 9.

8. J. Cockroft, “The Shortline: A Hybrid Transmission Line”, 1/88, P. 18.

9. J. Cockroft, “The Unline: Designing Shorter Transmission Lines”, 4/88, P. 28.

10. P. Hillman, “Symmetrical Speaker System with Dual Transmission Lines”, 5/89, P. 10.

11. J. Cockroft, “The Microline”, 5/89, P. 28.

12. G. DeMichele, “Cylindrical Symmetric Guitar TLs”, 1/90, P. 22.

13. S. Ellis, “An Apartment TL”, 1/91, P. 32.

14. C. Cushing, “The Pipes”, 2/91, P. 18.

15. W. Wagaman, “Octaline Meets D’Appolito”, 2/91, P. 38.

16. S. Wolf, “Pipe and Ribbon Odyssey”, 3/91, P. 28.

17. R.J. Spear and A.F. Thornhill, “Fibrous Tangle Effects on Acoustical TLs”, 5/91, P. 11.

18. Spear and Thornhill, “A Prize-Winning Three-WayTL”, Part I, 4/92, p. 10; Part II, 5/92, P. 22; Part III, 1/93, P. 44.

19. J. Cockroft, “The Simpline”, 1/93, P. 14.

20. D.K. Johns, “A 15″ Transmission Line Woofer”, 7/94, P. 10.

21. K.W. Ketler, “The Achilles: A Two-Way Transmission Line”, 1/95, P. 22.

22. J. Cockroft, “The Simpline Sidewinder Woofer”, 4/95, P. 8.

23. J. Cockroft, “The Super Simpline”, 1/96, P. 18.

24. R. Watson, “Design a Three-Way TL with PC Audiolab”, 2/96, P. 12.

25. J Cockroft, “The Squatline, HDOLLP & ALL”, 3/96, P. 16.

26. J. Viola, “Doing the Daline”, 8/97, P. 16.

27. J. Cockroft, “The B-Line”, 1/98, P. 8.

28. J. Mattern, “Another Look at TL Design”, 3/99, P. 28.

Audio Amateur— Loudspeaker Projects（1970～1979）。

1. T. Jastak, “A Transmission Line Speaker”, P. 39.

2. T. Jastak, “A Jolly TL Giant”, P. 42.

3. B.J. Webb, “A Proven TL Loudspeaker”, P. 53.

4. D. Ruether, “The Big Bass Box”, P. 126.

参考文献

1. G. L. Augspurger, “Part 2, Transmission Lines Updated—Stuffing Characteristics”, *Speaker*

Builder, 3/00.

2. J. Backman, "A Computational Model of Transmission Line Loudspeakers", 92nd AES Convention, 1992, preprint No. 3326.

3. G. L. Augspurger, "Loudspeakers on a Damped Pipe", *J*AES, May 2000.

4. M. Colloms, *High Performance Loudspeakers*, Pentech Press, 1978, 1986, 1991.

5. B. Olney, "A Method of Eliminating Cavity Resonance, Extending Low-Frequency Response and Increasing Acoustic Damping in Cabinet Type Loudspeakers", *Journal of the Acoustical Society of America*, Oct., 1936.

6. A.R. Bailey, "A Non-Resonant Loudspeaker Enclosure Design", *Wireless World*, October 1965.

7. T. Jastak, "A Transmission Line Speaker", *Audio Amateur*, January 1973.

8. A.R. Bailey, "The Transmission Line Loudspeaker Enclosure", *Wireless World*, May 1972.

9. A. J. Bradbury, "The Use of Fibrous Materials in Loudspeaker Enclosures", *J*AES, April 1976.

10. R. M. Bullock and P. E. Hillman, "A Transmission-Line Woofer Model", 81st AES Convention, 1986, preprint No. 2384.

11. G. L. Augspurger, "Part 1, Transmission Lines Updated", *Speaker Builder*, 2/00.

12. G. L. Augspurger, "Part 3, Transmission Lines Updated—Pipe Geometry and Optimized Alignments", *Speaker Builder*, 4/00.

13. G. L. Augspurger, "Loudspeakers on a Damped Pipe, Part One: Modeling and Testing; Part Two: Behavior", 107th AES Convention, 1999, preprint No. 5011.

14. Sven Tyrland, "KONSTRUCTION AV EN MONITORHOGTALARE", Rapport 74-35, Chalmers University of Technology, Goteborg, Sweden (www.chalmers.se) (this book was recommended to me by Mats Jarstrom, an engineering associate and friend).

15. G. Letts, "A Study of Transmission Line Loudspeaker Systems", Honors Thesis, University of Sydney, School of Electrical Engineering, Australia, 1975. Note this reference was included for completeness, but not viewed by this author.

16. B. N. Locanthi, "Application of Electric Circuit Analogies to Loudspeaker Design Problems", *J*AES,October 1971.

17. J. Cockroft, "The Unline: Designing Shorter Transmission Lines", *Speaker Builder*, 4/88.

18. Vance Dickason, *Loudspeaker Design Cookbook*, 5th Edition, copyright 1997.

第 5 章 箱体结构：形状与阻尼

5.1 箱体形状与频率响应

大多数低频箱体的形状是长方形的。这不仅是为了符合美学外观的扬声器箱/家具而做的，也是业余爱好者和制造商最容易制作的形状。然而，由于边缘衍射问题，长方形的扬声器箱体常常被认为不是最佳的辐射表面。从内部驻波模式来说，也不是最优的。

1. Olson 的扬声器箱体形状研究

Harry Olson 于 1951 年发表了一篇题为“直接辐射器扬声器箱”的《JAES》论文，是阐明音箱形状影响箱体衍射方面的经典之作。文章描述了测定不同形状对音箱频率响应影响的研究工作。研究包括了 12 种形状，包括球体、半球、扬声器单元装在末端的圆柱、扬声器装在曲面的圆柱、正方体、长方体、圆锥（扬声器单元装在顶部）、双锥、金字塔（扬声器单元装在顶部）、双金字塔、带斜边的正方体（斜边等于障板的宽/高）、带斜边的长方体（斜边等于障板的宽）。将一个 7/8 英寸扬声器单元安装于每一种箱体，并在消声室中进行测量。结果表明，不同的形状产生了各种不同的结果，范围从几乎平坦的响应到不断波动达到±5dB。从 Olson 先生的 AES 论文中摘取的，不同形状的音箱和它们相应的轴向频响曲线如图 5.1 所示。对于可能在实际中用于扬声器箱设计的各种箱体形状，它们的声压级变化情况总结如下。

形状	变化
球体	±0.5dB
正方体	±5dB
斜边正方体	±1.5dB
长方体	±3dB
斜边长方体	±1.5dB
圆柱体	±2dB

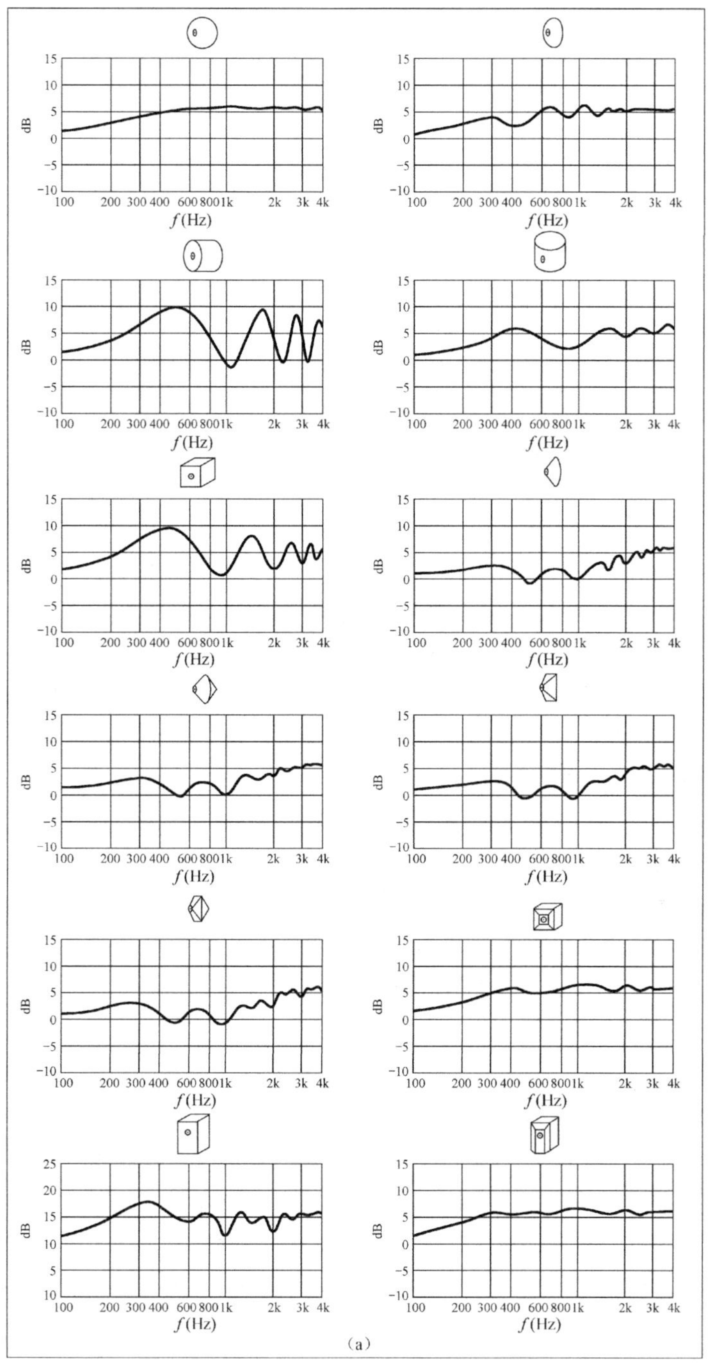

图 5.1 A：直接辐射器扬声器箱（Harry Olson，JAES，November 1951）

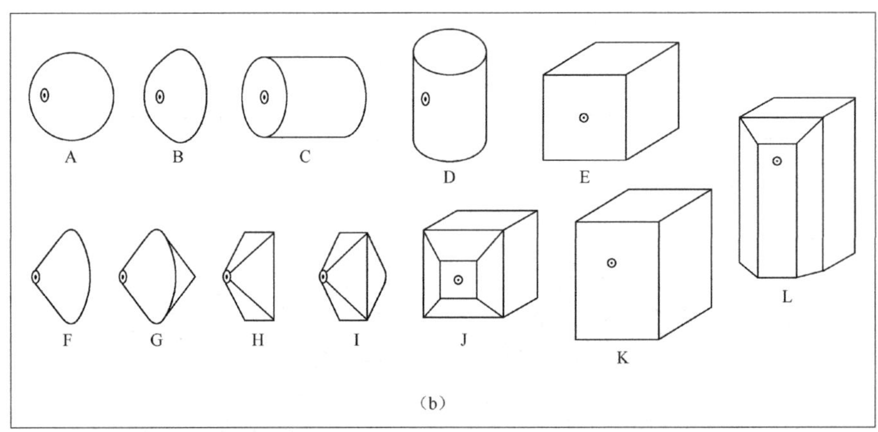

图 5.1 B：直接辐射器扬声器箱（Harry Olson，JAES，November 1951）（续）

显然，球形箱体在响应上的“纹波”数值最小。虽然球体是一个好造型，球体却是一个有点难于制造的形状，而且在市场也没有几个销售实例，除了 Gallo Acoustics Micro，Morel Soundspot 和来自 Orb Audio 的卫星音箱。虽然 Olson 博士的工作仍然是对这个类型最好的研究，也确实揭示了许多箱体形状和声压级变化之间的关系，但对于扬声器位置与声压级变化的关系来说，研究内容还有限，同样也未把一些自 1951 年以来受欢迎的其他箱体形状包含在研究中。这个事实促使我对 Olson 博士未涉及的箱体形状再次进行研究。

2. Olson 的箱体形状研究的延续

自从本书第 6 版出版以后，LinearX 发行了 Windows 版本的 LEAP——LEAP5。这个软件最重要的新特征之一是加入了非常强大的衍射功能。LEAP 5 箱体设计部分的分析模型叫做 EnclosureShop，它现在带有一个存在于你的计算机中的虚拟消声室。具有高达 8 阶的衍射准确模拟能力，LEAP 5 可以迅速地对各种形状，以及换能器在障板表面的位置进行大规模的衍射分析，使得这个扩展的箱体形状研究可以很容易地进行。

研究包括了一些与 Olson 在 1951 年的原创论文中相同的，以及一些他没有列出来的形状。这个在 2005 年进行的研究包括：一个正方体（15 英寸×15 英寸×15 英寸）、斜边为 2 英寸的正方体、4 英寸斜边的正方体、长方体（18 英寸×12 英寸×9 英寸）、4 个 2 英寸斜边的长方体（Olson 研究的只有 3 个斜边）、4 个 4 英寸斜边的长方体、扬声器单元位于侧面的金字塔（Olson 的位于顶部）（高 18 英寸，顶部宽 4 英寸，底部宽 10 英寸）、圆柱（高 18 英寸，直径 16 英寸）、球体（直径 16 英寸）和一个蛋型箱体（高 18 英寸，直径 14 英寸）。

如果观察图 5.1 所示的形状，你可以注意到扬声器单元分别是位于方形、球形和圆柱的中心，以及位于长方体的中心与顶部之间的不同位置。在这一节中，我也选择略去那些扬声器单元位于顶部的箱体形状，因为它们或者是不可能用做商品箱的箱体，或者是就我所知从未存在过的。由于扬声器单元在障板上的位置对响应的平滑度具有强大的影响（这将在第 6 章中详细研究），我决定在研究中对每一种形状进行不止 1 个扬声器单元位置的观察，以更好地调查这些形状用于当今使用的不同扬声器单元布局时的影响。

为了确定相关频率范围内的声压级响应，Olson 博士设计了一个非常特殊的扬声器单元，该单元具有从低于 100Hz 到高过 4kHz 的响应，而且所具有的功率响应（结合离轴的）在较高频率上不会因为声波形成“束”而影响研究结果。他使用的 7/8 英寸锥形振膜扬声器单元实际上是一个可以在 100Hz 产生辐射的微型低频扬声器单元。虽然 Olson 先生从未发表过他为这个研究而设计的这个独特装置的绝对声压级，但你可以认为声压级是非常低的，因而不会引起这个高频扬声器单元大小的低频扬声器单元在低频率处产生超冲程和失真。由于我没有得到那个特殊换能器的数据，我用 2 个扬声器单元来代替，一个 2 英寸宽频锥形振膜扬声器单元和一个 1 英寸球顶高频扬声器单元。在这两个扬声器单元之间，你可以很好地了解这些箱体形状中每一种发生的情况。

每一种形状都用于生成 4 条声压级曲线，分别位于障板上 2 个不同位置的 2 个扬声器单元各一条。2 个位置是这样确定的：将模拟的扬声器单元的中心安装在障板中央作为一个参考点；另一个扬声器单元位于障板的顶部，箱体左侧到右侧之间的中心处。使用中央的位置是因为许多现行的低频扬声器单元—高频扬声器单元—低频扬声器单元的设计（一般称为 D'Appolito 结构，因为是 Joseph D'Appolito 博士最先在《Speaker Builder》杂志上发表了这种设计概念）通常将一个扬声器单元装于障板的中央。把障板顶部作为第二个位置是因为这是一个高频扬声器单元的典型位置。在障板顶部的具体位置大约是距障板边缘足够远以允许面罩框的安装。

从 LEAP 5 得到的每种形状以及障板位置的图片可以在图 5.2～图 5.19 所示中看到（这些只是高频扬声器单元的；但是 2 英寸全频扬声器单元是装在障板上完全相同的位置）。由于球形和蛋形箱体只有一个中心位置，所以这两个形状都只有一个障板位置。你可能还会注意到，一些形状出现了一些小平面；但这是 LEAP 5 所采用的技术的一个必要部分，使得这个软件可以分析这些形状。

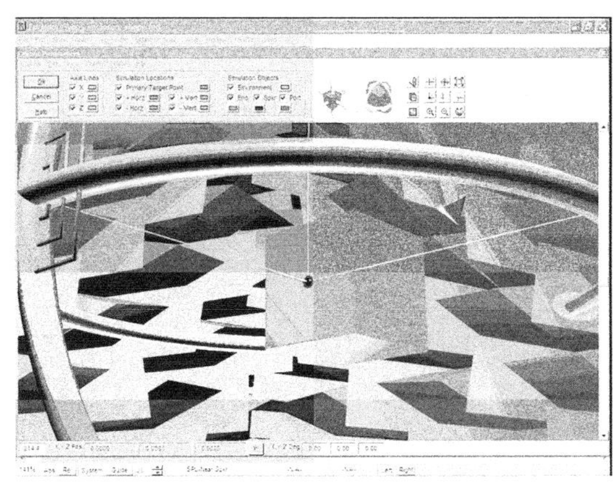

图 5.2 正方体箱体（中心安装）

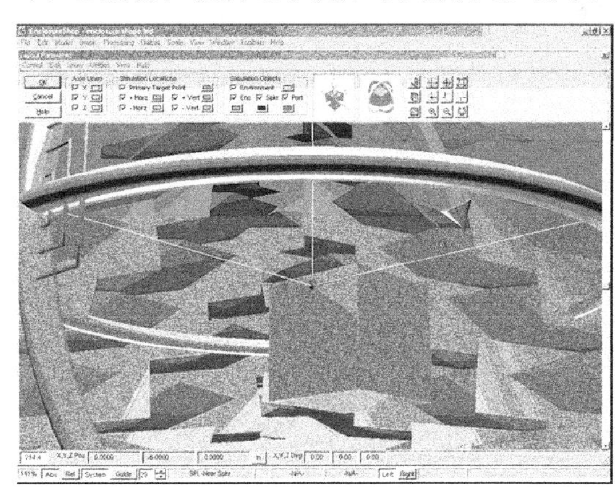

图 5.3 正方体箱体（顶部安装）

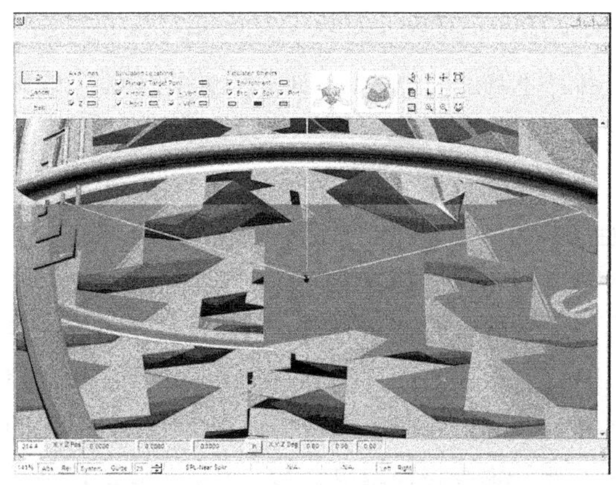

图 5.4　2 英寸斜边正方体箱体（中心安装）

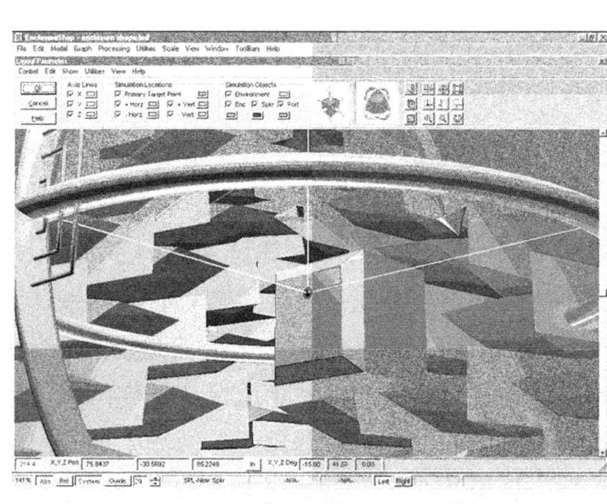

图 5.5　2 英寸斜边正方体箱体（顶部安装）

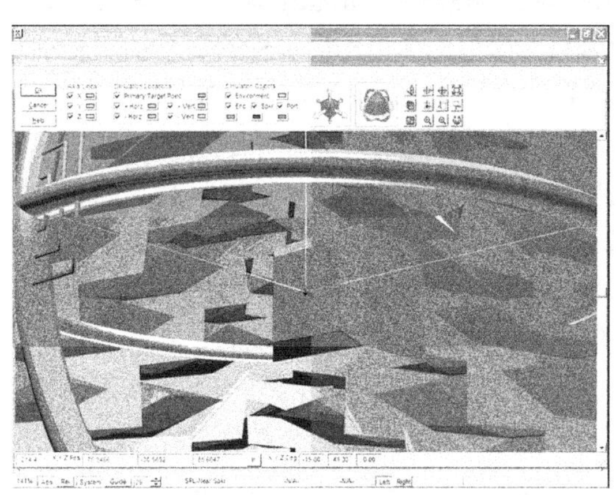

图 5.6　4 英寸斜边正方体箱体（中心安装）

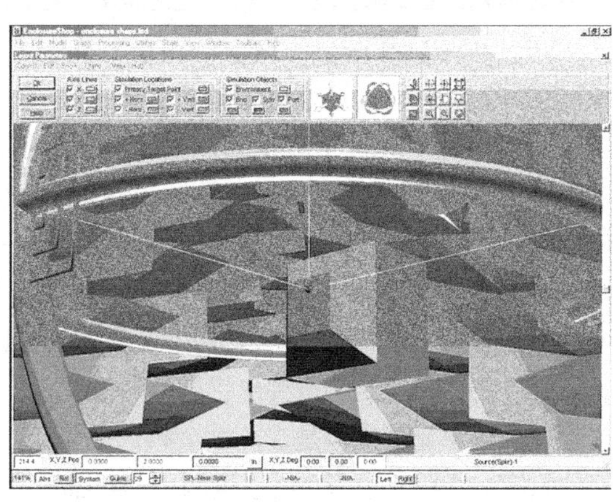

图 5.7　4 英寸斜边正方体箱体（顶部安装）

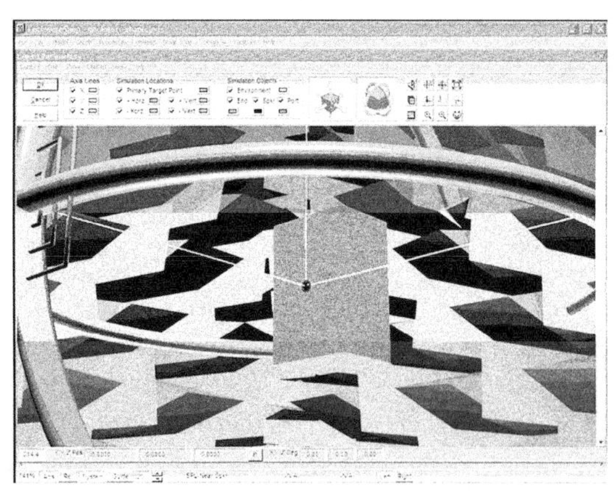

图 5.8　长方体箱体（中心安装）

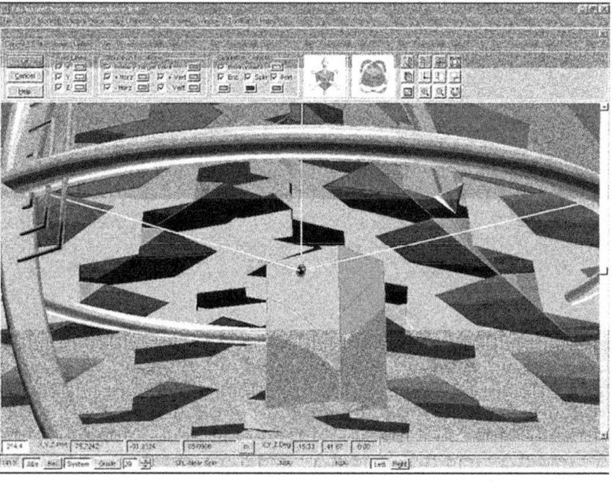

图 5.9　长方体箱体（顶部安装）

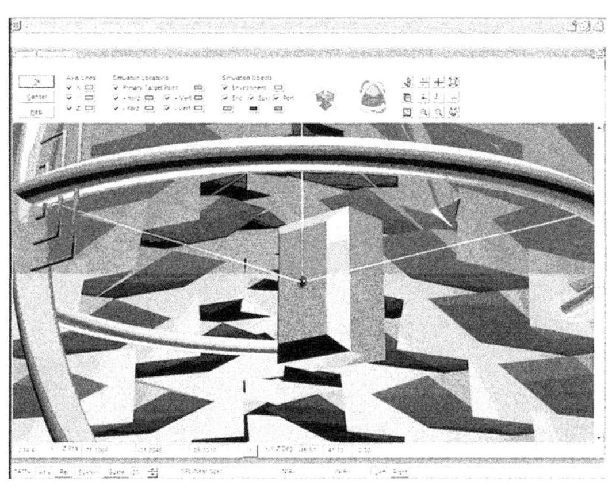

图 5.10　2 英寸斜边长方体箱体（中心安装）

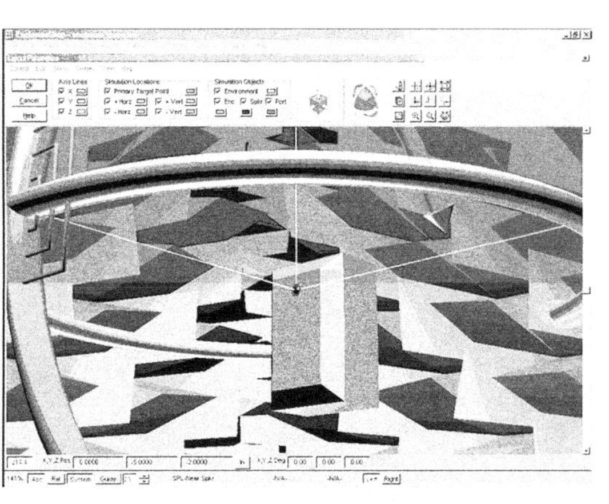

图 5.11　2 英寸斜边长方体箱体（顶部安装）

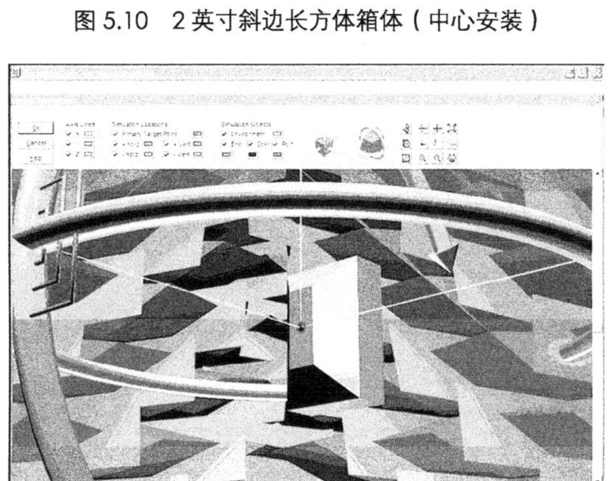

图 5.12　4 英寸斜边长方体箱体（中心安装）

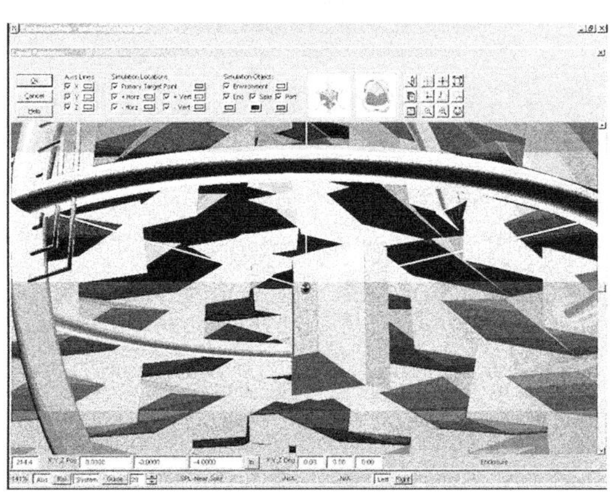

图 5.13　4 英寸斜边长方体箱体（顶部安装）

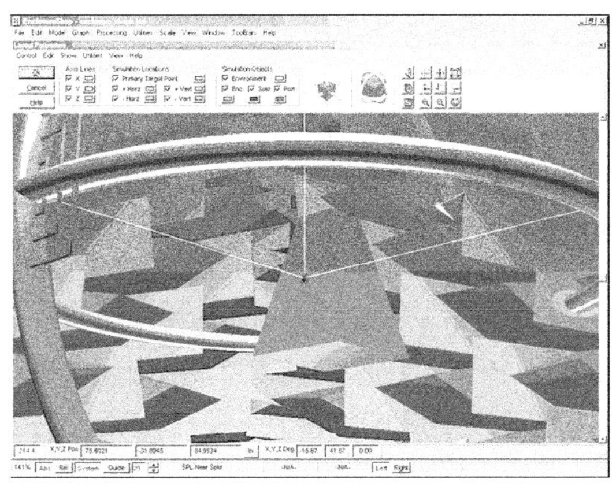

图 5.14　金字塔形箱体（中心安装）

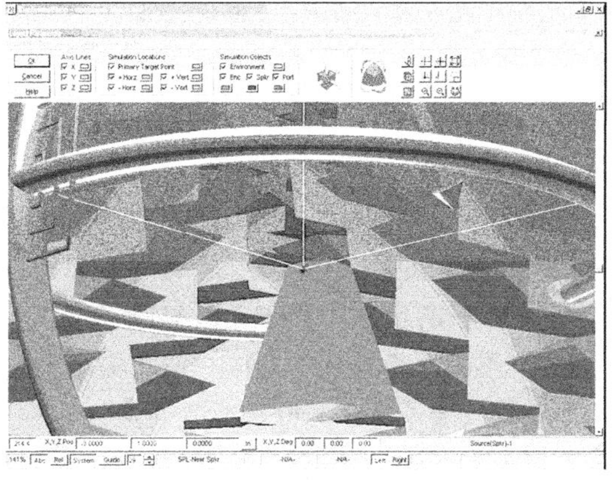

图 5.15　金字塔形箱体（顶部安装）

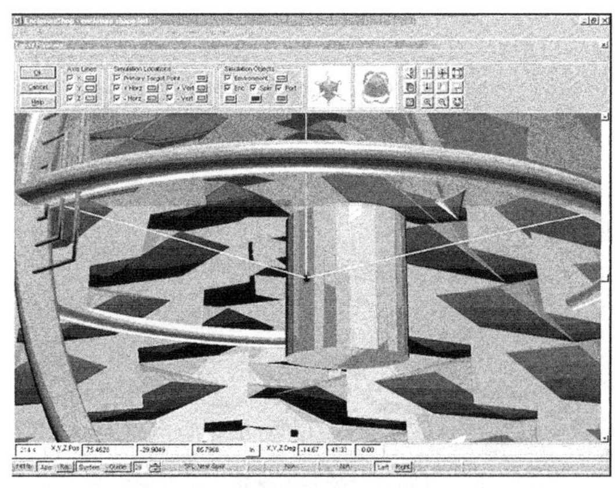
图 5.16 圆柱形箱体（中心安装）

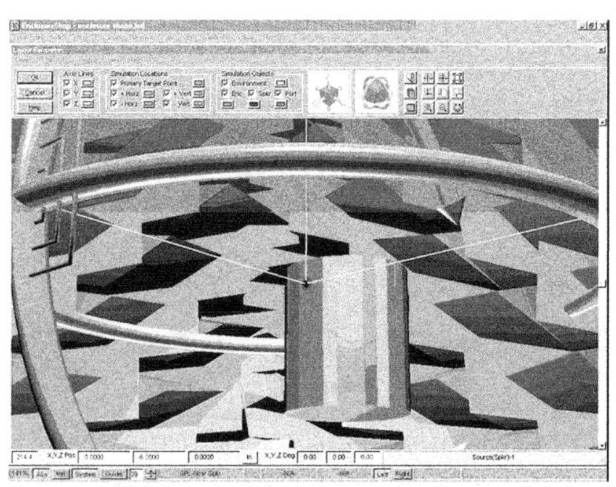
图 5.17 圆柱形箱体（顶部安装）

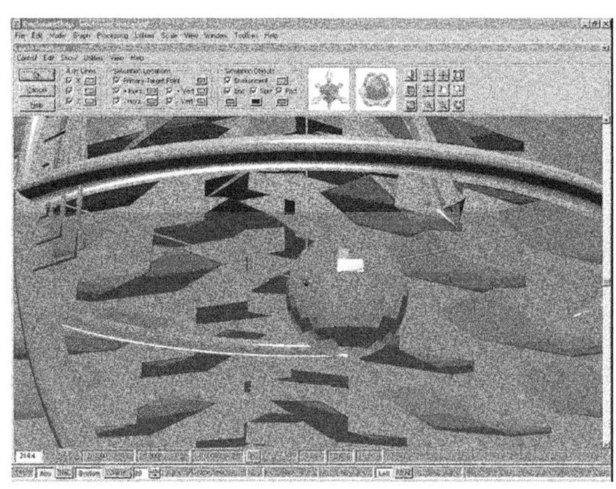
图 5.18 球形箱体（中心安装）

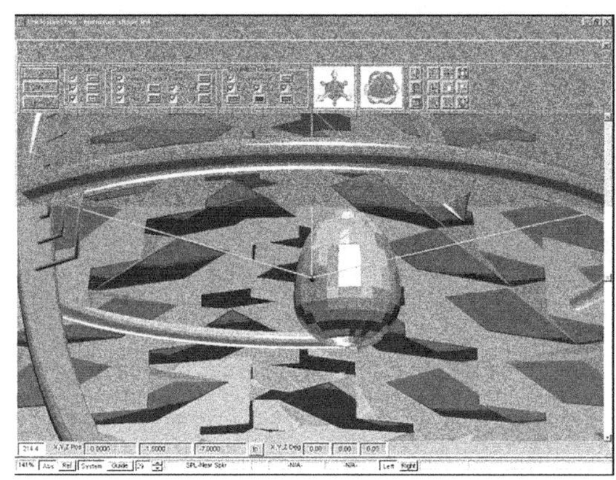
图 5.19 蛋形箱体（中心安装）

在考虑每一个不同箱体形状如何改变扬声器单元的声压级之前，我们需要建立某种参照，用来评判可观察到的所有变化。选择的参照就是检查扬声器单元在自由空间中不装障板，以及安装于无限障板的情况。不论任何障板对换能器总声压级的影响如何，它总是落在这两个极端情况之间的某处。

图 5.20 所示为这个 1 英寸高频扬声器单元（实线）和 2 英寸锥形振膜全频扬声器单元（虚线）不用障板悬挂于开放空间（消声室）的响应，而图 5.21 所示描绘的是同样的 2 个扬声器单元安装于一个无限障板的响应，也就是说它们是在半空间中测量的（注意，所有的数据都模拟为 2.83V/1m 轴向）。正如你可以看到的，当装于无限大障板时，响应大大地变平，

响应不平坦也由于障板全范围的反射被消除。当你观察以下这些各种案例时，记住这两个极端情况是有帮助的。

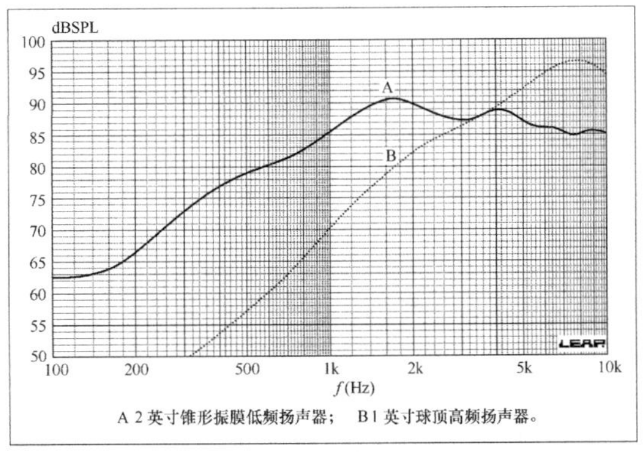

图 5.20 无障板频率响应模拟

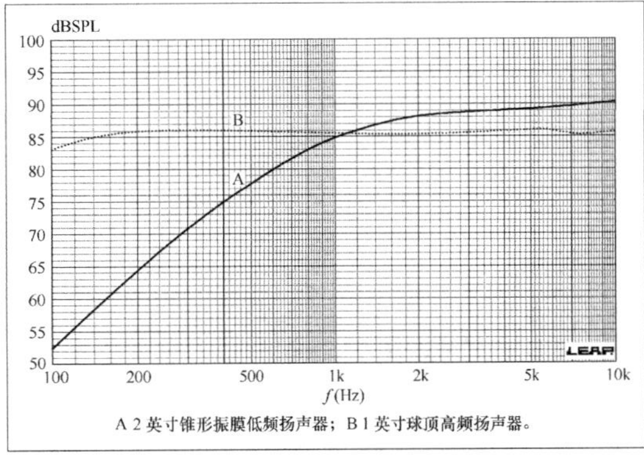

图 5.21 无限障板频率响应模拟

除了球形和蛋形箱体，每个不同的形状都有 4 条曲线绘于 2 个图中，一个图是 1 英寸高频扬声器单元装于障板中央（实线）和顶部（虚线）时，在 2.83V/1m 轴向生成的声压级；同样地，2 英寸锥形振膜扬声器的全频曲线绘于第二个图中。球形和蛋形箱体只有一个图，包含同一个坐标中的 1 英寸球顶高频扬声器(实线)和 2 英寸锥形振膜扬声器(虚线)。这个图片系列如图 5.22～图 5.39 所示。表 5.1 和表 5.2 中的数据总结了每一种情况的±声压级范围。由于这个高频扬声器单元在 1.25kHz 以上开始衰减，它的数据在两个范围内计算，分别是 1～10kHz 和 2～10kHz，数据见表 5.1。2 英寸全频扬声器单元在 500Hz～10kHz 检测，数据见表 5.2。

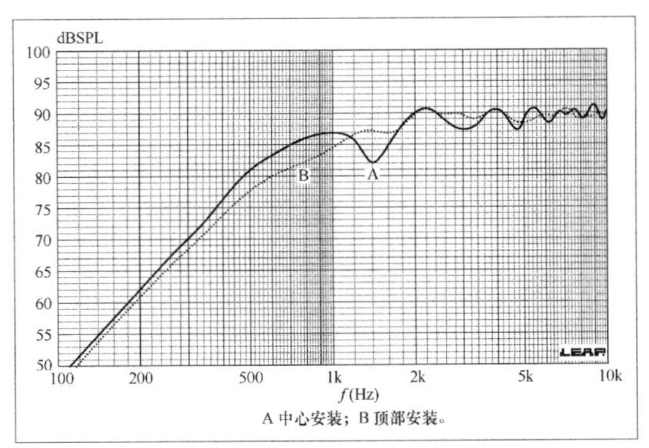

图 5.22 方形箱体 1 英寸球顶高频扬声器频率响应

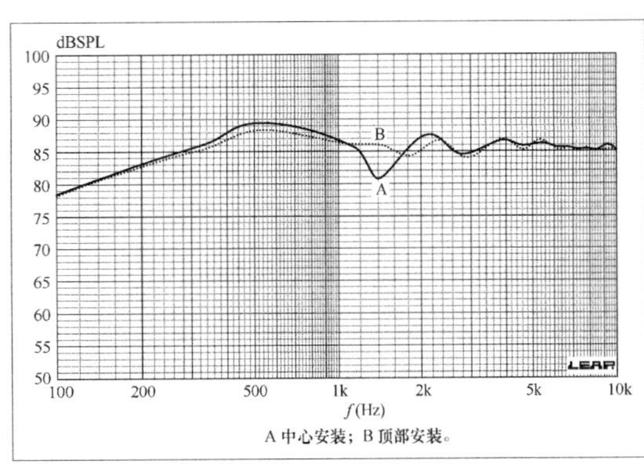

图 5.23 方形箱体 2 英寸低频扬声器频率响应

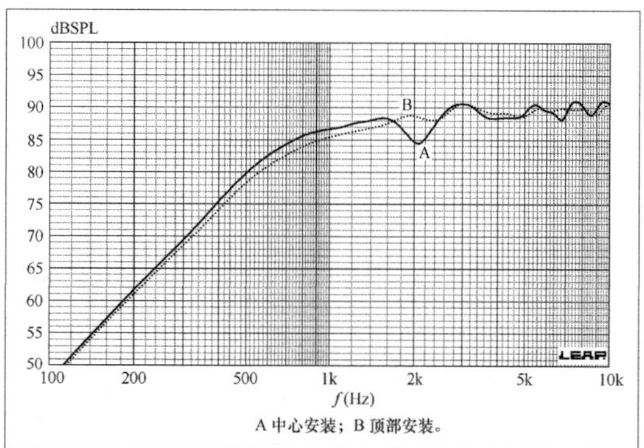

图 5.24 2 英寸斜边方形箱体 1 英寸球顶高频扬声器频率响应

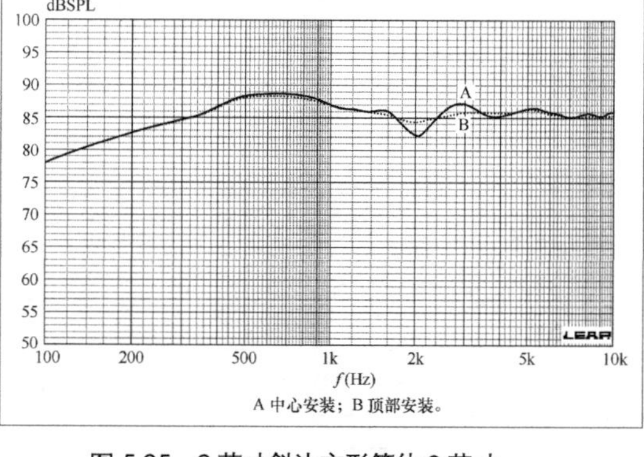

图 5.25 2 英寸斜边方形箱体 2 英寸低频扬声器频率响应

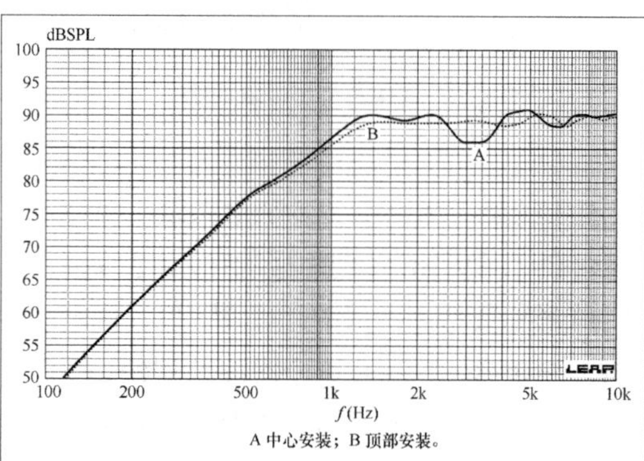

图 5.26 4 英寸斜边方形箱体 1 英寸球顶高频扬声器频率响应

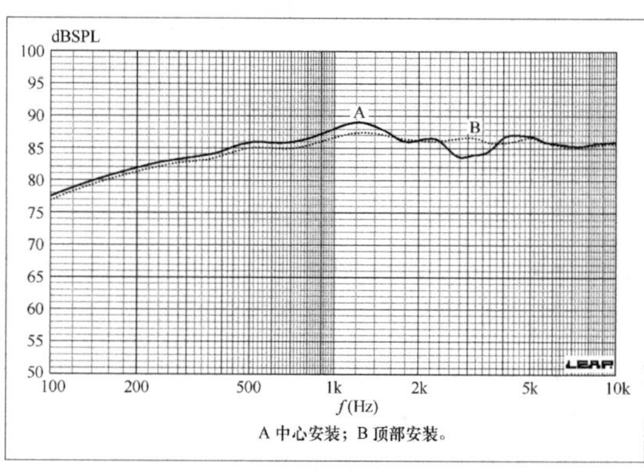

图 5.27 4 英寸斜边方形箱体 2 英寸低频扬声器频率响应

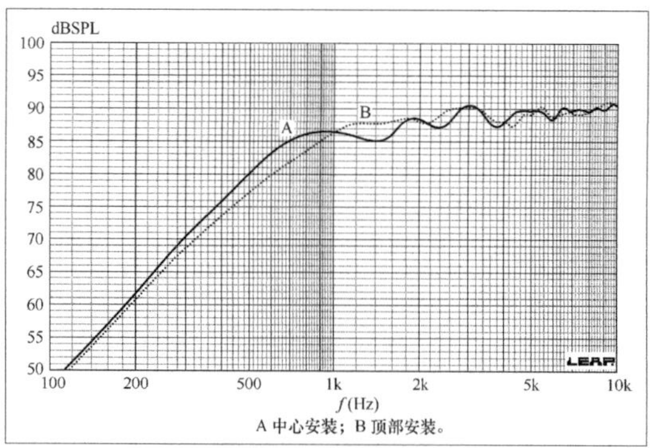

图 5.28 长方形箱体 1 英寸球顶高频扬声器频率响应

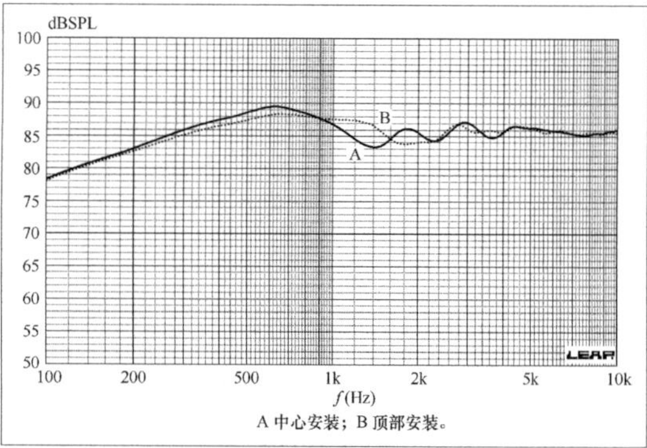

图 5.29 长方形箱体 2 英寸低频扬声器频率响应

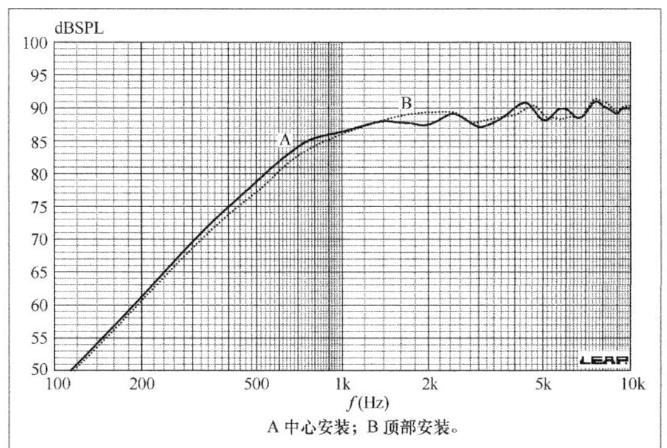

图 5.30　2 英寸斜边长方形箱体 1 英寸球顶高频扬声器频率响应

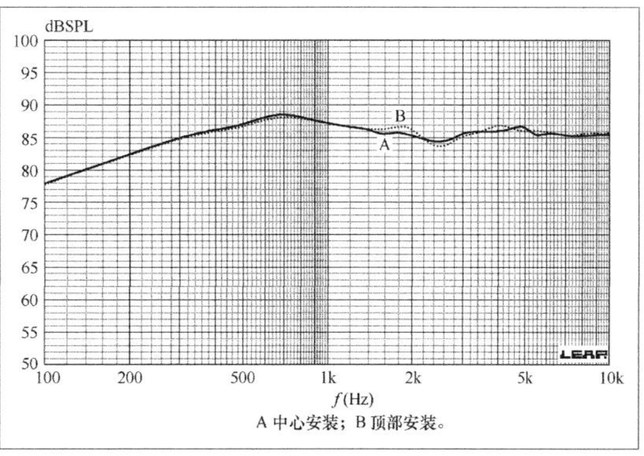

图 5.31　2 英寸斜边长方形箱体 2 英寸低频扬声器频率响应

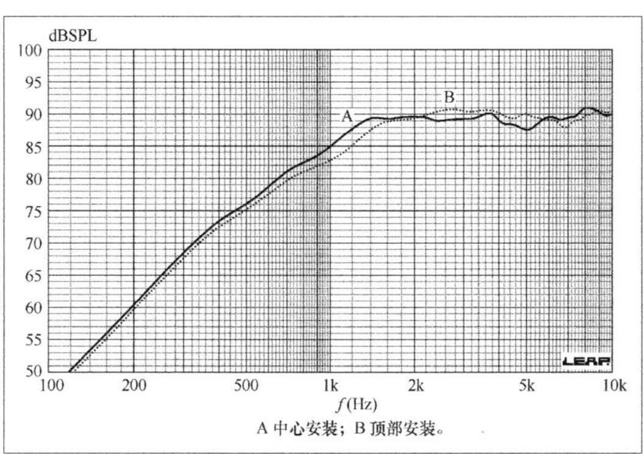

图 5.32　4 英寸斜边长方形箱体 1 英寸球顶高频扬声器频率响应

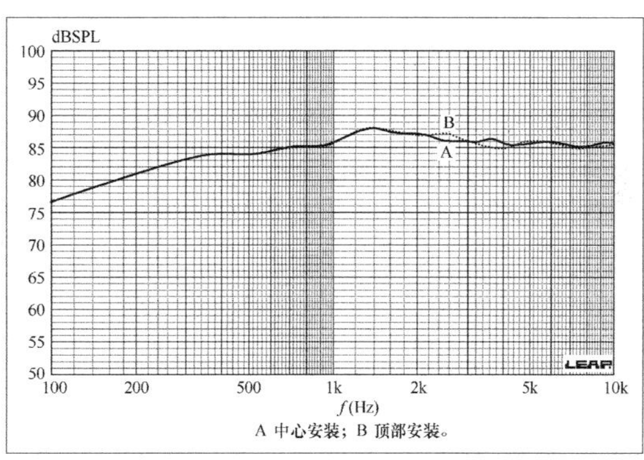

图 5.33　4 英寸斜边长方形箱体 2 英寸低频扬声器频率响应

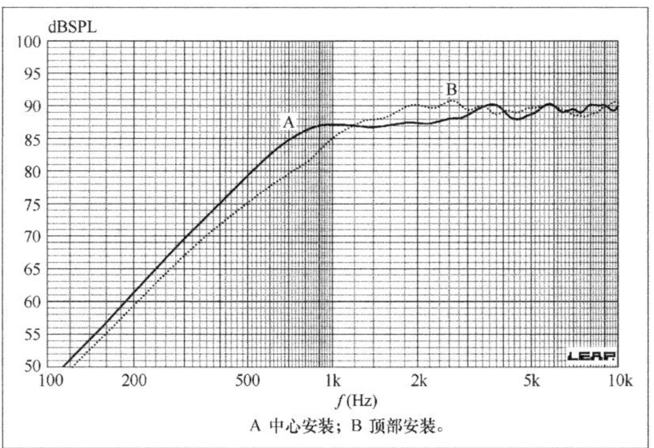

图 5.34　金字塔箱体 1 英寸球顶高频扬声器频率响应

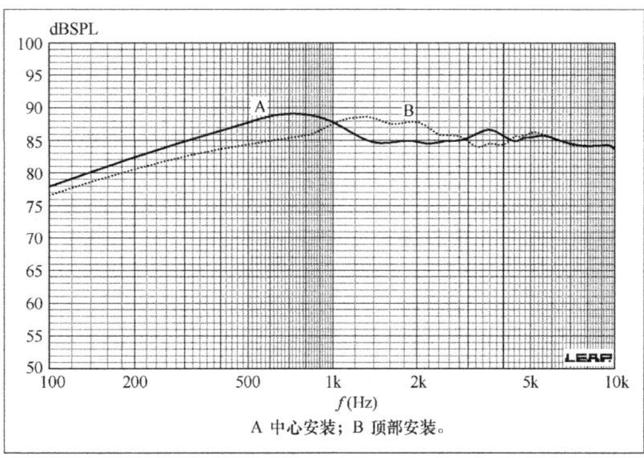

图 5.35　金字塔箱体 2 英寸低频扬声器频率响应

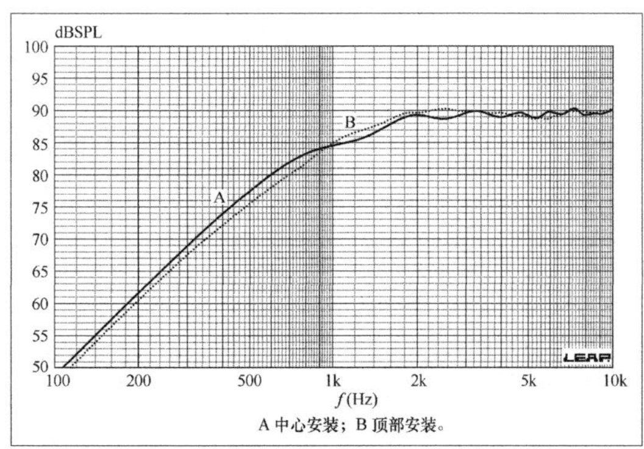

A 中心安装；B 顶部安装。

图 5.36　圆柱形箱体 1 英寸球顶高频扬声器频率响应

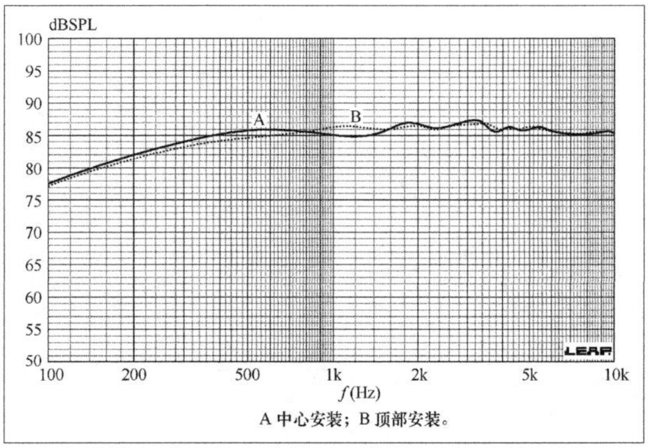

A 中心安装；B 顶部安装。

图 5.37　圆柱形箱体 2 英寸低音频扬声器频率响应

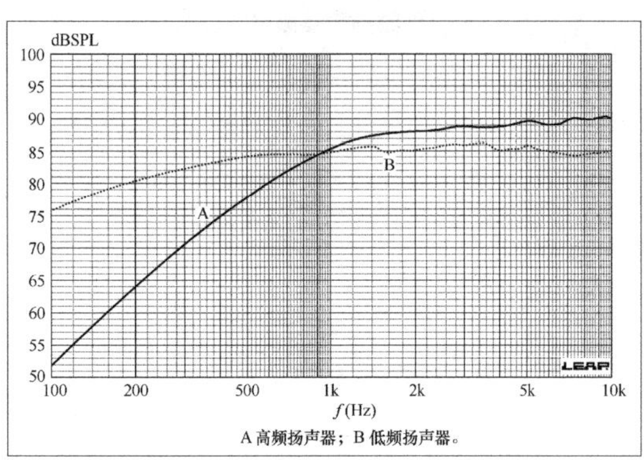

A 高频扬声器；B 低频扬声器。

图 5.38　球形箱体频率响应

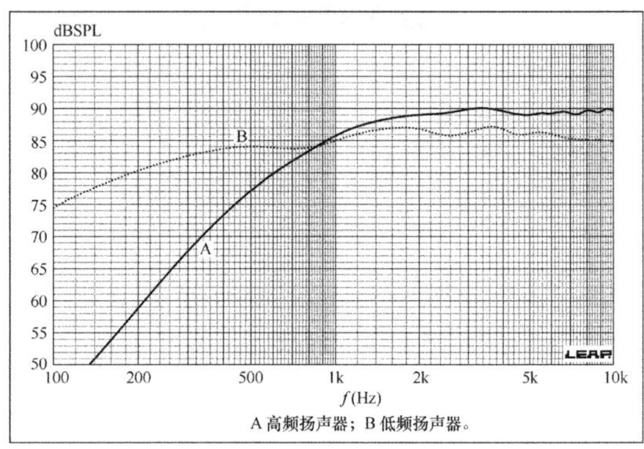

A 高频扬声器；B 低频扬声器。

图 5.39　蛋形箱体频率响应

表 5.1　　不同箱体形状的 1 英寸 球顶高频扬声器单元声压级变化（dB）

	1 英寸软球顶 1～10kHz		1 英寸软球顶 2～10kHz	
	中央	顶部	中央	顶部
正方体	4.73	3.29	1.99	1.15
正方体 2 英寸斜边	3.33	2.77	3.33	1.32
正方体 4 英寸斜边	2.54	2.65	2.54	0.92
长方体	3.09	2.22	1.64	1.84
长方体 2 英寸斜边	2.33	2.72	1.90	1.83
长方体 4 英寸斜边	3.05	3.89	1.71	1.38
金字塔	1.76	2.78	1.49	1.18
圆柱	2.82	2.60	0.81	0.78
球体	2.72	NA	1.11	NA
蛋形	2.18	NA	0.55	NA

表 5.2 不同箱体形状的 2 英寸全频扬声器单元声压级变化（dB）

2 英寸全频 500Hz～10kHz		
	中央	顶部
正方体	4.35	2.22
正方体 2 英寸斜边	3.22	1.92
正方体 4 英寸斜边	2.82	1.20
长方体	3.03	2.26
长方体 2 英寸斜边	2.05	2.28
长方体 4 英寸斜边	1.13	1.60
金字塔	2.71	2.30
圆柱	1.29	1.15
球体	1.08	NA
蛋形	1.51	NA

从这个研究可以得出一些普遍结论。首先，审慎地说，这种研究类型的声压级数据会因消声室的大小而有一定的变化，所以无论如何，最好是观察那些普遍的趋势。即便如此，从这些图形仍然可以得出如下结论。

（1）正方体的声压级变化最大，随后分别是标准长方体、金字塔、蛋形、圆柱，最后是球形。

（2）边缘的斜边处理确实降低了声压级的变化，但需要较大的斜边处理才有真正的效果。

（3）虽然从它微小的声压级变化来说，球形可能表现最好，但蛋形和圆柱形箱体这在方面也相当不错。你将注意到绘制在第 6 章中的一个圆柱形双箱体扬声器。这个图描绘的音箱，是我曾经和我的第一个公司，SRA（Speaker Research Associates），在 Las Vegas 的 CES（Consumer Electronics Show，消费电子展）上介绍过的。

（4）金字塔形箱体并不明显比长方体类型箱体更好。

（5）扬声器单元安装在接近箱体顶部或底部比装于中央具有低得多的声压级变化。在第 6 章中将对这一点进行更为详尽的讨论，同时还包含了一个对这类衍射现象的主观研究。

除了在这一个箱体形状研究中显示的模拟数据，我也曾在《Voice coil》杂志上发表了一个常规箱体和形状较奇异的箱体之间的差异的研究。1990 年 10 月专题介绍了长方体形状的箱体与带有平面障板的圆柱形箱体的比较，结果如图 5.40 和图 5.41 所示（两个箱体都未装上扬声器单元）。侧面平坦的圆柱箱体由 Cubicon 制造，它为家具、展览，以及扬声器工业生产几何形状的纸板。图 5.40 和图 5.41 所示的响应差异，对于两个高频扬声器单元响应或低频扬声器单元响应来说，都不是非常夸张（低频扬声器单元测试时箱体内未填充材料，所以部分偏离是由未受抑制的内部驻波模式引起的），但一些偏差很明显。测量使用了 MLSSA FET 分析仪，时间窗设为 10ms，使得测量基本上是消声室性质的。数据从 MLSSA 转到 LEAP 4.0 以便于打印输出。

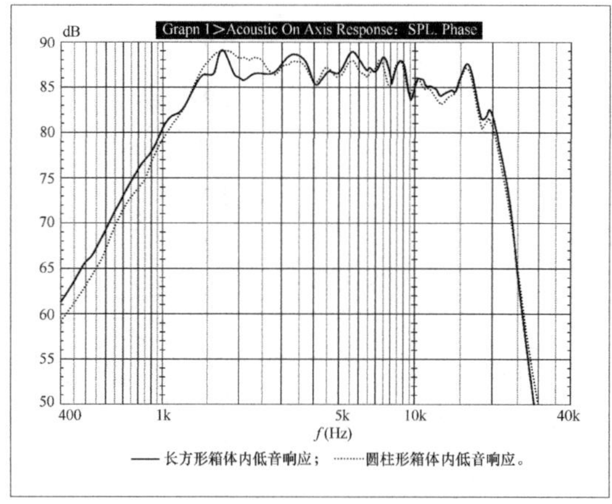

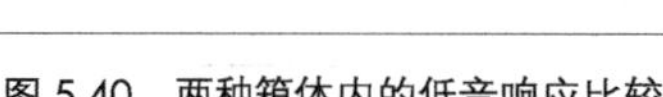

图 5.40　两种箱体内的低音响应比较

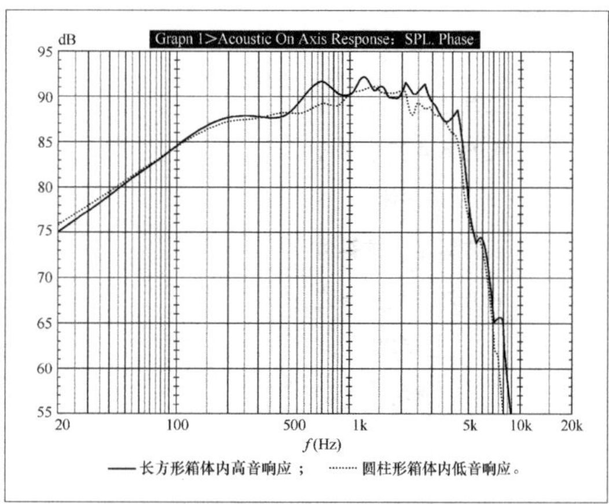

图 5.41　两种箱体内的高音响应比较

由于对这两个使用同样扬声器单元的不同形状箱体的消声室测量结果很接近，对于哪一种形状在房间里“听”起来最好的主观评价难以进行。

在听音环境中，对每个箱体最后的主观反应受到扬声器单元在障板上位置，以及扬声器单元的不同响应变化与箱体衍射效应引起的变化的结合方式的影响，在主观上是明显的。虽然奇异的箱体形状可能直觉上看起来能提供一些最好的选择，实际上并不一定像一些厂家宣称的那么重要。事实上，毋庸置疑，一些得到最佳评论和成功销售的扬声器使用简单的长方体形状。

许多扬声器公司多年来在设计离墙式扬声器箱时常常忽视的一个事实是，扬声器箱不仅仅是一个音频产品，同时还是一个最终要安放于某个人家里的家具。一个很好的例子是 20 世纪 80 年代的 Spica Angelus，这是一个为微小的衍射优化设计的扬声器箱，但由于它不同寻常的外观，WAF（Wife Acceptance Factor，主妇接受因子）无疑也是非常低的。然而毫无疑问的是，使用单点传声器进行测量，衍射肯定是可测的，但潜台词一般是它对音质有负面的影响。

这里以及 Olson 在 1951 年对声压级变化与箱体形状的研究中提到的所有数据都是在轴向上得到的。如果你将障板类比为闪光的反射物，那么，障板衍射确实主要是一种轴向现象，它在离轴上衰减[1]，而且把扬声器箱放于房间时会产生环境声场，它无疑会在某种程度上掩盖衍射效应。虽然它常常被认为是严格的轴向事件，但对水平和垂直指向性的影响也与此有关，当第 6 章继续这个衍射研究时，将进行进一步考虑。

5.2 中频箱体

在设计一个中频箱体时，要面临两个主要的问题：你要使用的箱体类型，以及如何使内部反射最小化。你的箱体将由所选择的分频频率和网络斜率决定。如果分频点高于 300Hz，如果你要让扬声器单元谐振比分频点低一两个倍频程（这将要求中频腔谐振频率至少是 75～150Hz），而且如果你使用一个 2 阶或阶数更高的低通滤波器，扬声器单元将很少工作于它的活塞范围内，那么一个简单的闭箱将是足够的。如果分频频率是 100～300Hz（或使用 1 阶低通滤波器时低于 450Hz），扬声器单元将至少部分地工作于它的活塞范围，一个适当优化的低频箱将是有益的（如图 5.42 所示）。

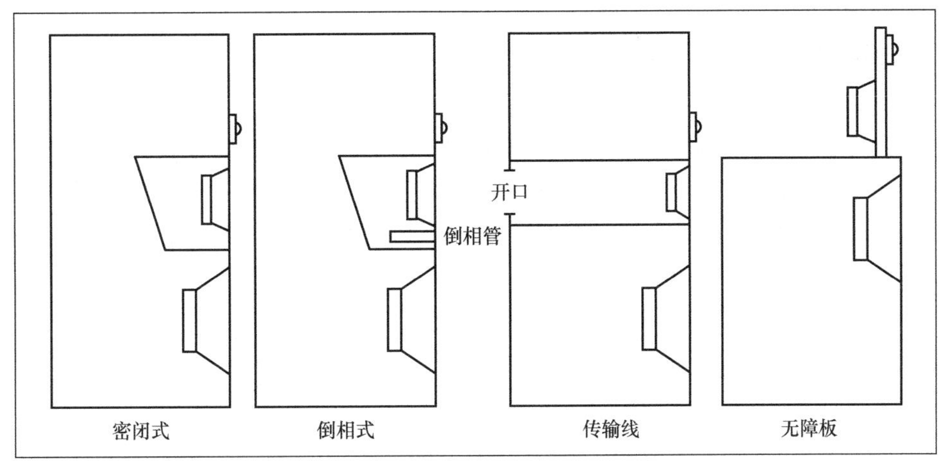

图 5.42 几种中频扬声器单元箱体

如果你的扬声器单元谐振频率至少比分频频率低 2 个倍频程，你可以使用一个开口式箱体或传输线结构。如果你的扬声器单元箱体谐振频率只比分频点低 1 个倍频程或更少，闭箱由于它的衰减缓慢，所以对低通滤波器截止带（滤波器起衰减作用的范围）的相位干扰将较小。换句话说，如果你用传输线式或开口式结构不能得到一个比分频频率低至少 2 个倍频程的箱体谐振频率，请使用闭式箱体。使用传输线式或开口式箱体的益处包括较小的后反射（对传输线式来说）和较小的中频扬声器锥形振膜冲程，多普勒失真较低（开口式）。

中频箱体的所有类型，除了传输线式，都可以受益于非平行箱壁，因为它可以使扬声器单元关键工作范围中的反射最小化。另外，合适使用纤维阻尼材料，如玻璃纤维，绦纶或长纤维羊毛，可以得到最佳的中频扬声器单元的效果。在第 5.4 节中讨论的壁阻尼技术可能对于独立于低频扬声器单元箱的中频箱体是合适的。

最后的，也是常常被过分关注的一种中频箱体选择，是根本没有箱体，有时候被称为无障碍安装[2, 3]。Dahlquist DQ-10 扬声器箱可能是无障碍中频箱体最流行的一个例子。带来的益处包括完全不存在箱体内部反射影响（对中频扬声器单元是关键的），以及在中频范围内的双极辐射。你可能会有点惊讶地发现无障碍扬声器单元可以工作于如此低的频率。

使用一个相当大的，达到 $1m^2$ 的障板，你可以使中低频类型的扬声器单元工作于低至100Hz 的频率，从 100Hz 以 6dB/oct 的衰减延伸到扬声器单元的谐振频率[4]。由于这种结构类型操作功率容量降低了，如果扬声器单元工作于 300Hz 以下，你应该通过在扬声器单元的后部粘贴一小块声“毯”，提供最低程度的声负载。这可以是普通的纤维材料或声学材料中用于汽车的毡类。

5.3 箱体形状与驻波

长方体箱体内的驻波模式会在扬声器单元响应上引起幅度变化。驻波反射到扬声器单元锥形振膜的问题可以通过使用第 1 章 1.8.2 节中描述的阻尼材料进行大幅度的消除。这一点可以通过对长方体箱体 100%填充和不填充的比较得到阐明，结果如图 5.43 所示。用吸声材料填充的箱体的响应，与空箱体相比，具有小得多的幅度偏离。由于这种阻尼材料对驻波的阻尼是如此的有效，任何其他的如箱体形状和尺寸比例的考虑，往往都是次要的。这尤其适用于闭箱设计，它常常使用阻尼材料作 100%填充。开口式箱体很少使用超过 50%的填充，所以受箱体模式的影响更多一些。

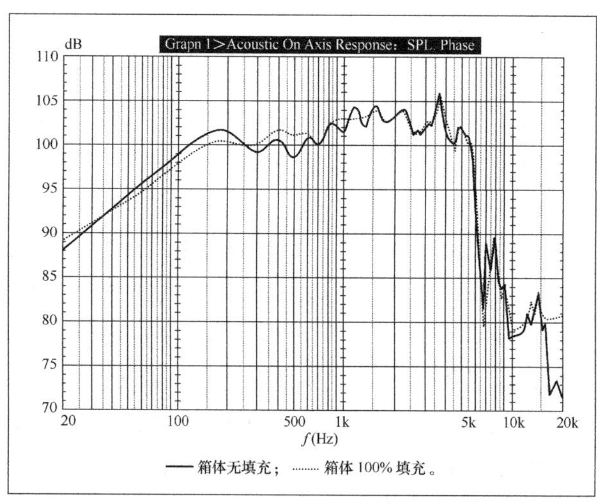

图 5.43　长方箱体 100%填充和无填充的比较

人们设想，通过选择合适的箱体尺寸比例，可以使长方体音箱箱体内的驻波最小化。这些比例通常和被选来消除房间环境中的驻波模式的比例相同。最常被提到的箱体尺寸比例是 Thiele 推荐的一个，也正好是一个来自黄金比例的人为数字；建筑设计中的黄金比例可以上溯到埃及金字塔[5]。这个高/宽/深比例被设为 2.6/1.6/1。建议的其他比例有 2/1.44/1[6]和 1.59/1.26/1[7]，但是，如果箱体用吸声材料进行合适地组合的话，任何由箱体尺寸比例得到的改善效果都可能是次要的。

这些比例仍然是一个很好的指南（考虑到扬声器单元尺寸和布局的限制），因为它不推荐制作过长过窄的箱体，这种箱体可能易于发生管道谐振（必要时，可以用内部反射障碍板“打破”）。其他没有平行侧面的箱体形状类型，如五角形箱体和带有倾斜前障板的箱体，将具有不同和可能较少发生的驻波模式，但它们的吸引力常常是装饰多于实用。

低频扬声器单元在障板上的位置也严重影响未经处理的箱体内的驻波。根据一个研究[8]，把扬声器单元装于箱体的正中央或者恰好低于这一点的某处，可以使箱体高和宽（但不含深度）方向的驻波最小化。半圆柱和圆柱形的箱体形状可以减少箱体深度方向的驻波，并降低上达约 800Hz 的声压响应。这个效应可以用有限元分析对无填充箱体进行分析得到确定，但在吸音材料填入时将变得不重要。

在图 5.41 所示的例子中，长方体和圆柱形之间的差异很小，即使箱体完全不含填充材料。虽然 Cubicon 硬纸板管和同样厚度的中密度纤维板相比确实具有更好的振动阻尼品质，与其说圆柱形箱体抑制了干涉和驻波模式，不如说真正得益的是外观装饰，然后才是其他。

5.4 箱体阻尼

一个得到很好证实的事实是，典型的贴皮中密度纤维板和刨花板扬声器箱与低频扬声器单元联合谐振，在特定频率上辐射出与扬声器单元本身近乎相等的声压[9]。Celestion SL-600 音箱（已停产）成功的首要原因是蜂巢航空铝箱体在很大程度上消除了大多数木箱传播的声染色。许多材料和技术可以用于使箱体振动最小化。包括选择箱壁材料、箱壁谐振阻尼材料、支撑技术、扬声器单元安装固定技术，以及箱体地面耦合（Enclosure Floor-Coupling）。

1．箱壁材料

关于箱壁材料的选择有两种基本流派。一种是强力技术派，要求使用厚壁高密度材料，如 1 英寸中密度纤维板与大量的内部支撑联用，有时还加上壁阻尼复合物。像来自 Thiel Audio，Wilson Audio，和 Aeriel Acuoustic 的音箱就使用这种类型的结构。

另一个流派建议使用中等强度和较轻的薄壁材料，如 1/2～3/4 英寸的船用胶合板，并使用大量阻尼材料，从而在100～500Hz范围内得到较低水平的声染色。在20世纪60年代后期制造的Leak Sandwich音箱使用这种类型的结构。它使用1/2英寸胶合板和厚的屋顶油毡制成。两种结构看起来都有效，在工业上都有许多实例。

约束层材料是另一种技术。约束层结构板是用两层中密度纤维板或类似的材料夹着一层谐振阻尼材料制成。这个产品是专业化的，业余制作者通常难以获得。3/89 期《Speaker Builder》的文章[10]推荐了一个有意思的替代品，由2层1/2英寸饰面胶合板夹着2层1/2英寸石膏夹心纸板制成，每层之间用建筑胶水粘合。另一个约束层结构例子来自 4/82 期《Speaker Builder》的一篇文章[11]，推荐使用填充沙子的板材作为箱壁材料（最早是由G. A. Briggs提倡的，他是英国Whafedale公司的创始人）。

Nokia工程师Juha Backman在101届AES会一议上提交的一篇论文对未处理的中密度纤维板较差的阻尼和约束层材料的优良特性做了定量分析[12]。这个研究包括了加速计测量和近场箱体测量，清晰地显示了约束层阻尼好于自由阻尼的优良特性。

2. 壁谐振阻尼材料

如果板材谐振升高到较高的频率，选择中等硬度的薄壁材料或者支撑，较高频率的谐振可以通过使用自由阻尼复合物得到阻尼。这种材料的例子此前曾在《Voice Coil》讨论过[13, 14]，包括了两种非常有效的产品，Antiphon Type A-13和EAP Type CN-12。Antiphon Type A-13是一种含沥青的毛毡/粘土混合材料阻尼产品。它主要在汽车工业销售，以阻尼小汽车顶篷的振动谐振，以1/16英寸厚的自粘薄片形式出售。在50%或以上面积的箱壁上粘2层的这种材料效果就足够好。

EAR产品是EAR公司为美国海军开发的一种石墨填充的乙烯基产品，用来阻尼核潜艇的船体振动。它以1/16～1/4英寸的厚度销售，按与Antiphon相同的方法使用，也同样非常有效。业余爱好者现在还买不到这类材料，但将来可能可以。这些材料的批量价格在1.60～5美元/平方英尺。

较便宜的替代方案是在箱侧壁钉上多层（4～6）规格为30磅（1磅≈0.453 6kg）的屋顶油毡。侧壁和前障板内面的50%～70%面积应该用这种材料覆盖，并钉在四角和每块板的中央。

汽车防水底面涂层用的液体材料也被用于音箱，但溶剂型产品可能对单元粘胶剂、折环和锥形振膜材料有危害。另一个替代方案是沙子和防水粘合剂的50/50混合物，但这个工作比较乏味且费时。

3. 支撑技术

支撑将箱壁有效地隔成两块准独立的板，每块具有它自己的谐振频率。3个基本支撑类型如图5.44所示。它们分别是水平、边角和交叉支撑。水平支撑可用于打破箱体的切向谐振。

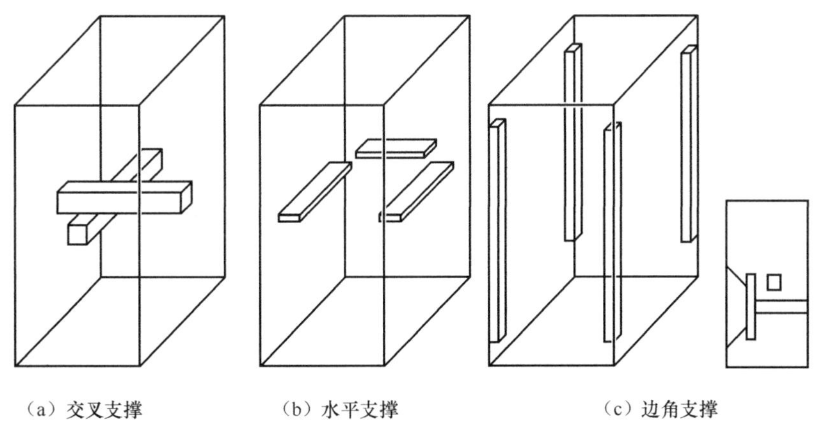

图 5.44 长方体箱体的支撑

虽然可以使用角铁，典型的材料还是用 3/4 英寸×2 英寸的木料。架式支撑（Shelf Brace）是它的一种变形[15]，是一种实用于产品的水平和交叉支撑的组合。架式支撑基本上是一个稳固的木板，连到箱体的 3 个或 4 个面上，板上切开大的孔洞，让箱体的空气可以流过（如图 5.45 所示）。

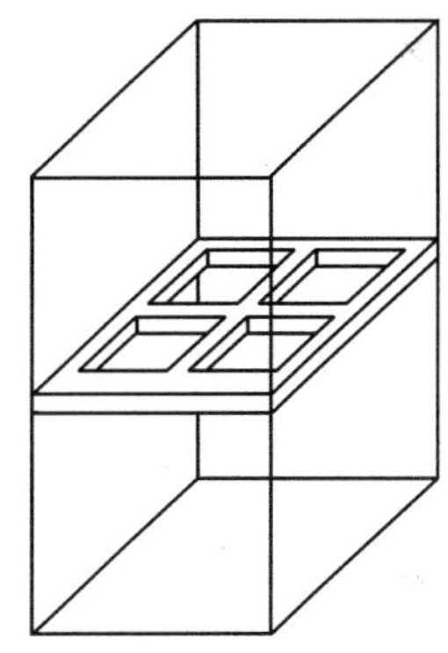

图 5.45 架式支撑示例

边角支撑增强了相邻的两壁间的相互结合，并使能量消散。交叉支撑用于连结相对的两壁，左和右以及前和后。支撑材料可以用 2 英寸×2 英寸木料或大直径的木钉（1～1.5 英寸），对于它们所占用的箱内空间来说足够坚硬，可以有效地起作用。交叉支撑放在板的中央，将谐振一分为二，把支撑相互交错可使两块板的谐振频率不同，在某种程度了阻碍了它们的合成效果，不致在小信号下出现染色[16]。

4．扬声器单元安装技术

将扬声器单元盆架振动隔离在降低箱体噪声方面也可能有用。有一种商业产品，Well-Nut Fasteners（USM 公司，Molly 紧固件部门），在这方面做得很好。Well-Nut 是一种基部镶嵌了铜螺母的橡胶嵌入件。这种自由浮动的紧固件常常用于阻尼电动机的振动，用在扬声器单元上也有相同的效果。使用 Well-Nut 还便于装卸扬声器单元而不磨损螺丝孔。装在安装螺丝或螺栓上的小橡胶垫圈也曾经有人用过[17]，并取得了一些成功。这种垫圈再加上气密阻尼橡胶、泡沫或油灰密封垫，有助于隔离扬声器单元振动。

另一种简单技术是用硅胶粘合剂来安装扬声器单元。在扬声器单元沉孔处挤上 1/4 英寸宽的硅胶可以提供气密性和振动阻尼。缺点则是一旦扬声器固定在音箱的障板上，就不容易剥离。

5．箱体与地板的耦合

落地式箱体会将大量的振动传递到地板然后再耦合到空气中。最近的流行作法是使用某种形状的金属脚钉（通常是 3 个）使音箱完全稳定，利用脚钉与地板的有限接触，将它与地板一定程度隔开，给音箱底座加上额外的质量可以使之更加稳定。市场上可以见到的一个新方法，为一些音响爱好者所采用，用一块扬声器大理石或沉重的石料做成平台，音箱放在石制平台上，不会向地板传递振动。

这些技术的组合可以相当有效地降低箱体振动引起的声染色。图 5.46 和图 5.47 所示为对两个箱子的加速计测量结果，一个是 3/4 英寸的刨花板箱体（如图 5.46 所示），另一个是使用木棍交叉支撑的 1 英寸中密度板箱体，并使用了 Antiphon Type-A13 延展阻尼材料（如图 5.47 所示）。使用 Audio Precision System 1 正弦波扫描分析仪和 PVDF（聚偏氟乙烯）加速计进行测量[18]，PVDF 加速计未经校正，但相对差别是明显的。虽然较高频率的谐振仍然存在，但 150Hz 以下的得到大幅的减弱。同样明显的是，一些谐振略微地转移到频率更高处，但没有减弱。

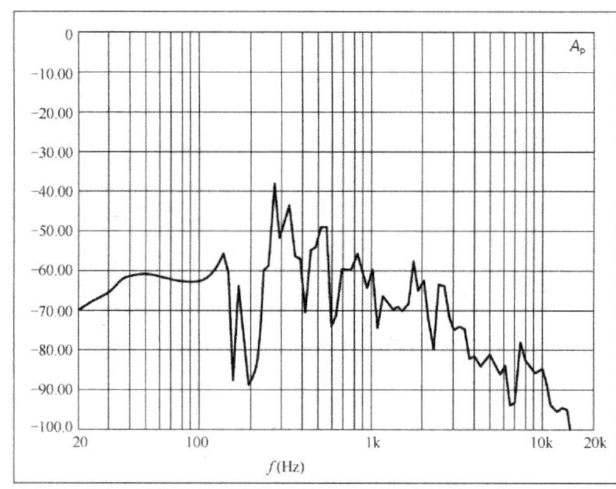

图 5.46　未经处理的 0.75 英寸刨花板箱体的加速计测量结果

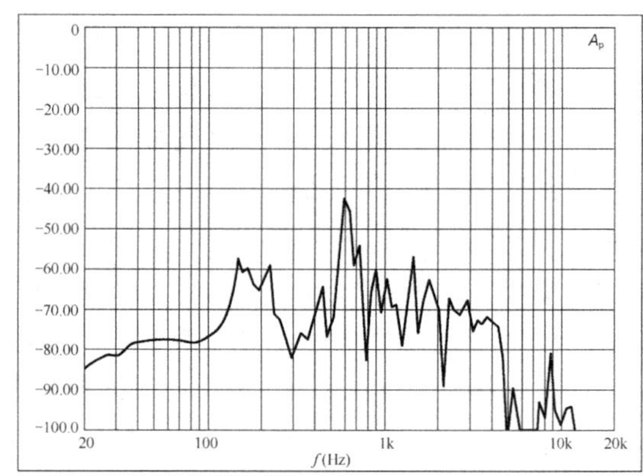

图 5.47　阻尼和支撑处理的 1 英寸中密度纤维板箱体的加速计测量结果

参考文献

1．Robert C. Kral, “Diffraction: The True Story”, *Speaker Builder* 1/80, P. 28.

2．H. Olson, “Gradient Loudspeakers”, *J*AES, March 1972.

3．J. Backman, “A Model of Open-Baffle Loudspeakers”, 107th AES Convention, September 1999,preprint No. 5025.

4．R.J. Newman, “Dipole Radiator Systems”, *J*AES, Jan./ Feb. 1980.

5. David Weems, *How to Build & Test Complete Speaker Systems*, Tab Books No. 1064 (out of print).

6. From the enclosure library menu in LEAP 4.0 computer software, manufactured by LinearX.

7. Lubos Palounek, "Enclosure Shapes and Volumes", *Speaker Builder* 3/88, P. 22.

8. Shinichi Sakai, "Acoustic Field in an Enclosure and Its Effect on Sound-Pressure Responses of a Loudspeaker", *J*AES,April 1984.

9. J.K. Iverson, "The Theory of Loudspeaker Cabinet Resonances", JAES, April 1973.

10. Allan Millikan, "Dynaudio Drivers and Sheetrock", *Speaker Builder*, 3/89, P. 15.

11. M. Lampton, "A Three-Way Corner Loudspeaker System", *Speaker Builder*, 4/82, P. 7.

12. J. Backman, "Effect of Panel Damping on Loudspeaker Enclosure Vibration", 101st AES Convention, November 1996, preprint No. 4395.

13. *Voice Coil*, October 1989.

14. *Voice Coil*, January 1991.

15. Mike Chin, "Cabinet Bracing", *Speaker Builder*, 2/91, P. 71.

16. Peter Muxlow, "Loudspeaker Cabinets", *Speaker Builder*, 2/88, P. 24.

17. S. Linkwitz, "A Three-Enclosure Loudspeaker System", *Speaker Builder,* 2/80, P.12.

18. *Voice Coil*, February 1991.

第 6 章 扬声器障板：扬声器单元位置、分布及其他注意事项

6.1 扬声器单元障板位置引起的声压级的变化

扬声器前障板为扬声器单元向前辐射的声波提供一个“发射”位置。如第 5 章中所讨论的，箱体（障板）形状——无论是长方形的、圆柱形的、球形、方形、蛋形等——会引起扬声器单元测量的声压级实质性的变化。在第 5.1 节还讨论了不同位置的效应，但仅包括从障板中央到顶部有限的几种不同情况。事实上，低频扬声器单元、中频扬声器单元和高频扬声器单元是安装在障板上不同的物理位置，由于扬声器单元到障板边缘的距离各不相同，轴向和离轴的声压级将因各自位置的不同而有很大的差别。

对于音箱设计者来说，在一个新的设计中如何安排一套扬声器单元的位置常常是一个不容易回答的问题。绝大多数制造商选择把扬声器单元放在障板左、右侧的中间，而且经常将高频扬声器放在障板的顶部（或者把低频扬声器单元放在顶部，如果是低频扬声器单元-高频扬声器单元-低频扬声器单元式设计的话）而排成一列。有无数种变化，包括把一对立体声音箱某一声道的高频扬声器单元靠近箱体左缘，而另一声道靠近右缘的镜像对称结构。由于在设计扬声器箱时要面对这个还没有答案的问题，所需的是一套综合的实例，对于在选择低频扬声器单元、中频扬声器单元和高频扬声器单元的安装位置时将发生的情况给你一些观点。使用 LEAP 5 EnclosureShop 软件提供的虚拟消声室，我做了一个详细的研究来描述不同尺寸的障板上，不同可能位置的结果，作为扬声器箱设计程序这一环节的参考。

这个针对扬声器单元位置及其声压级变化的研究分成两个部分，由不同扬声器单元安装位置导致的 2 路扬声器氏声压级变化，以及由不同扬声器位置导致的 3 路扬声器中频声压级变化。由于大多数制造商和业余爱好者制作的扬声器箱是标准的长方形类型，同时由于试图为所有不同箱体形状做障板位置变化的研究对于本书的范围来说过于深入，我只考虑长方形的障板。

1. 2 路障板低频扬声器和高频扬声器位置的声压级变化

由于障板尺寸和扬声器单元直径都会影响衍射而引起声压级变化，这个研究包括 4 个不同的障板尺寸和 4 个不同直径的低频扬声器单元。以下用几个 2005 年生产的扬声器根据箱体体积和尺寸对箱体建模。

低频扬声器单元口径（英寸）	箱体尺寸（高×宽×深）（英寸）	模拟的低频扬声器单元
4.5	8.75×5.25×5.5	Peerless 830516
5.25	10.75×7.25×8.5	Vifa C13WG-19-08
6.5	13.5×8.75×11.25	Vifa P17WJ-00-08
8	15.75×10×10.5	Vifa P21WO-10-08

尽管 LEAP 5 EnclosureShop 的模拟功能相当好，但它无法模拟经常发生于高频扬声器单元响应上的，并由于低频扬声器单元或中频扬声器单元锥形振膜的反射引起的声压级异常。目前尚没有什么方法可以模拟这种响应的变化，如果你想要了解高频扬声器单元测量中某种特定的响应异常是不是由低频扬声器或中频扬声器锥形振膜的反射引起的，可以用一片薄纸板盖住锥形振膜，然后再重复测量。可以从比较中得到问题的答案。

任何扬声器单元在障板上的位置都有无数种可能的分布，考虑到这个研究的目的，我只使用 3 种不同的低频扬声器单元位置和 8 种高频扬声器单元位置进行模拟。其中 8 英寸低频扬声器单元箱体的声压级模拟结果如图 6.1～图 6.3 所示，高频扬声器单元声压级模拟结果如图 6.4～图 6.11 所示。对于 4 个不同的低频扬声器单元和箱体尺寸来说，这些扬声器单元的位置相对一致。

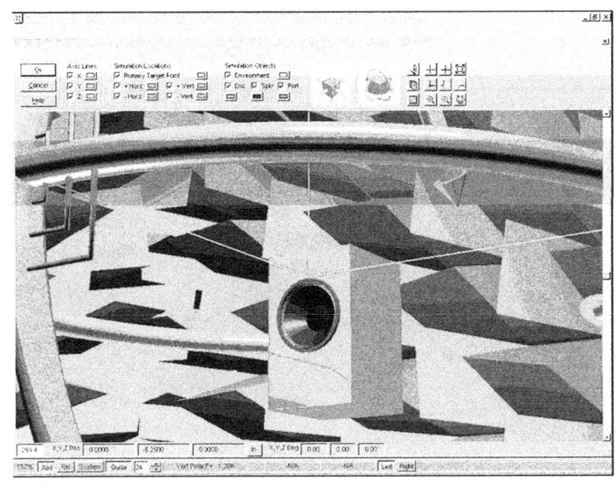

图 6.1　8 英寸低频扬声器单元障板顶部位置

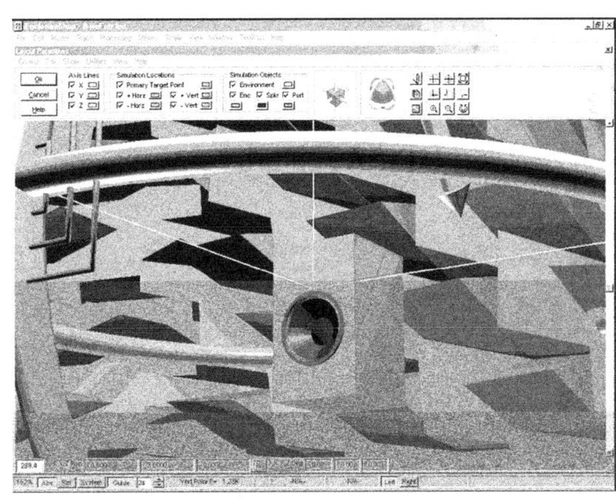

图 6.2　8 英寸低频扬声器单元障板中部位置

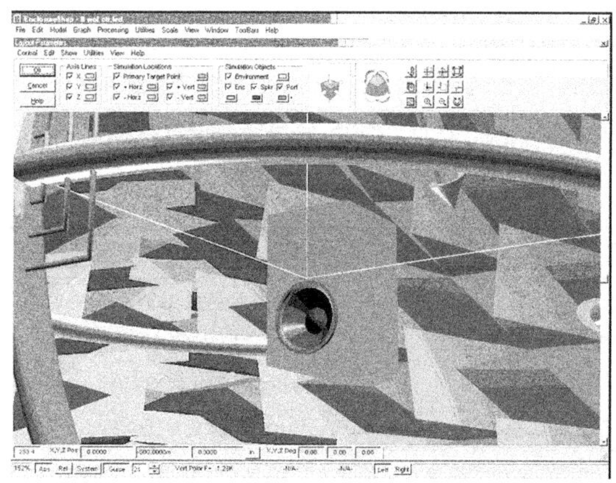
图 6.3　8 英寸低频扬声器单元障板底部位置

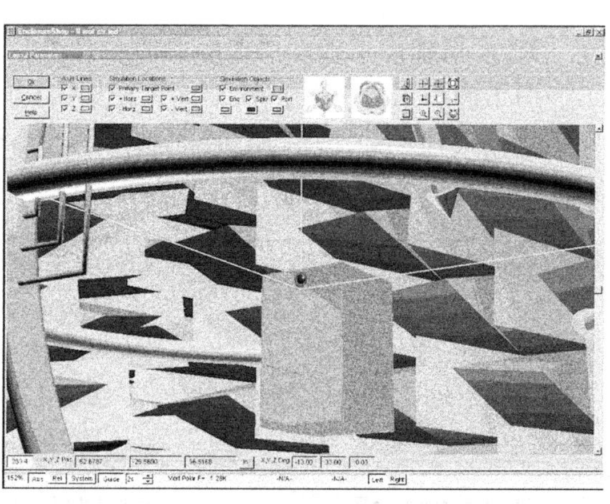
图 6.4　1 英寸高频扬声器单元障板顶部中央位置

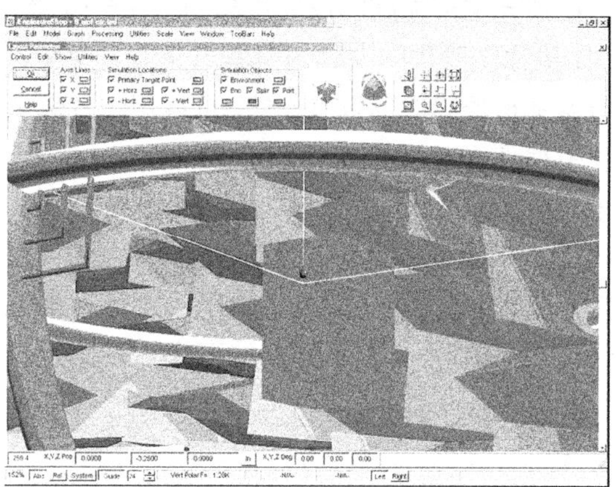
图 6.5　1 英寸高频扬声器单元障板中部中央位置

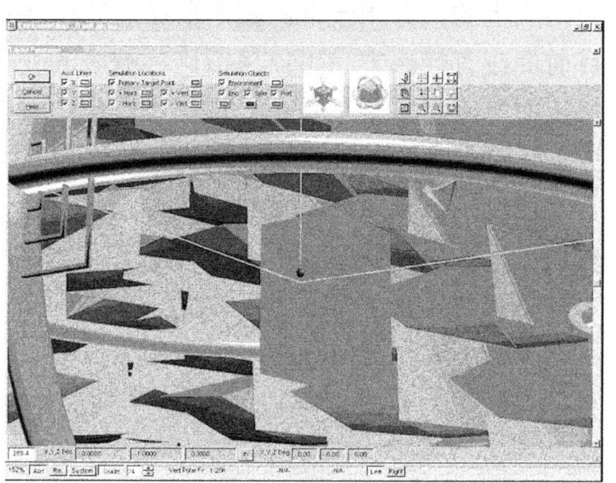
图 6.6　1 英寸高频扬声器单元障板底部中央位置

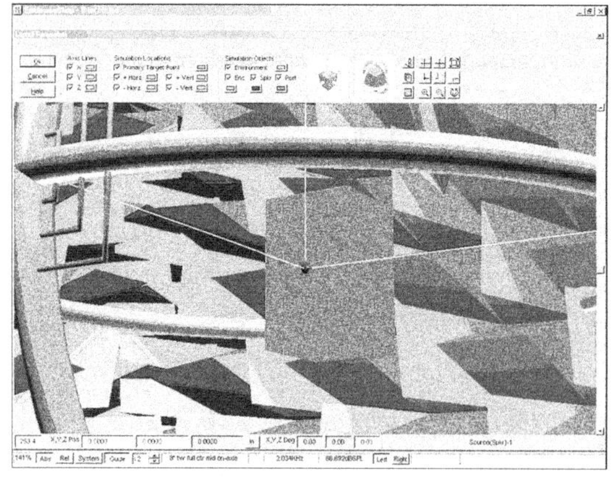
图 6.7　1 英寸高频扬声器单元 WTW 障板中央位置

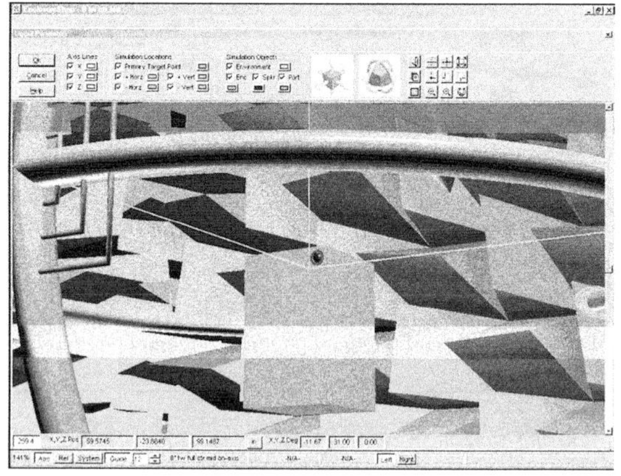
图 6.8　1 英寸高频扬声器单元 WTW 障板顶部偏心位置

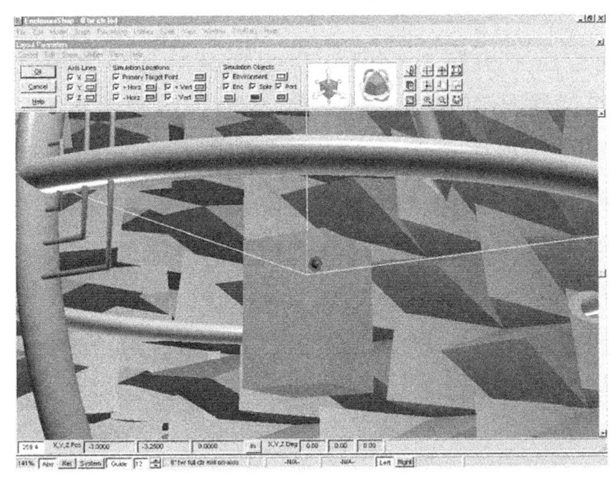
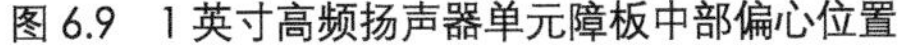

图 6.9　1 英寸高频扬声器单元障板中部偏心位置

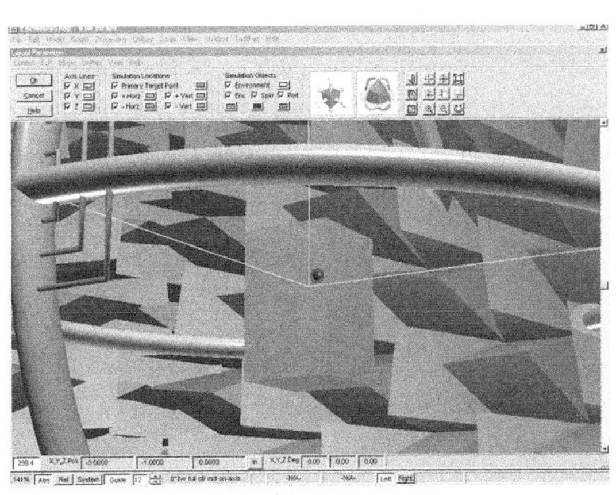

图 6.10　1 英寸高频扬声器单元障板底部偏心位置

在这个研究中，我确定扬声器单元具体位置的原则是将障板上的低频扬声器单元和高频扬声器单元尽可能地相互靠近，并且在两个安装位置之间的轴向上进行测量。低频扬声器单元的 3 个位置分别是：2 个扬声器单元中的高频扬声器单元位于箱体的顶部，留下足够安装面网的空间；2 个扬声器单元位于箱体顶部与底部之间的中部；最后一个位置是低频扬声器单元位于箱体的底部，同样留下足够安装面网的空间。由于当代长方形箱体的宽度往往恰好只够容纳低频扬声器单元和面网边框，没有多余的障板空间来研究低频扬声器单元向左或向右的偏移，所以这个考虑不包含于此研究中。但是，由于高频扬声器单元可以很容易地偏移到箱体的左或右侧，可以考虑更多的不同情况。

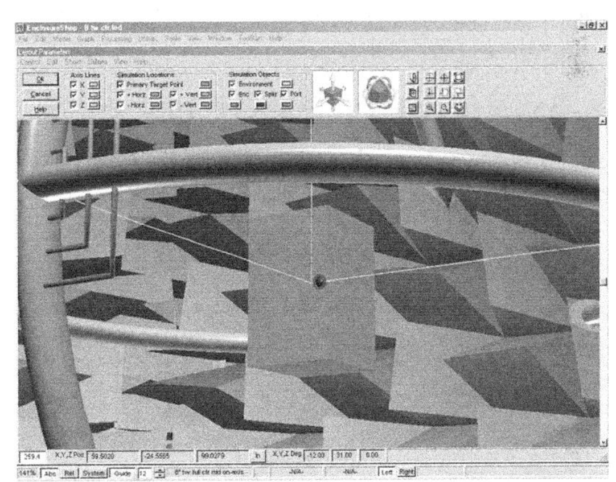

图 6.11　1 英寸高频扬声器单元 WTW 障板偏心位置

如果你观察图 6.4～图 6.11 所示中高频扬声器单元的障板位置，可以看到包含了在障板中线上和低频扬声器单元同样的 3 个安装位置（高频扬声器单元紧挨着低频扬声器单元上方安装，只在两个扬声器单元之间留下最小的间距），以及 3 个水平高度同前，但高频扬声器单元偏移到最右侧，只留下面网安装空间的位置。同时也包括高频扬声器单元按 WTW（低频扬声器单元-高频扬声器单元-低频扬声器单元）格式安装，位于障板中心以及偏移到右边的位置。对于 WTW 的高频扬声器单元位置，障板没有足够的空间容下两个低频扬声器单元，但是要把这个障板尺寸用于双扬声器单元设计也很容易，即使用 2 个小一号的低频扬声器单元（8 英寸障板装双 6.5 英寸、6.5 英寸装双 5.25 英寸、5.25 英寸障板装双 4.5 英寸、4.5 英寸障板装双 3 英寸）。因此，尽管比这种格式的普通障板宽了一些，我也将高频扬声器单元的中间位置包含在这个研究中，以提供可能的双低频扬声器单元格局的高频扬声器数据。

为了充分理解用传声器测量时障板边缘衍射对扬声器单元响应的影响，你需要同时观察轴向响应以及水平和垂直方向的指向性响应（Polar Response）。也就是说，这个衍射研究的基本格式包括了各个扬声器单元尺寸和扬声器单元位置组合的以下图形信息。

（1）作为参考的，轴向半空间响应图，以及半空间水平和垂直方向指向性图。

（2）对消声室不同轴向响应曲线进行比较的合成图——3 个低频扬声器单元位置一幅，4 个位于障板中线的高频扬声器单元位置一幅，以及 4 个位于障板右侧的高频扬声器单元位置一幅。

（3）每一个障板位置的轴向和水平及垂直指向性图各一幅。

考虑到障板位置和箱体样本的数量，所需图形的总数达到 168 幅。由于这些图形需要的印刷空间太大了（我们尽量控制这本书的厚度，使它要大大薄于托尔斯泰的《战争与和平》）！虽然不同箱体尺寸之间的衍射效应具有相似性，但差异可能要比你预想的要大得多，所以作为全面理解的一个练习，你将发现所有的这些图形和结论将是非常值得认真研究的。此外，8 英寸箱体数据中，低频扬声器单元位置如图 6.12～图 6.24 所示，高频扬声器单元位置如图 6.25～图 6.53 所示。

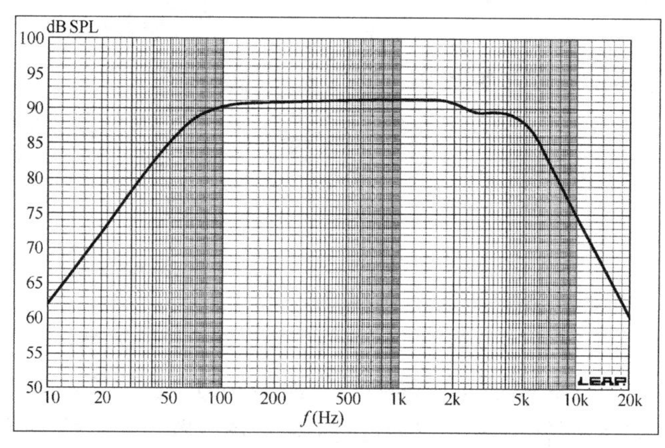

图 6.12　8 英寸低频扬声器单元安装于无限障板的频率响应

至于 8 英寸低频扬声器单元的例子，请从观察图 6.12～图 6.14 所示开始。这些图是这个低频扬声器单元（安装于一个无限障板）的半空间轴向响应和水平以及垂直指向性图。正如你所看到的，响应基本上是平坦的，在 2～4kHz 这个倍频程内声压级有个 2dB 的衰减，两个指向性图基本相同，并且非常对称。出现这种曲线是因为不存在影响单点传声器测量结果的边缘衍射或者障板反射引起的频响变化。

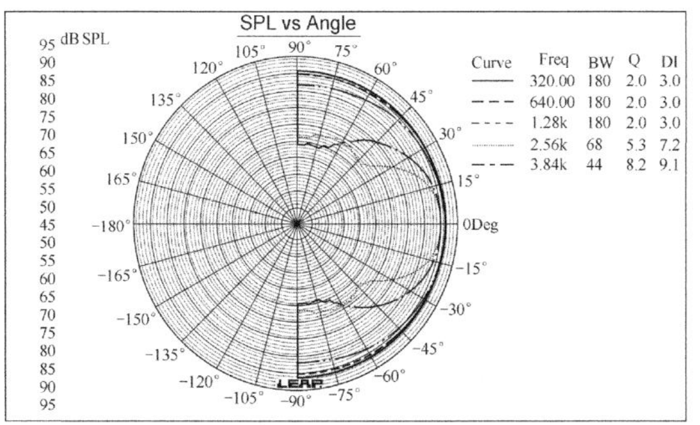

图 6.13　图 6.12 的水平指向性图

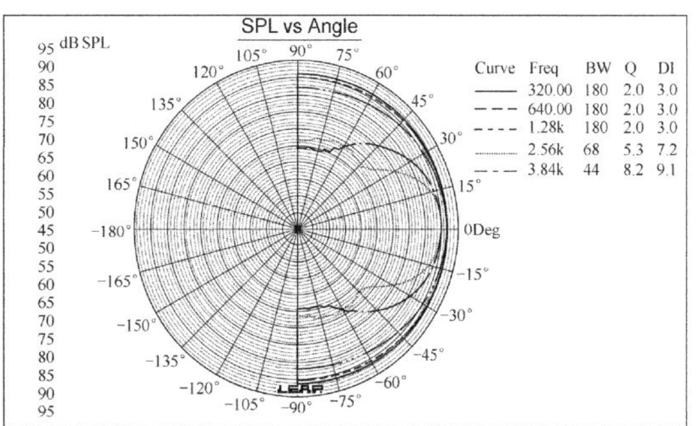

图 6.14　图 6.12 的垂直指向性图

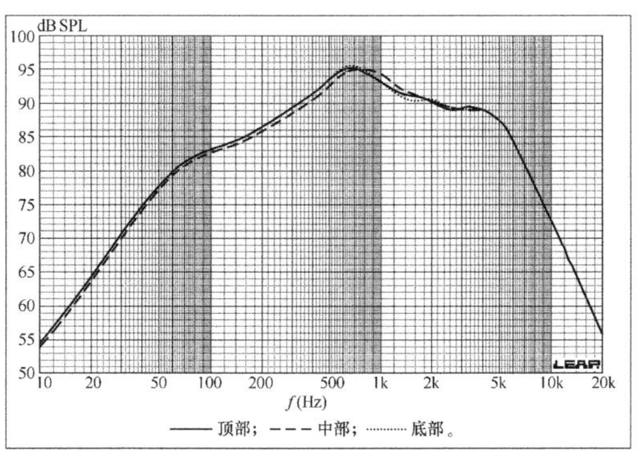

图 6.15　8 英寸低频扬声器 3 个障板中心位置频率响应比较

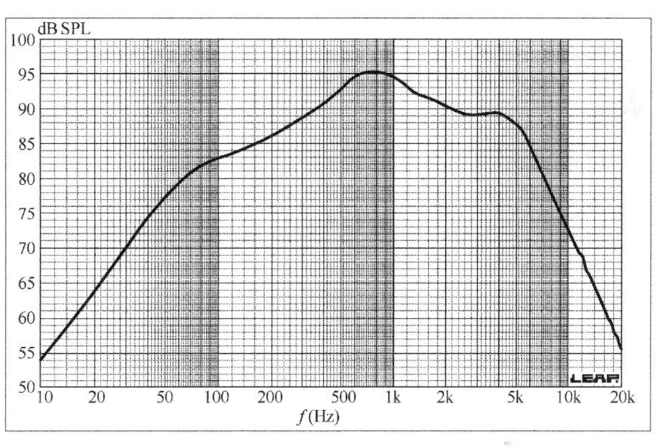

图 6.16　8 英寸低频扬声器障板底部位置频率响应

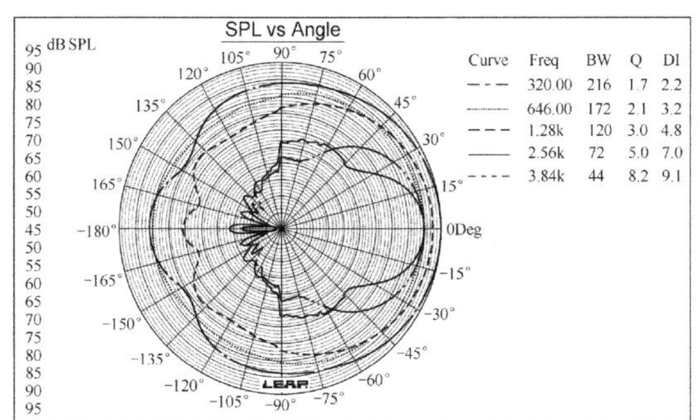

图 6.17　图 6.16 的水平指向性图

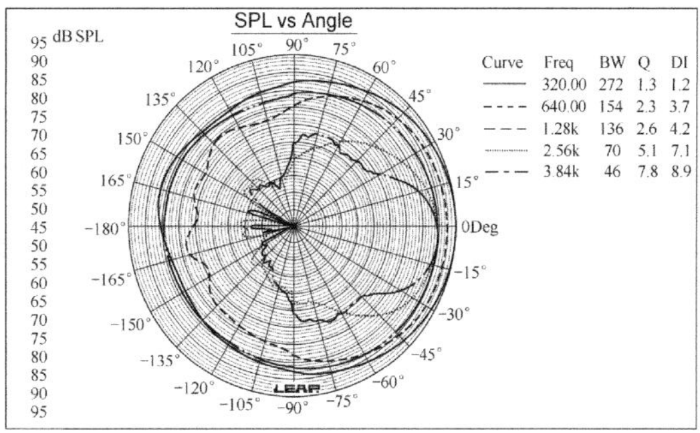

图 6.18　图 6.16 的垂直指向性图

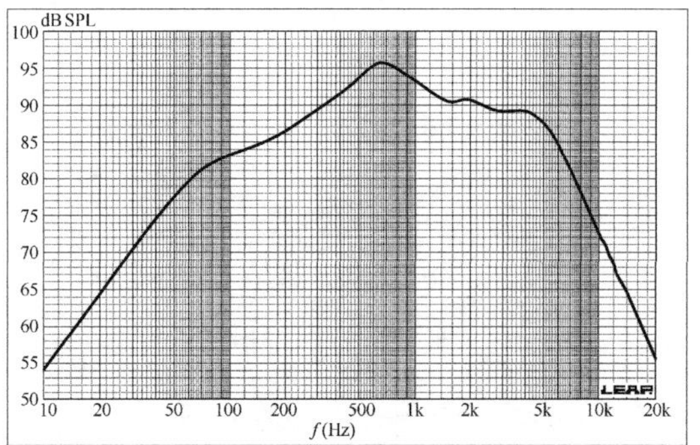

图 6.19　8 英寸低频扬声器障板中部位置频率响应

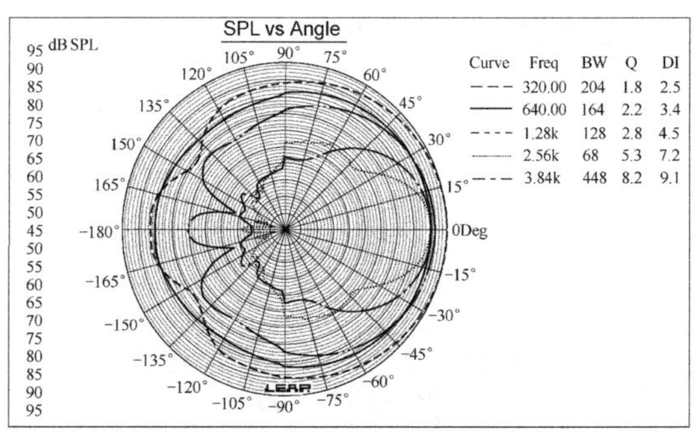

图 6.20　图 6.19 的水平指向性图

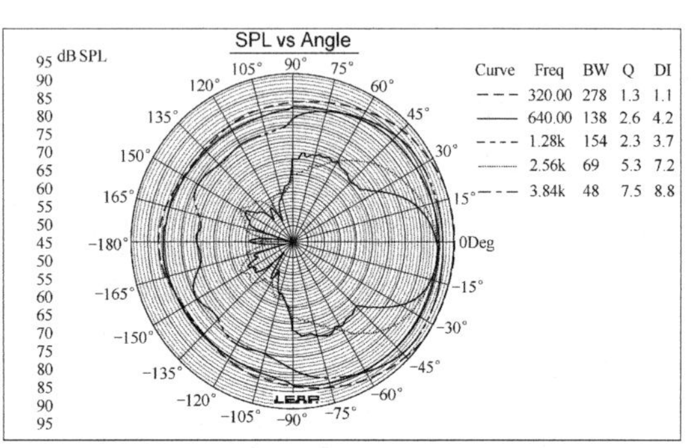

图 6.21　图 6.19 的垂直指向性图

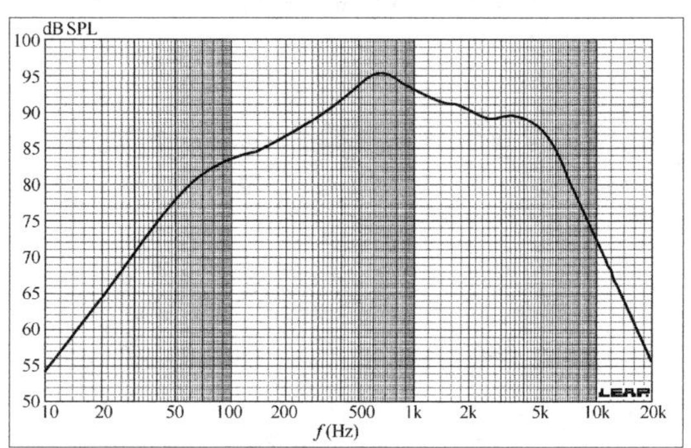

图 6.22　8 英寸低频扬声器障板顶部位置频率响应

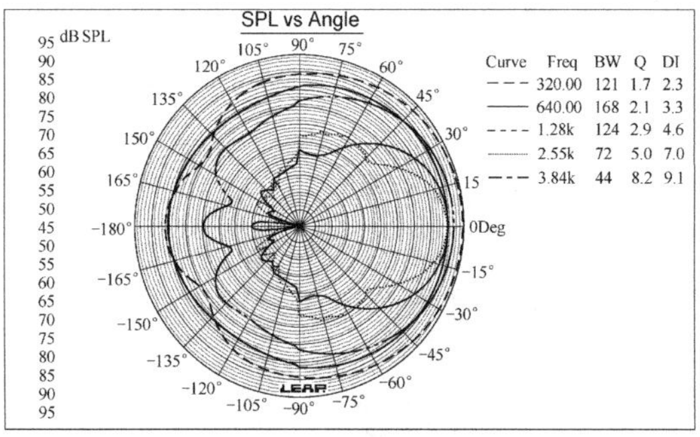

图 6.23　图 6.22 的水平指向性图

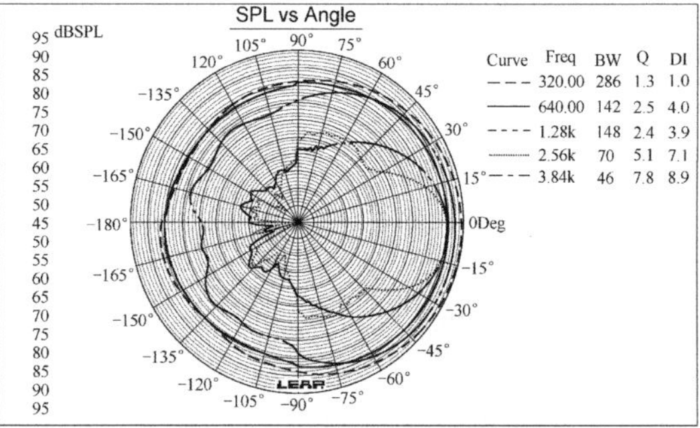

图 6.24　图 6.22 的垂直指向性图

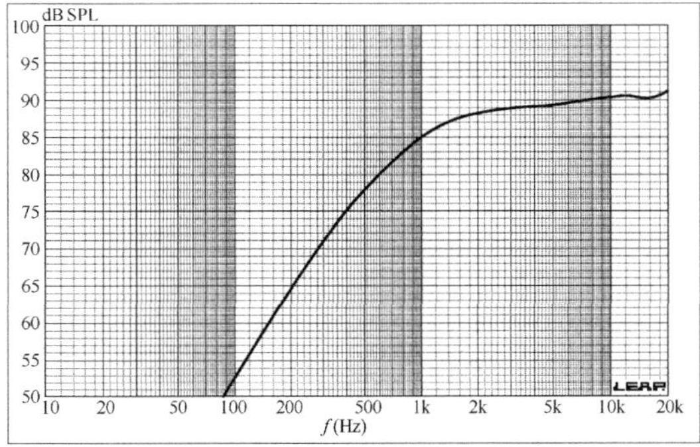

图 6.25 1 英寸高频扬声器无限障板频率响应

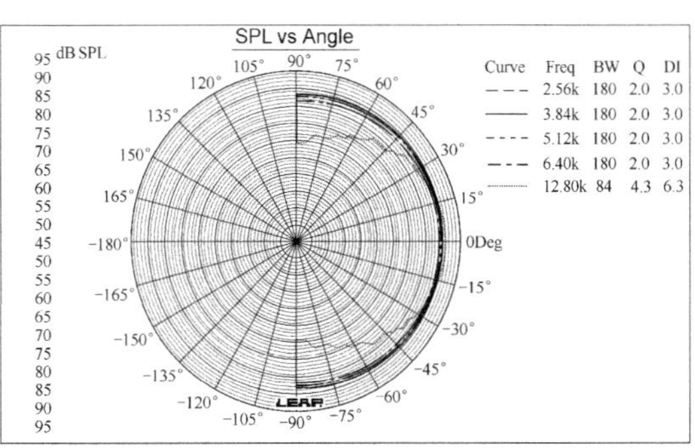

图 6.26 图 6.25 的水平指向性图

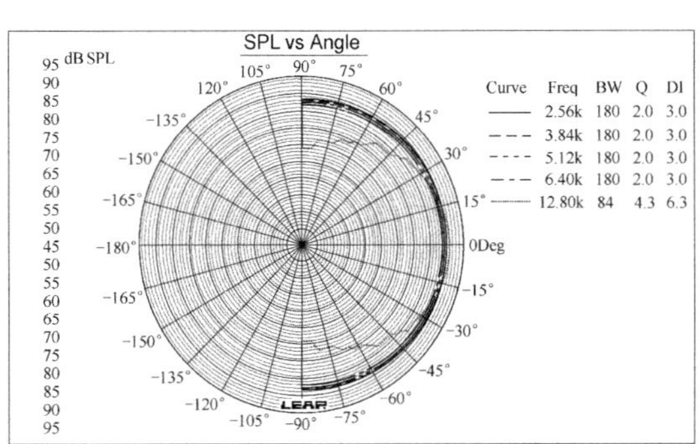

图 6.27 图 6.25 的垂直指向性图

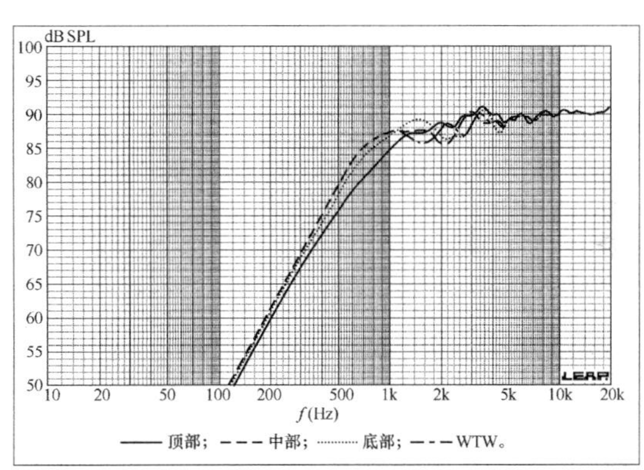

图 6.28 1 英寸高频扬声器 4 个障板中心位置频率响应比较

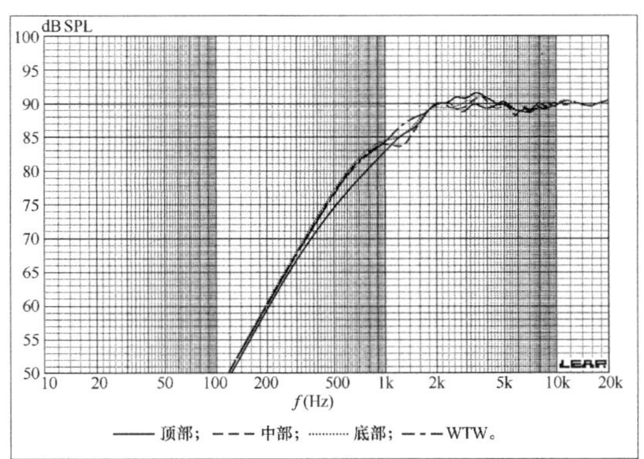

图 6.29 1 英寸高频扬声器 4 个障板
偏心位置频率响应比较

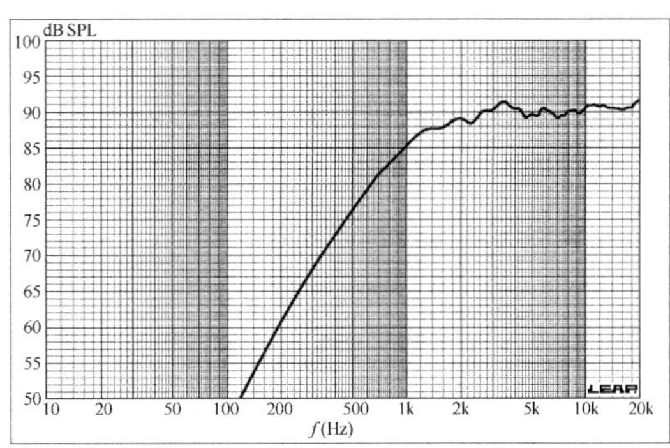

图 6.30 1 英寸高频扬声器障板
顶部中心位置频率响应

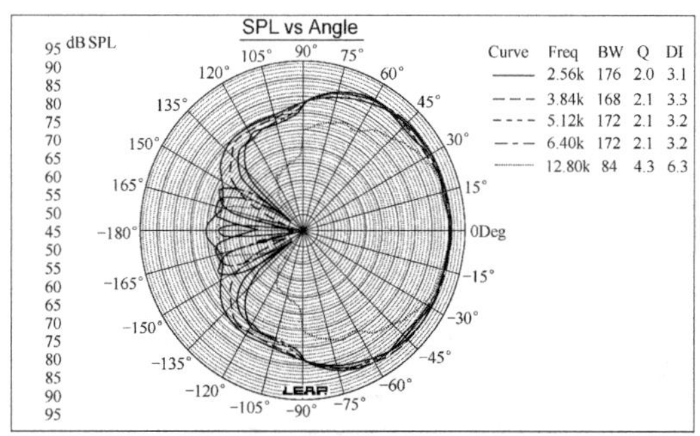

图 6.31 图 6.30 的水平指向性图

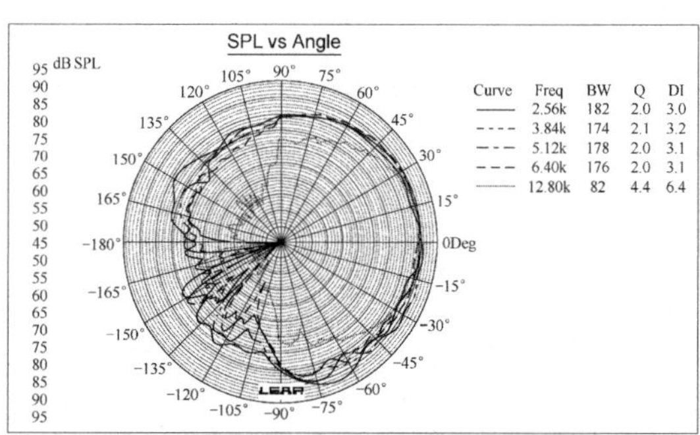

图 6.32 图 6.30 的垂直指向性图

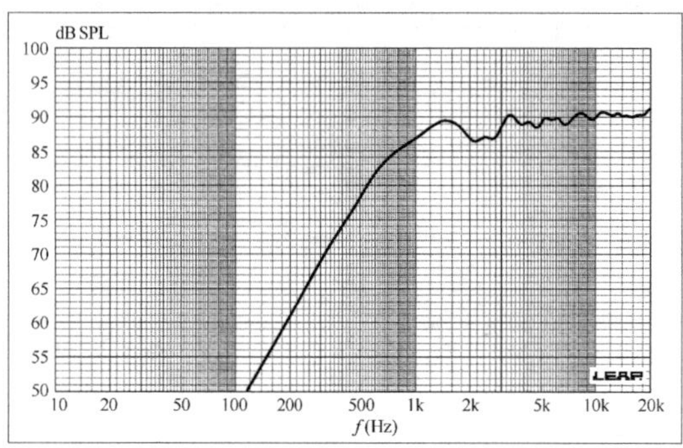

图 6.33 1 英寸高频扬声器障板中部中心位置频率响应

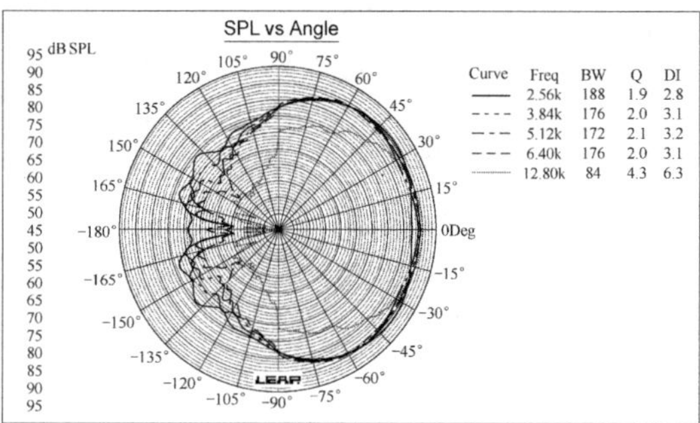

图 6.34 图 6.33 的水平指向性图

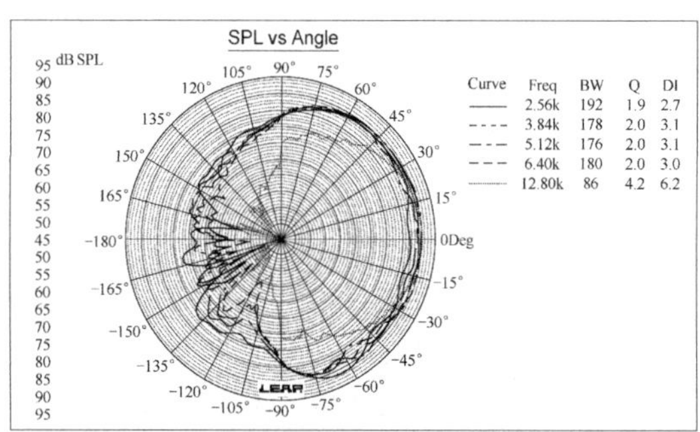

图 6.35 图 6.33 的垂直指向性图

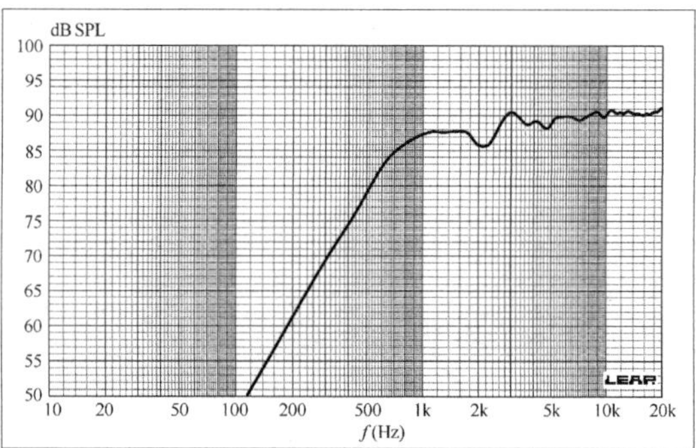

图 6.36 1 英寸高频扬声器障板底部中心位置频率响应

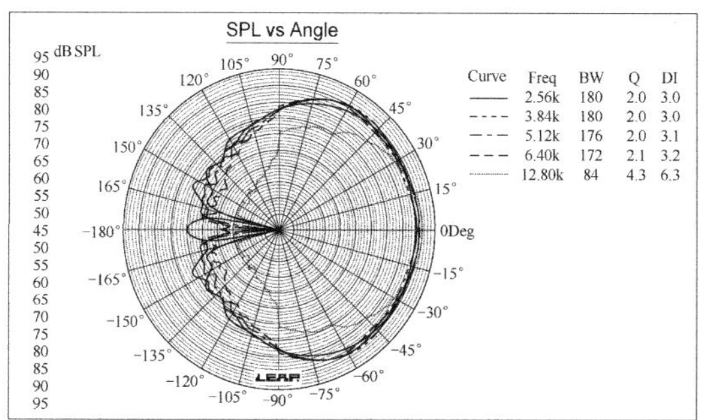

图 6.37　图 6.36 的水平指向性图

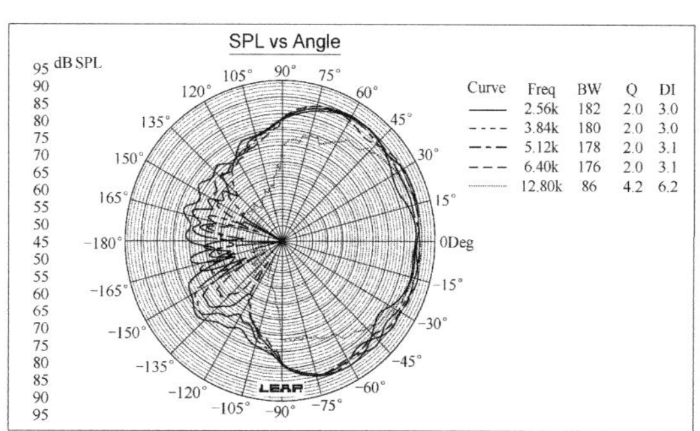

图 6.38　图 6.36 的垂直指向性图

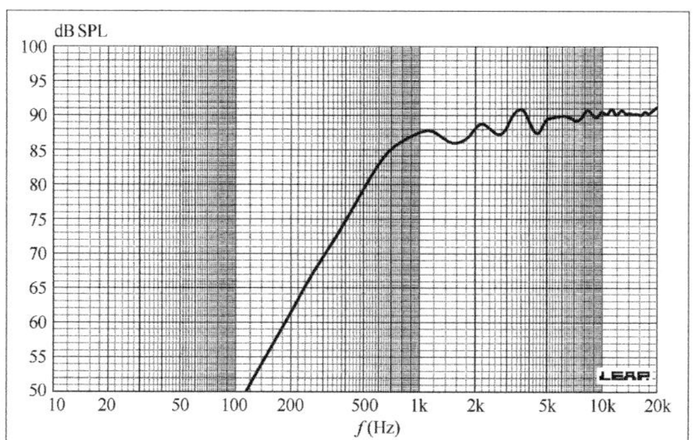

图 6.39　1 英寸高频扬声器 WTW 障板中心位置频率响应

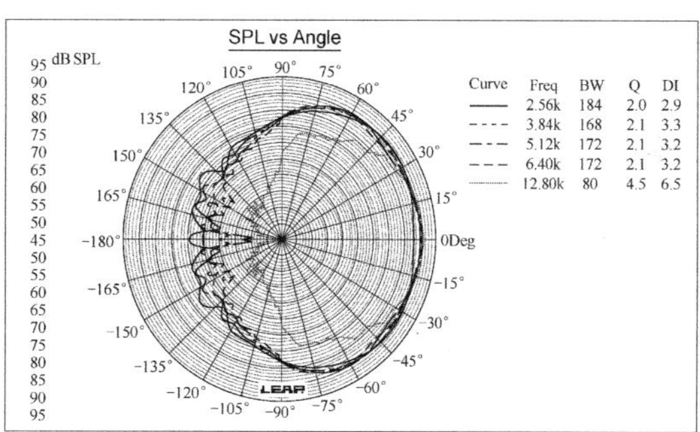

图 6.40　图 6.39 的水平指向性图

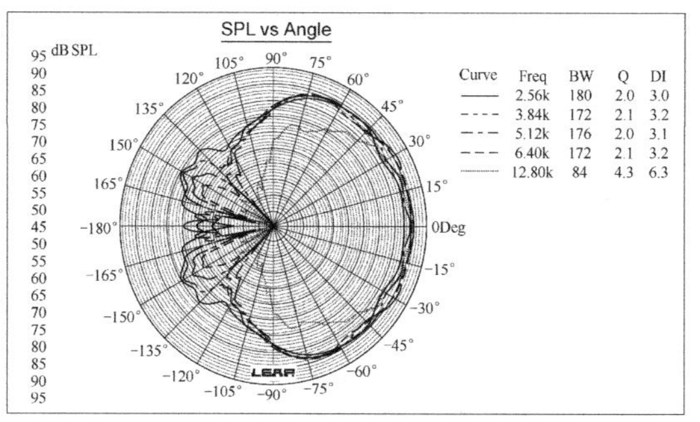

图 6.41　图 6.39 的垂直指向性图

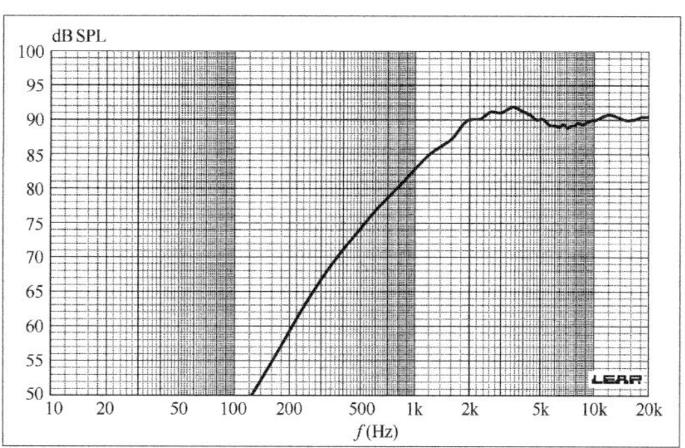

图 6.42　1 英寸高频扬声器障板顶部偏心位置频率响应

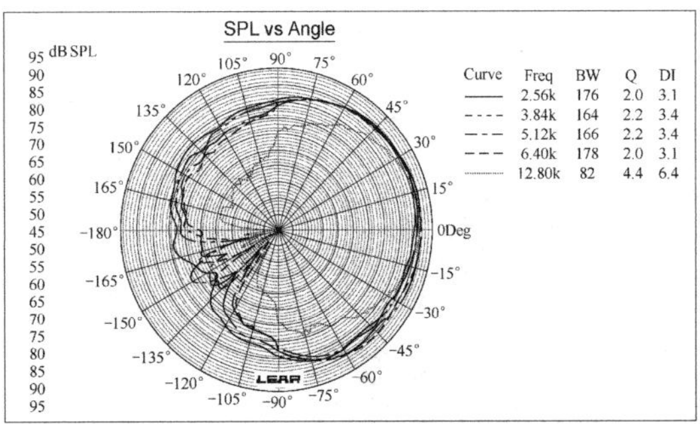

图 6.43 图 6.42 的水平指向性图

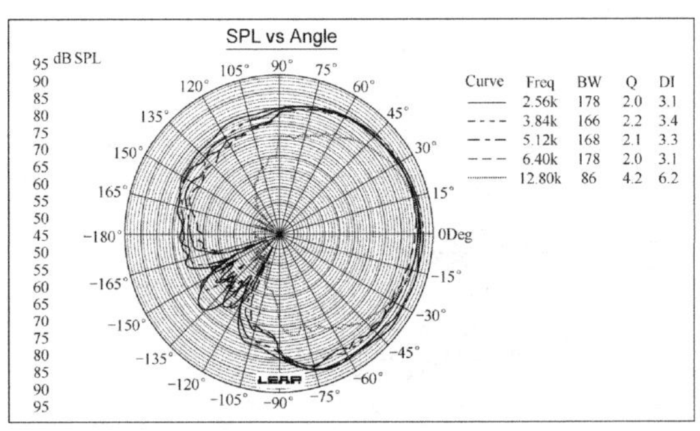

图 6.44 图 6.42 的垂直指向性图

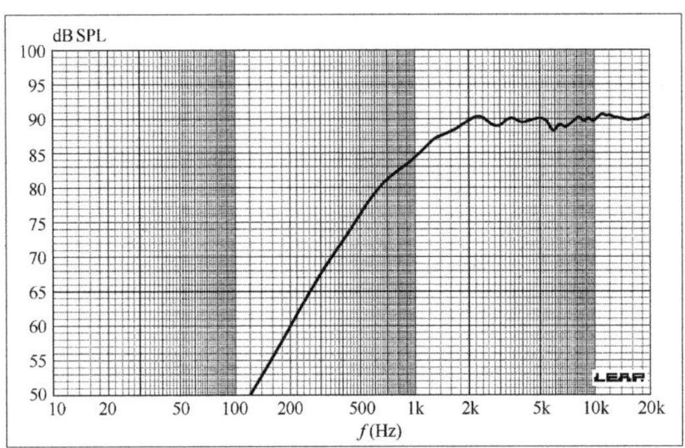

图 6.45 1 英寸高频扬声器障板中部偏心位置频率响应

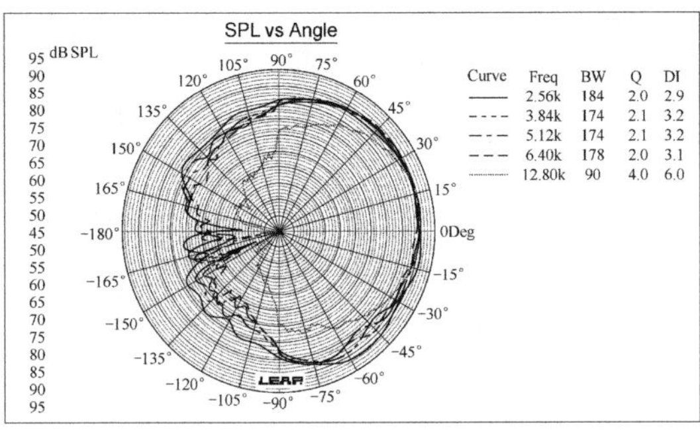

图 6.46 图 6.45 的水平指向性图

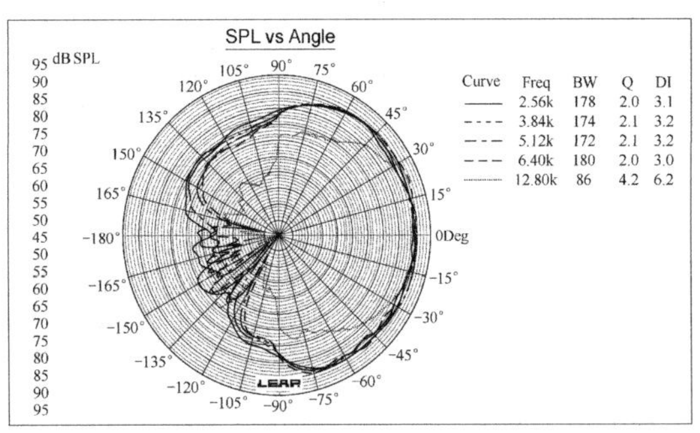

图 6.47 图 6.45 的垂直指向性图

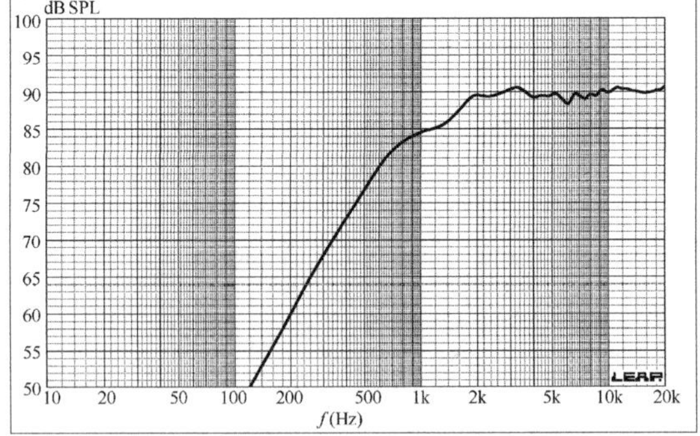

图 6.48 1 英寸高频扬声器障板底部偏心位置频率响应

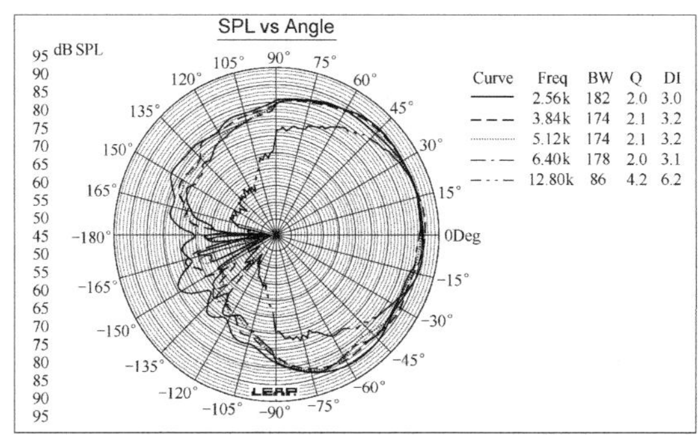

图 6.49 图 6.48 的水平指向性图

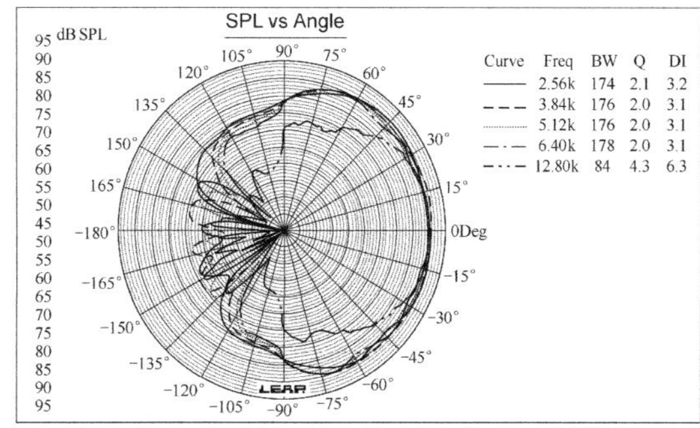

图 6.50 图 6.48 的垂直指向性图

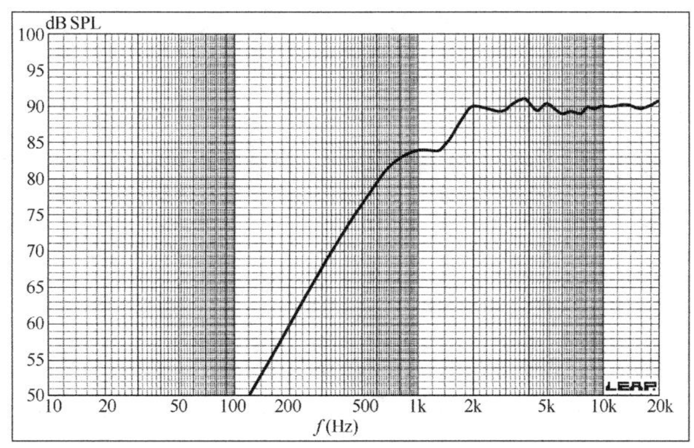

图 6.51 1 英寸高频扬声器 WTW 障板偏心位置频率响应

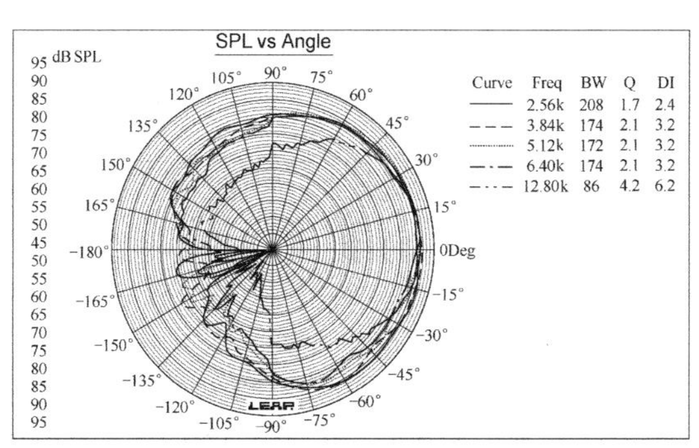

图 6.52 图 6.51 的水平指向性图

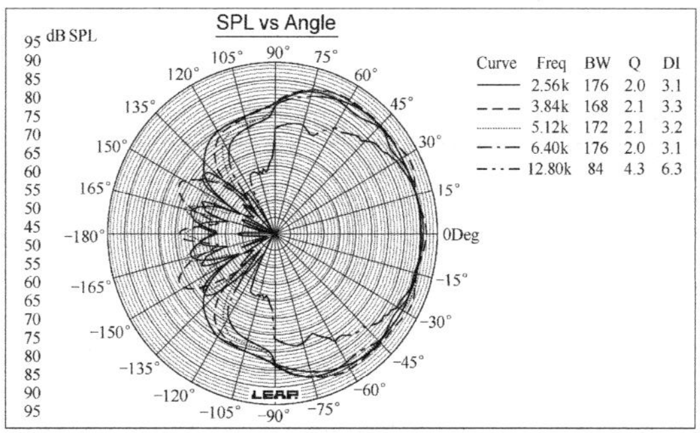

图 6.53 图 6.51 的垂直指向性图

图 6.15 所示为安装在 15.75 英寸×10 英寸障板上的全部 3 个 8 英寸低频扬声器单元障板位置的轴向比较，结果表明轴向声压级绝对值的差异在 1～1.5dB 范围内。就影响分频器设计的 2kHz 及以上频率而言，差异并不是特别明显。对于水平指向性图来说（如图 6.17、图 6.20 和图 6.23 所示），障板上的任何位置均提供了一个对称的样式，这意味着在水平面上不

存在单侧的不对称“波瓣（Lobing）”，因而这一点不成问题。然而，障板位置确实影响了垂直指向响应（如图6.18、图6.21和图6.24所示），并且每个不同位置都在某种程度上导致频率决定的不对称波瓣。

总的来说，3kHz以上的频率，理论上位于2路分频器低通滤波器部分的截止带，3个不同安装位置都会对它造成影响，指向发生了约6°的向下倾斜。对于高于3kHz的频率，安装位置靠近底部的指向性发生了15°的向上倾斜，中部安装位置具有某种不均匀性——但首先并不导致任何明显的指向性倾斜（波瓣）——而顶部安装引起了15°的向下倾斜。

如果你考虑到将高频扬声器单元放在低频扬声器单元上方的非共点安装（低频扬声器单元和高频扬声器单元同时安装于障板表面，并且障板方向垂直于地面，不以任何角度倾斜）会导致一个下倾的波瓣（在第7章中讨论），那么把低频扬声器单元安装在顶部位置可以让整体的波瓣最小化，是为系统提供一个垂直指向响应更为一致的更好地安装位置。如果你把高频扬声器单元安装在低频扬声器单元之下，如PSB Mini Stratus两分频系统（现已停产）那样，低频扬声器单元安装于底部位置将更合理，因为扬声器单元方向将导致分频区域出现一个向上倾斜的垂直指向性响应，而低频扬声器单元的障板方向也将引起一个向上的倾斜，也可以给系统一个更一致的垂直极向响应。由于不同类型的波瓣影响音质听感，这一点很重要。波瓣的主观感受效果将在第6.2节进一步讨论。

至于高频扬声器单元，你也应该从观察图6.25～图6.27所示的半空间轴向响应和半空间水平以及垂直指向性图开始。正如你所看到的，这个高频扬声器单元的响应相对比较平坦，并且2个方向的指向性图都是完全对称的。给出了2个轴向的比较图谱，一个是障板中央的安装位置，如图6.28所示；另一个是偏心位置，如图6.29所示。±声压级的定量数据见表6.1。

表6.1　高频扬声器单元不同障板位置2～10kHz声压级波动幅度（dB）

	障板位置			
	顶部	中部	底部	中心（WTW）
中心	1.57	1.89	2.41	1.87
偏心	1.51	1.04	1.17	1.11

从单点传声器的轴向位置测量结果来看，高频扬声器单元偏心放置于障板侧缘无疑得到了更平滑的响应，轴向的声压级波动幅度更小，虽然不如通常想象的那么显著，并且这个差别某种程度上取决于垂直方向的位置（顶部、中部、底部或者WTW）。在垂直指向性图中（如图6.32、图6.35、图6.38、图6.41、图6.44、图6.47、图6.50和图6.53所示），无论中心或是偏心安装，对于顶部、中部和底部位置都存在一个小幅的向上倾斜，分别为5°、4°和3°，频率范围为3.8～12.8kHz。而WTW正好处于0轴，没有倾斜。然而顶部、中部和底部位置的向上倾斜并不

严重，而且中部和底部位置的倾斜的对称性稍好一些。虽然顶部位置被认为是低频扬声器单元更合适的位置，从系统的观点来看，介于顶部和中间位置的某处可能是最佳的，但我确实不相信像这样小的变化在主观上会是极端重要的，因此将高频扬声器单元或低频扬声器单元安装于顶部位置仍可能都是个好的选择。另一个关于 WTW 高频扬声器位置的重要观察结果是，这个位置波瓣较少，而且低频扬声器单元和中频扬声器单元的波瓣非常对称，可以在第 6.1 节 2 和第 6.2 节中看到。毫无疑问，这至少是 WTW 哑铃式（D'Appolito）结构音箱获得成功并在主观上深受喜爱的原因之一。

至于这些不同高频扬声器位置的水平指向性响应，与低频扬声器单元相似，所有的中心位置（如图 6.31、图 6.34、图 6.37 和图 6.40 所示），无论安装于箱体的顶部、中部、底部或是中心（WTW），都具有完全对称的图样。然而，如果你观察所有 4 个偏心的高频扬声器位置（如图 6.43、图 6.46、图 6.49 和图 6.52 所示），水平指向性图就波瓣来说与顶部安装的高频扬声器单元的垂直指向性图相似。在这里，波瓣大约向安装高频扬声器的那一侧倾斜了 15°。同样重要的是，这一侧水平响应不同频率的幅度分布更均匀。

在 20 世纪 70 年代，镜像对称的音箱很流行。“镜像对称”的意思是高频扬声器单元偏置于障板的侧边，但两个声道的高频扬声器分别位于不同侧。左声道音箱的高频扬声器安装于障板的右侧，而右声道音箱的高频扬声器安装于障板的左侧。这至少是较好的方向，因为将这对音箱的位置互换，高频扬声器单元将位于外侧，而不是内侧。

从偏心高频扬声器的不同水平指向性图可以明显看出为什么把高频扬声器放在内侧是正确的主观选择。这种摆位两个声道的水平指向性响应都向内侧倾斜，朝向中间的“皇帝位”听音位置，具有声压级均匀的额外好处，也被认声压级均匀具有更好的声像。这可能也可以说明为什么非镜像对称的立体声和家庭影院左、右声道常常“拗”向内侧的听音区，因为把音箱朝向听众和把镜像对称音箱的偏心波瓣指向听众具有相似的作用，偏心时所测量的声压级均匀性更好。

在家庭影院中，相对于后排的听音位置来说，将高频扬声器位置偏移到障板边缘对于前排听音位置的意义可能更大，特别是使用较大的屏幕时。在较远距离听音位置上较高水平的环境声使得对称的水平指向性响应更符合需要。当然，对镜像偏移的左、右声道进行配对也是一个制造业的话题，大多数制造商不愿意做这么困难的事。

作为一个“指导性”原则，我认为让水平和垂直指向性响应保持尽可能的对称可以得到更好的主观体验，这至少是我做这项衍射研究的原因之一。当然，这与一些工程师的个人观点相反，他们坚持认为家用音箱应该具有某种类型的指向性。控制指向性是大场合扬声器设计工作中的一个标准步骤，并提供特定的覆盖模式。然而，增强扬声器的指向性并不是用于较小环境的音箱的设计规则。

2．3 路中频扬声器单元位置的声压级变化

第 6.1 节 1 讨论了 2 分频系统中位于前障板不同位置的低频扬声器单元和高频扬声器单

元的声压级差异。这一节将讨论3分频系统中频扬声器单元同样的信息。我模拟了2个例子，一个单一的4.5英寸中频扬声器单元，和一个双5.25英寸中频扬声器单元，并为这个模拟从2005年生产的扬声器产品中选择相应的箱体体积及尺寸。

中频扬声器单元口径（英寸）	箱体尺寸（高×宽×深）（英寸）	模拟的中频扬声器单元
4.5	20×8.25×10.5	Peerless 830516
5.25	32×7.10×10.5	Vifa C13WG-19-08

我给4.5英寸的中频扬声器单元列出6个不同的位置：3个安装于障板的中线，3个偏移到这些位置的右侧。这6个障板位置描绘如图6.54～图6.59所示。如你所看到的，中频扬声器单元分别位于障板的中央（这与把6.5英寸的低频扬声器单元安装在这个位置的上

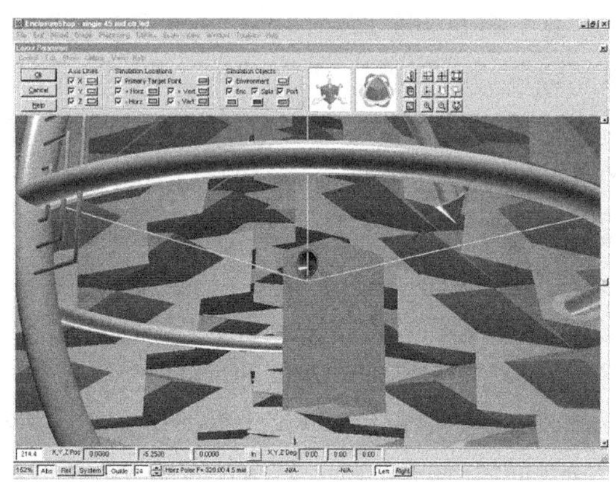

图6.54　单4.5英寸中频扬声器障板顶部中心位置

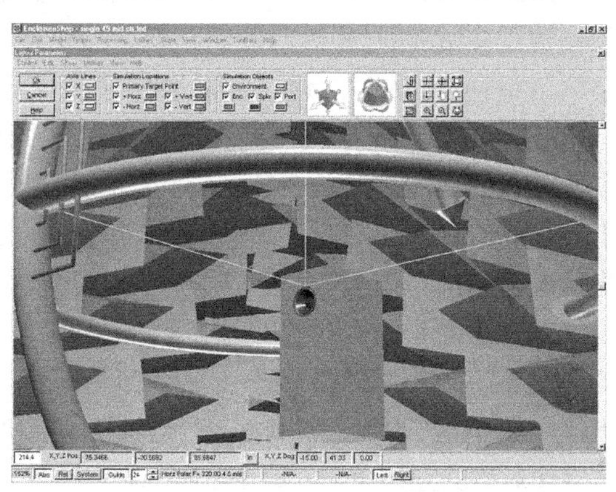

图6.55　单4.5英寸中频扬声器障板中部中心位置

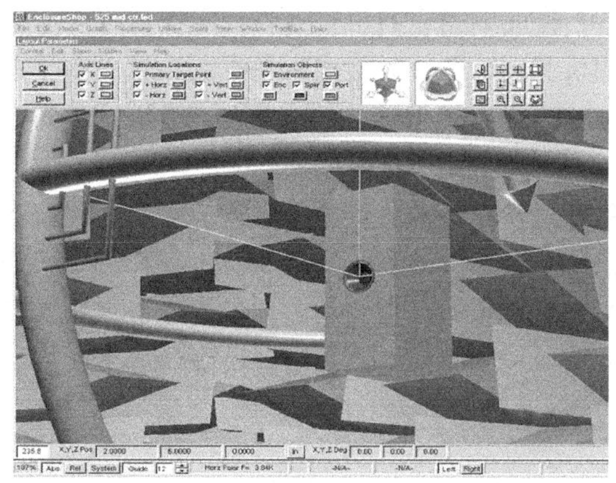

图6.56　单4.5英寸中频扬声器WTW障板中心位置

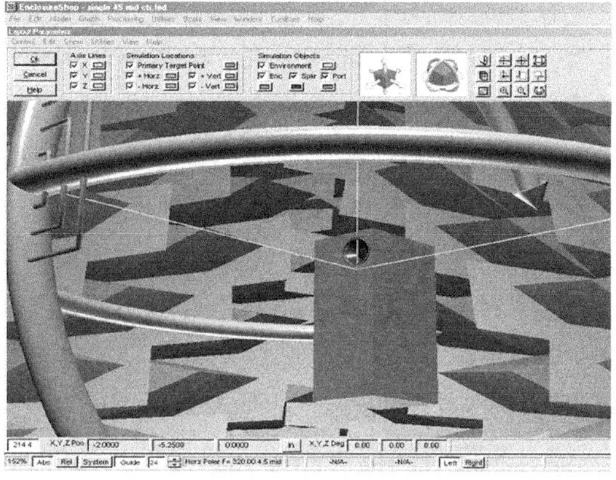

图6.57　单4.5英寸中频扬声器WTW障板顶部偏心位置

方和下方的音箱结构相同）、介于障板的中央和顶部之间（6.5 英寸的低频扬声器单元可以安装在这个中频扬声器单元的下方，而高频扬声器单元可以安装在上方），以及位于障板的顶部（低频扬声器单元可以安装于障板的底部，而高频扬声器单元可以在紧邻着中频扬声器单元的下方安装）。

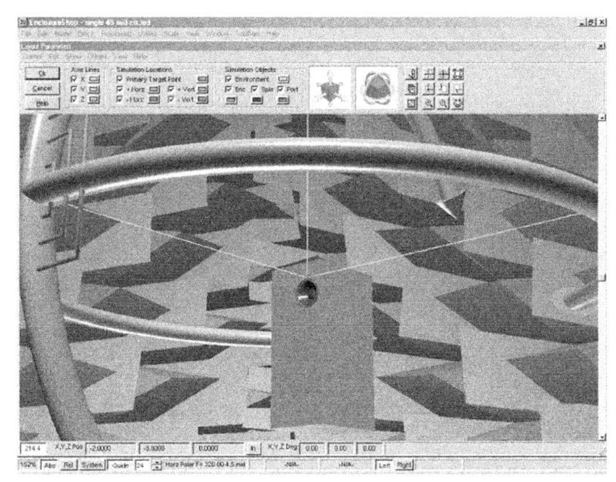

图 6.58　单 4.5 英寸中频扬声器 WTW 障板中部偏心位置

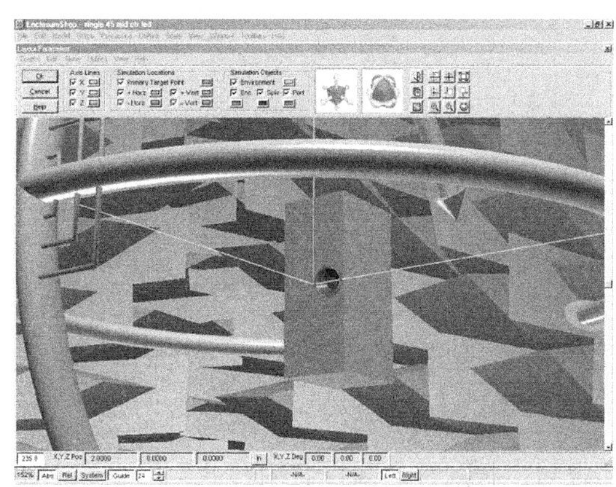

图 6.59　单 4.5 英寸中频扬声器 WTW 障板偏心位置

对于双 5.25 英寸中频扬声器单元的形式，只研究了 4 个位置，如图 6.60～图 6.63 所示。在这个尺寸的箱体上，这种结构只有两个可用的基本位置。一种结构是高频扬声器单元安装于障板的中央，中频扬声器单元分别装于它的上下方，而 8 英寸低频扬声器单元分别安装障板的顶部和底部（加上偏心的变形形式）。另一个是将中频扬声器及高频扬声器单元按 MTM 排列于障板的顶部，2 个 8 英寸低频扬声器单元一起位于障板的底部。2 种 3 分频例子的图形与第 6.1 节 1 的相似，包括如下。

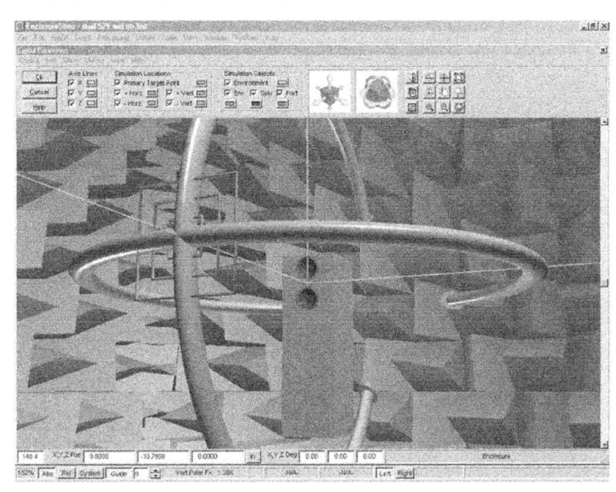

图 6.60　单 4.5 英寸中频扬声器 WTW 障板顶部中心位置

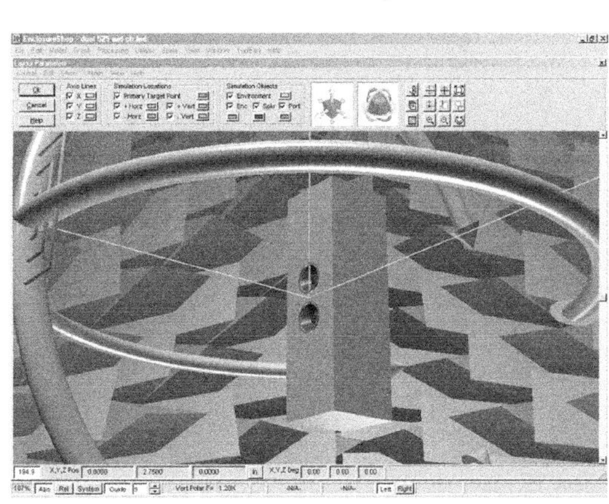

图 6.61　双 5.5 英寸中频扬声器 WTW 障板中心位置

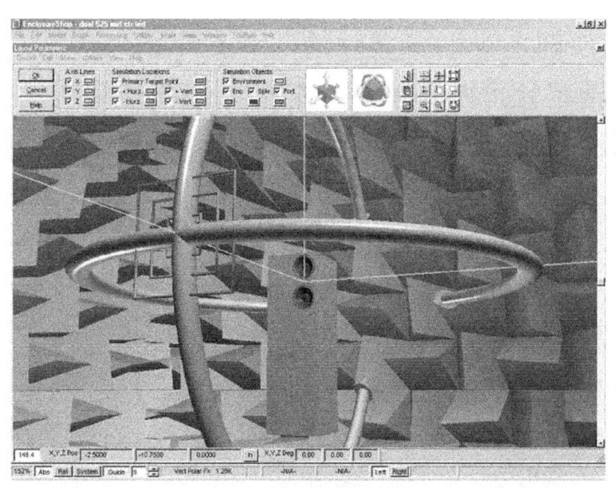

图 6.62　双 5.5 英寸中频扬声器障板顶部偏心位置

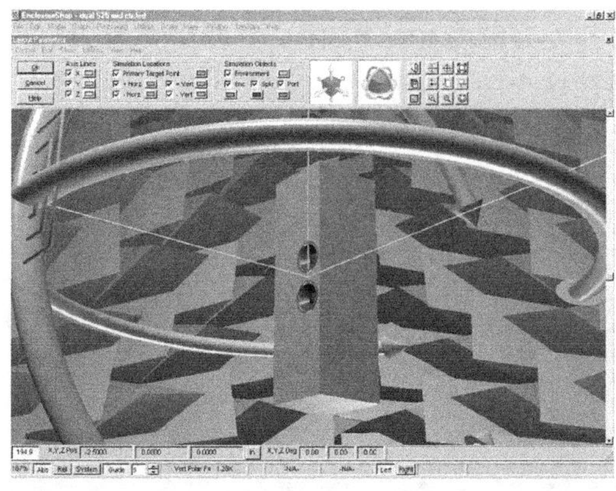

图 6.63　双 5.5 英寸中频扬声器 WTW 障板偏心位置

（1）一套参考图形，半空间轴向响应加上半空间水平和垂直指向性图。

（2）比较消声室不同轴向响应曲线的合成图，3 个中央安装的 4.5 英寸单中频扬声器单元位置一幅，3 个偏心安装的 4.5 英寸单中频扬声器单元位置一幅，加上一幅双 5.25 英寸中频扬声器单元的 2 个中央位置和一幅 5.25 英寸中频扬声器单元的 2 个偏心安装位置。

（3）每个障板位置各自的轴向和水平及垂直指向性图各一幅。

和前面一样，你可以从观察半空间轴向响应和半空间水平及垂直指向性图开始，单 4.5 英寸中频扬声器的如图 6.64～图 6.66 所示，双 5.25 英寸中频扬声器单元结构如图 6.87～图 6.89 所示。两种中频扬声器单元结构都具有平滑的轴向响应，双 5.25 英寸组合相对平坦些，而单 4.5 英寸的随着频率增加声压级有一些下降。如同任何的半空间测量结果，水平和垂直指向性曲线是完全对称的，虽然你可以看到双 5.25 英寸中频扬声器单元垂直指向性曲线的相消效应并导致波瓣出现。

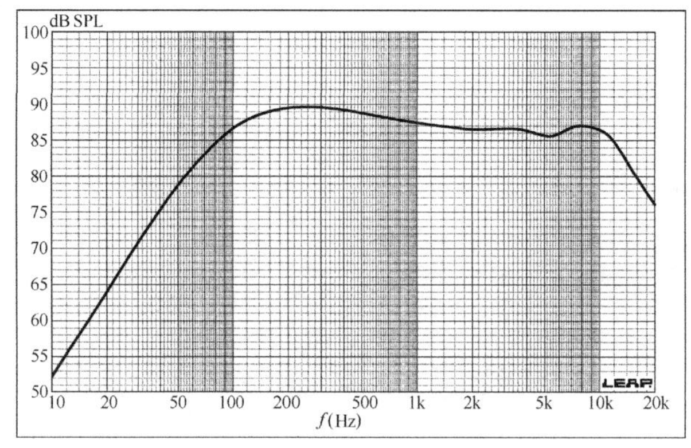

图 6.64　单 4.5 英寸中频扬声器无限障板频率响应

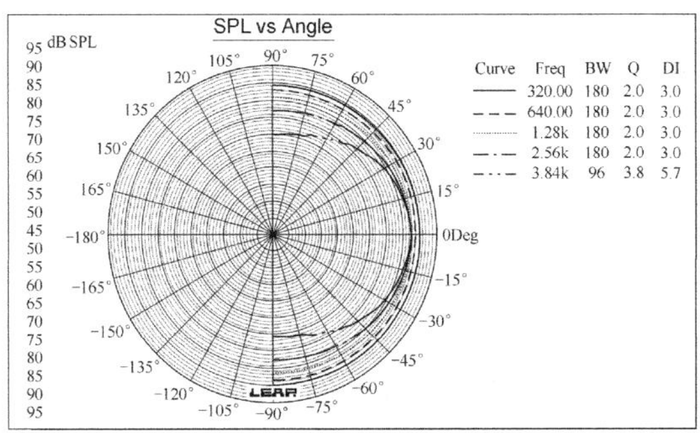

图 6.65 图 6.64 的水平指向性图

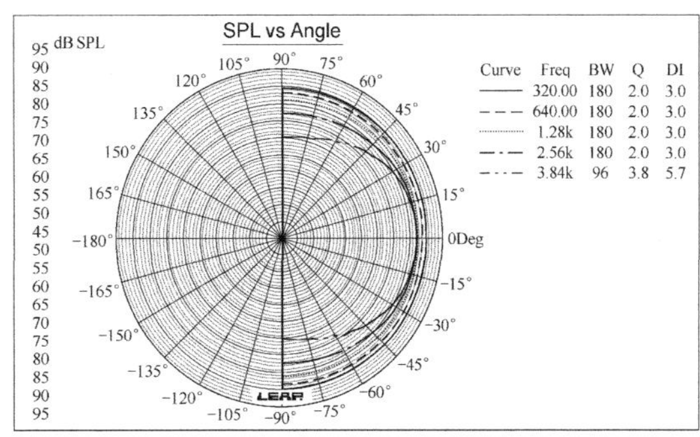

图 6.66 图 6.64 的垂直指向性图

不同中线位置和不同偏心位置的轴向比较结果图片形如图 6.67～图 6.68 和图 6.90～图 6.91 所示，分别是 4.5 英寸中频扬声器单元和双 5.25 英寸中频扬声器单元方案。4.5 英寸和 5.25 英寸扬声器单元的声压级波动定量数据分别见表 6.2 和表 6.3。

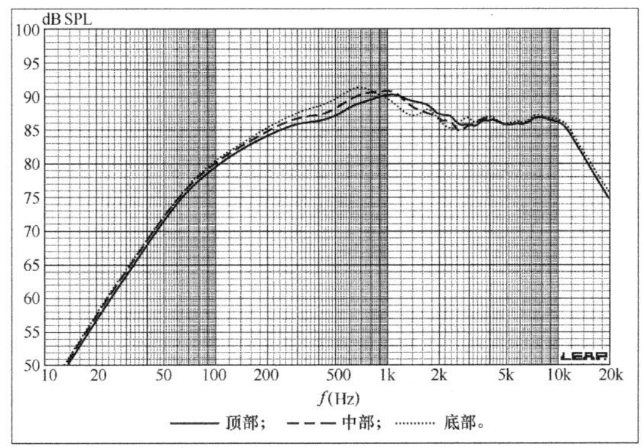

图 6.67 单 4.5 英寸中频扬声器 3 个障板中心位置频率响应比较

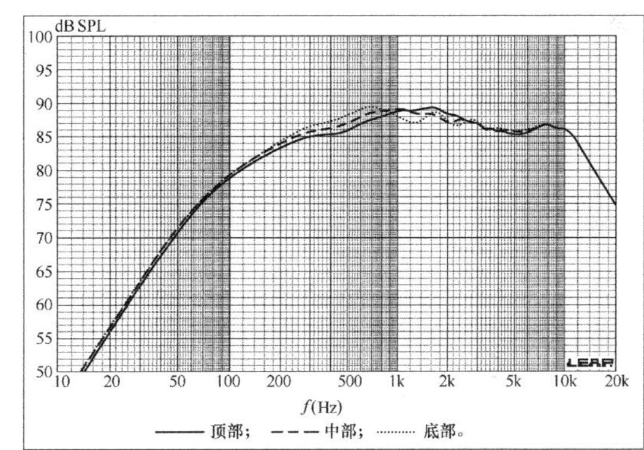

图 6.68 单 4.5 英寸中频扬声器 3 个障板偏心位置频率响应比较

表 6.2 单 4.5 英寸扬声器单元不同障板位置 500Hz～3kHz 声压级波动幅度（dB）

障板位置			
	顶部	中部	中心（WTW）
中心	2.307	2.95	3.07
偏心	1.69	1.07	1.45

表 6.3　　双 5.25 英寸不同障板位置 500Hz～3kHz 声压级波动幅度（dB）

	障板位置	
	顶部	中心（WTW）
中心	1.56	1.13
偏心	0.97	0.76

单 4.5 英寸中频扬声器单元的结果与第 6.1 节 1 中高频扬声器单元的结论非常相似。将这个中频扬声器单元偏置到障板边缘无疑导致了平滑的响应，声压级波动更小（见表 6.2 和图 6.67～图 6.68），虽然与前述的一样，不如通常认为的那么显著。对于垂直指向性图（如图 6.71、图 6.74、图 6.77、图 6.80、图 6.83 和图 6.86 所示），顶部位置的障板也引起响应向上倾斜了 5°，顶部与中央之间的中部位置的向上倾斜了 3°，在中央位置的中频扬声器单元则没有任何倾斜。无偏置的且位于障板中线的中频扬声器单元，全部 3 个位置都具有对称的水平指向性图（如图 6.70、图 6.73、图 6.76 所示），再次与上一节高频扬声器单元的分析相同。因扬声器单元偏到箱体右侧所致的水平响应变化（如图 6.79、图 6.82 和图 6.85 所示）表现为向箱体右侧倾斜了 10°～15°，此外，这一侧的 SPL 声压级分布也较为均匀，这和高频扬声器单元的例子也非常相似。

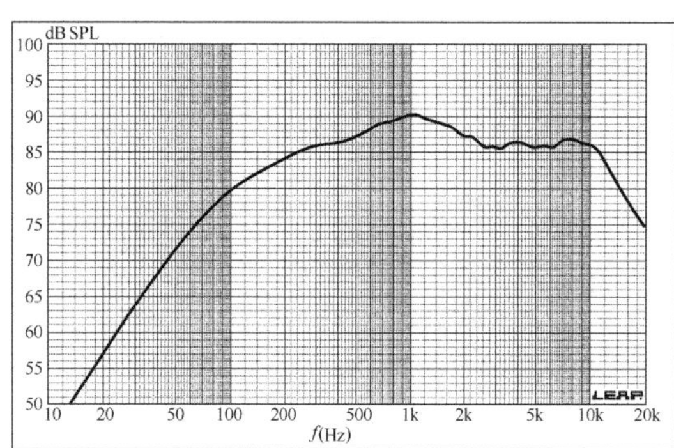

图 6.69　单 4.5 英寸中频扬声器障板顶部中心位置频率响应

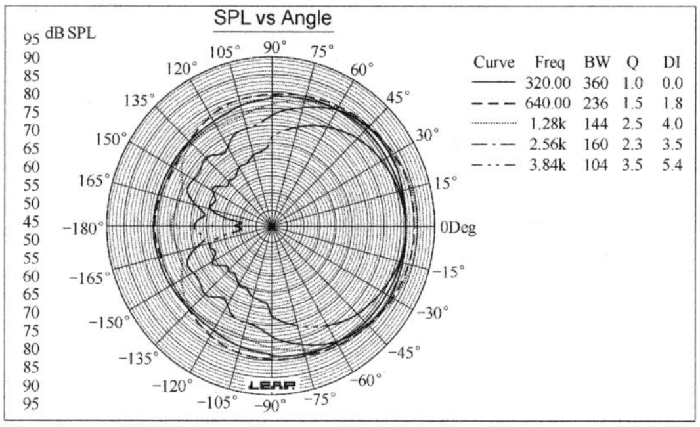

图 6.70　图 6.69 的水平指向性图

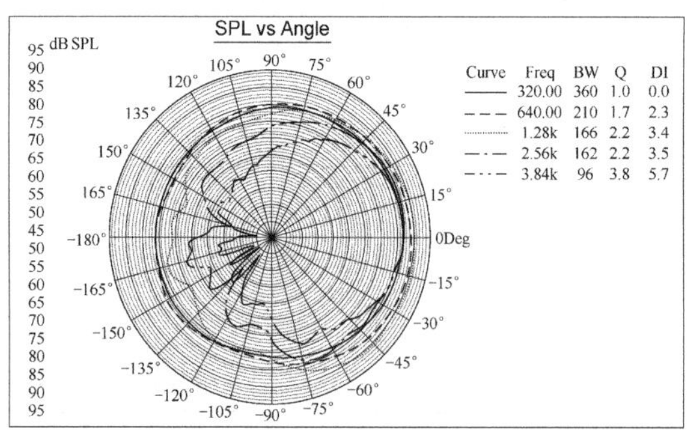

图 6.71　图 6.69 的垂直指向性图

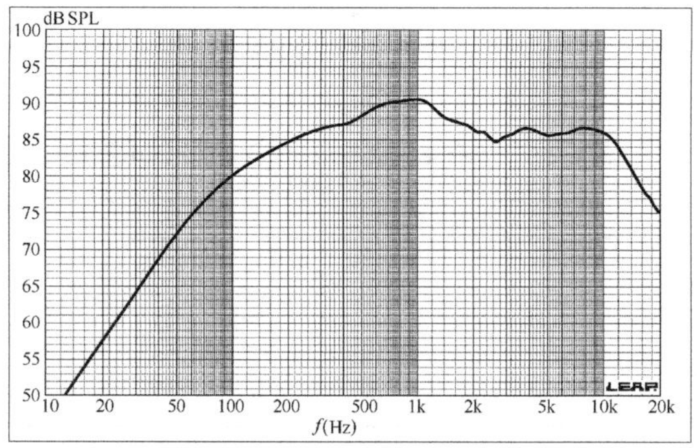

图 6.72　单 4.5 英寸中频扬声器障板中部中心位置频率响应

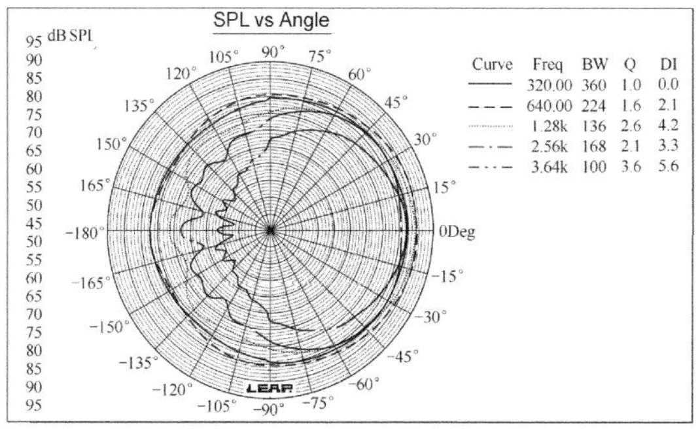

图 6.73　图 6.72 的水平指向性图

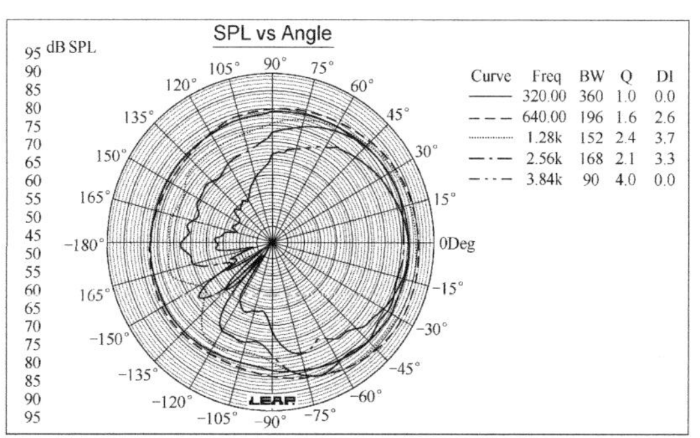

图 6.74　图 6.72 的垂直指向性图

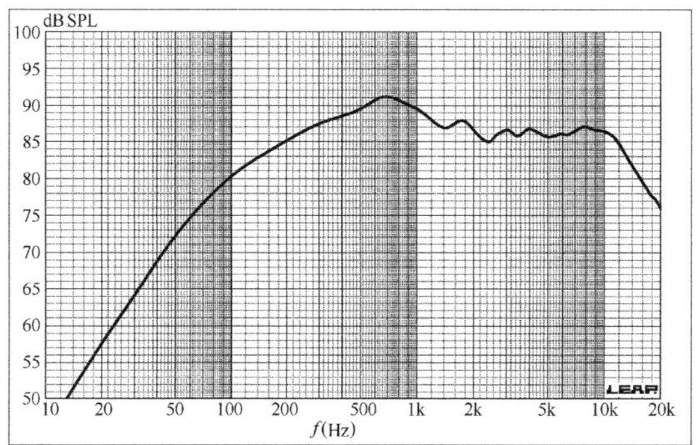

图 6.75　单 4.5 英寸中频扬声器 WTW 障板中心位置频率响应

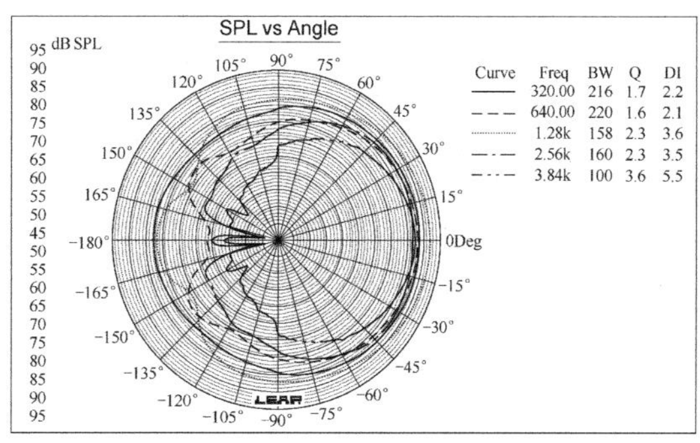

图 6.76　图 6.75 的水平指向性图

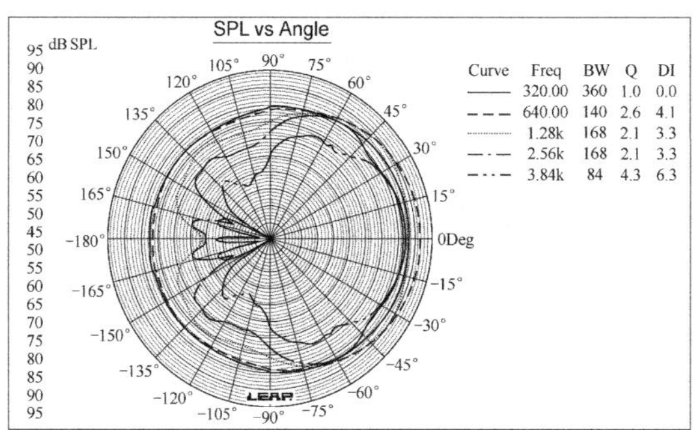

图 6.77　图 6.75 的垂直指向性图

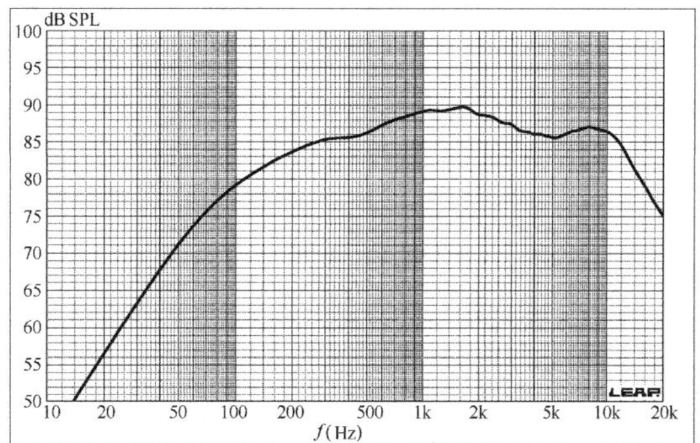

图 6.78　单 4.5 英寸中频扬声器障板顶部偏心位置频率响应

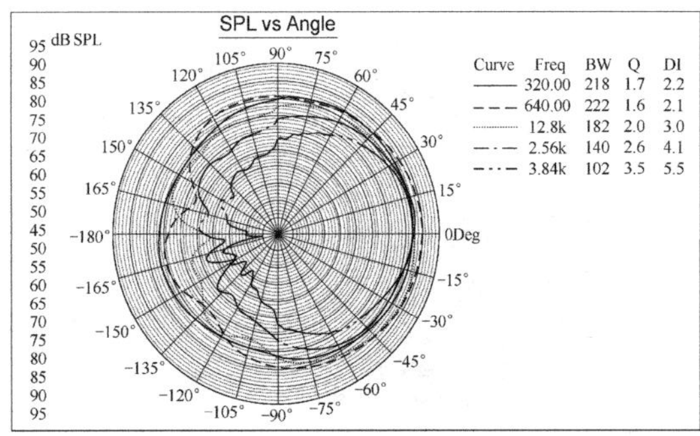

图 6.79 图 6.78 的水平指向性图

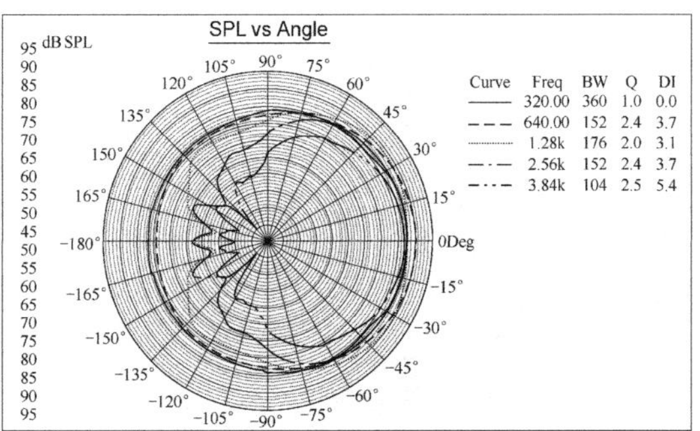

图 6.80 图 6.78 的垂直指向性图

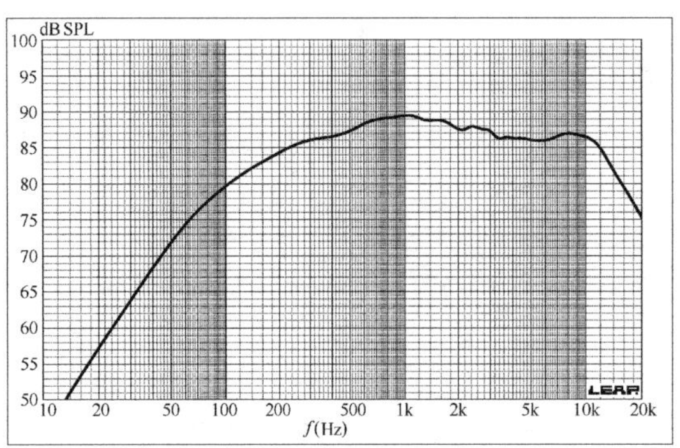

图 6.81 单 4.5 英寸中频扬声器障板中部偏心位置频率响应

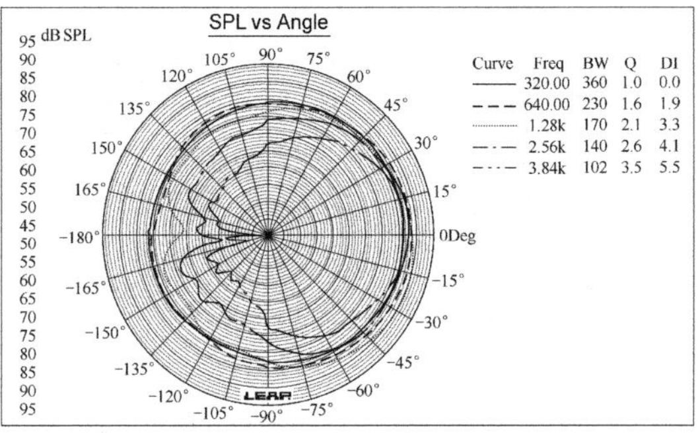

图 6.82 图 6.81 的水平指向性图

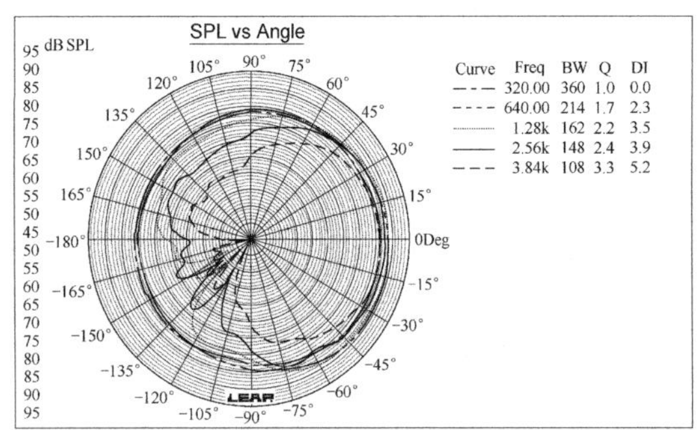

图 6.83 图 6.81 的垂直指向性图

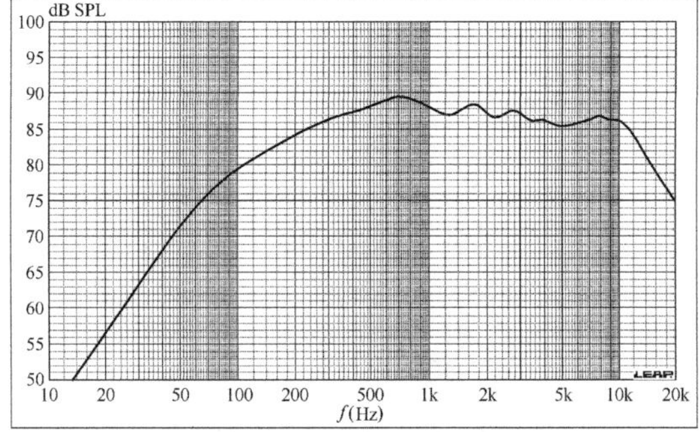

图 6.84 单 4.5 英寸中频扬声器 WTW 障板偏心位置频率响应

双 5.25 英寸中频扬声器单元例子的结果有些不同，虽然与障板中心位置相比，见表 6.3 的偏心响应结果（也可如图 6.90～图 6.91 所示）同样表现出一些小的改善。在垂直指向性图中（如图 6.94、图 6.97、图 6.100 和图 6.103 所示），位于障板中央的扬声器单元具有整体对称的响应。当双中频扬声器单元移到障板的顶部，响应的变化不算非常严重，但也不如中央位置那么对称。显然，由于在同一个频率范围内使用了 2 个声源，这 2 个位置都出现了一定程度的相消效应。

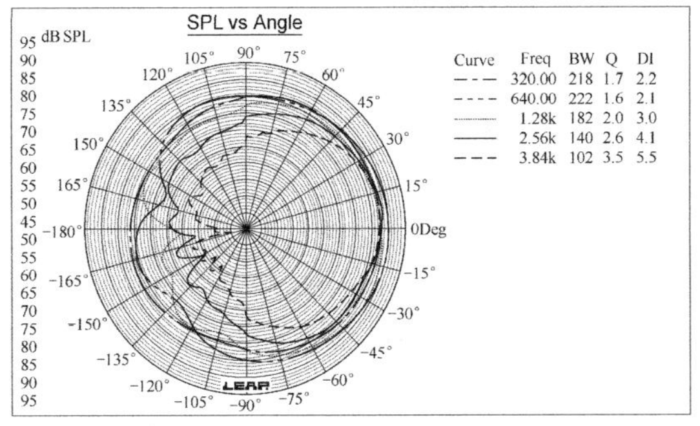

图 6.85 图 6.84 的水平指向性图

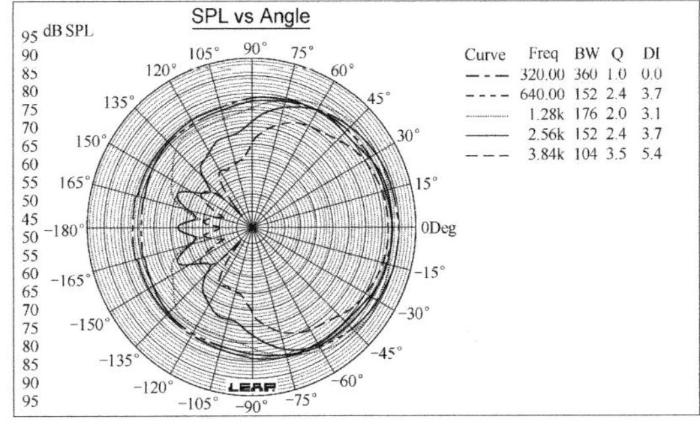

图 6.86 图 6.84 的垂直指向性图

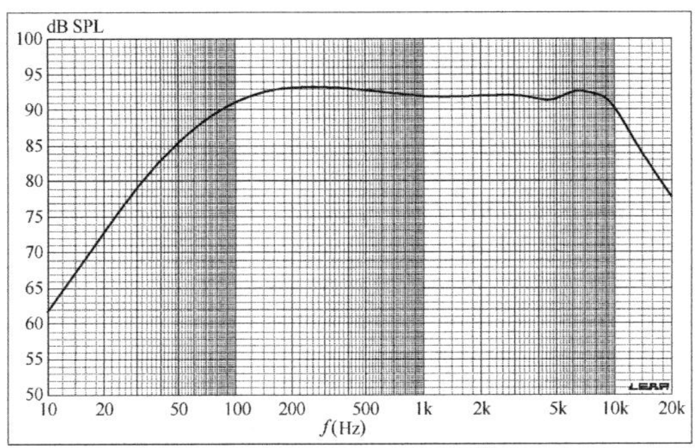

图 6.87 双 5.5 英寸中频扬声器无限障板频率响应

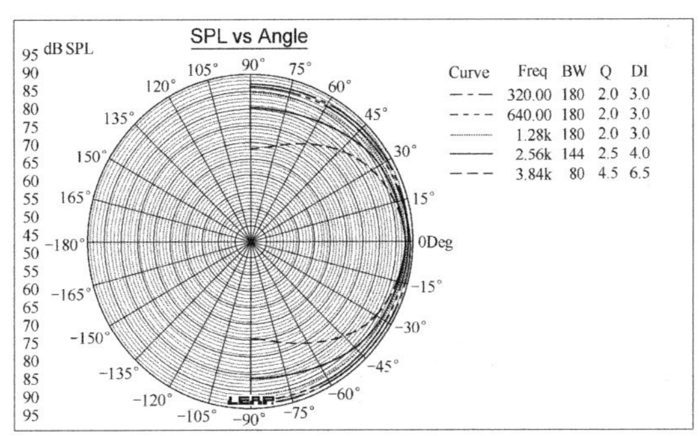

图 6.88 图 6.87 的水平指向性图

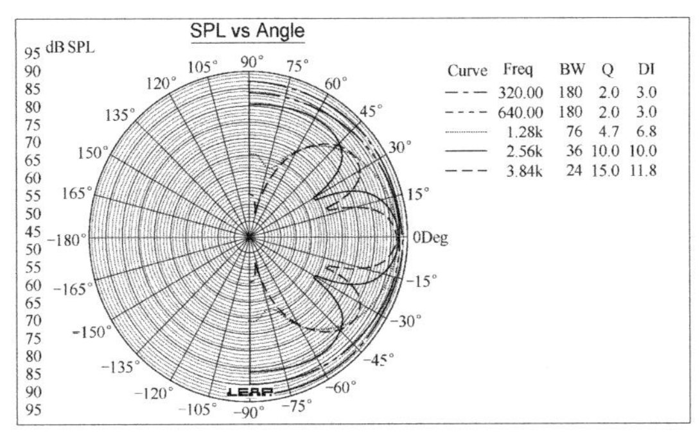

图 6.89 图 6.87 的垂直指向性图

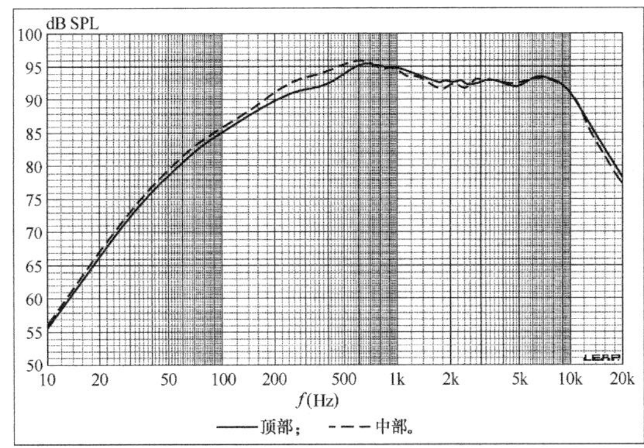

图 6.90 双 5.5 英寸中频扬声器两个障板中心位置频率响应比较

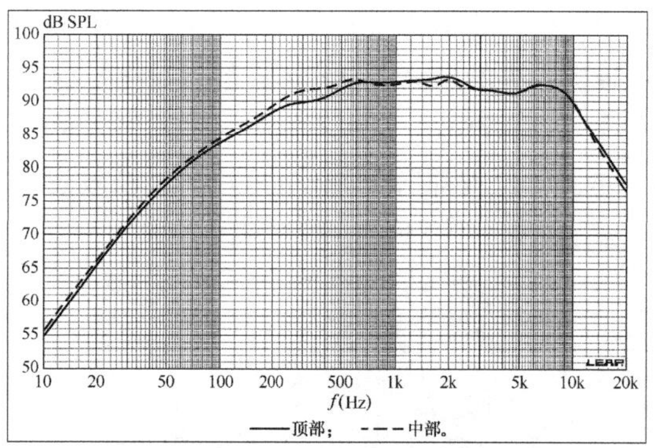

图 6.91 双 5.5 英寸中频扬声器
两个障板偏心位置频率响应比较

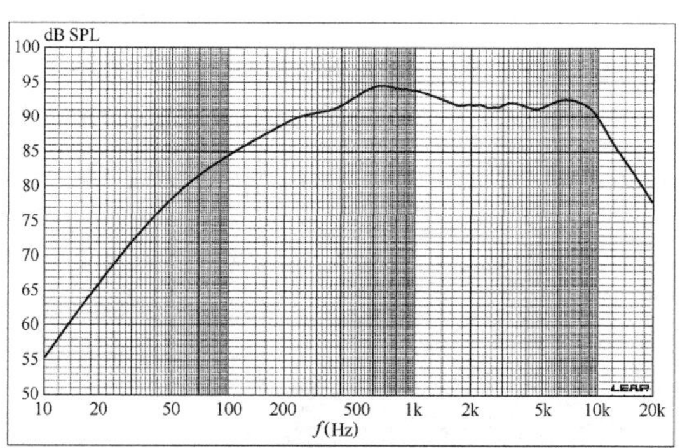

图 6.92 双 5.5 英寸中频扬声器
障板顶部中心位置频率响应

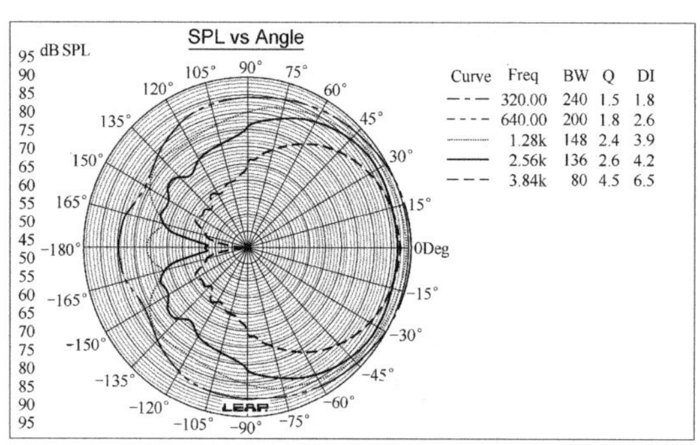

图 6.93 图 6.92 的水平指向性图

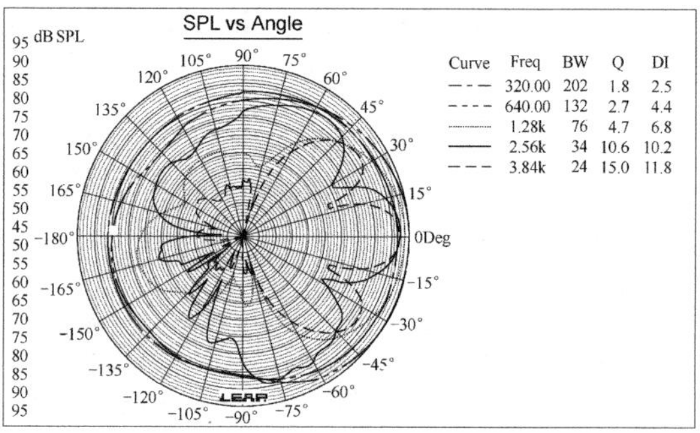

图 6.94 图 6.92 的垂直指向性图

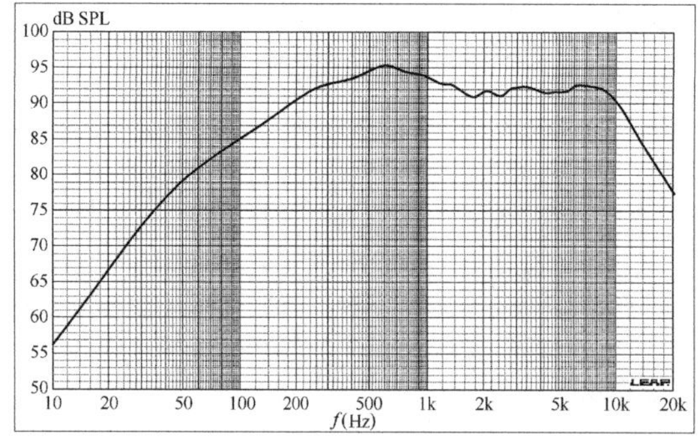

图 6.95 双 5.5 英寸中频扬声器 WTW 障板中心位置频率响应

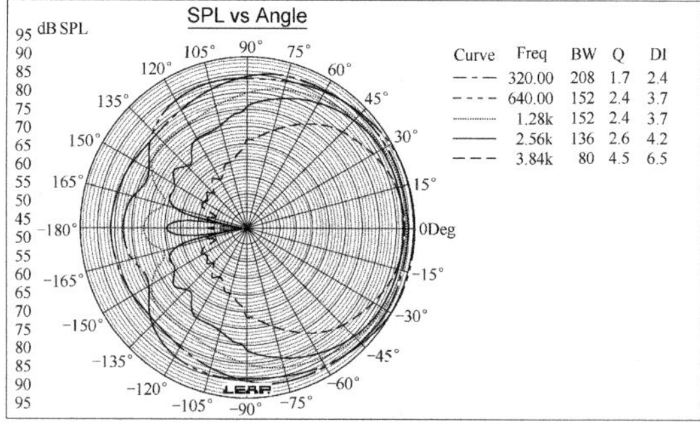

图 6.96 图 6.95 的水平指向性图

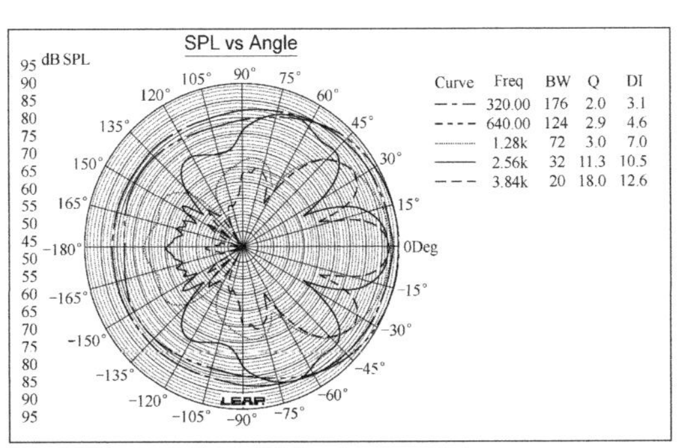

图 6.97 图 6.95 的垂直指向性图

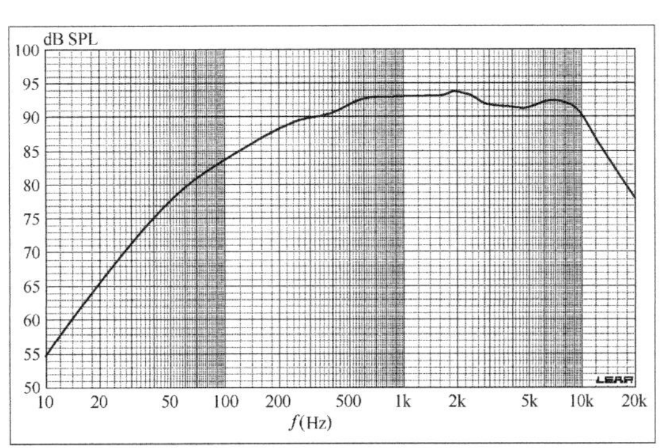

图 6.98 双 5.5 英寸中频扬声器障板顶部偏心位置频率响应

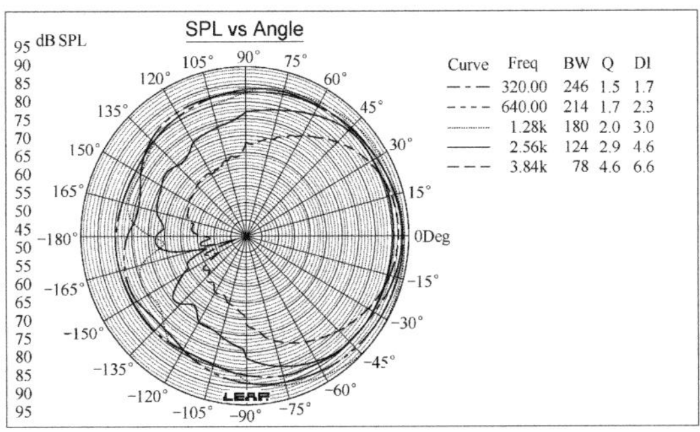

图 6.99 图 6.98 的水平指向性图

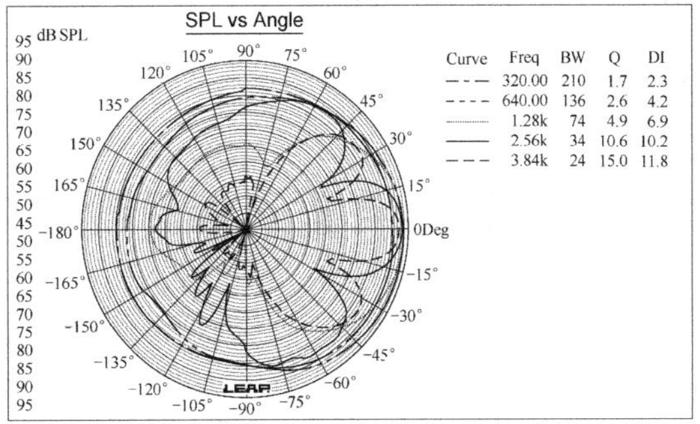

图 6.100 图 6.98 的垂直指向性图

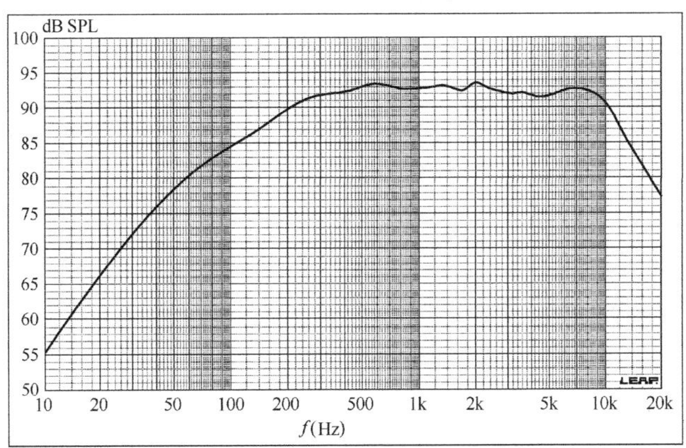

图 6.101 单 4.5 英寸中频扬声器 WTW 障板中心位置频率响应

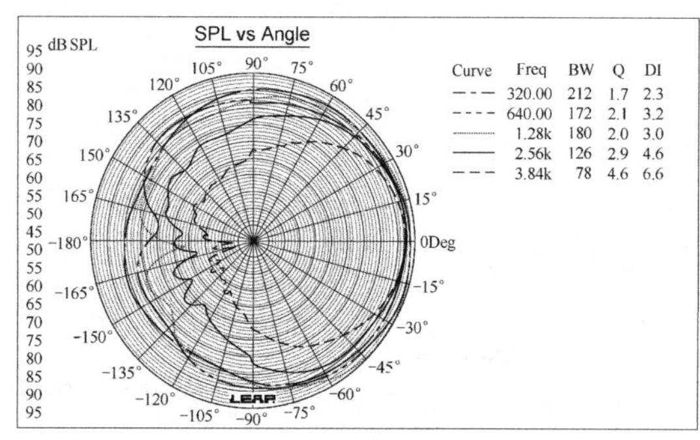

图 6.102 图 6.101 的水平指向性图

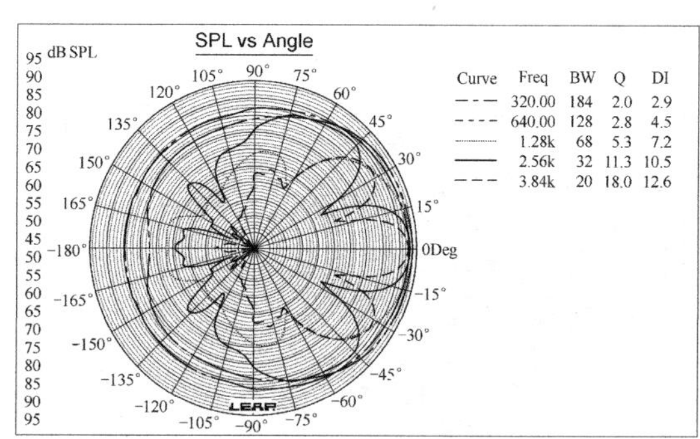

图 6.103 图 6.101 的垂直指向性图

双 5.25 英寸中频扬声器单元的偏心位置导致了较小的向它们安装侧的倾斜——相对于单 4.5 英寸中频扬声器单元的 15°，大约只有 5°——但在坐标图上同样也出现了不同频率的声压级均匀分布的现象。

6.2 扬声器单元间隔导致的响应变化

只要障板上存在 2 个以上的辐射源在同一频率范围内同时发声，合成的输出就会产生复杂的干扰样式，就像在第 6.1 节 2 中双 5.25 英寸扬声器例子的垂直指向性图中可以看到的那样。这在声场中产生了增强区和相消区。将 2 个辐射点（低频扬声器单元，中频扬声器单元，或高频扬声器单元）分得越开，干扰样式将越复杂。图 6.104 所示比较了 2 个扬声器单元隔开指定频率一倍波长距离和 4 倍波长距离时相消样式的结点数量（至于物理距离，特定频率的波长，见表 6.4）。

表 6.4 波长表

频率（Hz）	距离（英寸）
5 000	2.7
3 000	4.5
1 500	9.0
750	18.1
500	27.1
300	45.2
200	67.8
100	135.6

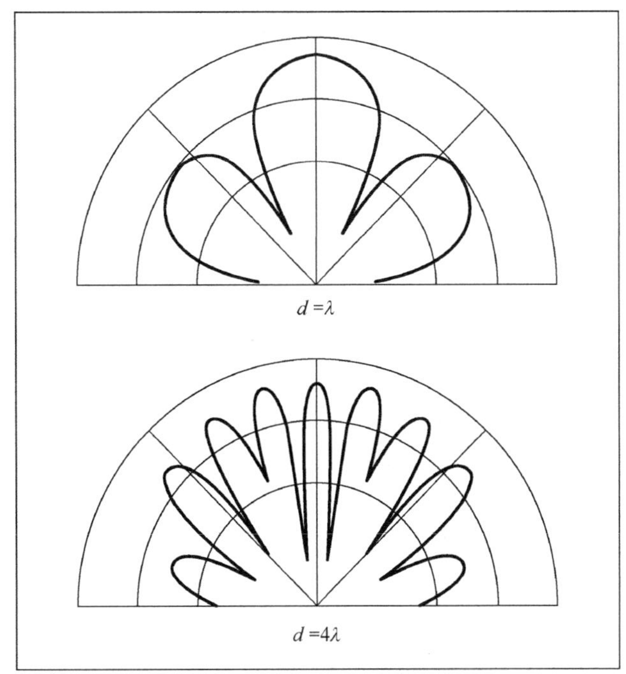

图 6.104　扬声器单元干扰样式

就主观听感来说，这种干扰样式，或称为梳状滤波效应（Comb Filtering），很容易听出，也可能是不吸引人的，特别是当你正好在房间中走动时。对于同一个障板上有多个高频扬声器单元时更是如此。这可能是对早期 THX 音箱最大的批评之一，这种音箱使用 2 或 3 个高频扬声器单元排成垂直阵列以得到增强的指向性。

然而，这种结构在第一款 3 分频 THX 音箱出现后被放弃了，这种音箱使用一个垂直的 MTM 阵列，碰巧正是我设计的另一个音箱 Atlantic Technology 350（使用 MTM 阵列而不是多个高频扬声器阵列来获得同样的垂直指向性，这个概念来自 Tommy Freedman，他是 Altec 公司的首席工程师）。然而，指导原则是要使多个低频扬声器单元和中频扬声器尽可能地相互靠近成组，而且通常要避免使用多个高频扬声器单元。如果你无法避免使用多个高频扬声器单元，或者你是为了获得高声压级、更高的操作功率和更低的失真而这么做，起码要在高频扬声器阵列外侧上使用一个低通滤波器（8kHz 可能是这一频率的好选择），这将大幅地降低高频区的梳状滤波效应。

关于多扬声器单元间隔的课题，有 2 种特殊的 2 分频设计方案应该得到关注，这 2 种都是关于家庭影院扬声器的，虽然讨论的原则对于任何使用类似扬声器单元格式的环境都适用。第一种涉及全频单元垂直 WTW（哑铃式，D'Appolito）音箱阵列在家庭影院系统中用作 LR（左

/右）声道的可行性，第二种涉及水平 WTW 阵列的设计，用于家庭影院系统的中央声道。

1. 2.5 路 WTW 与全频 2 路 WTW

最近几年，我听到一些对用于家庭影院的 2 路 WTW 全频域音箱结构的批评，认为 2.5 路结构更好。2.5 路音箱和普通的 WTW 结构一样，具有 2 个低频扬声器单元，但并不是把 2 个低频扬声器单元在同一频率上与高频扬声器单元衔接，而是把一个低频扬声器单元按常规与高频扬声器单元分频，另一个的低通滤波器的分频点则低 1oct 左右。提出的概念是 2.5 路结构可以减少"不受欢迎的"干扰（波瓣），这种干扰是由于 2 个都与高频扬声器单元一起工作的低频扬声器单元在空间上相互分隔而产生的。据称 2.5 路分频由于减少了波瓣，所以这种音箱可以产生主观上更好的音质。

幸运的是，去年（2004 年某时）我终于有机会对采用同样扬声器（箱体和扬声器单元的组合）的，分别为全频 WTW 和 2.5 路结构优化的音箱进行比较。这使得我可以把 2.5 分频的音箱实物与使用同一套单元的全频 D'Appolito 结构音箱放在一起进行比较。我的观察结果是，虽然 2 个结构的音色非常相似，但是 2.5 路缺乏标准 WTW 结构的音场深度（单声道 A/B 测试——具体请参考第 7.9 节"扬声器调声"）。下面将使用 LEAP 5 模拟来解释主观听感的差别，同时对扬声器指向性响应的优化提出一些进一步的建议。

图 6.105 所示给出 LEAP 5 EnclosureShop 中配置的箱体和扬声器单元方案。从图解中可以看到双 6.5 英寸低频扬声器单元在空间上隔开一定的距离，中间正好可以放下 1 个小面板钕磁高频扬声器单元。由于 LEAP 5 衍射分析采用的被动滤波结构添加方法的限制，模拟中仅在 2.5 路的样例中使用了 1 个扬声器单元的低通，而全频 WTW 和 2.5 路在高频扬声器单元分频频率上均不使用分频器。

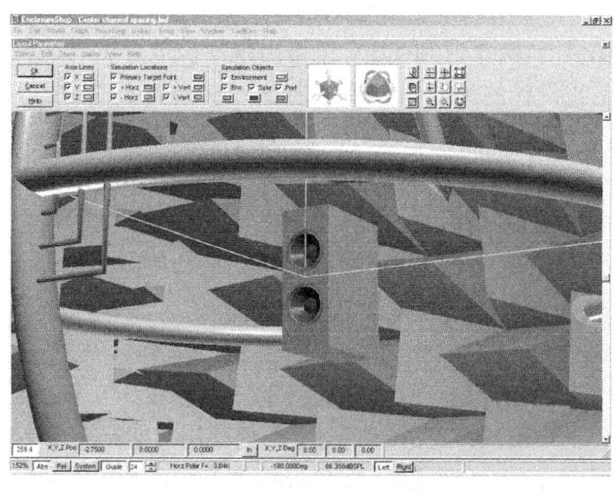

图 6.105　2.5 路与 WTW 扬声器单元布局

全频 WTW 低频扬声器单元样例（不带任何分频器）和 2.5 路（1 个低频扬声器单元带有 1.5kHz 低通滤波器）的分析结果包括每个样例的轴向曲线、水平方向及垂直方向的 30° 离轴曲线，以及水平和垂直的指向性图。由于在 WTW 样例中没有使用分频器连接，可以看到低频扬声器单元“台阶”形状的响应曲线（将在第 6.3 节中讨论），但在“台阶”以上的整体响应则与 2.5 路的一致。全频 WTW 低频扬声器单元和 2.5 路样例的曲线图序安排见表 6.5。

表 6.5　全频 WTW 低频扬声器单元和 2.5 路样例的曲线图序

	WTW	2.5 路
轴向	6.106	6.107
轴向，15°水平，30°水平	6.108	6.109
轴向，+15°垂直，+30 垂直	6.110	6.111
轴向，−15°垂直，−30°垂直	6.112	6.113
垂直指向性图	6.114	6.115

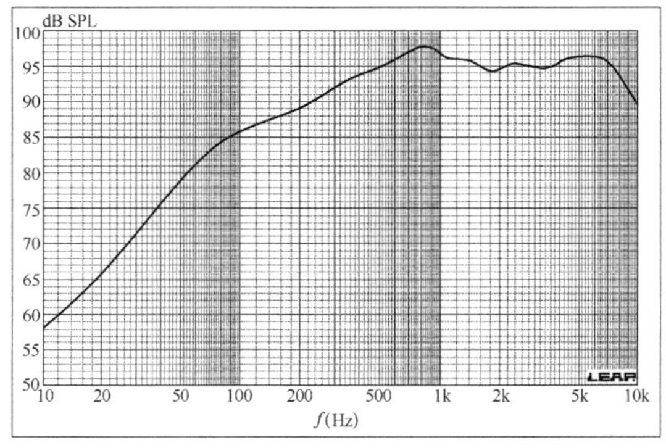

图 6.106　WTW 轴向响应

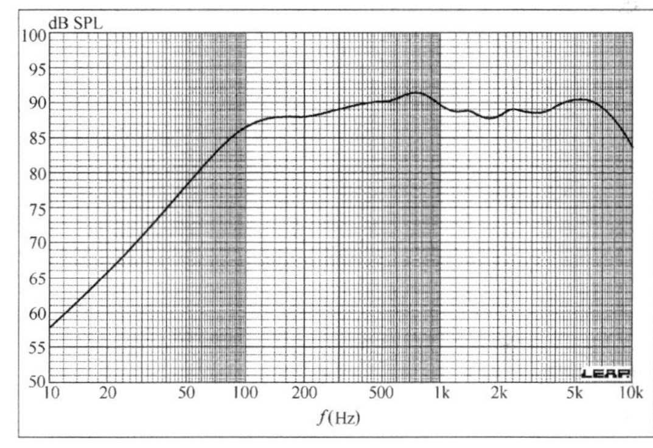

图 6.107　2.5 路（单低频扬声器分频网络）轴向响应

认真观察这些曲线图集，可以看到 2 个结构水平轴向和离轴曲线（如图 6.108 和图 6.109 所示）都非常对称的。然而，如果对垂直离轴曲线的向上（+）和向下（−）偏离测量轴的结果进行比较，会发现 WTW 结构的 2 条曲线是相同的（如图 6.110 和图 6.112 所示），而 2.5 路结构的（如图 6.111 和图 6.113 所示）显然根本不对称。这是一个低频扬声器单元位于另一个低频扬声器单元的下方并工作于不同频率范围时可预期的结果。比较图 6.114 和图 6.115 所示的垂直指向性图可以确认这一点。

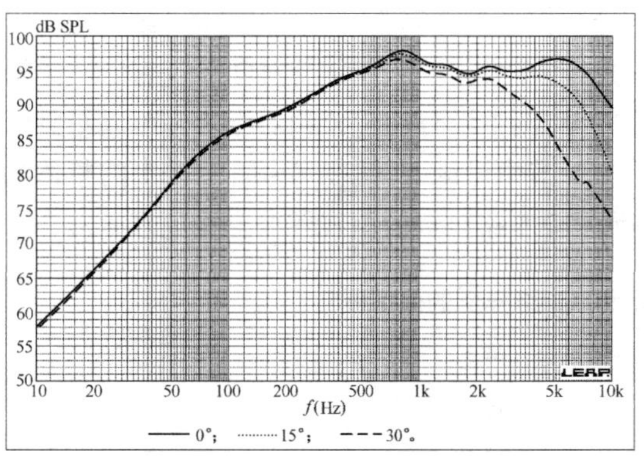

图 6.108　WTW 水平轴向和离轴响应

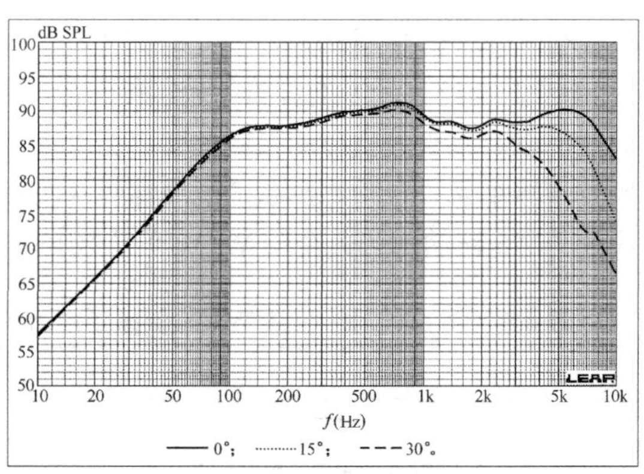

图 6.109　2.5 路水平轴向和离轴响应

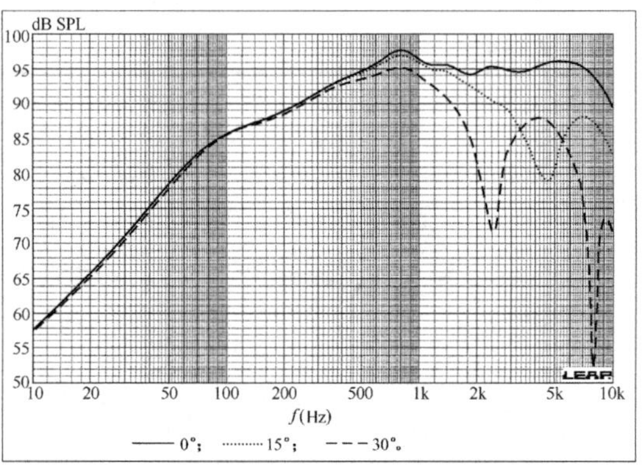

图 6.110　WTW 垂直轴向和离轴响应

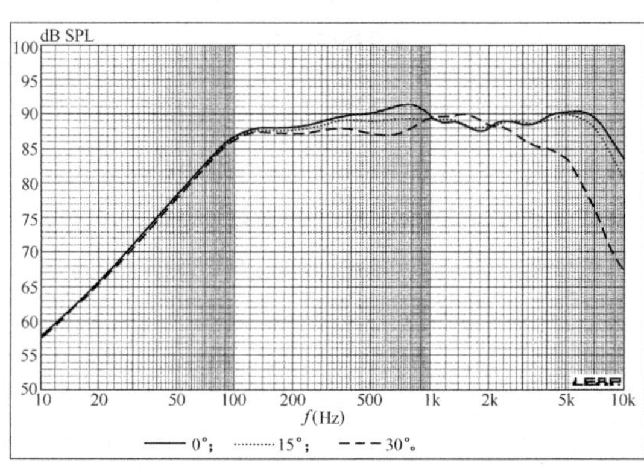

图 6.111　2.5 路垂直轴向和离轴响应

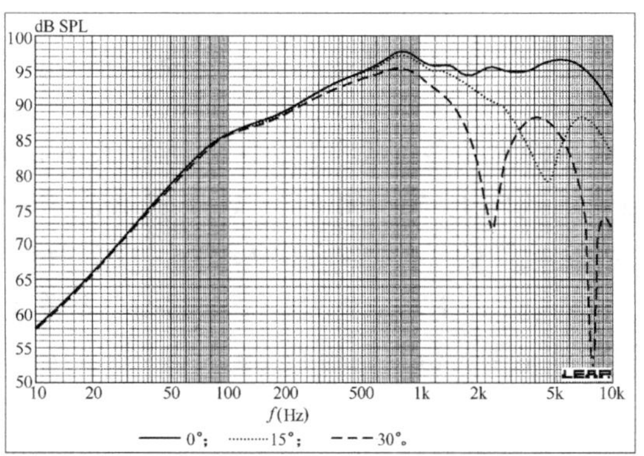

图 6.112　WTW 垂直轴向和离轴响应

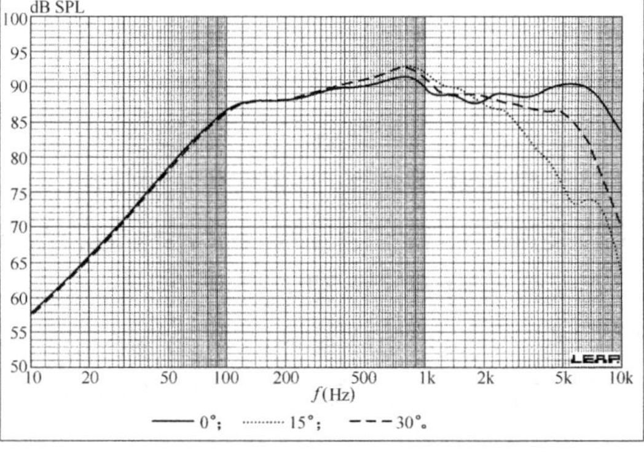

图 6.113　2.5 路垂直轴向和离轴响应

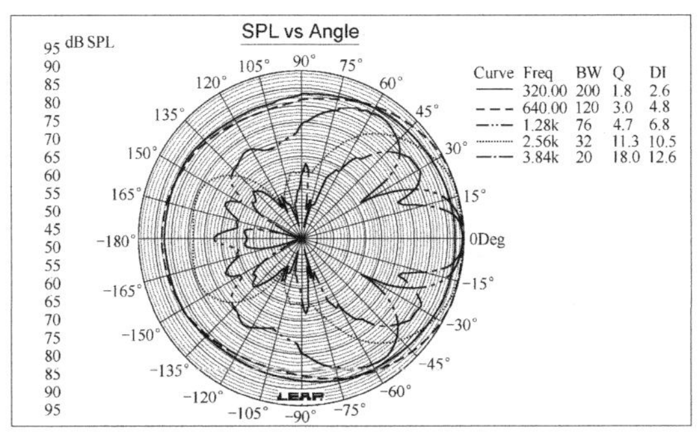

图 6.114 WTW 垂直指向性图

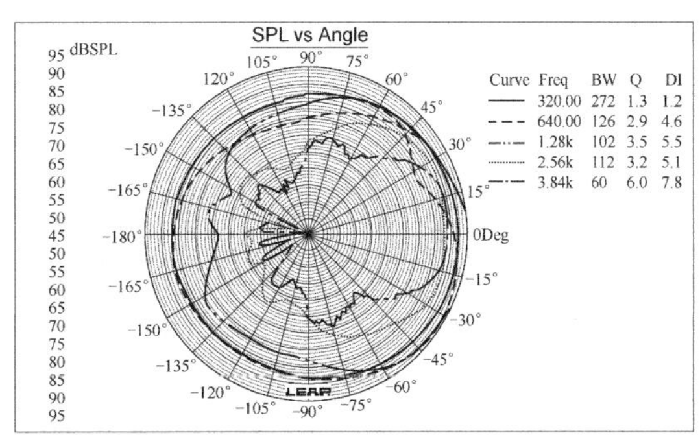

图 6.115 2.5 路垂直指向性图

虽然 2.5 路音箱没有全频 WTW 所特有的波瓣，但它的垂直响应非常的不对称。我的结论是，一个对称的辐射场，无论有没有波瓣，听起来比不对称的辐射场更好，这也是为什么全频 WTW 在听音室中可以给出比 2.5 路音箱更好的现场感的原因。

2. 2 分频 WTW 中置音箱的低频扬声器单元距离

虽然具有垂直 MTM（中频扬声器单元-高频扬声器单元-中频扬声器单元）阵列结构的 3 分频中置音箱到目前为止仍是家庭影院的最佳方案之一，这种音箱与它们配套的左右声道音箱声学极性相同，但是主流的中置扬声器箱是水平方向排列的双低频扬声器单元 2 分频 WTW 阵列。如果你调查扬声工业提供的各种水平箱体的双低频扬声器单元中央声道音箱，将会注意到低频扬声器单元的间距的变化范围相当可观，从非常靠近甚至几乎挨在一起，到分开很宽的距离，每个低频扬声器单元到箱体中心的距离可达 5～8 英寸。双低频扬声器单元之间距离较宽的后果是音箱的水平响应中存在更复杂的波瓣，这是可以避免的。

图 6.116 和图 6.117 所示描绘的是 2 个水平式双 5.25 英寸扬声器中央声道音箱，一个是宽间距的，2 个低频扬声器单元安装于距离箱体中心 5 英寸的位置，而另一个音箱的 2 个低频扬声器单元几乎挨在一起。图 6.117 所示的音箱，高频扬声器单元可以安装于 2 个低频扬声器单元中间，在障板的顶部或底部位置。通常，这要求使用一个小体积的钕磁高频扬声器单元。比较分析这 2 个中央声道音箱结构的图形序号见表 6.6。

表 6.6　　2 个中央声道音箱结构的图形序号比较分析

	宽间距	窄间距
两个箱体的轴向响应	6.118	
轴向，水平 15°，30°	6.119	6.120
垂直指向性图	6.121	6.123
水平指向性图	6.123	6.124
3 个频率的水平指向性图	6.125	6.126

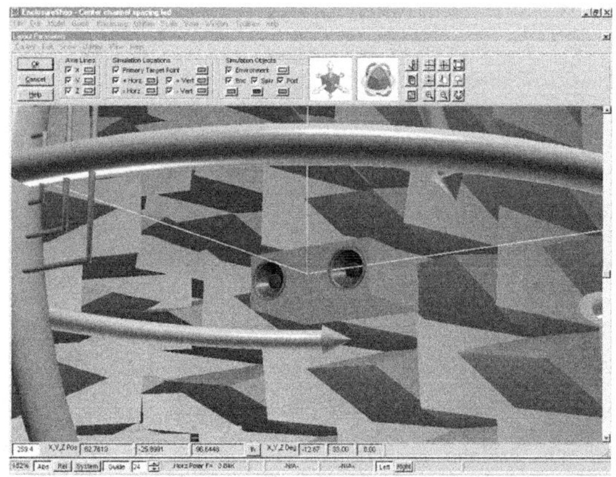

图 6.116　宽间距中央声道双低频扬声器布局

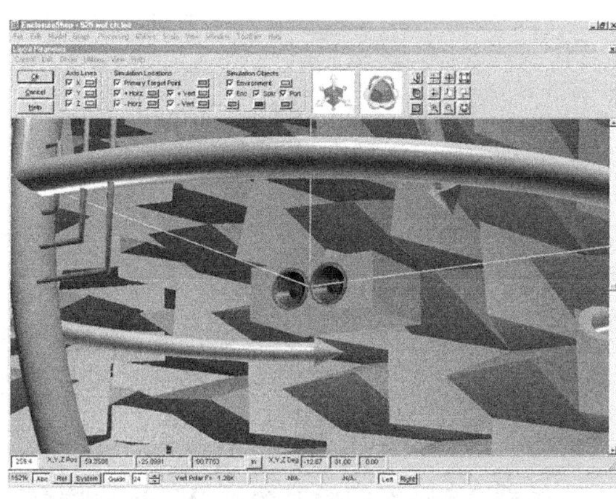

图 6.117　窄间距中央声道双低频扬声器布局

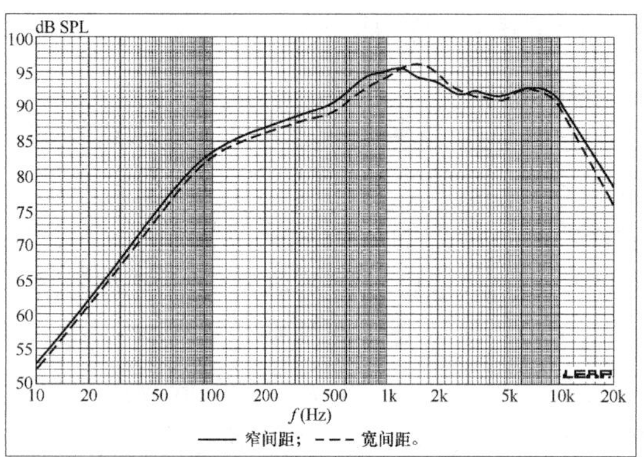

图 6.118　宽间距与窄间距中央声道轴向频率响应比较

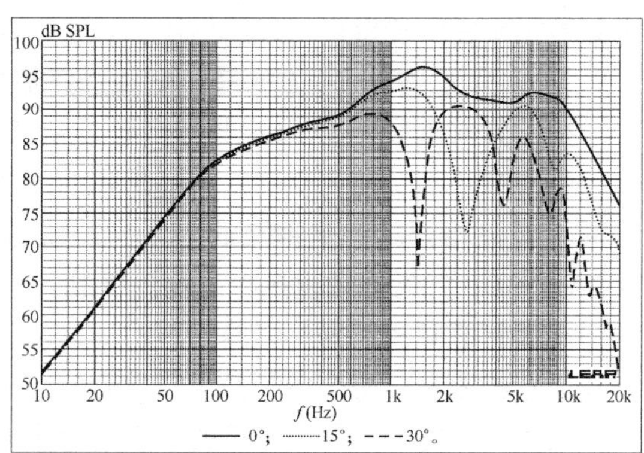

图 6.119　宽间距低频扬声器水平轴向和离轴频率响应

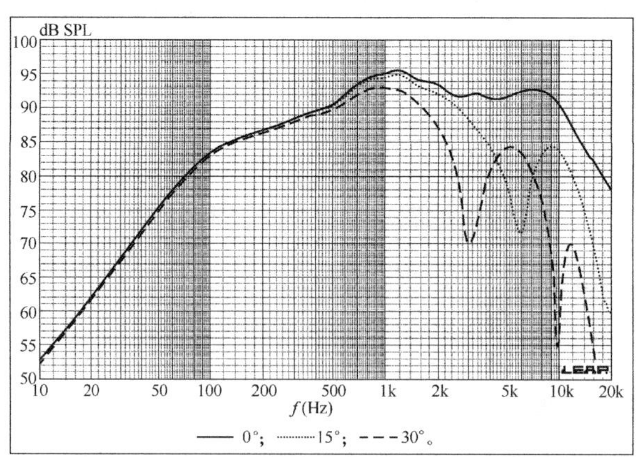

图 6.120　窄间距低频扬声器水平轴向和离轴频率响应

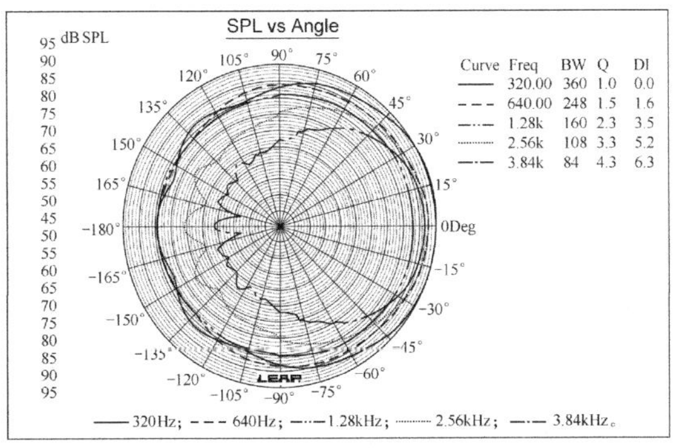

图 6.121 宽间距垂直指向性图

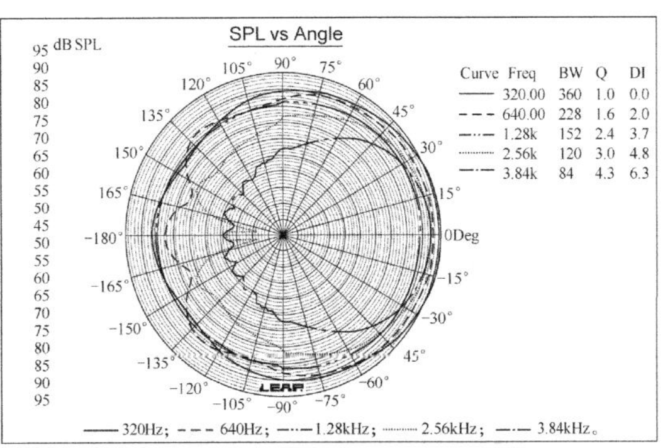

图 6.122 窄间距垂直指向性图

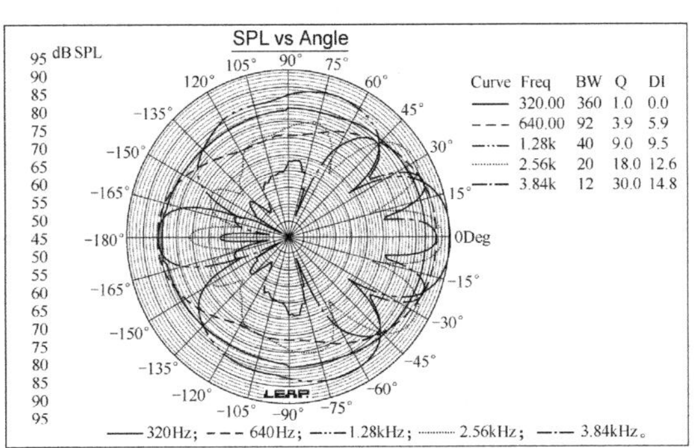

图 6.123 宽间距水平指向性图

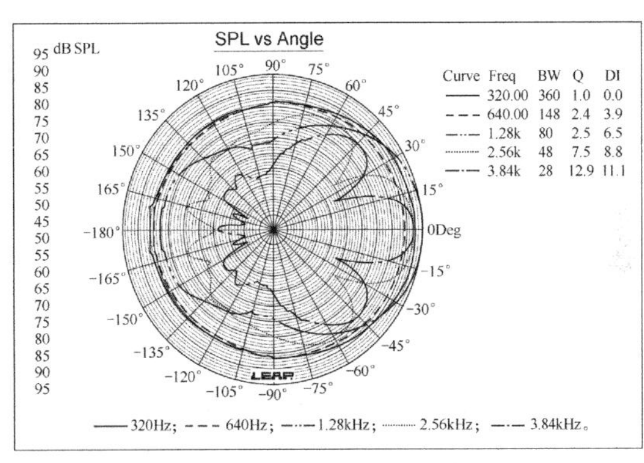

图 6.124 窄间距水平指向性图

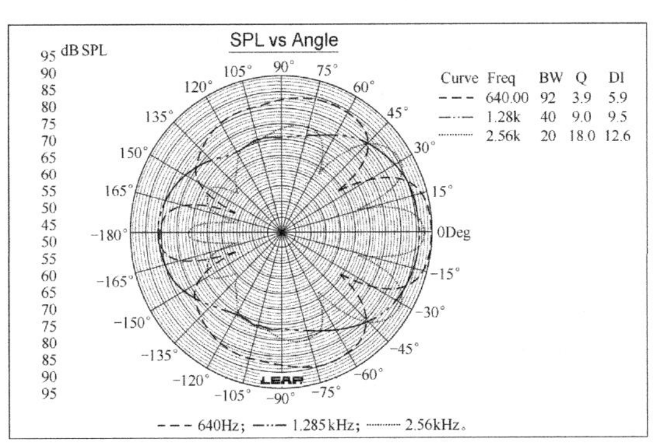

图 6.125 宽间距水平指向性图

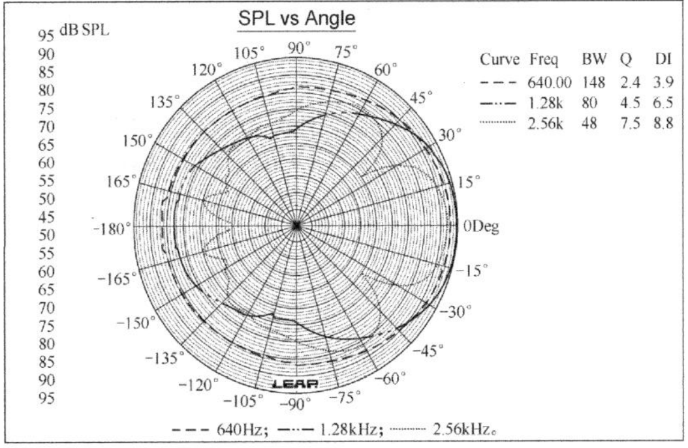

图 6.126 窄间距水平指向性图

从图 6.118 所示可见，由于间距的缘故，轴向响应有点不同，但并不意味着存在任何声压级上的问题。同样，图 6.121 和图 6.122 所示的 2 个垂直指向性图，也看不出什么问题，因为两者几乎相同。然而，当你观察图 6.119 和图 6.120 所示的水平轴向和离轴曲线时，明显可以看出宽间距双低频扬声器单元样例的离轴相消效应要复杂得多。然而，使用一个 3kHz 的低通网络，问题就不会像看起来的那么严重。

如果观察图 6.123 和图 6.124 所示的这两个水平指向性图，你对实际情况会有个更好的认识。图 6.125 和图 6.126 所示是与图 6.123 和图 6.124 所示相同的指向性图，但是只显示了 640Hz、1.28kHz 和 2.56kHz 频带，更容易判读一些。窄间距的低频扬声器单元可以为不同位置的听众提供一个均匀得多的覆盖样式，特别是当他们比较靠近屏幕和音箱时。

6.3 障板面积（阶状响应）引起的响应变化

在第 5 章“箱体结构：形状与阻尼”中，讨论了不同障板形状对低频扬声器单元、中频扬声器单元、和高频扬声器单元声压级的影响。然而，虽然新奇的形状很有吸引力，但事实是，无论当前或是从前，扬声器的主流仍然是用简单的长方形箱体做成。在消声空间中，障板可类比成光线的反射器，除了光的波长只有一个波长（嗯，实际上波长是 400～800nm），而相对于典型的障板面积来说，扬声器的带宽事实上是相当宽的。随着扬声器障板面积的增大，它对极低频率声波的增强作用将越来越大，直到障板达到无限大从而可以增强从 1Hz 到声音频谱上限的所有频率的声波。阶状响应（Step Response）常常用于描述这个现象，“台阶”的频率是指障板使该频率以及高于该频率的声波得到等量增强的频率。

为了展示障板总面积增大时整体声压级发生的变化情况，用 LEAP 5 EnclosureShop 模拟了一个 6.5 英寸扬声器单元的样例。如同第 5 章中讨论的，障板相关的响应变化的 2 个极端情况是扬声器单元在自由空间中无安装障板的情况，以及扬声器单元安装于无限大障板，或称半空间的情况。对于这个 6.5 英寸扬声器样例，在图 6.127 所示中给出这两种极端情况的模拟曲线。任何可实现的障板响应都将落在这 2 条曲线之间的某处。

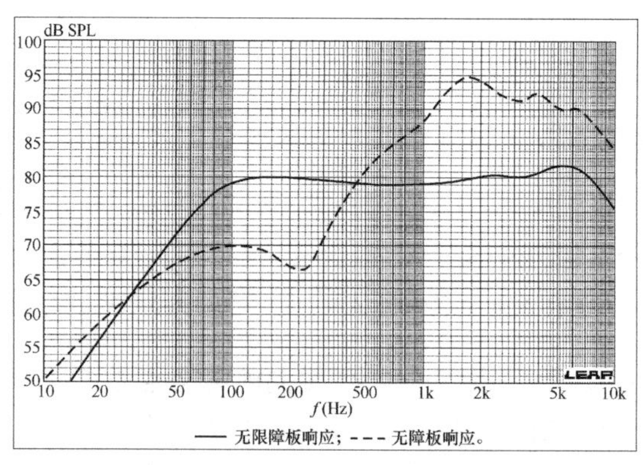

图 6.127　6.5 英寸扬声器无障板和无限障板频率响应比较

模拟工作从这个 6.5 英寸低频扬声器单元安装于一个小箱体开始，这个小箱板的障板尺寸为 9.25 英寸高、6 英寸宽，恰好容得下这个样例扬声器单元的安装（如图 6.128 所示）。保持这个外观比例（高度与宽度之比）不变，我从 6 英寸开始按 1 个英寸的间隔增加障板的宽度到 12 英寸，然后从 12 英寸按 2 英寸的间隔递增到 20 英寸，最后再加上一个怪兽级的大障板，尺寸为 60.6 英寸×40 英寸（如图 6.129 所示）。

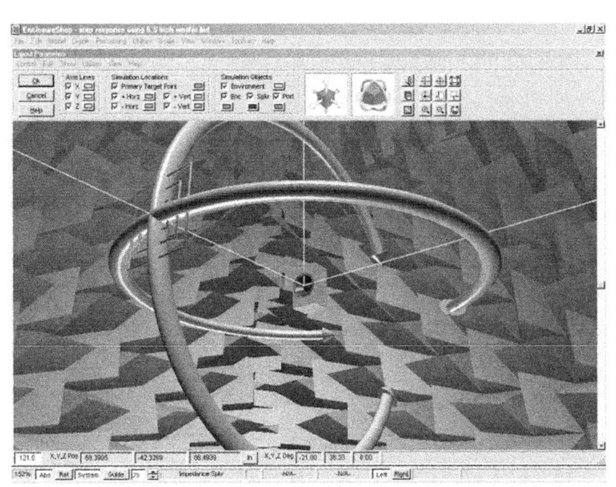

图 6.128　阶状响应的最小障板布局

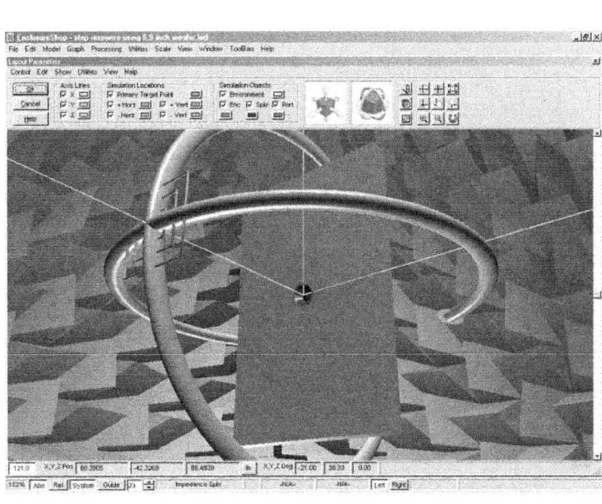

图 6.129　阶状响应的最大障板布局

我将不同障板的尺寸全部输入 LEAP 5，并对这 13 种障板尺寸进行轴向 2.83V/1m 响应模拟。模拟结果如图 6.130～图 6.133 所示。这一系列的曲线图从全部声压级曲线的同时显示开始，并以半空间无限大障板曲线为参考（如图 6.130 所示）。虽然这么多的曲线显示于同一幅图上不容易判读，但你可以清楚地看到所显现出来的样式。当障板从 6 英寸宽增大到 40 英寸宽，有 2 个主要的特征是明显的。

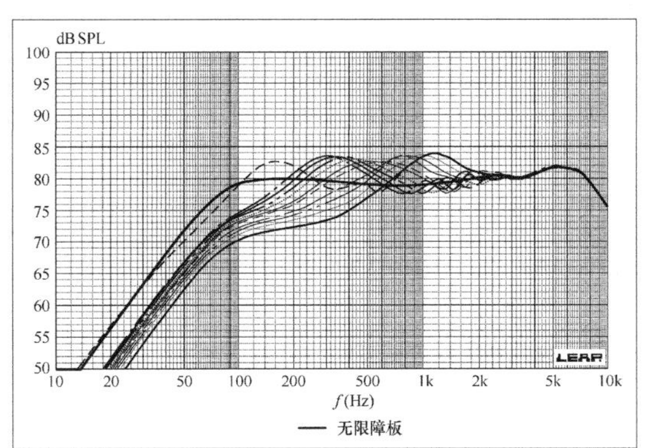

图 6.130　全部 12 个障板尺寸及无限障板低频扬声器曲线的轴向频率响应比较

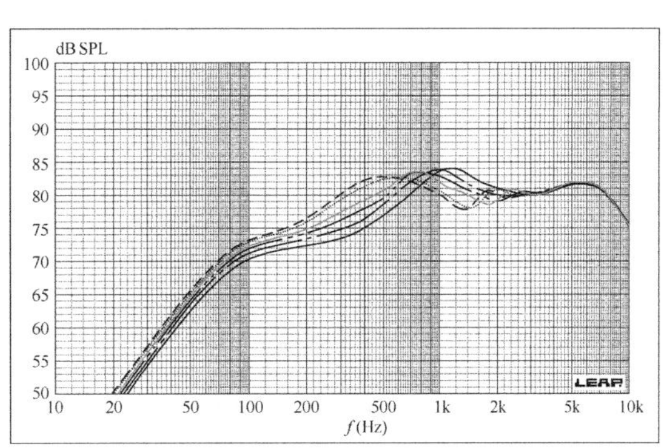

图 6.131　从 6 英寸宽到 12 英寸宽以 1 英寸递增的 7 个障板轴向频率响应比较

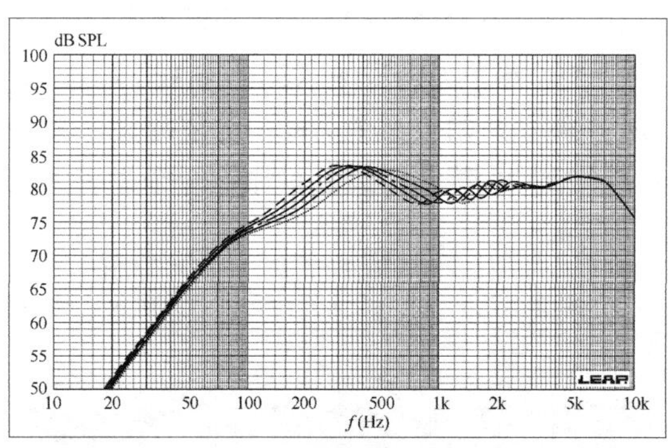

图 6.132　从 12 英寸宽到 20 英寸宽以 2 英寸递增的 5 个障板轴向频率响应比较

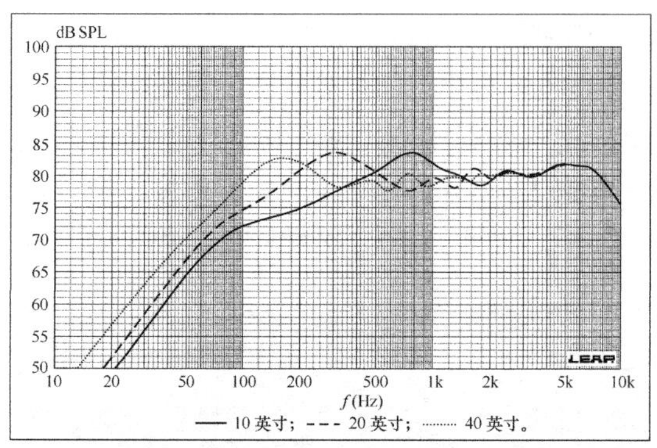

图 6.133　10 英寸、20 英寸和 40 英寸宽障板轴向频率响应比较

首先，6 英寸宽障板曲线上 1.1kHz 的峰在障板面积增大时其频率降低。然后这个扬声器单元 100Hz 高通滚降转折频率的幅度，从障板面积最小的 70dB 逐渐增加到障板面积最大的 83dB。观察显示障板宽度从 6 英寸到 12 英寸以 1 英寸递增结果，如图 6.131 所示，在这一系列曲线中，宽为 6 英寸障板的 1.1kHz 的峰随着障板面积的增加，不仅频率下降，峰的高度也稍微下降。

图 6.132 所示的曲线集显示障板宽度从 12 英寸按 2 英寸递增到 20 英寸的结果，再一次显示了响应上的峰值在障板面积增大时频率随之下降的反向关系，但这次峰的高度随面积的增大有小幅的增加。这种声压级变化样式在图 6.133 所示中更容易看出，这幅图中只有 3 条曲线，从 10 英寸的障板宽度开始，倍增到 20 英寸和 40 英寸。图 6.134 所示将最大的 40 英寸宽的障板与这个扬声器单元的半空间测量结果进行比较，显示这个过程确实是向半空间转变。

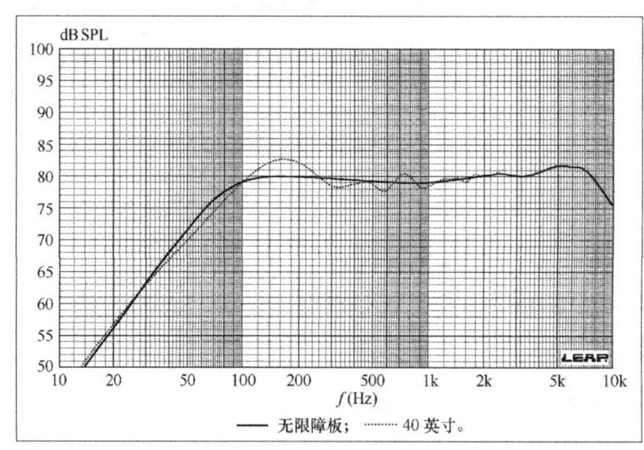

图 6.134　最大尺寸障板与无限障板轴向频率响应比较

由此产了一个有意思的话题，是关于哪一种设计方案在主观上更优越：是一个具有一定障板面积和形状的离墙（Off-Wall）箱体的扬声器，还是一个障板面积相对很大，与房间墙面相同的入墙式（In-Wall）音箱。这些年来我曾经为不同公司，包括 M&K Sound、Parasound、

Posh Audio、coNEXTion，设计了许多入墙式音箱，还为 Atlantic Tchnology 公司设计了一个 THX Ultra 入墙式音箱，同时也设计了相当大量的离墙式音箱。

在 2005 年 Brent Butterworth 发表于《Robb Report Home Entertainment》杂志上的一篇述评文章[1]中，我被问到入墙式和离墙式音箱哪一种是最佳的问题。由于 Butterworth 先生曾经多年从事家庭影院扬声器的测量和述评，最初是在 Home Theater 杂志，后来是 Robb Report 杂志，他有机会观察到一个扬声器工业趋势：在家庭影院中，家庭影院音箱被放于看不到的地方，有如它们在真正的商业影院中的那样。许多安装工程把音箱隐藏在帘子后面、家庭娱乐中心的装饰格栅后面，安装在墙内，或是装在天花板上，而不是把 LCR（左声道、中央声道、右声道）、环绕声道、超低音音箱和后声道全部放在离墙的地板上（或放于音箱脚架上）甚至是安装在墙面上。第 5 章和第 6 章的内容是对不连续障板对音箱响应造成的声压级影响进行界定，同时这个现象变得明显：障板越大，扬声器单元可以产生的响应越平滑。

虽然容易得出入墙式障板由于上述原因所以是比较高级的，或者，根据一个专家的观点，相对来说入墙式音箱天生地更为低级的结论（这可能仅仅是因为直到 2000 年市场上才出现真正顶级的（High-End）入墙式音箱，此前它们主要是用作播放背景音乐的音箱，对于任何有自尊的音响爱好者来说是完全不受欢迎的），事实上这两种观点可能都是错误的。我对 Brent 那个深刻问题的答案是，你可以采用任何给定的扬声器单元组合，使用入墙式或离墙式的设计方案，都可以得到富有音乐性的结果，这只是设计标准的事。每种平台都能提供向前发送的声波，事实上将声音送到房间中有几种不同的选择。作为一个扬声器设计顾问，我的经验是，所有的这些方式（挂在墙上、离墙、入墙，或挂天花板上）都可以做到非常好。

6.4 障板阻尼

所有障板都反射声音。扬声器单元振膜最初向前发送的声波，经过障板的表面，一部分能量被反射，一些能量在边缘和突起处衍射。向前发送的组合声波中所有这些附加部分，相对于扬声器单元振膜最初向前发出的声波，不可避免带有一些小幅的时间延迟（长达 0.5ms）。这些杂波往往使声音细节变得模糊，并使音乐主观感受变得浑浊。

因而，多年来许多人致力于控制这个会造成问题的结果。为了达到这个目的，许多不同的想法被授予专利，其中两种最基本的途径是将反射能量向各个方向分散或者尽可能地将之阻尼。B&W 使用 3-D 表面，用含有数百个微小棱锥的塑料障板来分散反射能量，而无数的音箱设计师，包括 Cizek 和 SRA（我的第一个公司）在 20 世纪 70 年代中后期建立的模型，使用冲模切割的声学泡沫包覆障板的整个或部分表面。

对未经阻尼处理的和阻尼处理的障板的测量效果有的比较明显有的不大明显，取决于材料的种类和数量[3]。图 6.135 所示的是一个 15.75 英寸×10 英寸×8 英寸，装有 3 英寸全频扬声器单元（扬声器单元安装在障板上沿下方约 3 英寸中央处）箱体的轴向曲线，贴或不贴 1/4 英寸厚的泡沫阻尼材料，覆盖整个障板表面至扬声器单元的边缘。这种材料是由 Soundcoat 公司提供的一种特殊的声学泡沫阻尼产品，它是一家 OEM 噪声控制设备制造商。

可以看出，这种材料主要的阻尼效果发生在 1～3.5kHz；但是，如果你观察图 6.136、图 6.137 所示频谱图，这是用 CLIO MLS 分析仪生成的轴向 CSD 图（Cumulative Spectral Decay，累积衰减频谱、瀑布图），还可以看到在带宽不同部分的衰减差异（障板不贴泡沫材料的瀑布图如图 6.136 所示，而图 6.137 所示的是粘贴 Soundcoat 泡沫后的瀑布图）。这种变化在离轴上更显著，观察图 6.138 所示的 30° 离轴曲线的比较，在这个图中，泡沫材料的衰减作用从 1.8kHz 延伸到 12kHz 以上。实际的主观听感差异将在第 6.5 节“衍射作用的主观评价”中讨论。

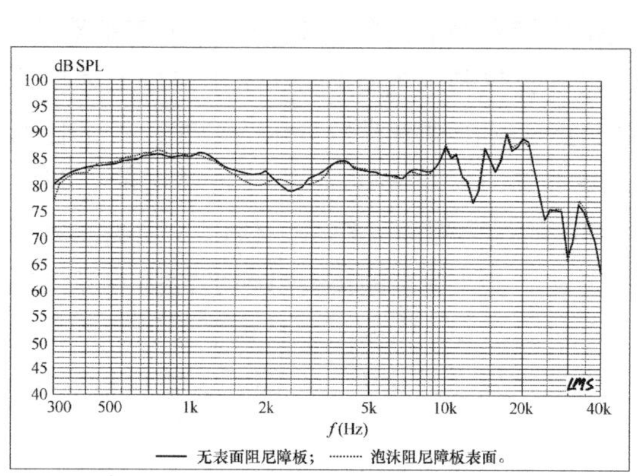

图 6.135　无阻尼和泡沫阻尼障板轴向频率响应比较

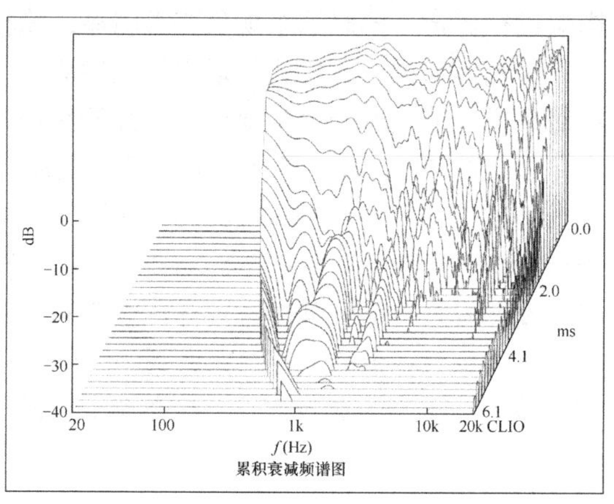

图 6.136　无阻尼障板的 CLIO 瀑布图

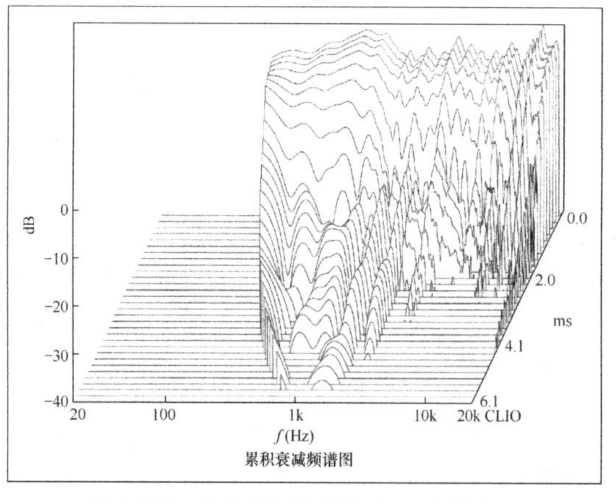

图 6.137　泡沫阻尼障板的 CLIO 瀑布图

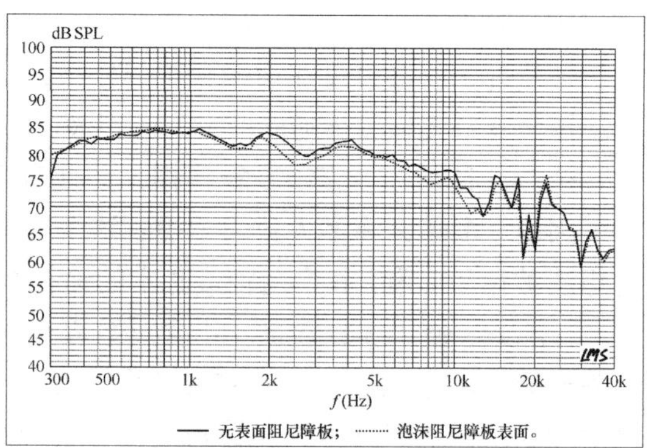

图 6.138　无阻尼和泡沫阻尼 30°离轴频率响应比较

6.5 衍射作用的主观评价

几乎所有公开发表的关于扬声器衍射效应的信息，不是讨论模拟衍射效应的数学分析[2, 4-9]就是讨论不同衍射实例的测量[10]。衍射效应真正重要的并不仅是它用传声器测出来或是用计算机模拟出来的是什么样子，而是它在主观上如何影响我们所听到的。据我所知，还没有人曾经发表过任何类型的受控听音试验，以检测可闻的箱体衍射差异被察觉的程度。尽管业余和专业的扬声器设计师仍然尽大量的努力试图消除测量到的衍射的有害影响。

Peter Kates 在他题为“Loudspeaker Cabinet Diffraction effects（扬声器箱体衍射效应）”[2]的衍射研究论文的最后部分得出这样的结论：反射会引起频率响应的不均性达到 4dB，伴随着群迟延达到 0.5ms。这些不均性导致声染色（Spectral Coloration），使定位模糊，并增加扬声器系统的声像宽度。显然，从未有任何发表的主观研究对这个结论的正确性进行确定。

在进行本节这个工作之前，我联系了 Sean Olive，他是 Harman International（JBL，Infinity，Revel，等）的 Subjective Evaluation R&D Group（主观评价研究与发展部）的负责人。Olive 是 Floyd Toole 博士的同事，并为他工作。Floyd Toole 博士是 Harman International 的 Acoustic Engineering Group（声学工程部）的副总裁，两者自从在加拿大 NRC（National Research Council,国家科学研究委员会）工作之后就从事听觉科学研究。显然，这个包括 Floyd Toole，Sean Olive，和 Alan Devantier 的研究团队对主观听感科学所做的贡献比这个行业中我所知道的任何其他团队都大。当我询问 Olive 先生，就他所知是否已经有关于不同衍射现象的主观评价的研究发表时，他在与 Toole 博士商讨后回答说，他和 Floyd 都不知晓有这样的研究发表过，如果有这样的研究，估计也没人知道。如果我们漏过了谁的研究工作，我在这里先道歉了。

经过这次的联系，我决定设计我自己的非正式的衍射现象的主观研究，目的是肯定或者否定已有的关于衍射音效的传统观点或民间传说。在开始之前，我要先强调一下这些工作的非正式性。

这并不是一个使用大量经过训练的以及未经训练的听众，而且随后还进行某种统计学分析使结论更有说服力的双盲 ABX 研究。确切地说，这个研究只是两个非常有经验的扬声器工业专家，做一个我们多年来成功地赖以谋生的事：聆听扬声器并描述它们的差别。两个专家分别是我本人和我的商业合作者和音箱调音伙伴 Nancy Weiner，她是 coNEXTion Systems 有限公司（www.conextionsystems.com）市场部副总裁。Nancy 和我一起为 Atlantic Technology，coNEXTion Systems，以及其他一些著名的扬声器制造商开发过超过 30 种的产品，这些产品都得到了诸如《Robb Report Home Entertainment》、《Home Theater Magazine》、《Stereophile

Home Theater》和《Sound and Vision》等主流的行业出版物的好评。

对整体系统的比较分析是个困难的工作，在这个行业中有充分的文献证明[11~19]。把音箱放在房间中对它们进行比较可以是个令人生畏的任务[16,18]。我曾在 1999 年 8 月号的《Voice Coil》[20]上报道了一种独特的快速 A/B 比较设备，它是 Toole 博士在 Harman 的研究团队发明的，叫做“Speaker Shuffler（音箱穿梭机）”。这个设备详细介绍于 AES 预印号（Preprint）4842[2]，由高科技航空航天公司为 Harman 制造，在听音测试中它可以有效地在 2～3s 内转换一对音箱并保持音箱的声学空间位置完全不变。这是非常重要的，因为在测试中即使把两个音箱相邻放置也会因房间的模式而引起音色的差异。

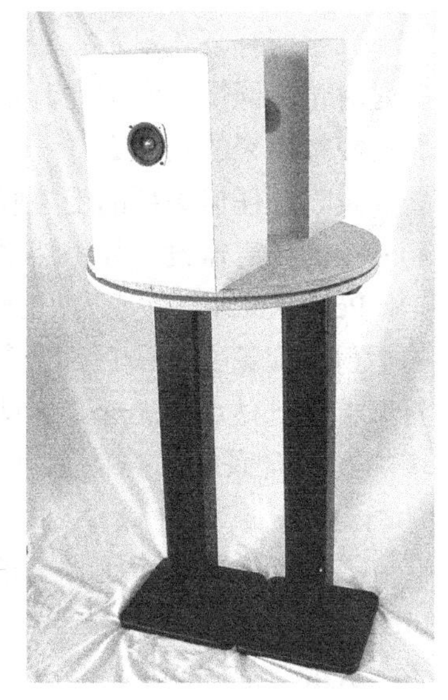

图 6.139 快速 A/B 比较装置图

不幸的是，在我的办公室建立我自己的价格为 150 000 美元的“音箱穿梭机”是不现实的，所以我想出了一个非常省钱的替代方案，只需要大约 29 美元！图 6.139 所示为我的快速 A/B 比较装置照片，可以保持所比较的音箱的声学空间位置完全一致，而且可以在 1s 内完成 A/B 转换。所需要的只是几个从 Home Depot（译注：一家大型连锁家庭家居用品零售商）买来的直径 24 英寸的中密度纤维板圆盘和一个从 Ace Hardware（译注：一家大型连锁五金制品零售商）买来的 11 英寸餐桌转盘轴承，2 个音箱脚架，和一位愿意在你聆听时转动圆盘以及转换功放声道的合作者。

为了确定不同衍射状态的主观特性总共进行了 5 个独立的测试。

测试 1#：高频扬声器单元嵌入。这些年来，扬声器工业可能花费了数百万美元用于高频扬声器单元和其他扬声器单元的沉孔安装。这个工作的开始无疑是由于扬声器单元的表面安装和嵌入安装的测量差别，但伴随着扬声器制造业工业设计方面的不断增强，可能也是作为一种刻意的外观修饰而得到延续。

测试内容并不复杂，A/B 比较 2 个同样的高频扬声器单元（Vifa DX25TG05-04 1 英寸软球顶），其中一个平齐地嵌入到障板中，而另一个安装于表面。我把这 2 个高频扬声器单元都安装在一个 15.75 英寸×10 英寸×8 英寸箱体的前障板上，装于障板顶部下方 3 英寸处的中央。我使用 LinearX LMS 分析仪对这 2 个样本进行 2.83V/1m 测量，轴向的比较结果如 6.140 所示，30° 离轴曲线如图 6.141 所示（2 条曲线是同一个扬声器单元的）。轴向的差异相当大，但观察图 6.141 所示的 30° 离轴曲线比较结果，显然可以看出这个现象在很大程度上只是一个轴向的现象。

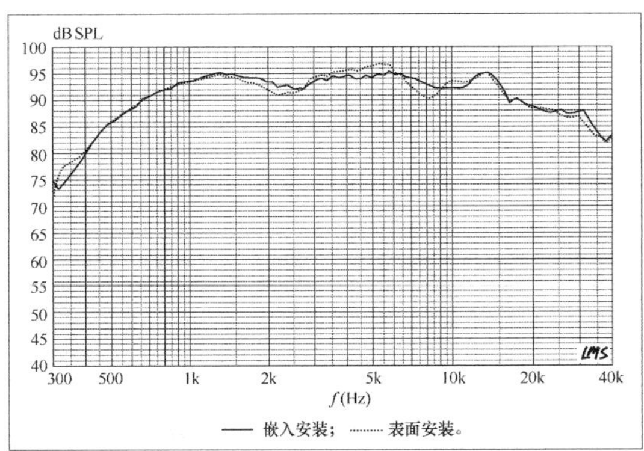

图 6.140　高频扬声器嵌入安装与表面安装的轴向频率响应比较

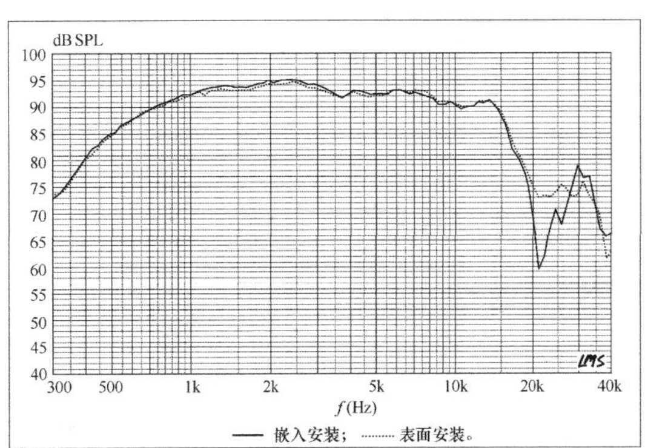

图 6.141　高频扬声器嵌入安装与表面安装的 30°离轴频率响应比较

测试 2#：通常认为较小的障板听起来与较大的障板不同，但它们主观特性究竟如何还有待揭示。在这个测试以及这个研究的其余测试中，我使用一对严格配对的 3 英寸全频低频扬声器单元（Tang Bang W3-594S）。它们具有 100Hz～10kHz 的频率响应，和较小直径锥形振膜的离轴表现。其中一个 W3S 装在 15.75 英寸×10 英寸×8 英寸箱体的障板上，位于障板顶端下方 6 英寸处的中央（在垂直方向上偏离了障板中心）。

在这个箱体的内部是另一个较小的闭箱体，体积与第二个 W3S 箱体相同。这么做是为了使 2 个音箱低频端的响应保持尽可能的一致。第二个较小箱体的尺寸是 7 英寸×4 英寸×4 英寸，W3S 安装在距障板顶端 3 英寸处的中央（请看图 6.142 所示扬声器单元安装后的 2 个箱体并排放在一起时的照片）。

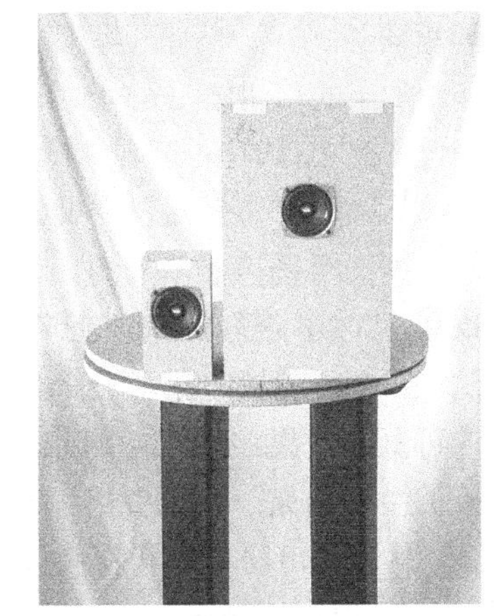

图 6.142　用于主观测试 2# 的障板相对尺寸比较

2 个小箱体均 100%填充阻尼材料，这里填充的正好是 Acousta-Stuf，它是一种很好的箱体填充用的广范围阻尼材料。在 A/B 比较时，2 个 W3S 在圆盘上的扬声器单元高度是一致的，因而感觉到的声像位置将是相同的。对装于不同尺寸障板上的 3 英寸扬声器单元的 2.83V/1m 对进客观测量，轴向响应如图 6.143 所示，30° 离轴响应（2 条曲线都是同一个扬声器单元的）如图 6.144 所示。这次轴向和离轴的差异都很明显。

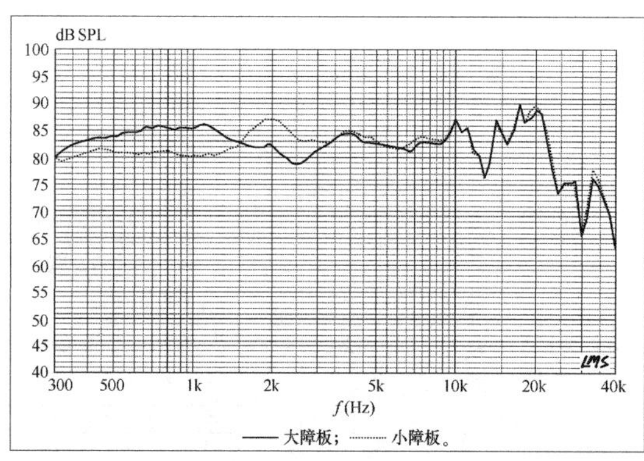

图 6.143 主观测试 2＃扬声器单元安装于小障板和大障板的轴向频率响应比较

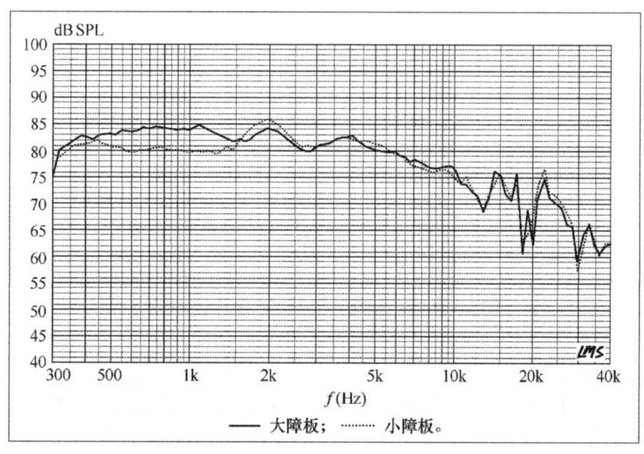

图 6.144 主观测试 2＃扬声器单元安装于小障板和大障板的 30°离轴频率响应比较

测试 3＃：障板形状。近年来，扬声器制造商和业余制作者同样地采用可以抑制边角衍射的箱体设计，将箱体的各边倒成斜角，形状有 3/4 英寸的圆角，也有大型的 3～6 英寸的直边、复合的或曲线的。显然，除直角以外的这些奇异形状既费时又耗钱，虽然有时从工业设计方面来说具有非常诱人的外观。这个测试使用和测试 2＃相同的 W3 扬声器单元和安装位置，对标准的 15.75 英寸×10 英寸×8 英寸的直角箱体与 3 英寸复合倒角（2 英寸的 45° 角及 1 英寸的 60° 角）箱体进行比较，二者的箱体、扬声器单元和安装位置均相同。

图 6.145 衍射主观测试 3＃的复合倒角障板图

倒角加工的箱体如图 6.145 所示。对直角边障板与复合倒角障板 2.83V/1m 客观测量的轴向比较结果如图 6.146 所示，而 30° 离轴比较结果如图 6.147 所示（2 条曲线都是同一个扬声器单元的）轴向的差异主要是在 2.5kHz 以下，30° 离轴的差异延伸到 10kHz 以上。

测试 4＃：障板阻尼。在第 6.4 节中讨论了阻尼障板的可测量效果，因而这个测试是要确证泡沫阻尼的障板的主观结果。测试使用了与测试 3＃相同的 2 个箱体、W3 扬声器单元和安装位置，但其中一个障板用 1/4 英寸厚的 Soundcoat 声阻尼泡沫 100%覆盖（如图 6.148 所示）。对加与不加泡沫毡的障板进行 2.83V/1m 客观测量，轴向响应的比较结果如图 6.149 所示，而图 6.150 所示是 30° 离轴响应（2 条曲线两都是同一个扬声器单元的）。轴向的差异仍然主要在 3kHz 以下，而在 30° 离轴中则延伸到 10kHz 以上。

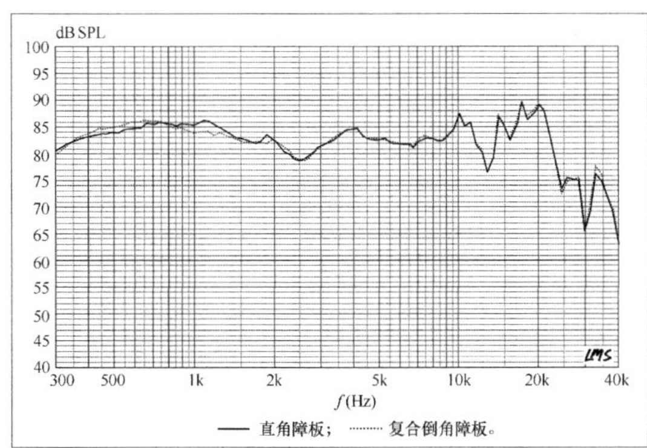

图 6.146 主观测试 3 # 复合倒角障板与直角障板轴向频率响应比较

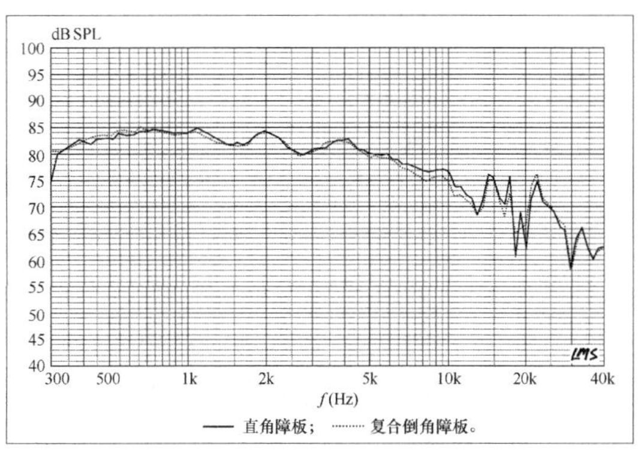

图 6.147 主观测试 3 # 复合倒角障板与直角障板 30°偏轴频率响应比较

图 6.148 衍射主观测试 4 # 泡沫阻尼障板图

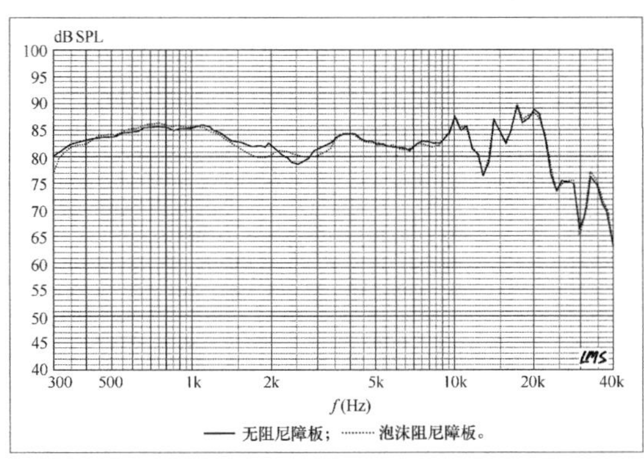

图 6.149 主观测试 4 # 泡沫阻尼障板与无阻尼障板轴向频率响应比较

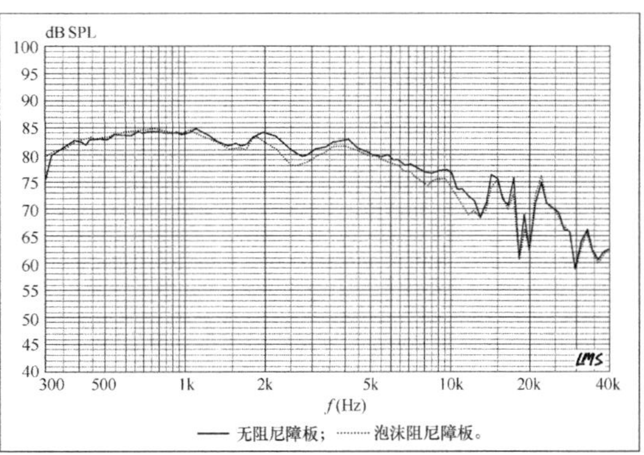

图 6.150 主观测试 4 # 泡沫阻尼障板与无阻尼障板 30°偏轴频率响应比较

测试 5#：扬声器单元障板位置。在 6.1 节 1 和 2 中讨论与模拟的目的是为了揭示相同扬声器单元安装于标准的长方形障板上不同位置时 SPL 的测量差异。为揭示扬声器单元在障板上的位置改变时可觉察的主观差异，设计了这个听音测试。使用了 4 个不同位置——障板垂直方向中线上的中点和顶端，及高度相同但移动到障板右侧缘（如图 6.151 所示）。对 W3 全频扬声器单元在不同障板位置进行了 2.83V/1m 的客观测量，轴向响应如图 6.152 所示，而 30° 离轴响应如图 6.153 所示。SPL 变化范围达到 4dB，轴向差异的频率高达 3kHz，而离轴的达到 10kHz 以上。

图 6.151　主观测试 5＃的障板位置

快速 A/B 比较装置放在一个地面铺地毯，带有拱顶天花，大为 20 英尺×30 英尺的房间内，测试要求装置到最近的墙面距离为 6 英尺，并按对角线方向放置，而不是与墙体结构平行。Nancy 和我轮流试听每一对比较测试，使用简单的 1～3 分来评判差异的大小（注意：这个测试的目标只是建立 2 种选择之间在感觉上的差异大小，而不是哪个更好）。分值为 1 代表两个选择之间没有可分辨差别。分值为 2 意味着差别可察觉，但未达到足够重要的显著程度。分值最高的是 3 分，指差别不仅是可辩的，而且也值得注意。

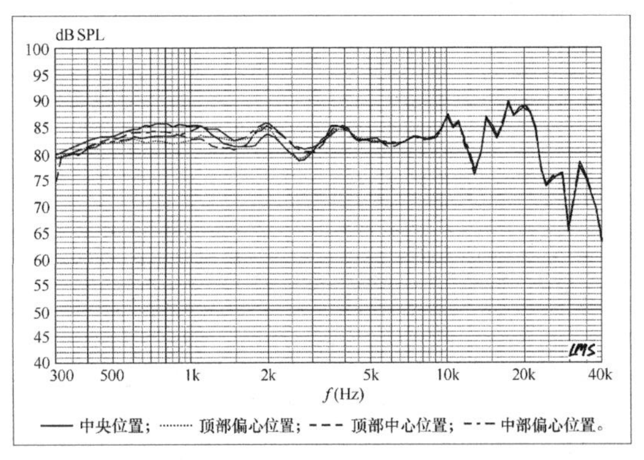

图 6.152　主观测试 5＃不同障板位置轴向频率响应比较

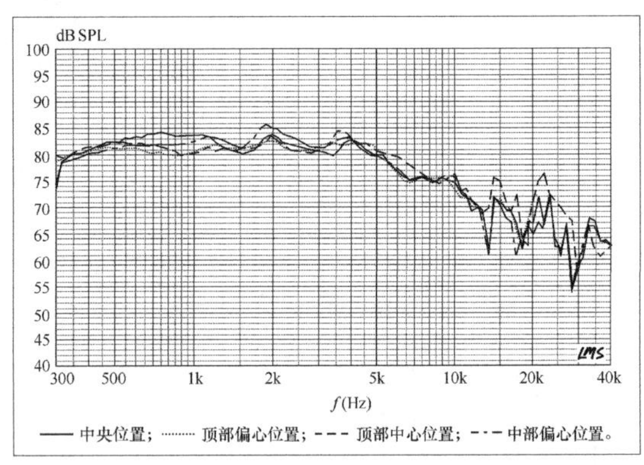

图 6.153　主观测试 5＃不同障板位置 30°离轴频率响应比较

在每次使用快速 A/B 比较设备测试的最后，我们把 2 个被测音箱并排放置，并在这个方向上对这 2 个音箱进行数次 A/B 比较，然后调换二者的位置并重复测试步骤。很有意思地注意到，我们相当大量的比较试听和调音经验，都是一起按刚刚说到的方法把 2 个样品单声道地并排放置于同一个位置进行的，在这次研究中两个人都发现快速 A/B 比较设备非常有用，但还是太慢了。声音的记忆非常短暂，因而瞬间的比较几乎是分辨 2 个声音选择的必要条件。将音箱转到位所需要的 0.5～1s 的时间，延迟不够快，使我们两个人都不能感到完全的舒适，这也是为什么我们在每个测试的最后又做了并排放置比较的原因。然而，在每个独立测试的最后，我们还花了点时间讨论每个人所听到的并总结了这些细节。

结果非常有意思，但也不算意外。

测试 1#——我们两个都无法区分球顶高频扬声器单元的嵌入安装与表面安装之间的任何差异。考虑到客观测量结果高度的指向特性，这个结果并不令人惊讶。在多路分频音箱中低频扬声器单元盆架的表面安装或沉孔安装的结果有可能是不同的，但我还是有所怀疑。看起来扬声器单元沉孔安装的首要原因更多是出于装饰的考虑而不是声学的考虑。

测试 2#——我们对大障板与小障板测试结果的评分都是 3 分：明确可辨而且值得注意。我们都认为较大的障板听起来更温暖，但细节明显更少并趋于"模糊"。小障板音箱听起来较不"温暖"，可能是低频增强和低频（50～200Hz）强调较少的结果。我们都认为小障板细节增加的效果强烈。在立体声中小障板具有比大障板好得多的针尖般的成像力早不是秘密，但增加的细节无疑是较少的反射和时延的结果，这是较小的障板面积所带来的。

3#测试——对边缘尖锐的障板与边缘大倒角的障板的比较结果有点出乎意料。我们都给出 3 分的结果，明显可分辨而且值得注意，但我们都认为它只是个差别而不是个提升。尖锐的边角，通常因为它所产生的衍射而受批评，事实上似乎显得更"有活力"。Nancy 将这描述为更多的来自录音的房间特色。

我们还注意到大倒角的边缘使声像（单声道试听）显得更大且更宽，但相比之下仍然有点缺乏生机。显然，有许多评价极好的而且很受欢迎的音箱是由简陋的直角箱体构成，而且，坦率地说，我们都不认为这是个严重的障碍。就大倒角的表现而言，它确实存在一些改变，但究竟是更好还是更差，我想这是一个个人看法的问题。

4#测试——由于我在这些年来的设计工作中大量地使用阻尼障板，我颇为期待这个测试的结果。我们均给于这个测试令人瞩目的 3 分：明确可辨而且非常值得注意。泡沫阻尼的障板确实使扬声器单元听起来更为平滑，较为自然，而且增加了音乐的细节感。Nancy 认为它似乎突出了中频范围。她的这种感觉可能是由于较少的高频迟延反射，而高频"杂音（Hash）"的减少可能具有使中频显得突出的效果。

5#测试——这个测试 4 个障板位置的 A/B 比较按下列进行。

（1）顶部中央与中部中央比较。

（2）中部中央与顶部右侧比较。

（3）中部中央与中部右侧比较。

（4）顶部中央与顶部右侧比较。

我们对安装位置的比较（1）都评为3分：明显可辨且值得注意。障板中部的安装位置具有更“温暖”的感觉，但顶部位置则具有更“开扬而轻快”的品质，这无疑是由于对称的垂直指向性响应和略为向上倾斜的指向性样式引起的。安装位置比较（2）同样被评为3分，但效果似乎不如（1）显著。（3）和（4）的比较结果都是2分，为可分辨，但Nancy和我都没有感觉非常明显的印象。

我觉得衍射似乎常常被超过其实际含义地过分夸张成“坏蛋（Boogie Man）”。当被问起衍射的重要性时，我经常回答说：“由箱体边缘和障板凸起引起的衍射可能至少与你的妻子或女友将花瓶放在你的音箱顶上所引起的衍射一样是可闻的，也就是说，根本不重要。”虽然这话可能不算太离谱，阻尼前障板带来的好处仍然是提高主观听音体验质量的非常实际而且重要的工具，但是同时这并不意味着未阻尼的障板就是令人反感而不可用的。极端地说，这是一个扬声器单元音色、扬声器单元位置、尖角或倒角、不同障板面积、分频器和箱体低频设计、障板阻尼的程度，以及房间界面的综合的复合体，共同影响到主观体验。

参考文献

1．B. Butterworth, “The Speaker Sage Speaks”, r*obb Report Home Entertainment*, March/April 2005.

2．J. Kates, “Loudspeaker Cabinet Reflection Effects”, *JAES*, May 1979.

3．D. Ralph, “Diffraction Doesn’t Have to Be a Problem”, *AudioXpress*, June 2005.

4．R. M. Bews, M. J. Hawksford, “Application of the Geometric Theory of Diffraction (GTD) to Diffraction at the Edges of Loudspeaker Baffles”, *JAES*, October 1986.

5．J. Porter, E. Geddes, “Loudspeaker Cabinet Edge Diffraction”, *JAES*, November 1989.

6. J. Backman, “Computation of Diffraction for Loudspeaker Enclosures”，*JAES*, May 1989.

7．J. Vanderkooy, “A Simple Theory of Cabinet Edge Diffraction”, *JAES*, December 1991.

8．J. Vanderkooy, “On Loudspeaker Cabinet Diffraction”, *JAES*, March 1994.

9．J. R. Wright, “Fundamentals of Diffraction”, *JAES*, May 1997.

10．J. Moriyasu, “Acoustic Diffraction: Does It Matter? ”, *Voice Coil*, February 2005 (reprinted from *Audio Xpress*, February 2003).

11．F. E. Toole, “Listening Tests—Identifying and Controlling the Variables”, Proceeding of the 8th International Conference, Audio Eng. Soc., May 1990.

12. F. E. Toole and S. E. Olive, "Hearing is Believing vs. Believing is Hearing: Blind vs. Sighted Listening Tests and Other Interesting Things", 97th Convention, Audio Eng. Soc., Preprint No. 3894, Nov. 1994.

13. F. E. Toole, "Listening Tests, Turning Opinion Into Fact", *J*AES, June 1982.

14. F. E. Toole, "Subjective Measurements of Loudspeaker Sound Quality and Listener Performance", *J*AES, January/February 1985.

15. S. Bech, "Perception of Timbre of Reproduced Sound in Small Rooms: Influence of Room and Loudspeaker Position", *J*AES, December 1994.

16. S. E. Olive, P. Schuck, J. Ryan, S. Sally, M. Bonne-ville, "The Variable of Loudspeaker Sound Quality Among Four Domestic-Size Rooms", presented at the 99th AES Convention, preprint 4092, October 1995.

17. F. E. Toole, "Loudspeaker and Rooms for Stereophonic Sound Reproduction", Proceedings of the 8th International Conference, Audio Eng. Soc. May 1990.

18. S. E. Olive, P Schuck, S. Sally, M. Bonneville, "The Effects of Loudspeaker Placement on Listener Preference Ratings", *J*AES, September 1994.

19. Antti Jarvinen, Lauri Savioja, Henrik Moiler, Veijo Ikonen, Anssi Ruusuvuori, "Design of a Reference Listening Room – A Case Study", AES 103rd Convention, New York, Preprint 4559, September 1997.

20. V. Dickason, "Harman's Moving Speakers", *Voice Coil*, August 1999.

21. S. Olive, B. Castro, and F. Toole, "A New Laboratory for Evaluating Multichannel Audio Components and Systems", presented at the 105th AES Convention, preprint 4842, September 1998.

第7章 被动及主动式分频网络

7.1 被动式分频网络

被动式分频网络的设计是一个相当复杂的工作，其中包含了非常多的可变因素，实际上完全可以就这个话题单独写一本书，但是为了符合这本“手册”所反映的主旨，本章仅对扬声器业界广泛采用并接受的一些例子进行讨论。需要牢记的是：当你为某一套扬声器单元选择分频器最终结构时，所要依据的不只是以下介绍的这些方法，还要进行一系列的反复试验，和大量的主观听音调整。

历史

在20世纪30年代多路扬声器系统开始出现时，分频网络的设计是基于贝尔公司的两位工程师G. A. Campbell和O.J.Zobel提出的常数K型滤波器和M导出型滤波器理论。关于这一问题最早的公开研究有一部分是由John K.Hilliard和H.R.Kimball为Metro-Goldwyn-Mayer录音室的混音部门所作的，这篇论文发表在1936年3月3日出版的《Academy Research Council Technical Bulletin》上，题目为“Dividing Networks for Loudspeaker Systems（扬声器系统的分音网络）”（1978年11月在《JAES》重新发表）。1941年1月，Hilliard在《Electronics》杂志上发表了另一篇题为“Loudspeaker Divding Networks（扬声器分频网络）”的文章，对分频设计做了另一个完整的论述，列出了设计1阶和3阶巴特沃斯（Butterworth）并联或串联分频网络所需要的所有方程式。直到20世纪50年代，巴特沃斯分频网络一直是扬声器分频网络设计中的首选分频形式。

C. P. Boegli于1956年11月在《Audio》杂志上发表文章[1]，描述了在使用巴特沃斯1阶和2阶滤波器时，同轴（Coaxial）和共面（Coplanar）系统的扬声器单元相位偏移现象。

这篇文章还讨论了 2 阶巴特沃斯滤波器的同相抵消（反相则出现尖峰），以及由于扬声器单元垂直排列造成的频响恶化现象。

然后到了 20 世纪 60 年代，Ashley 和 Small 介绍了一种带有恒压传递性质的串联型滤波器的特性，提出了所谓的准 2 阶分频网络（Quasi Second-Order Network），虽然这种分频网络相对普通 1 阶滤波器可以提供更多的衰减，同时还可以保持和后者一样的“相位一致”特性，但是对大多数扬声器单元来说，这种衰减对于调制失真（Modulation Distortion）的防止来说还是不够的。这些内容就是 Small 在 1971 年发表在《JAES》上的论文所阐述的，论文题目为“Crossover Networks and Modulation Distortion（分频网络与调制失真）”，他提出为了避免在大声压输出时扬声器单元谐振频率处产生过大的失真，最少需要 12dB/oct 的滤波器来进行衰减。在这篇论文发表的同时，Ashly 和 Henne 也对 3 阶 Butterworth 滤波网络的平坦幅度响应和全通相位特性表示了赞许[2]。

1976 年，Siegfried Linkwitz 对各种不同类型的滤波器进行了垂直指向性响应分析，得出结论是 2 阶和 4 阶全通滤波器［称之为林克维兹-瑞利（Linkwitz-Riley）和巴特沃斯滤波器］可以得到对称的轴向响应[3]。稍迟些时候，Peter Garde 对前人的工作做了一个总结，描述了各种全通滤波器及其衍生类型[4]。本着一些相同的理念，Dennis Fink 和他在 Urei Time-Align 录音监控室的同事 Ed Long 一起，对利用迟延网络来补偿扬声器单元水平方向频响偏差的方法做了进一步的发展[5]。

接下来的主要贡献是 Marshall Leach[6]和 Robert Bullock[7]的研究。他们提出，音箱设计师在确定最佳的滤波器类型和阶数时，要将扬声器单元的谐振频率和扬声器单元之间的相对间隔（Relative Inter-Driver Separation）（包括垂直和水平方向）考虑在内。在完成以上的杰出成果之后，Bullock[8]还描述了对称型 3 路分频网络的正确衍生形式，指出 3 路分频网络并不是 2 路分频的简单叠加（就像我们许多人曾经认为的那样）。

近些年来其他比较有意思的研究成果包括 Stanley Lipshitz 和 John Vanderkooy 所发表的一系列论文，虽然有一点纸上谈兵的意思，提出了获得最小相移网络响应（Minimum Phase Network Response）的多种可能。但是，近几年这个领域最重要的进步莫过于计算机分频优化软件的出现，这些软件为实验研究与分频网络的合理设计都开辟了新的道路，这些实验和设计在过去或是不可能完成，或是需要耗费大量的时间和乏味的实验性工作。这些程序，比如 CALSOD、Filter Designer 和 LEAP4.0 等，使分频器的设计更接近于一门科学，而不怎么像是“巫术”。

7.2 分频器基本原理

扬声器系统的分频器主要有串联型和并联型两种（如图 7.1 所示），其中并联型分频器是扬声器行业中普遍使用的一种，它的优点在于可以对一个多路系统中的每个扬声器单元进行单独的处理，而在串联型分频器中，每一个部件的变动都会同时对高通扬声器单元和低通扬声器单元造成影响[9]。由于并联型滤波器更灵活，对于本章介绍的应用更合适，所以这里只对这种结构进行讨论。关于串联型分频网络的更多信息可以参考 R • Small 的文章“Constant Voltage Crossover Network Design（恒压型分频网络设计）”（《JAES》，1971 年 1 月刊）。

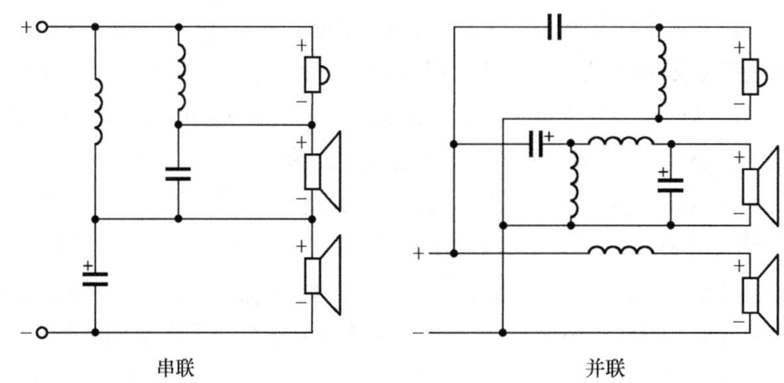

图 7.1　串联和并联网络

扬声器分频网络主要是由 L/C（电感和电容）滤波电路组成。有 3 种基本的滤波器格式用于并联结构分频器设计。这些滤波电路的响应曲线如图 7.2 所示，它们分别为如下几种。

（1）低通滤波器，对高频段进行衰减，一般用于低频扬声器单元。

（2）高通滤波器，对低频段进行衰减，一般用于高频扬声器单元。

（3）带通滤波器，同时对高低频段进行衰减，一般使用于中频扬声器单元。

LC 滤波器作为分频器的原理主要是根据电感和电容的反应特性来构建频率衰减线路，这些元件的滤波特性可以由下面这个电抗公式表达（即交流阻抗）

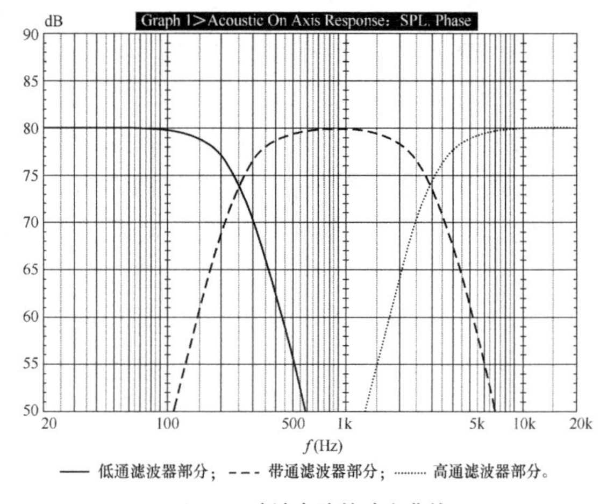

图 7.2　滤波电路的响应曲线

$$X_C = \frac{1}{2\pi fC}$$

$$X_L = 2\pi fL$$

上述公式体现的关系很清楚，容抗与频率成反比，当频率降低时，电容提供增大的交流阻抗（反作用变大）。感抗与频率成正比，在频率增高时交流阻抗随着增大。

滤波器通常用 3 项基本特性来进行描述：衰减斜率、滤波器的谐振频率和 Q。衰减斜率一般以每个倍频程内的衰减量为单位，即 dB/oct。取决于电路结构，以及电感与电容 L 和 C 的元件结合方式，滤波器的衰减斜率可以在每 1oct 频率范围中按 6dB、12dB、18dB 及 24dB 衰减，如图

7.3 所示。有时候衰减斜率可以比 24dB/oct 更大，但是一般很少用到。这些衰减率同时可以利用斜率的阶数来表示，1 阶为 6dB/oct、2 阶为 12dB/oct、3 阶为 18dB/oct、4 阶则为 24dB/oct 的斜率。

滤波电路的谐振频率，适用于 1 阶以上的阶数，指滤波器元件的电抗相等时的频率，也就是设计的分频频率，一个简单的 2 阶滤波器的谐振频率可由下列公式描述

$$f = \frac{1}{2\pi\left(LC\right)^{1/2}}$$

感抗 L 和容抗 C 的乘积，有时候会以 L/C 比来描述，是一个非常重要的参数，因为在某些时候，即使 L 和 C 都发生变化，只要 L 乘以 C 不变，谐振频率同样不会发生变化。

滤波网络的 Q 和扬声器单元的 Q 以及扬声器单元/箱体复合体的 Q 有着类似的关系，也可以称作“品质因数”，它是一个计算得到的数字，用于描述谐振，计算公式如下

$$Q = 2\times\left(\frac{\text{谐振储存的能量}}{\text{谐振释放的能量}}\right)$$

对一个 2 阶 LC 电路而言，Q 值为

$$Q = \left[R^2C/L\right]^{1/2}$$

不同滤波器的 Q 值描述了频响衰减曲线“膝”的形状，如图 7.4 所示。“Q”的形状和第 1 章里用于描述闭式低频箱体的 Q 是一样的。在 2 阶滤波器中，Q 也就是响应曲线的形状，是由滤波器元件的 L/C 比率控制的。图 7.4 所示的不同 Q 值具有不同的性质，分别用最早对每种响应性质进行数学描述的工程师名字来命名，如巴特沃斯（$Q=0.707$）、贝塞尔（$Q=0.58$）、林克维兹-瑞利（$Q=0.49$）。请注意，这个关于滤波形状的讨论是指这些滤波器的电学传输函数，而并不一定是指扬声器的声学传输函数。

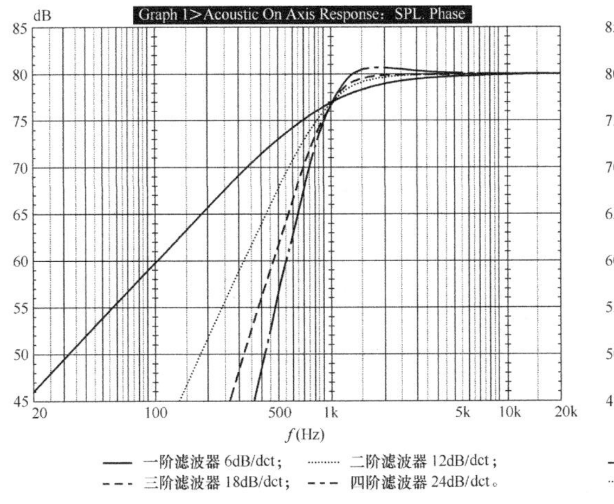

图 7.3 滤波器的衰减斜率

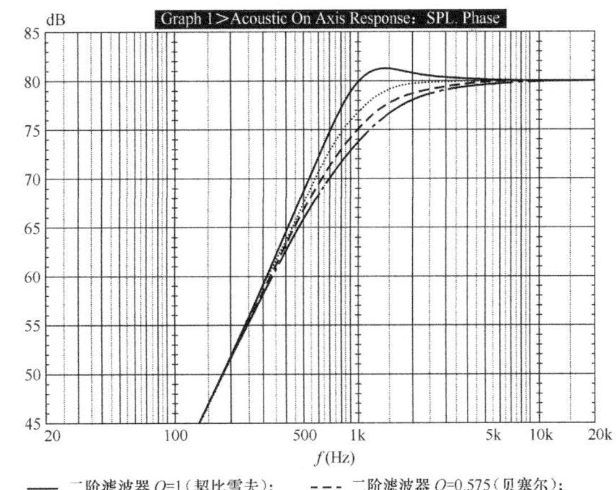

图 7.4 频响衰减曲线

7.2.1　2 路高、低通分频网络的合成频率响应

任何一个分频网络设计的目的都是在两个负责不同频带的扬声器单元组合成一个全频域扬声器系统时，提供一个平坦的响应过渡。设计师的任务是将 2 个具有重叠频段的独立声源组合起来，在 2 个扬声器单元的衔接处，组合体不会产生新的峰谷。2 个独立信号源的组合方式依赖于 2 个信号源之间的相位关系。它们相位是否同步，信号组合的结果将不同。图 7.5 所示给出 2 个相关的（Correlated）（同相）和不相关的（Uncorrelated）（不同相）声源的声学叠加情况，当 2 个独立声源相关时，2 个信号的合成会是简单的标量相加，如图 7.5（b）所示，2 个不同的扬声器单元输入同一个信号时，它们的相位相关，合成声压要比每一个单独的输出大 6dB。当 2 个独立的独立声源不相关时，2 个信号以 RMS（均方根）值合成。如图 7.5（c）所示，2 个不同且不相关的信号源输出到 2 个扬声器单元中，总声压比单个扬声器单元的输出大 3dB。

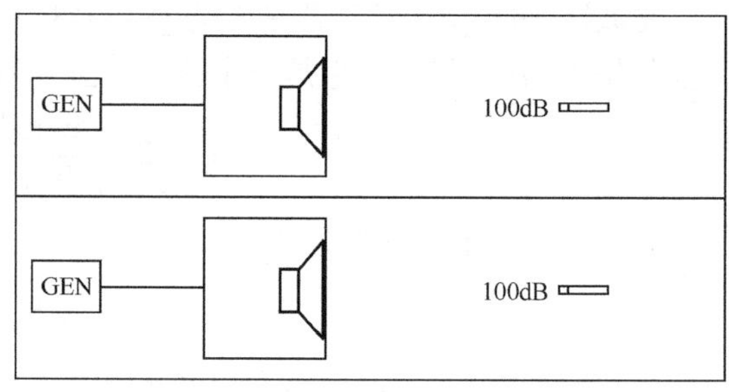

（a）

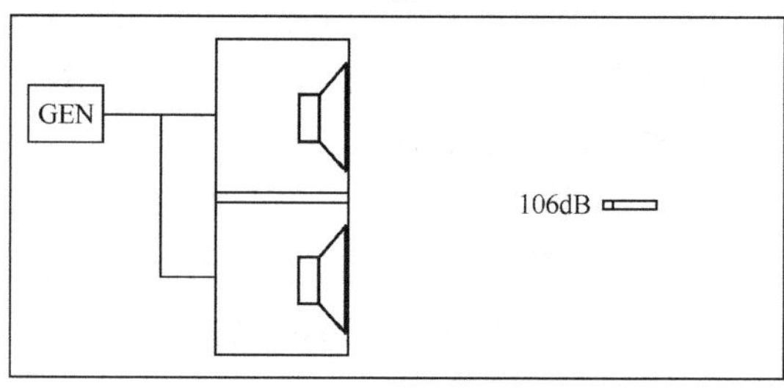

（b）

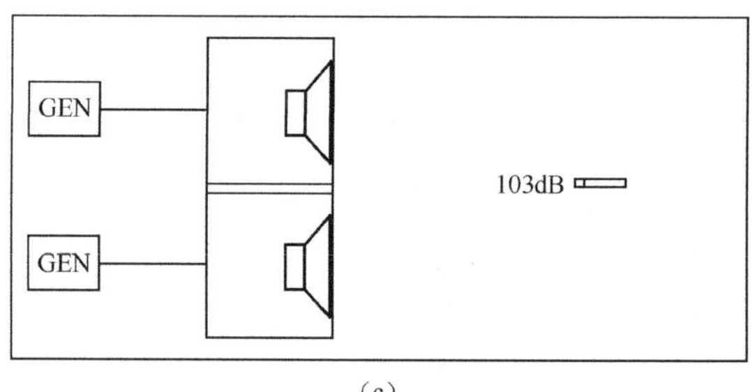

（c）

图 7.5　声学波形合成

分频滤波器的电气/电压合成特性和上面几个例子中所讲的是一样的。根据高通滤波器和低通滤波器之间的相位关系（相关或不相关），扬声器分频网络中的滤波器可以分为两类。相位是分频网络斜率的函数，这将在第 8 章中详细讨论。不同的分频器 Q 值和衰减斜率具有不同的相位特性，奇次阶数的巴特沃斯滤波器高低通的相位关系总是表现为 90° 的相位偏移，这个现象也称作相位正交（Phase Quadrature）。在任何频率上的 90° 相位偏移，与不相关的相位是相同的，当两个滤波器声压在分频频率处下跌 3dB 时，两部分将合成得到平坦的结果。

所有的偶次阶数分频网络，包括巴特沃斯、贝塞尔、林克维兹-瑞利和契比雪夫，无论是 2 阶还是 4 阶，高通和低通的相位关系都呈现为同相。具体点说，2 阶滤波器的相位偏差其实是 180°，但是当极性反转时，相位就是

一致的；而 4 阶滤波器的相位其实差了 360°，与同相的效果是一样的。当偶次阶数的滤波器组合在一起使用时，相位是相关的，2 个滤波器的声压在分频频率处下跌 6dB 时，2 个滤波器部分合成得到平坦的结果。图 7.6 所示对 3 阶巴特沃斯分频器和 4 阶林克维兹-瑞利分频器的合成情况进行了比较。

这个对比结果与人们关于偶次阶数巴特沃斯滤波器特性的传统认识相反，但这个结果仍然是正确的，当偶次阶数巴特沃斯高通和低通滤波器经过计算，并且它们信号相位是一致的，高低通在分频频率处各衰减 3dB（由于分频器 Q 的作用），合成结果是 + 3dB，因为 2 个相关信号的增益是 6dB（+3dB 减去−3dB 就是 6dB）。如果放宽相位精确一致这个限制，并将滤波器的频率按一定倍数分开（对于 2 阶巴特沃斯滤波器，约为 1.3），当高、低通部分在分频频率处衰减量为 6dB，就可以合成得到一个近似平坦的结果。

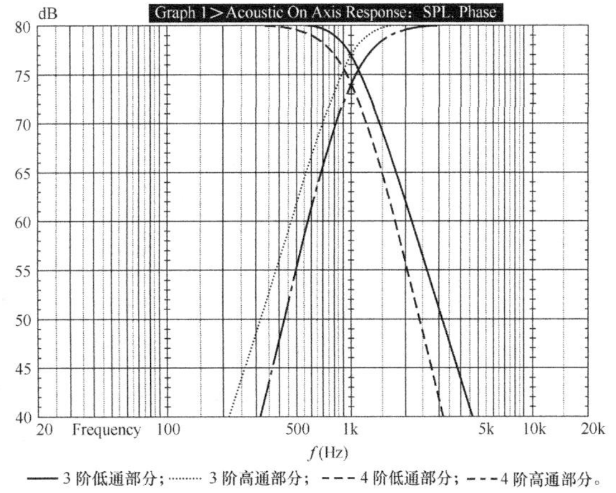

图 7.6 分频器合成情况比较

7.2.2 全通及线性相位分频器

我们有 3 种分频器类型可以选择：线性相位（Linear Phase）（也叫做最小相位）、全通（All-Pass）以及非全通（Non-All-Pass）。只有一种分频形式满足最小相位标准，即 1 阶巴特沃斯滤波器。1 阶分频器产生整体的零相位响应，在整个频率范围内都是平坦的，并且具有平坦的幅度响应[10]。虽然 1 阶分频形式可以达到相位的一致，理论上不会产生相位失真，但是对大多数高通扬声器单元（高频扬声器单元和中频扬声器单元）来说，它的衰减率并不够。

全通分频形式具有全通相位特性，即意味着存在相位偏移，同时具有平坦的幅度特性。目前有 4 种全通分频结构的应用最为典型[4]，它们是 1 阶和 3 阶巴特沃斯滤波器，以及 2 阶和 4 阶林克维兹—瑞利滤波结构，虽然 1 阶滤波器是最小相位，但是仍然被归到这一类中。这些是扬声器设计中最常用的滤波器，因为它们可以提供平坦的幅度响应特性，除了 1 阶滤波外，还可以足够的衰减特性，以防止中频扬声器单元或高频扬声器单元的失真。

非全通分频器是指扬声器设计中所有其余的滤波器类型。它们同样具有全通相位特性，但没有平坦的合成幅度响应。主要包括 2 阶和 4 阶巴特沃斯滤波器、2 阶和 4 阶贝塞尔滤波器，以及其他非对称 4 阶滤波器（非圆型极点，Non-Circular）：勒让德（Legendre）滤波器、高斯（Gaussian）滤波和 4 阶线性相位滤波器。但是如果把相位一致的标准放宽，这些滤波器也可以合成出相当平坦的频响曲线，这些我会在后面进行详细叙述。

7.2.3 声合成：扬声器单元声中心和零迟延平面

我们对用于分频网络的经典滤波形状的讨论是关于这些滤波器的电响应（它们的传输函数），所谓的合成也是指电（或电压）响应的合成。为了我们设计分频的目标，使分频网络在声学上得到同样的相位和幅度结果，必须要做一些特定的假设。其中最重要的一个假设就是 2 个扬声器单元的辐射必须一致，即 2 个扬声器单元的辐射无论从空间上还是时间上都必须是同一个点发出的。但是对大多数扬声器系统来说并不是这样的。

只有一种扬声器类型的高通扬声器和低通扬声器单元是从空间上的同一点进行辐射，即同轴扬声器。它们通常是把球顶高频扬声器单元安装在低频扬声器单元导磁柱上面，使辐射位置近乎一致（和同轴安装于低频扬声器单元加载号筒扬声器单元不同，那种号角高频扬声器的音圈可能实际上是位于低频扬声器单元音圈后方的某个位置）。虽然在高端扬声器生产上，这种同轴设计有复苏的迹象（包括 KEF 和 Tannoy 的一些型号），但是大多数的扬声器还是采用在垂直或水平方向上分隔开的非共点扬声器单元，如图 7.7 所示。

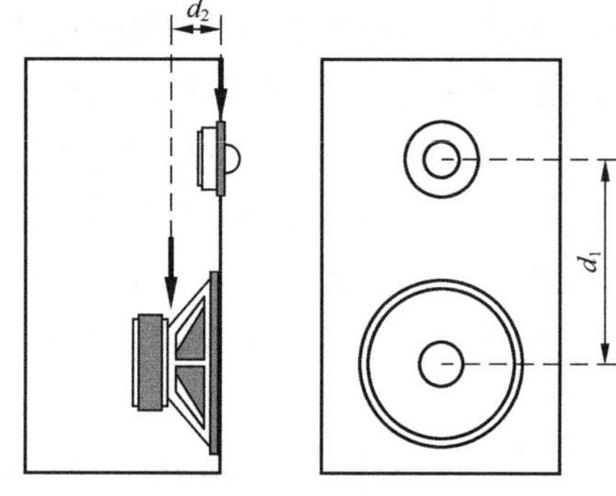

图 7.7 非共点扬声器单元分隔

当非共点扬声器单元用于不同频段重放时，辐射点是在垂直或水平方向上分隔开。垂直方向的分隔具有许多效果，这些效果已经有一些很好的文献记载[3,7]。波瓣（Lobing）是辐射样式（Radiation Pattern）中最重要的问题（参见第 6 章，如图 6.4 所示），扬声器单元离得越远，波瓣问题会越严重，唯一的解决办法就是尽量缩小扬声器单元之间的分隔距离，并且确保高低通扬声器单元之间的分隔距离不要大于分频频率的波长。

依据所采用的分频网络类型，扬声器单元垂直方向的分隔还会造成辐射样式的倾斜现象，1 阶和 3 阶巴特沃斯全通分频网络会在垂直指向性响应上存一种频率决定的倾斜现象，如图 7.8 所示。对于 1 阶滤波器而言，如果不存在水平方向的扬声器单元分隔分布，并且垂直方向上的分隔距离不大于分频频率的波长，那么扬声器单元正接时辐射样式会向下倾斜 15°，反接时向上倾斜 15°（3 阶滤波器指向性响应的偏移正好相反）。波瓣轴的倾斜是因为高通和低通滤波器之间存在 90° 相位差。在所有包括偶次阶数滤波器的同相滤波网络中，并不存在这种频率决定的倾斜，而呈现出一种对称的垂直极坐标响应（假设不存在水平方向的偏移）。

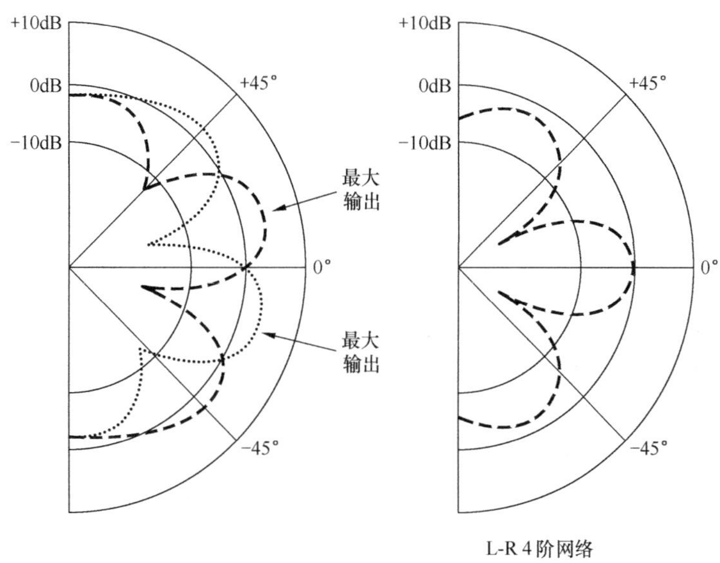

……… 一阶极性正接网络；— — — 一阶极性反接网络。

图 7.8　垂直指向性响应辐射倾斜

2 个非共点扬声器单元在水平方向的位置差同样会造成辐射样式的倾斜，偏移值 β 取决于扬声器单元在垂直方向和水平方向位置差之比，可由下式计算

$$\beta = \arctan\frac{d_1}{d_2}，单位为度（°）$$

奇数阶滤波网络除了造成各种与相位有关的取决于频率的波瓣外，还会造成这种轴向辐射的倾斜，而且会改变相位相关型网络的对称辐射样式。

扬声器单元辐射中心的准确位置，或者称为零迟延平面（Zero Delay Plane，ZDP），听起来是有些神秘。为了分频设计的需要，对扬声器单元间的水平偏移距离（或者由此距离带来的迟延）进行计算时，最重要的因素是扬声器单元之间偏移的相对距离，而不是扬声器单元声学中心的距离。一个扬声器的声中心是随着频率变化的，而且从定义上来讲它是扬声器单元自然相位响应的函数[9, 11]。图 7.9 所示为扬声器单元声学中心与时间迟延函数之间的关系。在较低的频段，群迟延（由扬声器单元相位响应得到）最大，声中心将处于 ZDP 零迟延

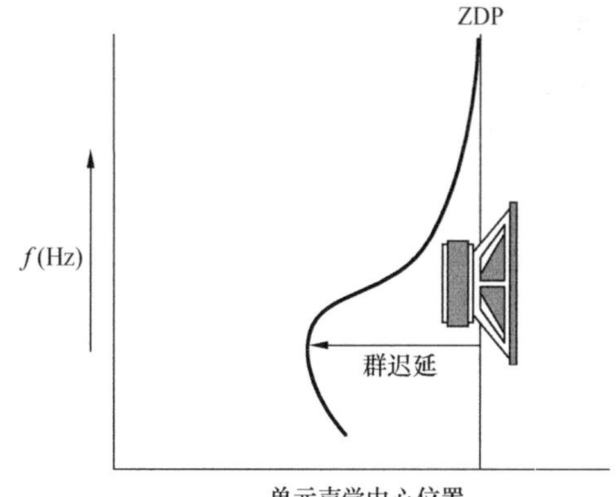

图 7.9　扬声器单元声中心

平面后方很远的一个位置。从分频器设计来说，如果扬声器单元的响应形状被调整到与分频网络滤波器传输函数一致，那么扬声器单元的相位响应就已经被考虑进去了，这时频率决定的声学中心的变化就不再重要。

对于大多数的设计目的，比如计算由于扬声器单元水平偏移带来的辐射倾斜，可以假定辐射中心就处于这个扬声器单元的音圈中心（无论是锥形振膜或者球顶扬声器单元）。任何扬声器单元音圈的中心位置通常是在前导磁板的中点位置。利用这个音圈中心，可以很方便地算出 2 个不同扬声器单元的零迟延平面 ZDP 相对距离。扬声器单元零迟延平面 ZDP 的准确声学位置会因箱体结构的不同而与期望值有些不同。但是，只有使用复杂的测试仪器才能确定这个位置。例如，锥形扬声器单元倾向于从锥形振膜顶端前部的某个位置辐射声音。可以通过 ETCs（Energy-Time-Curve，能量时间曲线）的脉冲分析对 2 个扬声器单元准确测量，根据它们的时间差得到两者的相对分隔距离，或者根据从脉冲开始到传声器接受信号的迟延获得。另一种技术是用成形猝发音发生器（Shaped Tone Burst Generator）[12]在分频频率处驱动，并通过示波器观察调整扬声器单元位置，对偏移量进行实际测量。通常来说，所用的测量仪器越精密，测量接果越接近于根据扬声器单元磁隙中心测得的距离。

从图 7.10 所示可以看出扬声器单元偏置距离对音箱参考轴的影响，这个示意图显示扬声器单元安装方式对扬声器单元间零时延轴的不同影响方式[13]。(a）方式是大多数 2 路设计采用的典型方式，高频扬声器安装在低频扬声器上方，这种方式的零迟延平面 ZDP 轴偏离聆听轴，向下指向地板。

在水平的听音轴上进行测量时，这种由于单元零迟延平面 ZDP 未对准引起的迟延将导致分频区域的响应变化[14]。如果这个偏置距离大于分频频率的波长，在分频频率处将会出现一个很深的谷。例如，一个 3kHz 的 2 阶巴特沃斯滤波器，在扬声器单元偏置 2.25 英寸时，就会出现一个因反相连接而产生的深谷。这个距离正好为 3kHz 波长的一半，换算成时间延迟是 166μs。如果扬声器单元共点的，那么相反的极性状态就会产生一个平坦的响应。不同的滤波器类型和衰减斜率对未对准有不同的敏感程度。这个将在第 7.3 章对每一种滤波器类型进行详细讨论。

如果高频扬声器迟延一个合适的时间，图 7.10 所示的 A 安装方式的零迟延平面 ZDP 轴可以调回到 0° 聆听轴。如果水平间隔距离为 3 英寸，则高频扬声器单元需要迟延的时间量为

$$t_g = \frac{d_2}{c}$$

其中 c 为声音在空气中的传播速度，单位为英寸/秒，上述例子中时间延迟为 3/13 560 = 221(μs)。

专家们经常会建议，如果采用奇数阶的滤波网络（正接 1 阶和极性反接的 3 阶），为了补偿由于高低通滤波器相位差造成的向上倾斜的指向性，可以考虑图 7.10 所示上、下倒置的扬声器单元安装位置。扬声器单元安装的几何结构造成了+ 15° 的倾斜，正好与奇数阶滤

波器引起的−15° 倾斜相加，得到 0° 零迟延平面 ZDP 参考轴（假设适当地考虑了 d_2 和 d_1）。

图 7.10（d）所示表示另外一种用于使零迟延平面 ZDP 轴与 0° 聆听轴向重合的办法。在这种方法中，使用倾斜的前障板来使零迟延平面 ZDP 轴向上偏移，以达到与 0° 聆听轴重合的目的。但是，由于零迟延平面 ZDP 轴的位置改变了，使用一个倾斜前障板与（c）中 2 个扬声器单元辐射面的对准方法并不相等，也与利用电子延迟修正电路使（a）和（b）中的高通扬声器单元对准的方法不同。

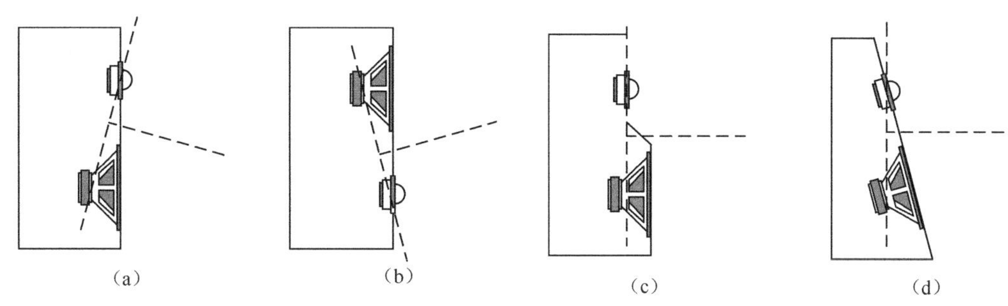

图 7.10 零迟延平面

为了证明这一点，我先是对 2 个完全一样的扬声器单元进行了测量（使用 MLSSA 和 ACO 传声器），采用时延补偿电路来纠正物理位置偏移带来的时间差；然后进行偏轴测量，模拟采用倾斜面板所带来的效果。扬声器单元水平方向分布间隔是 4 英寸，垂直方向分布间隔为 10.5 英寸，使用上述的方程式可以计算出这 2 个扬声器单元在同一个面板上的零迟延平面 ZDP 轴对 0° 聆听轴的偏移为 20°（arctan4/10.5）。我在 LEAP 软件中模拟一个 4 阶林克维兹（Linkwitz-Riley）主动分频网络，分频点设在 1.2kHz。为了让结果更容易理解，我对这个扬声器单元进行切换，将高通和低通线路都作用在这个扬声器单元上，这样合成的频率响应如果正确的话，应该和单个扬声器单元的响应一致。图 7.11 显示了这 2 个不同扬声器单元在 0° 聆听轴上的测量结果，低通扬声器单元有一个 4 英寸的偏移，而高通加了一个 295μs 的时延，然后将合成频响曲线和单独的高通、低通曲线（未经过分频滤波）放到同一张图里比较，可以看到经过时延纠正的合成曲线几乎和 2 个单独的曲线一致。

图 7.12 所示的是同样的这 2 个扬声器单元在离轴 20° 的测量结果，这次未经时延纠正，但是使用同样的 4 阶主动分频滤波器，合成的离轴响应曲线和单个扬声器单元的离轴响应曲线在一张图里进行对比，很显然，离轴情况下的相位关系和轴向然后经过时延处理的相位并不完全一致，因此，这两种纠正扬声器单元偏移的方法并不能得到同样的结果。

上述对非同轴扬声器单元的辐射样式倾斜和相位偏移结果的讨论一般只是对于 700Hz 以上的分频频率而言的。典型的位置偏移（对应于典型尺寸的单元）在较高的频段会发导致相位变化，与相应的分频频率波长相比，相位变化的比例相当大。比如，500Hz 处 2 英寸的偏移只会带来 7%的相位变化，非常微不足道，但是同样在 3kHz 的 2 英寸偏移就会带来 44%的相位变化，这个数值就非常可观了。

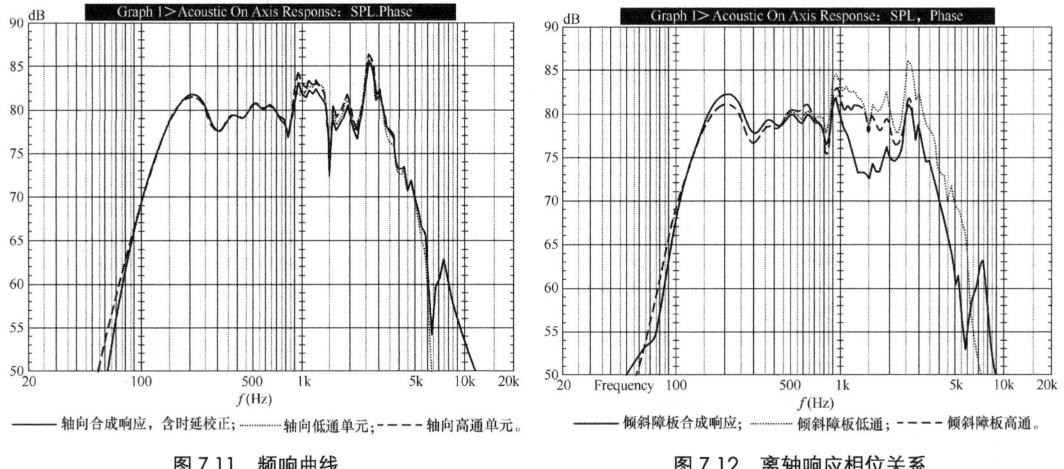

图 7.11　频响曲线　　　图 7.12　离轴响应相位关系

7.2.4　分频网络功率响应

扬声器的功率响应和离轴响应几乎就是一回事，假定你忽略掉指向性这个参数，功率响应可通过整合多个离轴自由场测量的结果得到，如果合并所有可能的离轴测量点并取平均值，那就是功率响应。

传统观点认为多路分频扬声器系统的功率响应的来源与轴向响应不同[4,7,13,15~17]，这意味着所有滤波器在轴向的总和在相位相关时是纯量相加的结果，而离轴的功率响应因相位并不相关所以按 RMS 来计算。虽然偶数阶与奇数阶滤波器之间功率响应差别的重要性是否重要仍存在争议，但这个问题的研究方法还是明确。

这种分频器功率响应研究的主要结果是带来了对一种分频器类型的认识，即恒功率分频器（简称 CPC，Constant Power Crossover）。恒功率分频器被认为是偶数阶巴特沃斯滤波器。前文已经提到过，巴特沃斯滤波器在高低通部分的相位一致时，在轴向的频响合成为 + 3dB，如果功率响应合成为相位不相关的信号，那合成结果将会比相关的信号低 3dB，这意味着一个偶数阶巴特沃斯滤波器的功率响应曲线是平滑的，因为它的高低通部分在分频频率处是衰减 3dB 交叉（−3dB + 3dB ＝0），这也说明偶数阶的林克维兹滤波器。虽然在分频点衰减 6dB 交叉得到平直的轴向响应，但是功率响应曲线并不平坦，而是有一个 3dB 的跌落，奇数阶巴特沃斯滤波器，虽然在轴向相位不一致，但是基本符合这种情况，也可以看作为恒功率滤波器，具有平坦的功率响应。

虽然在任何领域中违背主流的思想都不太受欢迎，但是以上这种关于功率响应的观点实际上并不正确，现实情况其实更简单，同相的高通和低通滤波器不论在离轴或是轴向上都是以纯量相结合的，而相位正交的高通与低通滤波器无论是在轴向或离轴则皆以 RMS 合成。我认为，按输入信号相位不相关来计算分频器的功率响应是不合理的。举例来说，如果在音乐厅舞台的两侧放置两个扬声器箱，在功率方面认为它们是不相关的当然是合理而正确的。不过如果把两个扬声器单元装在同一块障板上，输入相同的音乐信号并从近乎完全一样的平面上辐射出来，这两个信号只能认为是相位相关的。无论是轴向响应或是功率响应，他们都是相位相关的，因此任何分频网络的功率响应与轴向响应之间并不存在什么差异。并不存在一类在反射声场主导的环境中比在主要是直接声的环境中更适用的单独的滤波器类型（比如上面所说的 CPC 滤波器）。

7.3 2 路分频器的特性

扬声器分频设计中所应用的 2 路分频器共有 12 种，包括 1 阶巴特沃斯滤波器、2 阶巴特沃斯滤波器、2 阶林克维兹-瑞利滤波器、2 阶贝塞尔滤波器、2 阶切比雪夫滤波器、3 阶巴特沃斯滤波器、4 阶巴特沃斯滤波器、4 阶林克维兹-瑞利滤波器、4 阶贝塞尔滤波器、4 阶勒让德滤波器、4 阶高斯滤波器和 4 阶线性相位滤波器。每一种滤波器都有各自一套的响应、相位以及群迟延特性，甚至连扬声器单元水平偏置引起的灵敏度大小都有差异。以下分别描述这些分频器的功能，以这些分频网络在 1kHz 的操作特性作为说明。扬声器单元水平偏置距离以 1 英寸以及 2 英寸为例，其效果分别相当于延迟 74μs 和 147μs。对不同频率来说效果是完全一样的。但具有比例不同的偏置延迟距离。以下为频率与偏置距离的相对关系。

频率（kHz）	偏置距离（英寸）		
0.5	1	2	4
1	0.5	1	2
3	0.17	0.33	0.67
5	0.1	0.2	0.4

换句话说，扬声器单元在水平方向隔开 1 英寸在 1kHz 频率处的操作特性与 3kHz 时隔开 0.33 英寸的完全相同，也与 5kHz 时隔开 0.2 英寸的特性相同，依此类推。

1. 1 阶巴特沃斯（First-Order Butterworth）

极性正接的 1 阶巴特沃斯滤波器属于全通滤波器类型，也是前文列出的分频网络中唯一具有最小相位响应的一种。这意味着它的输出频率幅度关系以及相位都与输入信号相同，并且满足恒压网络的所有标准[18]。在与 2 个扬声器单元距离相等的位置，使用 1 阶滤波器时，扬声器单元输出总和具有零相位失真（如图 7.13 所示）。此项操作特性的描述通常称之为相位相关或线性相位。这种分频器高通与低通部分在分频频率处以−3dB 相接，无论是正接还是反接，均可得到平坦的合成响应，如图 7.14 所示。图 7.15 显示的是相位特性，高、低通各频率的相位均相差 90°，合成响应为平坦的零度幅值响应。因为 90° 的相位差，当高通与低通扬声器单元间距为分频点频率的一个波长时，其垂直指向性响应将产生−15° 的倾斜（极性反接则为＋15°）。极性反接时的总体响应具有全通相位的特性，而不像极性正接时那样具有最小相位特性。图 7.16 所示的总体群迟延曲线，极性正接时分频器的群迟延为零，高通和低通部分都为 0.16μs。极性反接的分频器的群迟延与极性正接时不同，不为零，约为 0.32μs。

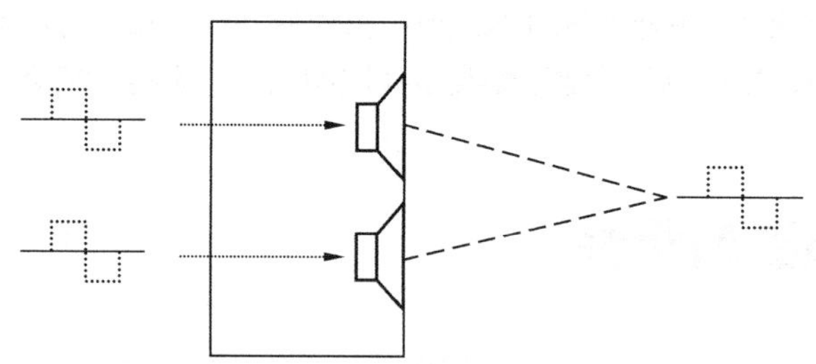

图 7.13　1 阶网络最小相位响应

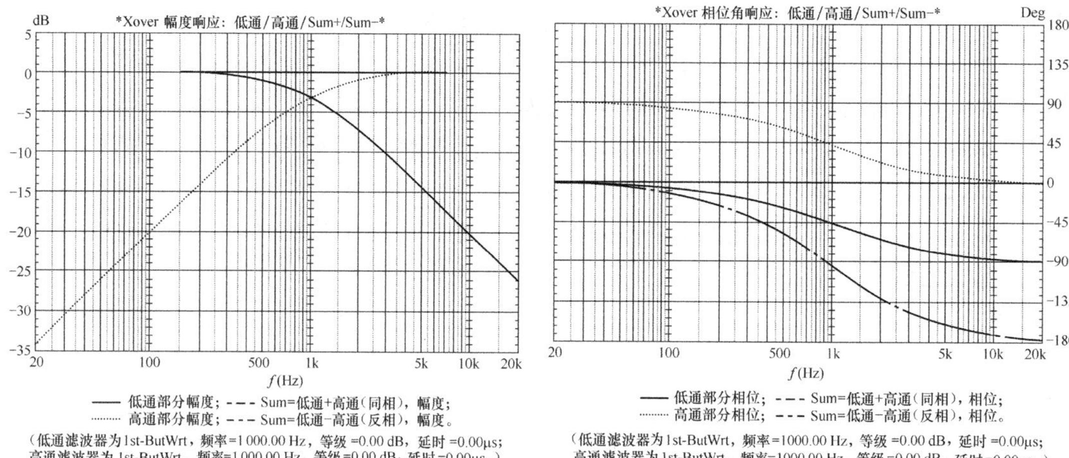

图 7.14　平坦的合成响应

图 7.15　相位特性

1 阶巴特沃斯滤波器的最小相位特性只限定在很小的范围内存在，它对扬声器单元的排列位置有严格的要求。图 7.17～图 7.19 所示的响应、相位以及群迟延曲线为两扬声器单元偏置 0.5 英寸的结果，可以看出相位和群迟延不再是最小相位，频率响应曲线出现一个很宽的接近 2.5dB 的凹陷。图 7.20～图 7.21 所示是偏置距离为 1 英寸和 2 英寸的响应结果，可以看出响应的变化高达 10dB，分布范围超过 6 个倍频。显然，1 阶巴特沃斯对扬声器单元的排列非常敏感。

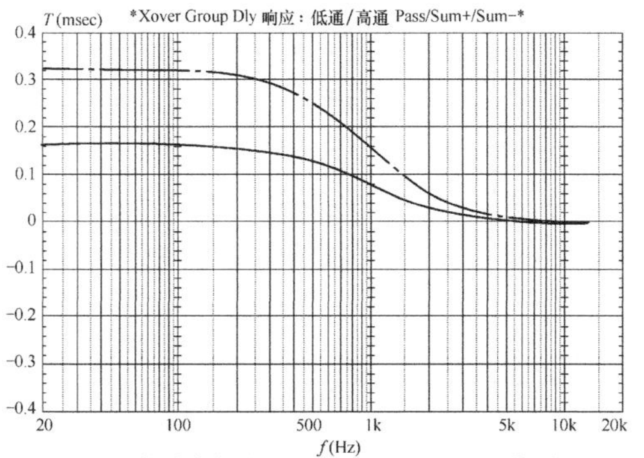

—— 低通部分群迟延；- - - Sum=低通+高通（同相），群迟延；
········ 高通部分群迟延；- - - Sum=低通-高通（反相），群迟延。
（低通滤波器为1st-ButWrt，频率=1 000.00 Hz，等级 =0.00 dB，延时 =0.00μs；
高通滤波器为 1st-ButWrt，频率=1 000.00 Hz，等级=0.00 dB，延时=0.00μs。）

图 7.16 群迟延曲线

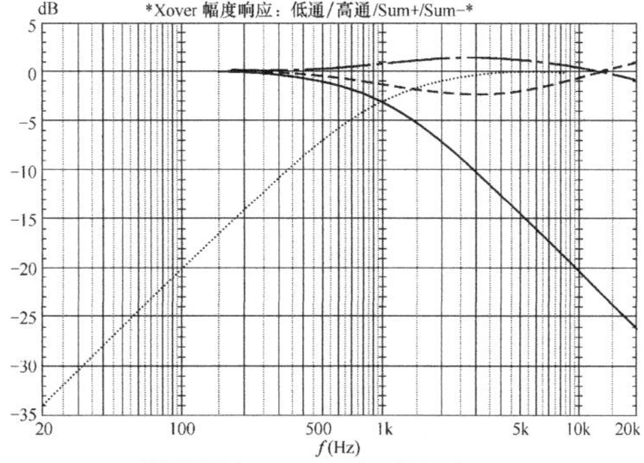

—— 低通部分幅度；- - - Sum=低通+高通（同相），幅度；
········ 高通部分幅度；- - - Sum=低通-高通（反相），幅度。
（低通滤波器为 1st-ButWrt，频率=1000.00 Hz，等级 =0.00 dB，延时 =37.00μs；
高通滤波器为 1st-ButWrt，频率=1000.00 Hz，等级=0.00 dB，延时=0.00μs。）

图 7.17 响应曲线

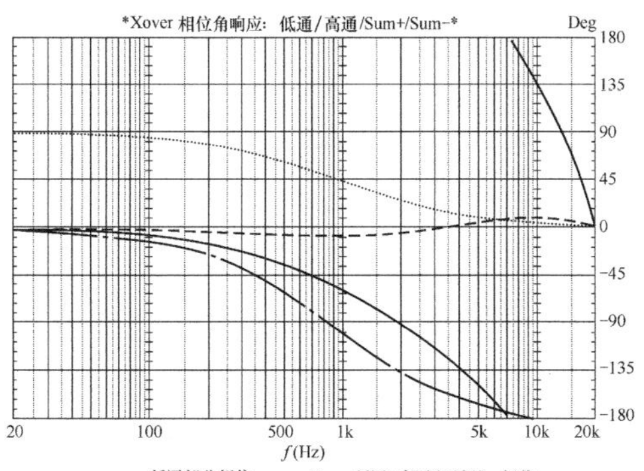

—— 低通部分相位；- - - Sum=低通+高通（同相），相位；
········ 高通部分相位；- - - Sum=低通-高通（反相），相位。
（低通滤波器为1st-ButWrt，频率=1 000.00 Hz，等级 =0.00 dB，延时 =37.00μs；
高通滤波器为 1st-ButWrt，频率=1 000.00 Hz，等级=0.00 dB，延时=0.00μs。）

图 7.18 相位曲线

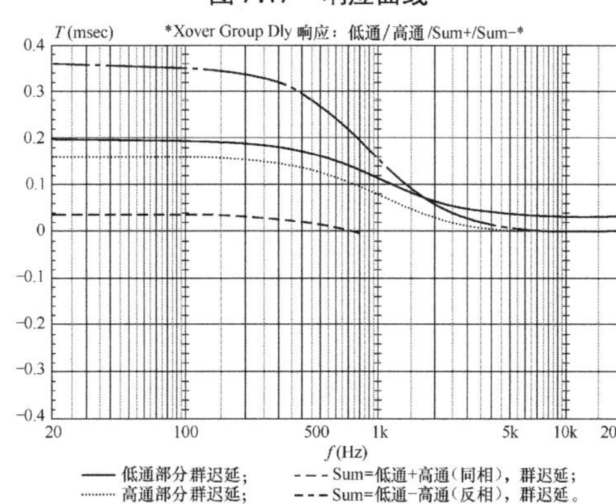

—— 低通部分群迟延；- - - Sum=低通+高通（同相），群迟延；
········ 高通部分群迟延；- - - Sum=低通-高通（反相），群迟延。
（低通滤波器为 1st-ButWrt，频率=1 000.00 Hz，等级 =0.00 dB，延时 =37.00μs；
高通滤波器为 1st-ButWrt，频率=1 000.00 Hz，等级=0.00 dB，延时=0.00μs。）

图 7.19 群迟延曲线

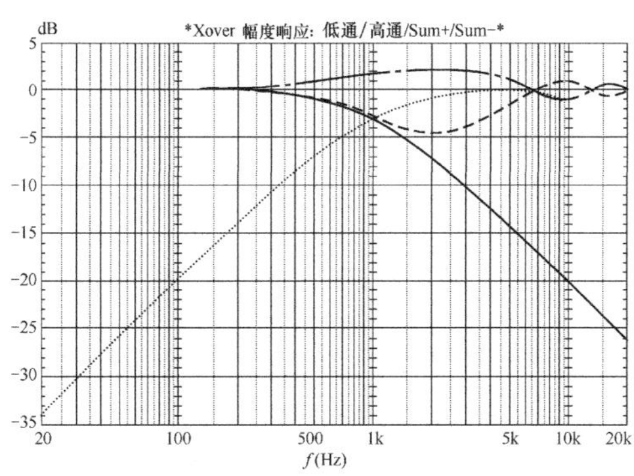

—— 低通部分幅度；- - - Sum=低通+高通（同相），幅度；
········ 高通部分幅度；- - - Sum=低通-高通（反相），幅度。
（低通滤波器为 1st-ButWrt，频率=1 000.00 Hz，等级 =0.00 dB，延时 =74.00μs；
高通滤波器为 1st-ButWrt，频率=1 000.00 Hz，等级=0.00 dB，延时=0.00μs。）

图 7.20 偏置距离为 1 英寸的响应结果

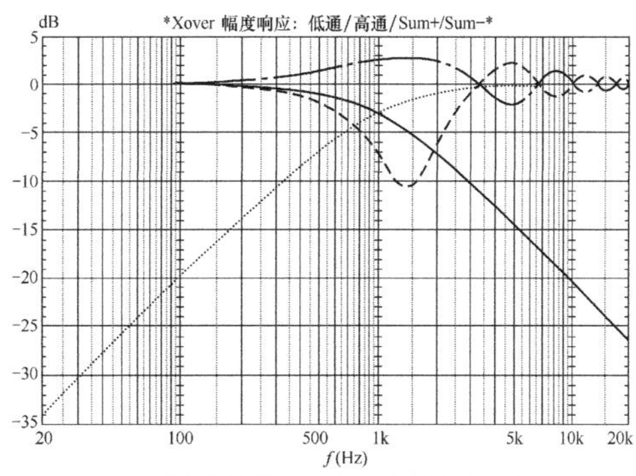

—— 低通部分幅度；- - - Sum=低通+高通（同相），幅度；
········ 高通部分幅度；- - - Sum=低通-高通（反相），幅度。
（低通滤波器为 1st-ButWrt，频率=1 000.00 Hz，等级 =0.00 dB，延时 =37.00μs；
高通滤波器为 1st-ButWrt，频率=1 000.00 Hz，等级=0.00 dB，延时=0.00μs。）

图 7.21 偏置距离为 2 英寸的响应曲线

1 阶巴特沃斯对处在分频截止频带（衰减频带）内的扬声器单元谐振也非常敏感[6]。这个特点，加上其衰减率通常不足以防止扬声器单元的失真，以及存在频率决定的极性倾斜现象，看来这个简单的网络并不是扬声器应用中的好选择。然而，此种滤波器仍然广受欢迎，甚至在某些“高保真音响爱好者”的圈子内受到近乎狂热推崇。由于这种偏好绝非普遍存在的，而最小相位的特性的确在主观听感上有所帮助，所以这种选择仍然要看个人好恶。这也是某些人认为的扬声器设计“艺术”的一部分。

2．2 阶巴特沃斯（Second-Order Butterworth）

2 阶巴特沃斯滤波器曾经一度是音箱厂家的滤波器选择，但是目前这种结构已经大部分被全通类型的分频器所代替。这种滤波网络的响应、相位和群迟延如图 7.22～图 7.24 所示（无偏置）。在正接情况下相位为 180° 反相，会导致频响曲线上出现一个深谷。而反接情况下相位一致，并且合成线增益为 + 3dB。大多数资料都建议采用极性反接的方法；但是，是否成功还取决于扬声器单元的位置排列。这个滤波器的 Q 是 0.707，总群迟延曲线在比分频频率低一点的位置有一个小的上升（极性正接和反接时，高通、低通以及总体的群迟延相同）。

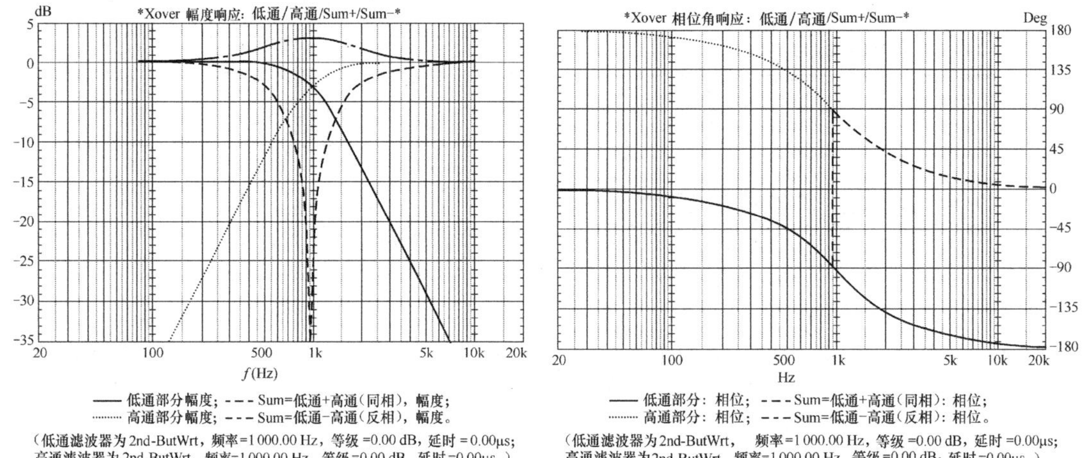

图 7.22　滤波网络的响应

图 7.23　滤波网络的相位

所有 2 阶滤波器形式对扬声器单元水平方向的排列位置不如 1 阶滤波器那么敏感，图 7.25 和图 7.26 所示分别显示了 1 英寸与 2 英寸偏置的响应变化。偏置 1 英寸时几乎没有响应变化，而在 2 英寸时也没有真正剧烈的变化，如果偏置距离为分频频率波长的一半（在 1kHz 时为 6.78 英寸）相位将发生反转，极性正接的就变成同相而不会产生深谷（这时反接极性将产生深谷）。

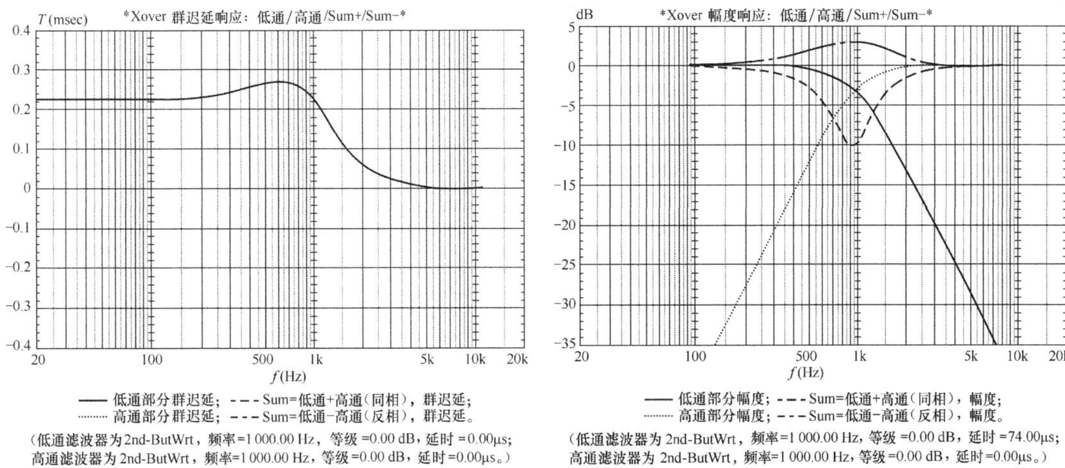

图 7.24　滤波网络的群迟延

图 7.25　1 英寸偏置的响应变化

根据笔者之前的观察，当高通与低通在−6dB 的位置合成时，偶数阶巴特沃斯滤波器将得到平坦或接近平坦的响应曲线。图 7.27 所示将高通滤波器的分频频率乘以因数 1.3，同时把低通滤波器的分频点频率乘以 0.769 2（1.3^{-1}），可得到接近平坦的响应曲线（水平偏置量为零时）。

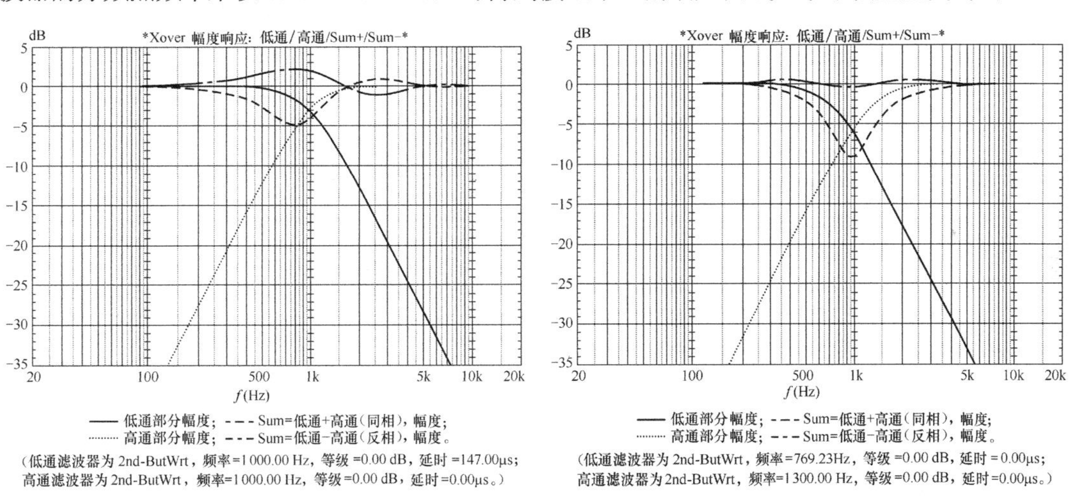

图 7.26　2 英寸偏置的响应变化

图 7.27　接近平坦的响应曲线

另一个重要的观察结果是：扬声器单元偏置导致的频响变化也可以通过改变高通、低通分频频率来校正，和上述使 2 阶巴特沃斯滤波器产生平坦的响应曲线的方法一样。图 7.26 所示 2 英寸偏置的响应变化可以通过将滤波器频率乘以 1.1 而得到最小化，其结果如图 2.78 所示。虽然使用这种方法未必能产生绝对平坦的响应，但它仍然是一种处理扬声器单元偏置造成的振幅响应变化的方法，而不必使用物理或电子迟延。

3．2 阶林克维兹—瑞利（Second-Order Linkwitz-Riley）

2 阶林克维兹—瑞利滤波器（以下简称 L-R 滤波器）属于全通滤波结构的一种，其高通和低通滤波曲线在分频频率以−6dB 结合，可以得到平坦的幅度响应。幅度响应、相位以及群迟延图谱如图 7.29、图 7.30、图 7.31（无偏置）所示。相位和极性关系与所有 2 阶滤波器的型式相同，因而 2 阶 Butterworth 滤波器的情况在 L-R 滤波器中也存在。L-R 滤波器的 Q 为 0.49（Butterworth 的 Q 值的平方）。总群时延曲线具有一定的幅度，但仍是平坦的（高通、低通、极性正反接的群迟延均相同）。

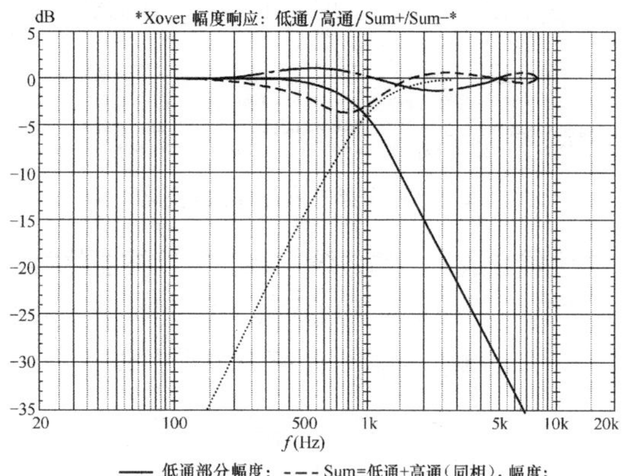

—— 低通部分幅度；- - - Sum=低通+高通（同相），幅度；
······· 高通部分幅度；- - - Sum=低通−高通（反相），幅度。

（低通滤波器为 2nd-ButWrt，频率=909.00Hz，等级 =0.00 dB，延时 =147.00μs；
高通滤波器为 2nd-ButWrt，频率=1 100.00 Hz，等级=0.00 dB，延时=0.00μs。）

图 7.28　2 英寸偏置响应变化的最小化

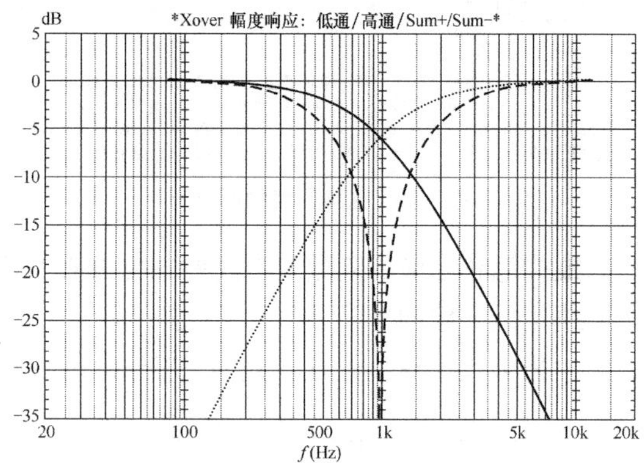

—— 低通部分幅度；- - - Sum=低通+高通（同相），幅度；
······· 高通部分幅度；- - - Sum=低通−高通（反相），幅度。

（低通滤波器为 2nd-LnkRly，频率=1 000.00 Hz，等级 =0.00 dB，延时 =0.00μs；
高通滤波器为 2nd-LnkRly，频率=1000.00 Hz，等级=0.00 dB，延时=0.00μs。）

图 7.29　幅度响应

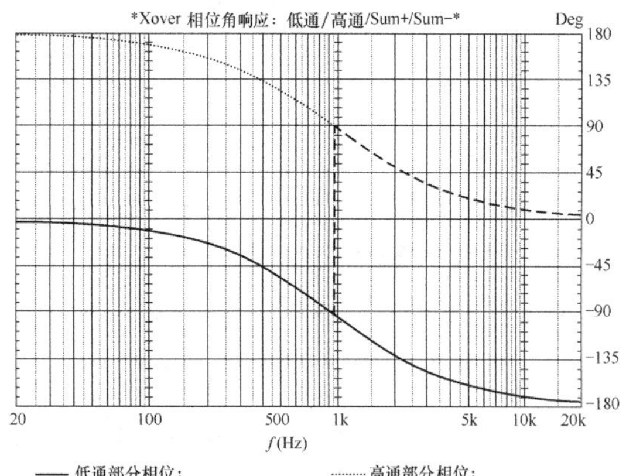

—— 低通部分相位；　······· 高通部分相位；
- - - Sum=低通+高通（同相），相位；　- - -Sum=低通−高通（反相），相位。

（低通滤波器为 2nd-LnkRly，频率=1 000.00Hz，等级=0.00dB，延时=0.00 μs；
高通滤波器为 2nd-LnkRly，频率=1 000.00Hz，等级=0.00dB，延时=0.00μs。）

图 7.30　相位响应

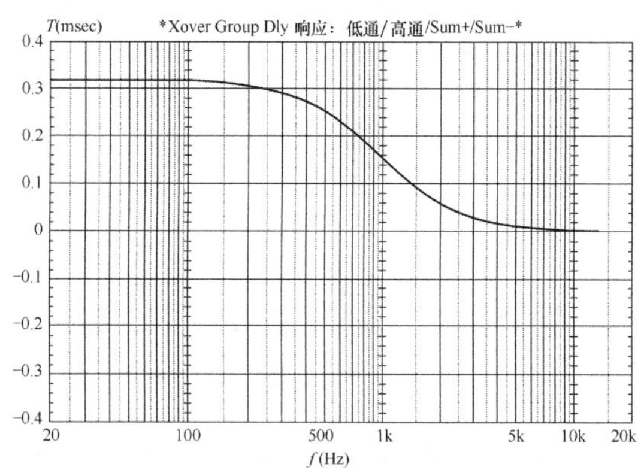

—— 低通部分群迟延；　······· 高通部分群迟延；
- - - Sum=低通+高通（同相），群迟延；　-·- Sum=低通−高通（反相），群迟延。

（低通滤波器为 2nd-LkRly，频率=1 000.00 Hz，等级=0.00dB，延时=0.00μs；
高通滤波器为 2nd-LkRly，频率=1 000.00 Hz，等级=0.00dB，延时=0.00μs。）

图 7.31　群迟延曲线

所有 2 阶滤波器对扬声器单元偏置的敏感程度都是同样的。图 7.32、图 7.33 分别显示 1 英寸和 2 英寸偏置引起的响应变化。平坦的幅度响应、对偏置以及带内扬声器单元谐振的低敏感性使得 L-R 滤波器受到众多扬声器制造厂的青睐。

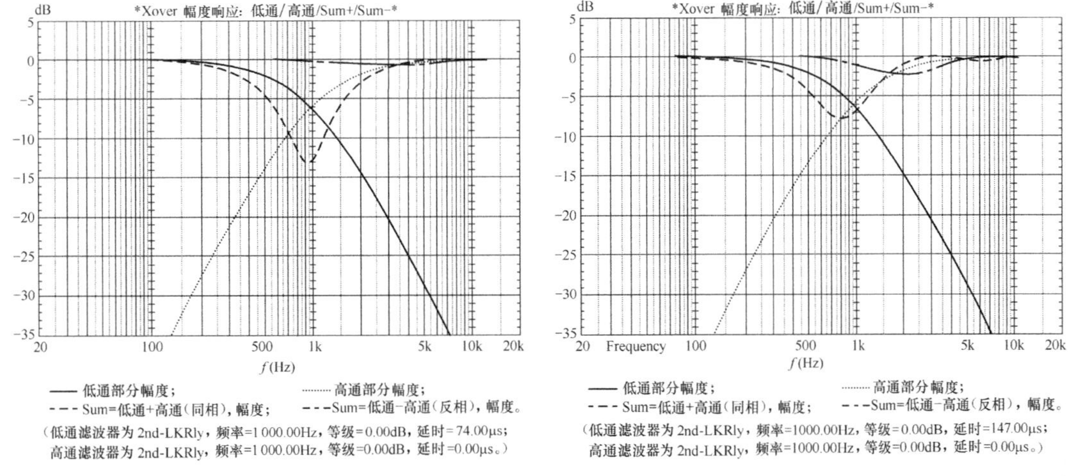

图 7.32　1 英寸偏置引起的响应变化

图 7.33　2 英寸偏置引起的响应变化

4．2 阶贝塞尔（Second-order Bessel）

2 阶贝塞尔滤波器与林克维兹-瑞利滤波器类似，除了它的 Q 值高一些为 0.58，合成结果也不平坦，也不属于全通式分频器。其响应、相位和群迟延曲线如图 7.34～图 7.36（无偏置）所示。极性反接时频幅响应约提高 + 1dB。相位与其他 2 阶分频器相同，总群迟延与 L-R 滤波器一样平坦，但频幅有些稍微下降。

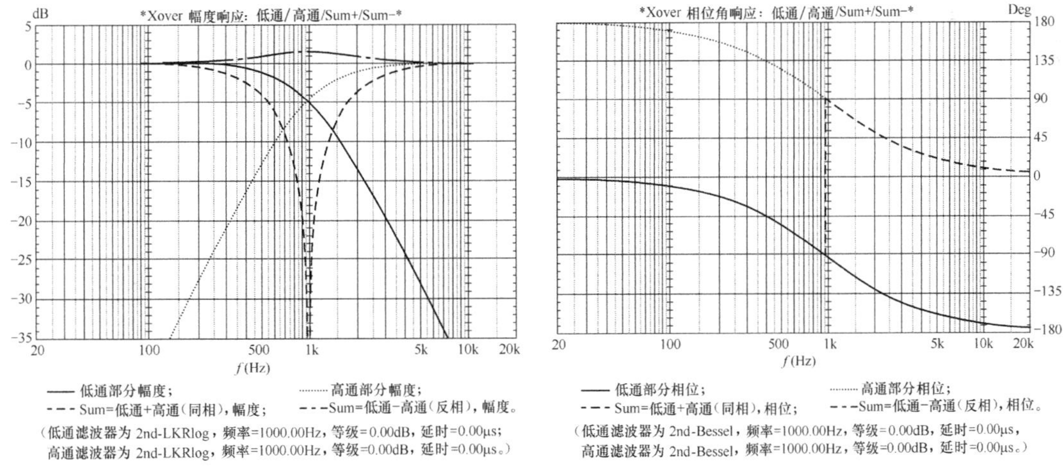

图 7.34　响应曲线

图 7.35　相位曲线

扬声器单元安装位差的敏感程度与其他 2 阶滤波器一样，偏置 1 英寸和 2 英寸的响应曲线如图 7.37 和图 7.38 所示。通过乘以 1.1 来改变高通和低通的频率，这种滤波器可以得到平坦的总响应，如图 7.39 所示。虽然可以通过这种办法得到平坦的总幅度响应，这种滤波器的总群迟延并不优于 L-R 滤波器。

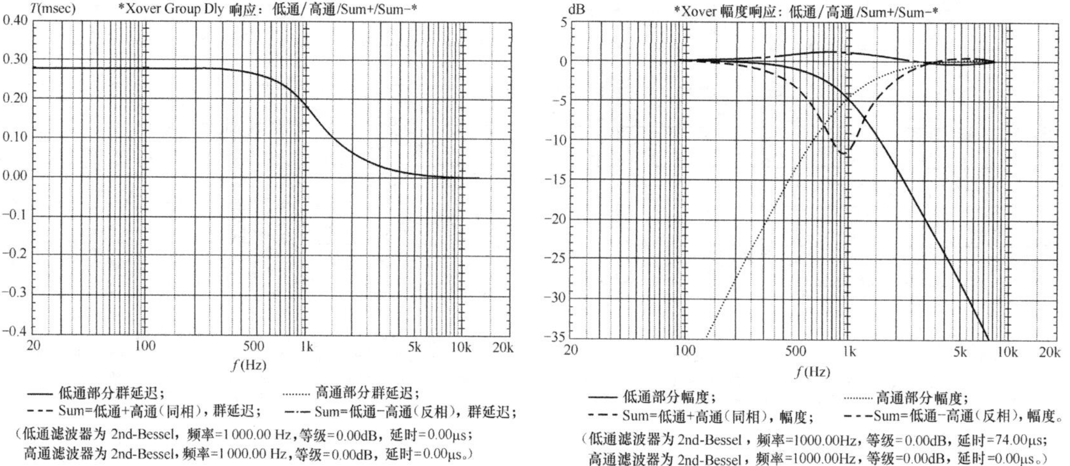

图 7.36 群迟延曲线

图 7.37 1 英寸偏置的响应曲线

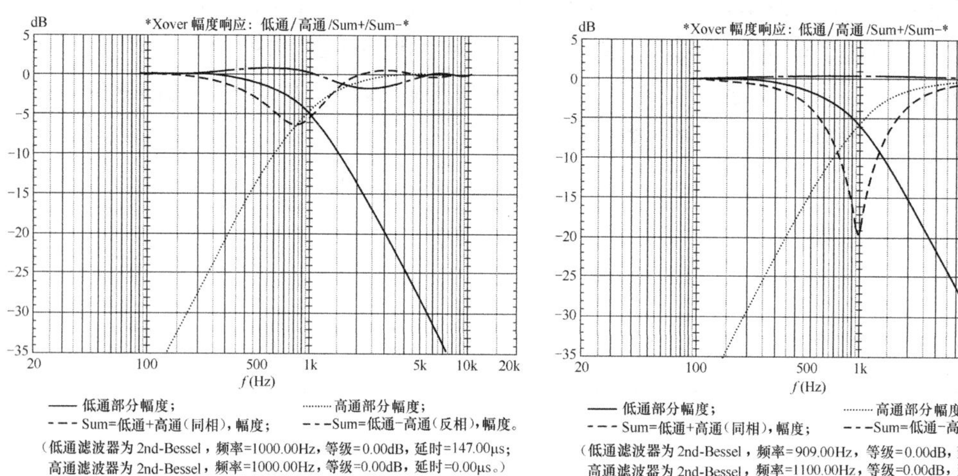

图 7.38 2 英寸偏置的响应曲线

图 7.39 平坦的总响应

5．2 阶契比雪夫（Second-Order Chebyshev）

2 阶契比雪夫滤波器并不常用，除非是出于它的 Q 值的考虑，2 阶切比雪夫滤波器的 Q 值为 1，被用来与较低的扬声器单元响应 Q 值配合以得到特定的目标响应。频率响应、相位与群迟延如图 7.40～图 7.42（无偏置）所示，合成响应的增益为+6dB，总群迟延会出现一个很明显的“膝”状拐角，表明阻尼很低。对扬声器单元偏置的敏感程度是典型的 2 阶滤波器类型，在此不再图示。将高、低通滤波部分的频率乘以 1.5 进行调整，这种滤波器可得到不超过±2dB 的平坦合成响应，如图 7.43 所示（未考虑偏置情况）。

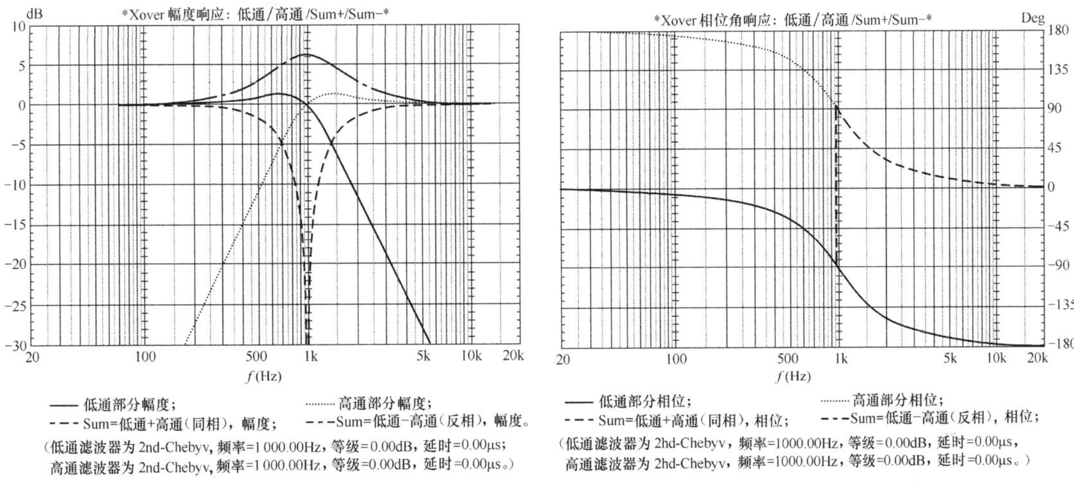

图 7.40　频率响应曲线　　　　图 7.41　相位曲线

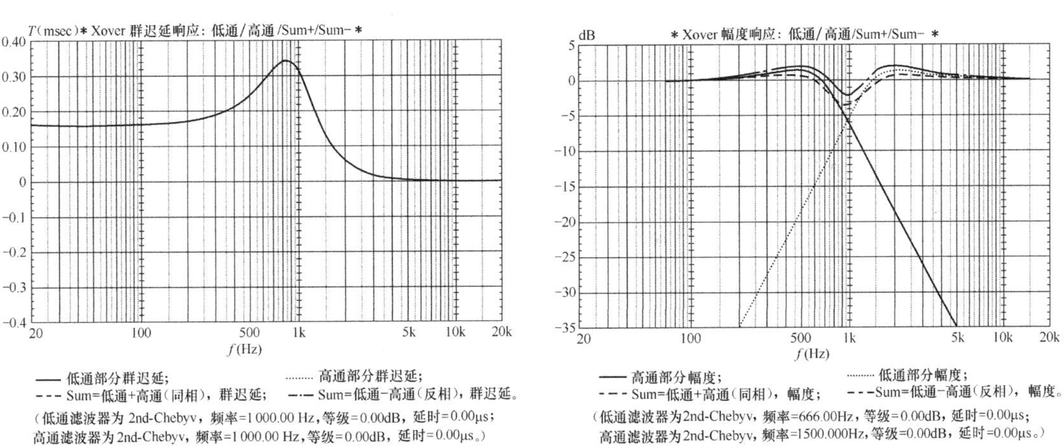

图 7.42　群迟延曲线　　　　图 7.43　频响调整曲线

6．3 阶巴特沃斯（Third-order Butterworth）

与 1 阶巴特沃斯滤波器相似，3 阶巴特沃斯滤波器的高通和低通滤波部分以−3dB 在分频频率处合成可得到平坦的频响曲线响应，也属于全通滤波器。其响应、相位与群迟延如图

7.44～图7.46（无偏置）所示。极性正接和反接的响应都是平坦的；但是极性反接时总群迟延较为平坦而且幅度较低，极性正接时群迟延上会产生一个较高幅度的尖锐的“膝”状拐角。由于极性反接更好的群延迟特性，一般认为极性反接更可取。与1阶滤波器一样，由于高通和低通部分存在90°的相位差，3阶巴特沃斯滤波器在垂直极坐标响应曲线上会产生15°的倾斜。极性正接时为+15°；极性反接则为−15°。

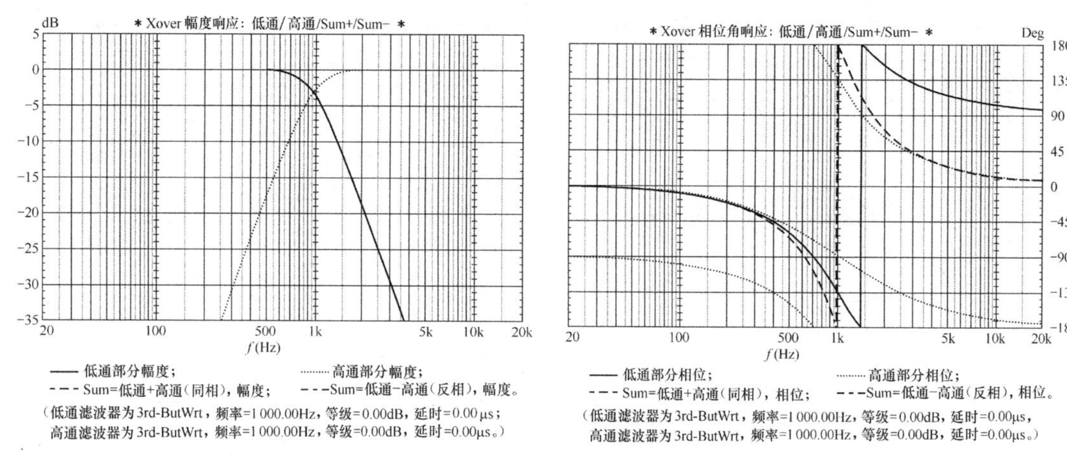

图7.44 响应曲线　　　　图7.45 相位曲线

3阶巴特沃斯分频器同样表现出对单元偏置的低敏感性，如图7.47、图7.48所示，分别为偏置1英寸和2英寸的情况。图7.49所示偏置2英寸时，高通与低通滤波器部分的截止频率乘以1.2后的结果，响应可校正到接近平坦。

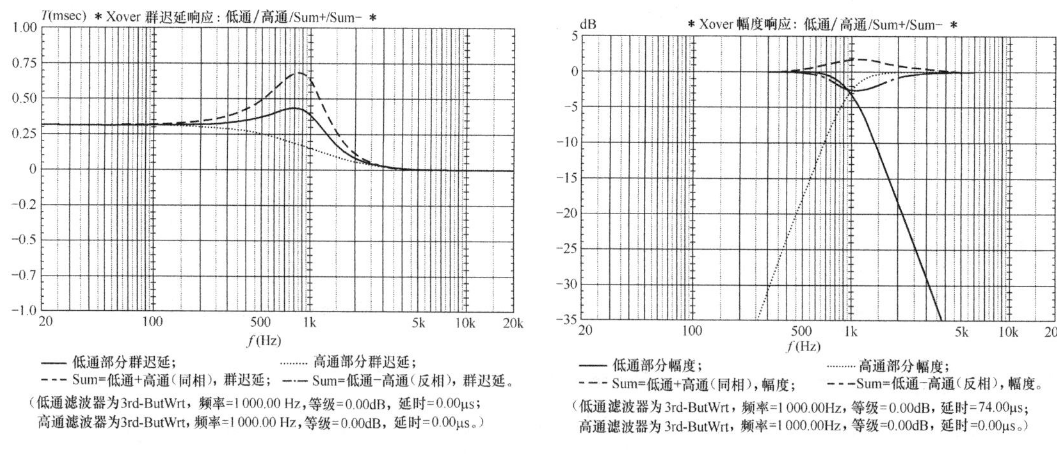

图7.46 群迟延曲线　　　　图7.47 1英寸偏置的响应情况

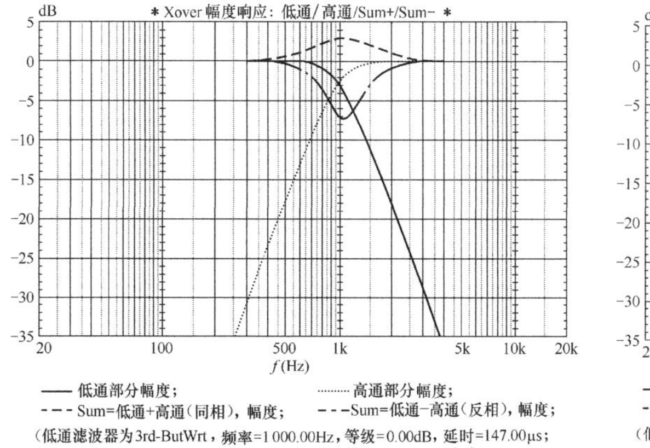

图 7.48　2 英寸偏置的响应情况

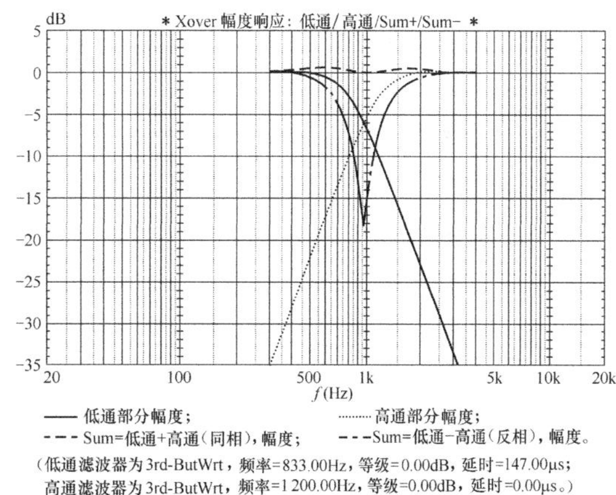

图 7.49　调整后的响应情况

3 阶巴特沃斯滤波器由于在 Joe D'Appolito 描述的 MTM（Mid-Tweet-Mid，中频扬声器-高频扬声器-中频扬声器）单元排列格式中的使用而受到欢迎。3 阶滤波器与这种扬声器单元排列格式相结合可以得到相当平滑的垂直指向性响应，如图 7.50 所示。这种想法的最初目的是为了消除采用偶数阶滤波器时由于扬声器单元发声点不重合而通常存在的波瓣问题。但是这种波瓣听起来问题并不大，所以 D'Appolito 式设计的后续版本仍使用同样的扬声器单元排列结构，但改用了 4 阶林克维兹-瑞利声学衰减斜率[19]。较高的衰减斜率自有它的优点，M-T-M 排列由于扬声器单元的水平偏置也可以保持聆听轴不倾斜，这样无需扬声器单元零偏移就能使指向性样式保持在 0° 轴上，并且通过优化分频器高低通部分的衰减频率就可以得到平坦的频率响应。对于高质量的声音而言，调整扬声器单元的相对位置不如平坦的响应和良好的指向性来得重要。根据相位来调整扬声器单元位置至多只是可以得到可预测的指向性以及使平坦响应的获得更容易一些。M-T-M 结构最主要的优点就是它可以让设计者可以控制垂直指向性。

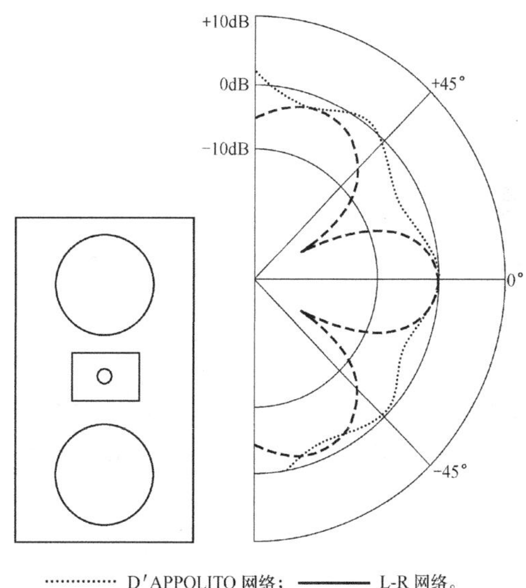

图 7.50　垂直响应比较

7．4 阶巴特沃斯（Fourth-Order Butterworth）

4 阶巴特沃斯滤波器是由两个 2 阶滤波器串联得来的。这两个 2 阶滤波器的 Q 值分别为 1.307 和 0.541，所以总的 Q 值为 0.707。4 阶巴特沃斯滤波器的响应、相位和群迟延曲线如图 7.51～图 7.53（无偏置）所示。与 2 阶巴特沃斯滤波器一样，当相位完全一致时，高通和低通滤波器在−3dB 合成时，会在分频频率处造成一个＋3dB 的凸起，不过这是发生在极性正接而不是极性反接的时候。在极性反接时分频点处会出现一个反相的深谷。滤波器的总群迟延在分频频率处会出现“膝”状拐角或尖峰。除了衰减率的增加可得到较低的失真以外，4 阶滤波器具备了 2 阶滤波器的大部分属性。同样地，最低限度的频率重叠区域意味着声波互调的负面影响只发生在很小的范围内，唯一的缺点在于滤波器通路上的 2 个电感的直流电阻可能会造成较大的插入损耗（Insertion Loss）。

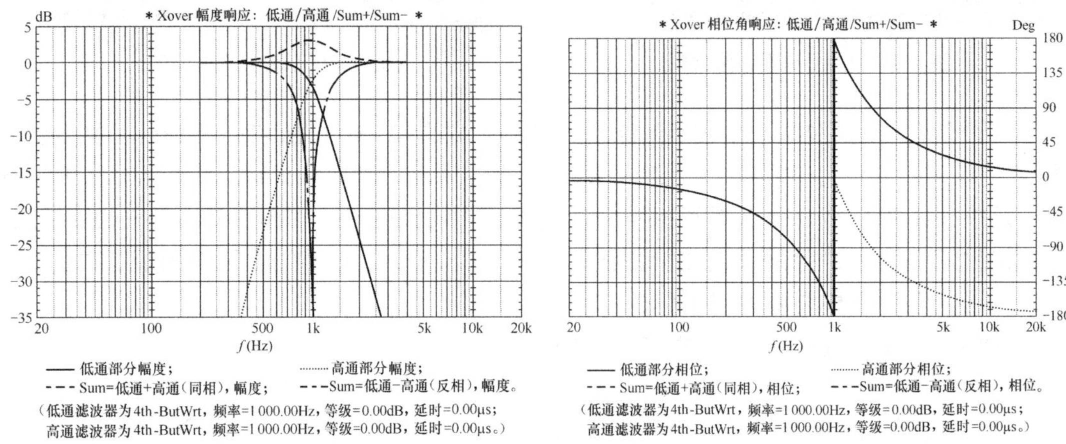

图 7.51　响应曲线　　　　图 7.52　相位曲线

由于减少了频率重叠，4 阶滤波器对扬声器单元偏置比 2 阶更不敏感，图 7.54 和图 7.55 所示为偏置 1 英寸和 2 英寸的响应变化，两种情况的变化都是极小的。当 4 阶巴特沃斯滤波器的高通与低通部分在−6dB 结合时，可得到几近平坦的响应。这可以藉由 1.13 的因数改变每个滤波器部分的频率来实现，如图 7.56 所示。如果把扬声器单元偏置考虑在内，则可以通过改变调整因数、调整频率变化的比例来得到平坦的响应。图 7.57 所示为偏置 2 英寸时，滤波器频率藉由 1.05 的因数校正后的结果。

8．4 阶林克维兹-瑞利（Fourth-Order Linkwitz-Riley）

4 阶 L-R 滤波器具备平坦的合成频率响应，属于全通滤波器类型的分频器。每个 2 阶滤波器的 Q 值皆为 0.707，总 Q 则为 0.49，因此这种滤波器有时也被称为平方型巴特沃斯（Squared Butterworth）滤波器。图 7.58～图 7.60 所示为这种滤波器设计的频率响应、相位以及群迟延，合成后的群迟延曲线显示在分频点频率下方有一个微小的凸起。

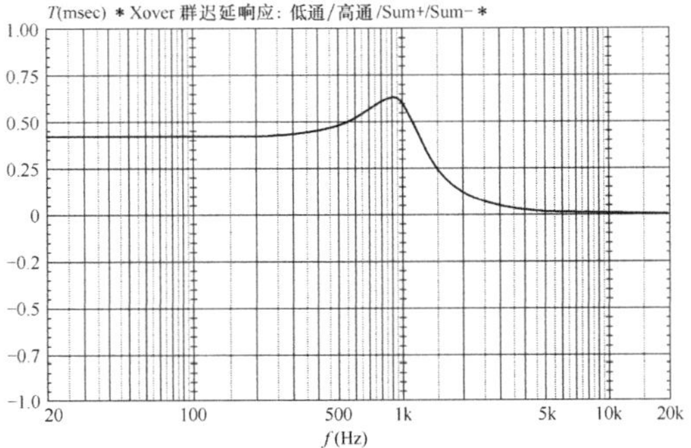

—— 低通部分群迟延；　　……… 高通部分群迟延；
--- Sum=低通+高通（同相），群迟延；　　-·- Sum=低通-高通（反相），群迟延。
（低通滤波器为4th-ButWrt，频率=1 000.00Hz，等级=0.00dB，延时=0.00μs；
高通滤波器为4th-ButWrt，频率=1 000.00Hz，等级=0.00dB，延时=0.00μs。）

图 7.53 群迟延曲线

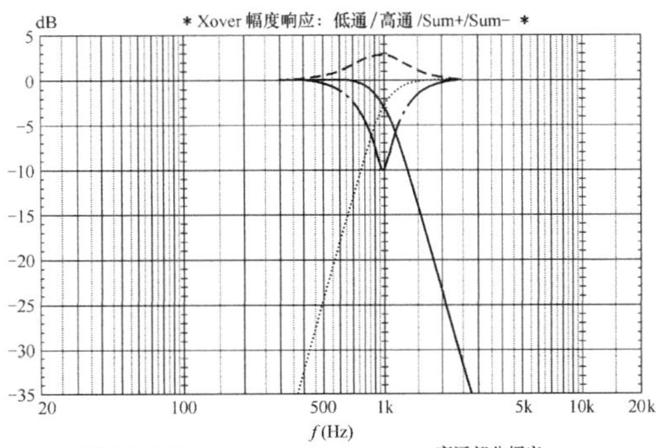

—— 低通部分幅度；　　……… 高通部分幅度；
--- Sum=低通+高通（同相），幅度；　　-·- Sum=低通-高通（反相），幅度。
（低通滤波器为4th-ButWrt，频率=1 000.00Hz，等级=0.00dB，延时=74.00μs；
高通滤波器为4th-ButWrt，频率=1 000.00Hz，等级=0.00dB，延时=0.00μs。）

图 7.54 偏置 1 英寸的响应变化

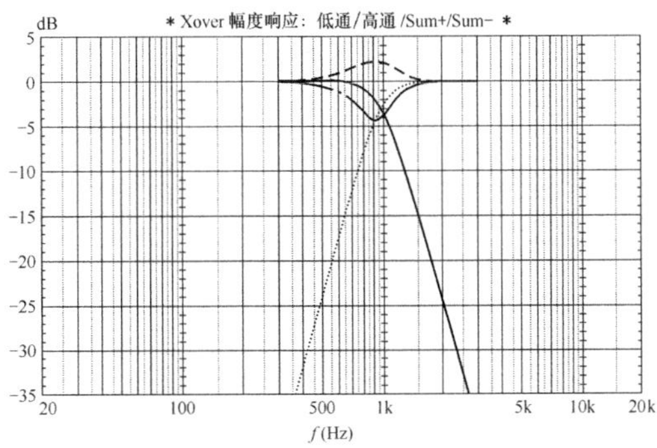

—— 低通部分幅度；　　……… 高通部分幅度；
--- Sum=低通+高通（同相），幅度；　　-·- Sum=低通-高通（反相），幅度。
（低通滤波器为4th-ButWrt，频率=1 000.00Hz，等级=0.00dB，延时=147.00μs；
高通滤波器为4th-ButWrt，频率=1 000.00Hz，等级=0.00dB，延时=0.00μs。）

图 7.55 偏置 2 英寸的响应变化

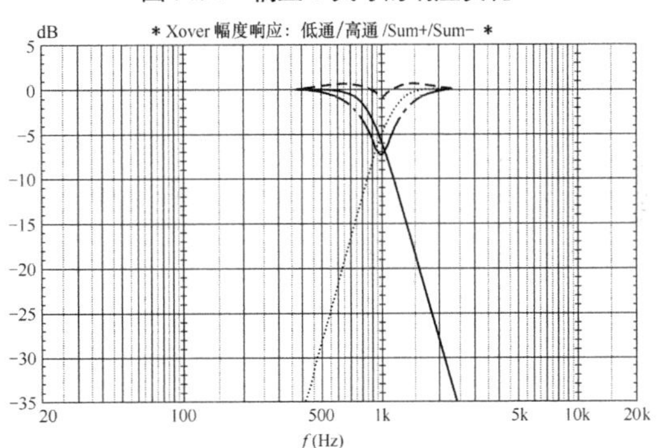

—— 低通部分幅度；　　……… 高通部分幅度；
--- Sum=低通+高通（同相），幅度；　　-·- Sum=低通-高通（反相），幅度。
（低通滤波器为4th-ButWrt，频率=885.00Hz，等级=0.00dB，延时=0.00μs；
高通滤波器为4th-ButWrt，频率=1 130.00Hz，等级=0.00dB，延时=0.00μs。）

图 7.56 调整因数响应变化

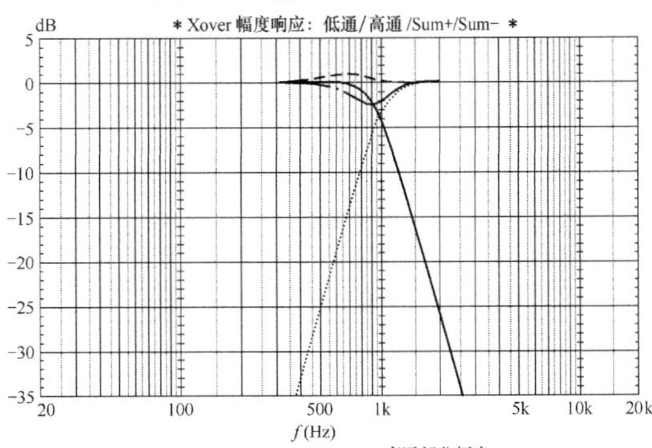

—— 低通部分幅度；　　……… 高通部分幅度；
--- Sum=低通+高通（同相），幅度；　　-·- Sum=低通-高通（反相），幅度。
（低通滤波器为4th-ButWrt，频率=952.00Hz，等级=0.00dB，延时=147μs；
高通滤波器为4th-ButWrt，频率=1 050.00Hz，等级=0.00dB，延时=0.00μs。）

图 7.57 偏置 2 英寸校正结果

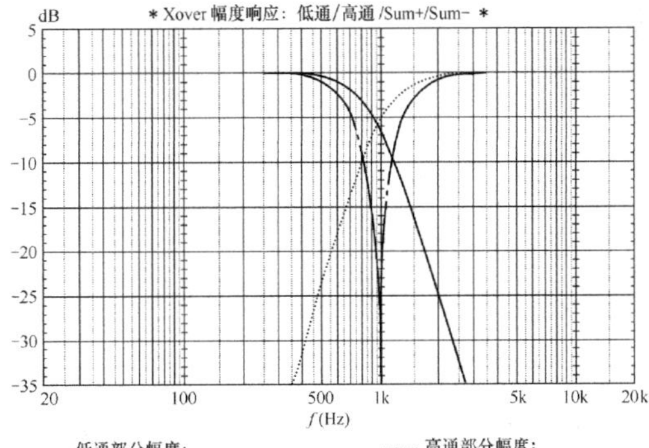

—— 低通部分幅度；　　……… 高通部分幅度；
--- Sum=低通+高通（同相），幅度；　　-·- Sum=低通-高通（反相），幅度。
（低通滤波器为4th-LnkRly，频率=1 000.00Hz，等级=0.00dB，延时=0.00μs；
高通滤波器为4th-LnkRly，频率=1 000.00Hz，等级=0.00dB，延时=0.00μs。）

图 7.58 频率响应

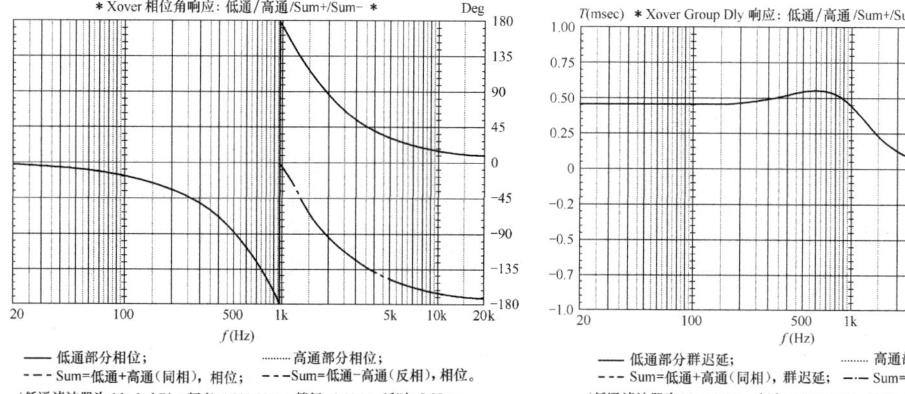

* Xover 相位角响应：低通/高通/Sum+/Sum- *
Deg
f(Hz)
—— 低通部分相位； ········ 高通部分相位；
- - - Sum=低通+高通（同相），相位； - - -Sum=低通-高通（反相），相位。
（低通滤波器为 4th-LnkRly，频率=1 000.00Hz，等级=0.00dB，延时=0.00μs；
高通滤波器为 4th-LnkRly，频率=1 000.00Hz，等级=0.00dB，延时=0.00μs。）

图 7.59 相位曲线

T(msec) * Xover Group Dly 响应：低通/高通/Sum+/Sum- *
f(Hz)
—— 低通部分群迟延； ········ 高通部分群迟延；
- - - Sum=低通+高通（同相），群迟延； -·- Sum=低通-高通（反相），群迟延。
（低通滤波器为4th-LnkRly，频率=1 000.00 Hz，等级=0.00dB，延时=0.00μs；
高通滤波器为4th-LnkRly，频率=1 000.00 Hz，等级=0.00dB，延时=0.00μs。）

图 7.60 群迟延曲线

4 阶 L-R 滤波器对扬声器单元偏置并不敏感，与其他 4 阶滤波器相同。图 7.61、图 7.62 所示为偏置 1 英寸和 2 英寸的响应变化，两者的变化都非常微小。平坦的幅度响应、较高的衰减率，以及对偏置的低敏感度，使得 4 阶 L-R 滤波器成为一种最佳的高音滤波器。

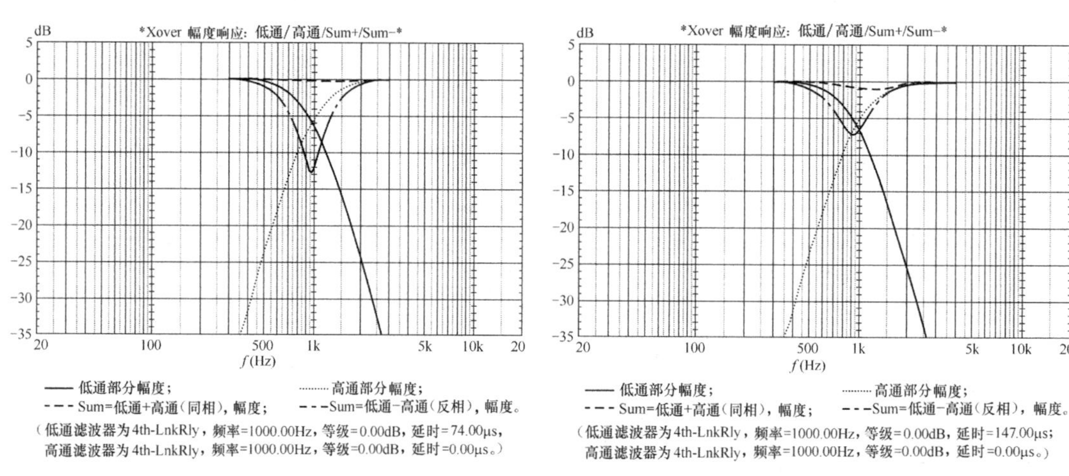

dB
Xover 幅度响应：低通/高通/Sum+/Sum-
f(Hz)
—— 低通部分幅度； ········ 高通部分幅度；
- - - Sum=低通+高通（同相），幅度； - - -Sum=低通-高通（反相），幅度。
（低通滤波器为4th-LnkRly，频率=1000.00Hz，等级=0.00dB，延时=74.00μs，
高通滤波器为 4th-LnkRly，频率=1000.00Hz，等级=0.00dB，延时=0.00μs。）

图 7.61 偏置 1 英寸的响应变化

dB
Xover 幅度响应：低通/高通/Sum+/Sum-
f(Hz)
—— 低通部分幅度； ········ 高通部分幅度；
- - - Sum=低通+高通（同相），幅度； - - -Sum=低通-高通（反相），幅度。
（低通滤波器为 4th-LnkRly，频率=1000.00Hz，等级=0.00dB，延时=147.00μs；
高通滤波器为 4th-LnkRly，频率=1000.00Hz，等级=0.00dB，延时=0.00μs。）

图 7.62 偏置 2 英寸的响应变化

9．4 阶贝塞尔（Fourth-Order Bessel）

这种滤波器合成后并不能产生平坦的幅度响应，不属于全通分频器。图 7.63～图 7.65（无偏置）所示为这种分频设计的频率响应、相位和群迟延。其响应在分频频率处有一个 1.5dB 的凹陷，而结合后的群迟延则是平坦的。

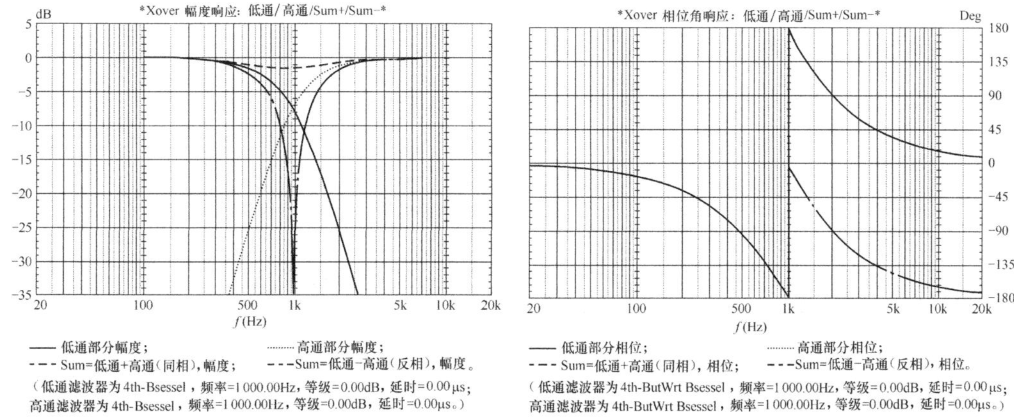

图 7.63 频率响应　　　　图 7.64 相位曲线

4 阶贝塞尔滤波器可藉由 0.9 的因数改变高通和低通滤波器的频率（滤波器互相靠近而重叠）而得到近乎平坦的频响曲线，如图 7.66 所示。结合后总群迟延如图 7.67 所示，与 4 阶 L-R 滤波器大致相同。

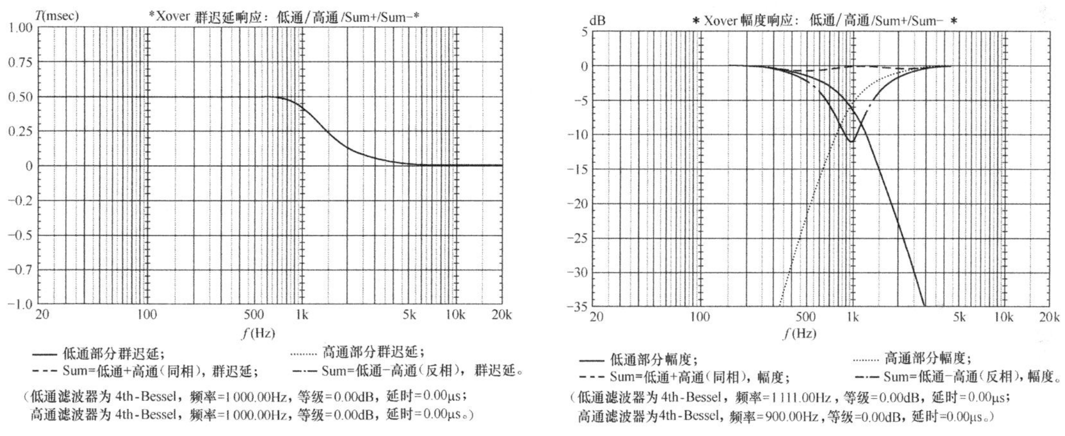

图 7.65 群迟延曲线　　　　图 7.66 频响曲线

对扬声器单元水平偏置的敏感程度很低，如图 7.68 和图 7.69 所示的 1 英寸和 2 英寸的偏置结果。

最后 3 种 4 阶分频器属于特殊的非对称滤波器。之所以被称为非对称性的原因来自于它们的结构。它们不具有“圆形极点（Circular Poled）”，而之前的所有滤波器有具有这项特性（除了契比雪夫滤波器，其余所有滤波器均有落在一个椭圆平面上的极点），这三者的极点却是在变异平面上出现的。4 阶巴特沃斯、贝塞尔、林克维兹-瑞利滤波器都是利用两组相同 Q 值和相同的衰减截止频率的滤波器串接而成。而这 3 个非对称的 4 阶滤波器，则是由不同 Q 值与不同的衰减截止频率的 2 阶滤波器结合而成的。因此，不存在可以实现这些滤波器的 2 阶特性。

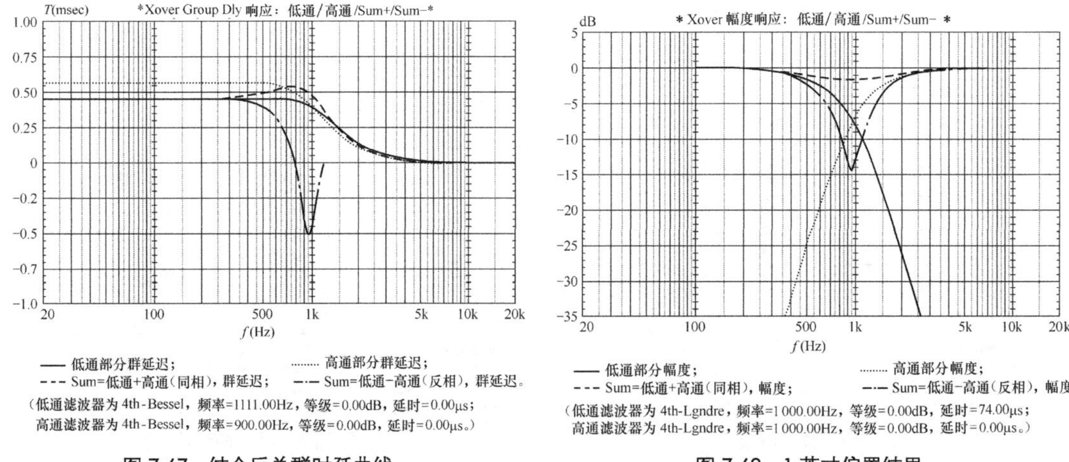

图 7.67 结合后总群时延曲线

图 7.68 1 英寸偏置结果

当有人表示有兴趣把这些滤波器装入扬声器箱时，我相信它们不会比 4 阶 L-R 滤波器的效果更好，还具有对参数变化高度敏感的缺点。这使得这些滤波器不仅仅不适合工厂生产，对业余爱好者来说也没有吸引力。我提到它们只是因为有人曾对此感兴趣，并且要消除那些对它们潜力的误解。

10．4 阶勒让德（Fourth-Order Legendre）

这种滤波器的响应与契比雪夫类似，它的频率响应，相位以及总群迟延响应如图 7.70～图 7.72 所示。滤波器非对称性的特性在相位图中可以很明显地看出来，图中显示了低通和高通相位曲线之间的偏离。总群迟延也与契比雪夫类似，具有明显的尖峰。这种滤波器在同相位结合时会造成 + 5dB 的响应，通过乘以因数 1.15 改变高通和低通的频率，可迫使勒让德滤波器产生接近平坦的响应，如图 7.73 所示。它对扬声器单元偏置的敏感度较低，如同其他的 4 阶滤波器。

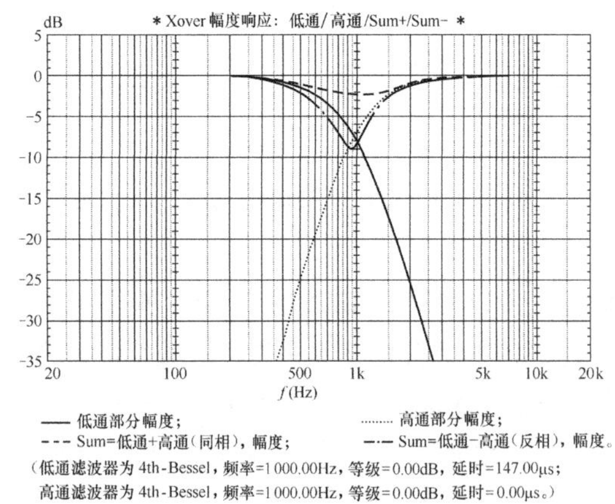

图 7.69 2 英寸的偏置结果

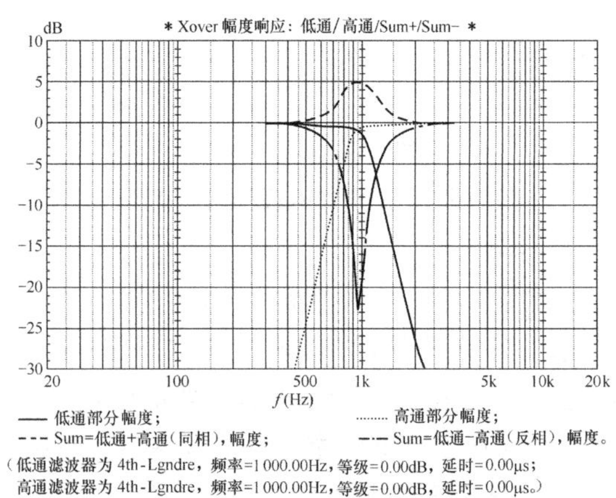

图 7.70 频率响应曲线

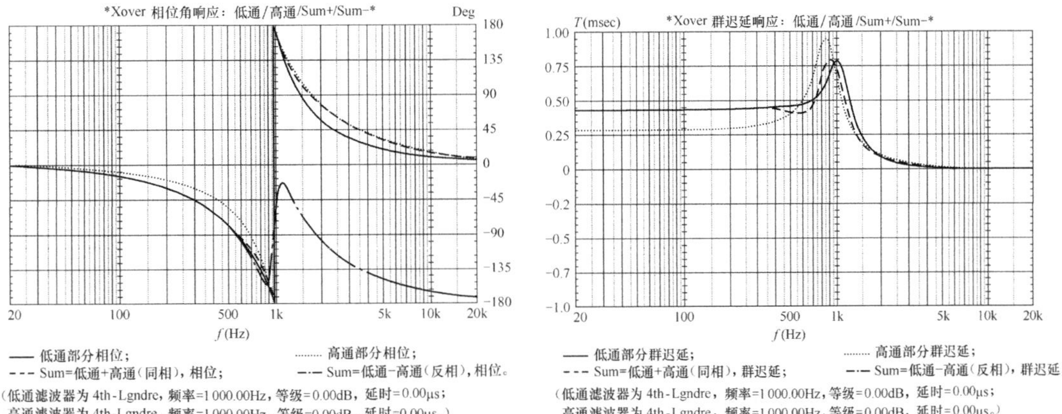

图 7.71　相位曲线　　　　图 7.72　群迟延曲线

11．4 阶高斯（Fourth-Order Gaussian）

4 阶高斯滤波器的频率响应、相位以及合成后的群迟延曲线如图 7.74～图 7.76（无偏置）所示。这种分频器的合成响应在极性正接时接近平坦，总群迟延与 Bessel 滤波器相似。

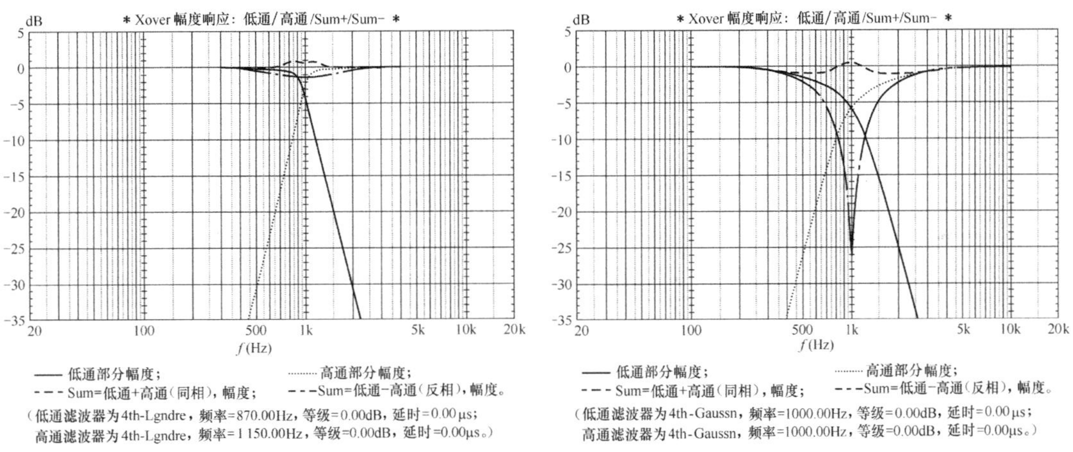

图 7.73　响应曲线　　　　图 7.74　频率响应曲线

12．4 阶线性相位（Fourth-Order Linear-Phase）

这个名称听起来很有吸引力，但还是一种非对称衍生类型，因而它的适用性值得怀疑。频率响应、相位以及总群迟延如图 7.77～图 7.79（无偏置）所示。极性正接时，这一滤波器合成得到接近平坦的响应，并具有一个相当平坦的总群迟延曲线，类似于贝塞尔 4 阶分频器。

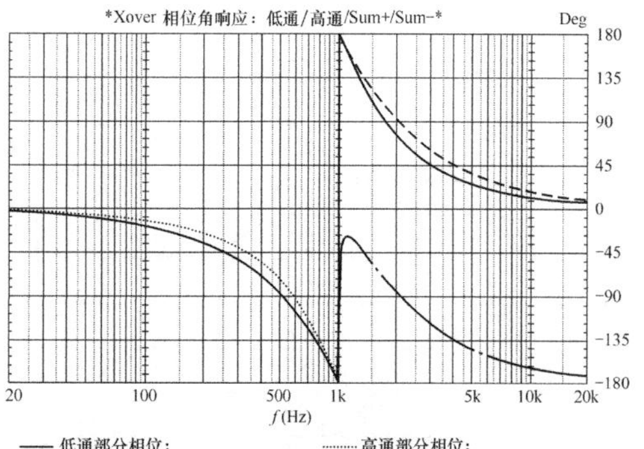

—— 低通部分相位；　　　　·········· 高通部分相位；
- - - Sum=低通+高通（同相），相位；　　- - -Sum=低通-高通（反相），相位。

（低通滤波器为 4th-Gaussn，频率=1000.00Hz，等级=0.00dB，延时=0.00μs；
高通滤波器为 4th-Gaussn，频率=1000.00Hz，等级=0.00dB，延时=0.00μs。）

图 7.75　相位曲线

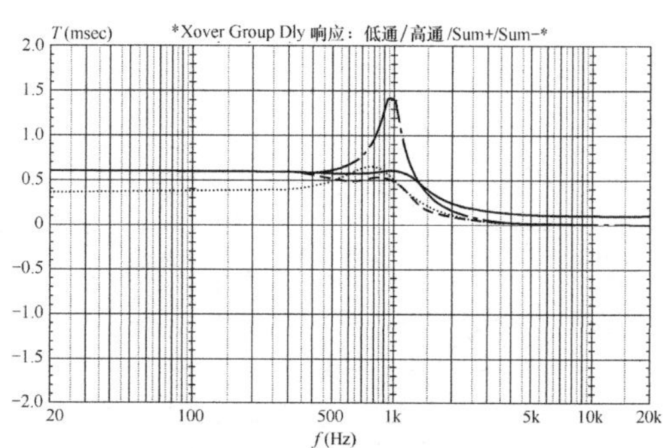

—— 低通部分群迟延；　　　　·········· 高通部分群迟延；
- - - Sum=低通+高通（同相），群迟延；　　—·— Sum=低通-高通（反相），群迟延。

（低通滤波器为 4th-Gakssn，频率=1 000.00Hz，等级=0.00dB，延时=100.00μs；）（高通滤波器为4th-Gakssn，频率=1 000.00Hz，等级=0.00dB，延时=0.00μs。）

图 7.76　群迟延曲线

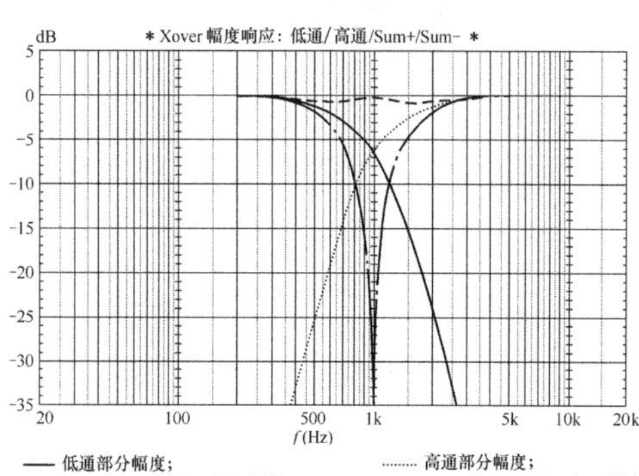

—— 低通部分幅度；　　　　·········· 高通部分幅度；
- - - Sum=低通+高通（同相），幅度；　　—·— Sum=低通-高通（反相），幅度。

（低通滤波器为 4th-Linear，频率=1 000.00Hz，等级=0.00dB，延时=0.00μs；）（高通滤波器为4th-Linear，频率=1 000.00Hz，等级=0.00dB，延时=0.00μs。）

图 7.77　频率响应曲线

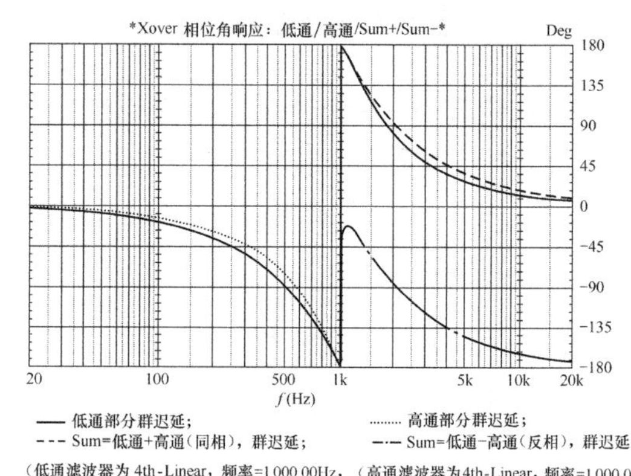

—— 低通部分群迟延；　　　　·········· 高通部分群迟延；
- - - Sum=低通+高通（同相），群迟延；　　—·— Sum=低通-高通（反相），群迟延。

（低通滤波器为 4th-Linear，频率=1 000.00Hz，等级=0.00dB，群迟延 =0.00μs；）（高通滤波器为4th-Linear，频率=1 000.00Hz；等级=0.00dB，群迟延 =0.00μs。）

图 7.78　相位曲线

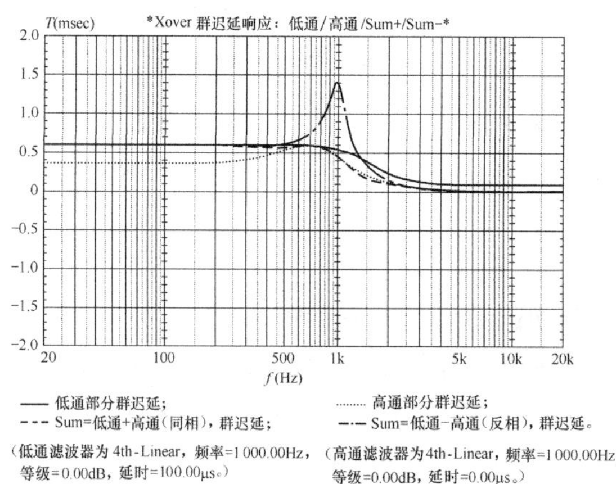

—— 低通部分群迟延；　　　　·········· 高通部分群迟延；
- - - Sum=低通+高通（同相），群迟延；　　—·— Sum=低通-高通（反相），群迟延。

（低通滤波器为 4th-Linear，频率=1 000.00Hz，等级=0.00dB，延时=100.00μs。）（高通滤波器为4th-Linear，频率=1 000.00Hz；等级=0.00dB，延时=0.00μs。）

图 7.79　总群迟延曲线

2 路分频器设计公式

以下列出的设计公式可用于导出对称性高通/低通分频器。图 7.80 所示的电路图说明所需的电路结构。其中电感的单位为亨利（H）、电容的单位为法拉（F）、电阻的单位为欧姆（Ω）、频率的单位为赫兹（Hz）。

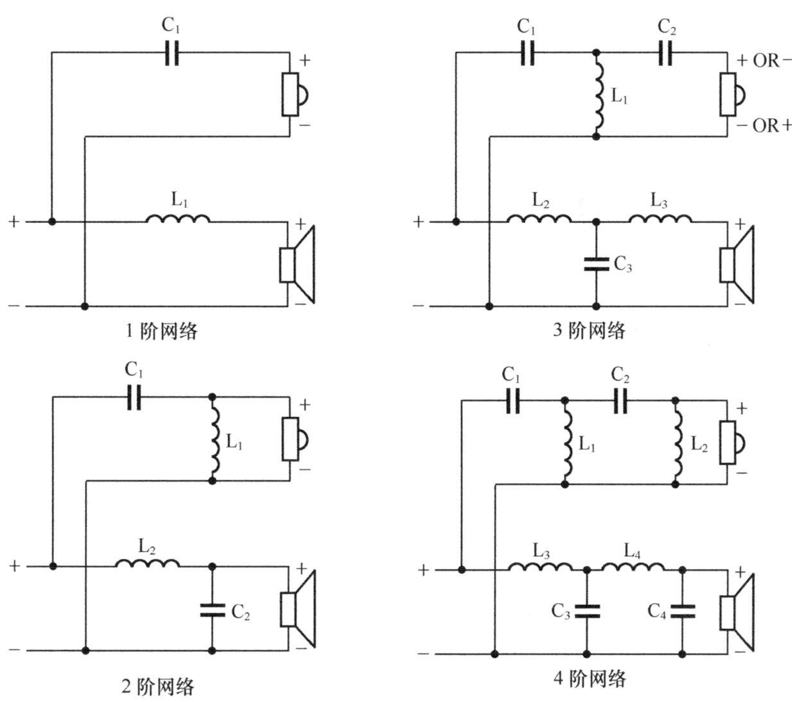

图 7.80 2 路分频器图示

1 阶分频网络

巴特沃斯

$$C_1=\frac{0.159}{R_H f} \qquad L_1=\frac{R_L}{6.28f}$$

2 阶分频网络

林克维兹

$$C_1=\frac{0.796}{R_H f} \qquad L_1=\frac{0.3183R_H}{f}$$

$$C_2 = \frac{0.796}{R_L f} \qquad L_2 = \frac{0.318\,3R_L}{f}$$（译注：C_2 的分母原文为 $R_H f$）

贝塞尔

$$C_1 = \frac{0.091\,2}{R_H f} \qquad L_1 = \frac{0.275\,6R_H}{f}$$

$$C_2 = \frac{0.091\,2}{R_L f} \qquad L_2 = \frac{0.275\,6R_L}{f}$$

巴特沃斯

$$C_1 = \frac{0.112\,5}{R_H f} \qquad L_1 = \frac{0.225\,1R_H}{f}$$

$$C_2 = \frac{0.112\,5}{R_L f} \qquad L_2 = \frac{0.225\,1R_L}{f}$$

契比雪夫（$Q = 1$）

$$C_1 = \frac{0.159\,2}{R_H f} \qquad L_1 = \frac{0.159\,2R_H}{f}$$

$$C_2 = \frac{0.159\,2}{R_L f} \qquad L_2 = \frac{0.159\,2R_L}{f}$$

3 阶分频网络

巴特沃斯

$$C_1 = \frac{0.106\,1}{R_H f} \qquad L_1 = \frac{0.119\,4R_H}{f}$$

$$C_2 = \frac{0.318\,3}{R_H f} \qquad L_2 = \frac{0.238\,7R_L}{f}$$

$$C_3 = \frac{0.212\,2}{R_L f} \qquad L_3 = \frac{0.079\,6R_L}{f}$$

4 阶分频网络

林克维兹

$$C_1 = \frac{0.084\,4}{R_H f} \qquad L_1 = \frac{0.100\,0R_H}{f}$$

$$C_2 = \frac{0.168\,8}{R_H f} \qquad L_2 = \frac{0.450\,1R_H}{f}$$

$$C_3 = \frac{0.253\,3}{R_L f} \qquad L_3 = \frac{0.300\,0R_L}{f}$$

$$C_4=\frac{0.0563}{R_L f} \qquad L_4=\frac{0.1500R_L}{f}$$

贝塞尔

$$C_1=\frac{0.0702}{R_H f} \qquad L_1=\frac{0.0862R_H}{f}$$

$$C_2=\frac{0.1719}{R_H f} \qquad L_2=\frac{0.4983R_H}{f}$$

$$C_3=\frac{0.2336}{R_L f} \qquad L_3=\frac{0.3583R_L}{f}$$

$$C_4=\frac{0.0504}{R_L f} \qquad L_4=\frac{0.1463R_L}{f}$$

巴特沃斯

$$C_1=\frac{0.1040}{R_H f} \qquad L_1=\frac{0.1009R_H}{f}$$

$$C_2=\frac{0.1470}{R_H f} \qquad L_2=\frac{0.4159R_H}{f}$$

$$C_3=\frac{0.2509}{R_L f} \qquad L_3=\frac{0.2437R_L}{f}$$

$$C_4=\frac{0.0609}{R_L f} \qquad L_4=\frac{0.1723R_L}{f}$$

勒让德

$$C_1=\frac{0.1104}{R_H f} \qquad L_1=\frac{0.1073R_H}{f}$$

$$C_2=\frac{0.1246}{R_H f} \qquad L_2=\frac{0.2783R_H}{f}$$

$$C_3=\frac{0.2365}{R_L f} \qquad L_3=\frac{0.2294R_L}{f}$$

$$C_4=\frac{0.091}{R_L f} \qquad L_4=\frac{0.2034R_L}{f}$$

高斯

$$C_1=\frac{0.0767}{R_H f} \qquad L_1=\frac{0.1116R_H}{f}$$

$$C_2 = \frac{0.149\,1}{R_{\mathrm{H}} f} \qquad L_2 = \frac{0.325\,1 R_{\mathrm{H}}}{f}$$

$$C_3 = \frac{0.223\,5}{R_{\mathrm{L}} f} \qquad L_3 = \frac{0.325\,3 R_{\mathrm{L}}}{f}$$

$$C_4 = \frac{0.076\,8}{R_{\mathrm{L}} f} \qquad L_4 = \frac{0.167\,4 R_{\mathrm{L}}}{f}$$

线性相位

$$C_1 = \frac{0.074\,1}{R_{\mathrm{H}} f} \qquad L_1 = \frac{0.107\,9 R_{\mathrm{H}}}{f}$$

$$C_2 = \frac{0.152\,4}{R_{\mathrm{H}} f} \qquad L_2 = \frac{0.385\,3 R_{\mathrm{H}}}{f}$$

$$C_3 = \frac{0.225\,5}{R_{\mathrm{L}} f} \qquad L_3 = \frac{0.328\,5 R_{\mathrm{L}}}{f}$$

$$C_4 = \frac{0.063\,2}{R_{\mathrm{L}} f} \qquad L_4 = \frac{0.157\,8 R_{\mathrm{L}}}{f}$$

7.4 3 路分频器网络

2 路分频器网络描述的是一种近似理想的情况，然而再加入 1 只扬声器单元以及第二个分频频率就会使情况变得很复杂。如果读者考虑采用 3 路分频的扬声器，建议可以考虑采用主动式分频网络，因为在稍后会叙述被动、主动分频的优缺点。尽管主动式分频必须另购功放和电子分频器，但是采用主动式分频的好处却相当实在（见 7.10 节）。

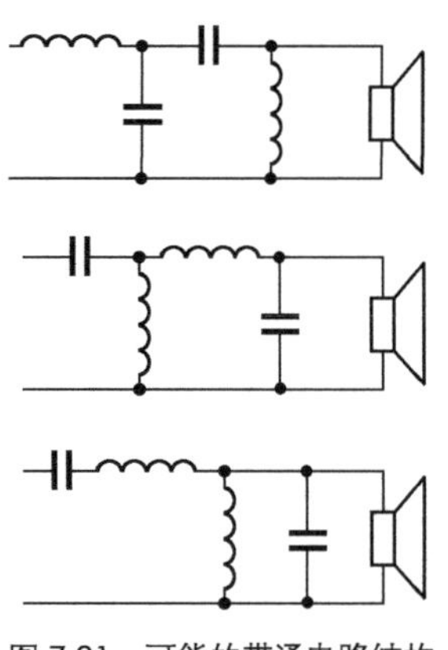

图 7.81 可能的带通电路结构

已经证实 3 路分频器设计并不是用 2 个 2 路分频结合起来就能得到令人满意的效果[8]，这个情况会因为使用不同的电路结构而变得更复杂。不幸的是，图 7.81 所示的每一种 3 路带通滤波器结构都会造成不同的响应曲线。Robert Bullock 提供一个复杂的推导，考虑了带通部分滤波器级联所带来的相互加载问题。这些信息在他的《*JAES*》论文“Passive Three-Way All-Pass Crossover Networks（被动式 3 路全通分频网路）”中介绍[8]，还有一篇实作文章“Passive Crossover Networks（被动分频器）”，刊载于《Speaker Builder》2/85。《Speaker Builder》2/87 介绍的“T”形带通电路结构也是 3 路分频器的另一种选择。这种更复杂的电路设计对输入阻抗的敏感性比标准类型的低，但是这些对于下面我们所描述的电路而言并不重要。

7.4.1 3 路分频滤波器的特征

和 2 路分频滤波器截然不同，3 路分频滤波器器既不是全通式分频器（APC）也不是恒功率分频器（CPC）。然而在指向性响应和功率响应方面，或多或少都很相似。唯一例外的奇数阶 APC，具有 1～2dB 的响应凹陷。

或许要考虑的最重要的特性是 2 个分频频率间隔的影响，一般来说，2 个分频点离的越远，扬声器单元之间合成后的响应越佳（3oct 以上比较好）[19]。如果 2 个分频点的间隔低于理想的 3oct，会造成错综复杂的不良干扰样式。

第 7.4.2 节的设计公式（参阅图 7.82 所示）代表笔者心目中可得到扬声器单元间干扰最小的最佳分频网络类型和分频频率。对于音箱个人制作者和小批量生产商来说也是最适合选用的音箱设计方案。

7.4.2 3 路全通分频（APC）网络设计公式

图 7.82 所示 3 路扬声器系统分频器的常用设计方案由两对基本分频频率所组成。每一对代表了在中频扬声器单元-高频扬声器单元分频点f_H以及低频扬声器单元-中频扬声器单元分频点 f_L 之间的不同频率间隔。这两个频率“间隔”的选择，可使用（A）方案，3.4oct，也就是$f_H/f_L=10$；或者是（B）方案，3oct，亦即$f_H/f_L=8$。其中（A）组的分频器公式的分频点可设定为 3kHz/300Hz，对于低频扬声器/中低频扬声器/球顶高频扬声器的结构来说相当实用，而 5kHz/500Hz 的分频点则可应用在低频扬声器/小号筒（Small Canister）或球顶中频扬声器/高频扬声器单元的结构。而（B）方案的分频点可设定为 3kHz/375Hz，对于低频扬声器/中低频扬声器/高频扬声器的单元组合来说相当实用，也可以采用 5kHz/625Hz 或者 6kHz/750Hz，两者都非常适合用于低频扬声器/小型锥形或是球顶中频扬声器/高频扬声器单元的结构。其他的分频频率间隔以及分频器类型，可参考 Bullock 的著述[22]，不过得先做好大量计算的心理准备。

1 阶 APC

（A）方案

$$C_1=\frac{0.1590}{R_H f_H} \qquad L_1=\frac{0.0458R_M}{f_M}$$

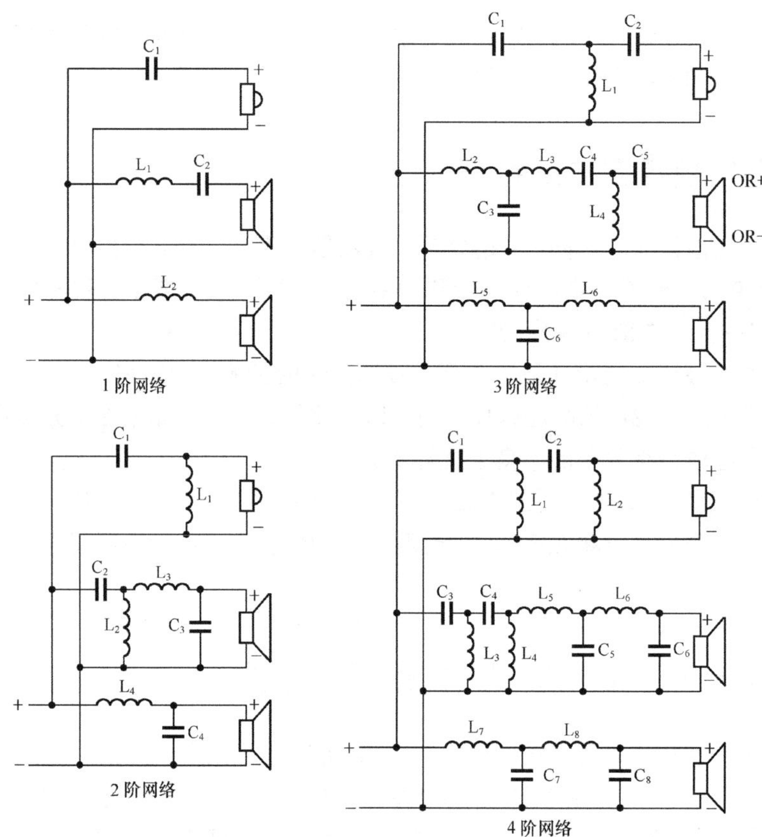

图 7.82　3 路分频器图示

$$C_2 = \frac{0.554\,0}{R_M f_M} \qquad L_2 = \frac{0.159\,2R_L}{f_L}$$

（B）方案

$$C_1 = \frac{0.159\,0}{R_H f_H} \qquad L_1 = \frac{0.050\,0R_M}{f_M}$$

$$C_2 = \frac{0.507\,0}{R_M f_M} \qquad L_2 = \frac{0.159\,2R_L}{f_L}$$

2 阶 APC

（极性反接带通）

（A）方案

$$C_1 = \frac{0.079\,1}{R_H f_H} \qquad L_1 = \frac{0.320\,2R_H}{f_H}$$

$$C_2 = \frac{0.323\,6}{R_M f_M} \qquad L_2 = \frac{1.029\,1 R_M}{f_M}$$

$$C_3 = \frac{0.022\,7}{R_M f_M} \qquad L_3 = \frac{0.083\,7 R_M}{f_M}$$

$$C_4 = \frac{0.079\,1}{R_L f_L} \qquad L_4 = \frac{0.320\,2 R_L}{f_L}$$

带通增益 = 2.08dB

（B）方案

$$C_1 = \frac{0.078\,8}{R_H f_H} \qquad L_1 = \frac{0.321\,7 R_H}{f_H}$$

$$C_2 = \frac{0.304\,6}{R_M f_M} \qquad L_2 = \frac{0.932\,0 R_M}{f_M}$$

$$C_3 = \frac{0.024\,8}{R_M f_M} \qquad L_3 = \frac{0.091\,3 R_M}{f_M}$$

$$C_4 = \frac{0.078\,8}{R_L f_L} \qquad L_4 = \frac{0.321\,7 R_L}{f_L}$$

带通增益 = 2.45dB

3 阶 APC

（极性反接带通）

（A）方案

$$C_1 = \frac{0.099\,5}{R_H f_H} \qquad L_1 = \frac{0.119\,1 R_H}{f_H}$$

$$C_2 = \frac{0.340\,2}{R_H f_H} \qquad L_2 = \frac{0.066\,5 R_M}{f_M}$$

$$C_3 = \frac{0.068\,3}{R_M f_M} \qquad L_3 = \frac{0.083\,7 R_M}{f_M}$$

$$C_4 = \frac{0.312\,8}{R_M f_M} \qquad L_4 = \frac{0.428\,5 R_M}{f_M}$$

$$C_5 = \frac{1.148}{R_M f_M} \qquad L_5 = \frac{0.254\,6 R_L}{f_L}$$

$$C_6 = \frac{0.212\,6}{R_L f_L} \qquad L_6 = \frac{0.074\,5 R_L}{f_L}$$

带通增益= 1.6dB

（B）方案

$$C_1 = \frac{0.098\,0}{R_H f_H} \qquad L_1 = \frac{0.119\,1R_H}{f_H}$$

$$C_2 = \frac{0.345\,9}{R_H f_H} \qquad L_2 = \frac{0.071\,1R_M}{f_M}$$

$$C_3 = \frac{0.076\,8}{R_M f_M} \qquad L_3 = \frac{0.025\,4R_M}{f_M}$$

$$C_4 = \frac{0.279\,3}{R_M f_M} \qquad L_4 = \frac{0.395\,1R_M}{f_M}$$

$$C_5 = \frac{1.061}{R_M f_M} \qquad L_5 = \frac{0.258\,6R_L}{f_L}$$

$$C_6 = \frac{0.212\,6}{R_L f_L} \qquad L_6 = \frac{0.073\,2R_L}{f_L}$$

带通增益= 2.1dB

（极性正接带通）

（A）方案

$$C_1 = \frac{0.113\,8}{R_H f_H} \qquad L_1 = \frac{0.119\,1R_H}{f_H}$$

$$C_2 = \frac{0.297\,6}{R_H f_H} \qquad L_2 = \frac{0.059\,8R_M}{f_M}$$

$$C_3 = \frac{0.076\,5}{R_M f_M} \qquad L_3 = \frac{0.025\,3R_M}{f_M}$$

$$C_4 = \frac{0.347\,5}{R_M f_M} \qquad L_4 = \frac{0.378\,9R_M}{f_M}$$

$$C_5 = \frac{1.068}{R_M f_M} \qquad L_5 = \frac{0.222\,7R_L}{f_L}$$

$$C_6 = \frac{0.212\,7}{R_L f_L} \qquad L_6 = \frac{0.085\,2R_L}{f_L}$$

带通增益 = 0.85dB

（B）方案

$$C_1 = \frac{0.115\,8}{R_H f_H} \qquad L_1 = \frac{0.118\,9R_H}{f_H}$$

$$C_2 = \frac{0.292\,7}{R_H f_H} \qquad L_2 = \frac{0.063\,4 R_M}{f_M}$$

$$C_3 = \frac{0.076\,8}{R_M f_M} \qquad L_3 = \frac{0.028\,4 R_M}{f_M}$$

$$C_4 = \frac{0.279\,3}{R_M f_M} \qquad L_4 = \frac{0.339\,5 R_M}{f_M}$$

$$C_5 = \frac{1.061}{R_M f_M} \qquad L_5 = \frac{0.218\,7 R_L}{f_L}$$

$$C_6 = \frac{0.213\,0}{R_L f_L} \qquad L_6 = \frac{0.086\,6 R_L}{f_L}$$

带通增益 = 0.99dB

4 阶 APC

（A）方案

$$C_1 = \frac{0.084\,8}{R_H f_H} \qquad L_1 = \frac{0.100\,4 R_H}{f_H}$$

$$C_2 = \frac{0.168\,6}{R_H f_H} \qquad L_2 = \frac{0.446\,9 R_H}{f_H}$$

$$C_3 = \frac{0.384\,3}{R_M f_M} \qquad L_3 = \frac{0.261\,7 R_M}{f_M}$$

$$C_4 = \frac{0.583\,4}{R_M f_M} \qquad L_4 = \frac{1.423 R_M}{f_M}$$

$$C_5 = \frac{0.072\,8}{R_M f_M} \qquad L_5 = \frac{0.093\,9 R_M}{f_M}$$

$$C_6 = \frac{0.016\,2}{R_M f_M} \qquad L_6 = \frac{0.04\,R_M}{f_M}$$

$$C_7 = \frac{0.252\,3}{R_L f_L} \qquad L_7 = \frac{0.298\,7 R_L}{f_L}$$

$$C_8 = \frac{0.056\,7}{R_L f_L} \qquad L_8 = \frac{0.150\,2 R_L}{f_L}$$

带通增益 = 2.28dB

（B）方案

$$C_1 = \frac{0.084\,9}{R_H f_H} \qquad L_1 = \frac{0.100\,7 R_H}{f_H}$$

$$C_2 = \frac{0.168\,5}{R_H f_H} \qquad L_2 = \frac{0.445\,0 R_H}{f_H}$$

$$C_3 = \frac{0.377\,4}{R_M f_M} \qquad L_3 = \frac{0.222\,4 R_M}{f_M}$$

$$C_4 = \frac{0.533\,2}{R_M f_M} \qquad L_4 = \frac{1.273 R_M}{f_M}$$

$$C_5 = \frac{0.079\,9}{R_M f_M} \qquad L_5 = \frac{0.104\,0 R_M}{f_M}$$

$$C_6 = \frac{0.017\,8}{R_M f_M} \qquad L_6 = \frac{0.049\,0 R_M}{f_M}$$

$$C_7 = \frac{0.251\,5}{R_L f_L} \qquad L_7 = \frac{0.298\,3 R_L}{f_L}$$

$$C_8 = \frac{0.056\,9}{R_L f_L} \qquad L_8 = \frac{0.150\,3 R_L}{f_L}$$

带通增益 = 2.84dB

你决定采用 300Hz 或者更低的频率做为分频频率时，分频器的电感值将相当大，会有明显的插入损失，电感损失可根据下式计算得出

$$L_L = 20\lg\left(\frac{R_m}{R_s + R_m}\right)$$

其中，L_L 为电感损耗，单位为 dB；R_m 为单元阻抗；R_s 为电感总直流电阻测量值（DCR）。

使用 3 路分频器会造成带通滤波频带的增益升高。可以利用此处提供的每一种分频器的数据，对不同扬声器单元的效率进行比较。3 路分频系统的中频扬声器单元可以利用下式计算其总效率（单位为 dB）

总扬声器单元增益 = 扬声器单元的参考效率 + 带通增益 − 电感损耗

同时，对提供的所有设计公式，f_m 的值由下式求得

$$f_m = (f_H f_L)^{1/2}$$

7.4.3 分频器公式的应用

这里所提供的分频设计公式只有在以下这些条件符合时，才可以得到各类滤波器的特性所代表的声学响应。

（1）滤波器连接在响应平坦零相移阻抗的负载上。

（2）扬声器单元响应越过分频频率，延伸至分频器截止带的 1.5～2oct 之外（对于低通滤波

器而言为上方的频率，对于高通滤波器而言为下方的频率)，并具有比较平坦的响应。

（3）不论是高通扬声器单元，或是低通扬声器单元都辐射自同一个的声平面。

如果在分频器的设计时不能符合以上任意一个条件，就无法得到预期中的结果。在这个情况下只有两个方法可以解决。第一个办法就是反复试验。此时以公式计算的结果仅能提供一个大致的估算范围。因此必须不停的重新测量并调整滤波网络参数，不断反复，直到得到所需的响应为止。事实上，这也是制造商最常用的一种设计技术，因为你要处理的变量仅有很小的更改空间。此时，使用一种快速或实时测量系统是非常重要的，比如高速 FFT 分析仪、连续正弦波扫描器、或高质量实时分析仪（RTA)，可以几乎马上给出反馈信息。

另一种方法即是利用基于计算机的分频电路优化软件。目前这类软件已经越来越流行，而且也越来越有效。用于扬声器的计算机辅助工程（Computer Aided Engineering, CAE）软件，包括分频器优化软件将在第 9 章讨论。

应用以下原则可以使设计方面的问题最小化。

（1）关于上述第一个条件,其实不是只有平坦的阻抗才能达到你所期望的扬声器响应,不过平坦的阻抗比较容易达成这个目标。除此之外,平坦的阻抗特性对于功放的输出较为友好，同时对于扬声器单元整体阻尼也较为有利。将扬声器单元的阻抗从典型的负载改成幅度比较平坦的，需要使用共轭滤波器（Conjugate Filter）并根据扬声器的具体参数调整。这个内容请参关本书第 5 章。除非你打算完全以不断试验的方式设计分频器，否则最好在开始设计分频器时先进行频扬声器单元的阻抗校正。

（2）至于第二项条件，并非所有扬声器单元都具有合适的响应延伸特性，因而单元的指向性、低频的延伸、分频频率以及分频器斜率的选择更为重要。首要考虑的是，根据分频器目标响应的斜率，延伸量的标准可以放宽一些。相对于 1 阶滤波器，4 阶滤波器不需要那么高的扬声器单元响应延伸就可达到平坦的轴向与离轴响应。

指向性的问题可通过加入指向性及低频延伸可以互补的扬声器单元来解决。如果使用的球顶高频扬声器的分频点不能低于 2kHz，那么用 12 英寸的低频扬声器单元与之配成一个 2 路分频系统就不是个好主意，因为 12 英寸扬声器单元的指向性会在离轴响应造成一个大谷。如果把同样的 12 英寸扬声器单元与 6 英寸中低频扬声器、3 英寸的球顶中频扬声器单元以及 0.75 英寸的高频扬声器搭配就不成问题了。10 英寸低频扬声器单元也很少用于组成 2 路分频，虽然已经有相当成功的商业应用。它与 4 英寸中频扬声器、1 英寸高频扬声器搭配就比较理想，分频点可设定在 750Hz～1kHz，以及 4～5kHz 两个位置。如果元件和分频点频率比较合适，1.5～2 个倍频程的延伸量很容易用于 3 路或 4 路扬声器系统。

不过，设计 2 路扬声器系统时，由于扬声器单元指向性或是低通衰减的原因，不在一个变化的频率范围内考虑扬声器单元的分频通常是不可能的。在指向性或是低通响应开始衰减的位置。考虑到一般 2 路扬声器（4～8 英寸低频扬声器单元，0.5～1.5 英寸高频扬声器单元）所使用扬声器单元的高频衰减特性和指向性，期望 2kHz 或 3kHz 的分频频率之外得到 1.5～2 个倍频的延伸似乎是不太现实。如果分频器工作于扬声器单元离轴与轴向响应产生明显变化的范围时，除了反复试错之外别无选择，或者用分频器计算机优化软件来解决这种设计问题。

举例来说，假使高频扬声器单元所用的高通滤波器分频频率是 2kHz ,而其响应自 1.2kHz 附近开始衰减，那么分频器的传输函数必须设计成与扬声器单元的传输函数相结合，以得到目标响应。神奇的是平坦的响应总是可以从不同的方法得到。每一种分频网络问题都有多种不同的解决方案，有些是可接受的，而有些则不然。利用计算机优化软件，你会发现利用简单的 C/R（电容/电阻）组成共轭滤波器也可能设计成一个 2 阶滤波器，同样的电路结构也可以优化得到 2 阶、3 阶或 4 阶响应。显然，你不需要使用与目标响应斜率相同阶数的滤波器才能得到所需的衰减斜率。事实上，在设计 2 路扬声器时几乎从来不需要这么做。优化软件同样也为非标准电路结构的实验开辟了一个新途径，比如将 1 阶低通滤波器与设计在比分频频率高一个倍频程的并联 L/C/R 陷波滤波器相结合。

当扬声器单元的传输函数为一种方程的结果时，可以设计一个看起来非对称的分频器。2 路分频系统常常设计成 1 阶低通与 3 阶高通的组合。这时 1 阶低通结合了低频扬声器单元的 2 阶响应而得到 3 阶声学响应，但高频扬声器单元的响应可能在较高的频率处分频，因而需要一个 3 阶电路来得到 3 阶响应。

（3）由扬声器单元水平偏置导致的响应问题［条件（3）］通常不是理想化的，所以不易通过使用高阶滤波器而得到校正或降到最低。有个很好用的技巧可以帮你发现最终的分频器设计是否调整妥当，以及高低通部分的相位是否正确：简单地将高通部分的极性反接，再测量一次。如果分频器设计正确，也就是说响应比较平坦，而且扬声器单元相位和衰减幅度得到适当的调整，那么你将可以在分频频率处看到一个对称的深谷。有时虽然通过调整滤波器参数得到了表面上看起来平坦的响应，但是事实上分频器仍然没有设计好。如果是这样的话，你或许可以听到指向性性能不规则和结像力不好的迹象。

除了考虑阻抗曲线、指向性和扬声器单元排列等设计准则之外，其他一些考虑对于判断什么样的分频频率可以得到最佳的性能。使分频网络落在特定频率范围之外似乎对成功的设计有帮助。虽然任何准则都有例外，3 路分频器的中、低音分频点在 200～350Hz，中高音分频点在 2～3.5kHz 时一般可以工作得最好。换句话说，也就是要避免使用工作于 350Hz～1.5kHz 范围中的分频网络。如果让 10～15 英寸的低频扬声器单元工作在 200～350Hz 范围以上（当然，要视分频斜率而定），会造成男声听起来过于饱满，同时也很难找到可以低失真地工作于 2kHz 以下的锥形或球顶类型的高频扬声器单元。

7.4.4 分频器应用示例

通过图解，你可以更好地理解第 7.4.3 节所讨论的“准则”。以下是一个计算机模拟的示例，每一个 2 路扬声器系统方案的设计考虑都采用 4 阶林克维兹—瑞利分频器。

1. 低通滤波器

低频扬声器单元为 SEAS P17RC/P，我通过 Audio Precision System 1 采用分压法测得其阻抗，响应测量则采用 DRA MLSSA 和 ACO Pacific 的 7012 传声器，直接测得 1m 离轴响应，得到的数据导出到 LEAP 4.0。我的目标响应是采用标准 L-R 计算参数的 4 阶结构。这么做是为了演示不使用共轭网络进行阻抗校正对经典滤波器曲线的影响，结果如图 7.84 所示。虽然 3～6kHz 的整体斜率看起来还不错，但是一些严重相互影响造成衰减处有一个 4dB 的突起。

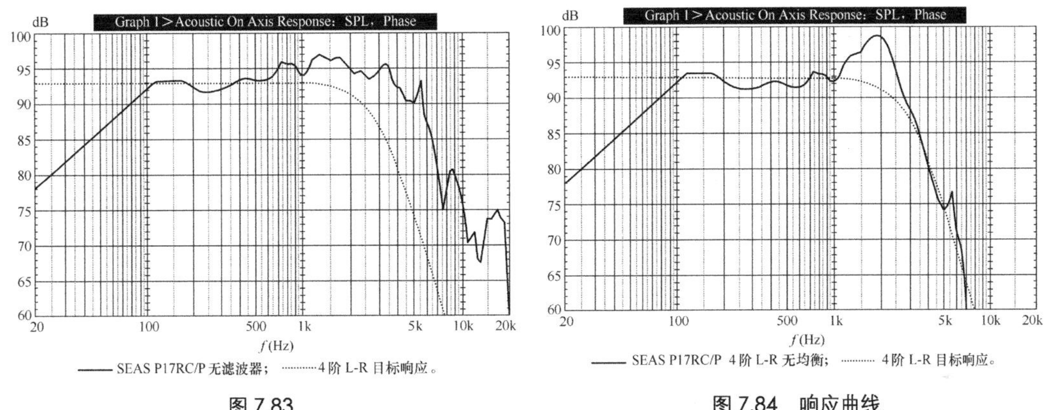

图 7.83　　图 7.84　响应曲线

接下来的步骤是加入一个简单的与扬声器单元并联的 C/R（电容/电阻）电路，影响结果如图 7.85 所示。虽然明显改善了许多，但 3～6kHz 的衰减斜率约为 27dB/oct。由于我们的目标是 24dB/oct，显然扬声器单元衰减特性与分频网络结合之后产生了比我们所需的 4 阶响应更高的衰减。

由于 4 阶电路结构看起来衰减得太多，我们就试试较低阶的滤波器。图 7.86 所示为扬声器单元采用计算得到的 2 阶 L-R 滤波器时的响应，没有加上阻抗补偿网络。其结果还不如之前 4 阶滤波器那么接近目标。但是加上阻抗补偿网络之后，响应曲线就非常的越接近目标值，如图 7.87 所示。

到这里为止，我们所需要的只是一点点的直觉和最少量的调整，就可以得到与目标相当接近的响应。图 7.88 所示的是同一网络在计算机优化后的结果，更接近于原先设定的目标。

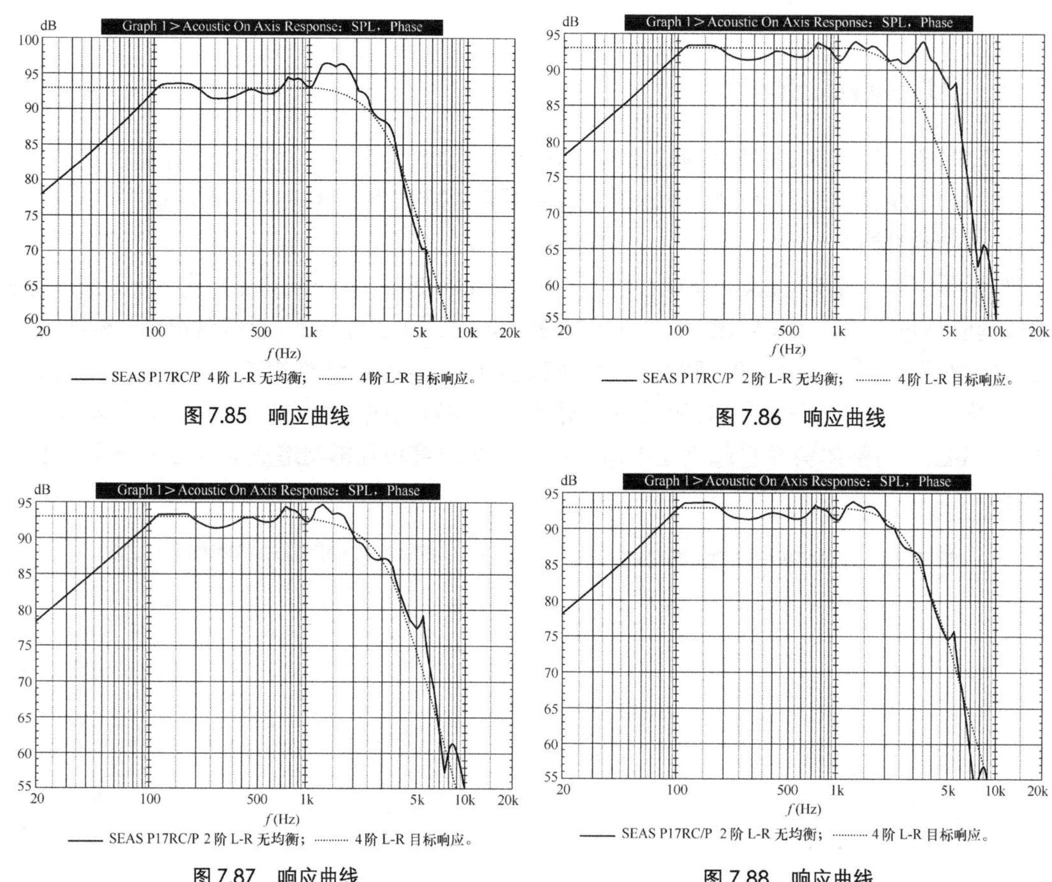

图 7.85　响应曲线

图 7.86　响应曲线

图 7.87　响应曲线

图 7.88　响应曲线

上述模拟忽略了串联电感“寄生”电阻的影响。如果希望弄清楚电感直流电阻（DCR）的影响结果，下一个例子有助我们更容易看清这些效应。图 7.89 所示为同一扬声器单元带有 4 阶 L-R 网络以及 1kHz 阻抗均衡电路的结果。2 个电感的测量值分别为 2.4mH 和 1.2mH。如果这 2 个电感是用 18 号漆包线绕成的空芯电感，其直流电阻将分别为 1Ω 以及 0.7Ω，因此串联总的直流电阻为 1.7Ω。图中上方的曲线是不考虑电感寄生电阻的响应，而下方的则是包含直流电阻的模拟结果。串联电感导致的衰减现象在低频比较明显，而在接近分频频率时衰减程度降低，因为此处滤波器的作用掩盖了串联电阻的影响。当然，另一个要考虑的是串联电阻对单元 Q 的影响。

2．高通滤波器

这里所采用的扬声器单元是 Peerless 105DT 织物球顶高频扬声器。选择这个扬声器单元是因为它具有通常的谐振特性，而且未加注磁液（一种黏性的液体，用于将音圈的热传导至磁铁）。测量时使用与上述相同的仪器和方法。我的目标响应是分频点为 3kHz 的 4 阶 L-R 高通滤波，图 7.90 所示为未经滤波的扬声器单元响应与目标曲线的比较。

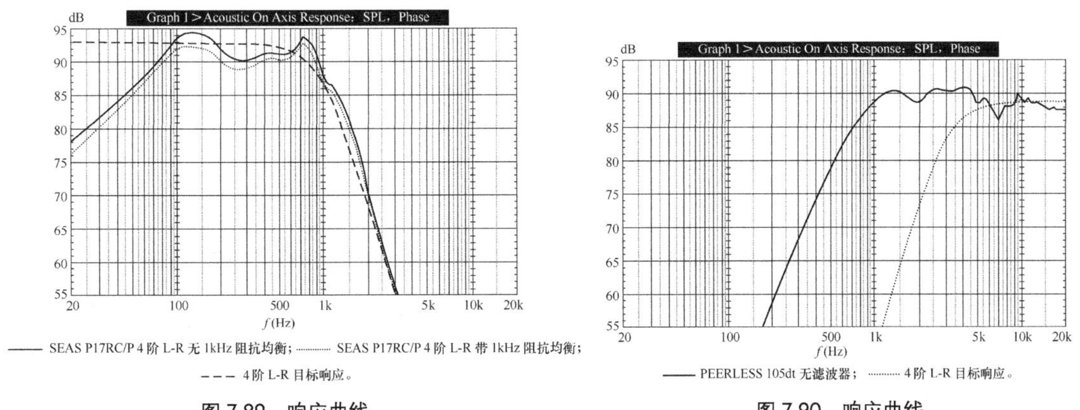

图 7.89　响应曲线　　图 7.90　响应曲线

第一步是用一个带有标准 L-R 计算值的 4 阶电路结构进行试验，结果如图 7.91 所示。再次地，我们看到了未加任何谐振陷波共轭网络时经典滤波器的衰减形状。扬声器单元的谐振引起 1kHz 附近的响应异常。同时 8～15kHz 的范围也因分频电路与高频扬声器单元音圈的互相作用而形成突起。

如果我们给同样的滤波网络加上调谐到 1kHz 的串联 LCR 陷波网络，从图 7.92 所示可以很明显地看出，1～2kHz 间的响应异常消失了，不过 8～15kHz 的突起仍然存在。

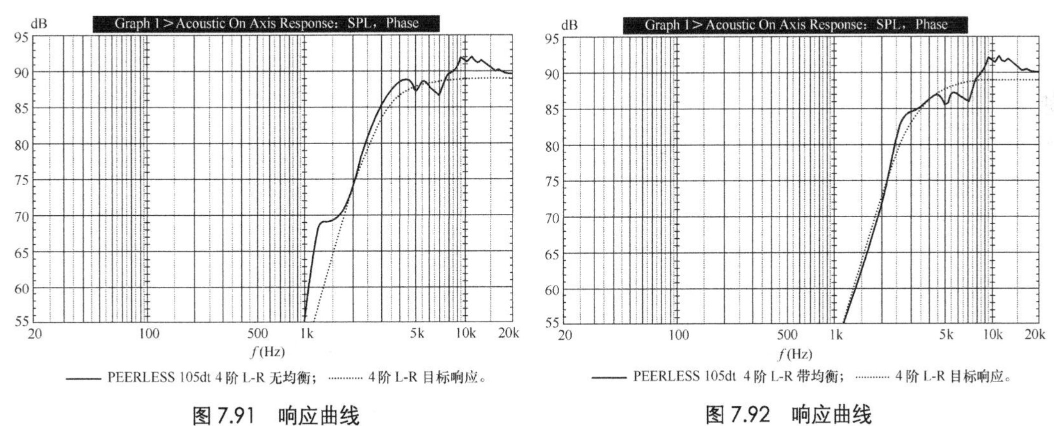

图 7.91　响应曲线　　图 7.92　响应曲线

加上一个简单的 CR 阻抗校正网络，其效果从图 7.93 所示的曲线可以很清楚地看到。在这个例子中，通过削平高频扬声器单元因相互作用出现的响应上升，8～15kHz 的突起问题被消除了。现在这个响应看起来确实不算太差。而图 7.94 所示表明计算机软件对于同样线路的优化作用是相当有用的，使曲线离目标更接近了。

3．高通/低通的合成

图 7.95 所示为这 2 个扬声器单元优化后的响应，表明这是个典型的 L-R 分频器方案，2 个扬声器单元在 3kHz 分频频率处下降 6dB。这两扬声器单元合成后的响应如图 7.96 所示，正如我们所期望的，合成得到了一个相当平坦的响应。如果我们通过将其中一个扬声器单元的相位反转对这个滤波器进行评估，得到图 7.97 所示的结果。反相深谷的中心接近 3kHz 分频频率，而且比较对称。

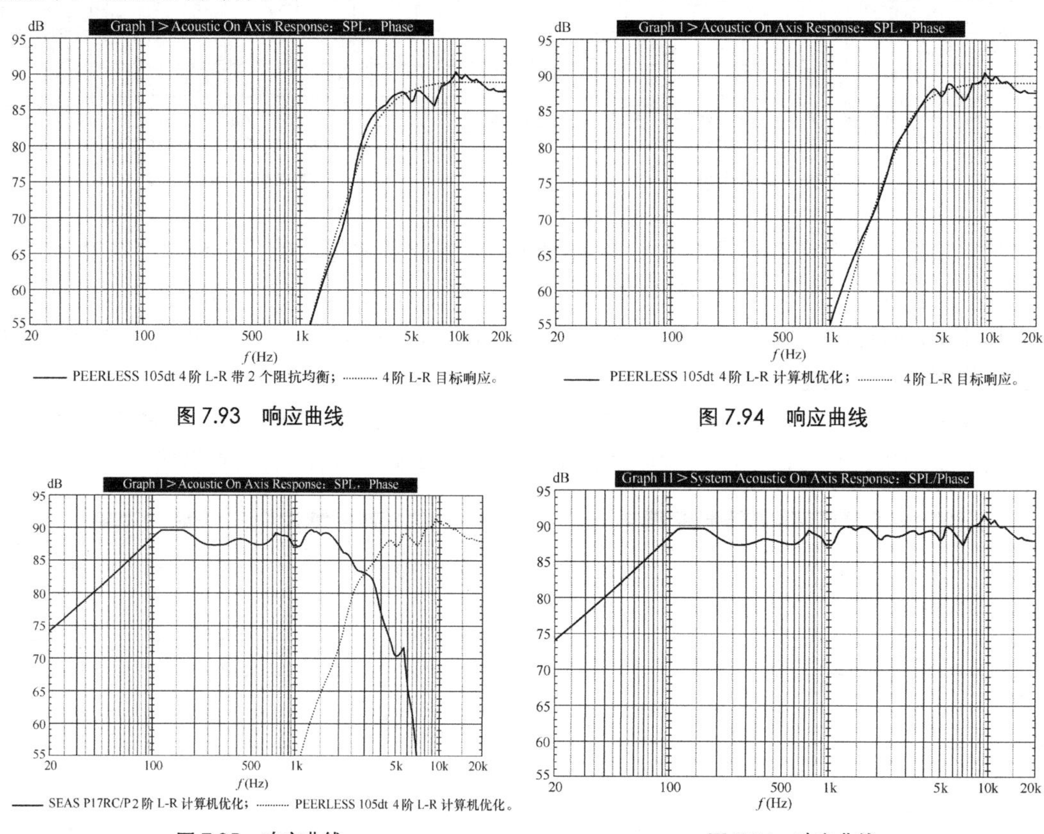

图 7.93　响应曲线

图 7.94　响应曲线

图 7.95　响应曲线

图 7.96　响应曲线

但不幸的是，这个例子到目前为止都是假设 2 只扬声器单元是装在同一个辐射面上，在物理上声波到达的时间是一致的。如果我们把这 2 只扬声器单元像 99%的扬声器那样垂直排列地一个平坦障板上，则会有一个大约 115μs 的延迟，对应于低频扬声器单元和高频扬声器单元辐射平面之间 1.56 英寸的距离。如果把这项参数纳入合成，其结果如图 7.98 所示。这样，现在在分频频率处的响应上出现了一个大幅的凹陷。

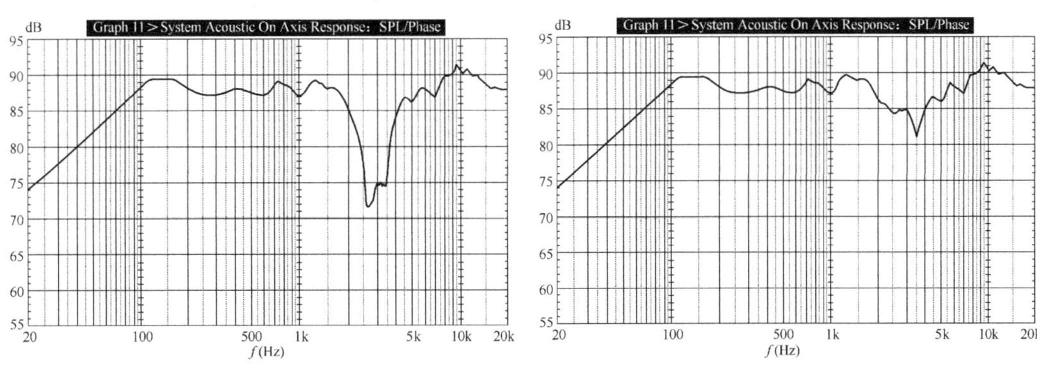

图 7.97 响应曲线　　　　图 7.98 响应曲线

由于这个凹陷相当深，同时也离 3kHz 的分频点不远，反转扬声器单元的相对相位可能可以将响应还原成可接受的曲线。图 7.99 所示表明确实是这样的，又重新成为可接受的平坦响应。

其他重新使相位一致的方法则是改变低通或高通的滤波形状使响应恢复到令人满意的程度。使用 LEAP 优化软件来完成这个目标。在这个例子中，我保持高通滤波器参数不变，而允许更改低通滤波器参数。调整后的低通器响应与未调整的高通响应如图 7.100 所示。新优化的合成响应如图 7.101 所示。反转相位以检查分频器的调准情况，如图 7.102 所示。虽然其曲线不如原先经过扬声器单元时间一致性调整的那么平坦，但在 3kHz 的分频频率上确实有个相当对称的深谷。

哪一个声音听起来最好？答案完全是见人见智的。对于因录音技术及传声器的选择而带有特定倾向的特定节目材料，某一种组合可能听起来更好。不过这种微小差异正是艺术观念的表现。

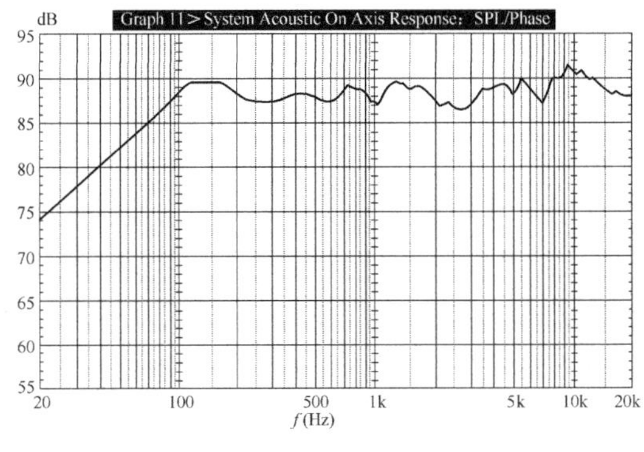

图 7.99 响应曲线

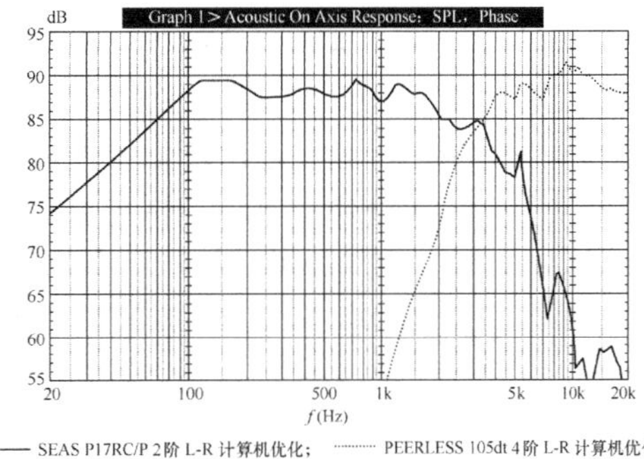

图 7.100 响应曲线

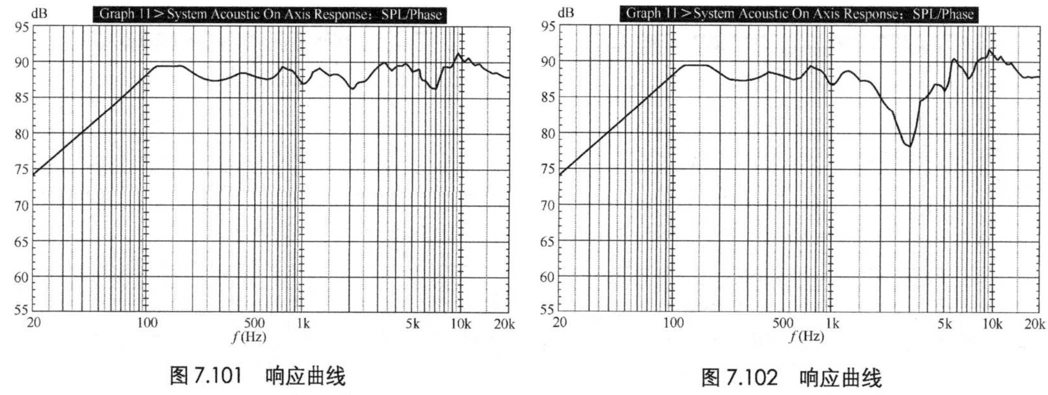

图 7.101　响应曲线　　图 7.102　响应曲线

7.4.5　分频器设计的频率响应测量

扬声器频率响应的测量技术在第 8 章内详细讨论。然而，无论测量方面是怎么样的，以下一些标准也是有帮助的。

就传统而言，设计工作使用的数据是在标准的 1m 距离、轴向并面对聆听位置进行测量的。测量的高度可以考虑放在离地 38 英寸的地方，并将高通和低通扬声器单元之前的中点作为设计轴(对于 3 路扬声器则为高频扬声器与中频扬声器单元之间)。尽管如此，有人建议要在距离音箱 2～3m 的位置进行测量[13]，因为这样比较接近大多数听音室中聆听者到音箱设备的平均距离。如果实验者需要得到可用频率足够低的无反射信号，这种与寻常不同的建议需要一个更接近于消声室的测量环境。但是，这样的测量位置还是相当有用的。

好的功率响应也是很重要的。加拿大国家研究院的 Floyd Toole 领导的研究表明，具有平坦轴向响应以及平坦功率响应是那些一贯被认为具有优良品质的音箱共有的特点[20]。如果设计者选择将分频点放在扬声器单元离轴频率响应快速变化的范围中，离轴响应将具有大幅的响应异常。离轴响应的大幅变化使聆听者感受到的功率响应变差。反射以及混响响应也明显不同于轴向响应，因而通常降低了整体主观音质。

可以通过两项技术避免将不理想的离轴响应放在分频器截止带中，一种方法是避免将分频点设定在扬声器单元离轴响应变动的区域，不过设计者不可能都能避开这个区域，尤其是在 2 路设计中。另一个方法则是在单元的离轴方向设计分频器，不论轴向的情况如何都接受其结果。如果大部分的聆听者是以离轴的情况下聆听音乐，诸如经常见到的“近场(Nearfield)”或录音室监听音箱，此时不妨在距水平 0° 轴 15° ～30° 的方向进行设计，可以得到较佳的整体设计效果。

7.5 扬声器单元负载补偿电路

虽然可以通过反复试验或者计算机软件优化的方法设计出可以对扬声器单元形成的典型负载阻抗进行补偿的分频器，不过利用共轭滤波电路来补偿负载也是一个可行的解决方法。即使你正在使用计算机优化，共轭负载滤波器仍然出现在许多商业设计中。两个比较麻烦的阻抗异常是扬声器单元的谐振峰以及音圈电感引起的电抗上升[21,22]（如图 7.103 所示）。谐振峰可通过串联 LCR 滤波器来校正，在第 7.5.1 节将进行讨论。这种滤波器可应用在任何种类的扬声器单元上：低频扬声器单元、中频扬声器单元或高频扬声器单元。不过如果你想平滑低频谐振可能需要一些大电容与大电感。我们常常可以见到这种 LCR 谐振滤波器用在 3 件套系统的卫星箱 80～100Hz 范围的分频器中。

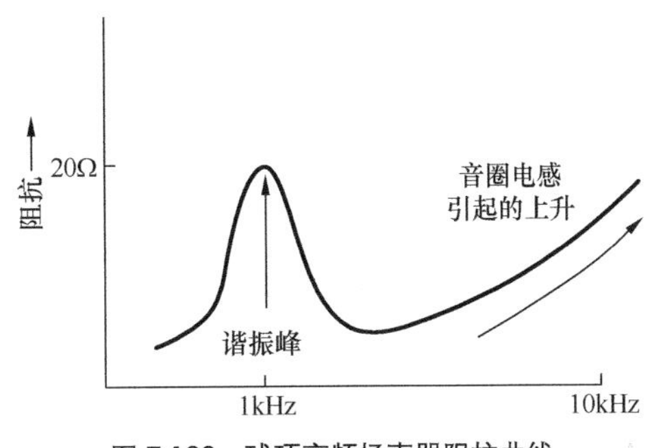

图 7.103　球顶高频扬声器阻抗曲线

如果你需要音圈电感特性的补偿电路，可以使用第 7.5.2 节将描述的简单的 CR 滤波器。这种滤波器一般用于低通低频扬声器单元或中频扬声器单元的滤波器，同时也可应用于高频扬声器单元，以提供平坦延伸至 100kHz 的功率放大器负载，也可以小幅调整高频扬声器单元的高频响应。

7.5.1 串联陷波滤波器

图 7.104 所示的陷波滤波器电路最主要的功能是为了阻尼和消除扬声器单元谐振对分频网络的影响。但如果扬声器单元已经使用磁液处理，谐振就已经得到机械性的阻尼，可能就不会从这种电路中得到什么好处。然而，假设扬声器单元具有未经阻尼的谐振峰，并且峰距

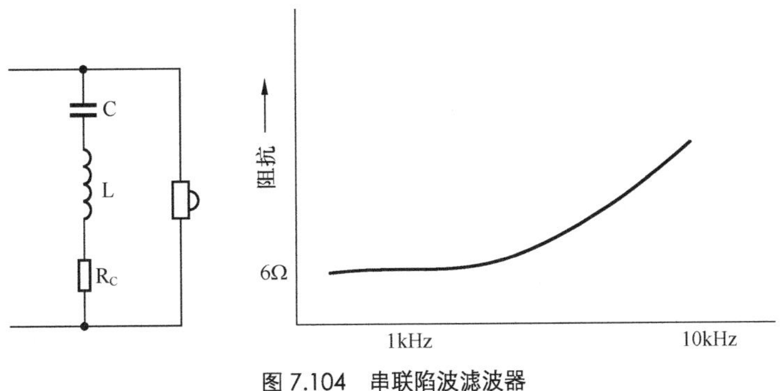

图 7.104　串联陷波滤波器

离高通分频点不到 2oct，这个电路将大幅地改善扬声器单元的性能。这个电路对球顶高频扬声器、球顶中频扬声器以及谐振频率超过 200Hz 的锥形振膜中频扬声器单元来说特别有用。也可以用于谐振频率较低的扬声器单元也可使用，只不过需要用到数值极大的电感。

设计公式

$$C = \frac{0.159\,2}{R_E Q_{es} f_s}$$

$$L = \frac{0.159\,2}{f_s}$$

$$R_c = R_E + \frac{Q_{es} R_E}{Q_{ms}}$$

阻抗幅值

$$Z = R_c^{\ 2} + \left(6.283\,2 fL - \frac{0.159\,2}{fC}\right)^2$$

相位角

$$\theta° = \arctan\left(\frac{6.283\,2L - \dfrac{1}{6.283\,2C}}{R_c}\right)$$

注：R_c 的计算必须包含 L 的直流电阻，或者使用较粗的漆包线绕制电感使直流电阻约等于 R_c。

以下给出一种不需要单元 Q 参数的短路方法

$$C = \frac{0.030\,03}{f}$$

$$L = \frac{0.022\,52}{f^2 C}$$

R_c 约等于扬声器单元的额定阻抗。

可以通过测量扬声器单元结合电路后的阻抗曲线对以上描述的电路进行检查。如果补偿后的阻抗仍然不够平坦，试试每次将 R_c 增加 0.5Ω 直到得到满意的阻抗曲线。

7.5.2 阻抗补偿电路

所有具有音圈的扬声器单元都存在着因音圈电感感抗所造成的阻抗上升现象。为了使中频扬声器单元和低频扬声器单元在低通电路上工作良好，可使用图 7.105 所示的 CR 电路来补偿持续上升的阻抗。这个电路也可以使用在球顶高频扬声器单元，不过一般不是用来方便分频网络的工作，而是为了消除刺耳感以及保证 L 形衰减电路的精确应用。

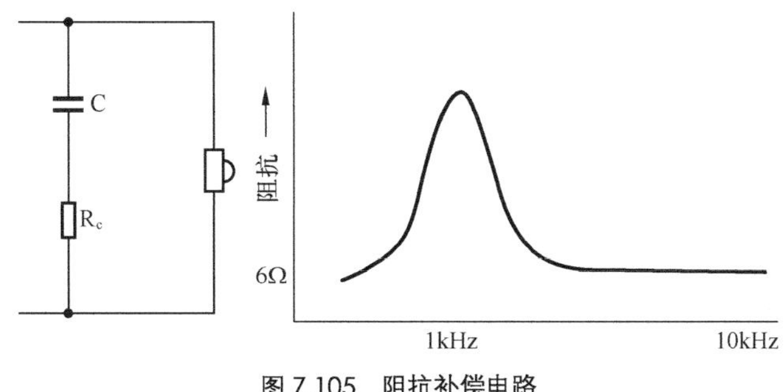

图 7.105 阻抗补偿电路

设计公式

$$C=\frac{L_e}{R_c^2}$$

L_e为单元音圈电感，单位为亨（H）。

$$R_c = 1.25R_E$$

R_c和 C 的值都只是近似值，必须通过实验调整以得到平坦的实测阻抗曲线。

7.6 扬声器单元衰减电路

中频扬声器单元和高频扬声器单元在它们带宽内的效率通常高于大多数低频扬声器单元，也更响亮。为了使特定的扬声器具有统一的整体频率响应，必须调整高频扬声器或者中频扬声器单元的声压输出来配合低频扬声器单元的标称声压级。有几种不同的方法可将电阻加到分频线路中，以达到衰减的目的，每一种方式都对整体频率响应、电路/扬声器单元组合，以及电路的传输函数有不同的影响。有 4 种基本方法可以使用：电路的“功放端”串联电阻（靠近电路的输入端，在所有正极至地线的元件之前）；电路的扬声器单元端串联电阻（在扬声器单元与正极至地线的元件之间）；功放端与扬声器单元端电阻的对称组合（包括不对称组合）；以及平衡 L 形衰减电路（如图 7.106 所示），图 7.107～图 7.114 所示描述了这 4 种扬声器单元衰减方法在典型的高频扬声器高通滤波器（一种 3 阶电路结构）和中频扬声器带通线路中的应用。

由于每一个扬声器单元或多或少具有个体的电抗性质，这些不同方式对扬声器单元整体的声压衰减作用也各不相同。但是，这个简明原则以让你了解这些不同方法是如何应用的以及各种类型是如何与扬声器单元相互作用的。

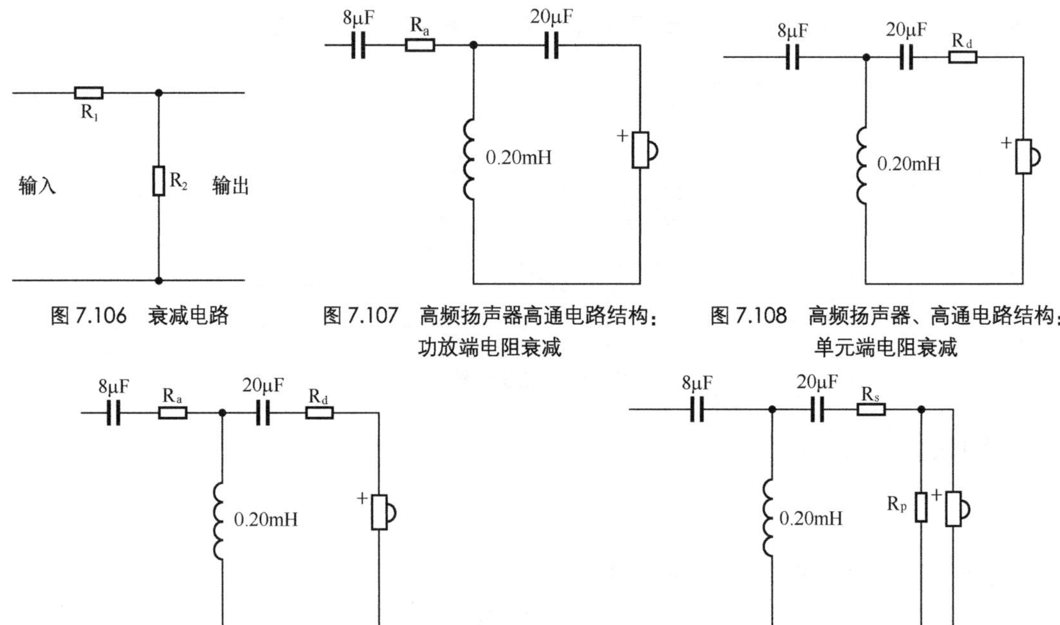

图 7.106　衰减电路

图 7.107　高频扬声器高通电路结构：功放端电阻衰减

图 7.108　高频扬声器、高通电路结构：单元端电阻衰减

图 7.109　高频扬声器高频电路结构：功放/单元端电阻衰减

图 7.110　高频扬声器高通电路结构：L 形电阻衰减

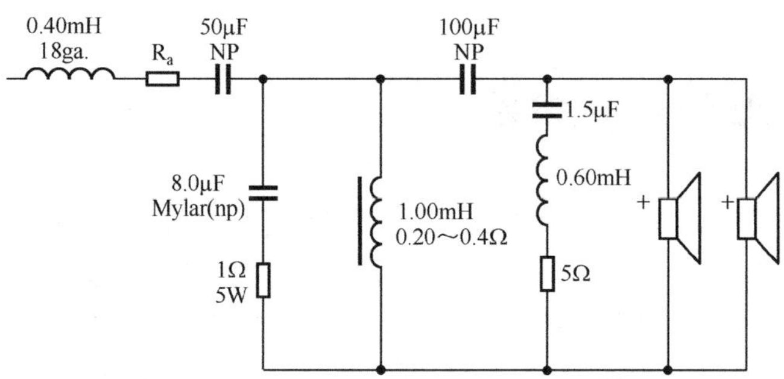

图 7.111　中频扬声器带通电路结构：功放端电阻衰减

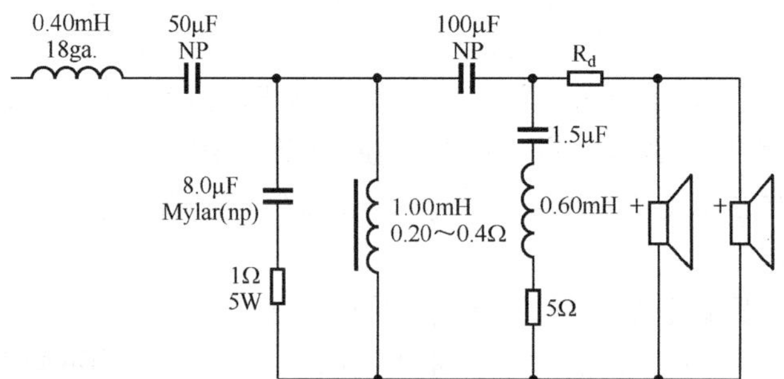

图 7.112　中频扬声器带通电路结构：单元端电阻衰减

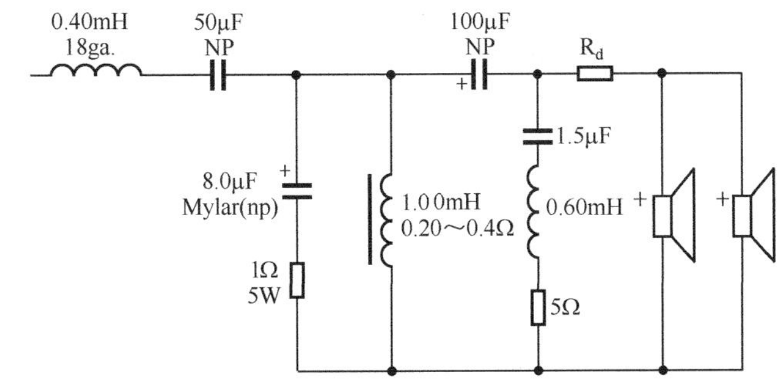

图 7.113　中频扬声器带通电路结构：功放/单元端电阻衰减

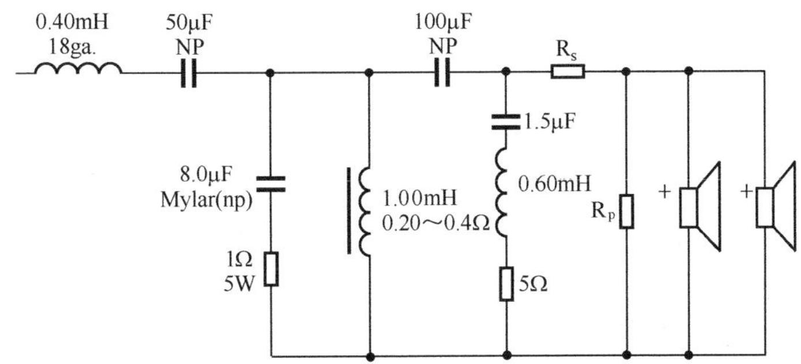

图 7.114　中频扬声器带通电路结构：L 形电阻衰减

1. 功放端衰减电路

（1）高频扬声器高通电路。图 7.115 所示为 1～6Ω 功放端电阻对声压级的影响。图 7.116 和图 7.117 所示分别给出相应的阻抗以及传输函数的变化。这种方法产生了相当平缓，阻尼良好的传输函数，伴随着阻值的增大，阻尼也随之上升。整个带宽内的衰减相当均匀，但与频率多少有点关系，从图 7.118 所示可以看到。这张图中衰减后的响应（6Ω 串联）被移动

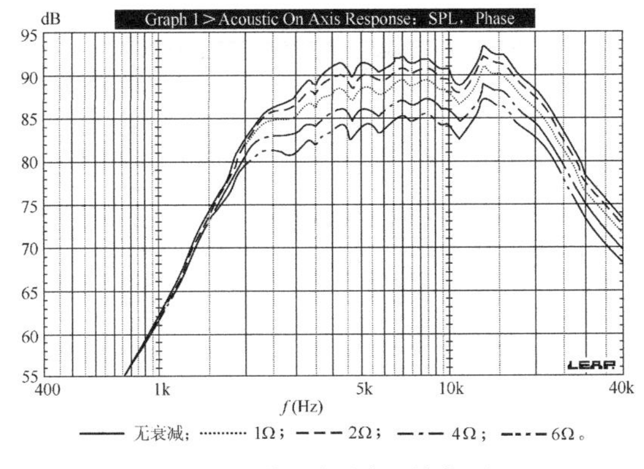

图 7.115　功放端衰减高通的声压级

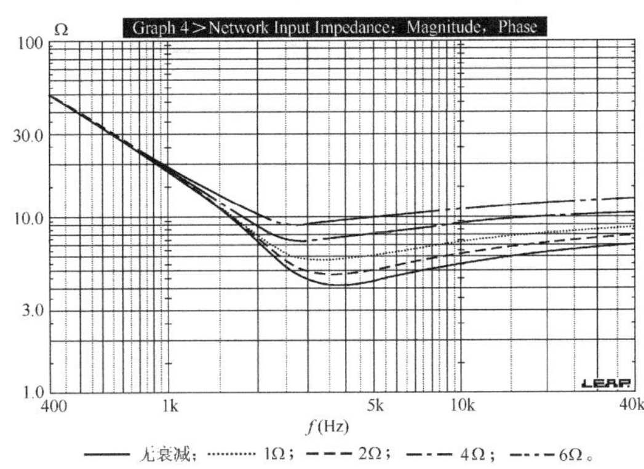

图 7.116　功放端衰减高通的阻抗

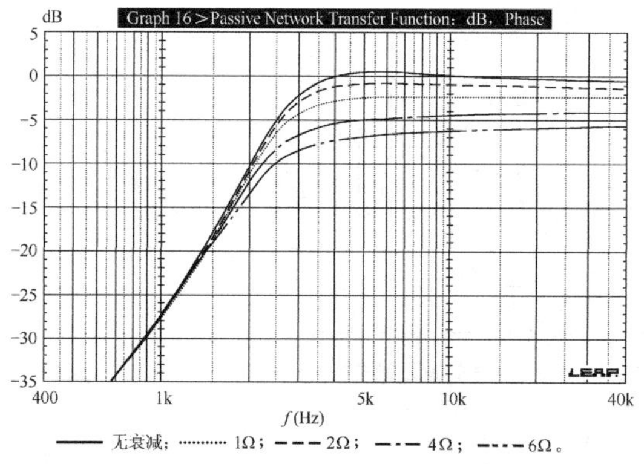

图 7.117　功放端衰减高通的传输函数

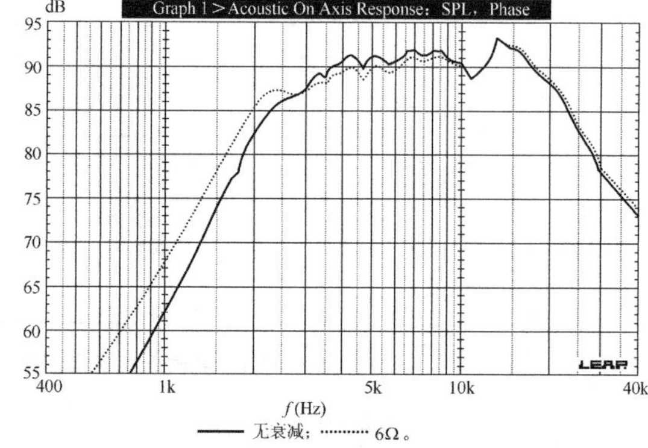

图 7.118　图 7.115 所示 6Ω 衰减（移动后）与未衰减比较

到与未经衰减响应相同的水平。总的来说，这种方法是我在我的顾问事业中为制造商设计音箱时广泛采用的一种。它可以提供良好阻尼的滤波函数，并只有温和的频率决定的响应变化。使用滤波器优化工具，比如 LinearX LEAP 软件，只要简单地固定衰减电阻的阻值，让优化工具改变其他电路元件就能达到目标响应。

（2）中频扬声器带通电路。由于 2 个独立滤波器的相互靠近，带通电路处理起来要困难很多，高低通频率越接近，这个问题越严重。图 7.119 所示给出 1～6Ω 功放端电阻对 SPL 的影响，阻抗如图 7.120 所示，而传输函数如图 7.121 所示。与带有这种衰减类型的高频扬声器单元电路一样，滤波函数得到了很好的阻尼，但是声压级的变化受频率影响的现象也更明显。图 7.122 所示为未经衰减的响应与经过 6Ω 衰减并移动到相同水平的响应的比较。结果是高通响应被抬高，同时低通衰减频率也升高。这比简单的高频扬声器高通滤波更严重，并意味着整个带通必须重新优化才能得到平坦的目标响应。这是一个非常费时且乏味的试验性设计步骤，但如果使用计算机电路优化工具就会比较快速而且轻松。

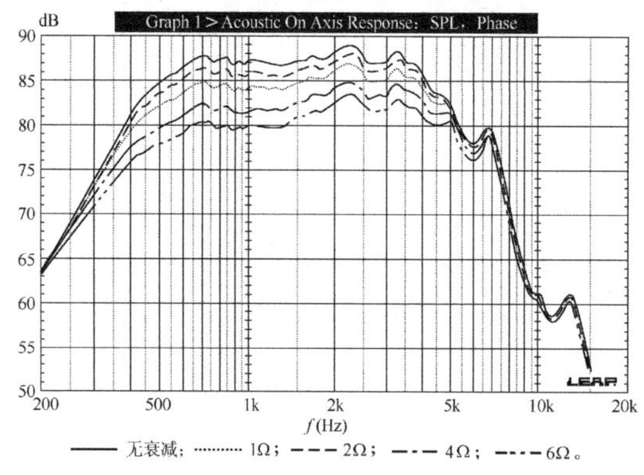

图 7.119　功放端衰减带通的 SPL

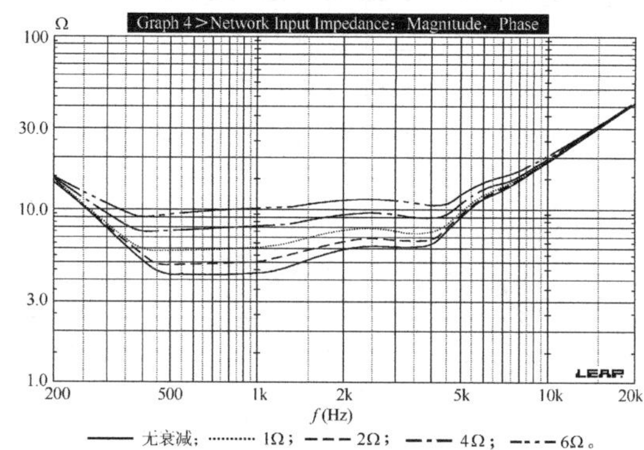

图 7.120　功放端衰减带通的阻抗

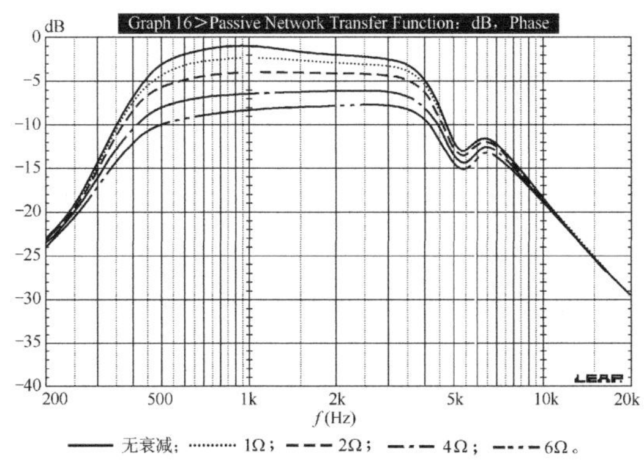

图 7.121　功放端衰减带通的传输函数

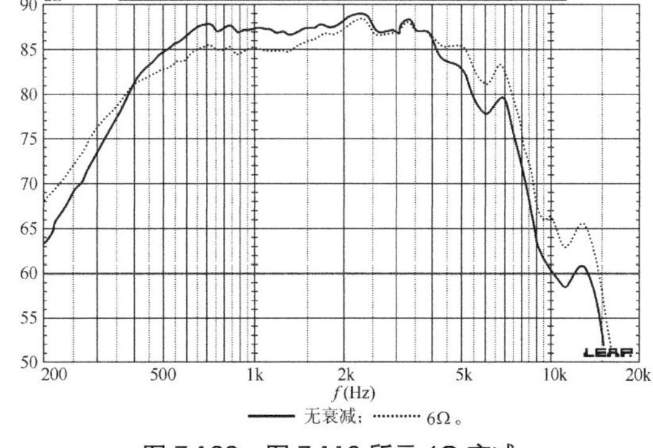

图 7.122　图 7.119 所示 6Ω 衰减（移动后）与未衰减比较

2．扬声器单元端衰减电路

（1）高频扬声器高通电路。把电阻放在接地电感的另一侧，电路的表现完全不同了。图 7.123 所示为 1～6Ω 的这种电阻位置类型的结果，阻抗以及传输函数如图 7.124 和图 7.125 所示。从图 7.123 所示可以明显地看出，当电阻大于 2Ω 时，衰减量严重依赖于频率。在一个双低频扬声器单元的 2 路音箱中，高频扬声器单元只需要衰减 1dB 左右就可以与低频扬声器单元配合，这种电路可以做到，但是在 6Ω 例子中，在滤波器谐振频率处电路阻抗的下降也很明显，确实是降得太低了。与这一频率的阻抗下降相似，传输函数的阻尼逐渐变小，与功放端衰减的情况相反。图 7.126 所示为未经衰减的响应和经 6Ω 衰减并移动到相同水平的例子，频率决定的变化特性可以很明显地看到。在使用这种方法时，非常有必要认真观察阻抗和传输函数的情况。

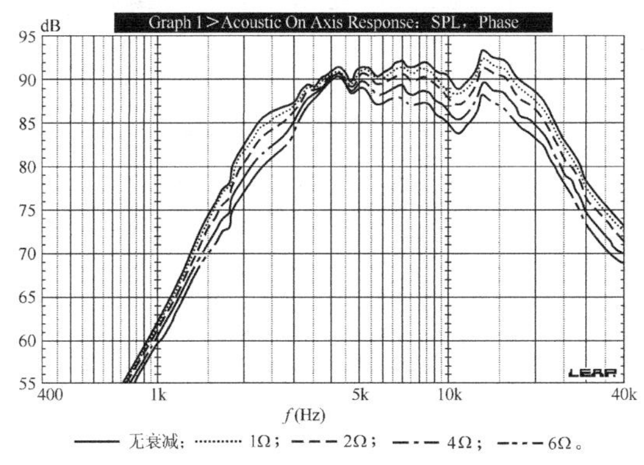

图 7.123　扬声器单元端衰减高通的 SPL

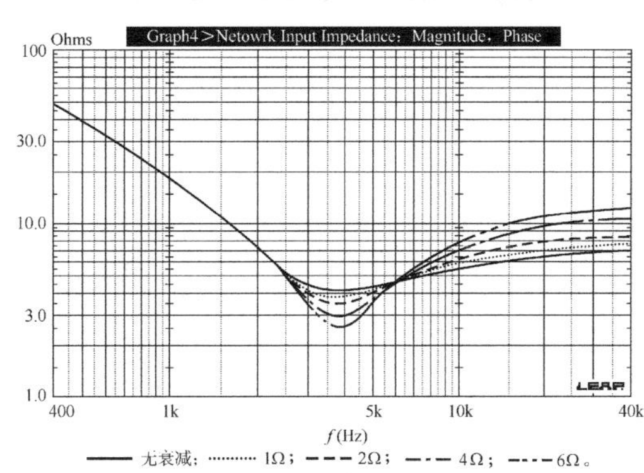

图 7.124　扬声器单元端衰减高通的阻抗

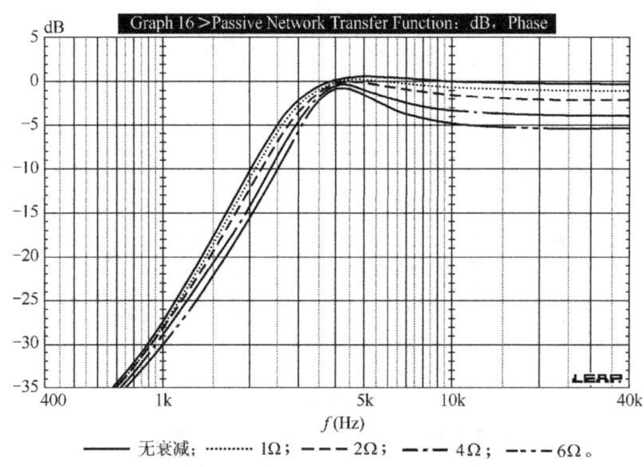

图 7.125　扬声器单元端衰减高通的传输函数

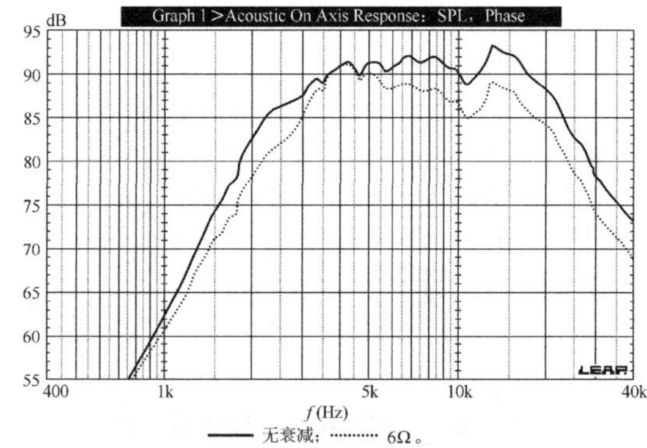

图 7.126　图 7.123 所示 6Ω 衰减（移动后）与未衰减比较

（2）中频扬声器带通电路。扬声器单元端电阻用于带通滤波器的响应变化如图 7.127 所示，这种变化类似于高频扬声器高通，抬高了高通截止频率以上部分的响应，但是由于加上了低通滤波器，通带中部有一个“凹陷”，并在电阻加大时变得更严重。阻抗和传输函数的变化情况也与之相似（如图 7.128 和图 7.129 所示），阻抗在高通分频频率处变得非常低（至少对于这一套 Bravox3.5 英寸低频扬声器单元来说是这样的），而且滤波曲线的膝状拐角逐渐变尖。图 7.130 所示比较了未衰减的和 6Ω 衰减后的扬声器单元响应，其中后者被移动到同一 SPL。结果再次显示在响应上有一个大的凹陷，这将至少需要对高通和低通同时进行重新优化。

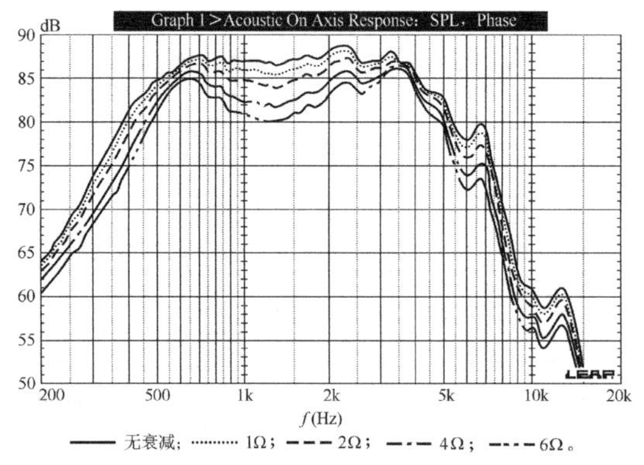

图 7.127　扬声器单元端衰减带通的 SPL

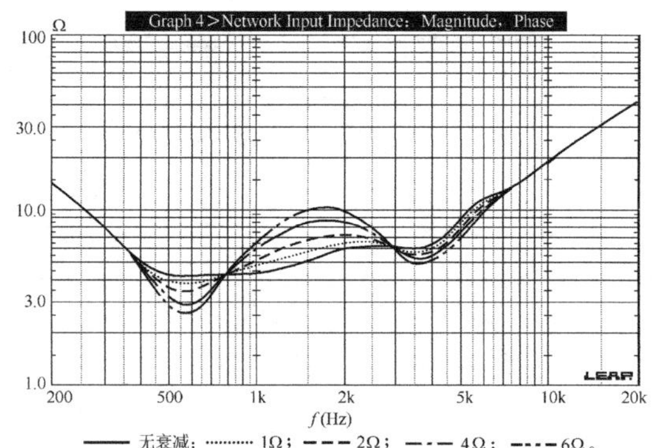

图 7.128　扬声器单元端衰减带通的阻抗

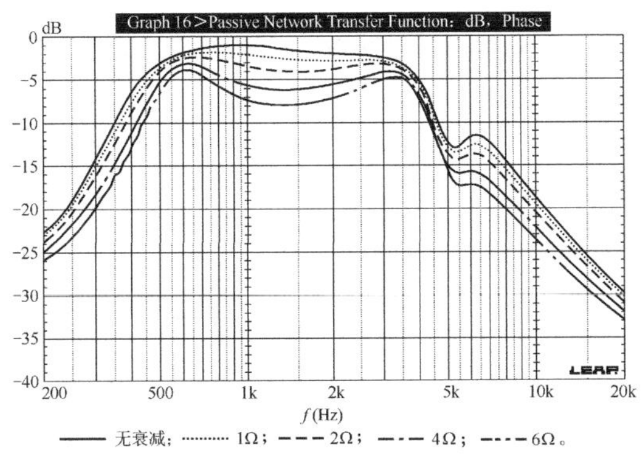

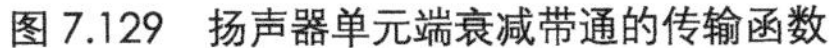

图 7.129　扬声器单元端衰减带通的传输函数

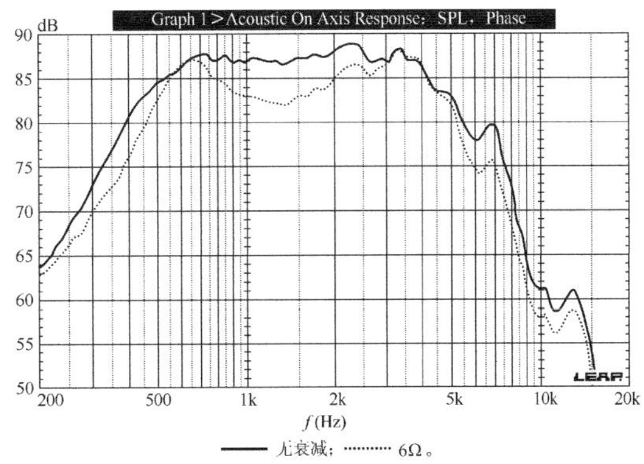

图 7.130　图 7.127 所示 6Ω 衰减（移动后）与未衰减比较

3. 功放端与扬声器单元端对称组合衰减电路

（1）高频扬声器高通电路。放置等值的电阻仅仅是为了提供关于这一方法的基本认识。实际上，这个技术可以用于克服电路阻抗过低的问题，尝试将太低的最小阻抗提高。在这个特定的例子中这一点倒不是问题，但这种方法的确有这个作用。图 7.131 所示为 1～6Ω 的位于电路两端的对称电阻电路的声压级变化情况。它与图 7.115 所示的功放端声压级变化很相似，阻抗和传输函数的变化也类似（如图 7.132 和图 7.133 所示），没有扬声器单元端衰减电路的不良效应。图 7.134 所示比较了未衰减响应与移动后的 6Ω 功放/扬声器单元端对称电阻的衰减响应，结果再次显示了一个由频率决定的特性，但可能可以优化得到更平坦的响应，只要它不会过多地提升电路的 Q（测试结果表明，与高 Q 电路有关的振铃象在某种程度上是可闻的[23]）。

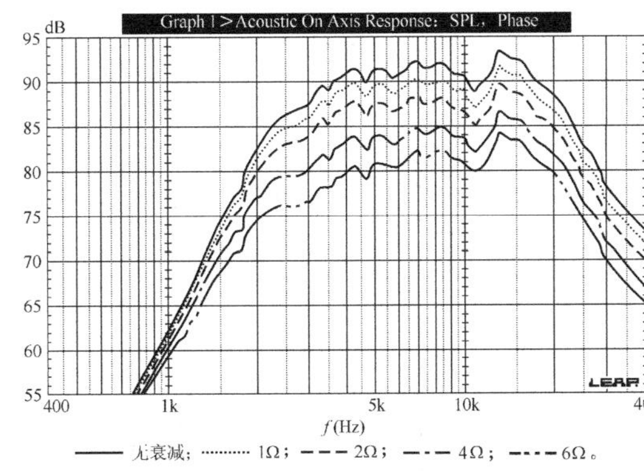

图 7.131　对称“功放/扬声器单元端”衰减高通的 SPL

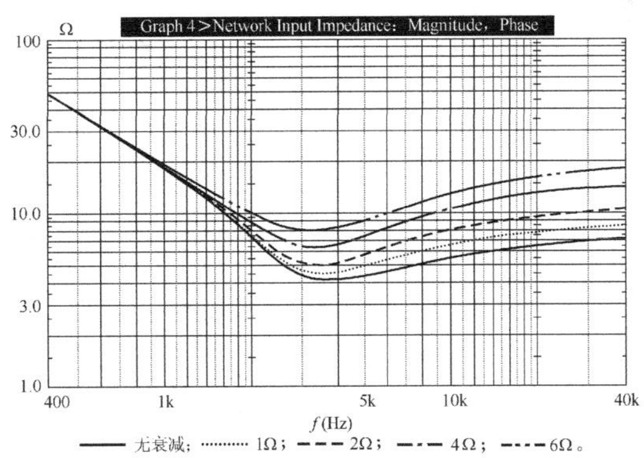

图 7.132　对称“功放/扬声器单元端”衰减高通的阻抗

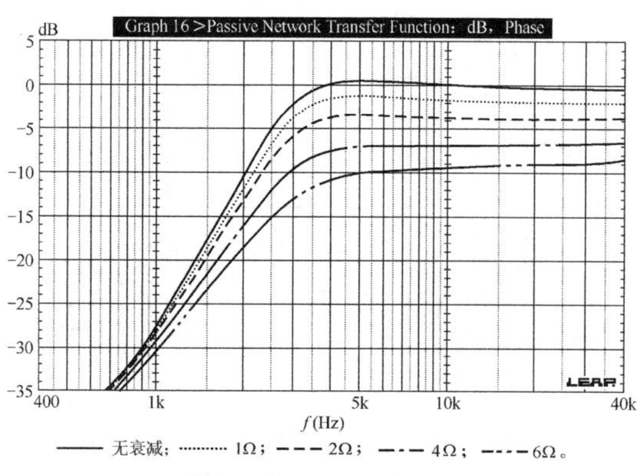

图 7.133　对称“功放/扬声器单元端”衰减高通的传输函数

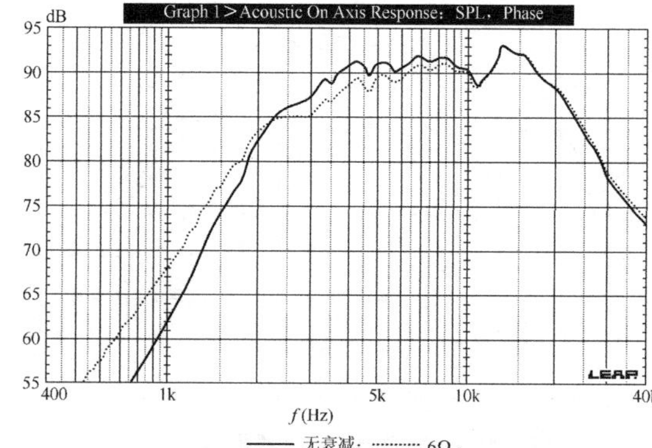

图 7.134　图 7.131 所示 6Ω 衰减（移动后）与未衰减比较

（2）中频扬声器带通电路。使用功放/扬声器单元端电阻引起的响应变化表现为与功放端以及扬声器单元端单电阻声压级类似的结果（如图 7.135 所示）。通带中部的凹陷较不严重，而电路高通端的抬升比较严重。图 7.136 和图 7.137 所示的阻抗和传输函数的变化也与前两种类型相似，可能与功放端电阻方法更相近一些。图 7.138 所示比较了未衰减响应与调整后的双 6Ω 电阻的响应。同样，这种技术可以用于平衡最低阻抗以及调节传输函数的阻尼。还可以用于声压级控制。但是，所有这些方法通常需要对整体电路进行再优化，以补偿衰减电路的与频率相关的效果。

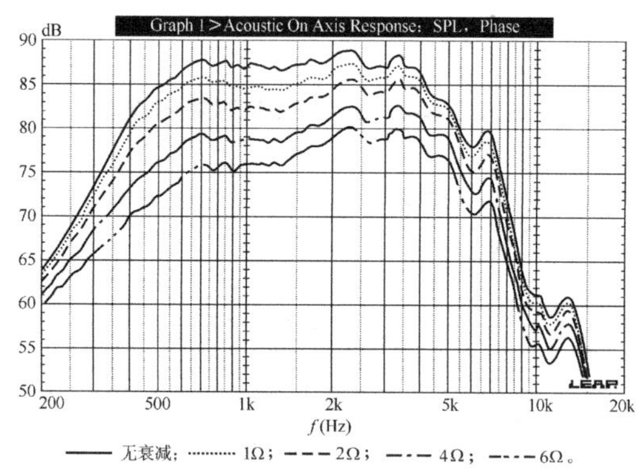

图 7.135　对称“功放/扬声器单元端”衰减带通的 SPL

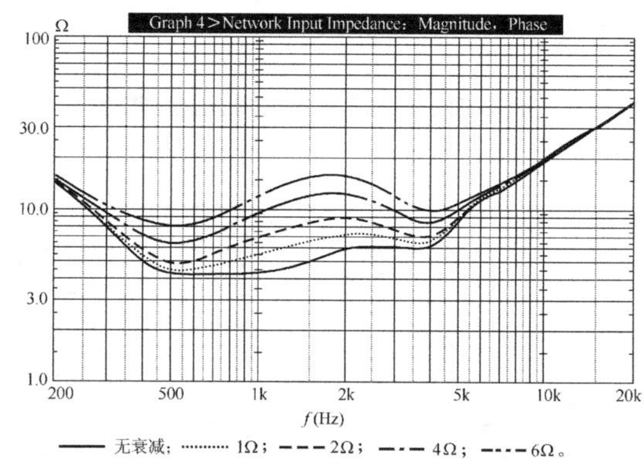

图 7.136　对称“功放/扬声器单元端”衰减带通的阻抗

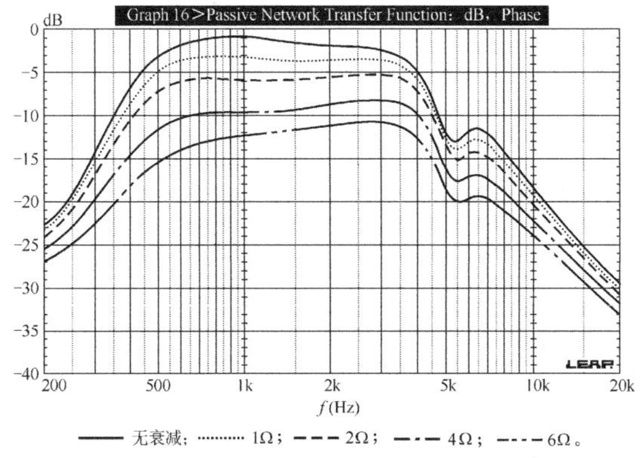

图 7.137　对称“功放/扬声器单元端”衰减带通的传输函数

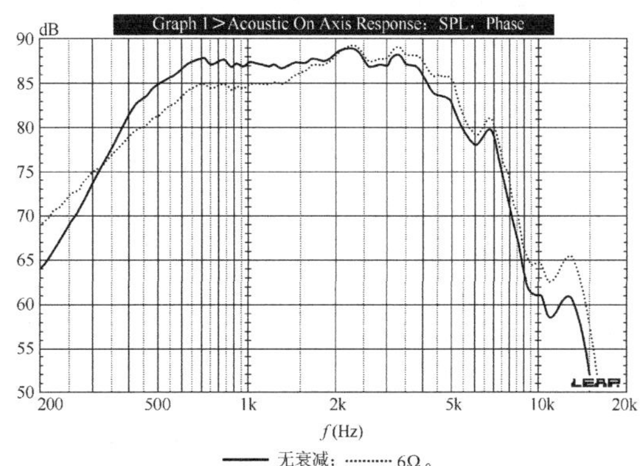

图 7.138　图 7.135 中 6Ω 衰减（移动后）与未衰减比较

4. 功放/扬声器单元端不对称组合衰减电路

（1）高频扬声器高通电路。对分别放在不同位置的总值为 6Ω 的不同不对称组合的效果进行比较。这个比较包括：未衰减的高通、6Ω 放在电路的功放端、不对称的 2Ω 电阻放在功放端和 4Ω 放在扬声器单元端、4Ω 放在功放端 2Ω 放在扬声器单元端，以及为了方便比较，将 2 个 3Ω 分别对称地放于电路的功放/单元端。图 7.139 所示给所有这 4 种电路的比较结果，阻抗和传输函数则显示于图 7.140 和图 7.141。显然，这些方法也可以作为控制响应的一个手段，就像调整滤波器参数那样。将这个方法与高频扬声器电路的重新优化相结合，可以让你了解到调节响应形状的一些可用手段，它们还可以同时地对阻抗和传输函数进行调整。这些在分频网络的设计中都很重要。4 种衰减例子被移到与未衰减的响应相同的水平，如图 7.142 所示进行比较。又一次地，功放端方法产生了阻尼最平缓的传输函数，也是我在设计中最经常采用的一种，除非我需要补偿某种类型的阻抗异常。

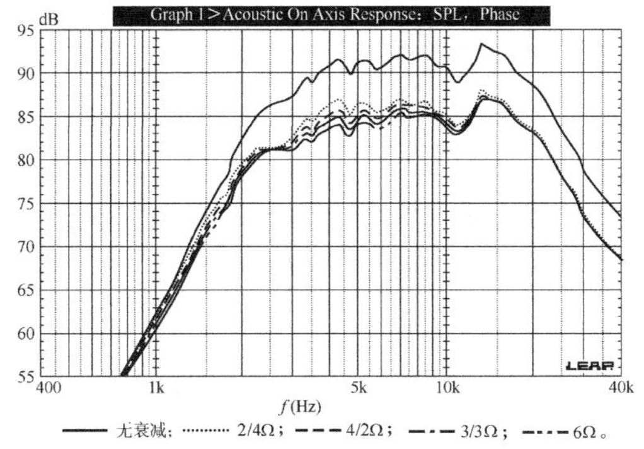

图 7.139　不对称“功放/扬声器单元端”衰减高通的 SPL

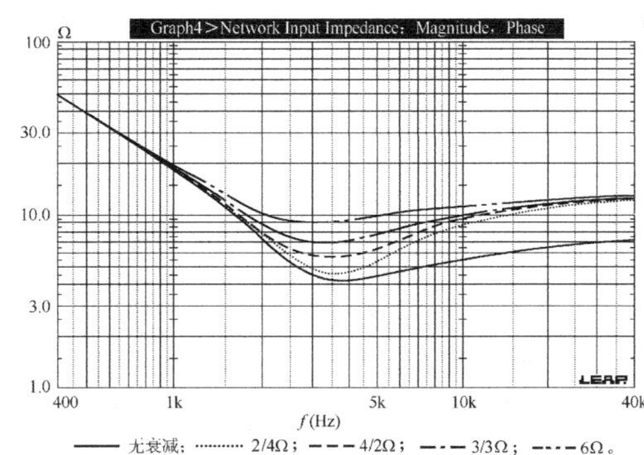

图 7.140　不对称“功放/扬声器单元端”衰减高通的阻抗

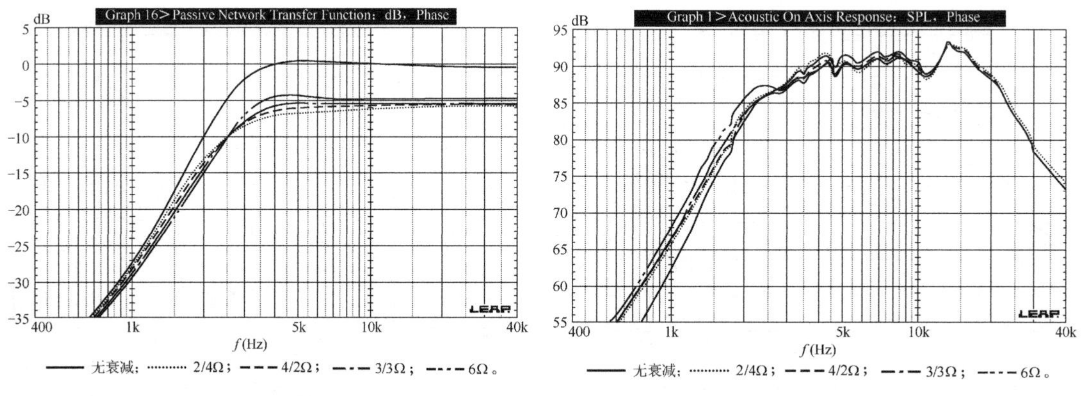

图 7.141 不对称"功放/扬声器单元端"衰减高通的传输函数

图 7.142 图 7.139 所示 4 种不对称衰减（移动后）与未衰减比较

（2）中频扬声器带通电路。这种电路类型的效果可能与高频扬声器高通相似。然而，在带通滤波器中使用不对称的两端衰减可能会同时在高通和低通部分造成膝状拐角（如图 7.143 所示），相应的阻抗和传输函数如图 7.144 和图 7.145 所示。但是所有的衰减方法都造成了某种程度的高通抬升或通带中部的凹陷（如图 7.146 所示），并且伴随着低通输出的增加，因而需要重新优化，无论采用哪一种方法。

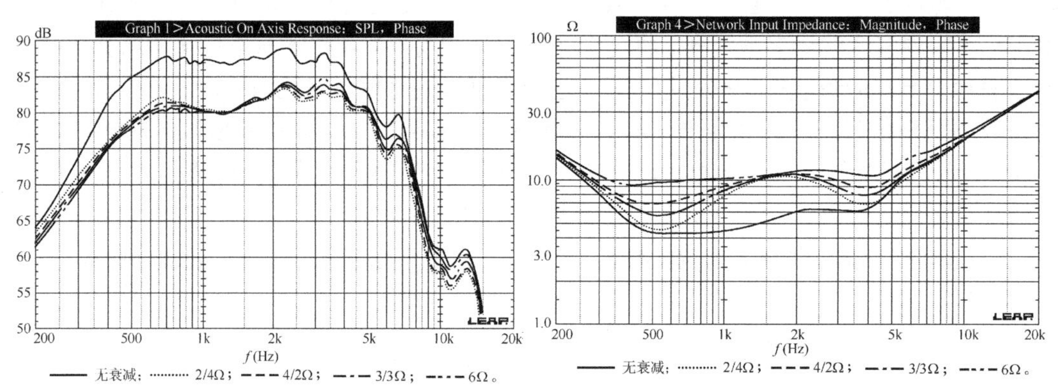

图 7.143 不对称"功放/扬声器单元端"衰减带通的 SPL

图 7.144 不对称"功放/扬声器单元端"衰减带通的阻抗

5. L 形衰减电路

（1）高频扬声器高通电路。L 形衰减电路是做为分频电路的最后一个部件插在扬声器单元之前。这是为了在衰减设备响应的同时，给分频网络提供一个恒定的负载阻抗，也就是说 L 形衰减与串联电阻的方法不同，可以为滤波电路提供一个恒定的阻抗。图 7.147 所示给出使用 L 形电阻电路不同衰减水平的结果。从响应结果中没有发现串联电阻电路所具有的与频率相关的表现，这是这种电路类型最重要的优点。不同衰减水平的阻抗保持在一个恒定的数值，如图 7.148 所示。同样的，传输函数的形状也保持不变（如图 7.149 所示），虽然阻尼不如功放端串联电阻法。图 7.150 所示是对未衰减响应与衰减 12dB 但移动到同一水平的响应进行比较。可以看出，L 形电路没有发生频率相关的漂移。

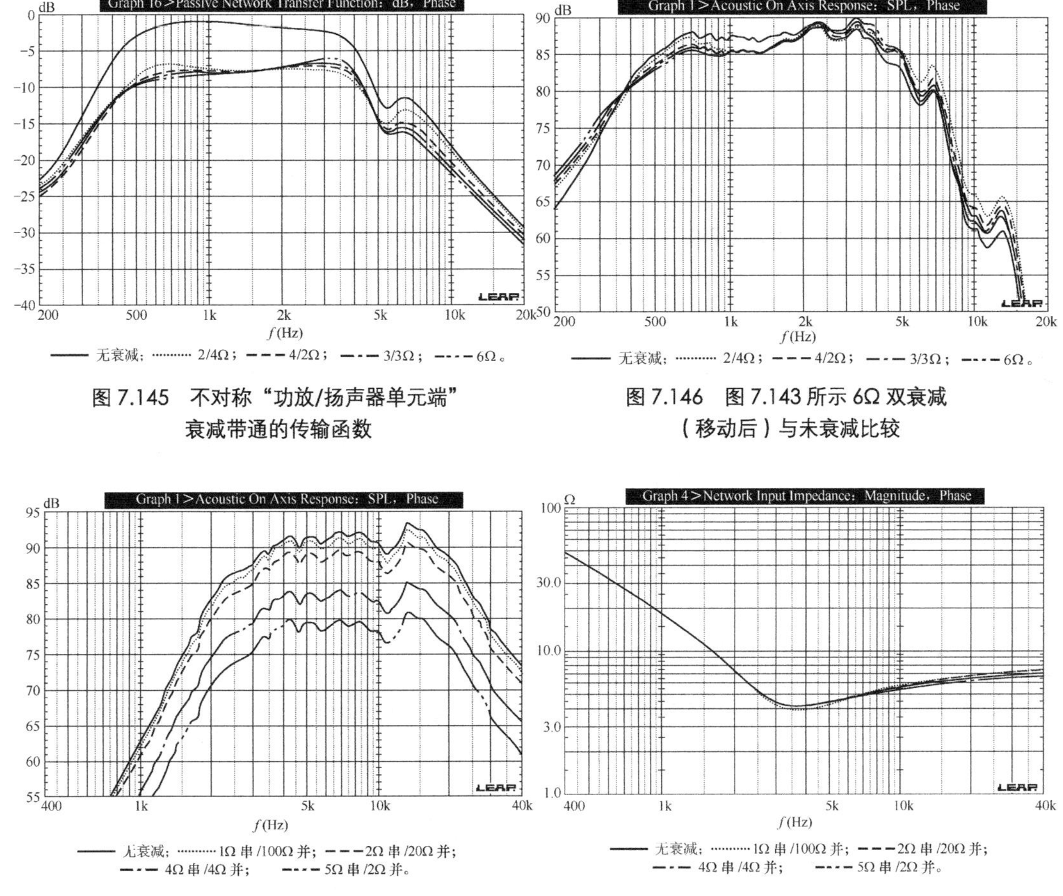

图 7.145　不对称“功放/扬声器单元端”衰减带通的传输函数

图 7.146　图 7.143 所示 6Ω 双衰减（移动后）与未衰减比较

图 7.147　L 形衰减高通的 SPL

图 7.148　L 形衰减高通的阻抗

（2）中频扬声器带通电路。L 形电路与带通电路结合结果并不那么良好，的确表现出一些频率相关的异常。图 7.151 所示为改变衰减水平后响应的变化，通带中部的输出有明显的减少。阻抗和传输函数（如图 7.152 和图 7.153 所示）在衰减量增加时也显示了一些变化。对 −12dB（5/2Ω）衰减并移到同一水平的响应与未衰减的响应进行比较，响应变化的结果如图 7.154 所示。与所有用于带通电路的衰减方法一样，高通/带通滤波器需要重新优化。

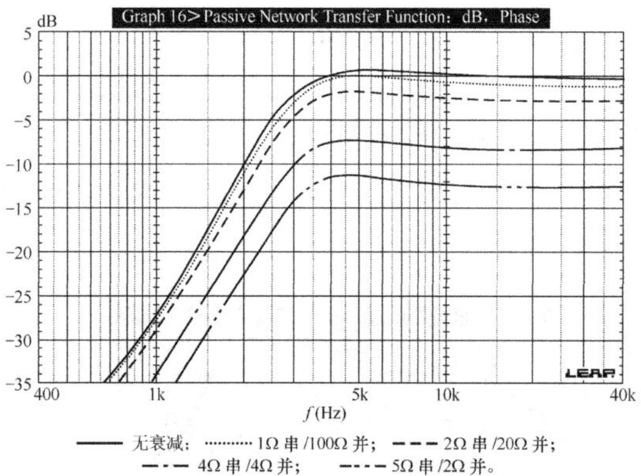

图7.149　L形衰减高通的传输函数

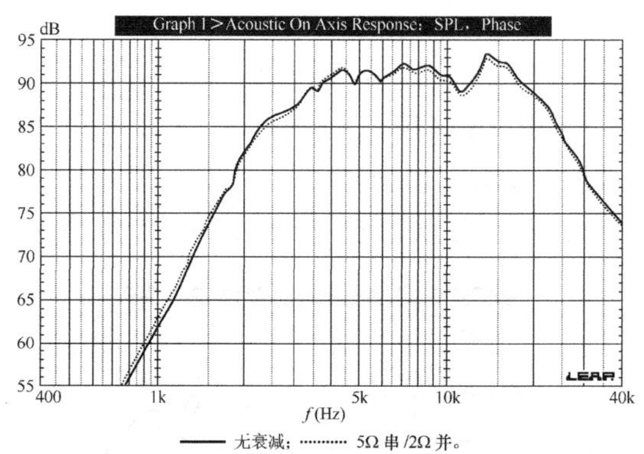

图7.150　图7.147中-12dB L形衰减（移动后）与未衰减比较

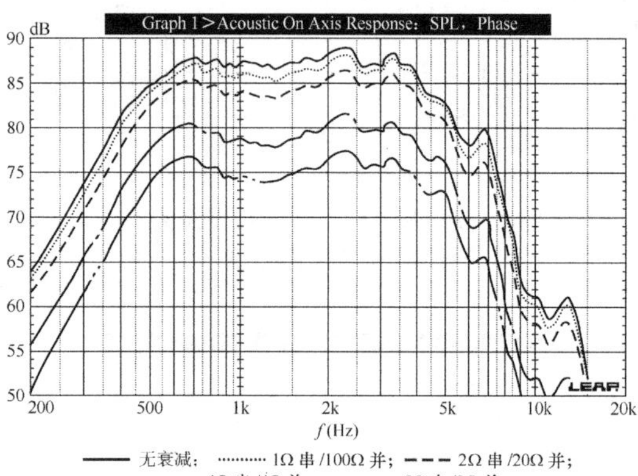

图7.151　L形衰减带通的SPL

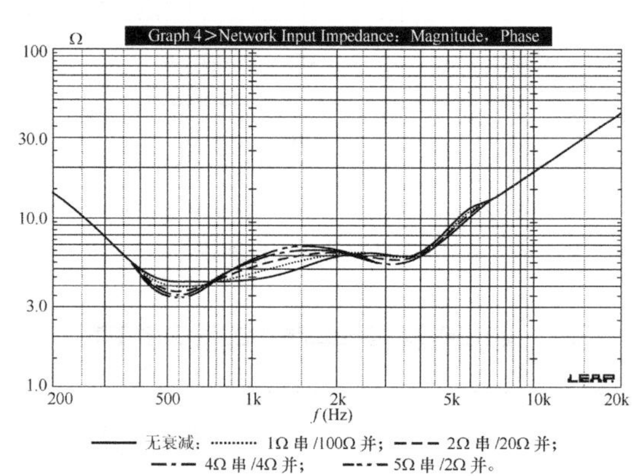

图7.152　L形衰减带通的阻抗

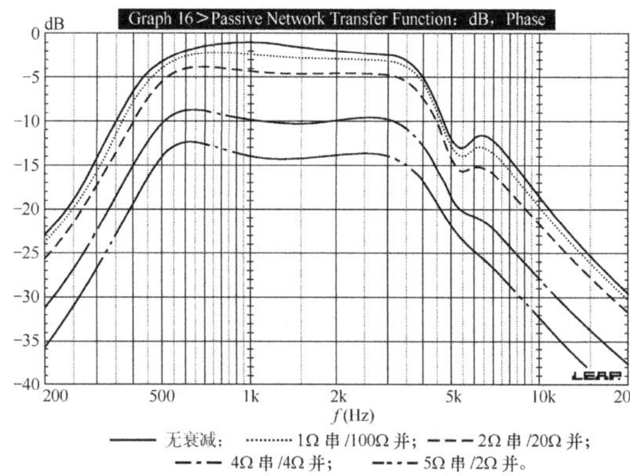

图7.153　L形衰减带通的传输函数

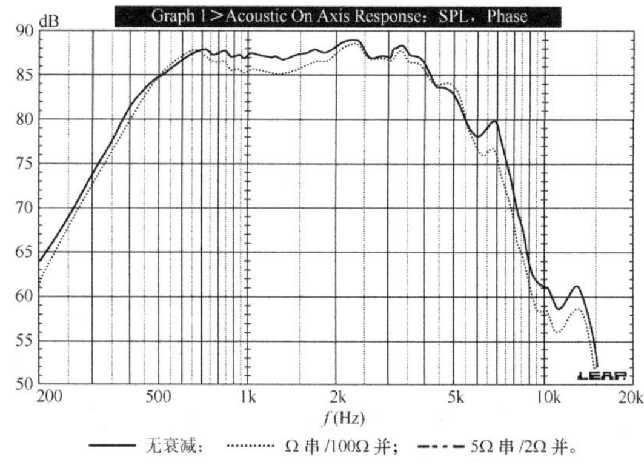

图7.154　图7.151中-12dB L形衰减（移动后）与未衰减比较

L 型电路设计

需要得到或计算以下数据。

（1）每个扬声器单元的额定灵敏度（Ds）*，单位为 dB。

（2）总插入损耗＝功放源电阻+总电感电阻，以 dB 为单位，有

$$R_t = 20\lg\frac{R_m + (R_g + R_L)}{R_m}$$

其中，R_t为总插入损耗，单位为 dB；R_m为单元有效阻抗，包括所有负载补偿电路；R_g为功放源电阻（参见第 8 章）；R_L为测得的电感串联电阻。

（3）带通增益，如果适用的话，单位为 dB（B_g）。

然后，扬声器单元总灵敏度（D_{ts}）为

$$D_{ts} = D_s + B_g - R_t$$

根据这些信息，低频扬声器和中频扬声器以及高频扬声器单元之间的灵敏度差异就容易得到了。

知道了所需的衰减量，你可以使用 2 种类型的衰减电路：或是一个简单的串联电阻，或是一个如图 7.106 所示的 L 形衰减网络。只要根据总的扬声器单元阻抗的增量重新调整了分频网络元件，只用一个电阻就够了。但是这样需要加大电感的规格而造成更多的插入损耗。L 形衰减电路可以在保持扬声器单元最小扬声器单元阻抗的同时进行衰减，只要使用合适的负载补偿电路把扬声器单元阻抗调整到一个恒定水平[24]。

设计公式

$$R_2 = \frac{10^{(A/20)}Z}{1-10^{(A/20)}}$$

$$R_1 = Z - \left(\frac{1}{R_2} + \frac{1}{Z}\right)^{-1}$$

其中，Z为总的扬声器单元阻抗；A为需要的衰减量，单位为−dB（负分贝，例如：−3dB）。

7.7 响应形状调整电路

有 2 种电路可以加在标准的分频网络以及负载补偿滤波器中，用来改变扬声器单元响

*注：制造商提供的扬声器单元灵敏度标称值是 1W/1m 范围的测量结果，并且由于响应异常（比如大多数双层音圈低频扬声器单元常有的在衰减频率附近升高的响应）会导致灵敏度不准确，更精确同时也是更切合实际的方法是使用 1W/1m 频率响应曲线来确定扬声器单元带宽适用部分的灵敏度。

应。这两种电路分别是轮廓调整网络（Contour Network）和并联陷波滤波器，它们通常都要求反复试验才能恰当地应用，但下列信息可以帮助你找出可用的起始值。

1．轮廓调整网络

图 7.155 所示为 2 个简单的 RC 和 RL 电路，可以用来对频率响应的升高趋势进行调整，这种情况有：响应随频率的增加而升高；响应在频率降低时升高（如图 7.156 所示）。

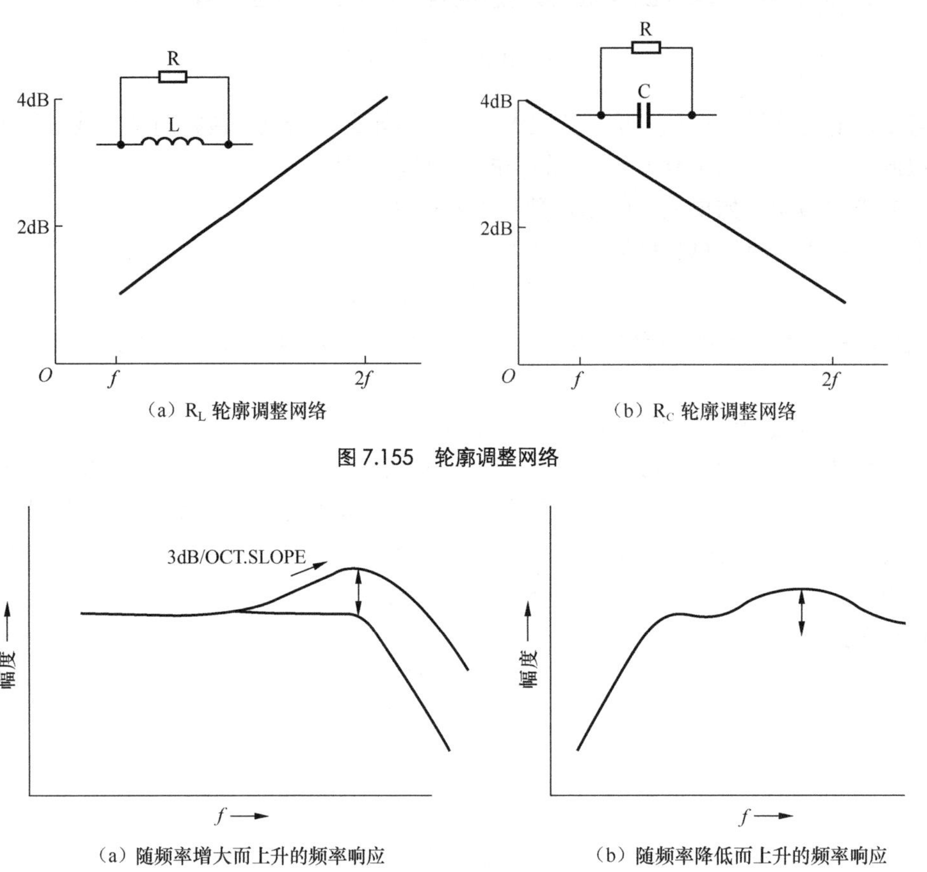

（a）R_L 轮廓调整网络

（b）R_C 轮廓调整网络

图 7.155　轮廓调整网络

（a）随频率增大而上升的频率响应

（b）随频率降低而上升的频率响应

图 7.156　频率响应

设计步骤如下。

（1）确定最小衰减量频率（即响应开始升高的位置）处的元件数值。元件（L 或 C）的电抗确定公式如下。

① 用于 L

$$L=\frac{0.15916}{f}$$

其中，L 为电感，单位为 H；f 为电抗最小的频率。

② 用于 C

$$C = \frac{0.15916}{f}$$

其中，C 为电容，单位为 F；f 为电抗最小的频率。

（2）选择 R 值，使整个电路的复合阻抗等于需要衰减的最大值（或平均值，如果响应的升高趋势不明确），有

$$Z = \frac{RX}{\left(R^2 + X^2\right)^{1/2}}$$

其中，Z 为电路总阻抗；X 为最大衰减频率处的元件电抗（请看 7.2 节的电抗公式）。

（3）以分贝为单位的衰减量为

$$A_t = 20\lg\frac{R_d + Z}{R_d}$$

其中，A_t 为衰减量，单位为 dB；R_d 为总扬声器单元阻抗，包括负载补偿电路。

例如，用①来处理一个响应升高问题：从大约 250Hz 到 5kHz 升高了 10dB。

$$L = \frac{0.15916}{250} = 0.6(\text{mH})$$

0.63mH 在 5kHz 处的电抗为 20Ω。表 7.1 给出不同 R 值的衰减量。

表 7.1　　轮廓调整示示例

R（Ω）	A_t（dB）
25	10.6
20	10.0
15	9.0
10	7.5
5	4.8

很难给这种类型的滤波器制定一个不可违背的规则，因此，反复试验又是一个重要的步骤。在给分频网络测量阻抗时要记得把这个轮廓调整电路包含在内，这一点很重要。

2．并联陷波电路

可以用图 7.157 所示的电路去掉大范围的突起。图中的频率响应曲线显示这种滤波器的一个典型应用情况。

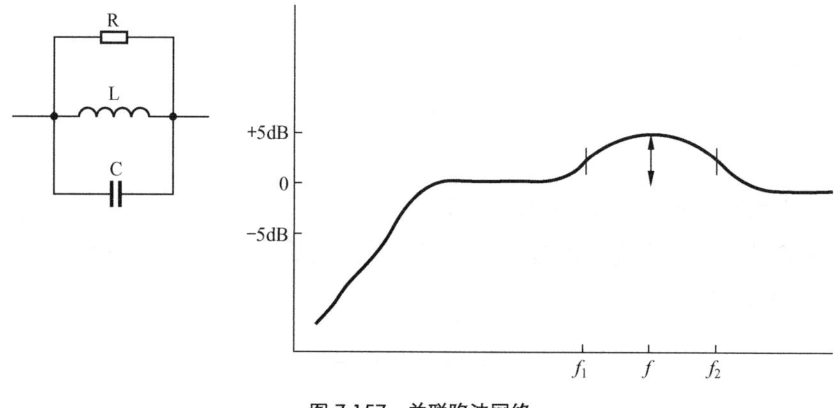

图 7.157　并联陷波网络

设计步骤如下。

确定峰的中心频率 f，以及它的幅度，以 dB 为单位。同时确定−3dB 频率 f_1 和 f_2，然后有

$$C=\frac{0.030\,03}{f}\text{，单位为 F}$$

$$L=\frac{0.022\,52}{f^2C}\text{，单位为 H}$$

$$R=\frac{1}{6.283\,2CB}$$

$$B=-3\text{dB 带宽}(f_1-f_2)$$

电路阻抗按下式计算

$$Z=\frac{1}{\left[\frac{1}{R^2}+\left(\frac{1}{6.283\,2fC}-6.283\,2fC\right)^2\right]^{1/2}}$$

总衰减 dB 数为

$$A_t=20\lg\frac{R_d+Z}{R_d}$$

相位角，单位为°，通过下式给出

$$\theta_O=\arctan R\left(\frac{1}{6.283\,2fL}-6.283\,2fC\right)$$

不幸的是，并联陷波滤波器不像串联陷波滤波器那样容易从设计公式得到。这个电路中电感部分的直流电阻会使并联滤波器变成一个串并联滤波器。同样地，不同种类电容的损耗

因数（Dissipation Factor）也会影响最终的性能（聚酯和聚丙烯电容可以得到与电解电容不同的结果）。由于这是不可避免的，最好的办法是从计算得到的数值开始，使电感的 DCR 最小，然后选择性地加大 *R* 的值，直到达到所需的效果［加大 *R* 的值将减小凹陷的深度或者陷波器的 *Q*（译注：原文为“加大 *R* 的值将增大……”)］，加大上述公式中的 *L*/*C* 比率，将形成一个相当窄的滤波形状（高 *Q*)，可以用于处理大多数的“尖峰”，如果要处理一个跨度超过 2oct 的突起，需要一个大范围的滤波形状，使用较大的 *C* 值和适当减小的 *L* 值（译注：原文中关于 *L*、*C* 比率以及 *C* 值、*L* 值的描述与此译文相反)。由于 *LC* 的积与从公式得到的数值相等，电路的谐振频率将保持不变。相反地，如果想要得到一个更窄的形状，减小 *C* 值并加大 *L* 值(译注：原文为“增大 *C* 值并减小 *L* 值”)。Daivd Weem 发表在《Speaker Builder》2/86 的文章“Notch Filter（陷波滤波器)”，对这种情况做了精彩的图解。但是这些图表只能做为相对的参考，因为没有说明所用的电感的 DCR 和电容的损耗因数。

7.8 分频网络电感

有两种电感广泛地用在扬声器分频器中，分别是空芯电感和铁芯感。铁芯电感使用变压器叠片或不同形状的铁氧体作为磁芯，通常只在低串联电阻的大数值空芯电感无法得到时使用。使用铁芯电感代表着一种妥协，因为铁芯电感的饱和倾向以及在高工作功率下往往引起失真。在需要大电感值的情况下，双功放推动（Bi-Amping）的超低频扬声器分频成为一种有吸引力的替代方案。然而，就像下面将要讨论的，如果可以接受较大的物理尺寸，应当使用大的低内阻空芯电感。

如果可以使用合适的工具，比如绕线机（最好是电动的）和阻抗电桥，对于音箱个人制作者来说空芯电感多少是可行的。如果没有这些工具，可能最好去购买预绕制，并测量好的电感。对于手工绕过数千个电感的我来说，一想到手工绕制就觉得恐怖。但如果你有耐心，没有绕线机当然也是可以做到的。但这些电感必须经过测量（如同所有分频元件，在组装前应当经过测量)。

Thiele 介绍的设计方法[25,26]确立了电感的物理尺寸与分频频率处电抗时间常数(Reactive Time Constant）的关系，而不是只与电感有关。结果是电感常常要比通常在扬声器产品中看到的更大，其 DCR 需要经过优化，使它引起的扬声器单元 *Q* 的变化尽可能小。一个很好的经验法则是将电感 DCR 控制在音圈 DCR 的 1/10 以内（例如，音圈 DCR 为 7Ω 时，电感的 DCR 不超过 0.7Ω）[27]。

对于以下的计算，电感 DCR 通常人为设定为分频频率处扬声器单元负载阻抗值的 1/20(包括阻抗补偿电路)。Thiele 通过推导认为这是一个不会对扬声器单元 *Q* 造成不良影响的数值。

对于一个 8Ω 扬声器单元来说，大约是 0.4Ω；对于 4Ω 扬声器单元，将是 0.2Ω，依此类推。

有两种电感形状都是好用的，取决于具体情况。（A）型通常对于各种应用都适合，除了有时骨架特别小的小值、高频分频电感。（B）型适合制作骨架尺寸较小的小值电感。图 7.158 所示为 2 种电感都适用的基本结构。

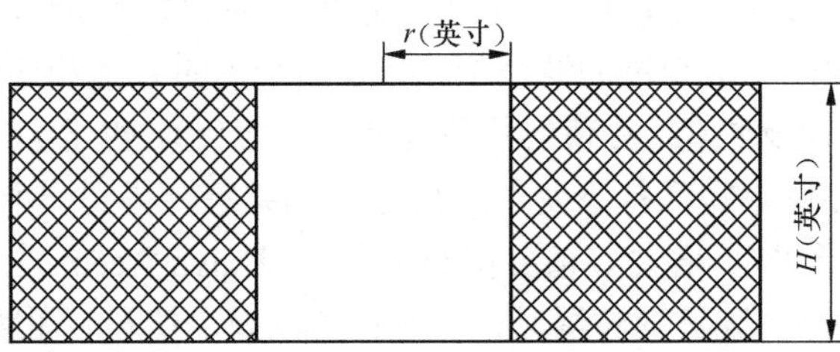

图 7.158　空芯电感

R 为所需的电感 DCR；*H* 为骨架高度，单位为英寸；*D* 为导线直径；*L* 为电感，单位为 mH(6.5mH = 6 500μH)；*N* 为所需的绕数；*r* 为骨架直径。

（A）

$$r = H$$

$$H = \left(\frac{L}{5\,590R}\right)^{1/2}$$

$$N = 3.94\left(\frac{L}{H}\right)^{1/2}$$

$$d = \frac{0.841H}{\sqrt{N}}$$

（B）

$$r = 2H$$

$$H = \left(\frac{L}{6\,170R}\right)^{1/2}$$

$$N = 2.61\left(\frac{L}{H}\right)^{1/2}$$

$$d = \frac{0.738H}{\sqrt{N}}$$

使用表 7.2 将导线直径转换成线的号数（Wire Gauge，或称线规），选择最接近计算线径的线规号数。顺便说一句，如果你从未购买过用于绕制电感线圈的铜线，可以从销售电机线圈部件的商店批量购买。

表 7.2　　铜线线规尺寸

导线直径（英寸）	号数	Ω/1 000 英尺
0.101 90	10	0.998 9
0.090 74	11	1.260
0.080 81	12	1.588
0.071 96	13	2.003
0.064 08	14	2.525
0.057 07	15	3.184
0.050 82	16	4.016
0.045 26	17	5.064
0.040 30	18	6.385
0.035 89	19	8.051
0.031 96	20	10.150
0.028 45	21	12.800
0.025 35	22	16.140
0.022 57	23	20.360
0.021 00	24	25.670
0.017 90	25	32.370
0.015 94	26	40.810

当你围绕着 r 值寻找一个可行的骨架尺寸时（比如将 r 从计算的结果的 0.46 英寸调整到 0.5 英寸），所需的绕数也将改变。如果希望绕一个比较接近下一个规格的尺寸，使用 N 作为目标值，绕完后测量电感值，然后通过加减绕数进行调整。

如果需要使用大规格导线时，比如 12 号或 10 号，可以使用多股较小号的导线绕制。表 7.3 给出多股较小号导线的近似等效线规。

表 7.3　　多股卷绕等效线规

导线股数	号数	等效线规
2	18	15
3	18	13
4	18	12
2	16	13
3	16	11
4	16	10

例如，一个 4mH，DCR 为 0.4Ω 的电感将具有如下参数：$H = 1.33$ 英寸；$r = 1.33$ 英寸；$N = 216$ 圈；$d = 0.076\ 63$ 英寸或 12 号，或 4 股 18 号。

电感应当用尼龙线绑紧并浸入导线漆（如 Glyptol）使之稳定。

在决定电感在一个分频电路板上的物理位置时，将它们尽可能地分开放置，并互相成 90° 角安装（如图 7.159 所示）。如果保持到少 3 英寸的间隔并以正确的角度安装，就可以避免分频器不同部分之间的磁耦合[28]。

由于物理尺寸的限制，具有可接受的低 DCR 的高 Q 甚至是中等 Q 的大空芯电感并非都是可行的，因此铁芯电感就成为更符合要求也更现实的选择。空芯电感不会饱和并具有非常低的失真，但事实上所有的铁芯电感都会饱和并产生较高水平的失真，并且在一定程度上具有相对与输入电压的非线性[27,29~31]。然而，不同类型的电感芯之间有非常大的差异，对于常见类型的电感芯，按照线性、失真和 Q 排列如下：MPP（铁镍钼）磁环、铁骨架（有许多类型，有些很好，有些不怎么样）、叠层芯、铁氧体芯（棒状或骨架）。

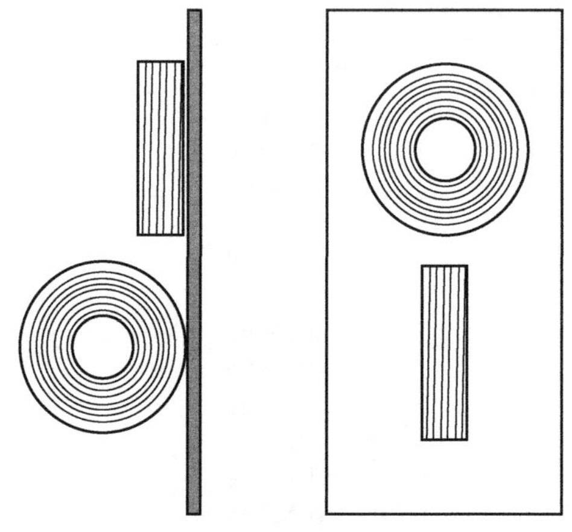

图 7.159　电感的正确安装

在这些类型中，MPP 磁环与电压变化的线性度最高，也是最昂贵的，通常只能订做。就线性和失真来说，铁骨架次之，但用于做为芯材料的元件种类很多，具有很不一样的结果。高 Q 叠层芯不是最佳的，但总体上来说这种类型工作性能良好，被广泛用于扬声器生产。制造商所用的典型方案是应用较低 Q 的线圈设计，这种设计的电感长度超过卷绕高度数倍，所以可以低卧地装在分频器电路板上。这些电感的性能可以得到大幅的提升，通过使用 Q 值最佳的卷绕方式（相等的深度和卷绕高度），以及使用长度至少超出线圈一个芯的高度的棒状叠层铁芯。我制作了这种类型的叠层铁芯，用在 SRA（Speaker Research Associates，音箱研究协会）音箱 I 中，它曾在 1978 年的 CES 中展出。这款音箱是一个使用 10 英寸低频声器单元和 100Hz 被动分频器的 3 路音箱，分别使用 16 号导线和“I”形变压器铁芯制作线圈和铁芯。这个分频器听起来非常好，与采用双功放推动的同一系统相比毫不逊色。我也看到一些制造商的产品采用了这种设计的叠层铁芯电感（最大 Q 值的线圈绕法），比如我在《Speaker Builder》，3/93 上评述过的 PSB Mini Stratus。最后一类是铁氧体棒或骨架，通常具有更高的失真，在它们失真时表现比较差。虽然我不会在我的顾问业务中向厂商客户建议使用这种类型，但它们很长时间以来都是一种非常受欢迎的电感，也用在大量的英国扬声器中（Rogers LS35A 使用铁氧体棒铁芯）。

7.8.1　分频网络中的电容

电容种类的选择通常由损耗因数、价格两方面的考虑来决定。这通常意味着在中、高频扬声器部分，20μF 及以下数值的电容使用薄膜（比如聚酯和聚丙烯）电容，而在其他应用中使用无极电解电容。这并不是一个不可违背的规则，因为一些高质量的无极电解电容对于大多数应用来说都已足够。不过，由于多数容易买到的为扬声器设计而生产的无极电解电容大多是中等质量的亚洲产品，所以它们并不常用。提高这些廉价无极电容的音质的一个方法是给它们并联一个小值（0.1～1μF）聚丙烯电容。另一个方法是将多个小值电容并联使用，而不是使用单个大数值的电容。使用这种方法时，电阻和电感成分也被并联在一起，因而这种元件的电阻和电感净效应就小于单个大电容。

然而时间长了以后无极电解电容往往不如固体薄膜电容稳定[32]。一定要注意到，电容（以及电感）应当在它们起作用的频率上测量。如果可以使用诸如 LinearX LMS 或一个可选择发生器频率的电感电桥（相对于标准的 1kHz 固定型电桥而言），分频元件应当在具体的高通或低通网络的截止频率（或陷波滤波器的工作频率）和分频网络截止带内的一个倍频程处进行测量。

7.8.2 扬声器单元带宽与分频频率

分频频率主要由所用的扬声器单元的可用带宽决定。对于中频扬声器单元和高频扬声器单元来说，低端极限是由谐振频率决定。因此，这两种类型的扬声器单元应当分在比谐振高一个倍频程以上的频率[6]，可能的话，2 个倍频程会更合适。这是为了避免扬声器单元高通滤波器截止带内的相位干扰。如果还没习惯用倍频程来考虑这些问题，这个概念其实很简单：频率加倍即是高一个倍频程，频率减半即低一个倍频程。因此，一个谐振频率为 1kHz 的高频扬声器单元不应该分在 2kHz 以下，3～4kHz 才比较理想。

中频扬声器单元（低频扬声器单元也是）的分频上限是由扬声器单元水平指向性响应决定。当频率增加时，声音的波长开始等于或小于扬声器单元的直径，辐射样式变窄。有两个普遍接受的标准有助于确定轴向声束的高频上限。这些标准与离轴±45°聆听点上所允许的衰减量有关。最常用的标准是±45°离轴的−6dB 衰减。而如果扬声器单元的带宽够的话，更严格的标准是将高频上限设为±45°离轴衰减−3dB 的频率（如图 7.160 所示）。表 7.4 给出连接中频扬声器和低频扬声器单元的低通分频频率与直径的关系。

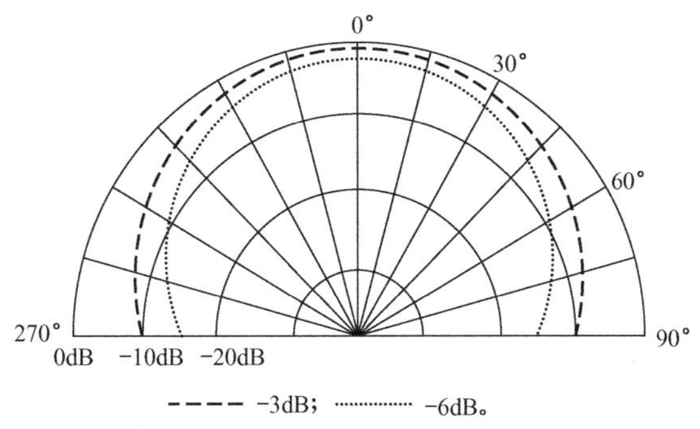

图 7.160 显示带宽与指向性关系的水平指向性图

表 7.4　　确定低通分频频率上限的水平指向性响应标准

扬声器单元口径	−3dB/Hz	−6dB/Hz
15	661	1 043
12	912	1 427
10	1 065	1 674
8	1 302	2 055
7	1 540	2 421
5	2 051	3 229
4	2 684	4 238

确定低通（译注：原文为高通）分频上限的目标是为了产生尽可能平坦的离轴响应，因而得到更平坦的功率响应。虽然−3dB、−6dB 标准是选择低频扬声器或中频扬声器单元低通滤波器截止频率的普遍做法，但在我自己的设计工作中使用的标准，也是这些年我在《Voice coil》杂志上作扬声器单元述评时常常注意到的标准，并不需要观察指向性图谱。如果你测量了一个低频扬声器或中频扬声器单元的轴向响应和 30° 离轴响应，那么低通分频点上限的一个好选择是在 30° 离轴上对应于轴向曲线下降 3dB 的位置。如果观察图 7.161 所示的 0° 和 30° 曲线，可以看到这个 5.25 英寸直径的低频扬声器单元 30° 离轴曲线上对应于轴向曲线下降 3dB 的位置是 3.7kHz。这可以当成这个扬声器单元低通滤波器可以考虑的最高截止频率，更低的分频频率通常可以更好的防止低通扬声器单元产生调制失真（冲程过量）。

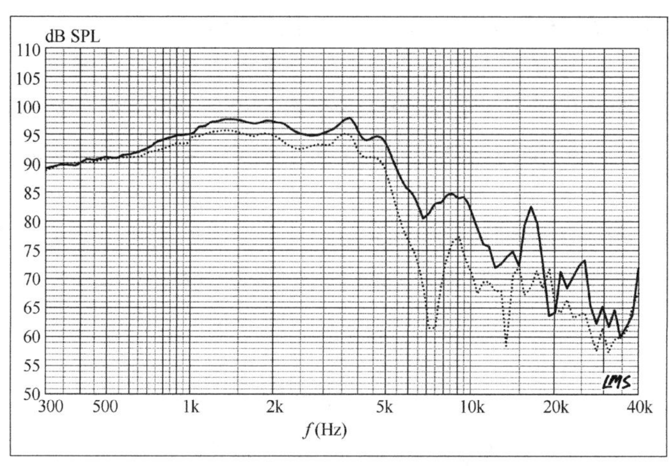

图 7.161　根据轴向和离轴响应确定可能的分频频率

7.8.3　2 路与 3 路分频方案

从音质来说，2 路设计并不天生优于 3 路（或更多路）设计，反之亦然。两种设计都有成功的案例载入史册。然而，一般认为“设计越简单越好”，除非你是一个专业的扬声器系统工程师，较少的分频点和扬声器单元往往具有较少的问题和设计错误。

2 路设计相对简单，而 3 路设计往往不受业余爱者欢迎。任何 3 路设计的主要优点都是由于使用了更多的扬声器分担整个频谱，所以操作功率更大。一般来说，良好的 3 路设计，低频扬声器和中频扬声器的分频频率范围落在 250～300Hz，中频扬声器和高频扬声器分频频率落在 2.5～3.0kHz 的设计良好的 3 路结构是一个经得起考验的优秀方案。

7.8.4 界面响应与分频频率

如果把扬声器单元安装在靠近听音室反射界面（墙和天花板）的地方，扬声器的功率响应将发生一个明显的凹陷。这是由于界面反射引起的干扰样式而产生的。由于扬声器单元位置不同，距离引起的时延也不同，因而界面产生的干扰样式可能在扬声器功率响应上产生峰或谷。这只是在扬声器单元至墙面或天花板的距离小于 0.75m（译注：原文为 0.75l）时处于低频范围内的问题[33]。对于安装位置距离任何房间表面为 0.4～0.6m（16～24 英寸）的中频扬声器和低频扬声器单元，频率响应上的谷将发生在 120～160Hz[34]。在整个功率响应上，这种凹陷的幅度将为 3～10dB，取决于房间、家具、具体位置等。从扬声器对短期脉冲（如 10ms）的响应来说，地板反射大约发生在最初直达声波到达后的 2ms 左右[35]。

有几种解决办法，或说局部的解决办法，可以解决这种问题。其中一个方法，是由 Colloms 建议的，即将中频分频频率放在 200～300Hz 范围内。这就把凹谷放在中频扬声器单元的截止带内。如果你正好使用一个低谐振频率（装在小腔体上时约为 75Hz）的中低频扬声器单元，这将使分频点高于扬声器单元谐振频率至少 2 个倍频程的理想位置。这是假设你可以主动地用低频扬声器单元的响应补偿这个低谷。

第二种方法由 Allison[2]提出，多年来被许多个公司采用（包括 Acoustic Research 和 Allison Acoustics），是将低频扬声器单元放在两个房间界面（背墙与地面）的交叉位置。然后将中频扬声器单元和高频扬声器单元放在距离界面交叉处 0.75 个分频频率波长（300Hz，波长为 45 英寸）的位置。这种侧向辐射（Side Fire）的低频扬声器单元将表现出一个接近平坦的功率响应，避免了 120～160Hz 的响应凹陷，而中频则安全地落在这个效应的范围之外（如图 7.162 所示）。

房间界面效应和衍射问题的第三种处理方法是进行主动均衡。这可以使用频率可调的均衡器，或者简单的集成电路滤波器，如图 7.163 所示。这是一种所谓的“鸟枪法”的代表，但是它们通常可以提供令人满意的结果。应用这种类型的电路的一些例子可以在以下文献找到。

（1）S. Linkwitz, “A Three-Enclosure Loudspeaker System”, *Speaker Builder,* 4/80.

（2）J. D'Appolito, “A High-Power Satellite Speaker”, *Speaker Builder*, 4/84.

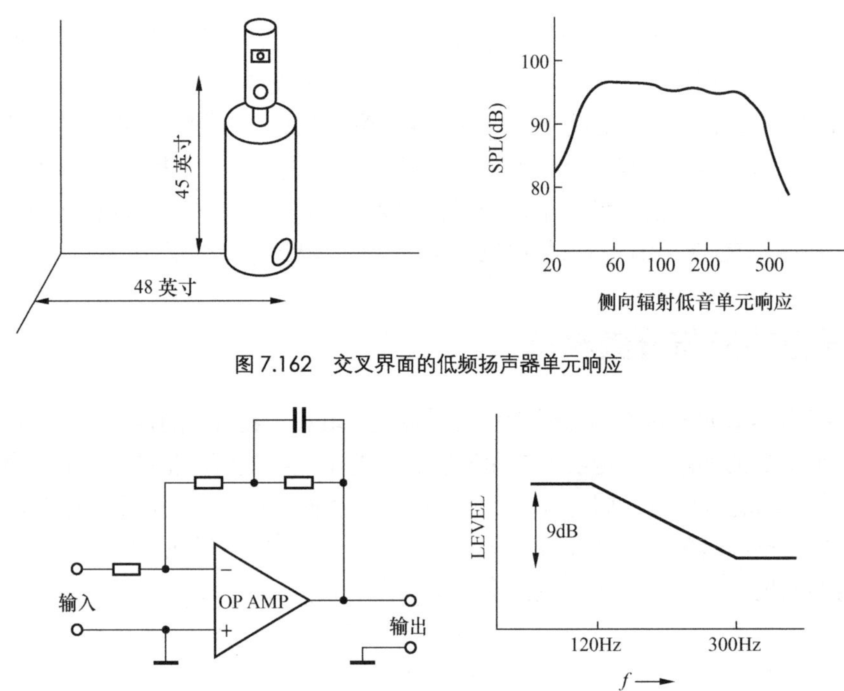

图 7.162 交叉界面的低频扬声器单元响应

图 7.163 主动均衡示例

7.8.5 高级被动网络设计话题

关于高级被动网络设计技术更详细的研究超出了本书的范围，但可以在本书的姐妹篇《Loudspeaker recipes, Book I: Four two-Way Systems》中找到。《Loudspeaker Recipes》是一个分频器设计教程，这个教程使用了 4 个 2 路扬声器例子来解释分频网络设计的不同方面，包括通过控制分频网络来补偿单元间时延以及分频网络设计中相位正确的重要性等。这本书可以从 Old Colony Sound Loboratory 买到。

7.9 扬声器调声

“调声（Voicing）”是一个通常用在音乐中的术语。对于钢琴技术人员来说，对钢琴进行调声意味着在调整完钢琴音高（Tuning,调音）后对琴槌的硬度或软度进行调整。这种硬度或软度改变了乐音的音色，而赋予钢琴声不同的“嗓音”。即使钢琴的音准调整得很完美，仍然可以给它以不同的“声音”质量。钢琴调声的一个极端例子是图钉钢琴（Tack Piano），这是音乐家的一个老办法，将图钉按在立式钢琴的每个琴槌上，赋予钢琴一种纤细悠扬的音质，而音高不变。

在音乐的其他方面，调声这个词的应用是在和弦结构中。和弦的调声通常是指某一和弦的单音构成次序。一种简单的和弦调声类型即是所谓的和弦转位概念。例如在钢琴上，1 个三音三和弦，C 和弦，是由 C、E、G 3 个音构成。如果你按 C 音在左边位置的次序弹奏，C-E-G，这个位置被称为“根音”位置，通过改变音符的顺序，但同样还是弹奏这 3 个音符，可以得到稍不一样的声音，这些就是所谓的倒置。C 和弦的 2 次转位是 E-G-C，而 3 次转位是 G-C-E。

无论你是一个扬声器制造商还是一个爱好者，进行一个自己“梦想”的音箱设计，终极目标是要让你的音箱听起来富有音乐性，换一种说法就是要让你的音箱听起来尽可能原汁原味。这显然是音箱设计的普遍目标，而“调声”是扬声器行业的制造商们普遍使用的一个术语，用来指达到这个目标的过程。总而言之，就是对已完成的设计进行某种最后的调整或调音步骤，并准备好聆听。

虽然本书是关于可以用来制作一个声音极好的扬声器箱的客观技术概括，调声是应用最后的主观评价艺术，甚至可能超越这些应用技术。懂得如何处理设计的客观和主观方面，确实是扬声器工程的“艺术”和“禅”。这个部分为这一过程提供一个指南，将讨论一些可以成功地对你自己的音箱进行调声的一些技术，也提供一些关于调什么，什么不必动的具体细节。请注意，这些注解主要用于高阶并联分频网络，但除了那些对特殊部件的建议，也可以用于其他形式的分频网络，如低阶网络和串联网络。

在着手开始对你的新设计调声之前，以下前提是有用的。

（1）音箱的声压级应该具有最小的变化，频响尽频可能地“平坦”。虽然“平坦”并不能保证就是一个成功的声音极好的音箱（有很多笔直平坦的设计听起来不好或者卖得不好），但确实是最好的起点。应当力求使测量的轴向 SPL 至少在±2dB 以内，或更少。此外，30° 离轴响应应当尽量接近和轴向相同的±2dB（如图 7.164 所示，这种轴向和离轴 SPL 的一个良好的 3 路设计例子）。

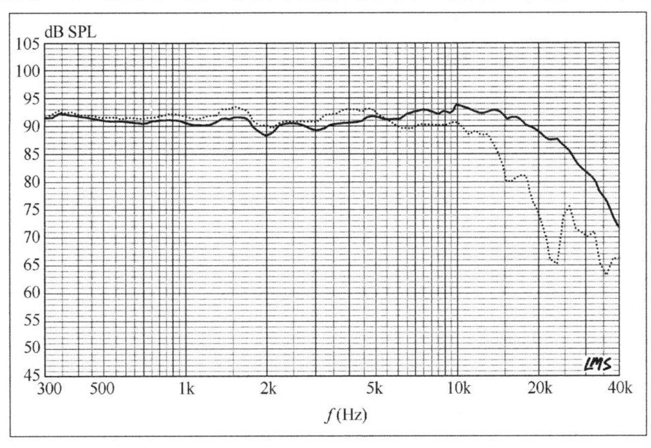

图 7.164 一个可接受的轴向和离轴频率响应示例

（2）除了±2dB响应之外，我使用的另一个标准是使所有分频滤波器的"Q"最小。关于这个内容，可以在《Loudspeaker Recipes 1》中读到更多信息，这本书可以从www.audioxpress.com得到。

（3）可能的话，使扬声器单元在分频频率上下各1oct内保持相位一致。对于2路设计，这意味着高频扬声器通常按照与低频扬声器单元相同的极性连接，当高频扬声器的极性倒转时，系统总响应出现一个中心位于分频频率处的深10dB以上的深谷（如图7.165所示）。对于3路设计，中频扬声器和高频扬声器单元都应当按与低频扬声器单元相同的极性连接，这样，当中音频扬声器单元的极性反转时，在2个分频频率处，系统总响应都出现一个以分频频率为中心的深10dB以上的深谷（如图7.166所示）。这个内容也在《Loudspeaker Recipes 1》中详细介绍。

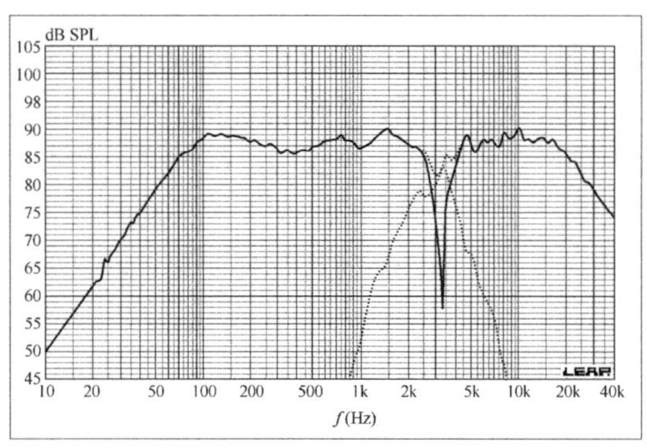

图7.165 2路设计高频扬声器单元极性反转形成的响应谷

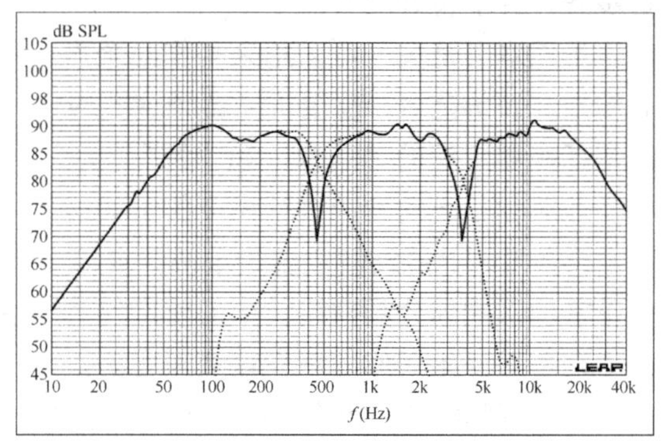

图7.166 3路设计中频扬声器单元极性反转形成的响应谷

1. A/B比较试听：参照物与房间

这是讨论中的一个敏感地带。任何设计的主观调整大多是困难的，靠"金耳朵"来调整扬声器系统可能得到改善，同样可能把它搞得更差。虽然有一些制造商根本不依靠客观测量而获得成功的例子，同样也有许多制造商的音箱因为相同的原因而失败的。

除了不良的判断力和很差的听力外，有两个因素会引起失败，分别是主观聆听过程中使用的传声器和房间。如果你已经聆听过大量不同的扬声器箱，应该很清楚在声音质量方面有很大的可变性，对于录音室使用的传声器来说也是这样的。你喜欢的音乐节目材料，特别是如果你习惯听相同的录音（或同一个混音工程师录制的一个系列），是用具有特定音色或音质的传声器录制的。因而这里要注意不要只用一个录音作为你的声音标准。

接下来要认识的问题是房间的问题。虽然扬声器箱可能听起来都有某些差别，但当它们放在同一个房间的不同位置时，它们的可变性将更大得多。一个扬声器箱放在房间不同的位置时声音质量会有很大的变化，也会具有比放在同一位置的不同品牌的扬声器箱之间更大的声音差别[35,37,38]。然而寻找一个声音中性的房间非常困难甚至不可能，你一般只能用已有的房间来进行。使用你可以利用的房间，并应用所有可行的声学处理来弥补它的模式和反射问题，这不仅仅花费昂贵，而且也需要一些专门的知识，如果你有时间和金钱来做这个事，当然是值得这么做的。

但是也不用做得那么极端，最好的建议是使用你能用到的最大房间来进行这个项目。房间越小，越难以克服房间的影响。如果你可以在一个天花板较高的较大房间和一个天花板较低的较小房间中选择，就选择大的房间，其他的事情都一样。一旦你选择了一个房间，在房间中四处移动音箱到不同的位置并聆听，可能的话，使用一个实时分析仪测量其响应（第 9 章介绍的 TruAudio TrueRTA 是一个便宜的计算机软件分析仪，在这方面工作得非常好）。我比较喜欢把音箱斜放在房间的对角线方向上，这样侧墙的反射会是 45° 角，而不是 90° 。

多数扬声器行业的专家用单声道而不是立体声双声道调校他们的产品。设法缩小房间对立体声产品的干扰将是加倍的复杂。如果你致力于 2 声道系统立体声声像的调整，我仍然建议在单声道下进行调声，然后再在立体声模式下对声像的质量做少量更改。由于家庭影院音箱不依赖于虚拟声像，对于它们来说这并不是一个关键性的考虑。

当你完成了房间的处理，并且对你费心找到的聆听位置感到满意，下一个最重要的事是某种借鉴工作。不使用一个合适的参照扬声器箱的盲目调声，即使不是不可能的，也是非常困难的。选择一个参照扬声器箱很重要，要选择你熟悉的、与你所设计的扬声器接近同一类型的音箱。也就是说，如果你正在努力完成一个 6.5 英寸聚丙烯锥形振膜低频扬声器单元和一个 1 英寸软球顶高频扬声器，最好的参照将是那种你知道它的声音质量很好，或至少你个人认为声音质量很好的音箱（情人眼里出西施，耳朵亦如此!），它同样具有 6.5 英寸的聚丙烯低频扬声器和 1 英寸软球顶高频扬声器。这样，2 个音箱的音色至少是相似的。想要根据一个镁锥形振膜低频扬声器和一个铝高频扬声器来对聚丙烯低频扬声器加软球顶高频扬声器进行调声一是很困难的，因为这两种不同的扬声器总是具有可觉的差异，这种差异并不能说明分频设计的不同。

当你接受了参照音箱的必要性之后，情况会变得更为复杂，因为现在你必须在房间中对这两个声源进行来回切换。最好的办法是把两个音箱尽可能紧挨着地摆在同样的高度，即二者真正地相互靠近。即使它们是在你的房间里几乎相同的声学空间中，仍然会存在影响音质的声学模式差异。为了核实这一点，对这两个器材小心地进行 A/B 比较试听，然后交换两个音箱的位置，把左边的音箱放到右边，右边的音箱放到左边。如果在这个比较中声音发生变化，那么要重新寻找这一对音箱的位置，直到找到一个切换不会影响起任何不差别的地方。还有一个替代方案是制作一个 6.5 节“衍射作用的主观评价”介绍的那种测试装置。这个快速 A/B 切换设备制作起来并不昂贵，但非常有效，不过仍然要和并排比较相结合。

最后一个，也是很重要的问题是试听的音量。应当在 90～100dB 声压调声，这个声压人的听觉比较线性。这种较高声压级下的线性增加可以在图 7.167 所示中看到，这是贝尔实验室在 1933 年提出的 Fletcher-Munson 等响度曲线（现在它认为比后来 Robinson-Dadson 1953 年的研究更准确，也更好地代表了听觉特性）。如果能找到一个具有良好听觉的调声伙伴，甚至训练有素的听众小组来预演你的设计，对于调声步骤来说也是非常宝贵的。

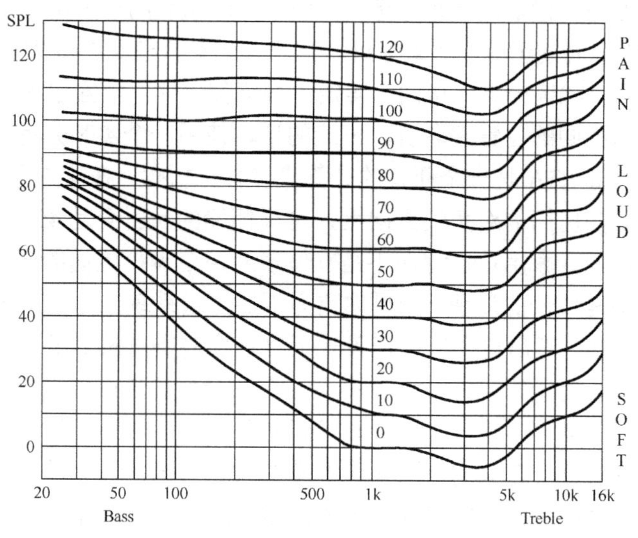

图 7.167 Fletcher-Munson 等响度曲线

2．调声中分频网络的处理

调声是利用客观测量技术，并采用手工重复修改或计算机优化对你制作的分频网络进行调整。如果你的设计已经完成得很好，音箱将会有恰当的声压级响应；而且系统阻抗不会有任何低于 3.2Ω 的谷或太高的阻抗负载而造成放大器匹配问题。知道了分频网络中哪些元件对所需的声音变化有影响，以及如何避免同时造成其他问题确实是一种技巧。做好这些事主要要靠经验，但不是非常的困难，多做一、两次就会很有帮助。

以下是关于 2 路和 3 路音箱的一些调声指南。虽然选择哪些分频元件进行调整并不局限于以下所指出的，但超过这些限制的实验性调整可能会产生一些需要进一步解决的问题，所以重复声压级和阻抗的测量在调声中是很重要的事。

2 路扬声器系统的调声。典型的 2 路音箱分频网络设计如图 7.168 所示。对 2 路设计的调声主要是对高音频进行的。如果已经设计了一个测量结果在±2dB 以内的音箱，分频网络的相位一致，并且网络传输函数的 Q 尽可能的平缓，所有余下的事务大概只是调整音箱频谱的平衡和最后确定高频的表现。假设你已经选择了一个分频频率，可以得到类似于图 7.164 所示的轴向和离轴响应，可能就不需要调整高频和低频之间的过渡。

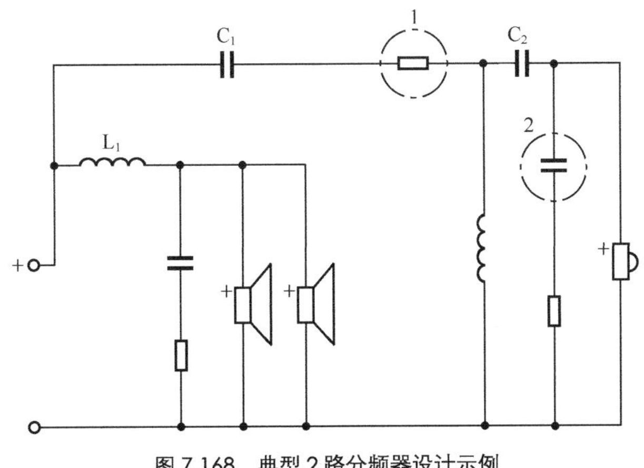

图 7.168 典型 2 路分频器设计示例

最大的主观方面的问题通常是关于高频声压的处理。如果高频声压太高，音箱低频端听起来会显得无力，而高频端则过于突出。如果高频声压太低，高次谐波听起来就会显得黯淡，而音箱可能缺乏“鲜活的”音质。调整衰减电阻（图表中的部件 1），可以在原设计的基础上按 0.5～1Ω 进行增、减调整。

一旦确定了一个新的高频衰减量（如果你最初的电阻选择很接近或者需要另外的电阻，都不必感到惊讶），而你还是感到高频过量了（例如，如果镲钹的声像在人声之前），高频扬声器单元的上端可能过量了，你可能就需要试一试 CR（电容/电阻）共轭电路，即图中标为部件 2 的电容。从较低的 $C=0.5$～1μF 开始，并以 0.5μF 增大，直到高频的整体表现听起来更有“音乐性”。当你把新音箱调整到符合你自己的音乐品味，再次进行轴向和离轴的频率响应和系统阻抗测量，以证实所做的改动。

虽然你同样也可以调整其他的低频和高频分频元件，还是要从这些惯例开始并将你的设计与参照箱进行比较。如果你不能得你想要的声音，那么试着对低频电感 L_1 和高频电容 C_1 做一些小调整，看看能不能得到进一步的改善，随后测量轴向和离轴声压级以及阻抗，证实这些变化。

3 路扬声器系统的调声。典型的 3 路音箱分频网络设计如图 7.169 所示。如同 2 路设计，对 3 路扬声器箱的调声主要也是对高频扬声器单元进行的，但由于中频扬声器单元的存在，会复杂许多。再次地，如果你设计的音箱测量结果已经在±2dB 以内或波动更小，分频网络相位一致，网络传输函数 Q 很低，离轴性能良好；那么余下的事就是调整频谱的平衡和最终确定高音频的表现。主观方面最大的任务是调整中频和高频的声压，使它们良好地一起工作。既然目标是得到不同声压的声音表现，可以设定一个声压转换开关，在声压增大时变得明亮，在声压降低时变得黯淡。

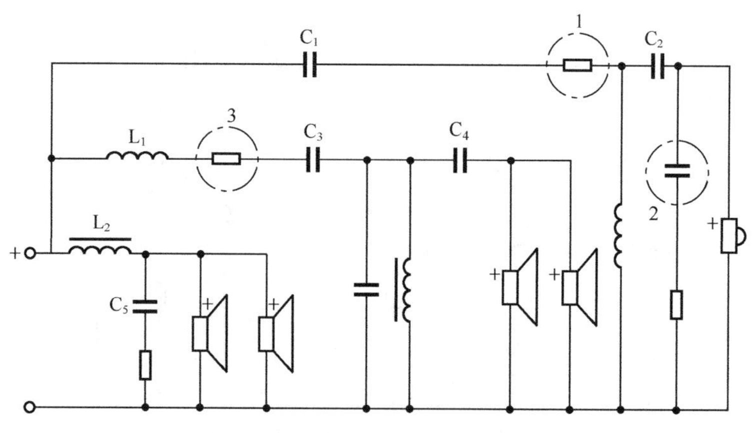

图 7.169 典型 3 路分频器设计示例

一旦确定了电阻元件 1 和 3（如果选择使用 L 形衰减，这显然要更复杂一些）的最终数值，而音箱仍然显得太“明亮”，试着使用与 2 路设计相同的 CR 高频电路。和前述步骤一样，从较低数值的元件 2 开始，$C = 0.5\sim1\mu F$，然后以 0.5μF 递增，直到高频的整体表现听起来更有“音乐性”。如果通过高频和中频电路的声压调整以及加入一个高频共轭电路仍然无法得到你想要的声音，那么对高频和中频电路的其他元件进行试验也可能解决。

调整高频电路中的 C_1 电容可以增加或降低对高频扬声器单元表现的强调，但带通中频网络元件的调整则要小心进行。这种类型的滤波器往往对元件数值高度敏感（元件数值的小幅改变会产生大的声压级和阻抗变化）。一般来说，如果使用一种熟悉的电路，你可以对 L_1 和 C_3 做一些小调整，但要记得重新进行轴向和离轴声压级 SPL 以及阻抗的测量，以确定发生了哪些变化。

最后，也是很重要的一个问题是试听声压。应当在 90～100dB 的声压级范围内进行调声，这个范围中人的听觉比较线性。这种较高声压级 SPL 下的线性增加可以在图 7.167 所示中看到，这是贝尔实验室在 1933 年提出的 Fletcher-Munson 等响度曲线（现在它认为比后来 1953 年的 Robinson-Dadson 研究更准确，也更好地代表了听觉特性）。不仅是绝对声压级对于聆听测试是重要的，参照音箱的声压级和被调声的音箱的声压级要非常接近相同也是极端重要的。这用一个粉红噪声发生器和一个声压级 SPL 计可以很容易做到。虽然有很多种转换方法可以用于这个目的，有一种集成了各声道独立音量控制和 A/B 音箱切换功能的立体声功放是进行这种类型 A/B 比较试听的好工具。把 CD 播放器（或前级放大器的）一个声道的输出接到 Y 形转接线输入端的单 RCA 母座，然后将输出端的两个 RCA 插头接到功放的左右声道输入端。将 A 音箱系统的左声道输出接到一个音箱，B 音箱系统的右声道输出接到另一个音箱。这么做的目的是让你可以分别调节两个音箱的声压，并且在 A/B 比较时可以利用 A/B 音箱的输出切换开关进行切换。最后，绝对有必要找一位同样具有一双好耳朵的调声伙伴，这是调声过程中的第二个参照。记住，一个成功的扬声器箱是那种能得到许多听众认可的音箱，因而做为扬声器箱开发的最后一步，用一组训练有素的听众来预检验你的设计也是一个重要的手段。

7.10 主动式分频网络

低电平分频网络是由主动式电子高低通滤波器部分组成，用在双或三功放声音系统（如图 7.170 所示）的前级放大器和放大器之间。双功放和三功放已经用在现场音乐演出的高输出舞台系统中很多年了。由于主动式分频网络比单功放/被动分频网络系统更复杂更昂贵，因而从未在商业家用立体声系统中流行。但是，它的特性和优点使得它的应用极有吸引力。以下是它的主要的优点。

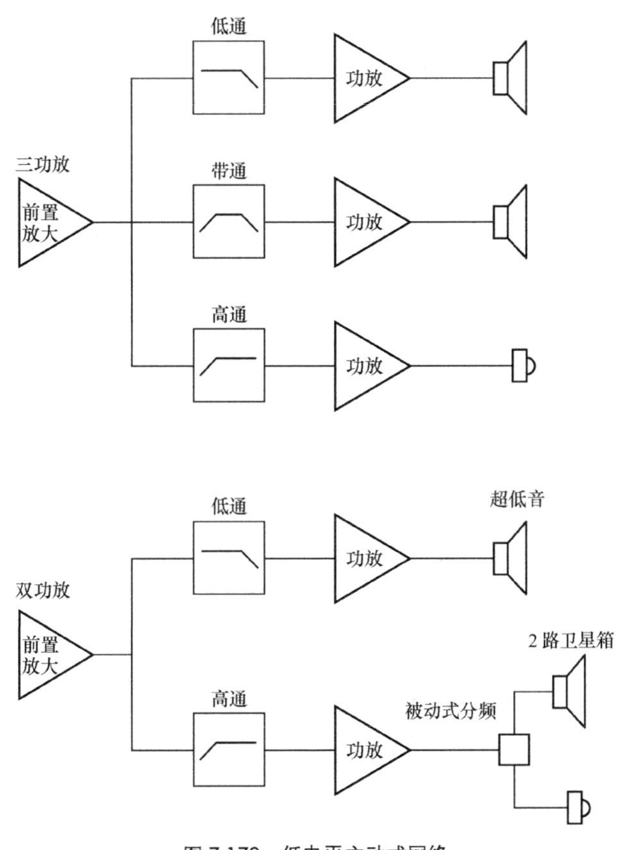

图 7.170 低电平主动式网络

（1）较低的互调失真（IM Distortion）[18]。因为功放在更窄的带宽内工作。同时，由于低频过载引起的削波失真（Clipping）减少了，在多个扬声器单元系统中只局限于一个扬声器单元。

（2）动态范围增大。一个 60W 和一个 30W 功放组成的双功放设备，与带被动式分频器的单个 175W 功放相比，同一声压下后者出现削波现象[39]。

（3）改善瞬态性能[40]。

（4）对于低频扬声器单元来说，功放/音箱耦合得更好，避免了被动分频器引起的高频扬声器单元谐振。

（5）工作于恒阻抗负载，具有更好的分频性能。

（6）比高电平网络具有更好的主观音质[41]。

（7）更易于控制扬声器单元的灵敏度差异。

（8）更易于对相位、迟延、谐振和不同类型的响应形状修整（Shaping）、等响度处理（Contouring）以及均衡处理（Equalization）[3]。

图 7.170 所示建议的两个方案可以用于家庭音乐系统。双功放设计通常是由一个超低音箱和分开的卫星音箱组成，带有 100～300Hz、18～24dB/oct 的主动式分频器。微型音箱是一种还有 2～3kHz 被动式分频网络的小型 2 路音箱。（顺便一提，单个超低频扬声器系统，从结像质量来说，次于双声道超低频扬声器系统，是一个代价很高的工程发明。）三功放设计从根本上说只是双功放系统的一个延伸，即去掉被动式分频网络，用一个附加的电子分频网络和功放代替。从扬声器单元的相位和频率响应的分割来说，这种设计方案可以提供最大的灵活性。

由于对主动式滤波电路结构细节的讨论超过了本书的范围，以下是强烈推荐的一些主动式滤波设计的文献资源。

（1）S. Linkwitz, “A Three Enclosure Loudspeaker System”, *Speaker Builder*, 2, 3, 4/80.

（2）R. Ballard, “An Active Crossover Filter with Phase Correctors”, *Speaker Builder,* 3, 4/82.

（3）Ed Dell, “Electronic Crossovers Revisited”, *Speaker Builder*, 3/82 and 3/85.

（4）R. Bullock, “Passive Crossover Networks— Active Realizations of Two-Way Designs”, *Speaker Builder*, 3/85.

（5）W. G. Jung, various articles, *Audio Amateur*, 1, 2, 4/75, and 2/76.

（6）P. Hillman, “Symmetrical Speaker System with Dual Transmission Lines, Part II”, *Speaker Builder*, 6/89.

（7）R. Parker, “A Tri-amplified Modular System”, *Speaker Builder*, 5/90.

支持以上大多数的文献的电路板和元件可以从 Old Colony Sound Lab 买到，地址是 PO Box 876, Peterborough, NH 03458.

参考文献

1. C. P. Boegli, “Interference Effects with Crossover Networks”, *Audio*, November 1956.

2. J. Ashley and L. Henne, "Operational Amplifier Implementation of Ideal Electronic Crossover Networks", *J*AES, January 1971.

3. S. Linkwitz, "Active Crossover Networks for Noncoincident Drivers", *J*AES, Jan/Feb 1976; "Passive Crossover Networks for Noncoincident Drivers", *J*AES, March 1978.

4. P. Garde, "All-Pass Crossover Systems", *J*AES, September 1980.

5. R. Gonzalez and J. DAppolito, "Electroacoustic Model", *Speaker Builder*, 4/89.

6. W. M. Leach, "Loudspeaker Driver Phase Response: The Neglected Factor in Crossover Design", *J*AES, June 1980.

7. R. M. Bullock, Ⅲ, "Loudspeaker Crossover Systems: An Optimal Crossover Choice", *J*AES, July/August 1982.

8. R. M. Bullock, Ⅲ, "Passive Three-Way All-Pass Crossover Networks", *J*AES, September 1984.

9. W. F. Harms, "Series or Parallel?", *Hi-Fi News & Record Review*, December 1980.

10. J. Vanderkooy and S. Lipshitz, "Is Phase Linearization of Loudspeaker Crossover Network Possible by Time Offset and Equalization?", *J*AES, December 1984.

11. R. C. Heyser, "Loudspeaker Phase Characteristics and Time Delay Distortion: Part I", *J*AES, January 1969.

12. S. Linkwitz, "Shaped Tone-Burst Testing", *J*AES, April 1980.

13. L. Fincham, "Multiple Driver Loudspeakers", Chapter 4, *Loudspeaker and Headphone Handbook*, edited by John Borwick, published by Butterworth & Co.

14. D. Fink, "Time Offset and Crossover Design", *J*AES, September 1980.

15. R. M. Bullock, "Satisfying Loudspeaker Crossover Constraints with Conventional Networks—Old and New Designs", *J*AES, July/August 1983.

16. J. Vanderkooy and S. Lipshitz, "Power Response of Loudspeakers with Noncoincident Drivers—The Influence of Crossover Design", *J*AES, April 1986.

17. J. Backman, "Design Criteria for Smooth Energy Response", presented at the 90th AES Convention, February 1991, preprint no. 3047.

18. R. Small, "Crossover Networks and Modulation Distortion", *J*AES, January 1971.

19. J. D'Appolito, letter reply to "Going Off the Deep End", *Speaker Builder*, 3/90, P. 90.

20. F. E. Toole, "Loudspeaker Measurements and Their Relationship to Listener Preferences: Parts I and II", *J*AES, April, May 1986.

21. Swanson and Tichy, "Antiresonant Compensation of Tweeter Frequency Response Peaks", presented at the 79th AES Convention, October 1985, preprint No. 2235.

22. E. Zaustinsky, "Measuring and Equalizing Dynamic Driver Complex Impedance", presented at the 79th AES Convention, October 1985, preprint No. 2235.

23. S. Lipshitz and J. Vanderkooy, "A Family of Linear-Phase Crossover Networks of High Slope Derived by Time Delay", *JAES*, Jan./Feb. 1983.

24. M. Knittel, "Microcomputer-Aided Driver Attenuation", *Speaker Builder*, 1/85.

25. A. Thiele, "Air Cored Inductors for Audio", *JAES*, June 1976.

26. A. Thiele, "Air Cored Inductors for Audio—A Postscript", *JAES*, December 1976.

27. R. Honeycutt, "Components for Passive Crossovers, Part 2", *Voice Coil*, December 1996.

28. M. Sanfilipo, "Inductor Coil Crosstalk", *Speaker Builder*, 7/94, P. 14.

29. G. R. Koonce, "A Technique to Measure Inductance", *Speaker Builder*, 6/89.

30. J. Fourdraine, "Choosing the Best Filter Coils", *Speaker Builder*, 4/96.

31. R. Russell, "Quality Issues in Iron-Core Coils", *Speaker Builder*, 6/96.

32. R. Honeycutt, "Caps for Passive Crossovers", *Speaker Builder*, 3/92, P. 34.

33. R.F. Allison, "The Inf luence of Room Boundaries on Loudspeaker Power Output", *JAES*, June 1974.

34. M. Colloms, *High Performance Loudspeakers*, 1978, 1985, Pentech Press.

35. Kantor and Koster, "A Psychoacoustically Optimized Loudspeaker", *JAES*, December 1986.

36. Olive, Schuck, Sally and Bonneville, "The Effects of Loudspeaker" Placement on Listener Preference Ratings", *JAES*, September 1994.

37. Toole and Olive, "Hearing is Believing vs. Believing is Hearing: Blind vs. Sighted Listening Tests, and Other Interesting Things", presented at the 97th AES Convention, November 1994, preprint No. 3894.

38. Olive, Schuck, Sally and Bonneville, "The Variability of Loudspeaker Sound Quality Among Four Domestic-Sized Rooms", presented at the 99th AES Convention, October 1995, preprint No. 4092.

39. Lovda and Muchow, "Bi-Amplification— Power vs. Program Material", *Audio*, September 1975.

40. A. P. Smith, "Electronic Crossover Networks and Their Contribution to Improved Loudspeaker Transient Response", *JAES*, September 1971.

41. D. C. Read, "Using a Single Bass Speaker in a Stereo System", *Wireless World*, November 1974.

第 8 章　扬声器测试

8.0 引言

这一章介绍测试的各种方法，这些测试方法可以提供完成正文部分所描述的计算工作需要的参数。这些测试步骤大部分相对比较简单，只需要使用一个好用的科学计算器、一个信号发生器、一个频率计（以保证准确性）、几个交流电压表和一点点的耐心就可以完成。考虑到一般的音响技术员可以很容易地应用这些说明，收取一点费用就可以为你提供适当的数据，所以真正需要的只是一个科学计算器和及格水平的高中代数。

诚恳地说，把事情做好需要许多时间和耐心。我曾经花了 11 个月的全职时间，才开发好一个扬声器箱，刚好赶得上冬季的消费电子展（Consumer Electronics Show），所以我并不想把一个真正优秀的扬声器箱设计工作写得似乎很简单。就像我在前面说过的，扬声器箱设计在很大程度上仍然是一种艺术。工程学可以指引这条道路，但它不能代替高品味、强判断力和音乐敏感性。如果工程学是所需要的一切，那就不会存在差的甚至是平庸的音箱。

8.1 术语定义

Bl——扬声器单元驱动力系数，以 T · m 为单位。

f_s——单元自由场谐振频率。

f_{sa}——附加质量的扬声器单元谐振频率。

f_{ct}——扬声器单元装于测试箱时的谐振频率。

M_{md}——扬声器锥形振膜的装配质量。

M_{mr}——锥形振膜辐射（空气）负载质量。

M_{ms}——锥形振膜装配总质量，包含辐射质量。

M_a——测试质量（通常是测量用的黏土质量）。

C_{mb}——箱（测试箱）顺性。

C_{ms}——扬声器单元机械顺性。

Q_{es}——扬声器单元电 Q。

Q_{ms}——扬声器单元机械 Q。

Q_{ts}——扬声器单元总 Q。

Q_{ect}——扬声器单元装于测试箱时的 Q_{es}。

R_c——与 R_{evc} 相等的替代电阻。

R_{es}——f_s 处的 R 减去 R_{evc}。

R_{evc}——音圈直流电阻。

R_x——替代电阻（可变）。

I_e——R_{evc} 的电流。

I_c——R_c 的电流。

V_{as}——与扬声器单元顺性相等的空气体积（等效容积）。

V_{ab}——无填充的密封的箱（测试箱）体积。

L_{evc}——扬声器单元音圈电感。

8.2 老化

在测试之前，所有的锥形振膜扬声器单元都要经过老化（Break In，煲）。然而，这么做的理由不是人们想象的那么显而易见。虽然大多数低音频扬声器单元的支撑系统在 5～10 个小时的发声之后会变“松”，但这个现象对用于计算箱体积的 Thiele/Small 参数的影响很小。图 8.1 所示给出一个刚开箱的 6.5 英寸 Peerless 低频扬声器单元，以及用正弦波信号发生器（25Hz）和功率放大器老化 12h 后的同一扬声器单元，二者自由场阻抗测量结果的比较。将这些数据（除了这些数据，还有老化前后的顺性曲线）输入 LinearX LEAP 软件，生成的参数总结见表 8.1。

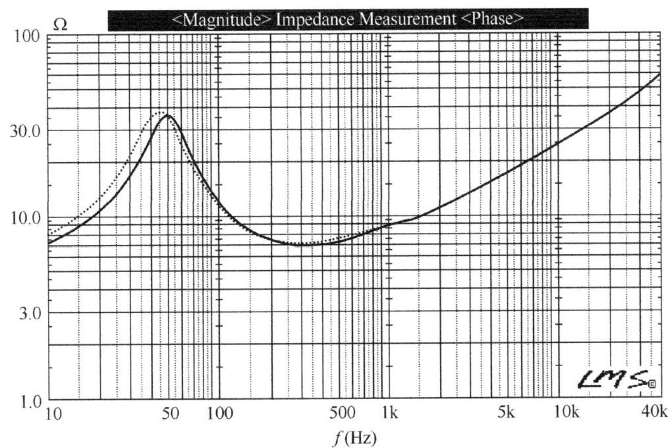

图 8.1　低频扬声器单元老化前后的谐振变化

表 8.1　参数总结

	老化前	老化后
f_0	49.9Hz	44.5Hz
Q_{ms}	2.11	1.97
Q_{es}	0.44	0.39
Q_{ts}	0.37	0.33
V_{as}	16.8ltr（升）	21.6ltr

乍看之下，这些参数存在显著的变化，扬声器单元谐振频率至少下降了 11%。但是，当这些参数用于箱体模拟时，答案就会很明显。图 8.2 所示为老化前后的数据用于建立闭式以及开口式箱体的计算机模拟的比较。这些箱体模拟的差别列见表 8.2。

表 8.2　数据比较

	闭箱模拟	开口箱模拟
老化前	f_3 = 86.8Hz Q_{tc} = 0.69	f_3 = 61.6Hz
老化后	f_3 = 85.5Hz Q_{tc} = 0.68	f_3 = 61.6Hz

可以看出，箱体性能的变化微不足道。其原因是 f_s/Q_{ts} 之比在老化前后保持不变。对于这个低频扬声器单元，f_s/Q_{ts} 在老化前是 136.79，而老化后是 136.72，几乎相同。所有的低频扬声器单元都是如此。许多时候同一型号的不同样品会“表现”出完全不同的 T/S 参数，

而事实上它们可以提供同样的箱体性能。如果你觉得两个样品差别很大，因为它们的参数不相等或参数值几乎不同，请检查 f_s/Q_{ts} 比率或用不同的数据集进行相同箱体积的计算机箱体模拟。就可以立即告诉你，这 2 个低频扬声器单元到底是相同的，还是有些重要的东西发生了变化。

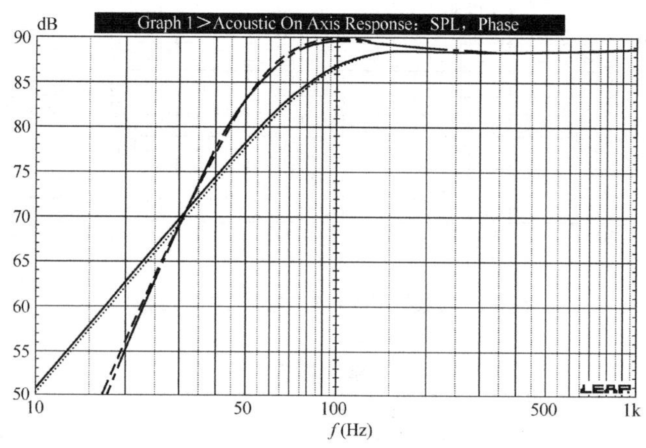

图 8.2　老化前后计算机模拟比较

那为什么还要费心在测试之前将扬声器单元老化呢？这是为了确认测试所用的扬声器单元是有效的。如果音圈擦圈损坏或者折环粘合不良或者定心支片存在问题，用合适的电压在 25Hz 猛烈运行 12 小时将会暴露这些缺陷。如果所用的低频扬声器单元不是一个有代表性的样品，继续进行这样的设计项目是没有意义。

8.3　测量谐振频率（f_s）

图 8.3 或图 8.4 所示的分压装置可以用于测定扬声器单元谐振频率 f_s。这个测量工作应当在设备工作范围的最低标称电压水平上进行。小于 1V 的电压会更合适。当驱动电平增大，谐振频率也将上移，特别是在测量小口径扬声器单元的时候。要得到的测量结果是用于小信号数学模型的，因而测量电压必须是“小”的。

传统上要求把扬声器单元用绳缆或索链悬挂于空气中，离最近的物体或障碍物至少 3 英尺。然而，锥频形振膜的运动会产生一个反向的作用，因而盆架将在测量中移动。将扬声器单元夹在一个测量夹具上可以得到稍微更准确一点的结果。这个夹具可以用 2 根 1 英寸×2 英寸的木条，水平地放在离地面 3 英尺左右的位置，扬声器单元放在这 2 根木条之间并固定。

在 10～100Hz（低频扬声器单元）改变发生器的频率进行测量，直到确定了电压的最大值。由于中频扬声器单元和高频扬声器单元具有更高的谐振频率，手动“扫频”范围要做适当的改变。电压峰值处的频率即是扬声器单元的自由场谐振频率，必须测量到最接近的 1/10 周期（Hz）。

f_{sb} 是包含箱体障板加载效应的扬声器单元谐振频率。用同样的方法测量 f_{ab}，不同的是要把扬声器单元安装在一块大小与箱体障板相同的平坦障板上。

另一种方案，可以使用图 8.5 所示的电流源电压测量装置。测量步骤与上述相同，除了谐振频率是根据最小指示电压处的频率来确定。

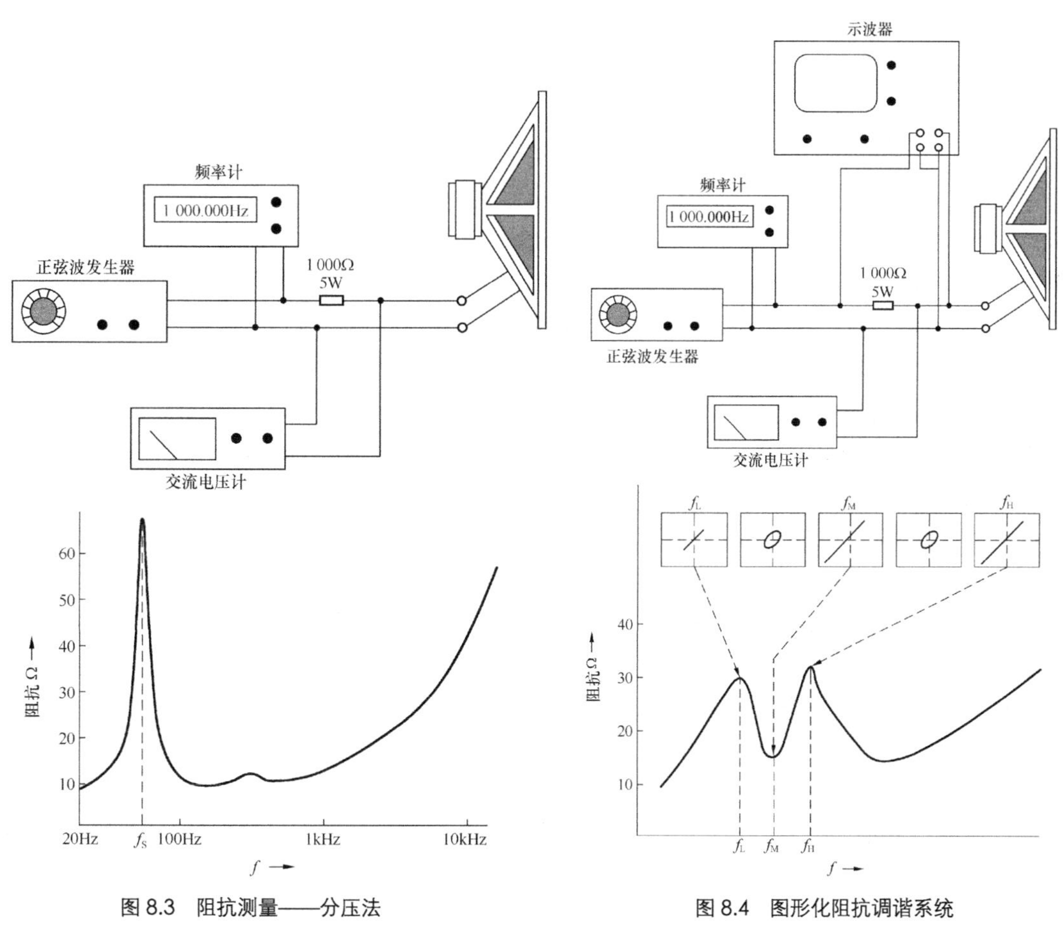

图 8.3 阻抗测量——分压法

图 8.4 图形化阻抗调谐系统

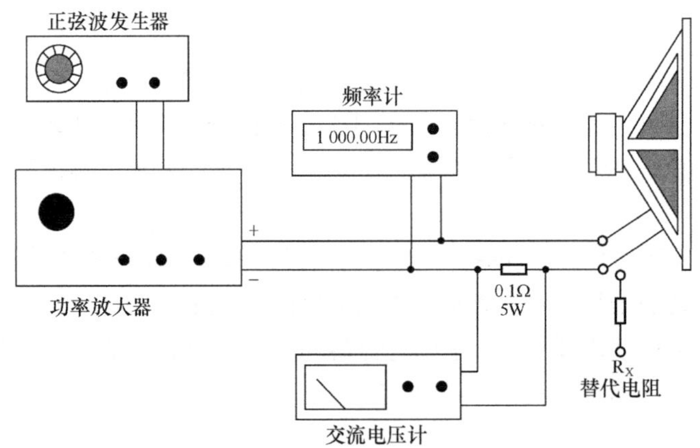

图 8.5　阻抗测量-电流源法

8.3.1　测量阻抗

阻抗（Impedance）是交流电阻（Resistance）。图 8.3 和图 8.4 所示的测量装置是分压（恒流）法测量阻抗的两个例子。使用这两个装置之一可以用最简单的方法生成有一定准确度的阻抗曲线。但是，用这个方法得到的阻抗曲线并非真实的阻抗。使用分压型线路的一个主要结果是扬声器的阻抗越高，测量的绝对准确度就将越低。偏差很大，但必须了解它的存在。图 8.6 所示为同一个扬声器单元的真实阻抗和用分压法在 Audio Precision System 1 上测得的非真实阻抗的比较，在 System 1 上，使用分压法相当于用扫频发生器的 600Ω 源阻抗作为分压电阻。如图 8.6 所示，点状的阻抗曲线是将 System 1 数据输入到 Linear X LEAP 软件后未经转换的结果，而实线代表同一数据经转换得到的真实阻抗（使用 LEAP 阻抗输入转换程序）。在谐振频率处阻抗差值约为 2.7Ω，在频率大于 5kHz 时约为 1Ω。Linear X LMS 及 Audio Precision System 1 和 2 都可以测量真实阻抗。

使用图 8.3 和图 8.4 所示的装置进行测量时，要在 10Hz～20kHz 调节振荡器的频率并在频率变化时手工记录电压值。校准这个装置让你可以直接从电压值读出相应的欧姆值。用 ±1%的 10Ω 电阻替代待测扬声器单元，并调节发生器的电平使电压表或 DVM（数字式电压表）上的读数为 1V。现在电压读数就可以代表相应的阻抗欧姆数，即 1V = 10Ω，0.8V = 8Ω，2V = 20Ω 等。保持发生器的设置不变，把校正电阻换成扬声器单元并记录足够多的数据以生成一条光滑的曲线。使用半对数坐标纸记录这些数据（半对数坐标的横轴是对数轴，而纵轴是线性的）。

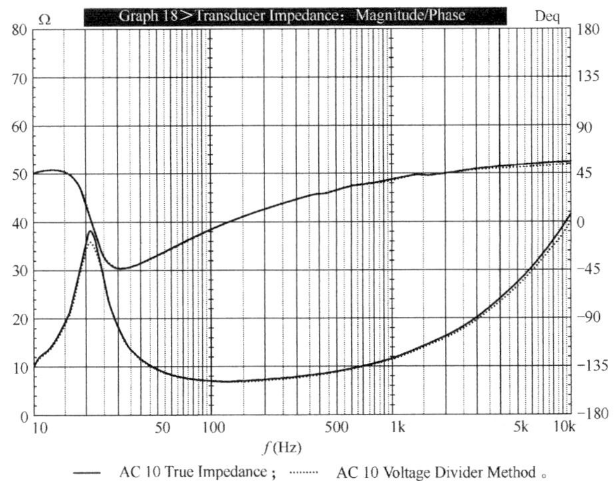

图 8.6 阻抗幅度坐标图例

同样的程序可以用于调谐开口式和被动辐射盆箱体的f_b。由于在f_b附近阻抗曲线的形状是平坦的，有时电压的变化只有一点点，从而常常难以确定位置，这时图 8.4 所示的装置会是有用的。当示波器屏幕曲线变成扁平的 45°线，就是f_b的位置，如图所示[1]。

图 8.5 所示的电流源法也可以得到真实阻抗，但具有几个明显不同于恒压法的优点。最重要的优点是扬声器直接与功率放大器连接（正如它在实际使用时的那样），而不是通过一个 600～1 000Ω 电阻与发生器相连。除了扬声器单元本身的机械系统，分压法无法为扬声器单元提供阻尼，而电流源法提供功放的阻尼因数可以帮助控制低频扬声器单元。同样地，使用大多数发生器很难通过 600～1 000Ω 得到比几个毫伏更大的电压。这意味着这样的测量相当接近于底噪水平而易于受到房间环境噪声的干扰。使用电流源法，不仅可以检查不同电压水电平阻抗的变化，从而检查阻抗的动态变化，而且可以使用一个高于噪声环境的最小电压。使用电流源法并应用 1V 电压在提供强度足够的信号以得到良好结果的同时，仍将得到合适的小信号数据。唯一的不足是这种阻抗测量方法不如大多数测量者普遍使用的分压法方便。

有两种途径可以进行以生成阻抗曲线为目的的电流（导纳，Admittance）型测量。图 8.5 所示的手工方法可以良好地工作，而且只需要最少的设备就能完成。要使用这种技术，需要一个校正过的电阻箱（要能承受足够的工作电流，防止把电阻烧毁）或者一个 10W 电位计。接上低频扬声器单元，通过观察频率及相应的电压，读出任意频率下的阻抗值。移去低频扬声器单元，并用 R_X 代替，改变 R_X 的值，直到获得相同的电压。然后移去 R_X，并用欧姆计测量得到它的阻抗（或从电阻箱上读出其数值）。有几种基于计算机的分析仪可以测量曲线，如 LinearX LMS，Audio Precision System I/II 或 Clio，如果你拥有其中一种分析仪，就可以使用相同的方法。LinearX 为此制作了一个方便的测试盒（Jig），称为 VI Box[2]。它允许使用者可以快速地进行电压和电流（导纳）测量，从而绘制真实阻抗曲线。VI Box 还具有 0dB 和−40dB 衰减开关，用于低电压或高电压的测量。使用这种方法可以生成两种曲线，一种是在低频扬声器单元端子上测得的电压曲线（在这种方法中不使用替代电阻），和一种在 0.1Ω 串联接地电阻（Series Ground Leg Resistor）上测得的电流曲线。用 LinearX LMS 分析仪得到这两种电压（RMS）测量的例子如图 8.7 所示。电流或导纳曲线看起来像一个倒置的阻抗曲线。根据欧姆定律，可以用电压曲线除以电流曲线得到阻抗曲线（$V/I = Z$）。由于两种测量结果都是电压（RMS），阻抗曲线也以电压（RMS）表示。最后的步骤是得到这个曲线，然后将它从电压转换成阻抗。使用 LMS，这个过程就是进行两次对数至线性的转换过程（V 到 VdB 再到Ω），得到图 8.8 所示的最终结果。

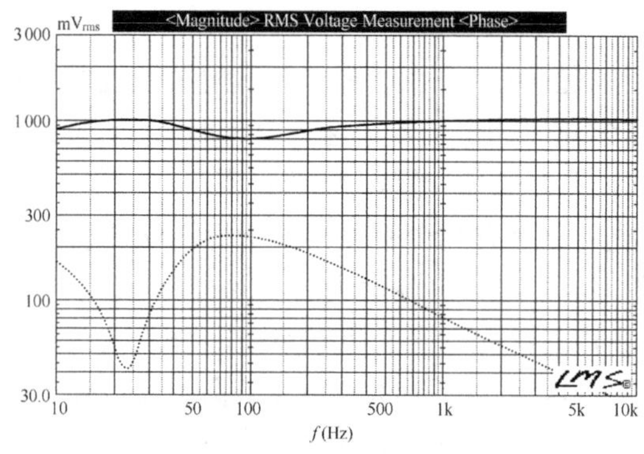

图 8.7　阻抗测量的电压和电流曲线

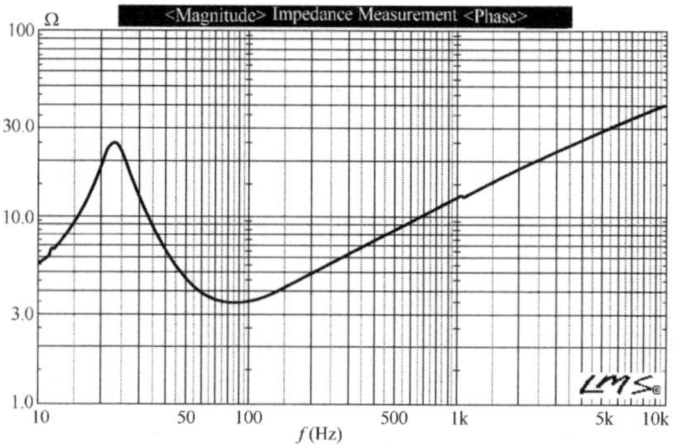

图 8.8　阻抗测量的 V/I 转换结果

8.3.2　测量复数阻抗

理解扬声器负载对功放反作用结果的唯一途径是测量或计算复数阻抗（Complex Impedance）。第 8.3.1 节描述的阻抗幅度测量是一个复合测量，它包含两种成分，电阻和电抗。在使用分压法或电流源法测量阻抗时，电抗性的和电阻性的成分被合并成一幅扬声器负载的综合图像。这是个简单的测量方法，也是个便捷的检测工具，而且避免了负载过低（小于 3Ω）。但是，了解到这种负载的电抗性质，可以了解到这个负载的特性中更细微的描述。

电抗和电阻的合成可以用数学表达为

$$Z=\left(R^{2}+X^{2}\right)^{1/2}$$

上式中，Z 为阻抗的大小（即 8.3.1 节中测量的），R 是电阻性成分，而 X 是电抗性成分。公式中的电阻性成分在某种程度上可以在阻抗幅度图中观察到，如图 8.6 所示。跟在谐振峰后面的那个最低点几乎是纯阻性的，或多或少地等于单元的直流电阻。同样的，在谐振频率处的阻抗是纯电抗性的（至少在相位角等于零时，通常如此，但并非总是这样）。扬声器阻抗的电抗部分可以是容性的（电压滞后于电流）也可以是感性的（电压超前于电流）。不同频率上负载的电抗是容性还是感性的程度决定了一个功放在推动特定扬声器时吃不吃力。判断到底是哪一种成分，阻性、容性，还是感性，实际上相当容易。所需的仪仪是按第 8.3.1 节的方法测量的阻抗大小，加上阻抗相位。测量相位需要使用相位计或使用一个计算机程序，后者可以从阻抗的幅度值推出相位，如 Peter Schuck 的 XOPT 分频器软件，或 LEAP4.0。相位主要从幅度曲线的斜率计算得到，将在第 8.8.3 节“相位测量”中进行详细介绍。

生成一个复合相位曲线的步骤，首先从确定阻抗幅度曲线上每个频点的电阻和电抗的数值开始。要确定任意给定频率的电阻值，将幅度值（Z）与相位角（θ）的余弦（cos）相乘，表达为

$$R = Z\cos\theta$$

要得到任意频率的电抗值，将幅度值与相位角的正弦（sin）相乘。对正相位角取正弦，得到一个正数的结果，这意味着感性电抗（X_L，感抗）。同样地，对负相位角取正弦，得到负数的结果，并意味着容性电抗（X_C，容抗）。感抗或容抗表达为

$$X_L = Z\sin\theta$$

$$X_C = Z\sin\theta$$

R 是阻抗的实数部分，而 X_L 和 X_C 是阻抗的虚数部分。虚数部分可以标为虚数符号 j，感抗表达为 + jΩ，而容抗表达为–jΩ。

一旦每一频率点的数据“分”成实数部分和虚数部分，它就可以绘制成一个极坐标图，通常称为奈奎斯特图（Nyquist Plot）。图 8.9 所示为一个使用 DRA MLSSA FFT 分析仪测量的复数阻抗图（奈奎斯特）。图 8.10 所示给出同一测量结果的阻抗幅度和相位值，这是一个开口式音箱上的低频扬声器单元的阻抗。横坐标以 Ω 为单位（译注：如图 8.9 所示），表示图中的阻性/实数部分。MLSSA 坐标图的横坐标刻度有正和负的电阻值，但扬声器坐标图只需要右侧部分，即 R 的正值。如果需要手工绘制复数阻抗，只需给横坐标标上 0 到某一正数值。纵轴代表虚数值，图的中心标为 0，而正的/感性的，+jΩ，标在上半部，负的/容性的，标在下半部。两个轴使用相同比例的刻度。

复数阻抗曲线的解读比较容易。曲线从左侧开始，然后顺时针转到右侧。谐振表现为一个完整的环，因而在图 8.9 所示的坐标图中，开口式箱体的两个谐振具有两个圈。如果箱体的支撑良好，这两个圈将是又圆又对称的。如果箱体有任何程度的形变，圈将发生变形而且

不对称（MLSSA 屏幕图像没有使用统一的纵横向比例，因而坐标图看起来不像上面描述的）。小环和辫子可能出现在全频域音箱的中频到高频范围，意味着因为扬声器单元工作范围的过度重叠而引起的扬声器单元之间的声耦合。

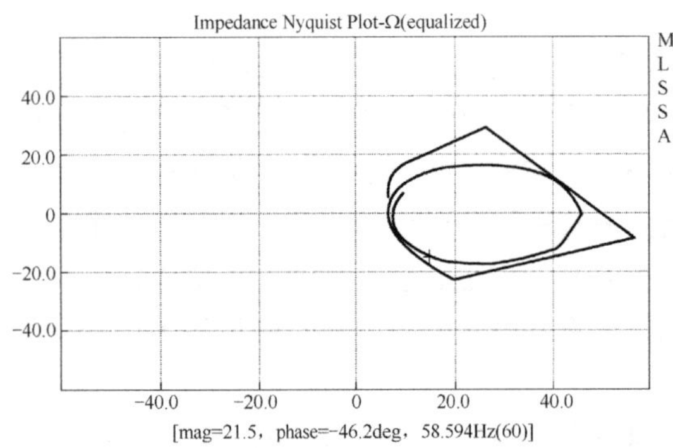

图 8.9　阻抗奈奎斯特图-欧姆（等效）

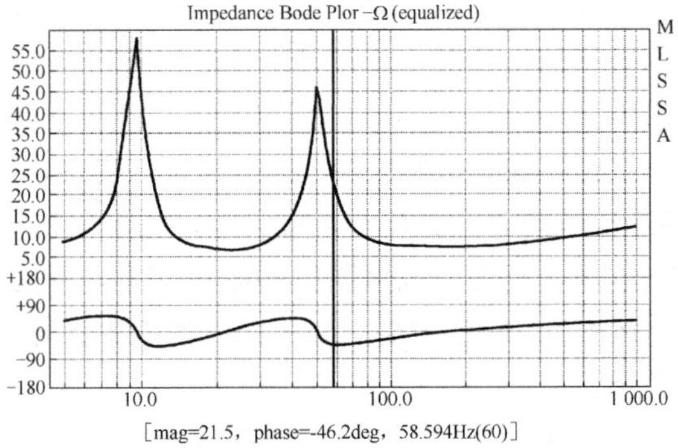

图 8.10　阻抗波特图（Bode Plot）-欧姆（等效）

扬声器对功放的负载可以由观察最大容抗的频率而得到评估。要确定这一点，可以从原点［（0, 0）坐标］画一条直线与低频谐振圈的容性边相切。这一频率代表扬声器的最大容性相位角，图 8.9 所示是 58Hz 处的 46°。在低频，以及在 1～2kHz 处，超过 40° 的相位角，可以认为对功放来说是有点困难的负载。最低电阻点的值一样重要。值低于 3Ω，曲线在很低或很高频率处穿过横轴，可能同样代表着困难的负载[3]。

8.4　计算扬声器单元空气负载质量

空气具有质量，而且对锥形振膜的表面施加一定的压强，需要在测量锥形振膜装配质量时计算。辐射空气质量加载的量取决于锥形振膜的总面积，可以按下式计算

$$M_{\mathrm{mr}} = 0.575 S_{\mathrm{d}}^{1.5}$$

表 8.3 列出了不同口径扬声器单元的典型空气辐射质量负载值[4]。

表 8.3　典型空气辐射质量负载值

口径（英寸）	S_d（m^2）	M_{mr}(g)
18	0.130 0	27.0
15	0.089 0	15.3
12	0.053 0	7.0
10	0.033 0	3.5

续表

口径（英寸）	S_d（m^2）	M_{mr}(g)
8	0.022 0	1.9
6.5	0.016 5	1.2
6	0.012 5	0.8
5.25	0.008 9	0.5
4.5	0.005 5	0.2
3	0.003 8	0.1

8.4.1 测量扬声器单元质量

有 3 种方法可以用于确定扬声器单元锥形振膜装配质量，或重量。第一种方法很容易想到，直接要求制造商提供数据。这是获得这个信息最准确的方法，显然也是最省时的。然后，装配质量 M_{md}，加上扬声器单元辐射负载质量 M_{mr}，就可以得到总锥形振膜质量 M_{ms}

$$M_{ms} = M_{md} + M_{mr}$$

其余两种方法，质量差（Delta Mass）和顺性差（Delta Compliance），需要用测量设备来完成。

1．质量差（附加质量）法

利用图 8.3、图 8.4 或图 8.5 的测试装置，在扬声器单元锥形振膜上加上一小块质量经过精确测定的粘土 M_a，对称地包绕紧贴在锥形振膜与防尘罩相连接的位置。加上 M_a 后，按照测量单元自由场谐振频率相同的方法测定锥形振膜附加质量谐振频率 f_{sa}。为了准确，测量时应当将扬声器单元夹在一个悬挂起来的坚固表面上。这个测量结果应当准确到 1/10 周期，即 0.1Hz。附加质量（M_a）应当足够重，至少应使扬声器单元的谐振频率下降 25%～50%（这在测量谐振频率较低的扬声器单元时可能很困难，因为 f_{sa} 可能低于 10Hz 而非常难以准确测量，即使使用昂贵的专业测试设备，因而要使 f_{sa} 高于这一频率）。这个附加质量对于 6 英寸或更小的小口径单元大约是 10g，对于更大的锥形振膜将达到 40g 或更多。锥形振膜质量 M_{md} 计算公式为

$$M_{md} = \frac{M_a}{\left(f_s / f_{sa}\right)^2 - 1}$$，单位为 g

然后 $M_{ms} = M_{md} + M_{mr}$

2．顺性差（测试箱）法

使用质量差法时，f_{sa} 的频率低于扬声器单元的自由场谐振频率。在扬声器单元谐振频率

极低时，f_{sa}可能低于10Hz，由于一些测试设备的限制，如此低的频率将造成问题。顺性差法的效应则相反，扬声器单元的谐振频率将上升，而易于在较廉价的测试设备上进行测量。

测试箱必须是闭的，所有的连接处都是气密的。扬声器单元安装在箱体的外侧，如图8.11所示的闭式测试箱例子。箱体与扬声器单元之间的空气密封也是非常关键的。用于门框密封的闭孔泡沫密封条可以用作垫片，以便用手固定扬声器单元，或用螺丝固定在测试箱的顶部。

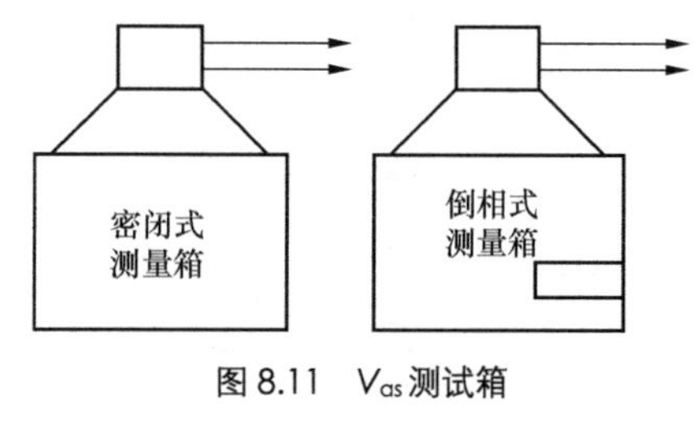

图8.11　V_{as}测试箱

箱体的大小应当使谐振频率比自由场谐振频率高50%～100%。这取决于扬声器单元的V_{as}，如果中从厂商提供的参数上得到这一数据，大小为V_{as}一半的箱体将是合适的。此外，可以制作一套覆盖大多数情况的测试箱，尺寸如下。

口径（英寸）	测试箱容积（立方英寸）
4～5	216
6～7	864
8	1 728
10	2 532
12	3 456
15	4 320

箱体的总体积应该包括内部尺寸决定的体积和扬声器单元开孔的体积。为了将锥形振膜前的空间计算在内，可以将这一体积乘以1.02。图8.3、图8.4和图8.5所示的任何一种测试装置都可以用于测量箱体的谐振频率f_c，步骤和扬声器单元自由场谐振频率的测量相同。当这一频率f_c，测定到最接近的0.1Hz，就可以计算箱体的顺性C_{mb}

$$C_{mb}=\frac{V_{ab}}{1.42E^5 S_d^{\ 2}}\text{，单位为 m/N}$$

其中，V_{ab}单位为m^3，S_d单位为m^2。

然后计算M_{md}

$$M_{md}=\frac{C_{mb}^{\ -1}-M_{mr}[1.85(6.283f_c)^2-(6.283f_s)^2]}{(6.283f_c)^2-(6.283f_s)^2}\text{，单位为 kg}$$

其中，C_{mb}单位为m/N，M_{mr}单位为kg。然后有$M_{ms}=M_{md}+M_{mr}$。

8.4.2　计算扬声器单元顺性

扬声器单元支撑顺性C_{ms}，可按下式计算

$C_{ms} = [(6.283 f_s)^2 M_{ms}]^{-1}$，单位为 m/N

其中，M_{ms} 以 kg 为单位。

8.4.3 测量扬声器单元 *Bl*

Bl 描述扬声器单元的驱动强度，等于磁场中导线的长度乘以磁场密度的积。单位是 T・m。有许多方法可以用于测量 *Bl*，但重复性最好的桌上型测量方法是反作用力技术。

测量 *Bl* 的测试装置如图 8.12 所示。步骤是将扬声器单元水平地放在一个稳固的表面，附加上一个已知质量的重物（M_a），它将压低锥形振膜到一定的位置，然后给音圈施加一直流电压，增大电压直到锥形振膜回复到起始（静息）位置。重物的质量大小并非关键，但应当精确到 0.1g，并且应当足够重，至少使锥形振膜压低 0.25 英寸（译注：约 6mm），当锥形振膜回复到它的静息位置（如果增加电压使锥形振膜进一步下沉，则调换极性），记录此处的电流（i）。*Bl* 的计算如下

$$Bl = \frac{9.8 M_a}{i} \quad \text{单位为 T・m}$$

其中，M_a 以 kg 为单位，而电流 i 以 A 为单位。

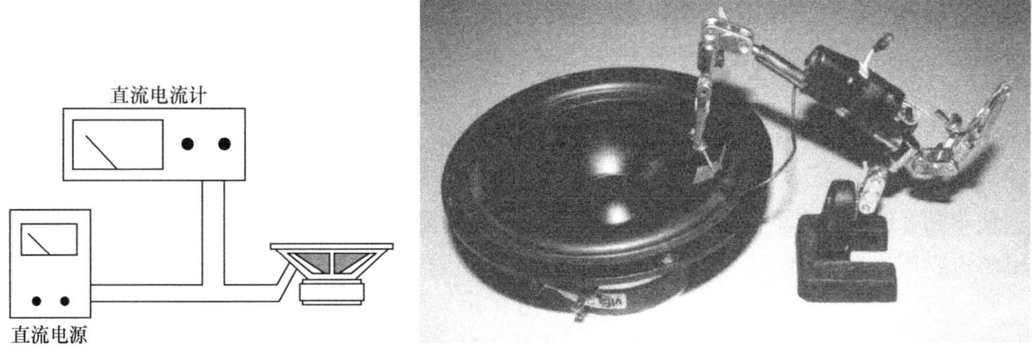

图 8.12　BL 测量

图 8.13　BL 计

准确地进行这个测量的窍门是，在加上重物之前精确地确定扬声器单元的静息位置；并且在加上电流时，确定锥形振膜回复到了同样的位置。有一种简单的方法可以装配静息位置指示器，即将一根导线固定在盆架的边缘，从扬声器单元上方弯过；在扬声器单元处于静息位置时，在锥形振膜与折环连接处接触到锥形振膜。更好的指示器可以用少量的 Radio Shack（译注：一家电子零售商）元件制成。这个 BL 计设备，如图 8.13 所示。元件清单为（元件编号来自 Radio Shack 目录 No.459, 1991，任何相似的东西都可以使用）。

“Helping Hands”夹具	#64-2093
1.5V 灯具	#272-1139
1.5V 电池夹	#270-401
自粘报警铝箔（Alarm Foil）	#49-502
测试探针头	#278-705
1.5V AA 电池	

BL 计的组装工作首先是将夹具的主臂移到一边，拧紧关节处的蝶形螺母。然后，从测试探针上拧下针头，焊下导线。将裸露的针头插在夹具臂末端的鳄鱼夹上。把电池放入电池仓，并连接电池仓的正极红线与灯具的红色引线。把灯具的黑色引线夹在夹具另一个鳄鱼夹上。用电工胶带或塑料带将电池/灯具组合固定于夹具的主臂，电池仓的黑色引线自由地垂在外面。调整灯的位置，使它显眼地悬在靠近电池仓的地方。接着，剥去垂在外面的电池仓引线末端约（3/4）英寸长。剪取 1 英寸报警铝箔，并折叠（1/4）英寸长以包住电池仓引线裸露部分，这样就连接上引线，并剩下（1/2）英寸长带有可粘面的铝箔。

使用 BL 计时，将设备放在靠近低频扬声器单元的地方。把连接在电池仓黑色引线上的箔片粘在锥形振膜与折环连接处的锥形振膜表面上。小心地把探针尖头放在刚好接触到铝片的位置，灯被点亮。当重物加到扬声器上时，灯会熄灭。而通过施加直流电压，重新回复到这一静息位置时，灯又将被点亮，表示达到了静息位置。

8.5 计算扬声器单元音圈电感 L_c

使用图 8.3 所示的测试装置，于 10kHz 频率测量阻抗幅值，单位为Ω。以 H 为单位的音圈电感可以由下式得出

$$L_c = 1.592 \times 10^{-5} (m^2 - R_e^{\ 2})^{1/2}$$

另一个更精确计算扬声器单元音圈电感的方法是测量 1kHz 处的幅值和相值，使用第 8.3.2 节的方程计算复数阻抗，将电感（虚数）部分与电阻（实数）部分分开，请记住扬声器的电感是由频率决定的变量，将随频率的不同而不同。如果无法进行相位测量，可以使用以下近似方法

（1）在 1kHz 处测量阻抗值（Z_x），精确到 0.1Ω。

（2）1kHz 处音圈电阻（实数）部分可以估计为

$$R_{vc} \approx R_{evc}(1 + 0.038BL)，单位为 \Omega$$

（3）总电抗计算为

$$X_{\mathrm{t}} = \left[Z_{\mathrm{x}}^{2} - R_{\mathrm{vc}}^{2} \right]^{1/2}，单位为 \Omega$$

（4）除去锥盆质量相关的电抗，得到感抗（X_{L}）

$$X_{\mathrm{L}} = X_{\mathrm{t}} \frac{BL^2}{6\,283 M_{\mathrm{md}}}，单位为 \Omega$$

其中，M_{md} 单位为 kg，BL 单位为 T • m。

（5）音圈电感 L_{evc} 为

$$L_{\mathrm{evc}} = \frac{BL^2}{6\,283}，单位为 \mathrm{H}$$

虽然音圈电感通常是在 1kHz 处测量的，但扬声器音圈的电感和交流电阻均是频率决定的，随频率有明显的变化。

8.6 计算放大器的电源内阻 R_{G}

放大器内阻是串联电阻之一，在计算驱动器 Q 时要考虑在内。最简单的方法是使用制造商公布的标称阻尼因数（D），通常测量于 1kHz，R_{g} 可以计算为

$$R_{\mathrm{g}} = \frac{R_{\mathrm{d}}}{(D-1)}$$

上式中 R_{d} 是单元的额定阻抗。如果第 7 章描述的阻抗补偿电路用于分频器的设计，在扬声器主要带宽内，这一数值将是恒定的。然而，阻尼因数在不同的频率以及不同的驱动电平下，可以有显著的不同，因而，一种更精确的方法是测量你的放大器阻尼因数，而不是使用标称值。Small 描述的这个步骤[5]，还需要在 50Hz 做新的测量。

使用 50Hz 正弦波驱动放大器，在空载的输出端子上接一个伏特计，调节放大器的音量和信号发生器电平，直到得到与 E_0 相等的电压

$$E_0 = \left(W R_{\mathrm{d}} \right)^{1/2}$$

其中，W 为放大器额定输出功率，单位为 W。

驱动 4Ω 扬声器的 50W 放大器的 E_0 为 14.14V。

保持放大器和信号发生器设置不变时，测量输出电压 E_{L}，使用一个等于 R_{d} 的负载电阻，

并联在输出端子上（这个电阻将有与放大器额定输出相等的电压）。那么

$$R_g = \frac{R_d(E_0 - E_1)}{E_1}$$

表 8.4　倒开口式测试箱尺寸

单元（英寸）	箱体积（立方英尺）	导声管（英寸）
8	1.0	2 内径×2
10	1.5	2 内径×2
12	2.5	3 内径×6
15	3.5	4 内径×5

计算总串联电阻 R_x

除了放大器的内阻 R_g 之外，还必须测量放大器端子和低频扬声器单元端子之间的其余串联电阻，包括音箱线、箱体接线端子、箱内连线和分频器电阻（如电感线圈），并将之包含在扬声器单元 Q 值的计算中。要测量这些电阻，可以在装上分频器和扬声器单元后，于音箱接线端子（接放大器的位置）上测量 R_l（电阻，以Ω为单位）。然后有

$$R_x = R_L - R_e$$

8.7　计算扬声器单元顺性等效空气体积 V_{as}

V_{as} 是最难测量的扬声器单元参数之一，因为它的体积会因气温和湿度而有一些变化。以下是 3 种测量和计算方法：开口箱法、闭箱法，以及 C_{ms} 法。

（1）开口箱法。使用表 8.4 给出的适当的箱体大小和导声管尺寸，测量阻抗曲线并确定频率 f_H 和 f_L（如图 8.4 所示）。同样地，找出导声管封上时的箱体谐振频率（f_c）。

然后

$$f_b = (f_H^2 + f_L^2 - f_C^2)^{1/2}$$

以及

$$V_{as} = \frac{(f_H^2 - f_b^2)(f_b^2 - f_L^2)V_b}{f_H^2 f_L^2}$$

这种方法假设不存在泄漏损耗，但不是所有的扬声器单元都是如此。它还假设f_b发生于测量到的阻抗的最低点，这也不总是如此，特别是对于大音圈电感。

（2）闭箱法。使用一个无内衬阻尼材料的测试箱（V_t），扬声器单元按图 8.11 所示的方法安装，用于测量扬声器单元上箱后的电 Q（Q_{ect}）和箱体谐振频率（f_c）（Q_c 的测量在第 8.8 节中讨论）。对于 8 英寸和 10 英寸扬声器单元，使用 1 立方英尺的测试箱，而 12 英寸和 15 英寸的扬声器单元使用 2 立方英尺的测试箱。扬声器单元安装时必须保证气密性。然后有

$$V_{as} = V_t\left(\frac{f_{ct}Q_{ect}}{f_sQ_{es}} - 1\right)$$

（译注：上式中f_{ct}即上文中测试箱的箱体谐振频率f_c。）

另一种更快捷，但较不精确的替代方法是只测量测试箱的谐振频率（f_c），然后

$$V_{as} = 1.15V_t\left(\frac{f_{ct}Q_{ect}}{f_sQ_{es}}\right)^2 - 1$$

这两种方法均假设损耗为零，并将产生不准确的结果。

（3）扬声器单元顺性法（Driver Compliance Methord）。利用前面计算的扬声器单元顺性（C_{ms}），和扬声器单元的辐射面积，以 m^2 为单位（S_d）（见表 1.15），计算以 m^3 为单位的 V_{as}

$$V_{as} = 1.42\times10^5 {S_d}^2 C_{ms}$$

这种方法的优点是结果与扬声器单元的泄漏损耗无关。但是 C_{ms} 法的结果与前面描述的其他两种方法一样，受到支撑非线性的影响，它反过来又影响结果的准确性。在测试装置许可的尽可能低的电压下进行测量，可以使这些影响最小化。在这个测试中，如同本章的其他测量，须使频率测量结果的精度达到 0.1Hz，这也是为什么频率计出现在所有的测量装置中的原因。

实际上，方法（2）和方法（3）趋于得到相似的结果。但是我最喜欢的是利用顺性差法（Delta Compliance Methord）计算顺性，然后是方法（3）。

8.8 测量扬声器单元“Q”——Q_{ts}、Q_{es}和 Q_{ms}

扬声器单元 Q 可以用两种法进行测量。第一种是 Thiele 建议的传统方法，在他关于开口式

箱体的原创论文中介绍。这种测量方法是通过找出扬声器单元谐振峰两侧衰减–3dB 的频率进行的。另一种是测量扬声器单元的 *BL* 和顺性，并利用这些数据计算 *Q* 值。Thiele 的方法在行业内被广泛地接受，但它容易导致测量错误。这是由于扬声器单元支撑的非线性，以及确定–3dB 位置的准确程度依赖于谐振的尖锐程度和形状。几乎所有的情况中，方法 2 的步骤可以得到更可靠的结果，如果具有一定的设备，强烈推荐采用这种方法。作为参考，两种方法均提供如下。

1. 方法 I

使用图 8.14 所示的装置。

（1）测量扬声器单元音圈的直流电阻（R_E），最好使用精密电桥。

（2）选择一个与 R_E 数值相近的电阻（R_C）（如果 $R_E = 6.5\Omega$，一个 8Ω 的电阻就足够接近）。

（3）把 R_C 接到测试端子上，将信号发生器频率调到 f_s。注意记录这一点的电压，因为以下所有读数必须准确地在同一电压下得到。它的绝对值并不重要，只须在每一步中都保持不变。如果所用的设备可以提供良好的结果，那就使用 100mV 的范围。否则，提高电压到 0.2～0.7V。这将可能得到更好的结果，并且仍然可以认为是在“小信号”范围内。在恒压下测量 f_s 处的电流，记为 I_C。

（4）计算

$$I_E = \frac{I_C R_C}{R_E}$$

（5）断开 R_C，接上扬声器单元。让扬声器单元固定在半空中，调节信号发生器频率以使电流最小，此时的频率即为 f_s。这个 f_s 处的最小电流记为 I_0。

（6）计算

$$r_0 = \frac{I_E}{I_0}$$

（7）计算

$$I_r = \left(I_E I_0\right)^{1/2}$$

（8）找出频率 f_1 和 f_2，分别位于 f_s 的上、

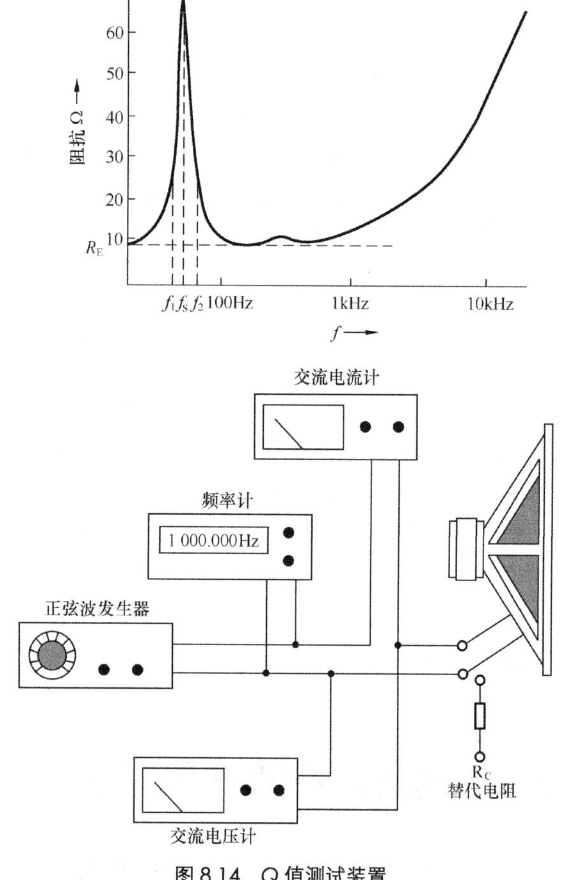

图 8.14 Q 值测试装置

下方，在标准电压下这两处的电流等于 I_r（如图 8.14 所示）。通过以下计算，检验测量所得的 f_s 精度

$$f_s = (f_1 f_2)^{1/2}$$

如果测量值小于计算值或者相差在 1Hz 以内，所测得的 f_s 可以认为是可靠的。

（9）计算

$$Q_{ms} = \frac{f_s}{f_2 - f_1}\sqrt{\frac{r_0^2 - r_1^2}{r_1^2 - 1}}$$

（译注：原书中，这一部分缺失，以上内容为译者根据 Thiele 的论文添加。）

（10）计算

$$Q_{es} = \frac{Q_{ms}}{r_0 - 1}$$

（11）计算

$$Q_{ts} = \frac{Q_{es} - Q_{ms}}{Q_{es} + Q_{ms}}$$

以上给出的 Q_{ts} 值只考虑了扬声器单元参数。如前所述，必须将放大器、连接线和分频器所具有的不同串联电阻考虑在内，因为低扬声器单元在安装到音箱系统上时，它们都使 Q_{ts} 增大。为了考虑这一点，可以在测量时把一个与这些电阻相等的电阻器串在低扬声器单元的接线端子上，或使以下的公式计算得到的 Q_{ts} 值

$$Q_{es}' = Q_{es}\left(\frac{R_G + R_X + R_E}{R_E}\right)$$

$$Q_{ts}' = \frac{Q_{es}' - Q_{ms}}{Q_{es}' + Q_{ms}}$$

（译注：上式分母中的 Q_{es}'，原文为 Q_{es}。）

一旦得到了 Q_{ts}，若以牺牲效率为代价，可按下列方法改变任一扬声器单元的 Q_{ts}，用于特定的情况。

（1）增加锥形振膜质量以增大 Q_{ts}[6]。

（2）附加一个额定功率与扬声器单元相同的小值串联电阻以增大 Q_{ts}[7]。

（3）在单元盆架后蒙上多孔布以减小 Q_{ts}[8,9]。

2．方法 2

（1）用第 8.3.1 节中介绍的阻抗测量步骤得到 f_s 谐振峰阻抗的测量值（R），然后减去音

圈电阻 R_{evc}，计算 R_{es}

$$R_{es} = R - R_{evc}，单位为\Omega$$

（2）计算 Q_{ms}

$$Q_{ms} = \frac{R_{es}}{BL^2 C_{ms}(6.283 f_s)}$$

上式中，BL 的单位是 T • m，C_{ms} 的单位是 m/N。

（3）计算 Q_{es}

$$Q_{es} = \frac{R_{evc}}{BL^2 C_{ms}(6.283 f_s)}$$

上式中，BL 的单位是 T • m，C_{ms} 的单位是 m/N。

（4）计算 Q_{ts}

$$Q_{ts} = \frac{Q_{es} - Q_{ms}}{Q_{es} + Q_{ms}}$$

还有 3 种其他现成的方法可以测量 Q 参数，或者使用计算机测试设备，或者使用 CAE 扬声器软件。

（1）Audio Precision System 1 具有一个自动的 Q 测量程序[10]，可以在大约 15s 内完成全部参数集的测量并打印出来。这种方法基本上是 Thiele 方法的计算机控制版本，使用顺性差法确定 V_{as}。分析仪使用的是同样的步骤，但它结合了高精度的测量记录性能并在一个适当较低的电压下进行。System 1 通过找出 0 相位点确定 f_s 的位置，这种方法通常比较准确，但对于不同的扬声器单元在不同的条件下，并不总是如此。这是一个优秀的设备，可以用于大量扬声器单元的质量控制。

（2）DRA Labs MLSSA FFT 分析仪可以进行自由场和质量差或顺性差法的阻抗测量，扫描处理阻抗曲线并输出所有机械参数。速度取决于主机的速度，但比 System-1 稍慢一些。这种曲线处理程序比 Thiele 法更精确，也能输出所有的扬声器单元基本机械参数。

（3）LinearX LEAP 软件可以从 Audio Precision System1，DRA MLSSA，Ariel SYSid，CLIO，Goldline TEF 20 和 LinearX LMS 分析导入自由场和质量差或顺性差的阻抗曲线到一个自动曲线处理程序。这个程序是这一类中最精细准确的，结果不仅包括机械参数，还包括阻抗曲线上升段由频率决定的电阻和感抗。

（4）LinearX LMS 的 Windows 95/98 版软件具有一个先进的参数优化程序，使用第 0 章描述过的，更完备的新型扬声器单元模型。它和 LEAP Windows 版（此书出版时它还未上市）所用的 T/S 程序相同。这种 T/S 参数计算器使用与 LEAP 驱动器模型相结合的曲线处理运算，生成相当准确的 T/S 参数集。

（5）我要提到的最后一个自动测量设备是 David Clark 建立的 DUMAX[11]。DUMAX 是一个专门的设备，采用一个非常特殊且准确的方法来得出低频扬声器单元参数。Clark 先生在《Car Audio and Electonics》和《Car Stereo Review》两本杂志上发表的低频扬声器单元评述文章大量地采用 DUMAX 测试得到的结果。

从根本上说，这个设备是基于音圈在冲程范围内前后运动时参数发生的动态变化。观察第 0 章中 BL 曲线，可以明显看出 DUMAX 设备所要力图解决的问题。这个设备相当大，使用空气激励器推动扬声器单元在它整个冲程内运动从而计算不同位置的顺性和动力强度变化。对这个设备的细节进行解释超出了本书的范围，但它代表了目前动态参数测量的技术发展水平。

8.8.1 频率响应测量技术

1. 全带宽测量

有 3 种技术用于扬声器 10～40Hz 响应的全频域测量。每种方法均取决于装置的辐射范围。这 3 种技术分别是消声（也叫自由场，全空间，或 4π）法，半空间（2π）法和地平面法。

消声测量方法在测试时，设备周围没有任何反射界面。这意味着在 360° 全范围内任何方向都没有反射声音的物体，所以也叫做全空间或 4π。这种测量方法或是在一种特殊的声音吸收空间，即消声室中进行，如加拿大国家研究院（National Research Council）的消声室；或是将扬声器悬挂于远离地面的开放空间中进行。消声测量也可以通过对从被测扬声器单元或音箱（DUT）接收到的声音进行电子门控（Electronically Gating），去掉附近物体的反射声而进行模拟。这类测量可以使用 FFT 分析和受门控的正弦波设备进行。唯一的不足是门控时间越短，测量下限的截止频率越高。要得到低至 20Hz 的良好的低频端数据，意味着至少在 28 英尺范围内不能有反射界面。这个自然规律表明，要得到低至 20Hz 的准确数据，使用门控测试仪器的消声测量仍然需要一个接近自由场的环境。在一个大仓库内将扬声器悬挂于半空中进行测量，可以在室内达到这样的要求。得到低至 10Hz 的数据则要求在 56 英尺内没有反射界面。

宽频带消声测量只有在有限的几个地方才有可能实现，虽然将宽频带分为两个不同的范围相对容易实现。我通常在采用 LinearX LMS 的门控测量中使用一个较矮的高 6～7 英尺的测量台。测量传声器放置于距离被测设备 1m，离地面高 75～95 英寸的位置，无反射半消声测量可以低至 200～300Hz。然后这些测量还可以与分割出的一个 10～500Hz 的地平面测量相结合，后者本质上也是一种消声测量，以得到 10Hz～40kHz 全频带消声测量。这种“分割”操作可以发生于 200～400Hz 范围中的任何一点，并得到良好的结果。分割测量的低频部分也可以使用近场测量方法，但由于辐射阻抗的变化，在 100Hz 以上分割近场曲线不太可行。

半空间测量，如图 8.15 所示，具有一些与消声测量同样的反射界面限制，因而必须在开放空间中进行。被测设备表面平齐地安装于一个平坦表面，通常是在障板表面与地面相平的一个凹坑中，并使扬声器单元朝向天空。扬声器单元辐射向一个 180° 的半球形场，因而称之为半空间或 2π。对于 10Hz～40kHz 的全频带测量，半空间测量易于进行。由于天空是一个无限的垂直界面，仅有的限制是测量位置到任何地平面反射界面的距离，至少应为 30 英尺。

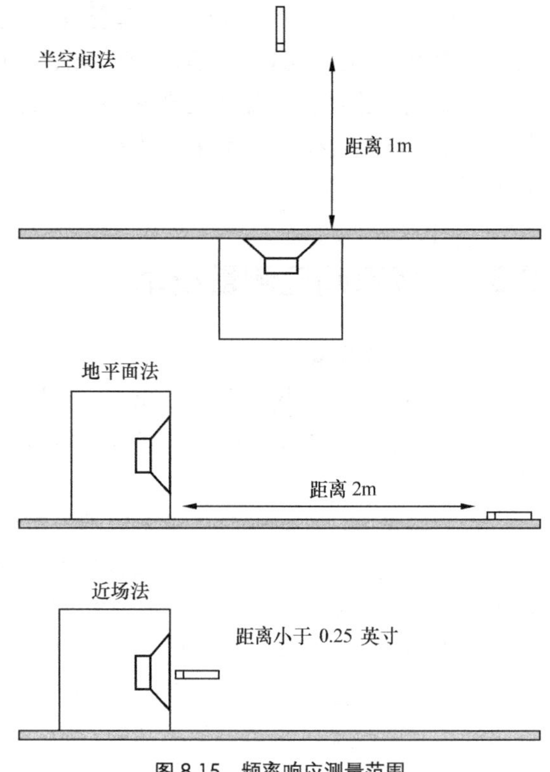

图 8.15 频率响应测量范围

第 3 种测量方式称为地平面法（Ground-Plane），如图 8.15 所示。地平面测量是把被测设备放在一个硬质的平坦表面上，譬如水泥或铺沥青的停车场，传声器放置在地面上[12]。测量结果包括了扬声器的声学镜像，这就是为什么传声器要放在直达信号和反射声像顶点的地面上的原因。地平面测量也必须在开放空间进行，最近的反射界面也应该至少距离被测扬声器单元 30 英尺。对于典型的停车场环境来说，后面一个条件容易满足，用于地平面全频带测量相当容易。对于落地型扬声器箱，为了得到更好的结果，扬声器箱要尽可能向前倾。地平面法得到的响应测量结果与那些消声法测量得到的结果相似。

这 3 种方法测量的响应关系显如图 8.16 所示。解释这 3 种方法的关键是理解“阶状”响应（“Step” Response）的性质。当声音从一个无障板和反射界面的扬声器单元锥形振膜辐射出，辐射呈半球型，直到频率上升到扬声器单元指向性开始变窄。如果扬声器单元安装于一个障板，障板起到和手电筒里的反光镜一样的作用，增加了指定方向的能量。当辐射信号的波长降低到与反射表面尺寸相近时，障板开始发挥声反射镜的作用，“阶状”响应就发生了。如果障板面积是无限大的，就如在半空间测量技术中，任何频率都发生反射，因而得到了图 8.16 所示的平坦响应形状。这种增强导致声压加倍，或比自由场测量增强 6dB。当反射表面（译注：原文为辐射表面）仅局限于箱体障板时，如在消声法和地平面法测量中的那样，“阶状”发生于由障板区域决定的任何频率，此时响应从 4π 转向 2π。在图 8.16

所示的 LinearX LEAP 模拟中，阶状响应在消声测量中开始于 75Hz 附近，以 3dB/oct 的上升斜率平坦地延伸 2oct 到 300Hz。地平面法测量包括了 2 个声源，来自被测扬声器的直达声和它的镜像，所以与消声法测量相比总增益为 6dB。这就是为什么图 8.15 所示传声器标在 2m 处，因为传声器的距离加倍，将使总声压降低 6dB，使得所记录的声压水平与消声法在 1m 处记录的相当。除此之外，地平面法测量结果呈现出与消声法测量结果完全相同的阶状响应。

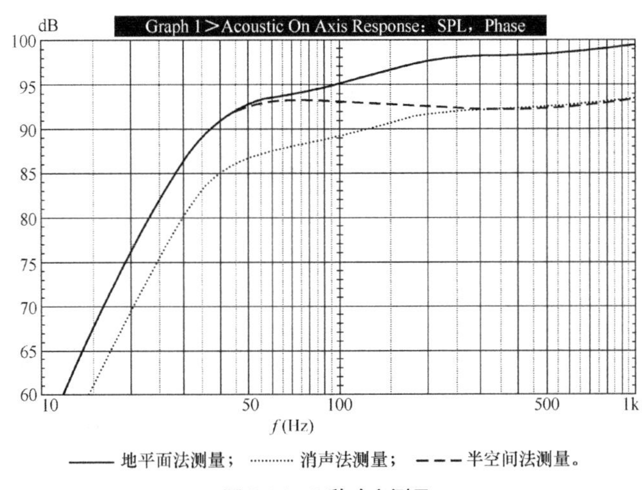

图 8.16　3 种响应测量

2．低频测量

在一定条件下，消声法、半空间法和地平面法这 3 类技术都可以用于低频端的测量。此外，半空间法测量可能是这 3 种技术中最适合用于确定扬声器 f_3 的。但是，还有另一种技术，即使用近场测量法[13]，这可以是一种迅速而简便地得到低频端数据的方式。图 8.15 所示的近场测量即简单又容易。这一技术基本上只是把传声器放在尽可能靠近扬声器单元的地方就可以进行，距离低频扬声器单元防尘罩最好小于 0.25 英寸。由于离扬声器单元非常近，掩蔽了房间的任何反射和障板的衍射，其响应类似于半空间响应。和凹坑 2π 法测量一样，近场测量缺少消声法和地平面法所测量到的障板阶状响应。

这一技术可以很好地用于闭箱低频扬声器单元，但用于开口箱时需要做一些修改。由于开口箱的低频端响应是由低频扬声器单元和导声管的输出复合而成，二者的测量结果必须合并在一起。这可以通过分别进行 2 次测量完成。导声管的测量需要把传声器放在导声管的中央，与障板平齐。除非你可以通过某种方式把低频扬声器单元与导声管分隔开（如果可以在二者之间放一块软的垫子），由于导声管与扬声器单元之间的相互作用，实际上导声管的测量只能对箱体调谐频率 1.6 倍以下的频率工作良好。由于导声管开口的辐射面积小于低频扬声器单元的，又由于近场声压与辐射面积成正比，导声管输出将不成比例地低于扬声器单元的输出，因而需要对结果进行调整。例如，如果导声管开口面积为低频扬声器单元的一半，导声管输出就应标低 6dB 才能与与低频扬声器单元相匹配。

8.8.2 频率响应测量设备

测量设备有两种形式，手工的和自动的。

1．手工的响应测量设备

手工测量可以用相当简单的设备完成，曲线根据手工记录的数据逐点描成。过程相对缓慢，但是小心进行的话，其结果可以与使用昂贵的分析仪器得到的几乎一样精确。测量包括两个步骤，生成信号源，以及接收信号源。

（1）信号源。有几种便宜的信号源可以用于手工测量，正弦波，粉红噪声，和调制音（Warble Tones，经过调制的正弦波）。正弦波振荡器和信号发生器较为便宜，并且可以直接驱动扬声器单元和音箱，或用于驱动连接到被测扬声器上的功放。可以依靠振荡器刻度盘上的刻度确定频率大小，也可以再加入一个频率计，以保证正确的读数。

粉红噪声可以按照正弦波发生器相同的方式用来获得频率响应数据。这种信号某种程度上对房间声学模式不敏感，可以在室内得到相当好的结果，但仍应遵从相同的操作要点。粉红噪声通常是按（1/3）～（1/10）oct 的带宽发生的，缺少用正弦波测量可以得到的一些极细微的细节。经滤波的粉红噪声发生器相当昂贵。幸运的是，这种测试信号容易从许多测试唱片或 CD 中得到。

调制音信号是一种经过调制的正弦波，如粉红噪声，也倾向于对房间的声学模式不敏感。调制音通常也是按（1/3）～（1/10）oct 发生的，和粉红噪声相同。但是调制音发生器不像后者那样昂贵（Old Colony Sound Lab 提供了一种套件），但与粉红噪声一样可以从测试唱片或测试 CD 中得到。尽管对房间的响应模式相对不敏感，如果小心地在第 8.8.1 节讨论的相同的技术条件下进行，调制音测量可以更准确些。

（2）信号接收。手工频率响应测量记录的信号接收可以很简单，就像使用一个声压计确定声压级一样。便宜的声压计不可能具有完全平坦的响应。如果可能的话，用某些可靠的信号源进行较正，然后应用校正曲线来校正读数。一种替代方法是使用直接与按 dB 显示的伏特计相连的传声器。这将只是一种相对测量，不代表准确的声压级（SPL），但对于许多设计工作（如分频器设计工作）而已是足够的。与使用声压计相同，建议使用可靠的已知响应的测量设备进行校正。

2．自动的响应测量设备

图表记录器，如 Bruel & Kjaer 和 Neutrik 曾经制造的仪器，已是相当的古老了。实际上所有可以进行声学测量的音频分析仪或是基于计算机，或是直接以计算机为界面。这些仪器可以分为两个基本类别，阶梯正弦波（Step Sine Wave）和 FFT（快速傅立叶变换）类分析仪一些分析仪将使用其中一种方法，另一些则两种都有。

一些基于计算机的，可以进行阶梯式（扫频）正弦波分析的分析仪如下。

（1）Audiomatica CLIO[14]，CLIO Lite[15]。

（2）Audio Precision System One and Two[16]。

（3）Liberty Instruments LAUD[17]。

（4）LinearX LMS[18]。

至于使用某种噪声信号，如 MLS（最长序列码），进行 FFT 分析如下。

（1）Audiomatica CLIO。

（2）Auido Precision System One and Two，DSP 可选。

（3）Ariel SYSid[19]。

（4）Goldline TEF 20[20]。

（5）Liberty Instruments LAUD[21]。

（6）DRA Labs MLSSA[22]。

每种测量类型都有它自身的优点，所以这些仪器都可以生成适当的文件格式，可以输入到诸如 LEAP，LSP CAD，Sound Easy，或 Speak 等 CAD 设计软件。模拟的阶梯式正弦波类型，如 AP System 1 或 LinearX LMS 分析仪发生对数刻度的扫描行为，每 10 倍频率（3.2 倍频程）的测量具有相同数量的扫描点。阶梯式正弦波分析仪即可以是门控的，也可以是非门控的。非门控型适用于消声室、平地面法和半空间法测量技术，但无法去掉近处的反射。门控型正弦波分析仪，如 LinearX LMS，使用计算机 CPU 时钟来选择性地消除多余的反射，得到和在 FFT 脉冲波形中加入一个“窗口”同样的“半”消声结果。

FFT（快速傅里叶变换）分析仪使用不同的噪声信号类型来产生一个时间脉冲。包括标准的噪声脉冲[23]（粉红噪声和白噪声），线性调频脉冲（Chirp，FM 调制的正弦波）和 MLS[24]（Maximum Length Sequence，最大长度序列码）。FFT 测量序列从扬声器受到信号激励，麦克风接收到波形，导致的脉冲被分析仪记录开始。然后作为一种时域数据的脉冲通过运算进行时间窗截取（门控），并通过 FFT 产生一个频率响应曲线（再次提示，时间与频率是互为倒数关系的——$t = 1/f$ 而 $f = 1/t$）。数据点按线性刻度记录，与阶梯式正弦波测量的对数刻度相反。这就使得频率较高的部分有大量的细节，而频率较低的部分只有稀少的细节，至少在目前的技术发展水平下是这样的。任何一种 FFT 分析仪最有意思的优点是它们进行时域测量的能力，这使得用户可以观察能量谱和衰减时间。时域类型的图谱如图 8.17 所示，一个幅度响应的累积衰减频谱（Cumulative Spectral Decay）[25]；图 8.18 所示，一个魏格纳分布（Wigner Distribution）[26, 27]；以及图 8.19 所示，一个 ETC（Energy-Time Curve，能量-时间曲线），均使用 DRA Labs MLSSA 分析仪生成。

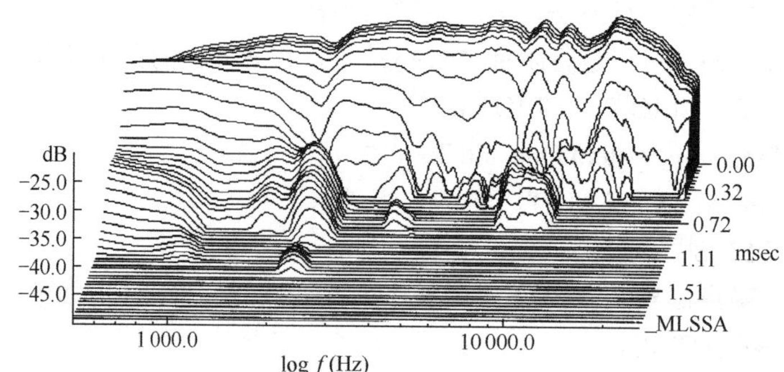

图 8.17 累积衰减频谱图

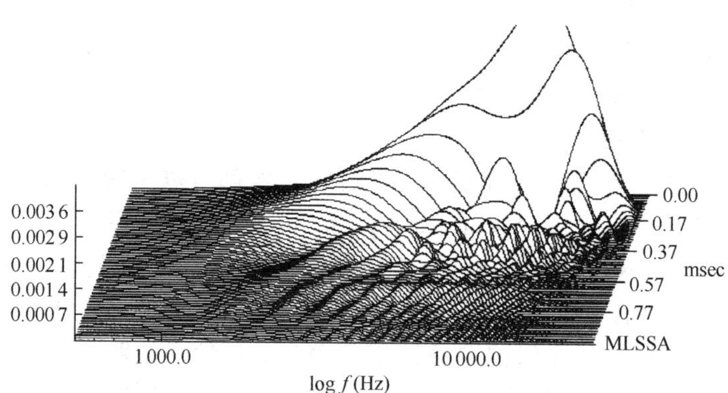

图 8.18 魏格纳分布

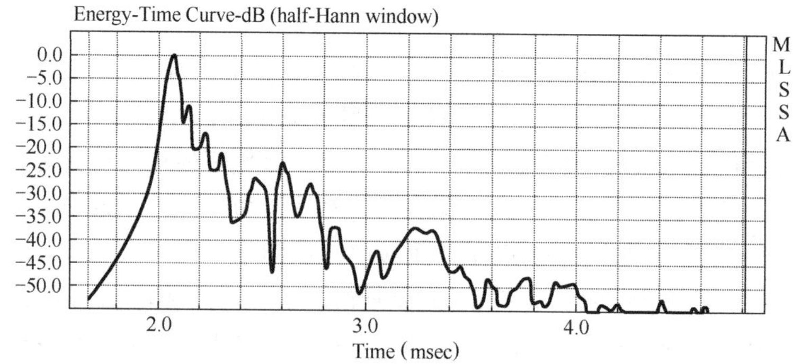

图 8.19 能量-时间曲线-dB（半 Hann 窗）

两种类型的分析仪都有它们的优势和不足。在我本人作为一名为各种家用和汽车音响扬声器厂商设计产品的顾问工作中，更喜欢用门控正弦波仪器来设计扬声器系统，虽然两种类型都可以胜任。但是，我确实相信，基于对数的分析用于系统设计——扬声器单元测量和设计分频器，是最好的方法。至于换能器设计，很难超过 FFT 分析仪。它们特有的观察时间和谐振衰减特性的能力，在锥形振膜和球顶单元设计的确定中有很高的价值，在箱体的支撑和阻尼设计中亦是如此。

8.8.3 相位测量

没有测量相位的手工方法。相位测量需要一个专用的相位计，一个在第 8.8.1 节中描述的双通道分析仪，或一个能够精确地从幅度响应测量导出相位的计算机程序（到本书出版为止，LinearX LEAP 和 LMS 是唯一可以精确进行这一工作的程序）。然而，相位通常未被很好地理解，下列的解释或许有所帮助。

任何幅度波形的相位都是波形斜率的函数。如果不存在比幅度斜率变化所指示的更多的相移，该装置称为“最小相位”。一般而言，扬声器是最小相位装置，因而相位确实可以从波形幅度的斜率导出。对于扬声器的阻抗曲线和频率幅度曲线均是如此。图 8.20 所示说明了幅度和相位之间的关系。当幅度曲线的斜率为水平平坦时，相位角是零度。当斜率为正时，相位亦为正，但在它达到平坦区域时将回到零轴。同样的，当幅度斜率为负时，相位角亦为负，但在幅度曲线达到另一个平坦区域时也将回到零相位角［“A Digital Phase Meter（一种数字相位计）”，R. Luccassen 著，发表于《Elektor Electronics USA》，1991 年 5 月，P.32- Ed，带有全部详细构造图］。

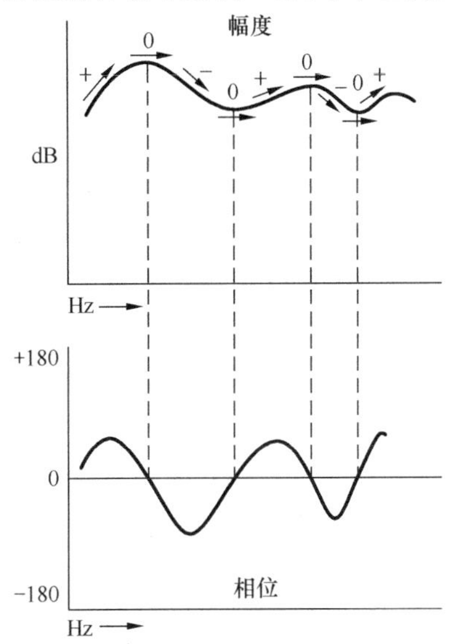

图 8.20 频率幅度和相位关系

8.8.4 测量用传声器

要使任何设备可以精确进行频率响应测量，最重要的是要有一个可靠的频率响应平坦的传声器。以下按价格递减列顺序出可接受的测量传声器。来自 ACO，B＆K，Larson Davis,Rion Industries 的传声器和 Earthworks 的 M-55 传声器，包含咪头、前置放大器主机和电源在内的整套价格都超过 1 000～4 000 美元，其他传声器的价格在 100～1 000 美元，但用于合格的设计工作完足足够精密。

精密传声器名录如下。

（1）ACO Pacific 7012[29]。

（2）Bruel & Kjaer Falcon Series，Models 4189/90/91 1/2 free-field[30]。

（3）Earthworks M-55 1/4 英寸[30]。

（4）Earthworks M-30 1/4 英寸[30]。

（5）Josephson Engineering C550H[30]。

（6）Larson Davis Model 2524 1/2 英寸[31]。

（7）Larson Davis Model 2540 1/4 英寸。

（8）LinearX M-31 1/4 英寸。

（9）LinearX M-51 1/2 英寸。

（10）LinearX M-52 1/2 英寸。

（11）Mitey Mike II 1/4 英寸[32]。

（12）Neutrik 3382 1/4 英寸。

（13）Neutrik 3384 1/2 英寸。

（14）Rion Industries Mode UC-31[33]。

在各类传声器中，有 2 种传声器特别值得购买。在第一类的专业精密传声器中，ACO Pacific 具有优秀的价值。与其他精密传声器相比，它表现很好，而价格相对较低。在不太昂贵一类的传声器中，由 Joe D'Appolito 设计，并由 Old Colony Sound Lab 销售的 Mitey Mike 算是物有所值。

8.8.5 箱体机械振动测量

通常使用一种叫做加速度计（Accelerometer））的换能器来测量扬声器箱体壁的振动。经过校准的加速计通常是昂贵的设备，价格在 200～500 美元或更高。加速度计通常是用压电陶瓷元件制成，安装后该元件与它们附着的物体的机械振动直接耦合。进行测量时，加速度计贴在箱壁上，并给被测设备施加一个正弦波或脉冲型信号。信号直接输出到一个记录装置或伏特计。多个加速度计的读数输出可以用模式分析软件创建一个箱体结构的动态模型[34]。

然而，有几个较便宜的选择。一种是 PVDF（Polyvinylidene）加速度计，价格较低（约 35 美元）而且与更昂贵类型相比，谐振问题较小（由 PVDF 材料的性质所致）[35]。

虽然不像较昂贵的装置那样按分贝进行校准，这种设备可以进行相对测量，以确定支撑和壁阻尼材料的有效性。这种装置可以使用一个简单的正弦波发生器和伏特计，或连接到任何一种第 8.8.2 节中描述的自动型分析仪。

还有一种更价廉的加速度计，用大约 15 美元的零部件就可制造。如图 8.21 所示照片，这种装置使用一个来自 Motorola 压电陶瓷高频扬声器单元的压电陶瓷元件[36]。拆开这个高频扬声器单元，焊下高频扬声器单元接线端子上的引线。取下压电陶瓷元件，它是个硬币大小的平盘。然后截一段 0.75 英寸长、3/8 英寸宽的木销，用环氧树脂把木销粘在压电陶瓷元件中央平坦处。待干燥后，这个“穷人的”加速度计就可以用烛蜡、蜂蜡或用白乳胶临时粘在箱壁上（当然，假设这是个未完工的箱体），使用方法与 PVDF 加速计相同。两种类型的加速计的驱动电平都相当低，可能需要额外的放大（20dB）。

图 8.21 压电陶瓷加速计

8.8.6 测量音圈温度-时间关系

前面的章节提到，扬声器的动态表现很大程度上受到音圈温度变化的影响，后者又导致音圈电阻的大幅上升。音圈电阻的波动不仅改变了低频表现和扬声器单元的阻尼，对根据标称工作电阻设计的分频电路的功能也有不利影响。Ferrofluidics Corpration 公司的产品致力于解决音圈散热问题，它们创建了一种确定音圈开始发热时温度确切变化的间接测试方案。这种测试装置如图 8.22 所示。

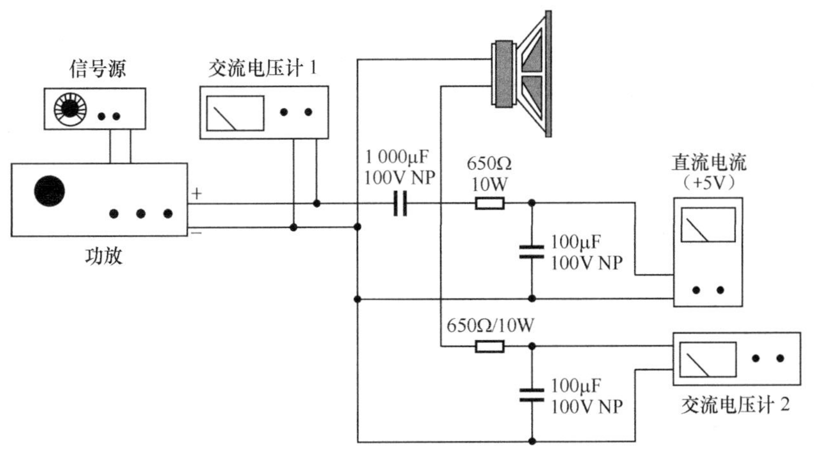

图 8.22 音圈温度测试设备

信号源可以是不连续正弦波或带宽限制的粉红噪声。带宽限制的粉红噪声更理想些，是扬声器单元制造商进行扬声器功率测试时常用的一种信号。如果选择使用正弦波，频率应当高于扬声器单元的谐振频率，邻近扬声器单元阻抗最低点的位置。至于粉红噪声，可以用一个频率可变的电子高通分频电路来“带通”粉红噪声信号。高通通常应设在比扬声器单元谐振频率高一个倍频程的位置，对于低频扬声器单元大约是 100Hz，对于中频扬声器单元可能是 200Hz，而对于高频扬声器单元则是在 2kHz 附近。

信号源的输出电压（用伏特计 1 设定）将随被测扬声器单元的可能操作功率而不同，在 10～20V 比较合适，专门为高工作功率设计的大音圈可以用 20V。对于高频扬声器单元和小音圈中频扬声器单元，在 6～7V 比较合适。通过经验可以知道，如果扬声器单元音圈烧毁，电压就是太高了。

这个测试需要测量伏特计 2 所接电容的电压，并代入下式

$$T = 1\left[\frac{V_s - V_{To}}{aV_s - V_{T1}} \square \frac{V(T_1 - 1)}{V_{T0}}\right] + T_0$$

上式中，

a 为音圈导线电阻的热系数，铜线使用 0.003 85，铝线使用 0.004 01；T_0 为名义音圈初始温度（通常用室温 25℃）；T_1 为被测的升高后的温度；V_{T0} 为测试开始时伏特计 2 测量到的电压（室温下的电压）；V_{T1} 为测量过程中伏特计 2 测量到的电压（通常按一定的时间间隔进行，如 10min、30min、60min 等）。

步骤基本上很简单。在测试开始时，记录伏特计 2 所测的电压，然后把读数代入温度公式计算初始温度 T_1。一定的时间间隔后，再次记录伏特计 2 的电压，数值代入温度公式。当所有后续的测量都完成了，就可以以温度为纵轴以时间为横轴绘制被测单元随时间的温度升高曲线。举个例子，这个测试还方便用在计算不同分频频率和斜率给予特定扬声器单元的保护情况。

8.9 可能用得到的换算关系

1. 长度测量

1mm = 0.039 37 英寸。

1cm = 0.393 7 英寸。

1m = 39.37 英寸。

1m = 3.280 8 英尺。

1 英寸 = 25.4mm。

1 英寸 ＝2.54cm。

2．面积测量

$1cm^2 = 0.155$ 平方英寸。

1 平方英寸 ＝$6.452cm^2$。

1 平方英尺 ＝$929.034\ 1cm^2$。

$1m^2 = 10.763\ 07$ 平方英尺。

3．体积测量

$1mm^3 = 6.1\times10^{-5}$ 立方英寸。

$1L = 0.035\ 3$ 立方英尺。

1 立方英尺 ＝28.317L。

1 立方英尺 ＝$0.028\ 31m^3$。

1 立方英尺 ＝1 728 立方英寸。

$1m^3 = 35.314$ 立方英尺。

4．数学表达习惯

$$X^{-1} = \frac{1}{X}$$

$$X^{1/2} = \sqrt{X}$$

参考文献

1．N. Crowhurst, “Audio Measurements Course, Part 15”, *Audio*, August 1976.

2．V. Dickason, “Industry News and Developments—LinearX VI Box”, *Voice Coil*, Volume 10, Issue 7, May 1997.

3．V. Dickason, “How to Plot and Understand Complex Impedance”, *Speaker Builder*, 2/88, P. 15.

4．LEAP (Loudspeaker Enclosure Analysis Program), Version 3.1, Operating Manual, by LinearX Systems.

5．R. Small, “Direct Radiator Loudspeaker System Analysis”, *JAES*, June 1972.

6．J. N. White, “Loudspeaker Athletics”, *JAES*, November 1979.

7．H. J. J. Hoge, “Switched on Bass”, *Audio*, August 1976.

8．R. Small, “Vented-Box Loudspeaker Systems”, *JAES*, June～Oct. 1973.

9．J. Graver, “Acoustic Resistance Damping for Loudspeakers”, *Audio*, March 1965.

10．R. C. Cabot, “Automated Measurement of Loudspeaker Small Signal Parameters”, 81st

AES Convention, preprint No. 2402.

11. D. Clark, “Precision Measurement of Loudspeaker Parameters”, *J*AES Volume 45, No. 3, March 1997.

12. M. R. Gander, “Ground-Plane Acoustic Measurement of Loudspeaker Systems”, *J*AES, October 1982.

13. D. B. Keele, Jr., “Low-Frequency Loudspeaker Assessment by Nearfield Sound Pressure Measurement”, *J*AES, June 1989.

14. J. C. Gaetner, “CLIO Test System”, *Speaker Builder*, Volume 16, Number 5, July 1995.

15. D. Pierce, “Product Review: CLIOLite”, *SpeakerBuilder*, Volume 19, Number 3, May 1998.

16. V. Dickason, “New Software”, *Voice Coil*, Volume 12, Issue 4, February 1999.

17. V. Dickason, “Liberty Instruments Releases”, *Voice Coil*, Volume 11, Issue 10, August 1998.

18. V. Dickason, “New Update for LMS”, *Voice Coil*, Volume 6, Number 4, February 1993.

19. V. Dickason, “SYSid Analyzer Update”, *Voice Coil*, Volume 11, Issue 7, May 1998.

20. V. Dickason, “Windows for TEF 20”, *Voice Coil*,Volume 11, Issue 8, June 1998.

21. V. Dickason, “Liberty Audiosuite Version 2.2”, *Voice Coil*, Volume 10, Issue 10, August 1997.

22. V. Dickason, “Acoustic Analyzer News”, *Voice Coil*, Volume 11, Issue 3, January 1998.

23. L. R. Fincham, “Refinements in the Impulse Testing of Loudspeakers”, *J*AES, March 1985.

24. Rife and Vanderkooy, “Transfer-Function Measurement with Maximum-Length Sequences”, *J*AES, June 1989.

25. Lipshitz, Scott, and Vanderkooy, “Increasing the Audio Measurement Capability of FFT Analyzers by Microcomputer Postprocessing”, *J*AES, September 1985.

26. Janse and Kaizer, “Time-Frequency Distributions of Loudspeakers: The Application of the Wigner Distribution”, *J*AES, April 1983.

27. Verschuur, Kaizer, Druyvesteyn, and de Vries “Wigner Distribution of Loudspeaker Responses in a Living Room”, *J*AES, April 1988.

28. Vanderkooy and Lipshitz, “Uses and Abuses of the Energy-Time Curve”, *J*AES, November 1990.

29. *Voice Coil*, May 1989.

30. R. Honeycutt, “Test Microphone”, *Voice Coil*, Volume 11, Issue 5, March 1998.

31．*Voice Coil*, June 1990.

32．D. Queen, "Product Review: Mitey Mike II", *Speaker Builder*, Volume 20, Number 5, August 1999.

33．*Voice Coil,* November 1989.

34．Hoffman, Matthiessen, and Veirgang, "Measurement of Operating Modes on a Loudspeaker Cabinet", presented at the 87th AES Convention, preprint No. 2848.

35．*Voice Coil,* February 1991.

36．Patent pending by Genesis Technology Inc.

第 9 章 扬声器系统设计以及扬声器–房间界面的 CAD 软件

在我第一次着手本书的再版工作时，各种扬声器设计 CAD 软件才刚刚开始大量面市。从那时起，大量的产品被介绍到这个高度专门化的市场。现在，这些扬声器软件的名单相当的长，不仅程序越来越多，这些程序的建模也越来越精密，编程的质量越来越高。伴随着箱体和分频器设计的扬声器工程软件的长足进步，一些程序也致力于使你的音箱在它所设计应用的空间中工作得更好。Floyd Toole 博士和他在 Harman International（哈曼国际）的合作者们，以及其他人的研究结果表明，空间位置以及各种其他的声学因素强烈地影响着扬声器的声音质量。这些影响的程度相当大，以至于有时候与完全不同的扬声器之间具有的巨大差别相比，不同的空间位置可以引起扬声器声音质量更大的听感差异[1,2]。在 Toole 博士的领导下，Harman International（包括 JBL，Infinity，Harman Kardon 等品牌），懂得了空间位置对扬声器的评价有多么重要的影响（是的，这些年以来，你在 Hi-Fi 器材店的展示厅里聆听各种扬声器箱，为寻找音质最好的音箱所花费的努力，大多属于浪费时间），因此建造了一个相当复杂和昂贵的机器，它可以将音箱迅速地移入和移出同一个聆听位置，因而可以进行有意义的 A/B 比较[3]。所以，这一章的内容现在包括了 3 个部分，一个部分是扬声器系统设计软件，还有两个新的部分，一个是房间（空间）设计软件，另一个是房间测量软件，设计为与计算机声卡一起使用。请注意，所标注的这些产品的价格是 2005 年 7 月当时的现行价。以下按照字母表顺序列出在本书这一版发行时可以买到的软件。

9.1 扬声器系统设计软件

Active Filter Workshop：由 Frank Ostrander 发布。AFW 是一个基于 Windows 的主动滤波器设计应用程序的软件套装（如图 9.1 所示）。它包含了不同的线路结构，如 Sallen-key 滤波器、态变数（State Variable）、架式（Shelving）、参量 EQ（Parametric EQ）和全通延时滤波

器（All-Pass Delay Filters）。这一软件可以从 Old Colony Sound Laboratory（PO Box 876，Peterborough，NH 03458，603-924-9464，Fax 603-924-9467，custserv@audioXpress.com）买到，价格为 79.75 美元。

AkAbak v. 2.1：由 Jorg W. Panzer 发布。这个基于 Windows 的软件是市场上建模较精密的软件之一，具有开放式结构，允许用户试验大量的箱体结构，已经实践的设计和未经试验的想法都可以使用[4]。它已经发布了 5 年，现在的版本是 2.1 版[5,6]。这个程序既可以进行箱体设计，也可以进行分频网络设计，结合使用菜单和文本来描述当前运行的任务。它的特色功能包括：被动和主动分频网络（晶体管和运算放大器均可模拟）都可以模拟、结果直接以极坐标或者笛卡尔坐标（Cartesian Diagram）输出，可进行因受热和顺性非线性所致的音圈电阻变化的非线性分析，描述扬声器系统在 *X*、*Y*、*Z* 轴上的安装位置以预测离轴表现，同时模拟扬声器箱体衍射。在专业工程师手中，这是个非常强大的软件。但是，对于新手和没有经验者，它可能有点吓人。在美国，AkAbak 由 Bang-Campbell Associates 发行，价格是 700 美元。更多的信息可访问网站 http://users.rcn.com/rhcamp/akinfo.htm。

Bass Box 6 Pro：由 Harris Technologies 发布。从 20 世纪 90 年代中期开始，有各种不同版本的 Bass Box 软件面市。它现在的版本是 V6.0，Win 95/98/NT 32 位格式[7~9]。对于扬声器爱好者来说，它一直是个非常好的低价位箱体设计程序。这个新的 32 位 Bass Box 6 Pro 版本包含了之前版本所共有的箱体设计功能，但还包含了可对导声管谐振进行模拟，给全部的各种箱体设计类型添加被动和主动网络效应（比如给带通箱体加入一个串联电感以减少导声管异常，或添加 2 阶高通主动滤波器以提升开口式箱体的低频端），以及一些箱体类型的衍射模型等（如图 9.2 所示）。还包含一个带有搜索和编辑工具的，总数为 1 000 种的扬声器数据库。更多的信息可以访问 Harris Technologies 网站，www.ht-audio.com。这个程序价格为 129 美元，可以向 Old Colony Sound Laboratory 购买。

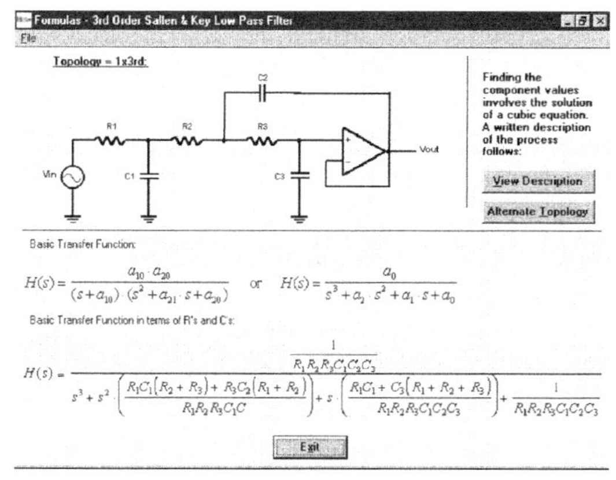

图 9.1　Active Filter Workshop

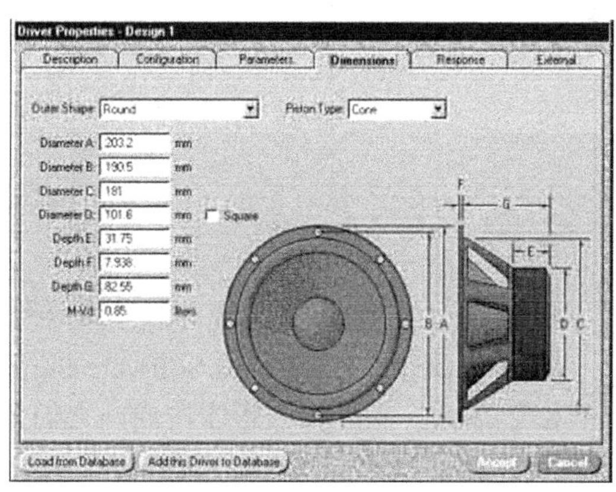

图 9.2　Bass Box 6 Pro

Bass Horn Design：由 A. L. Senson 发布。这个软件基本上是一种双垂曲线号筒（Tractrix Horn）设计的 DOS 程序，可以计算悬索曲面（Catenoid）、指数型或双曲线型低音号筒的尺寸，还可以在 1min 内打印输出。它不仅提供号筒的一般数据，比如号嘴和喉腔面积以及后腔体积，还可以给出设计箱体所需的尺寸。Bass Horn Design 的价格是 19.95 美元，可以从 Old Colony Sound Laboratory 得到。

CALSOD v. 3.10 Professional：由 AudioSoft 出品。CALSOD（Computer Aided Loudspeaker Deisign，计算辅助扬声器设计）[10]是由澳大利亚工程师 Witold Waldman 编写的软件（如图 9.3 所示），最初曾在 1988 年 9 月号《JAES》上的一篇由程序作者指撰写的论文中描述，论文题目是“Simulation and Optimization of Multiway Loudspeaker System Using a Personal Computer（使用个人计算机模拟和优化多路扬声器系统）”。

这是一个基于 DOS 的全方位的扬声器模拟程序，可以进行分频器优化和箱体模拟（包括闭式、开口式、开口及闭式带通、被动辐射器以及辅助开口式箱体）。CALSOD 可以工作于手工采集的数据，也可以从 AP System 1 或 2，DRA MLSSA，IMP 输入 SPL 和阻抗数据，进行主动式或被动式滤波器设计，共轭网络（Conjugate Network）的阻抗优化、优化 T/S 参数计算器、模拟房间增益，对轴向和离轴多达 5 点的 SPL 优化，以及扬声器位置的 X、Y、Z 定位。Old Colony Sound Laboratory 提供的 3.10 完全版的价格是 269 美元。Old Colony Sound Laboratory 还提供精简版，CALSOD v.1.4，价格是 69.95 美元（不能导入分析仪文件）。

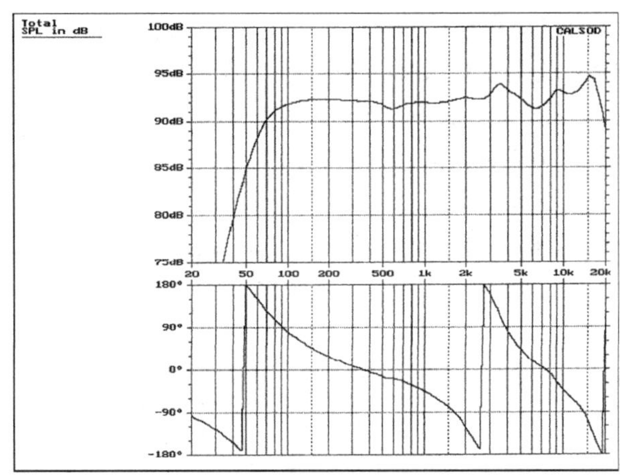

图 9.3　CALSOD

Easy Loudspeaker Design Software Suite：由 Marc Bacon 发布。这个 3 件套软件是由 3 个独立的基于 Win95 的程序构成，它们分别是 EasySpeak，EasyRoom 和 EasyTest，都是为广泛使用的微软 Excel 电子表格软件（不包含在这个软件中）而写的。EasySpeak 进行箱体设计和分频器计算[分频器计算基于电阻性终端公式（Resistive Termination

Formulas)]。EasyRoom 预测听音室的声学表现，并给出克服不良声学表现所需的吸声体和扩散体的信息。EasyTest 根据 Joe D'Appolito 所著的《Testing Loudspeakers（扬声器测试)》，协助开展本书描述的各种扬声器测试步骤。这个软件定价为 129.95 美元，可以从 Old Colony Sound Laboratory 购买。

FilterShop 3：由 LinearX 出品。FilterShop[11,12]为用户提供了一整套的特色功能，可以进行极为复杂的分频器设计，构建的精度高且较为容易和快速（如图 9.4 所示)。含有完备的 AC 线路模拟器，带有高级的滤波器设计专用的元件，这些元件一般不存在于 SPICE 类模拟器中。FilterShop 提供了一个高度综合的对象生成系统，可以为任意种类的模拟或数字滤波器类型建模。这个程序可以优化模拟 1～16 阶滤波器（巴特沃斯、契比雪夫、贝塞尔、勒让德（Legendre)、线性相位、过渡型 6dB（Transitional 6dB)、过渡型 12dB、过渡型 3dB、同步型（Synchronous)、高斯型（Gaussian)、MCP 巴特沃斯、和 MCP 契比雪夫等，全都可以用于低通、高通、全通、带通或带阻转换)，并为 FIR 和 IIR 滤波器类型进行数字滤波合成。FilterShop 特有的超过 500 种预定义的线路模板，在确定目标后即可用于建立滤波器设计（模拟主动式、模拟被动式、以及数字滤波器)。还包括了储如 RLC/RDC 阶梯滤波器（Ladder Filters）和转换电容滤波器（Switch Capacitor Filter）设计等方案。FilterShop 还具有一个扩展的线路编辑工具，允许用户迅速地创建任意新的或者罕见的滤波器线路结构，无论被动或是主动的，模拟的或是数字的。甚至可以用 FilterShop 设计和优化被动式扬声器分频器，虽然它并不是这个强大的软件套装的真正目标。FilterShop 推荐的计算机配置要求是 Windows NT4 或 Windows 2000，200MB 的硬盘空间、64MB 内存、奔腾 II 350 或更高、1024×768 的图像分辨率，以及 Adobe Type Manager。定价为 1495 美元，可以直接向 LinearX 购买（可访问 LinearX 的网站：www.linearx.com)。

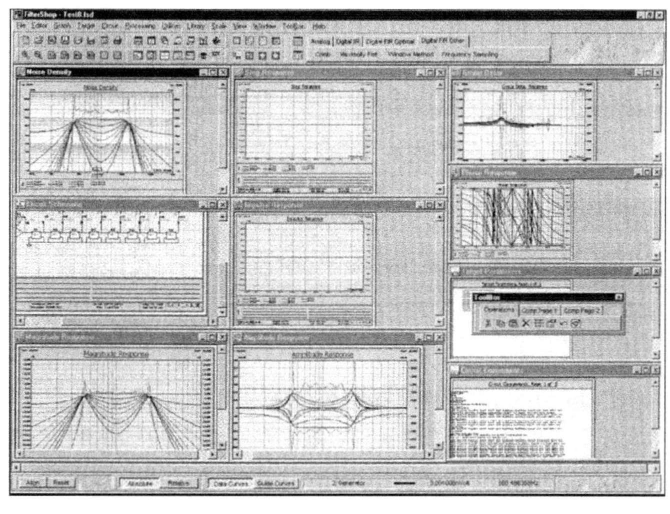

图 9.4 FilterShop

Filter Workshop：由 Frank Ostrander 发布。此程序包含一套很好的被动网络设计工具和网络设计的指导资源（如图 9.5 所示）。包括计算衰减网络（L 型）、高通及低通滤波器、架式网络（Shelving Networks）（既有高通又低通）、带阻滤波器、电感卷绕参数（骨架直径、线规、绕数等），以及阻抗补偿（共轭）网络。虽然其滤波器的取值是用电阻性终端确定，而不是由扬声器单元的 SPL 和阻抗负载的复合函数确定，它仍然是一个非常有用的基于 Windows 的软件。这个软件的价格为 79.95 美元，可以从 Old Colony Sound Laboratory（www.audioXpress.com）得到。

FINEBox v. 2.2：由 Loudsoft 出品。FINEBox v. 2.0[13,14,15]是一个非线性动态箱体设计程序。FINEBox 可以模拟内开口（Interport）、带通、低音反射和闭式箱结构，同时建立磁路和音圈的压缩和温度模型。通过一个一目了然的界面，用户可以总览设计方案的高功率表现，并快速地优化包括导声管在内的箱体设计（如图 9.6 所示）。其特色功能包括 3D 显示和“玻璃（Glass）”层时间响应选择功能、实时的“音量控制”滑块可按 Vrm 或 Wrms/距离控制输入、可以从 FINEMotor 输入所有非线性 T/S 参数和热数据、计算动态冲程、导声管速度、阻抗响应、计算任意功率水平和时间下的功率压缩、一个高级的可以预测音圈和磁体温升的热模型，以及可以观察任意功率水平下的锥形振膜位移、反射、和内开口速度。价格为 900 美元，可以从遍及全世界的各种经销商处得到。具体内容可以访问 Loudsoft 的网站 www.loudsoft.com。

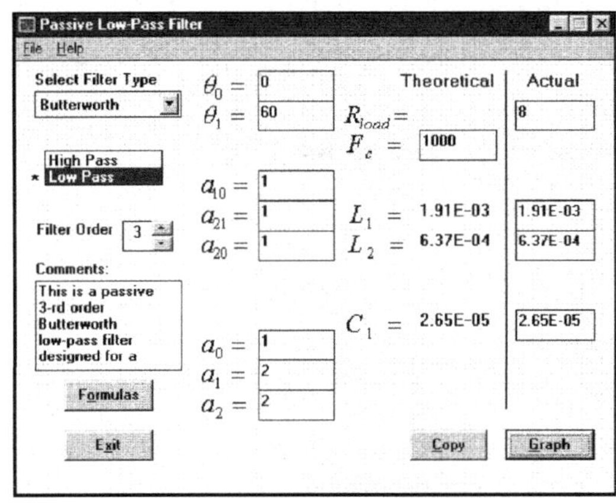

图 9.5 Filter Workshop

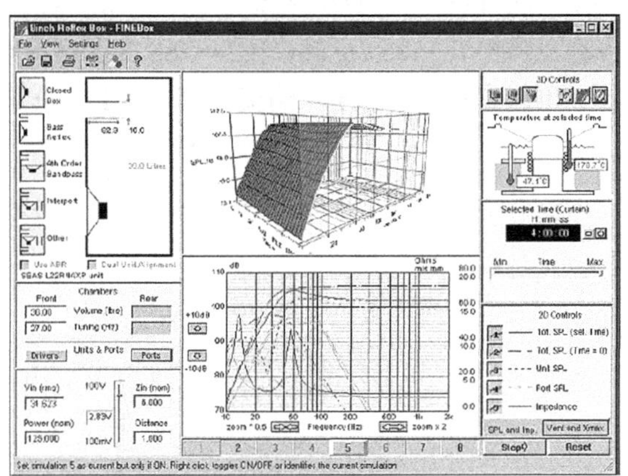
图 9.6 FINEBox

FINECone v. 2.0：由 Loudsoft 出品。FINECone[16,17]是一种球顶/锥形振膜有限元声学模拟程序。这一软件可以迅速计算一个新锥形振膜或球顶形状的频率响应，或分析一个已有的扬声器单元存在的问题。其特色功能包括自动的空气负载计算、从 FINEMotor 输入参数值的功能、频率响应曲线绘制、DXF 文件（AutioCAD）、FINECone 锥形振膜和球顶模型数据库，以及以 txt 格式输出响应曲线的能力（如图 9.7 所示）。定价为 3 600 美元，可以从遍及全世界的各种经销商处得到。具体内容可以访问 Loudsoft 的网站 www.loudsoft.com。

FINEMotor v. 3.0：由 Loudsoft 出品。FINEMotor 是一种磁路系统和音圈设计程序，它可以模拟扬声器单元 SPL 和包括 Xmax 的 T/S 参数，可以从一个锥形振膜/球顶零部件规格表中选择音圈导线直径（如图 9.8 所示）。其功能还包括可以选择 Round or Edge 卷绕的铜、铝和 CCAW 音圈导线，可以使用并联的双音圈，Qms 和 Rms 的自动计算能力，模拟磁体屏蔽，自动对不同线号或导线层数进行磁体补偿，以及指定铁氧体、钕，或用户指定的磁体材料的能力。定价为 180 美元，可以从遍及全世界的各种经销商处获得。具体内容可以访问 Loudsoft 的网站 www.loudsoft.com。

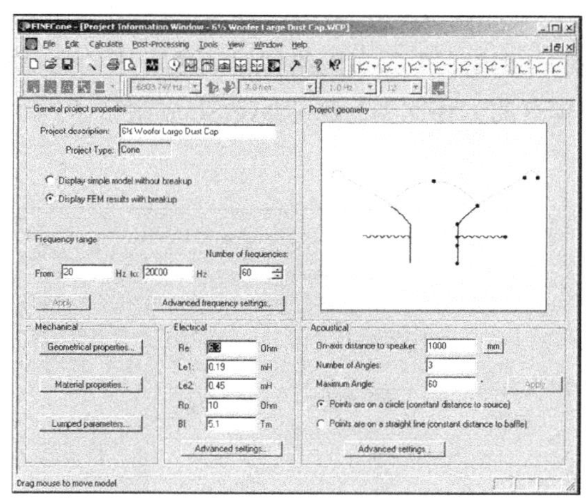

图 9.7　FINECone

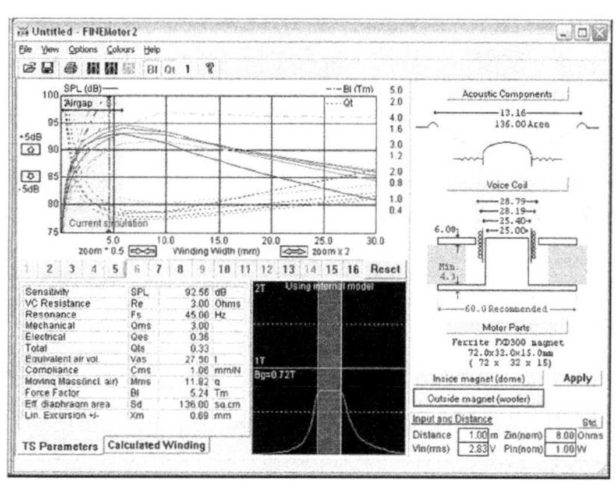

图 9.8　FINEMotor

FINEX-over v. 3.0：由 Loudsoft 发布。FINEX-over[20]是一种全功能的分频器优化程序，具有一些独特功能（如图 9.9 所示）。两个最出色的功能是自动化的最小阻抗限制功能，可以由用户在优化器控制菜单里设置；还可以用鼠标滚轮在不同元件的数值上滚动，反复调整分频网络电路中的元件数值，同时实时显示各个扬声器单元的响应和总响应的变化。其他功能包括对每个网络元件功率的自动计算，一个从 LMS、MLSSA、Praxis、SoundCheck 以及其他分析仪输入数据的程序，可变的对象和网络斜率，使用不对称的低通和高通滤波器斜率的能力，以及障板阶状响应和时间/距离补偿

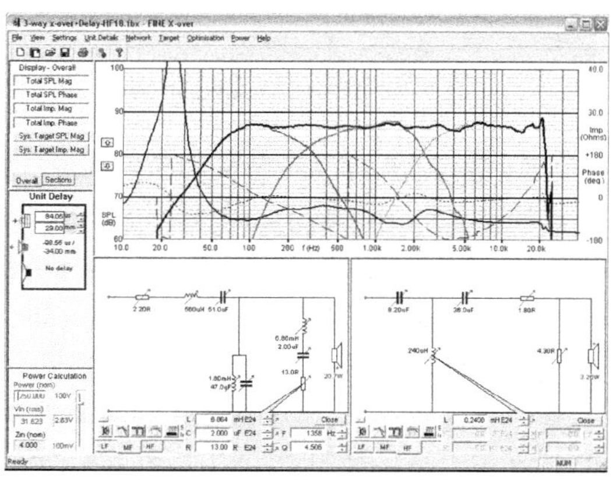

图 9.9　FINEX-ove

功能。定价为 900 美元，可以从遍及全世界的各种经销商处得到。具体内容可以访问 Loudsoft 的网站 www.loudsoft.com。

LEAP 5.0：由 LinearX 出品。LEAP v. 5.0[21~26]，和它的 DOS 4.0 版本（最初在 1985 年发行）一样，是专业和业余设计者的行业标准，在 2002/2003 年发行的 Windows 版本经历了大幅的转变。新软件现在分成两个独立的程序，LEAP CrossoverShop 和 LEAP EnclosureShop。两个程序均工作于 XP，Win 9X，ME 或 Win2000。

CrossoverShop 可以优化扬声器被动网络，模拟式主动网络，和 FIR 及 IIR 数字网络设计，进行混合域设计（Mixed Domain Design)。(即模拟和数字同时进行)，优化 SPL、群迟延或阻抗，具有图像化电路类型入口，全自动的分频设计向导，以及热/蒙特卡罗（MonteCarlo）（译注：一种统计模拟方法）/灵敏度系统电路分析（如图 9.10、图 9.11 所示）。图形输出包括电路图表（模拟主动式或被动式，以及数字的）、SPL、电压（网络传输函数）、阻抗、群迟延、瞬态（电压—时间）、指向性图（水平和垂直的）和比率。CrossoverShop 附带了一个 462 页的指南和 172 页使用手册。

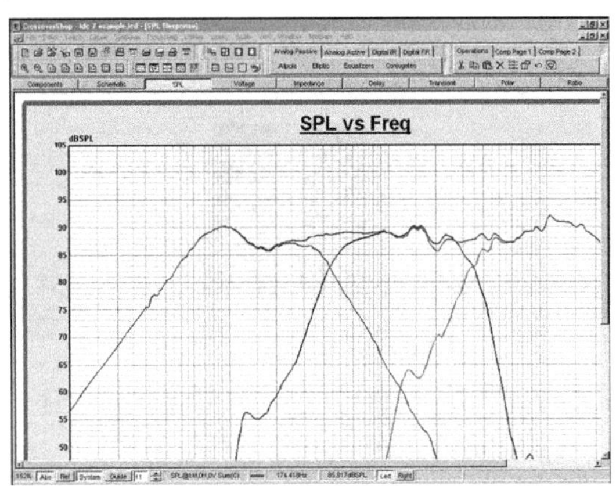

图 9.10 LEAP CrossoverShop

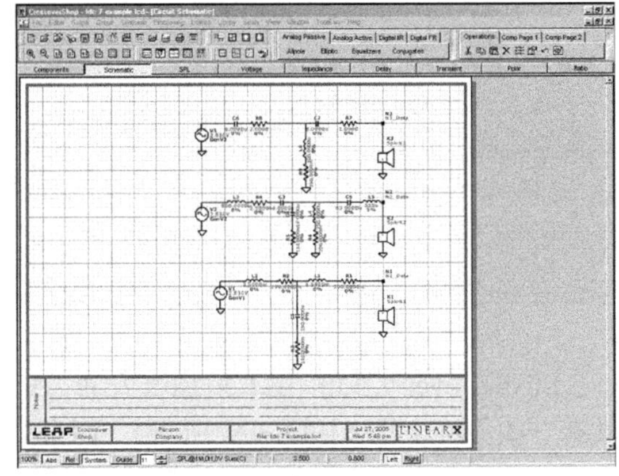

图 9.11 LEAP CrossoverShop

EnclosureShop 具有惊人的衍射分析引擎，就像在你的电脑中建有一个消声室，还有一个新的具有 53 个参数的换能器模型，可以进行精确的大信号非线性分析（如图 9.12、图 9.13 所示）。其他的功能包括任意结构的箱体分析、远场、近场，以及压强分析，360° 水平和垂直指向性图模拟，有限和无限体积域（可以轻松地模拟小房间或汽车空间环境），一个非线性声学网络模拟器，扬声器快速设计（Quick Design）和反向设计（Reverse Design）工具，可在全、半、1/4 或 1/8 空间的测量范围内进行分析，以及 OpenGL 3D 图形（本书第 7 版大量地使用 EnclosureShop）。EnclosureShop 附有一本 576 页的指南和一本 178 页的使用手册。

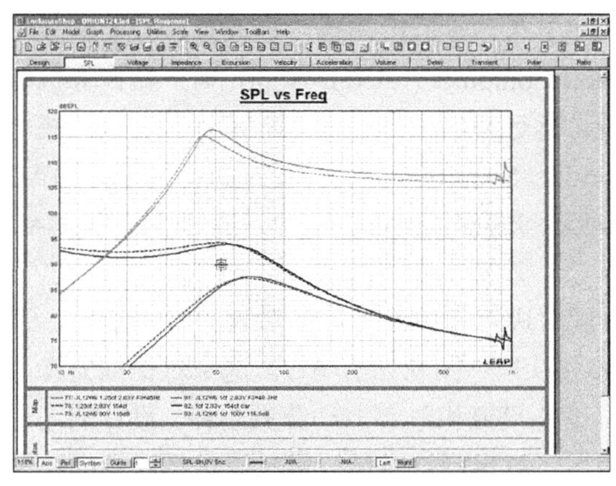

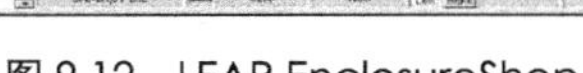
图 9.12 LEAP EnclosureShop

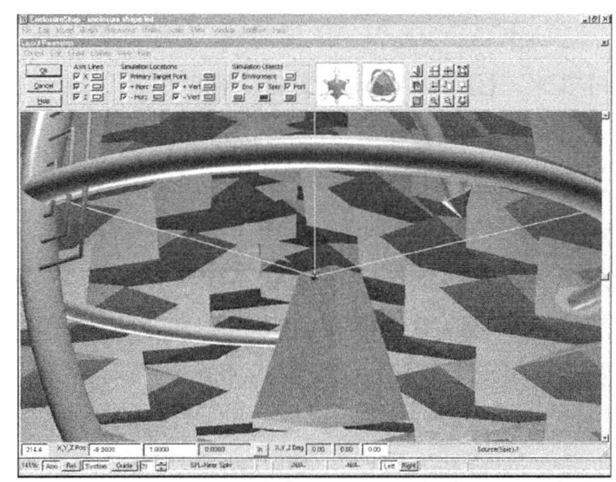

图 9.13 LEAP ENCLOSURE SHOP

CrossoverShop 和 EnclosureShop 都具有同样大量的处理工具。这些工具包括一元数学运算（幅度补偿、相位补偿、迟延补偿、求幂、曲线平滑处理、频率转换、乘以 $j\omega$、除以 $j\omega$、实数转换、虚数转换、直角坐标转为极坐标、极坐标转为直角和解析坐标），二元数学运算（曲线的乘、除、加、减）、最小相位变换、群迟延变换、迟延相位变换、正向傅立叶变换（将脉冲响应转化为频率响应）、反向傅里叶变换（将频率响应转换为脉冲响应）、尾部修正（Tail Correction）（从最小相位应用工具得到精确相位时所必需的）、曲线平均（允许用 4 种不同的方法计算任意组响应曲线的平均值）、极性转换器、数据转换（用于生成 SPL/Z 图表）、数据拼接（用于将近场或地平面法的测量结果与采用门控法的上部频率测量结果相拼接，得到全范围的测量结果），以及数据重排（这个功能用于扩大或减小一个数据条目的频率范围）。

LEAP 5.0 使用一个 USB 密钥，推荐的系统要求包括 Win2K 或 XP、300MB 硬盘空间、256MB 内存、奔腾 III 1GHz 或更高、1024×768、24/32 位彩色显示，以及 Nvidia OpenGL 1.2 版驱动。完整的 LEAP 5.0 软件包定价为 1 495 美元，而 CrossoverShop 和 EnclosureShop 零售价各为 795 美元，LEAP 4.0 的完全升级费用是 890 美元。更多信息可访问 LinearX 网站 www.Linearx.com。

Professional Loudspeaker Design Powersheet：由 Marc Bacon[27]发布。这是 Marc Bacon 所写的另一个基于 DOS 的 Lotus123 或 QuattroPro 的，以电子表单为基础的计算程序（此软件不包含电子表格，在 Windows 版本下也不可用）。这个软件可进行箱体设计计算（闭式、开口式、被动辐射器、带通、和传输线）、分频滤波器计算，以及辅助进行扬声器单元参数测量。开放的源代码可允许用户个性化定制和建立个人使用的个性化电子表单。每个程序可通过友好的菜单进入，软件还包含有上下文相关的帮助文件和引导性 README.1ST 文件。这个软件的定价为 69.95 美元，可以从 Old Colony Sound Laboratory 购买到。

LspCAD v.6.0：由 IJ Data 出品。IJData 从 1991 年开始就出品扬声器模拟软件。这段时间以来，IJData 首发的 LspCAD[28~30]（Loudspeaker Computer Aided Design，扬声器计算机辅助设计）得到持续的改良，加入了大量的新功能，远远超出了最初版本的范围。它被一些著名的公司购买使用，如 B&W、Peerless、Cambridge SoundWorks、Audio Pro、Bose、TAG Mclaren、Labtec、Adire Audio、K-Heinz Fink、Mission、Joseph D'Appolito、Logitech 等。LspCAD 6 是这一成功软件的最新版本[19]。

LspCAD 6.0 最吸引人的功能之一是它可以同时进行箱体设计和分频器设计的能力。这主要是通过图表对话框（“Schema”）实现的（如图 9.14、图 9.15 所示）。这个对话框允许用户选择箱体设计要素以及被动式分频组件，也可以是模拟和数字主动分频组件。设计的图形化输出项目包括 SPL、SPL 相位、阻抗、传输函数、群迟延、时域、离轴覆盖图、指向性图（垂直及水平的），以及色彩渐变指向性图。

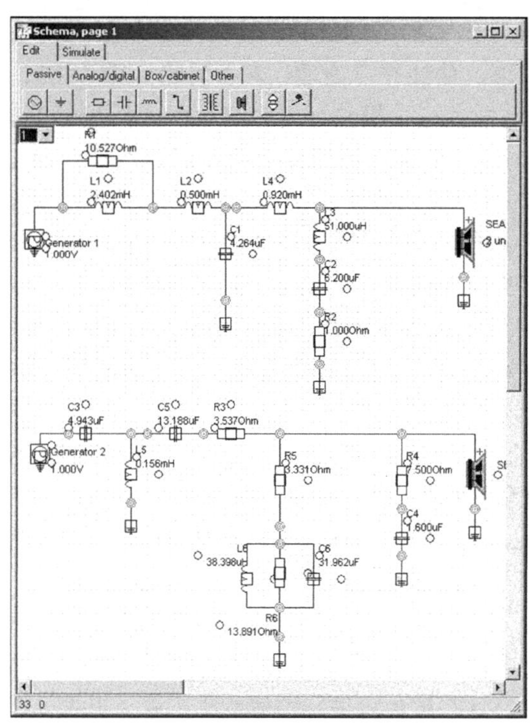

图 9.14　LspCAD

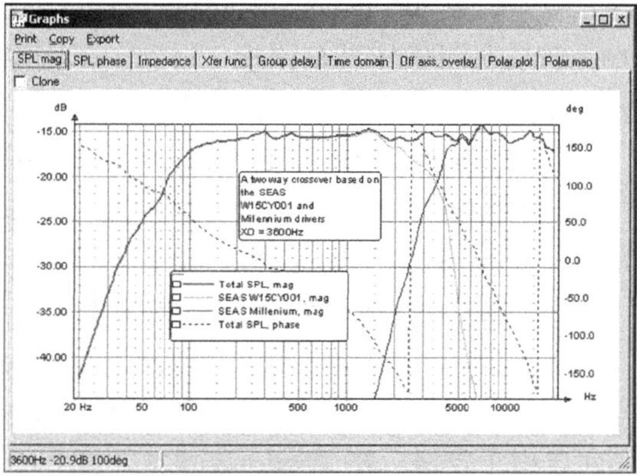

图 9.15　LspCAD

LspCAD 的优化器（Optimizer）同样具有一些有意思的功能。表格允许对优化器的参数以及范围和目标函数进行调节，包括低通和高通函数的选择，以及 EQ、最小阻抗（非常有用）和分频点频率的选择。优化器可以对分频网络和箱体积进行优化。

LspCAD v 6.0 还加入了一个音效模拟器（Auralizer），与 Klippel 分析仪中使用的一种概念相似。LspCAD 的音效模拟器允许在分频器传输函数优化后，通过声卡播放模拟的效果，可以对不同分频斜率和电路进行试听比较。

其他功能包括一个内建的 MLS 声卡分析仪（JustMLS），可以用于 SPL 和阻抗测量（MLS 长度高达 32k，采样频率高达 96kHz）以及一个功率压缩分析功能，可以重复进行电压分析比较。LspCAD 分析包括热分析和非线性 BL 以及顺性函数等多种动态函数（如图 9.16 所示）。

LspCAD 有两种销售版本：标准版和专业版。除了一些重要的差别，标准版可实现专业版的各种功能。标准版不能优化阻抗、传输函数、使用最小阻抗设置、设置目标分频点、优化箱体积、优化 EQ（陷波滤波器）、优化相位响应，以及优化输入目标。同样的，标准版不包含产品公差分析、动态热建模、电阻的能量耗散、非线性 BL 或顺性建模、指向性坐标图和彩图、功率压缩的预测功能，以及快照功能。LspCAD 可以在互联网上向 www.ijdata.com 购买。LspCAD 标准版的定价是 200 美元（升级费为 150 美元），LspCAD 专业版的价格是 980 美元（升级费用为 485 美元）。关于 LspCAD 6 的更多信息，可访问 IJData 网站 www.ijdata.com。

SoundEasy v.10：Bodzio Software 出品。Bodzio Software 公司位于澳大利亚墨尔本，自 1990 年开始为扬声器工业出品 CAD 软件，在模拟业务中这个时间是很长的（如图 9.17 所示）。SoundEasy 近年来曾在《Voice Coil》杂志上专题介绍过[31~33]，它现在的版本是 v.10[34]（这个软件的第 12 版以 32-bit 格式发行）。如同 LspCAD，SoundEasy 不仅仅是个全功能的箱体和分频器设计程序，还带有一个非常强大的声卡分析仪。

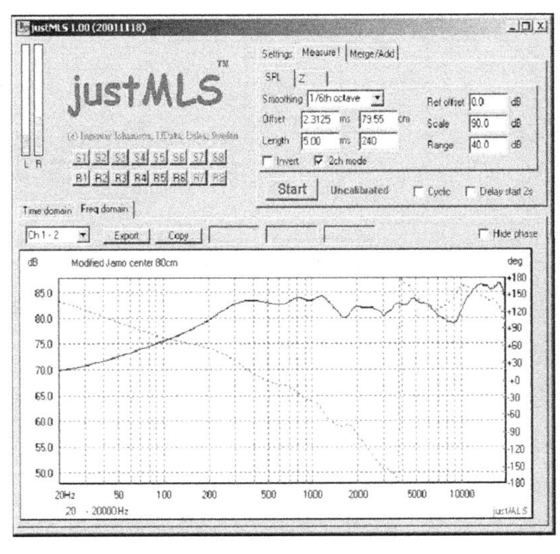

图 9.16 LspCAD

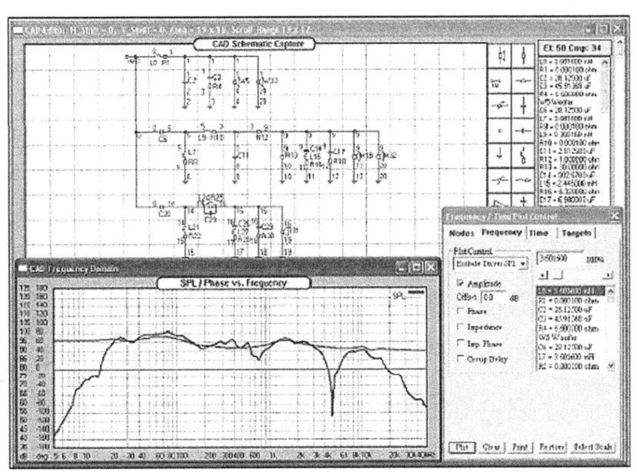

图 9.17 SoundEasy

SoundEasy 有 10 个主要的下拉菜单。这些菜单包括文件（File）、箱体工具（Enclosure Tools）、箱体计算器（Enclosure Calculators）、数据输入/输出（Import/Export Data）、箱体详细资料（Enclosure Details）、分频器设计（Crossover Design）、分频器工具（Crossover Tools）、系统工具（System Tools）、房间/汽车声学（Room/Car Acoustics），以及 EasyLab-SoundEasy 内建的声卡分析仪。箱体工具具有 4 个子菜单：扬声器单元编辑（Driver Editor）、箱体设计（Enclosure Design）、箱体优化（Enclosure Optimization）和编辑扬声器单元注释（Edit Driver Notes）。单元编辑包括 T/S 参数、SPL 数据和阻抗数据，还可以通过希尔伯特变换（Hilbert Transform）结合尾部修正系统计算相位曲线。

箱体设计是在箱体设计模块下进行的（如图 9.18、图 9.19 所示）。你可以观察并生成 13 种不同箱体类型，总数多达 19 条的曲线［SPL、相位、阻抗、锥形振膜冲程、群迟延、锥形振膜速度、输出功率、反电动势、导声管速度（Vent Velocity）、导声管冲程（Vent Excursion）、导声管 SPL、箱体压强等］。用户可以在闭箱、开口箱、被动辐射器、传输线、开口式传输线、号筒加载（Horn Loaded）、5 种带通类型、2 种双极结构、等压（复合）加载或单个扬声器单元加载中选择箱体类型。使用箱体优化菜单，可以指定一个扬声器单元参数集，然后优化为 3 种箱体类型：闭式、开口式或带通式。

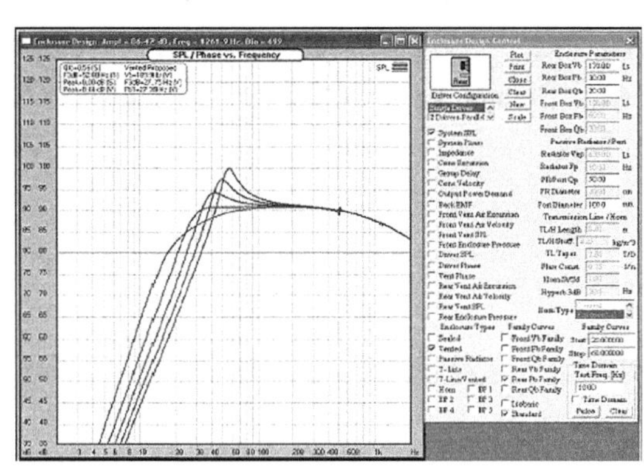

图 9.18　SoundEasy

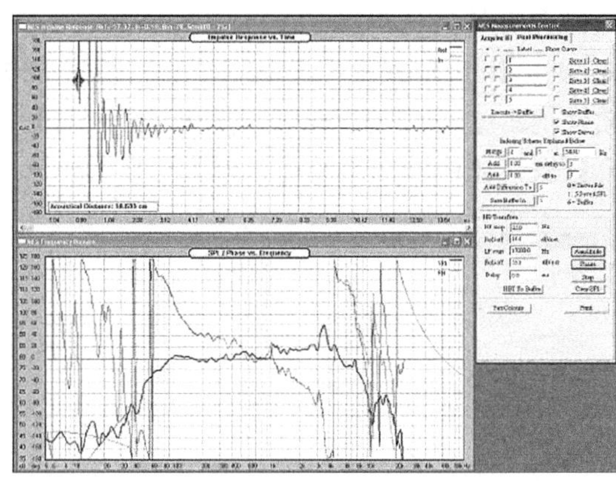

图 9.19　SoundEasy

箱体计算器菜单打开后有 6 个箱体设计工具，以及一个刻度范围和图形色彩菜单。箱体设计工具包括开口/被动辐射器尺寸计算器、功率压缩分析仪、不同形状箱体（方形、带通、倾斜前障板、金字塔、圆柱和号筒）的尺寸计算器、箱体衍射计算器、估计 BL(x)和 Cas(x) 非线性的磁体计算器，以及一个工作于 1Hz～2kHz 范围的 THD（总谐波失真）估测计算器。

分频器设计从一个 CAD 图表窗口开始。SoundEasy 可以建立主动式和被动式模拟网络，同时还能通过声卡和其他设备模拟数字网络和数字均衡器。被动式和主动式模拟网络既可以用频率/时间域菜单进行手工输入，也可以使用线路优化器。优化器同时具有高达 48dB/oct

的主动和被式滤波器目标函数，经典的滤波器函数包括贝塞尔、巴特沃斯、林克威治-瑞利以及全通类型传输函数。

分频器工具菜单包括 2 个功能，可以自动显示单个的滤波段，而不必逐一选择每个电容、电感和电阻；或是完整的 2.5 路分频器，带有各种可能的斜率组合。还有 6 个实用工具，可以用于设计 L 型衰减网络、CR 电路（Zobel 网络）、串联 LCR 电路（陷波滤波器）、并联 LCR 电路（幅度峰 EQ）、延时网格型滤波器（Lattice Filter），以及一个瞬态完美的 2 路滤波结构。这个菜单还设计成可以直接与 Behringer DCX2496 数字分频器相连。

当一个设计完成时，SoundEasy 还可以执行一个了不起的任务：显示一个经过优化的系统设计在房间模拟中的性能。这个功能还被进一步延伸到压力场（Pressure Field）环境，比如汽车的内部。SoundEasy 中最后一个菜单项目是它内建的模拟/FFT 分析仪，可以与你的计算机声卡联系。这个程序可以生成不连续正弦波音调（Discrete Sine Wave Tones）、分步正弦波扫描（Stepped Sine Wave Sweeps）或高速扫描，还可以进行门控分步正弦波测量（Gated Stepped Sine Wave Measurements）。FFT 分析是在 MLS 分析仪部分中完成。这个菜单的其他功包括频谱分析仪、2 通道示波器、后沿累积谱图、T/S 参数计算器、非线性参数计算器，以及用于电容、电感和电阻测量的 RLC 表。

SoundEasy 软件包中还带有一个独立的箱体设计程序，叫做 BoxCAD。BoxCAD 是一个利用声阻抗（Acoustic Impedance）模型和电阻抗模型进行自由形态箱体分析的软件，Bodzio 公司将之推荐给高级设计师使用。

SoundEasy 工作于 Windows 2000/XP 操作系统平台，机器硬件的最低要求为 Pentium 4 1.7GHz、196MB 内存。EasyLab 分析仪需要一个全双工声卡（发送和接收同时进行）。这个软件可以从许多电子商务零售商处购买，包括 AudioXpress（www.audioXpress），价格为 249.95 美元。关于 Bodzio Software 公司的更多信息，可访问他们的网站 www.interdomain.net.au/～bodzio/。

Spea*D*：由 Rock Acoustics 公司出品。与本章介绍的其他软件不同，Spea*D*[35]并不是一个针对箱体设计或是分频器设计而开发的系统模拟程序（虽然这个程序的反向合成部分确实是进行箱体设计），而是换能器工程（Transducer-Engineering）程序（如图 9.20 所示）。Spea*D* 是一个革命性的工具，让扬声器工程师通过简单地输入各个物理部件的描述，就能轻松地为任何扬声器预测 Thiele/Small 参数。Reverse Spea*D* 为所需要的 T/S 参数建模，以得到所需要的箱体/扬声器系统性能。二者共同形成了一套可以大大减少设计时间和样品重复工作的工具。

Spea*D* 本质上是一整套的音圈、磁体、质量/顺性和组合件（Combined Parts）的建模工具。每种“工具”包括各自零部件指标的模型和数据库。例如，Coil Designer 实际上可以预测任意一种音圈结构的直径、重量和直流电阻。只需给出其中任意两个参数，内建的优化器就可以找出线径、直流电阻和卷高的理想组合。设计完成后，数据被传给整合部件模型（Integrated Parts Modeler）。数据中包含了理想的导磁上板内径，根据热膨胀和用户定义的最小间隙确定。

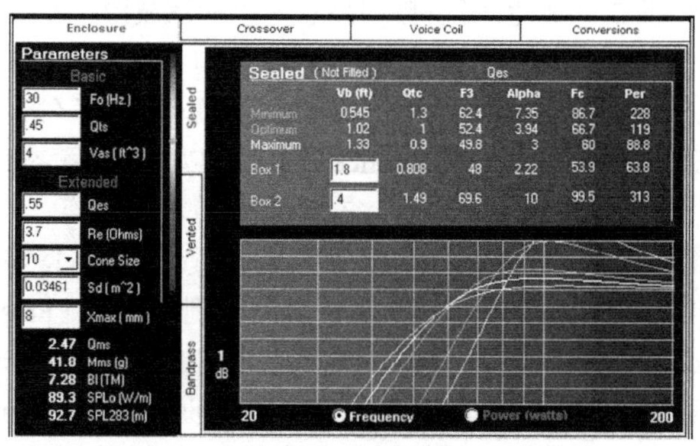

图 9.20 SpeaD

Spea*D* 的磁体设计工具根据导磁上板、导磁下板/导磁柱和磁体的尺寸创建一个精密的磁路模型。模型中包括了材料饱和、短路环、非理想部件尺寸、延长导磁柱和一些其他实际情况。包括精确的边缘杂散场表现的磁隙 B 结果被送到整合模型。每个金属部件的饱和百分比可以从下拉框中得到。

质量/顺性模型描述锥形振膜/折环、支片、和各种杂件的质量，并完成扬声器的物理描述。这个模型使用普遍可用的参数，如锥形振膜 f_0 和定心支片偏移来创建顺性模型。当设计完成后，改变任何一个部分，可以立即观察到它对整体参数的作用。改变音圈卷高、磁体尺寸，或者定心支片偏移只需要几秒钟，而不是花几天甚至几周时间去做一个样品。用 Spea*D* 得到的初始预测值与最后完成的扬声器实际测量参数的偏差通常在 15%以内（只要部件的参数描述准确）。一般而言，定心支片顺性以及锥形振膜 f_0 的测量越准确，预测值也就越接近。

Spea*D* 2.0（预定在 2005 年末至 2006 年初发布）的其他特点如下。

扁平音圈线应用程序可设定任意椭圆形导线的比例和拉伸百分率。

适用的音圈结构包括单层卷绕、2～8 层卷绕、2 和 4 层双线卷绕，各种类型的多边形和扁平音圈线都可以选用。

包括音圈、磁体质量，以及简单的对流冷却的热温升模型（Thermal Heating Model）。

带有非线性 BL 曲线变换的 B 曲线输入功能。

定心支片顺性曲线输入功能。

BL(x)和 Cms(x)曲线模拟。

T 型导磁柱 C 型共轭以及 MMAG 磁体模拟。

磁体优化器，可给出任意磁隙高度与 B 值的最优磁体尺寸。

使用磁及铁 BH 曲线的非线性磁体模型。

锥形振膜盆和防尘罩 M_{md}、折环 M_{md} 和冲程限制，以及定心支片冲程限制的设计工具。

带有图纸绘制（Drawing Generation）功能的全部零部件数据库。

支持 PDF 输出。

无限障板、开口式和带通箱体（包含非线性数据）的箱体响应模拟。

Spea*D* FEA 1.0 是一种可选的和综合性的磁路 FEA（译注：有限元分析，Finite Element Analysis）工具，带有 AutoCAD dxf 磁体图形输入功能。

Reverse Spea*D*[36] 填补了 CAD 箱体设计程序与理想化系统设计之间的鸿沟。它可以让你对理想的扬声器建模，以获得在任意箱体中所需要的性能，而不是预测已知扬声器在特定箱体中的性能。

譬如，输入所需的 f_3、箱体积，以及闭箱的 Q_{tc}。然后描述这个扬声器的一些基本的特征，比如尺寸、直流电阻以及质量。Reverse Spea*D* 即可预测达到目标所需要的其他参数。Reverse Spea*D* 的特色模型包括闭箱、开口箱（4 种）和单反射带通箱。每一种设计都可以显示频率响应、阻抗和位移功率的图形化预测。

SpeaD 和 Reverse Spea*D* 作为一个软件包销售的价格为 2 030 美元。Spea*D* 的单独售价为 1 730 美元，而 Reverse Spea*D* 为 530 美元。Spea*D* FEA 1.0 作为 Spea*D* 可选件的价格为 500 美元。更多信息请访问 Red Rock Acoustics 网站 www.redrockacoustics.com。

Speak v. 2.5.112：由 Gedlee Associates 发布。这个全功能扬声器模拟软件是著名的业内工程权威 Earl Geddes 博士编写的，Speak v. 2.5.112 是这个软件的最新版。以博学的资深扬声器设计师为对象，Speak_32 是一个高度精密的、用户界面友好的软件包（如图 9.21～图 9.23 所示）。程序通过 4 个不同的数据库来实现其功能，分别称为项目（Project）、扬声器单元（Driver）、箱体（Enclosure）和分频器（Crossover）。Project 数据库保存指定扬声器单元的参数、箱体详细资料以及任何分频器信息，无论主动式或被动式的。Speak 的 Driver 数据库不仅包含用 Bl 和顺性的非线性参数描述的 T/S 参数，还包含进行动态分析所需的热系数。与大多数模拟软件相似，Speak 可以模拟闭箱、开口箱、被动辐射器，以及带通箱。但是 Speak 特有的功能是可以模拟低频号筒。用户可以在圆锥、扁平类球体（Oblate Spheroidal）、指数形和方锥形（Square Conical）中选择。同样是 Speak 所特有的另一个功能，它能模拟 Geddes 博士的“声杠杆

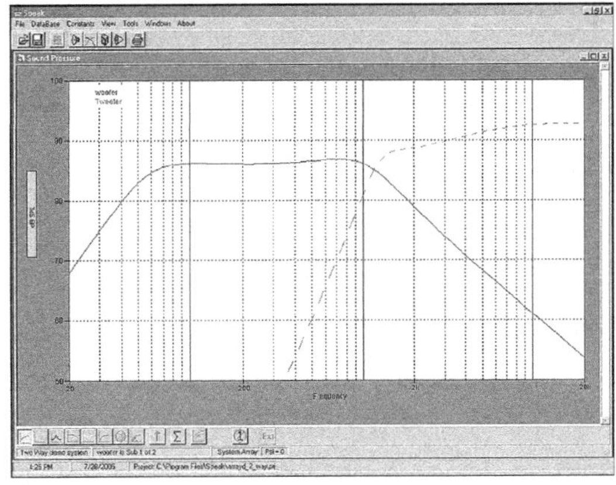

图 9.21 Speak

（Acoustic Lever）”，这是一个专利的高效率型带通箱。购买 Speak 即授于用户为自用目的制作一个声杠杆的权利。

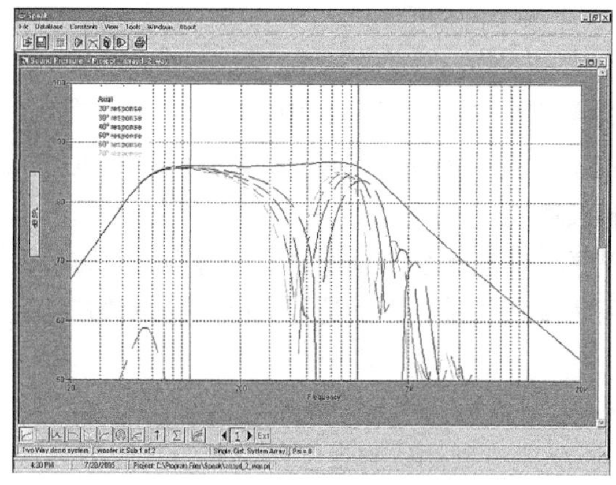

图 9.22 Speak

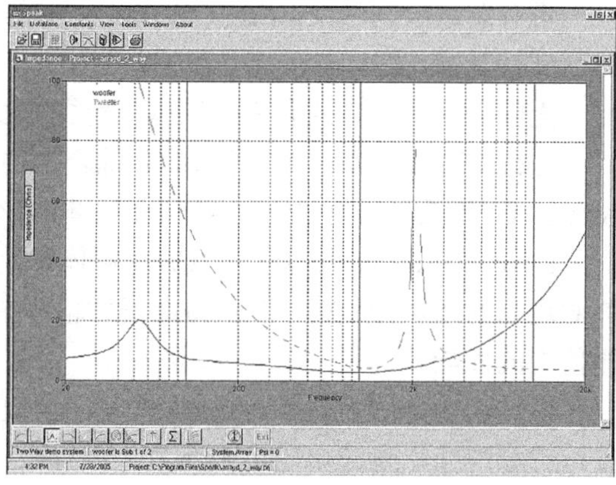

图 9.23 Speak

分频器设计可以是被动式的，也可以是主动式的。主动式滤波器的选项，除了参量 EQ 滤波器选择外，还有 Bessel（贝塞尔）、Paynter（佩因特）、Butterworth（巴特沃斯）、1～3dB 纹波 Chebychev（契比雪夫），以及 Linkwitz-Riley（林克威治-瑞利）。被动式分频器的设计具有开放的结构，并且是基于 4 阶拓扑图（Fourth-Order Topography）的。

程序可以同时显示多达 7 条的曲线。Speak 的各种分析模型均可绘制图形，包括 SPL、锥形振膜位移、阻抗、电压、电流、功率响应和谐波失真。

Speak 运行于 Windows XP、2000 或 NT，价格为 299.95。更多信息，请访问 Gedlee 网站 www.gedlee.com。

TLwrx v 3.0：由 Rerception 公司出品。TLwrx 可在设计阶段准确预测传输线音箱的行为。TLwrx v 3.0 在实际制作之前为设计师提供关于系统期望响应的有用信息，包括与开口箱 Thiele/Small 分析相似的基本性能关系。这个软件是以 G. L. Augspurger 的大量研究为基础，他长期作为 JBL 专业部门的技术经理，为全世界范围内超过 100 个的客户设计安装录音室。从这个研究中获得的信息是 Joe D'Appolito 著名的 Thor 音箱的设计基础。销售的 CD 中包含有 TLwrx 3.0 版本软件、详尽的注释、一个校准图表，以及 3 篇 Augspurger 描述他的研究结果的文章，曾发表于 Speaker Builder 杂志。可以从 AudioXpress 的网站 www.audioxpress.com 买到，价格为 129.00 美元。

Winspeakerz v. 2.5/MacSpeakerz v 3.5：由 True Audio 发布。是 True Audio 出品的箱体设计程序，分别为 Windows 95/98/NT 和 Macintosh 这两种不同的平台编写。在 1989 年首次发行的 MacSpeakerz[37]是最早的音箱模拟软件包之一，差不多也是 Apple 平台，即后来的

Macintosh 计算机的唯一选择（如图 9.24 所示）。这个软件的新版本已经完全重新编写，但同时为曾经用过这个产品的扬声器设计师保留了熟悉的用户界面。最新版本加入了一些新的模型选项，包括模拟扬声器在汽车车厢环境中的响应，以及显示因衍射损耗所致的低频损失（全空间以及半空间响应）的功能。

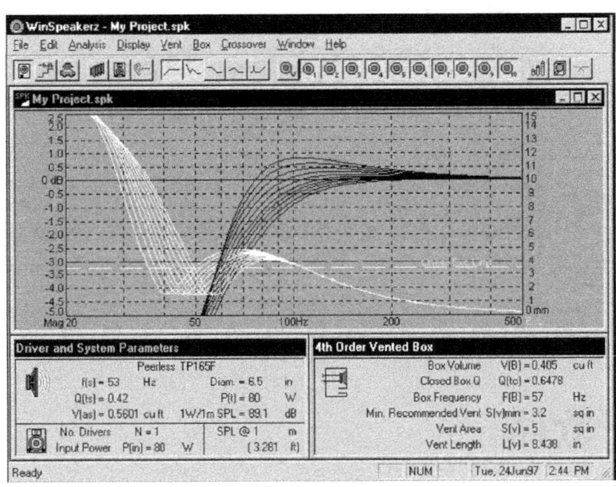

图 9.24 Winspeakerz

用户界面的其他一些方面根据用户的反馈做了很好的调整。这个程序还包含一个超过 1 000 种来自不同厂家的扬声器单元数据库。用户可以从这些扬声器单元中选择任意一种并将之用于 18 种不同的箱体类型，这些箱体类型除了标准的 2 阶闭式和 4 阶开口型箱体外{6 种不同的箱体设计类型以及每种的复合［等压推挽（Isobarik）］版本}，还包括 3 阶闭式和 4 阶、5 阶和 6 阶带通箱类型。

MacSpeakerz 可以运行于任何一种 Power PC Macintosh 或任意一种使用 68020 处理器的 68k Mac 或更新的型号，要求 35MB 的硬盘空间以及 Macintosh OS 8.1 或更新版本。WinSpeakerz[38]可以很好地工作于任何一款 Pentium 类型的个人电脑，软件安装时可以检测所使用的操作系统，并为 Win9x、ME、NT 或者 2000 选择安装合适的文件。WinSpeakerz 或 MacSpeakerz 的价格是 79 美元。可以从 True Audio 的网站 www.trueaudio.com 购买。

X-Over 3 Pro：由 Harris Technologies[8]发布。X-Over 3 Pro 是另一种根据电阻性终端计算网络数据的设计软件，但它还有许多其他功能。虽然这个软件不能优化滤波器，但它可以从 CLIO、IMP、LMS、Smaart Pro、MLSSA 和 TEF-20 输入真实的 SPL 和阻抗曲线（如图 9.25 所示）。通过使用这些数据，X-Over 3 成为一个强大的以计算机为基础的试验程序。不用多说，用电阻性终端公式得到分频器数据仅仅是一个开始，但这个软件运算分频网络数值的能力以及真实 SPL 数据的使用，使它变得十分有用。X-Over 3 Pro

还可以进行共轭电路（CR 和 LCR）、L-衰减、和各种 EQ 类型电路的计算。这个软件可以从 Old Colony Sound Laboratory 买到，价格是 99 美元。更多信息请访问 Harris Technologies 的网站 www.ht-audio.com.

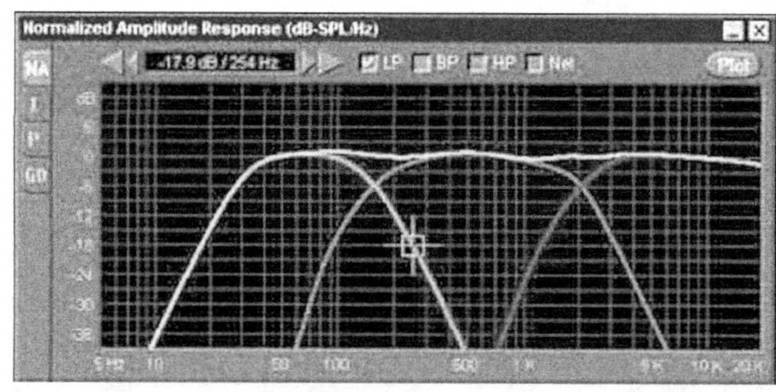

图 9.25　X-Over Pro

9.2　房间设计软件

AcousticX：由 Philchner-Schoustal 有限公司发布。AcousticX[39]是一种专门用于小空间设计的软件，完全不同于那些进行大型和中等尺寸会场分析的声学软件，如 Renkus-Heinz 的 EASE。考虑到它适用于小的声学空间，AcousticX 用于家庭影院和录音室的安装将会是个非常有用的工具。

程序分成 4 种工作模块：模式响应（Model Response）、扬声器界面干涉响应（Speaker Boundary Interference Response）、声束追踪（Ray Tracing）、混响时间（Reverb Time）。这些模块共同指导用户确定房间设计、尺寸，以及处理。每个模块都允许用户输入具体信息，或让软件集中于一定范围的可能性中。这 4 个模块中的每一个都可以让声学信息按 3 种方式显示：房间观察（3-D 房间显示）、图表观察或数据观察。

Model Response 模块检查房间大小和尺寸比例对混响频率的影响效果。当用户输入尺寸，AcousticX 报告房间符合规定标准的程度。这个模块还允许用户固定某一边长尺寸而改变其他尺寸。这个信息可以在房间的三维平面上显示，还可以用于确定低频陷阱（Bass Trap）最有效的位置。

Speaker Boundary Interference Response 模块探测扬声器在房间界面中的相对位置与低频辐射的相互作用（如图 9.26 所示）。这个软件可以将结果列表，并自动显示聆听位置，吸音材料的尺寸与布置，以及有效聆听区域的大小。需要时，AcousticsX 可以按照干涉水平最低的原则，找出扬声器最佳位置。

Ray Trace 模块采集有关房间尺寸、扬声器类型和位置、房间吸音尺寸与位置等信息，追踪反射路径与距离。追踪精度的增量可以设定为小于 1°。每次可以追踪任意次数的反射，直接能量显示为红色，第一次反射显示为蓝色，第二次反射显示为浅蓝色，再后来的反射显示为绿色。这个模块还显示水平面上的极性能量（Polar Energy）。这些进程完成之后，“房间观察展示”将显示到达聆听位置能量的方向和大小。

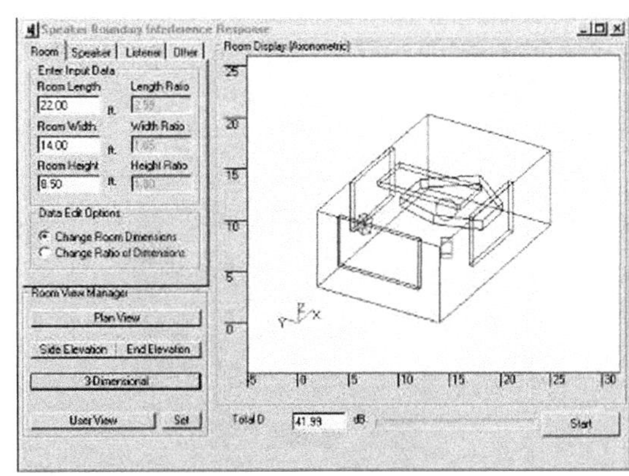

图 9.26 Acousticx

最后，Reverb 混响模块允许用户通过图形显示吸音处理的系数，和通过双击将吸音材料添加到房间表面，对吸音处理方法进行比较和选择。混响时间是自动计算的，并根据一系列标准进行图形显示。

这个程序还带有一个 Acoustic Calculator（声学计算器），可以进行各种常见的声学公式运算，以及单位换算、水平添加（Level Addition）、平方反比律、频率/波长/周期/速度计算，以及梳状滤波计算等操作。AcousticX 可以直接向 Pilchner Schoustal 公司购买，价格为 399 美元。可以访问这家公司的网站 www.pilchner-schoustal.com。

CARA v. 2.2 Plus：ELAC Technishe GMBH 出品。CARA 是一个声学空间设计软件，设计面积高达 100m×100m，还有天花板角度、柱子等特色功能，有助于房间设计（如图 9.27、图 9.28 所示）。增强的房间材料和扬声器数据库具有编辑功能，允许用户添加自己的信息。大量的计算功能可以评价各种房间效应。包括 3D 图像序列的图形和图表，有助于确定特定空间中扬声器的最佳位置。2.2 版本的新特色还包括一个 New Room Design（新房间设计）精灵，可以提供许多预设的地平面模板，允许所有尺寸以非公制单位（英寸和英尺）输入。Loudspeaker Editor（扬声器编辑器）现在允许 1～5 路扬声器，可以支持 6.1，7.1 和 8.1 环绕。这个软件运行于 Windows 95/98/Me/NT4.0/2000，价格为 74.95 美元，可以从 AudioXpress 的网站 www.Audioxpress.com 买到。

Modes For Your Abodes：Joseph Saluzzi 发布。Modes for your Abodes[40]具有 Win95，Win3.1，和 DOS 版本可选，这个程序是个菜单驱动（Menu Driven）软件，允许用户输入房间尺寸。软件可以据此计算和显示轴向、漫射（Tangential）和间接（Oblique）声学模式，以及预测的轴向一致性（Predicting Axial Coincidences）（如图 9.29 所示）。DOS 版本的价格是 25 美元，Win95 或 Win3.1 版本的价格为 49.95 美元。可从 Old Colony Sound Laboratory 买到。

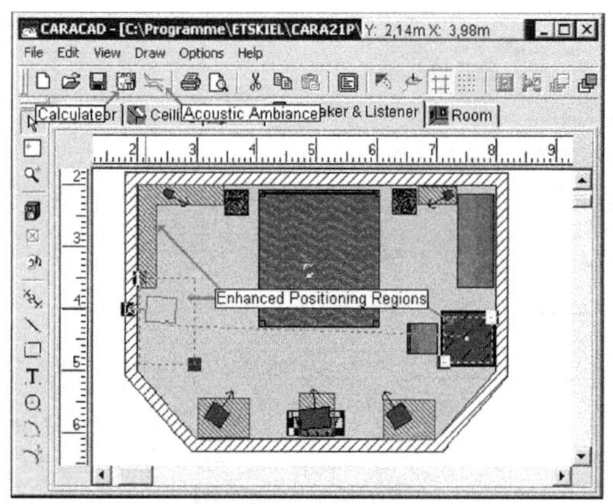

图 9.27 CARA

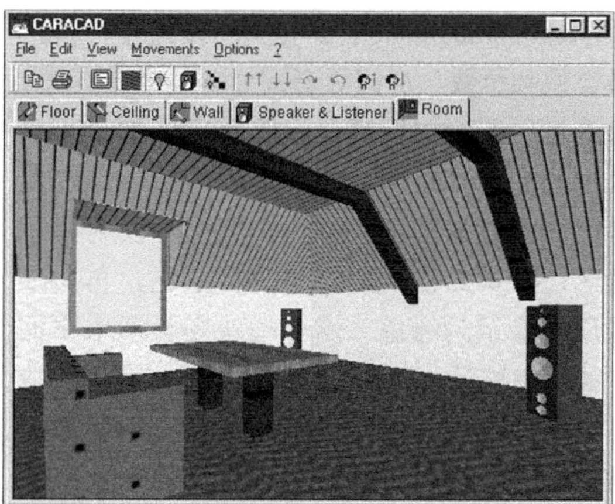

图 9.28 CARA

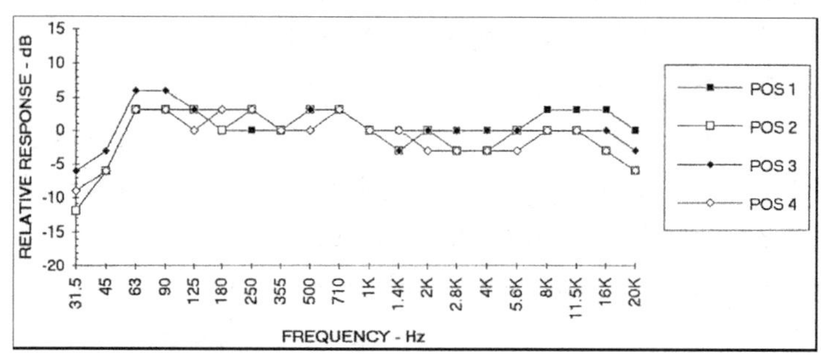

图 9.29 Modes For Your Abodes

Room Optimizer：RPG 公司出品。Room Optimizer[25]是一个基于 Windows 95/98 的软件，可以自动地同时对房间模式和扬声器界面干涉响应进行优化，以确定最佳的扬声器摆位和聆听位置。程序功能的实现首先是找出一套聆听者与扬声器摆放位置的随机组合，通过一个图像模型计算能量脉冲响应来评估这些组合。然后，根据脉冲对反射瞬态响应以及与音乐感知方式相同的长期影响的响应进行两次 FFT。进行低阶反射的短期 FFT 确定扬声界面干涉响应（Speaker Boundar Interference Response，SBIR），进行整体窗口

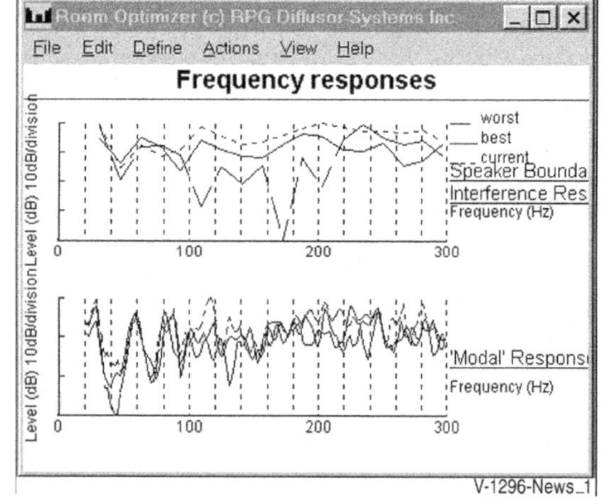

图 9.30 Room Optimizer

脉冲的长时期 FFT 计算房间模式的响应。然后对规定频率范围内每个 FFT 响应的标准差加权和（Weighted Sum）进行比较。如果结果小于规定的容错值，则进程继续，进行后续的运算，直到确定一个解集（Solution Set）（如图 9.30 所示）。

Room Optimizer 的内容相当广泛，可以就扬声器脚架高度确定、聆听者座椅高度的优化，以及声学处理的布置这样的事情给出建议。可以用这个软件对任何类型、数量和组合的单极、偶极（Dipole）、双极（Biploe）、多极扬声器结构进行模拟，也可以对多种多样的环绕声布局结构进行模拟。Room Qptimizer 的报价是 99 美元。更多的信息可访问 RPG 的网站 www.rpginc.com。

9.3 声卡房间分析仪

ETF v. 5.0：由 Acoustisoft 出品。《Voice Coil》在 1998 年 12 月号与 1997 年 10 月号分别专题介绍了两个旧版（v3.0 和 v4.0）的 ETF（Energy Time Frequency，能量、时间、频率）房间设计与分析软件。Acoustisoft 现在的版本是 ETF 5.0[41]。新特征包括一个“最大长度序列码”（Maximum Length Sequence，MLS）测试信号、双通道操作、伪实时分析、房间混响分辨率提高、脉冲响应测量、更清晰的房间混响鉴定、测量文件的后期处理能力、分数频程（Fractional Octave）显示（1/3、1/6、1/2）以及相位和时延测量。

ETF 5.0 运行于 Windows 95/98/2000/NT 4.0 操作系统，可以使用各种声卡，包括新的 48kHz PCI 声卡。与此前的版本不同，ETF 5.0 无需也不包括测量 CD，也没有 3D 图形。MLS 信号是软件发生的，不受用户控制，序列具有 262 143 点。FFT 规格依所选的门控（窗口）时间不同而不同。设备相当的简单：传声器接到声卡的一个输入声道，而声卡输出接到测量功率放大器和待测设备（DUT）（如图 9.31 所示）。

软件中还带有一个 Device Design（设备设计）部分，用于设计亥姆霍兹型（Helmholtz-Type）低频陷阱和后墙扩散板（Rear Wall Diffuser）。ETF 5.0 还包含一个详细编写手册，是房间声学的优秀指南。ETF 5.0 的零售价是 150 美元。Acoustisoft 还提供 1/4 英寸经校正的传声器和双通道前置放大器（与 Liberty Instruments 提供的型号相同），价格为 325 美元。关于这个程序的更多信息，请访问 Acoustisoft 的网站 www.acoustisoft.com.

SIA SmaartLive 5.0：由 SIA 发布。SmaartLive 5.0 当前版本是一个 32 位 Windows 9X，XP，ME，2000 程序，使用声卡的 A/D 转换器进行基于 FFT 的实时频谱分析，带有实时传输函数功能，含有一个内建的延时定位器（Delay Locator）。实时模块带有一个外部 MIDI/串/并口控制均衡器的插件结构（支持这种应用的均衡器制造商有 BSS，Shure Brothers，Ashley，Level Control Systems，T.C. Electronics，Rane 以及 Klark Teknik），一个内建的与双工声卡一起使用的信号发声器（粉红噪声以及正弦波），FFT 规格高达 16000 个点（如图 9.32 所示）。

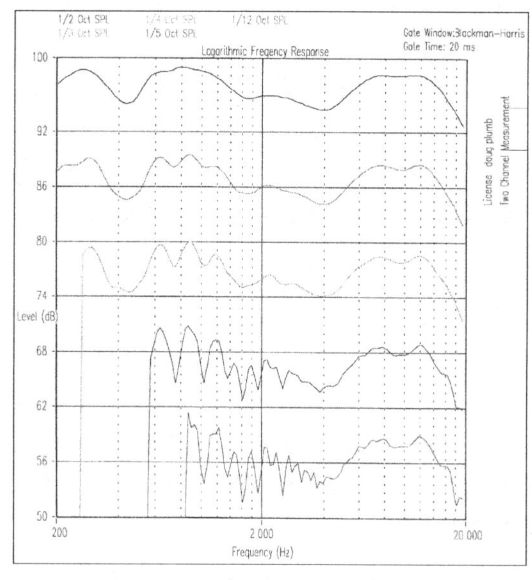

图 9.31　ETF

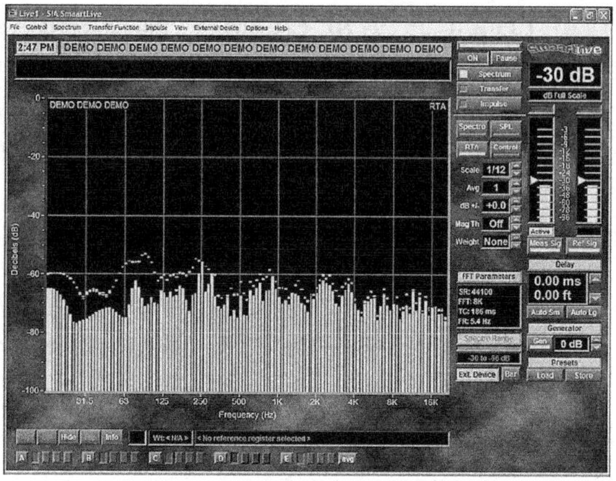

图 9.32　SIA SmaartLive

Smaart Pro 的工作方式与任何其他双通道 FFT 的都非常相似。当你进入 Analysis Mode（分析模式），信号加到扬声器上并被记录，就可以通过时间窗口排除反射的影响，并进行 FFT，得到室内响应。Smaart Pro 也可以作为一个（1/3）～（1/24）倍频程 RTA（译注：实时分析器，Real Time Analyzer）使用。

SmaartLive 5.0 现在的价格是 695 美元。SIA 还提供从不同的销售商销售的各种不同版本的升级服务。更多内容请访问 SIA 的网站 www.siasotf.com。

WinAIRR v. 4.0：由 Julian J. Bunn 发布。有 DOS 和 Win 95/98/NT 两种版本可选，WinAIRR（Anechoic and In-Room Response，消声室及室内响应）可使用任何一种全双工声卡，比如 Turtle Beach Fiji 或 Pinnacle cards。由于这个软件使用双工声卡，它生成自己的噪声信号，或脉冲信号、MLS、白噪声、正弦波扫描，或方波。WinAIRR 作为一个双通道 FFT 操作，可以显示 SPL、相位和时延瀑布图。两个版本 WinAIRR 的价格都是 49.95 美元，可以从 Old Colony Sound Laboratory 买到。

TrueRTA v. 3.2：由 TrueAudio 发布。TrueRTA 是 TrueAudio 开发的一个测量软件工具，这家软件公司还开发了 WinSpeakerz/MacSpeakerz 扬声器设计软件。TrueRTA 是一个基于软件的音频分析仪，可以使用任何装有基本声卡的个人电脑对音频系统进行测量和评价（如图 9.33、图 9.34 所示）。TrueRTA 内部的“仪器”包括一个低失真信号发生器，一个数字电平计，一个振幅因数（译注：最大振幅与有效值之比）计（Crest Factor Meter），一个双踪示波器，和一个可以显示（1/1）～（1/24）oct 分辨率的高分辨率实时音频频谱分析仪。这些“仪器”对于家庭影院系统的安装是非常理想的。

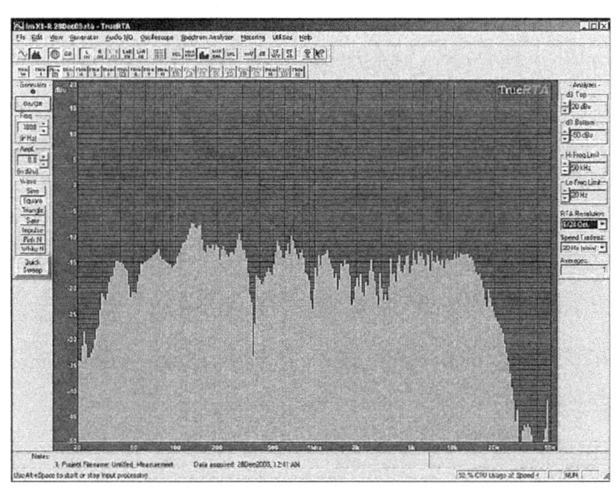

图 9.33 TrueRTA

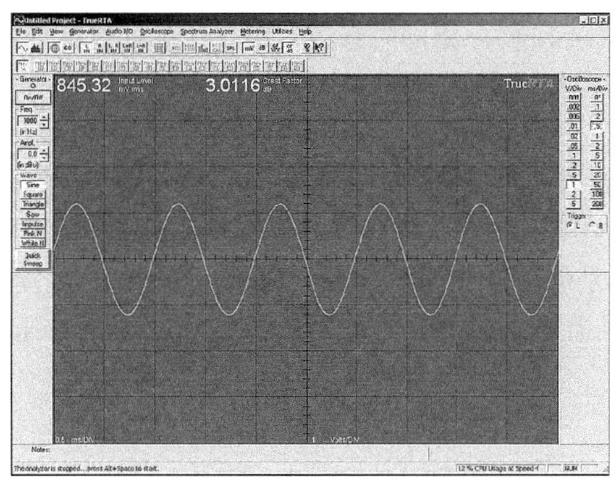

图 9.34 TrueRTA

新的 3.2 版本为它的低失真发生器加入了一些新的波形，包括方波、三角波、锯齿波和脉冲波形。除了新波形的发生器外，v. 3.2 还具有一个新的对话框，可以调节方波占空比，为 dB RMS 增加了一个峰值 dB 数显示。表头显示从 4 位升级到 5 位，并修订升级了 Help Topics（帮助主题）菜单内容。

通过在软件中生成这些测试“仪器”，以及个人电脑声卡输入和输出信号的校准功能，你可以获得只有在相当高级的独立硬件 RTA 上才能获得的性能水平。可以进行（1/24）oct

分辨率分析的全功能版 TrueRTA 的报价为 99.95 美元。关于 TrueRTA 的多信息请访问 TrueAudio 的网站 www.trueaudio.com。

结束语。如果你可以应用本书所有的信息，进而应用一些上面描述的杰出软件，并不一定说明你已经配备了生产真正优秀扬声器系统所需的设备。开发一个良好阻尼的，以及正确设计的箱体非常重要，与设计得当的分频网络同样重要，但仍然有许多影响扬声器系统“声音”的事务还需要处理，如材料选择、磁路几何结构，以及胶黏剂等我们大多数人在设计扬声器时无法控制的事。如果你不能设计你自己理想的扬声器单元，那么选择扬声器单元和它们多种多样的组合形式就具有极端重要性。

要生产一个杰出的扬声器系统，对你所选择的扬声器单元进行关键性分析，以及鉴别它们的谐振缺陷并通过修改来加纠正，将是首要的任务。扬声器系统设计的艺术是懂得如何巧妙地将不同的扬声器单元类型与材料相结合，以得到某种“扬声器音色特征”，使他人聆听后做出“富有乐感”的评价。

如果你希望更好地理解在扬声器系统设计中遇到的音色差别，请听听 Stereophile 测试 CD（从 Stereophile 的网站 www.stereophile.com 购买，价格是 6.95 美元）的第五首。这个简短的演示介绍了该杂志的奠基人 J.Gordon Holt 通过多种典型的常用录音传声器说话的人声作品。每种录音听起来都不一样。相同的音源，每一种都具有完全不同的频谱内容。当然，马上就让人想到这会使得对一个新扬声器系统设计的音色偏向做出评判结论是极为困难的，确实是这样的。

扬声器行业仍然距离通过科学控制以及测量的方式，达到能够不失真重放原始声音的目标，还有数光年之遥。实际上，在我看来，重复原始声音可能并不是个合理的目标。也许所有可能的设备都不过是创造一个原始声音很好的“假像”。即便如此，仍然需要提供和设计最好的“假像”，而且通过你自己设计制作的扬声器聆听音乐仍然是一个令人激动且引人入胜的爱好。

参考文献

1. Soren Bech, “Perception of Timbre of Reproduced Sound in Small Rooms: Influence of Room and Loudspeaker Position”, The Perception of Reproduced Sound, Proceedings of the AES 12th International Conference (Copenhagen, June 1993).

2. Olive, Schuck, Sally, and Bonneville, “The Effects of Loudspeaker Placement on Listener Placement Ratings”, *JAES*, Vol. 42, Number 9, September 1994.

3. Vance Dickason, “Harman’s Moving Speakers”, *Voice Coil*, August 1999.

4. Jorg W. Panzer, “Multiple Driver Modeling with a Modern Lumped Element Simulation

Program",102nd AES Convention, March 1997, preprint No.4441.

5. Marshall Leach, Jr., "Software Review: AkAbak",*Voice Coil*, August 1995.

6. Vance Dickason, "New Version of AkAbak",*Voice Coil*, March 1998.

7. Vance Dickason, "BassBox 5.1 by Harris Technologies",*Voice Coil*, May 1996.

8. Vance Dickason, "Bass Box 6 Pro/X-Over 3 Pro", *Voice Coil*, August 1998.

9. Vance Dickason, "BassBox Lite", *Voice Coil*, April 2000.

10. Vance Dickason, "CALSOD 3.0 Update", *Voice Coil*, November 1995.

11. Vance Dickason, "DSP/Analog Filter Design Software", *Voice Coil*, July 1999.

12. Vance Dickason, "Analog and Digital Filter Design", *Voice Coil*, October 1999.

13. Vance Dickason, "New Box Design Program from Loudsoft", *Voice Coil*, January 2003.

14. Vance Dickason, "FINEBox 1.0 from Loudsoft", *Voice Coil*, September 2003.

15. Vance Dickason, "FINEBox 2.0", *Voice Coil*, September 2004.

16. Vance Dickason, "Another Look at FINECone", *Voice Coil*, June 2001.

17. Vance Dickason, "FINECone Version 1.01", *Voice Coil*, February 2002.

18. Vance Dickason, "WinMotor Second Edition", *Voice Coil*, June 2002.

19. Vance Dickason, "New CAD Software Loudsoft", *Voice Coil*, September 2002.

20. Vance Dickason, "User Report: Loudsoft FBX", *Voice Coil*, October 2004.

21. Vance Dickason, "LEAP 4.0", *Voice Coil*, February, March 1991.

22. Vance Dickason, "LEAP 5.0 for Windows— First Look Part 1", *Voice Coil*, January 2002.

23. Vance Dickason, "LEAP 5.0 CD, Part II", *Voice Coil*, August 2002.

24. Vance Dickason, "LinearX LEAP 5.0—A Quantum LEAP", *Voice Coil*, June 2003.

25. Vance Dickason, "LinearX LEAP 5 Enclosure Shop", *Voice Coil*, July 2003.

26. Vance Dickason, "LinearX LEAP 5 Enclosure Shop—Part III", *Voice Coil*, August 2003.

27. Marc Bacon, "The Danielle", *Speaker Builder*, July 1992.

28. Vance Dickason, "LspCAD Loudspeaker Design Software V. 4.0", *Voice Coil*, May 2000.

29. Vance Dickason, "LspCAD 6 Demo Released", *Voice Coil*, December 2004.

30. Vance Dickason, "LspCAD 6 from IJData", *Voice Coil*, June 2005.

31. Vance Dickason, "SoundEasy Version 3.01", *Voice Coil*, April 1998.

32. Vance Dickason, "Box Cad 1.10", *Voice Coil*, February 1997.

33. Bohdan Raczynski, "The Auto Passenger Compartment as a Listening Room", *Speaker Builder*, January 2000.

34. Vance Dickason, "SoundEasy Version 10", *Voice Coil*, August 2005.

35. Vance Dickason, "SpeaD Hits the Streets", *Voice Coil*, January 2000.

36．Vance Dickason, “Reverse SpeaD Released”, *Voice Coil*, June 2001.

37．Vance Dickason, “MacSpeakerz Version 3.5”, *Voice Coil*, September 1999.

38．Vance Dickason, “WinSpeakerz for Windows 95”, *Voice Coil*, August 1997.

39．Vance Dickason, “CAE/CAD Software News: AcousticX”, *Voice Coil*, February 1998.

40．Joseph Saluzzi, “What Makes Your Room Hi- Fi? (Three Part Article)”, *Speaker Builder*, December 1992, January 1993, March 1993.

41．Vance Dickason, “ETF 5.0”, *Voice Coil*, December 1999.

第 10 章　家庭影院扬声器

10.1　家庭影院与 Hi-Fi

扬声器因它们应用的领域不同而异，不仅是它们的换能器参数不同，系统设计的整体要求也不相同。专业播放用途的音箱与那些为家庭听音而设计的音箱有极大的不同，后者又异于汽车音响扬声器。近年来，为了重放电影声轨，一种新的家用扬声器类别被创造出来，称为家庭影院。

家庭影院全新的特殊要求导致了特定设计标准的发展。家庭影院音箱是否应该设计成不同与双声道音箱成为一个有所争议的话题，业内人士对此没有达成稳定的共识。表面上看，你可能倾向于认为，由于电影几乎总是以音乐为伴音，因而家庭影院音箱与普通的立体声音箱相比，不需要有特殊的设计考虑。显然，两种媒体都需要重放音乐和对白（如果歌声可以被看作一种抒情的对白形式）。但是，深入了解影片的混声过程之后，可以看出这两个特殊的声音重放类型之间的一些有意思的差别。

CD 的音乐录音大部分是在相对较小的录音棚（与电影录音棚相比）中进行混音的。调音台及录音师与主监听箱的距离可能小于 10～15 英尺，离调音台监听箱有 3～6 英尺，因而音乐是近场混音的。而电影配音台的物理布局有很大的不同。电影声轨是在一个小剧院或音响舞台（Soundstage）里混音的，在那里，调音台到银幕和扬声器系统的距离可能是 30～35 英尺（迪斯尼录音棚是 80 英尺）。在大听音空间内混音，最终的作品在一个全尺寸影院中听起来效果很好。这样的影院装备有通常是大型的，经过均衡处理的号筒加载式音箱（按 DMPTE　A202M/ISO 2969 的“曲线 X”或“房屋曲线（House Curve）”均衡，2kHz 以上按 3dB/oct 衰减[1]，以补偿影院的声学特性）。但是，当同样的声轨混音被复制到家用录像系机（VHS VCR）的录影带或光盘中，并通过典型的近场家用立体声设备重播时，与音乐录音相比，听起来总是非常的“明亮”，特别是一些特效声音。

不幸的是，影片声轨通常并不为家庭重播而重新混音（虽然现在有一个新的趋势，为DVD重新混音为平坦的响应），这种状态必需在整个过程的重放端上处理。正是这个观察结果使Tom Holman开始了THX（Tomlinson Holman eXperiment）家庭参数的工作[2]。他的解决方案是，将较高频段的均衡包含在声音处理器（使用与非THX设备相同的Dolby Pro Logic芯片）中，前置音箱的频响大约在3kHz开始衰减，在10kHz处的响应大约降低1.5dB，20kHz降低6dB（如图10.1所示）。

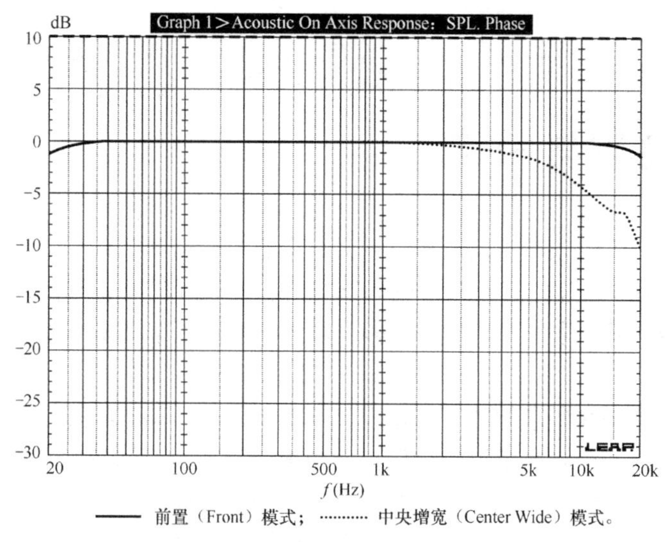

图10.1 环绕声处理器响应比较

显然，这更多的是一个EQ问题，而不是扬声器系统设计问题，但它确实为音乐和视频扬声器之间的差别树立了一种观点。它还意味着视频扬声器的频谱平衡甚至比双声道扬声器更为关键，至少，前者应具有平坦的响应。这可能表明，视频重放音箱应该特别避免向上翘的频谱平衡（在频谱的高频端向上偏移）；向下倾斜一定程度的频谱平衡（通常受双声道立体声爱好者喜欢）是一个合理的响应设计目标，两种类型的重播都可以得到补偿（它还意味着在非THX系统中使用（1/3）oct的均衡器是个很好的选择）。

考虑到所有这些差别，是不是意味着用于重播音乐的扬声器系统应该设计成不同于家庭影院的扬声器系统，反之亦然？答案是：不，肯定不是。无论系统中有多少个声道，对准确音色的要求通常反映为轴向和离轴都平坦的响应[3]。虽然用于家庭影院中央声道和环绕声道的音箱确实表现为不同的结构，就如下文将要提到的那样，但再次地，它们与任何前文讨论过的双声道音箱具有相同的整体声音要求。

在音箱设计师和音响系统相关工作人员间存在两个争议话题：家庭影院应不应该具有 2 声道音响扬声器的指向性；环绕扬声器应该是单极的还偶极的。增强的垂直指向性以及使用偶极环绕音箱是卢卡斯影业（Lucasfilm）THX Ultra 和 Select 家庭影院认证标准的一部分。指向性受控的扬声器，长期以来用于提高大音响空间的声音辨识度（通过限制反射）和提供覆盖范围内的一致性，但从来都不曾广泛用于家庭或音乐演播室等小音响空间。然而，为了阐明指向性受控的扬声器系统与广指向性扬声器系统在电影院中的差别而设计的一些实验，在 Holman 建立 THX 电影院扬声器以及后来建立 THX 家庭影院系统标准的过程中，为他提供了某些灵感。

虽然在 Dolby Labs（杜比实验室）（Dolby 认证所有用于家庭影院系统的处理芯片，无论是否是 THX 的）推荐的家庭影院扬声器系统[4]和 Lucasfilm（卢卡斯影业）认证的 THX 家庭系统之间，并不存在真正的实质性冲突，但仍有一些明显的差别。下列是一些总体性的指导，在设计不同的家庭影院扬声器组件时将是有用的。

10.2 家庭影院扬声器系统概述

所有家庭影院扬声器系统都是由 4 个基本部分组成：左/右前置音箱、位于左、右音箱之间的中央前置声道音箱，左/右后置（环绕声）音箱，以及 1 个超低音箱，如图 10.2 所示。虽然 6 音箱系统是典型的配置，但也存在许多种变化。这些变化包括去掉超低音，并使用 2 个全频域的左/右前置音箱；或者使用 2 个超低音箱而不是 1 个，每个系统总共有 7 个音箱。不管怎样，6 音箱系统源于使用 Dolby Pro Logic 处理器的 4 声道系统以及 Dolby Digital format（杜比数字格式）的 5.1 声道系统（左/右/中央前置，左/右后置和 1 个超低音）。

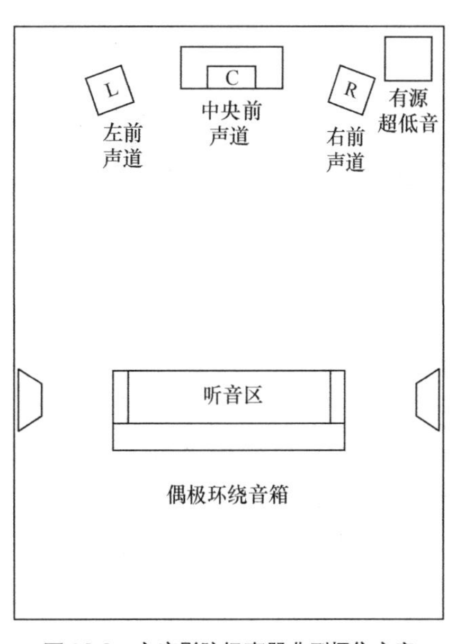

图 10.2 家庭影院扬声器典型摆位方案

无论是哪一种配置，一般认为，至少左、右和中央音箱应该具有协调的音色（音调）。为了达到这个要求，所有 3 个前置音箱应当使用同样的低频扬声器、中频扬声器和高频扬声器单元，以及同样的分频元件，系统的响应也应当尽可能地接近。理想化一点，环绕声道也应当使用与前置音箱相同的低频扬声器、中频扬声器、和高频扬声器单元，虽然这个要求不像前置音箱音色匹配要求那么严格。当业界开始转向新的 5.1 声道，Dolby Digital 提出独立的环绕声标准，对后置声道扬声器单元音色匹配的要求将使环绕声标准更具有全频域的表现。

10.3 左/右前置音箱

高度是一个家庭影院系统中左/右/中央前置音箱最重要的参数之一。图 10.3 所示给出扬声器相对于屏幕的理想布置方式：所有 3 个扬声器系统整齐排列在同一水平面上。当特殊的音效从一边转到另一边，比如一个高速行驶的汽车在屏幕上穿过，这样做可以建立一个稳定的声像高度。如果中央前置声道和左/右前置声道的高度差很大，如图 10.4 所示，由于高度的漂移，运动物体的图像将变得不自然，使人觉得迷惑。较小的高度差，如 12 英寸或更小（如图 10.5 所示）则是可以接受的。

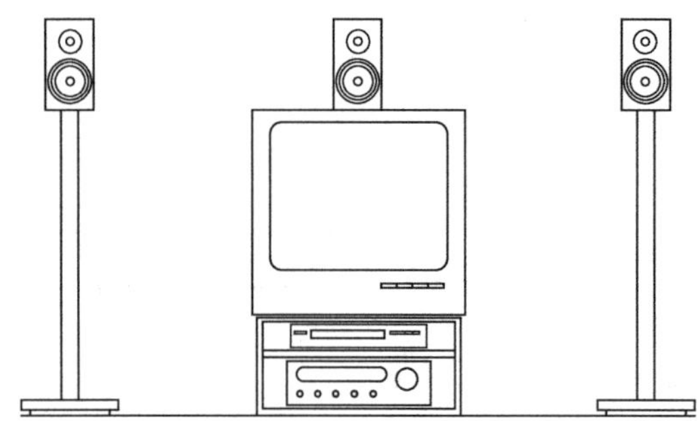

图 10.3　正确的左/中/右前置音箱摆位方案

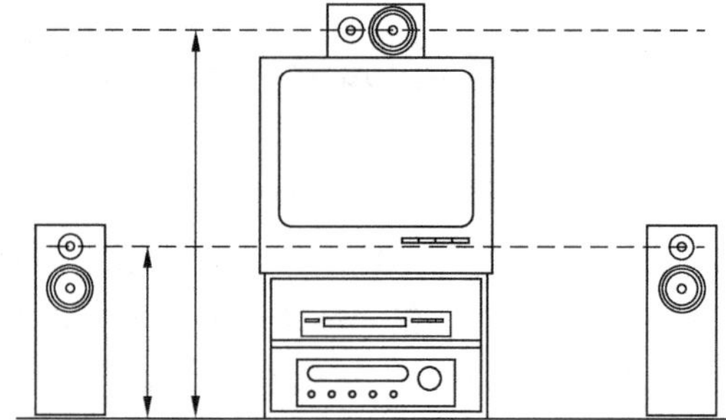

图 10.4　不正确的左/中/右前置音箱摆位方案

在确定 3 个前置音箱的箱体尺寸和扬声器单元布局时，高度应当成为一个重要的设计因素。还要注意到，为了得到较好的音像，2 声道音箱摆开的角度一般建议为 60°，但视频系统的左/右前置音箱通常不会摆得像 2 声道音响那么开。摆位的角度越大，越倾向于形成比图像所需要的更宽的声像，因而一般的规定是 45°[5~7]（如图 10.6 所示）。除了左、右声道比通常的双声道配置更为互相靠近，音箱还应当朝向听音区域，并且到听众的距离应当与中央声道相同。少许的距离差所产生的延时实际上是微不足道的，但这是业界的典型推荐[8]。

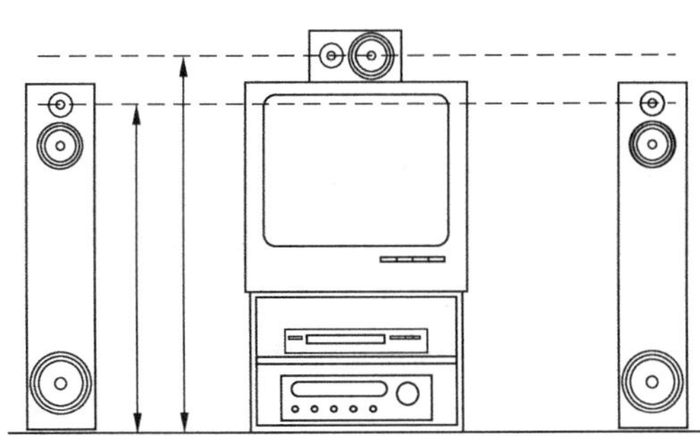

图 10.5 左/中/右前置音箱摆位的折中方案

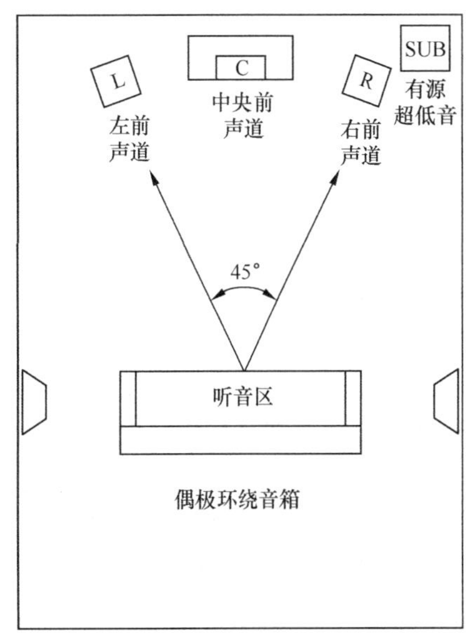

图 10.6 中央听音位置与左、右声道视频系统音箱的夹角

10.4 屏蔽要求

阴极射线管 CRT 是家庭影院中电视机最常见的类型（正投和背投电视仅占总量的一小部分），由于 CRT 型电视机的特性，为显像管屏蔽扬声器的高强磁体是必需的。将扬声器这样的强磁场放在紧挨 CTR 的地方，将使色彩和图像失真。如果长时间暴露于足够高的磁场中，CRT 将失去正常的色彩，即使移去磁场源，需要消磁才能恢复。CRT 越大越敏感，35 英寸及更大尺寸的电视机最严重。同时，新型的 16 × 9 屏幕也比普通的长宽比为 4 × 3 的屏幕更敏感[9, 10]。

对于中央前置音箱来说，磁屏蔽是绝对必要的，对于左/右前置音箱也是需要屏蔽。超低频扬声器箱紧挨着 CRT 或背投电视机的投影设备（它靠近地板）放置时，可能也需要某种类型的屏蔽。

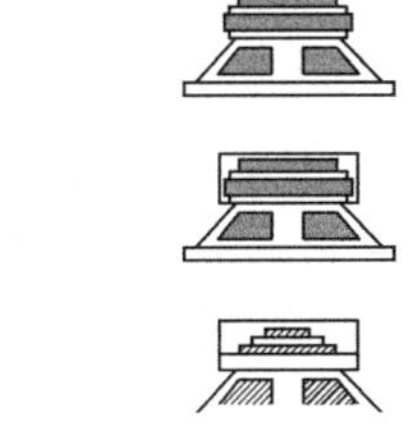

图 10.7 低频扬声器单元磁体防磁设计

如图 10.7 所示，有两种不同水平的屏蔽可以采用到扬声器的磁路系统。第一种屏蔽中，一个附加磁体加在磁体组合的导磁下板上，它的磁极与主磁体相反。这个副磁体，通常被称为反向磁体（Bucking Magnet），直径和高度一般小于主磁体。具体尺寸由试验决定。它可以抑制从扬声器

单元侧面延伸出的磁场，但不能抑制磁路前后方向发出的磁场。对于左/右前置音箱和超低频扬声器单元，当它们放在距离 CRT 有 1～2 英尺的地方时，这种类型的屏蔽可能是足够的，取决于所用的电视机的敏感程度。一般来说，反向磁体只引起扬声器单元灵敏度轻微的改变，而不会明显改变扬声器单元的 T/S 参数，至少不足以影响箱体设计。

第二种水平的屏蔽是整合了一个反向磁体和一个包住磁体结构的金属屏蔽罩。设计一个良好屏蔽的扬声器单元是相当困难的，需要大量的试验来同时获得 T/S 目标参数、响应曲线形状，以及所要求的屏蔽水平。

几个重要的指标决定了全屏蔽扬声器单元的屏蔽有效性。反向磁体的尺寸往往与不使用屏蔽罩的相同，屏蔽罩的厚度也很重要，因为太薄的金属将不能充分屏蔽。简单地把罩子套住磁体组合并胶在反向磁体上常常无法得到所要的结果。取决于特定的扬声器单元参数和磁体强度，屏蔽罩的边缘常常需要几乎贴到磁体结构的导磁上板上。不可避免地，这需要为单扬声器单元加工一个特殊的导磁上板。但是，使用这种方法时，T/S 参数会受到很大的影响。因此，要得到与未屏蔽版本扬声器单元相同的目标参数可能很困难，需要对音圈和磁体参数作大幅度的修改。

一般要求在中央声道音箱中使用完全屏蔽的低频扬声器、中频扬声器和高频扬声器单元，但是为了充分屏蔽一个直接放在大型磁敏感的电视机上的音箱，这样做可能还是不够的。因为一个良好屏蔽的扬声器单元常常还存在一些剩余磁场，使用多个扬声器单元（磁相位异常）时，这些杂散场的相互作用会产生磁场相加和相消的区域。虽然单个扬声器单元可以被充分地屏蔽而不引起屏幕可见的影响，如果中央声道使用通常的低频扬声器/高频扬声器/低频扬声器布局，几个这样的扬声器单元相互靠近有时会产生一个合成杂散场，引起图像扭曲。在箱体内部加入一到两层镀锌板做成的金属衬里，这些磁场问题可以得到进一步的减弱。

10.5 中央声道音箱

中央声道可能是家庭影院系统中最重要的音箱，实际发送的能量接近系统总声能的 2/3[11]。中央声道不仅仅要发送对白，还要使整个声场精确地定位于屏幕图像。除了扬声器单元和响应曲线（音色）的匹配，左/右/中央音箱声学极性（同是垂直或水平的扬声器单元布局）的匹配也是需要的。然而，虽然这是 THX 系统的一个要求（如图 10.3 所示），许多非 THX 制造商也销售混合极性的系统（如图 10.5 所示）。在这种情况下，左/右音箱具有垂直的极性——扬声器单元装在另一个扬声器单元的上方。图 10.8～图 10.11 所示给出中央前置音箱的两个典型布局，单低频扬声器和双低频扬声器单元，垂直或水平地放在电视机顶上。中央前置声道音箱普遍是水平地放置，与左/右前置音箱垂直。这样做完成是为了美观的缘故。大多数用户似乎更喜欢纵横比（高度与宽度之比）与电视机相同的扬声器箱。

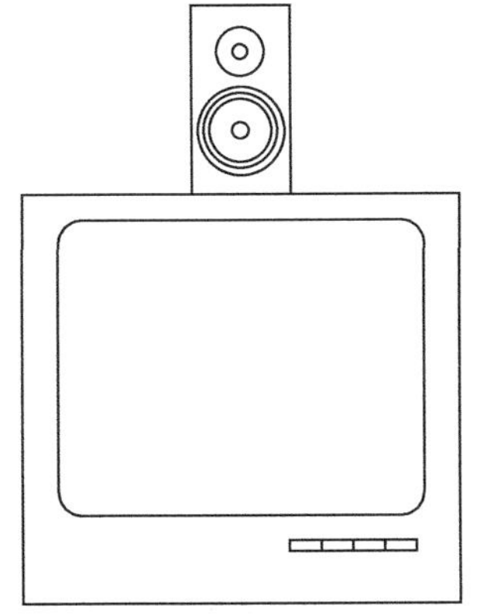

图 10.8 单低频扬声器中央声道音箱的垂直摆位

图 10.9 单低频扬声器中央声道音箱的水平摆位

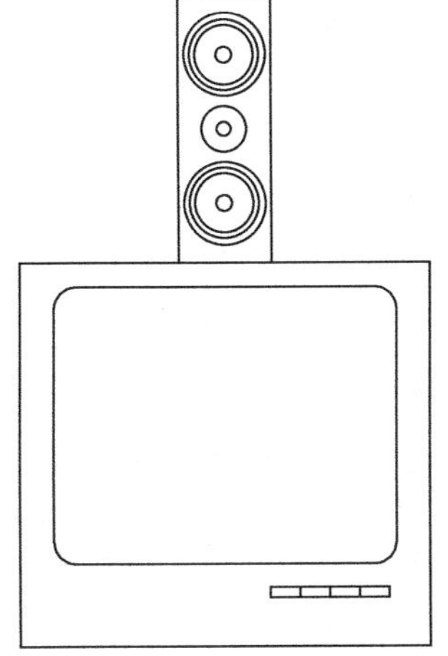

图 10.10 双低频扬声器中央声道音箱的垂直摆位

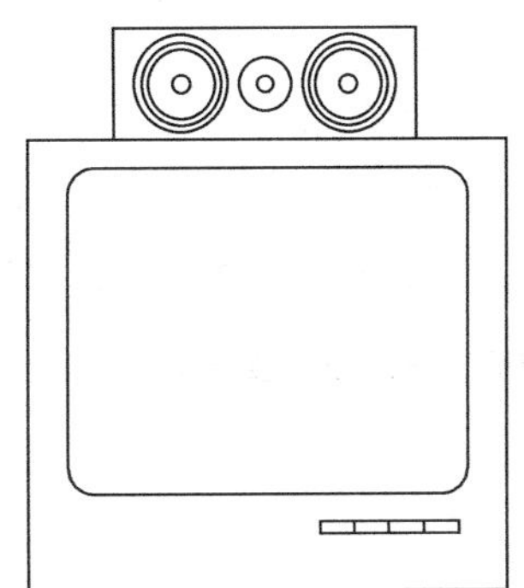

图 10.11 双低频扬声器中央声道音箱的水平摆位

对于图 10.9 所示的单低频扬声器单元样式，当你移到离轴位置时，水平放置的音箱的频率响应在分频点区域有个相位相消现象，如图 10.12 所示。与扬声器单元垂直方向排列（如图 10.13 所示）的相比，水平方向放置的 30° 离轴结果在分频区域的响应有个接近−15dB 的下陷（意味着低频扬声器单元与高频扬声器单元相位衔接不良）。虽然人的听觉与单点传声器测量不同，但这个结果对于那些正好坐在音箱轴线之外的人们来说是一种可闻的（虽然不是根本性的）响应变化。如果追求完美，解决办法显然是根据 THX 的说明，按照图 10.8 所示那样摆放音箱，而不理会外观的表现。

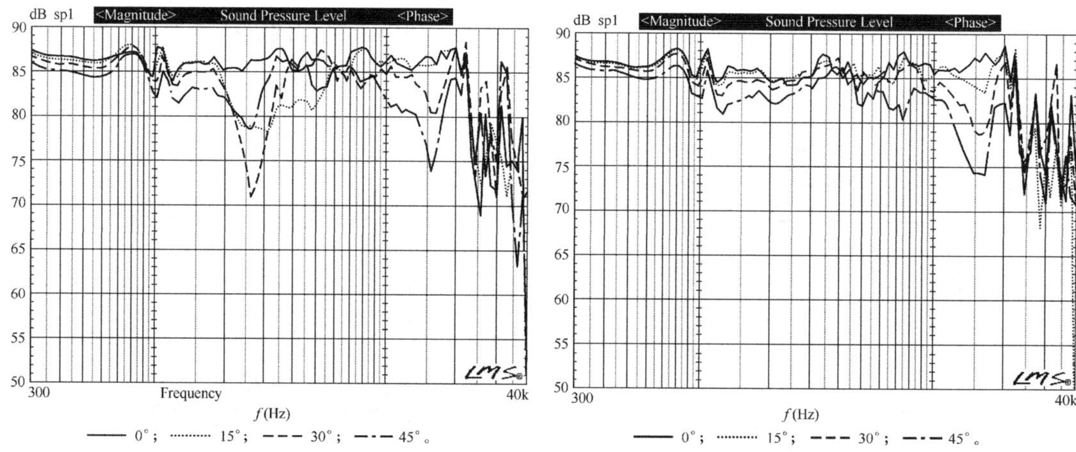

图 10.12 单低频扬声器中央声道音箱水平轴向及离轴响应　　图 10.13 单低频扬声器中央声道音箱垂直轴向及离轴响应

基于 Dolby Pro Logic 和基于 Dolby Digital 的处理器都提供了中央声道音箱工作于全频域（20Hz～20kHz）或加一个 80～100Hz 高通滤波器（如图 10.14 所示）的选择。由于许多系统使用了“中央增宽（Center Wide）”的输出配置，双低频扬声器单元的结构相当受欢迎，主要是因为它们加大的辐射面积允许低频瞬态有更好的控制。不幸的是，这种类型的中央声道音箱的水平放置（如图 10.11 所示）造成的离轴频率响应问题是单低频扬声器单元样式的 2 倍（如图 10.15 所示）。与图 10.6 所示垂直放置（由于箱体高度和不同的纵横比，如图 10.10 所示，看起来相当不协调）的平坦的离轴响应曲线相比，水平放置的双低频扬声器单元音箱的离轴响应具有些下陷，这是由于低频扬声器单元和高频扬声器单元之间以及两个低频扬

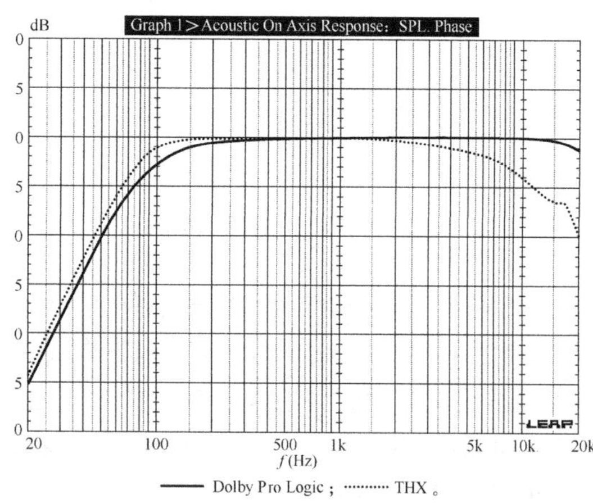

图 10.14 环绕声处理器中央声道常规（normal）模式的响应曲线

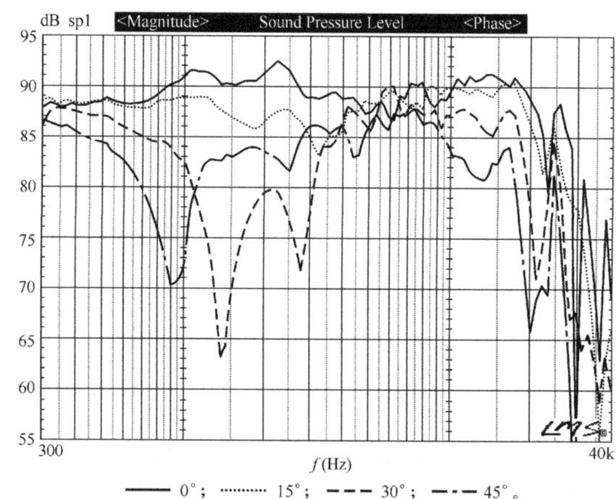

图 10.15 平面障板双低频扬声器中央声道音箱水平轴向及离轴响应

声器单元之间在分频区域的相消效应引起的。这种离轴相位相消所在的频率是两个低频扬声器单元中心间距的函数。对于特定类型的音箱，30° 离轴上最严重的下陷发生在 1.5kHz 处，可有−25dB 的下陷。

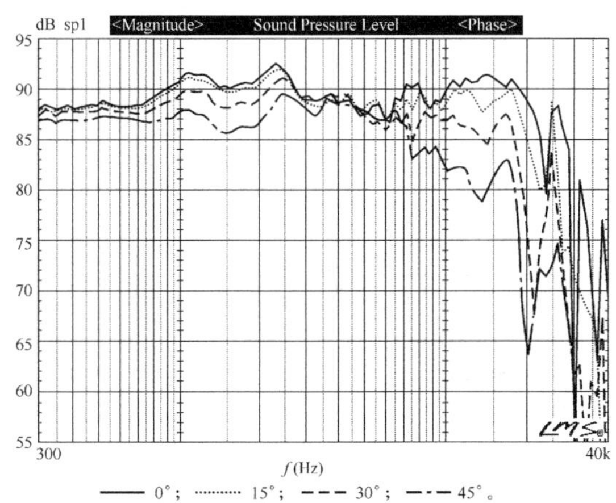

图 10.16　平面障板双低频扬声器中央声道音箱垂直轴向及离轴响应

如果要将双低频扬声器结构的音箱水平放置，有一种设计方案可以在一定程度上改善这种问题。如图 10.17 所示，通过把低频扬声器单元以 20°～30° 后仰的角度安装在箱体上，由它们的物理位置引起的离轴衰减可以得到很大的抑制。图 10.18 和图 10.19 分别显示一个双低频扬声器系统的垂直和水平响应曲线，低频扬声器单元是以 20° 的角度向箱体后方倾斜（这么做显然需要复杂的箱体结构，这也是为什么不是很经常看到这种类型结构的原因之一）。水平放置的曲线显示低频扬声器单元引起的离轴下陷被消除到只有−10dB，比平面障板设计提升了 15dB（尖锐的下陷是分频器的原因，因为这种类型使用了与图 10.16 所示音箱不同的扬声器单元和分频器）。Renkus Heinz 公司出品了一种软件包，ALS-3，可以预测这种离轴波瓣[12]。它可以模拟不同的箱体结构，如上面讨论的这种（评述于《Voice Coil》，1993 年 7 月号）。

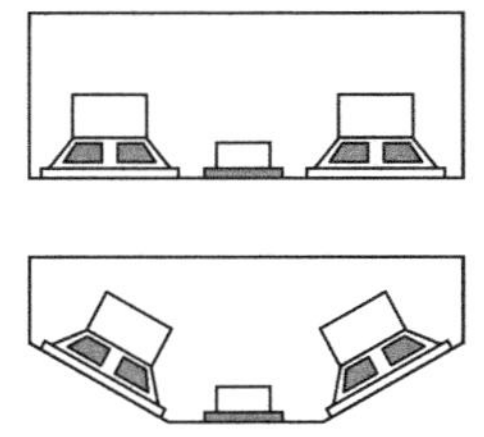

图 10.17　双低频扬声器中央声道音箱平面障板与后仰前障板的比较

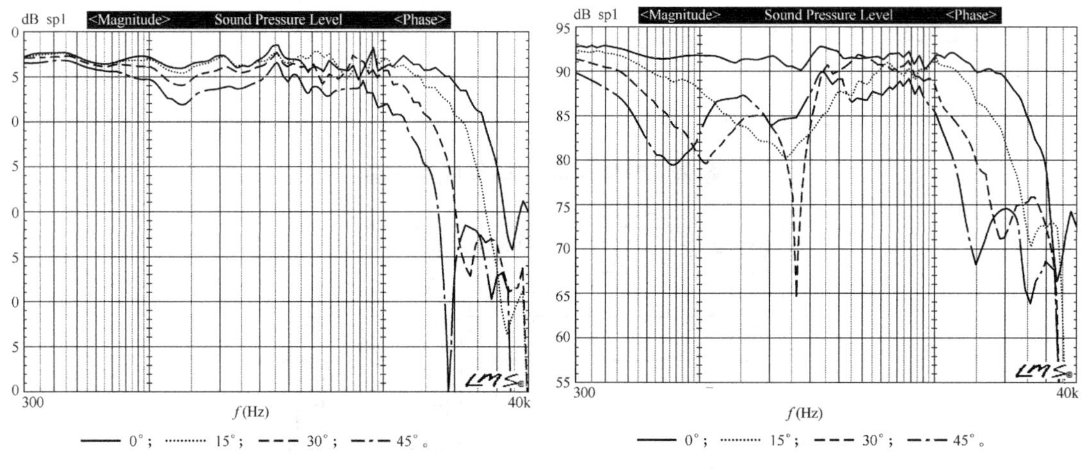

图 10.18 后仰障板双低频扬声器中央声道音箱垂直轴向及离轴响应

图 10.19 后仰障板双低频扬声器中央声道音箱水平轴向及离轴响应

10.6 垂直指向性控制

THX 影院以及家庭影院系统的提出，部分是由于一些实验证据的指导，这些实验表明，指向性受控的音箱，调节到可以覆盖听众区域，但其他方向的声音最小（众所周知的垂直面上下方向），可以得到更好的对白清晰度。这个设计要点成为卢卡斯影业对扬声器制造商 THX 家庭系统“标准“认证的一个重要部分。图 10.20 和图 10.21 所示给出可以产生这种垂直指向性的 2 种安排格式。

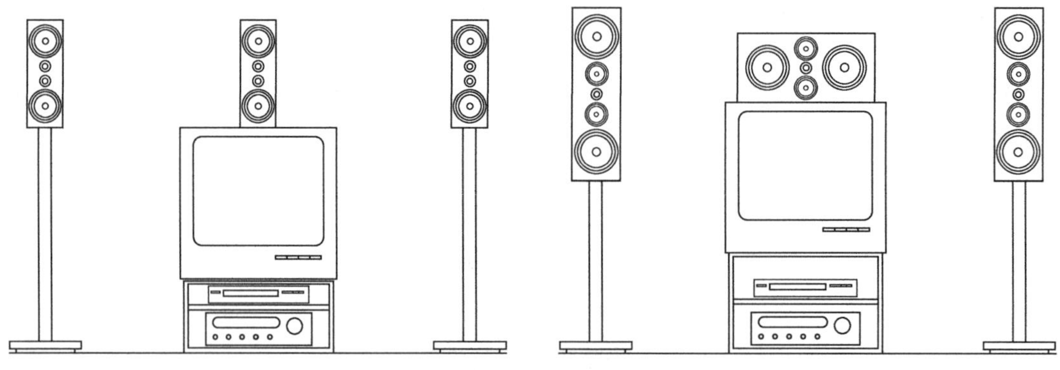

图 10.20 2 分频音箱的指向性控制

图 10.21 3 分频音箱的指向性控制

虽然如图 10.20 所示之一的双高频扬声器方案由于高频存在梳状滤波效应（Comb Filter Effects）而从未在 Hi-Fi 音箱中受到欢迎，这种分频扬声器单元布局在 High-End 扬声器中却成为一种相当普遍的设计方式。B&W，Snell 和 Duntech 等公司已经使用 3 路 D'Appolito 格式许多年了。对这些类型的准确说明则属于卢卡斯影业专有，但增强的指向性是这种设计不可避免的副作用，特别是在中频扬声器与高频扬声器单元的分频频率被推到中频扬声器单元响应的上端区域时。这种格式也有水平方向的纵横比，因而中央前置音箱与左/右前置音箱具有同样的中高频声学极性。如果低频扬声器与高频扬声器的分频设成尽可能的低（200～400Hz），这么做更有效。无论这种设计是不是为了限制垂直指向性而优化的，这种扬声器单元布局对家庭影院系统都有意义。Atlantic Technology370 和 450 THX Ultra 系统都是这种指向性增强的扬声器系统设计类型的很好实例。

10.7 后声道环绕声音箱

全尺寸影院的后声道环绕声音箱装置（如图 10.22 所示）与家庭影院的有实质性区别。由于声学空间的尺寸很大，多个音箱被高挂在听众头顶上方，并沿着影院的侧边和后墙排列，以覆盖整个听音区域。为了避免到达时间发生冲突而对剧情的易懂性造成干扰，还需要加入

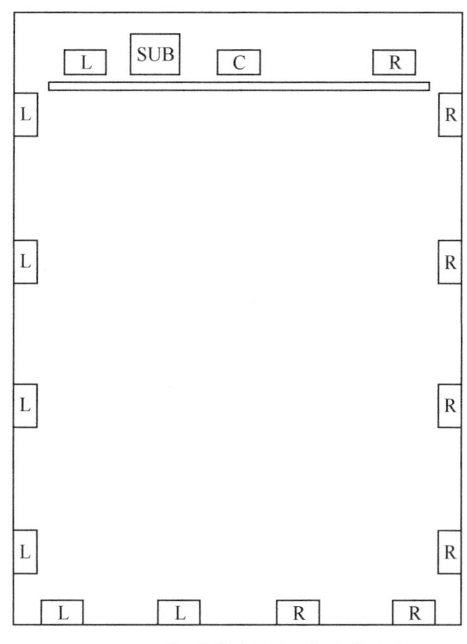

图 10.22 典型影剧院的环绕音箱布局

延时电路。还有一点值得注意的是，与 Dolby Pro Logic 格式不同，影院的后声道是独立的，而不是源于前声道的阵列。这种差异对于 Dolby Digital 标准来说明显小得多，后者的后置音箱也使用独立的声道。

无论家庭系统是用 Dolby Pro Logic 阵列布置，还是用 Dolby Digital 独立声道标准，目标都是提供与全尺寸影院中可以得到的相同的声响效果。环绕音箱应能产生扩散的包围环境声场，在提供环绕特效的方向定位的同时，增加空间感。当声源位置无法被听众确定时，这个多重目标可以完成得最好。最后，Dolby Pro Logic 处理器修改了供给环绕声道的信号的响应，提供一个 7kHz 以上高频的衰减（如图 10.23 所示）。虽然人耳定位声音的过程相当的复杂[13]，减小 5kHz 以上的高频（通常是在高频扬声器单元的工作范围内）可使定位更为困难。

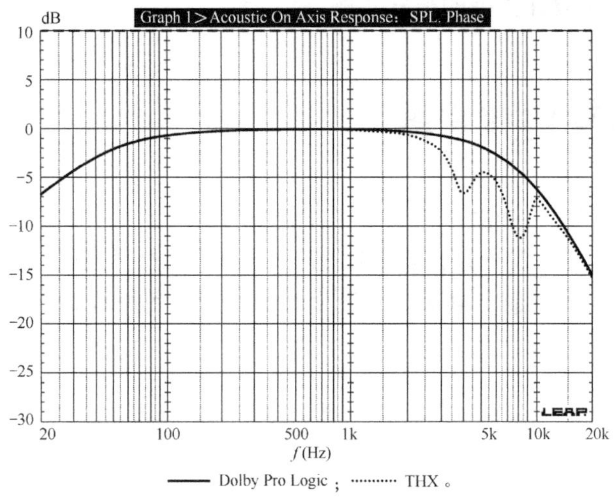

图 10.23　环绕声处理器后声道模式的响应曲线

THX 均衡曲线也加重了音色变化的问题，这个问题会在声音从前方向环绕音箱移动时发生。Dolby Pro Logic 处理器同样衰减了 100Hz 以下的低频，意味着环绕声的响应是 100Hz～7kHz。Dolby Digital 标准则提供了全频域 20Hz～20kHz 和 100Hz～20kHz 环绕声道的选择，提供了更好的环绕定位效果的可能性[14]。然而，Dolby Digital 后置声道标准的独立特性并不一定意味着环绕声应该做成强指向性单极（Monopoles）。在 1995 年 4 月的一次互联网交流中，Tom Holman 说到 Kevin Voecks 在 Snell Acoustic 所做的一个试验，实验包括了过去的 THX 和近期的 Dolby Digital，结果表明，与指向听音区的单极全频域直接辐射相比，有经验的以及没有经验的听众明显更喜欢偶极环绕声的发散零辐射（Diffuse Radiation Null pattern）模式。后来，2000 年 4 月的 Home Theater 杂志所作的非正式试验[15]也表明偶极音箱作为环绕声整体上更好，但取决于个人喜好。作者所作的试验结果与许多业界的试验相符，认为一些含独立环绕声信息的电影，例如动作片，直接辐射往往听起来显得更“壮观”，而大多数影片把环绕信息用于四周的“填充”，听起来无疑是偶极型的更好。有一个公司，M&K，制造了一个环绕声音箱，他们称为“三极（Tripole）”音箱，可以在直射和偶极音箱效果中切换。我个人认为这种方式对于大多数用户来说太复杂了，所以我更同意业内专家关于这个话题的看法[4, 16]：如果你要选择一种环绕声类型，偶极型可能是最佳的综合选择。

Dolby Labs 建议将环绕声音箱正对着听音区放置，将它们朝着听音区在听众上方 2～3 英尺的高度交叉，如图 10.24 所示。考虑到高频衰减的放置高度，这个技术当然是可行的，但是如果存在发散更好的用法，这种方法就不理想了。提升这种单极环绕声音箱发散效果的放置方法的一些变形包括把音箱朝向后墙或天花板，如图 10.25 和图 10.26 所示。

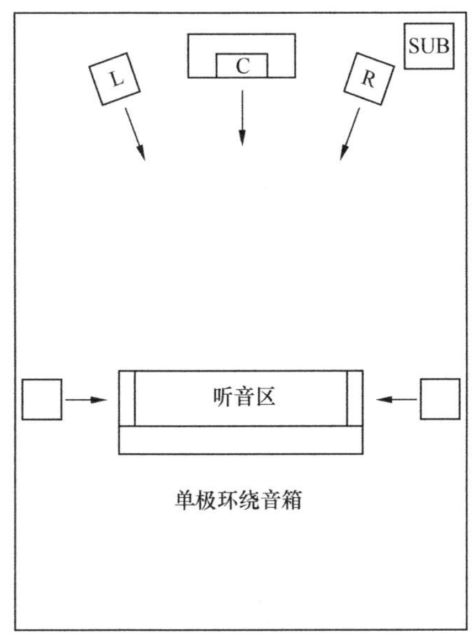

图 10.24 环绕声后声道音箱摆位的建议方案——朝向听音区

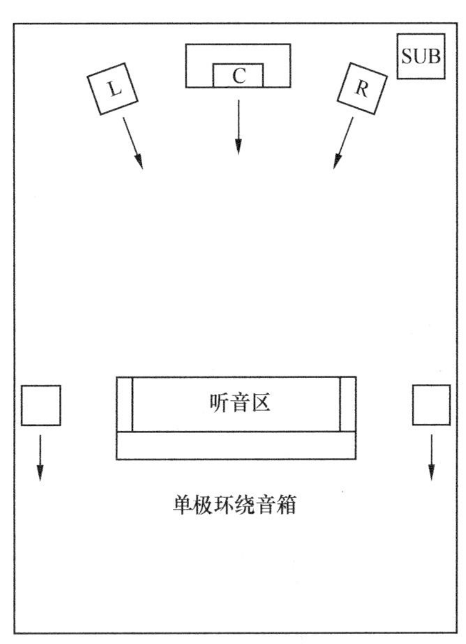

图 10.25 环绕声后声道音箱摆位的替代方案——朝向后墙

偶极环绕声提供了一种整体分离的环绕声音箱种类别。它们属于 Lucasfilm THX 部门的专利保护范围（专利号#5 222 059 和#5 109 416）。和任何一种偶极音箱一样，比如 Magnepan 屏风音箱，由辐射的相位不一致引起的前后相消效应在音箱的侧面产生了响应的“零”区（就像话筒的 8 字心形指向模式）。虽然最初的偶极环绕应用模式不是卢卡斯影业原创的，但他们改良了这种模式并率先用于家庭环绕声，并且深信偶极型可以提供影剧院典型的左/右/后墙阵列的最好模拟。

如图 10.27 所示，为了更有效的工作，偶极环绕音箱应该面对面装在听音区上方 2～3 英尺的两侧墙上，使零区朝向听音区。注意，正接的扬声器单元（当正极直流加到音箱的正极上，锥盆向前运动的那一个）朝向前置音箱。

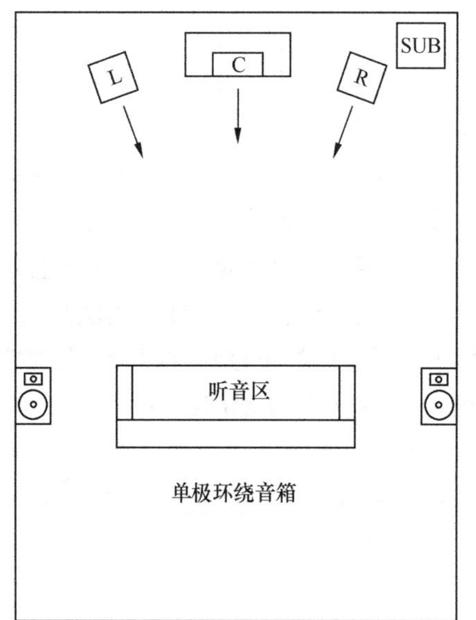

图 10.26　环绕声后声道音箱替代摆位方案——朝向天花板

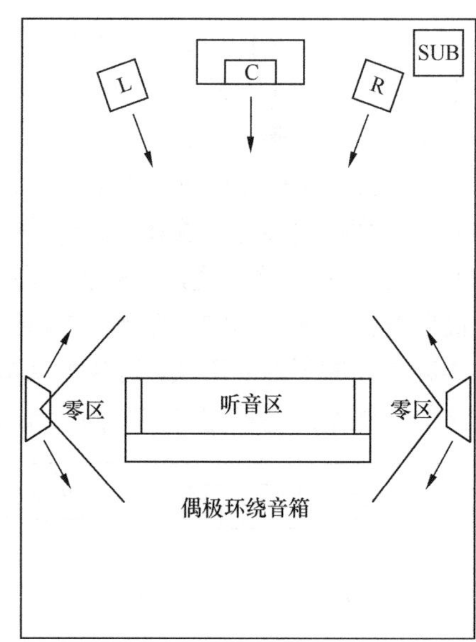

图 10.27　偶极环绕声后声道的摆位

偶极环绕的设计不总是仅仅把对侧一套扬声器单元的极性反转这么简单。扬声器单元间的距离将决定频率响应以及所产生的零区的深度，每套扬声器单元分频器的高通和低通部分可能需要分别处理，也可能不需要。现在也出现了偶极类型的几种变形（如图 10.28 所示）。重要的是低频扬声器应当安装在分开的腔室，不然可能导致低音的完全相消。一些制造商在其中一个低频扬声器单元上使用 100～200Hz 高通滤波器，以减少低频发生的声消除，从而赋予音箱更好的低音。

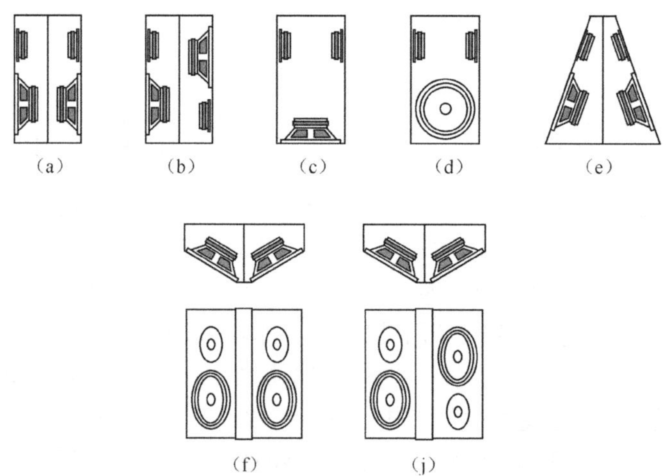

图 10.28　偶极型环绕声后声道音箱的不同结构

图 10.29 所示显示了一个偶极音箱（如图 10.28（j）所示类型）在最大零区，位于 2 个扬声器单元之间的 0° 方向上，以及在这对音箱其中一只的轴向（与中央成 45°）上测得的频率响应。显然，相消效果在 2kHz 以上达到最大。同样可以注意到，这个 THX 认证的偶极箱（Triad Speakers 出品）明显故意地衰减了 10kHz 以上的频率（单元的轴向），暗示了为创造不可定位声源的进一步努力。偶极箱的这种超高频衰减并不典型，许多偶极箱，如 Snell 第一个 THX 认证的偶极箱，平坦延伸到 20kHz，没有任何附加的衰减（对于 Dolby Pro Logic 处理器来说是过量的，但可能符合 AC-3s）。

图 10.30 所示显示了偏离中心 0°、15°、30° 和 45° 的响应情况，可以看出最大零区相当窄。一些偶极环绕音箱制造商加入了相位转换功能，可将扬声器单元相位转回正接并从偶极型（Dipolar）变为双极型（Bipolar）辐射。但是，一个好的双极辐射模式并不像把扬声器单元相位翻转那样容易做到，为了在极端离轴的位置得到平坦的响应，现在市场上一些设计良好的双极音箱将 2 套扬声器单元的高通和低通分开。双极型比偶极型提供更强的定位，以及一个发散的环绕声场。一些制造商走得更远，它们将 2 个低频扬声器单元以双极的形式连接，而只有 2 个高频扬声器可以在双极和偶极辐射间转换。这样提供了强或弱定位的选择，同时，这两种选择还具有正常的低音负载。

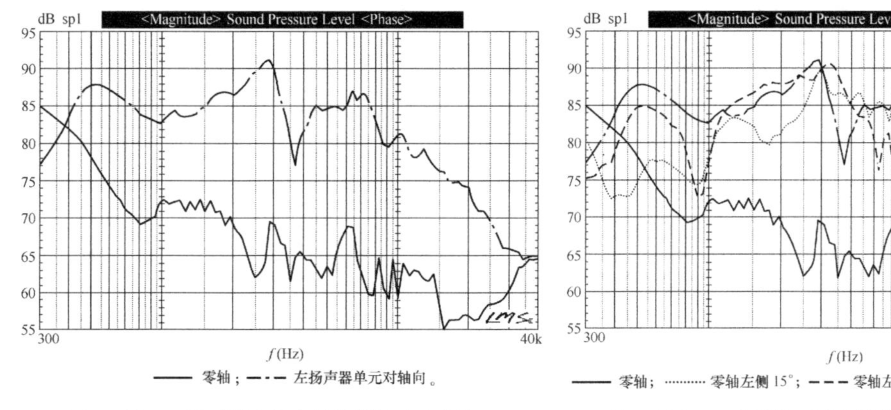

图 10.29　一种偶极环绕音箱的频率响应曲线

图 10.30　一种偶极环绕音箱的频率响应曲线

10.8　Dolby Digital Surround EX-7.1 声道

Dolby/THX Surround EX 是对 Dolby Digital5.1 标准的一种较新的升级，它在影院的后部再加入了两个环绕声道。影院中加入新的后置环绕声的理由是，现在左/右环绕信息是从影院的左/右和后墙得到的，这种排列方式限制了对那些混声在环绕声道中的音效进行精细定位的能力。这些音效听起来主要是出现在听众的侧边，缺乏可以让声音在听众头顶或身后移动的空间感。影院中的 Surround EX 把曾经属于左、右侧墙音箱阵列一部分的左、右后置音箱分离出来，并将它们连接到由预编码（Pro-Logic）处理器驱动的两个新的功放声道，这个处理器从分离的左右环绕声道导出左右后置声道信息[16]。这样，得到了与 Dolby Digital 标准相同的 5.1 声道分离信息，但是录音过程还需将后置环绕信息编码入左右环绕声道。完成这个过程与从左/右声道或 Dolby Prologic 原始格式得到中央声道的方法相同。其效果非常的壮观。在 1999 拉斯维加斯的 CES 上，Lucasfilm THX 邀请我观看他们新的 Surround EX（SEX?）展示预演，这个展示是在星球大战前传 I-魅影危机（Star Wars：Episode I-The Phantom Menace）发行之前为各业界人士举行的。我想起这个演示是因为家庭影院购买者最后需要多买两个功放和能再放两个音箱的房间。在这个非常壮观的演示中，直升机飞过我的头顶，蜜蜂嗡嗡叫着从房间的左侧飞到房间后面，又从我的身后飞回到房间的右侧，在观看和聆听了这个演示之后，我唯一的问题是“我什么时候才能拥有这个处理器!”。

家庭影院的装置与电影院的类似（如图 10.32 所示）。目前的共识似乎是偶极环绕声提供的效果最佳，需要 2 套环绕声才能达到真正的效果[15]。因此，完美的家庭影院就需要 7.1 声道，包括前置左/中/右（Front LCR），左、右偶极（或直接辐射）环绕，左、右后置偶极环绕，以及 LFE 超低音声道。2 个音箱组成立体声的时代已经过去了，现在是 8 个音箱的时代。而且这个系统不仅仅是为家庭影院而准备的，5.1 声道音乐已经开始发展，未来的音乐出版有一天可能全是像家庭影院那样是多声道的。

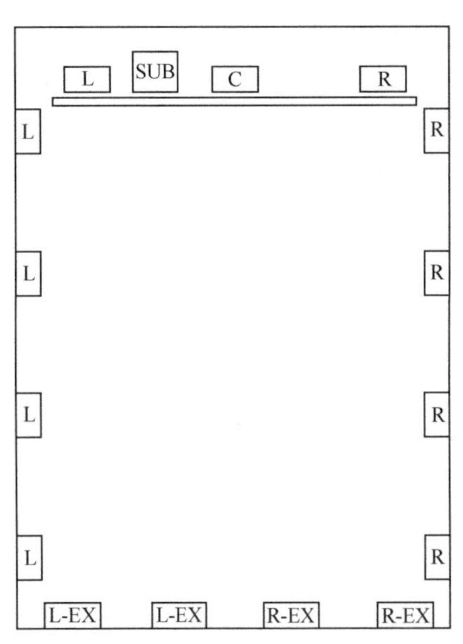

图 10.31　典型影剧院的 Surround EX 音箱布局

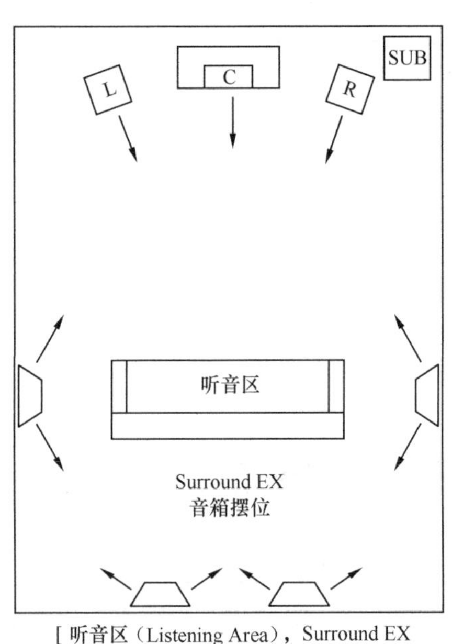

[听音区（Listening Area），Surround EX 音箱摆位（Surround EX Speakers Plocement）]

图 10.32　家庭影院系统的 Surround EX 环绕声摆位

10.9 超低频

在视频播放中，超低频被用来发出比管风琴低沉的持续音（Pedal Tone）或取样合成器的低音更低得多的声音。许多影片特效在低频段极其讲究，包括了诸如爆炸、地震、喷气式战斗机低空编队飞行，甚至暴龙雷克斯（Tyrannosaurus Rex）的脚步声（试试在 105dB 听《侏罗纪公园》）这类的声音。这些音效不仅仅是在所谓的频谱内容上讲究。影片出品人倾向于在混声中夸张它们，以使他们的作品超出日常感受，这里就更需要超低频扬声器单元了。因此，对长冲程和高线性的需求甚至比用于音乐重放的低频扬声器单元更强烈。

视频超低频的低频参数是−3dB 达到 30Hz，这对于中等大小的箱体来说并不难做到。真正的问题就是冲程和瞬态性能。对于这类应用，单个小口径低频扬声器单元（6.5、8 和 10 英寸）可能最好 2 个并用，并且任何使用 6.5 英寸扬声器单元的超低频都不能期望它能高音量地在大房间中发出任何 50Hz 以下的频率。在大房间（3 000 立方英尺以上）中维持高的 SPL，每个箱体至少需要 2 个 12 英寸或 15 英寸扬声器单元[17]。视频超低音制造商经常在他们的产品中使用 2 个 10 英寸和一个 12 英寸或 15 英寸结构。显然，这是希望它能发出非常响亮的声音，并使家庭影院的表现可靠地达到真正影院同样级别的感受。如果你实际上不需要开得那么响就不必如此，单个性能良好的 8～10 英寸低频扬声器单元无疑可以提供很好的表现。

关于超低音的摆位，有一些很好的标准。家庭影院超低频扬声器系统最简单同时也可能是最佳的位置是放在 LCR 阵列附近的角落。角落位置允许低频扬声器单元耦合房间中最大量的反射界面，在墙边或远离墙的位置提供可观的“增益”。在这个位置，单个超低频扬声器系统的表现实际上可能超过其他不在角落位置的多个超低频扬声器系统的表现[18]。

如果放在角落位置听起来“不对劲”，即使调低电平还显得太强劲（“轰鸣”），可以试着将它沿着墙向听音区移动，直到声音听起来比较恰当。如果确定这种方法无效，试着把低频扬声器系统放在听音位置的中央，然后在房间内四处走动，直到找到一个低频端表现最好的位置[8]。一旦确定了这个位置，把超低频扬声器系统放在这个地方，再次试听其效果。

参考文献

1．T. Holman, “New Factors in Sound for Cinema and Television”, *JAES*, July/August 1991.

2．T. Holman, “Home THX：Lucasfilm’s Approach to Bringing the Theater Experience Home”, *Stereo Review*, April 1994.

3. K. Voecks, “Multichannel Sound：Reading the Promise & Dangers of Convergence—Kevin

Voecks, Designer, Revel Loudspeaker System, Summing Up", *The Absolute Sound*, Issue 114, October 1998.

4. "Dolby Laboratories Information：Speaker Systems for Multi-Channel Audio", available from Dolby Laboratories, reprint No. S88/8272.

5. R. Dressler, "Important Considerations for Dolby Surround", *S&VC*, September 1991.

6. T. Holman, "The Center Channel", *Audio*, April 1993.

7. "A Listener's Guide to Dolby Surround", 1994, Dolby Laboratories, reprint No. S94/10258.

8. M. Peterson, "Adventures in Loudspeaker Placement：The Agony and the Ecstasy", *Home Theater* magazine, Volume 7, No. 3, March 2000.

9. "User Friendly Shielding Plots", Vifa Newsletter, Winter 1995.

10. "Speakers for Surround Sound—Stray Fields and How to Maintain Them", Peerless International Newsletter 1/94.

11. D. Kumin, "Center Field：The Right Speaker for the Critical Center Channel", *Stereo Review*, April 1993.

12. ALS-3 Software, Renkus Heinz, Inc., 17191 Armstrong Ave., Irvine, CA 92714.

13. F. Alton Everest, *The Master Handbook of Acoustics*, 3rd ed., Tab Books, 1994.

14. R. Dressler, "The(Near)Future of Multichannel Sound", © 1994, Dolby Laboratories, reprint No.S94/10009, P. 51.

15. M. Wood, "Surround-Speaker-Configuration Wars", *Home Theater*, Volume 7, No. 4, April 2000.

16. P. Sun, "THX Surround EX—The Third Dimension in Surround Sound for Home Theater", *Widescreen Review*, Issue 35, Nov/Dec 1999.

17. R. A. Greiner, "Lowdown on Subwoofers", *Audio*, August 1993.

18. T. Nousaine, "A Tale of Two Rooms", *Stereo Review*, January 1999.

第 11 章　汽车音响扬声器

11.1　汽车音响扬声器与家用扬声器

任何一类扬声器，无论是家庭影院、双声道、专业音响、或是汽车音响，它的用途规定了设计的特点。汽车音响设备意味着一种独一无二的挑战，也意味着是将音箱结构安装在一个几乎是声学“不友好”的环境中。为汽车设计音箱，换个说法就是将一个小箱子装在一个稍大点的箱子里!

最近几年以来，在我为一群又一群汽车音响安装者做报告时，最经常被问到的问题是关于 Thiele/Small 参数与低音箱体设计的关系，以及如何做出那种在高质量家用系统中所听到的中央声道声像。在这一章中，我将对在汽车上安装高保真扬声器时的一些主要问题进行介绍。

11.2　密闭场与自由场声学空间

当扬声器装于一个大的，开放的声学空间，例如用绳索悬挂在 50 英寸高的空中，这时不存在引起反射的界面。对扬声器单元和音箱的频率响应的测量将是可重复的。这样的声学情况即所谓的“自由场”，或无反射环境，如第 8 章 8.8.1 节所讨论的。

任何传播声音能量的有限区域都算是一个声学空间，它可以大致分成两个类别，一类是包括大场馆或大厅堂在内的大型声学空间；另一类从音乐录音室或家庭听音室到房间尺寸范围下限的小型声学空间，如法拉利 348 的乘员厢。这些例子都属于密闭场（Closed-Field）。当一个有限空间的尺寸减小时，空间的尺寸与重放的声音的波长相比也减小，空间的响应开始受驻波、反射和边缘效应控制。对于普通车厢大小的空间，其声学可以描述为“有损的”压力场（“Lossy” Pressure Field）[1]。

理想的压力场应具有不传播声音振动（比如用 12 英寸厚的混凝土做成的）的刚性壁。但汽车用的是可以弯曲和振动的薄钢板壁，因而称之为“有损的”。在理想的压力场中，低频 SPL 响应是连续的，然而，由于车体某些部分比其他部分更容易变形，低频 SPL 将存在不可控的变化（3～6dB）。这是一个应当认识到的汽车声学矫饰特点。

将音箱放在压力场中的声学结果是给频谱的低音部分加上了巨大的增强或说提升。考虑到这一点，平均水平的家庭听音室大小（1 200～1 500 立方英尺）的空间可以在 20Hz 得到 3～5dB 的提升。但是在汽车中，这种温和的低频提升被明显夸大。扬声器设计这个方面是许多人在试图开发汽车低音箱体时感到困惑的部分。无论是用本书介绍的方法和手工计算器还是用计算机程序，Thile/Small 预测都十分准确，但都是基于自由场的表现。它们均未把音箱放置的声学环境效应计算在内。

11.3 低频扬声器单元在密闭场中的低频性能

密闭场对扬声器性能的影响可以通过一些简单的测量来确定。需要测量的扬声器工作参数有阻抗、冲程和频率响应。如果我们知道从自由场转到小型“有损”压力场时这些参数是如何变化的，我们就可以知道应当如何理性地对待 T/S 参数和箱体设计。

图 11.1 所示显示一个开口式音箱在自由场环境下测量得到的阻抗曲线。当同样的音箱放在一个小型掀背式汽车（Nissan 240SX）车厢内，车厢的体积约为 110 立方英尺，其阻抗曲线重复了自由场的阻抗曲线，并与之重叠在一起，这个结果可以从图 11.2 所示看到。显然，并不存在什么变化，各种实际用途的密闭场对音箱的阻抗没有影响。由于扬声器单元的 Q 通常是由阻抗计算得到，可以认为在密闭场中 Q_{ts} 和音箱的 Q 也保持不变。

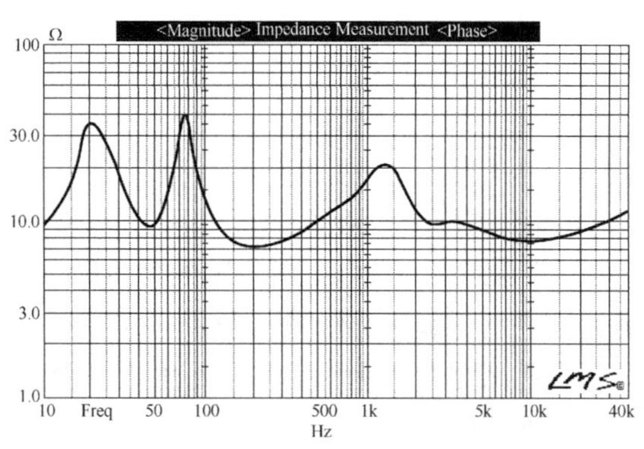

图 11.1 一个开口式扬声器的自由场阻抗

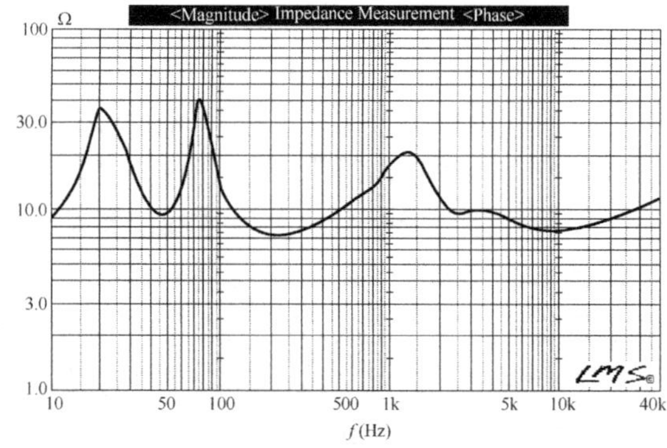

图 11.2 阻抗比较

锥形振膜冲程是扬声器性能一个非常重要的参数，直接与操作功率及失真相关。图 11.3 所示是一个安装在小闭箱上的 Kenwood HQW300 12 英寸超低频扬声器单元锥形振膜冲程的 LEAP 模拟结果。我在低音单元的锥形振膜上粘了一个与第 8 章介绍的类似的压电式加速度计，并使用 LinearX LMS 分析仪在自由场声学空间中测量音箱的加速度曲线。我将加速度曲线除以角频率（Radian Frequency）的平方，把它转换成锥形振膜冲程曲线（未校准），如图 11.4 所示。由于这个曲线看起来比较像有效冲程的测量，我进一步把这个低频扬声器放在一个 110 立方英尺的车厢内，再次测量锥形振膜加速度，并把它转换成冲程。图 11.5 所示显示了最初的自由场曲线与密闭场曲线的比较，结果再次表明密闭场对低音在这方面的性能没有影响。至此，对于大或小的声学空间，T/S 参数对箱体 Q 及冲程的预测均显得有效。

工作性能的最后一个方面，也是大多数人最容易想到的，即频率响应。图 11.6 所示显示了一个 6.5 英寸开口箱扬声器单元的地平面自由场频率响应，这个扬声器单元与阻抗测量所用的相同（我在加速度测试中使用 12 英寸低频扬声器单元，因为这个低频扬声器单元的锥形振膜质量比压电式加速度计大得多，因而加速度计的质量将不会影响低频扬声器单元的性能）。用 T/S 计算机程序也可以得到此类绘制完美的性能图，事实上很难分辨它们之间有什么不同。当这个低频扬声器和开口箱组合放到 110 立方英尺的车厢内，结果完全不同于自由场响应。图 11.7 所示的频率响应图（用计算机算出的几个置于驾驶座及其周围的传声器的平均值）显示了车内响应，车内响应有时被称为汽车传输函数（Car's Transfer Function）（车内响应减去扬声器单元响应），在 40～50Hz 范围有 7～8dB 的附加提升，在 20Hz 有个巨大的 20dB 的增强。如果考虑到在 20Hz 处做 20dB 的电子提升所需要的功放增量以及动态范围，这个现象是非常惊人的。

根据这 3 个试验性测量结果可以认为，汽车的容积只改变了扬声器单元的 SPL。虽然它意味着从 T/S 设计检查预测 f_3 以及得到响应形状完全是白费功夫，但例如阻尼和锥形振膜冲程等其他方面仍然是可信和精确的。

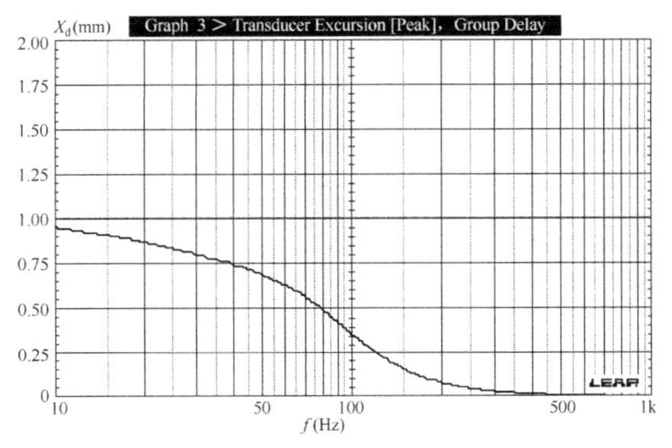

图 11.3 模拟的自由场锥形振膜冲程曲线

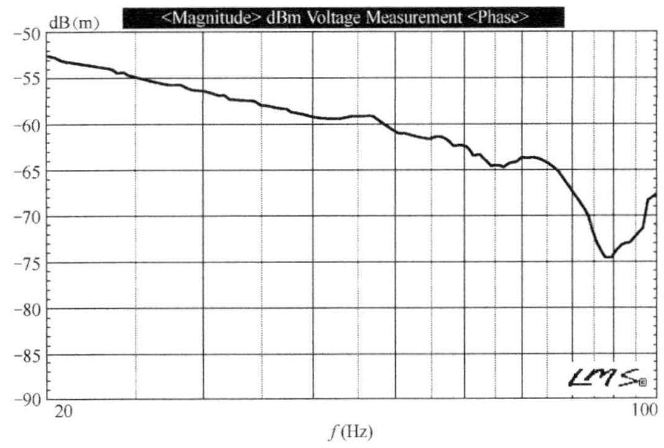

图 11.4 测量的自由场锥形振膜冲程曲线

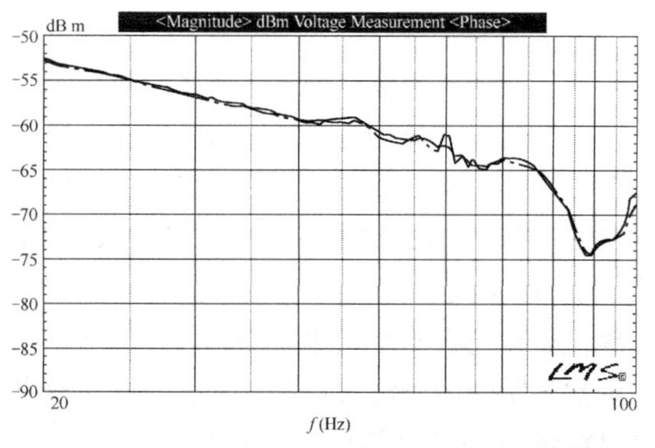

图 11.5　自由场和密闭场冲程曲线的测量结果比较

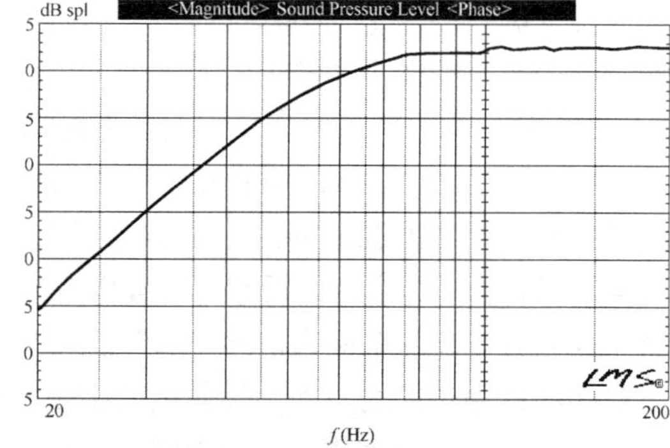

图 11.6　图 11.1 所示音箱地平面法频率响应测量结果

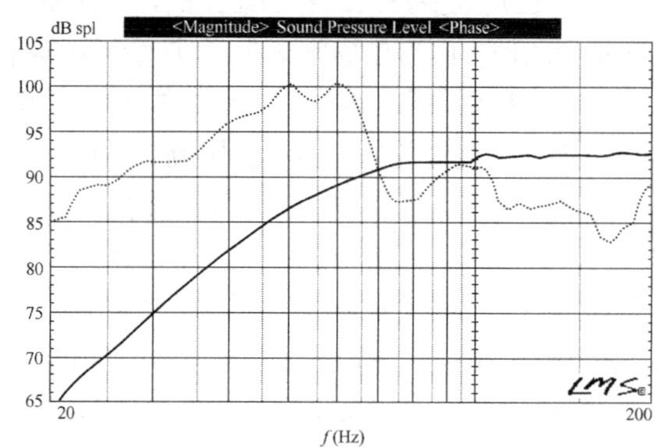

图 11.7　图 11.6 所示自由场响应与密闭场响应比较

11.4　密闭场表现的计算机模拟

要全面了解在 SPL 变化方面，汽车传输函数对自由场扬声器单元/箱体传输函数的潜在影响，观察不同大小的车厢对各种类型箱体的影响是有帮助的，每一种情况都有完全不同的衰减频率和斜率。通过建立一系列低音箱体，并且在从 Toyota MR-2 到 Dodge Caravan 这样大小不同的车厢内进行测量来得到经验，将是个非常繁杂的工作。幸运的是，在 LinearX LEAP 软件的 Quick Cabinet 箱体设计子程序中建有一个密闭场预测选项，它可以对密闭场导致的 SPL 变化，给出一个相当好的描述（在本书出版时，LinearX 的 LEAP 是市场上唯一可以进行这种密闭场模拟的软件，但是，另一个程序 TermPro，允许用户对特定的某种汽车进行测量得到汽车传输函数，并将之与不同的箱体计算结果相叠加）。

LEAP 的 Quick Cabinet 并不是主分析程序，而是一个独立的 T/S 类计算器程序（主分析程序更复杂，具有一些由频率决定的变量，这些变量不存在于 T/S 4 阶模型中）。这个程序提供了一个选择，可以在自由场或者是在密闭场中，为一个选定的低频扬声器单元参数集设计箱体。密闭场的选择允许用户指定密闭空间的体积，以及任意大小的泄漏因子，比如由于摇下一个车窗或打开一个车门所引起的泄漏。

为了证实这个预测的准确度，我用了 2 个不同的音箱：一个 4 英寸低频扬声器单元，装于一个小的密闭式箱体，消声室响应的–3dB 频率是 100Hz；另一个 8 英寸低频扬声器，装于一个开口式箱体，–3dB 频率是 29Hz。这样可以提供两个响应数据，一个具有高衰减频率和平缓斜率的密闭箱和一个低衰减频率但斜率陡峭的开口箱，用于测试密闭场在最低 2oct（译注：即 20～80Hz）的影响。

用 Quick Cabinet 对 Nissan 240SX 车厢（零泄漏）进行密闭场预测，4 寸闭式音箱的结果提供如图 11.8 所示；图 11.9 所示的是 8 寸开口式音箱。对这两个箱体消声室响应的精确测量结果与车内测量结果的比较分别示于图 11.10 和图 11.11。根据这个演示的目的，我将传声器装在驾驶座位的头部高度上，指向前方，低频扬声器是放在最后面的地方（一个典型的汽车超低音位置）。

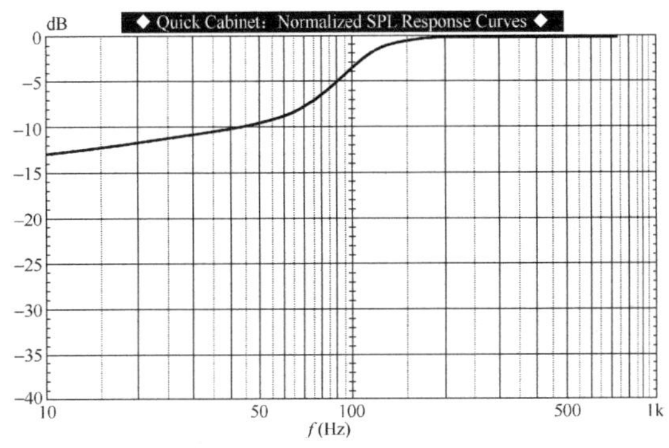

图 11.8　密闭箱低音密闭场响应的计算机模拟

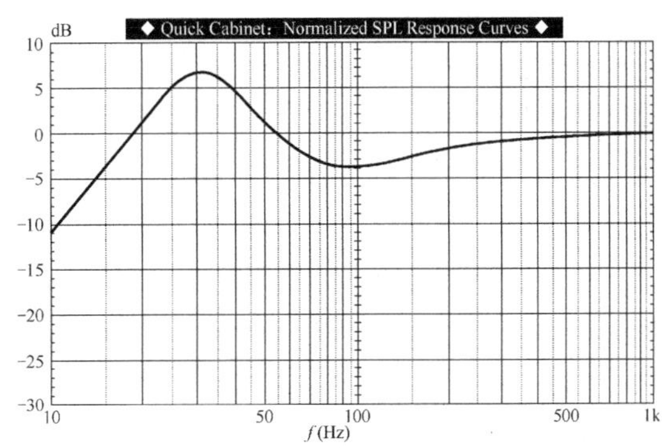

图 11.9　开口箱低音密闭场响应的计算机模拟

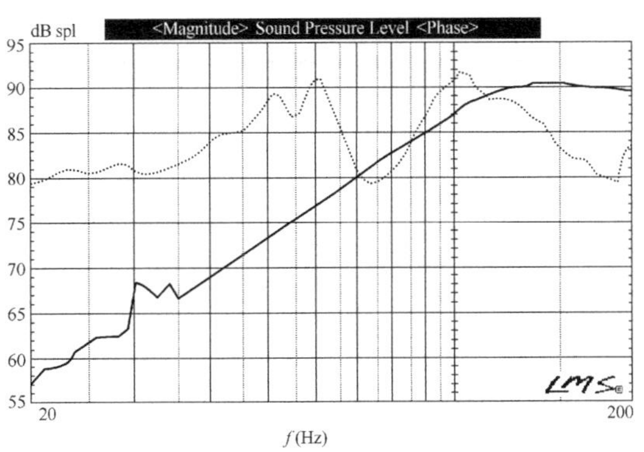

图 11.10　图 11.8 所示音箱自由场与密闭场频率响应的测量结果比较

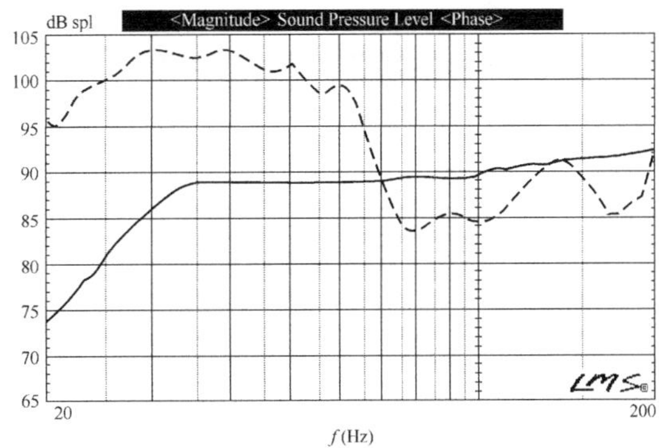

图 11.11　图 11.9 所示音箱自由场与密闭场频率响应的测量结果比较

可以看到，LEAP 模拟和真实测量结果之间的相关性相当好。对于 4 英寸扬声器单元，在实际测量中，在 80Hz 和 190Hz 有两个主要的驻波模式，引起响应下陷。预测的响应在 20Hz 处下降了约 12dB，与实际测量发现的下降 11dB 相比，结果令人满意。至于 8 英寸扬声器单元，图 11.9 所示的计算机模拟显示了一个响应峰，中心位于 40Hz，同时有一个中心位于 90Hz 的凹谷。与图 11.11 所示测量得到的形状相比，结果也不错。虽然 Quick Cabinet 的预测不能计算驻波模式，它还是提供了一个比较好的密闭场响应形状的大致图谱，与实际测量结果比较接近，因而可以得出一些普遍的结论。

既然计算机对密闭场声学现象的描述至少大体上是正确的，关于不同汽车容积对各种类型箱体影响，以下的模拟可以给我们一个良好的认识。这个小研究使用了 4 种类型的低音箱体：密闭式、开口式、密闭后腔带通式和开口后腔带通式。车厢大小范围是 55～300 立方英尺。每个箱体类型都有过阻尼（Over-Damped）、临界阻尼（Critically Damped）和欠阻尼（Under-Damped）3 种校准方式。对于密闭箱，这些分别等效于 0.5（过阻尼）、0.7（临界阻尼）和 1.1 多（欠阻尼）的音箱 Q_{tc} 曲线集。对于开口箱，这些分别代表亚契比雪夫/贝塞尔调整（过阻尼）、QB_3 调整（临界阻尼）和扩展低音架调整（Extended Bass Shelf Alignment，欠阻尼）。扩展低音架是 LEAP 软件用于描述大体积、较低调谐频率倒相箱的一类调整类型，它们转折频率处的 SPL 低于单元的标称 SPL。带通箱样本使用 3 种效率与带宽的权衡方案，分别为窄带宽高效率、中等带宽中等效率，以及广带宽（较低 f_3）低效率。

每种调整类型使用的汽车容积包括 55 立方英尺（小型双座车，如 Toyota MR-2）、70 立方英尺（皮卡）、110 立方英尺（Toyota Camry 或 Honda Accord）、180 立方英尺（Cadillac 或 Lincoln TownCar）和 300 立方英尺（一般的小面包车）。汽车的声学容积很难确定，不仅仅是因为通常的形状和轮廓很复杂，还因为实际声学容积在某种程度上取决于频率。例如在低频段，小轿车和双门车靠椅背隔开的车厢之间的障碍通常是通透的。各低音箱 4 种不同的曲线集按顺序如图 11.12～图 11.35 所示（在 3 种调整类型中，f_3 是临界阻尼样本的）。

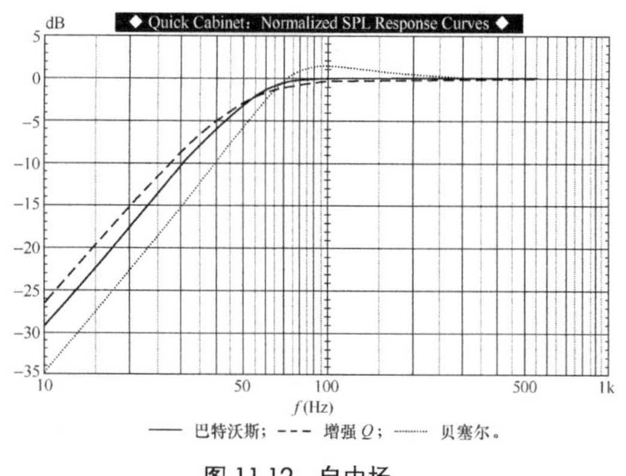

图 11.12　自由场

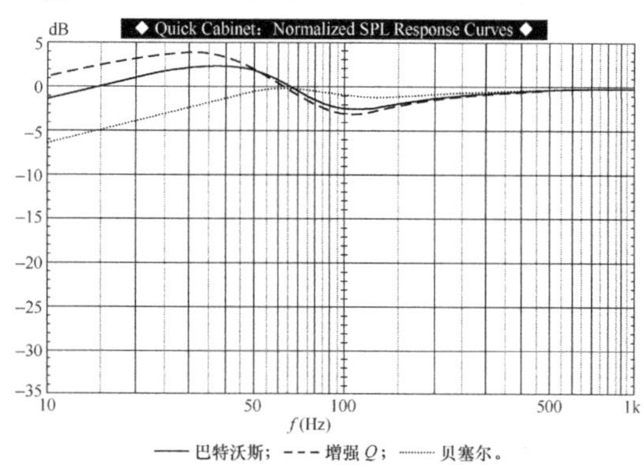

图 11.13　55 立方英尺

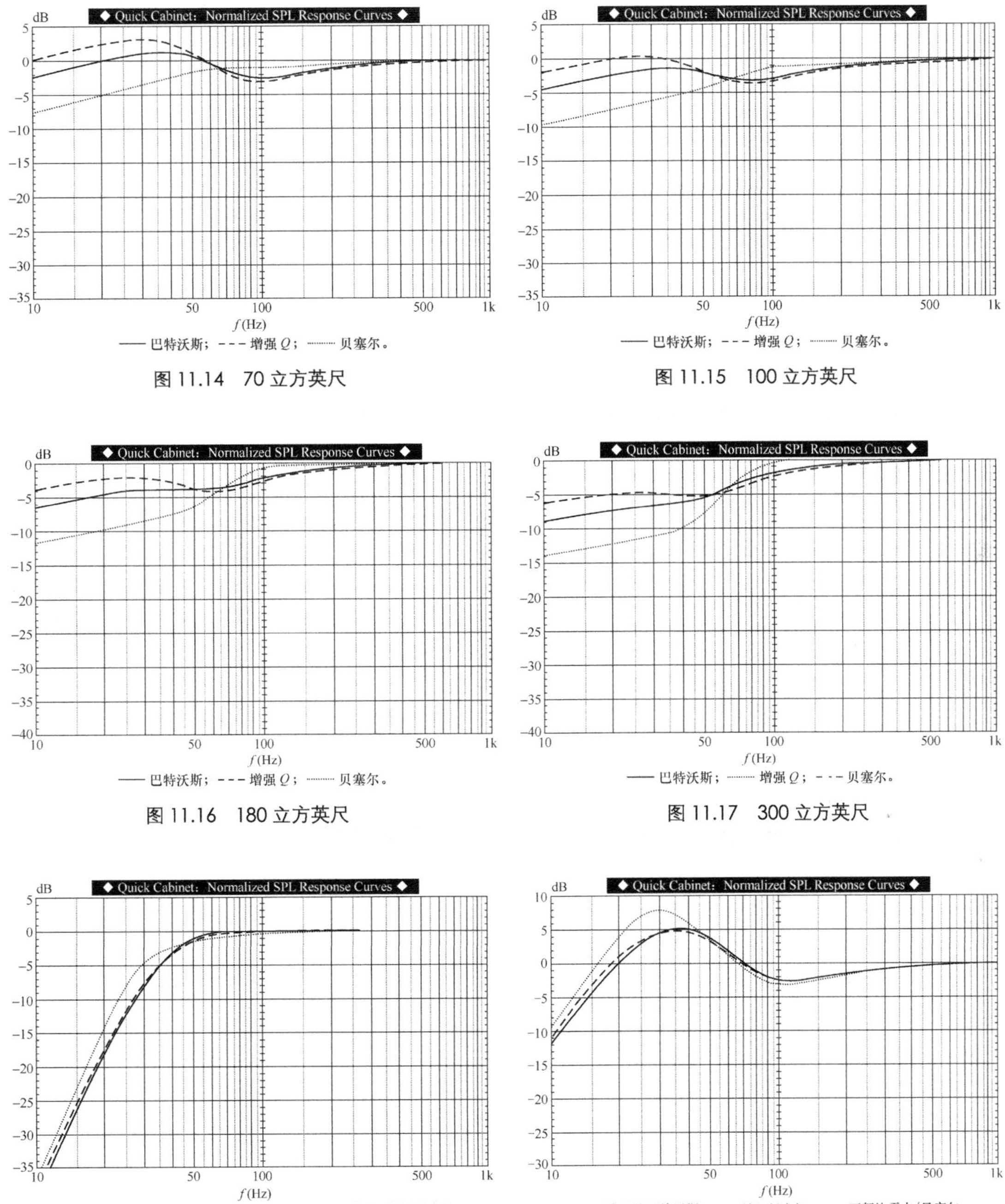

图 11.14　70 立方英尺

图 11.15　100 立方英尺

图 11.16　180 立方英尺

图 11.17　300 立方英尺

图 11.18　自由场

图 11.19　55 立方英尺

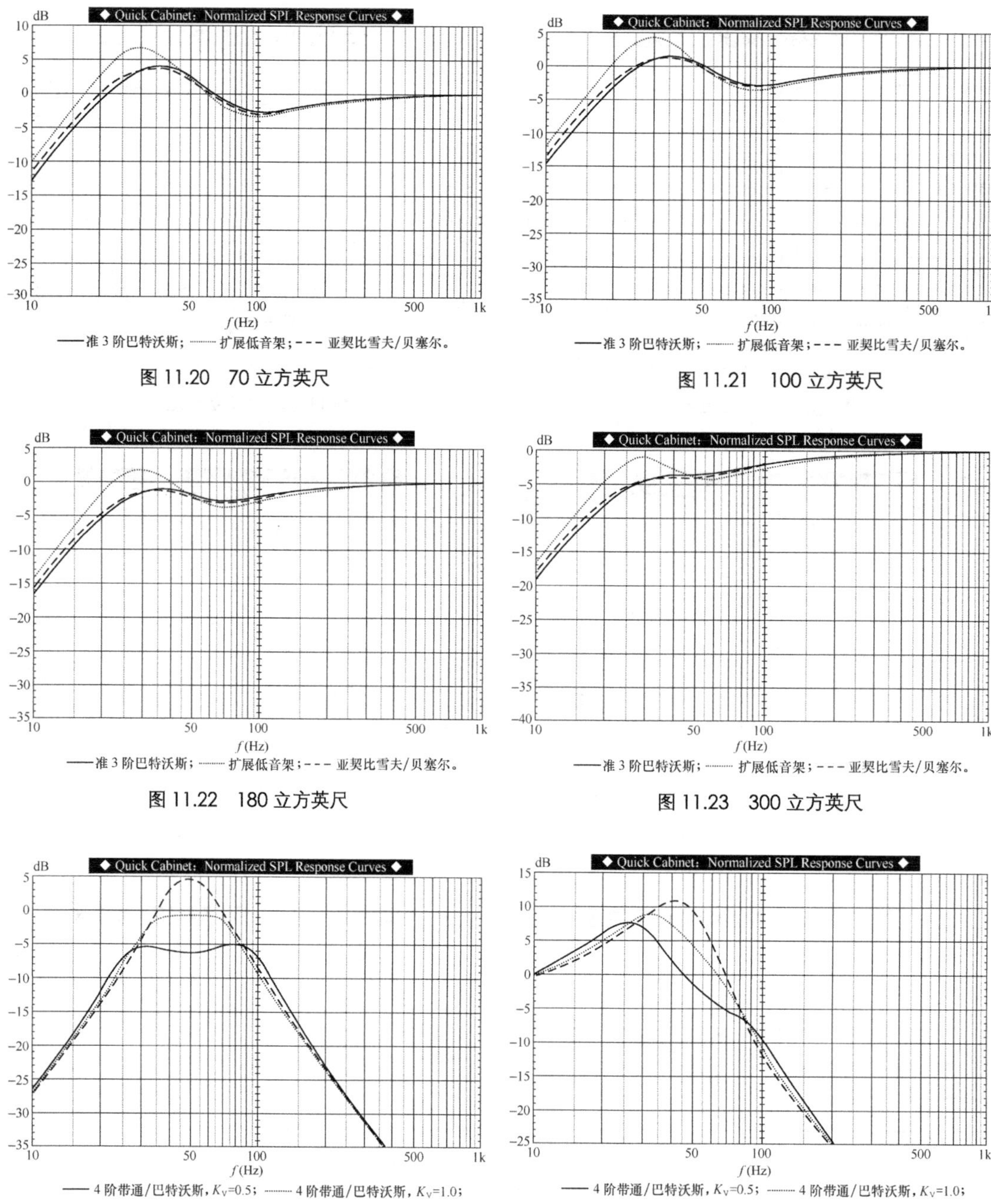

图 11.20　70 立方英尺

图 11.21　100 立方英尺

图 11.22　180 立方英尺

图 11.23　300 立方英尺

图 11.24　自由场

图 11.25　55 立方英尺

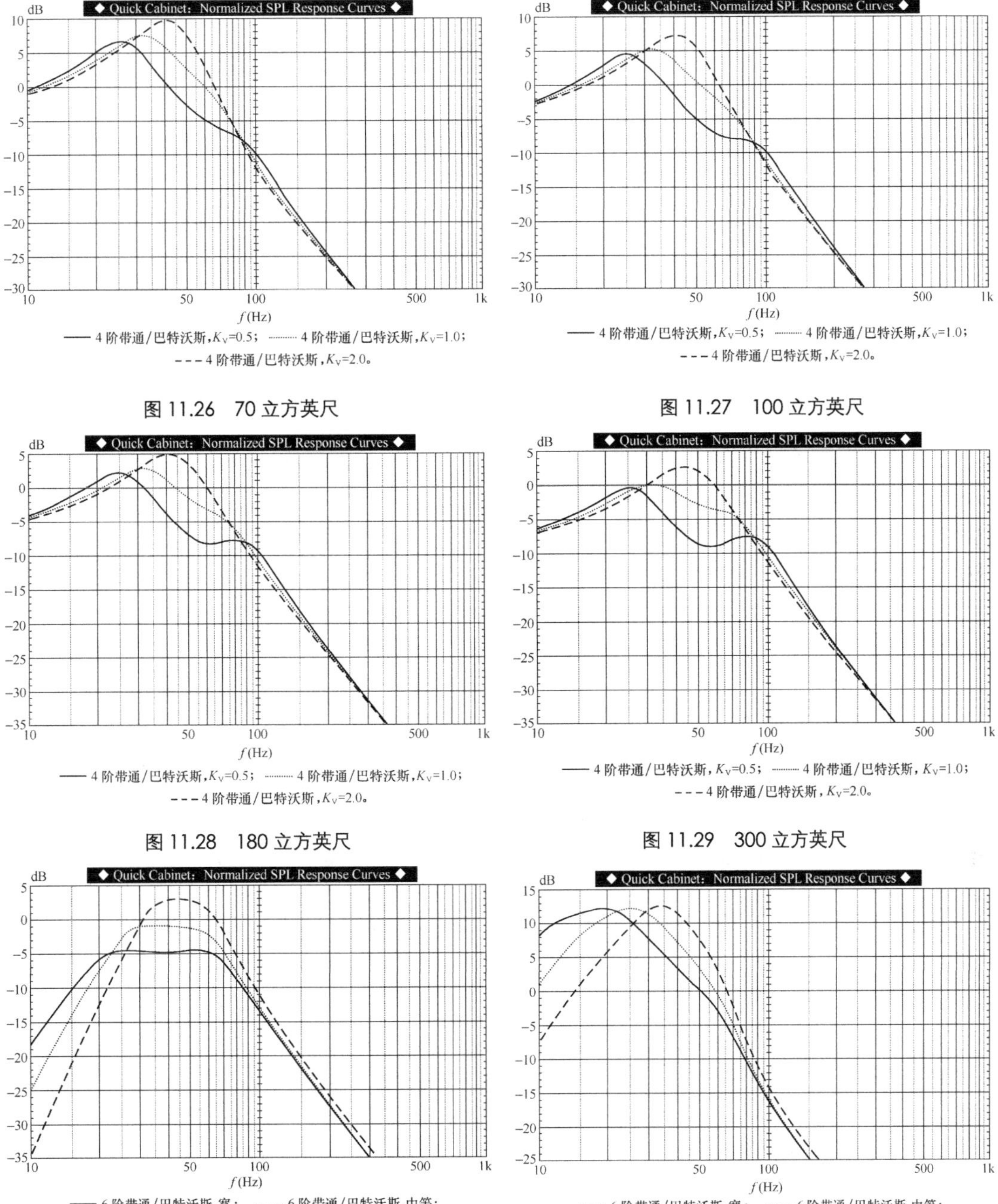

图 11.26　70 立方英尺

图 11.27　100 立方英尺

图 11.28　180 立方英尺

图 11.29　300 立方英尺

图 11.30　自由场

图 11.31　55 立方英尺

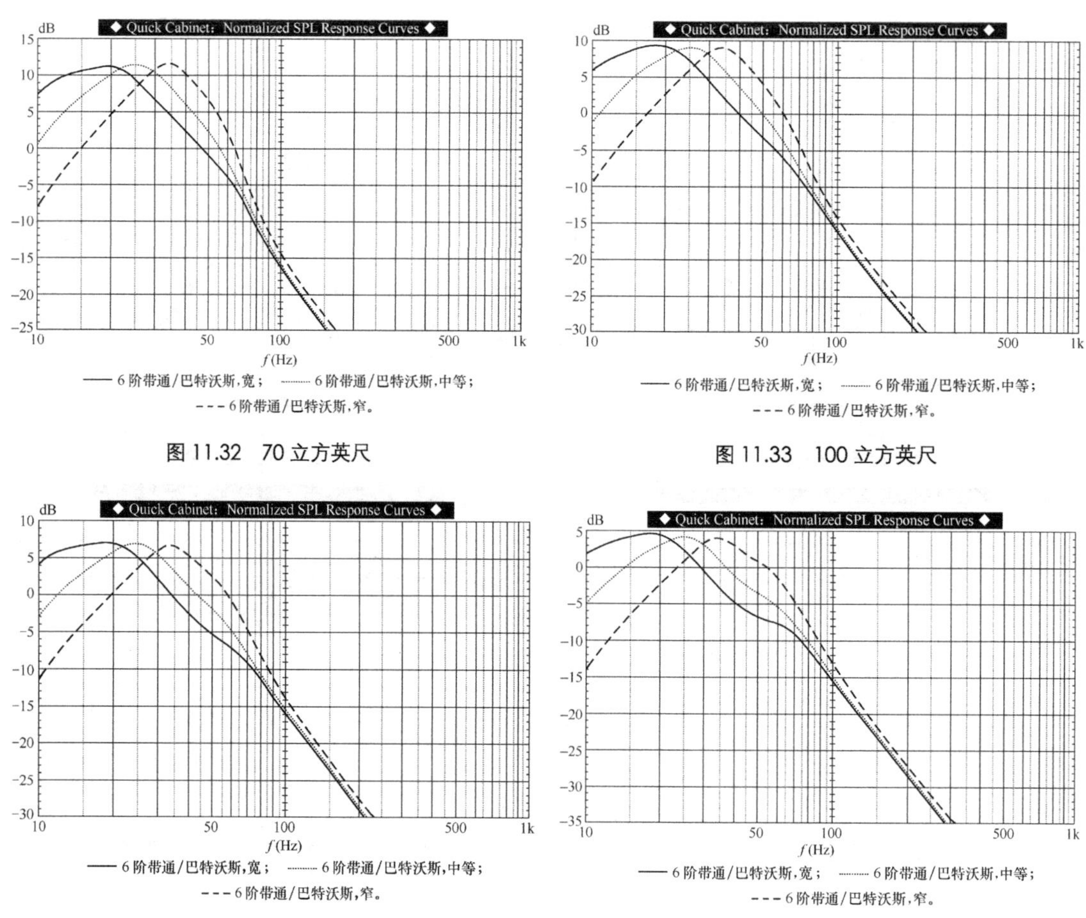

图 11.32　70 立方英尺

图 11.33　100 立方英尺

图 11.34　180 立方英尺

图 11.35　300 立方英尺

从这一系列模拟中可以得到一些普遍结论。显然地，对于这些密闭箱，衰减频率较高的稍过阻尼的低音箱可以得到低至 10Hz 的比较平坦且均匀的响应。这个观察结果得到当前行业趋势的某种证实：使用较大口径（10～12 英寸）的低 Q、低频扬声器单元，这种扬声器单元通常用于较大的开口箱或小的密闭箱。低 Q_{ts}、低频扬声器单元（Q_{ts} = 0.15～0.25）装于小型密闭箱体不仅提供了一个精确和平坦的频率响应，还可以提供较高的工作功率（如果支撑系统可以对付大音量下的空气压力），而且，甚至更为重要的，箱体积较小而易于安装。

开口箱样本显示箱体 f_3 越低以及车厢容积越小，低频提升越剧烈。如图 11.17 所示，消声室 f_3 为 40Hz 的扩展低频架调整方式的带有一个近 8dB，中心为 40Hz 的峰。这个结果夸张地强调了贝司吉他和脚鼓（Kick Drum）类节目，并且可能是使用低 f_3 超低音汽车普遍存在的单音低频现象（One-Note Bass Phenomenon）的原因之一。如果你需要夸张的低频端，这当然是解决之道。但是，另一种观点是要把这个 40Hz 的峰区域均衡到系统其余部分响应的标称 SPL 水平，因而可以提高功放的裕量以及减少大音量时的削波失真。

从两种带通类型的调整也可以得到类似的观察结果。这里，如果想要按照通常在家用音箱设计中所做的那样，把带通曲线的形状作为分频的一部分，显然是很困难的，如果还有可能这么做的话。也就是说，所有你能做的基本上就是在车内测量响应再据此设计分频网络，但是关于带通样本低频性能的结论与开口式音箱的大体相同：f_3越低，低频的提升越夸张。如图 11.27 所示，开口式带通箱 18Hz 的f_3在 55 立方英尺的车厢内（这可能根本无法安装，除非把箱体安装在顶篷上），在 20Hz 处有 20dB 的提升，而在 300 立方英尺的空间内有近 12dB 的提升。

如果你可以提前知道车厢体积对音箱响应的声学影响（换句话说，你对汽车声学响应的传输函数有所了解），就可以很容易地利用 T/S 箱体设计技术的优点。密闭场计算机模拟软件，如 LEAP，无疑是个非常有用的工具。甚至在开始设计工作之前，对已知扬声器在体积未知的车厢中的响应进行测量，可以对预期的结果有个很好的提示。

11.5 中央声道声像表现的设计

在高端（high-end）家用扬声器系统中，声音幻像的中央声道定位感的性能几乎成为一个追求目标，判断某个音箱的优点主要是通过声像的高度、宽度、深度、和聚焦度[2]，以及整体的声场质量来做出的。确定乐手在舞台上位置的能力显然是立体声一个引人入胜的方面。我并不认为这种放音能力对所有人都是重要的，因为很多人的生活方式并不方便长时间坐在一个位置来欣赏这个现象（除非你正好是一个传统称之为音乐发烧友的爱好者）。

然而，在封闭式高速公路上煎熬时，除了坐在一个固定的位置听听音乐之外，很少还有别的选择。因而作为汽车音响的一部分，良好的中央声道声像确实是一个重要的体验。中央声道声像还是 IASCA（International Auto Sound Challenge Association，国际汽车音响邀请赛协会）比赛中评价汽车音响系统的一个重要因素（根据 1993 年 IASCA 规则手册）。令人遗憾的是，要在一般的汽车声学环境中完成这个调声枝巧的困难是很大的。

理解如何在汽车声学环境中提高结像能力，可以从认识提高家用扬声器空间结像质量所采用的设计要点开始。在家用扬声器设计中，一些有助于创造良好结像质量的环节包括以下几方面。

（1）听众的位置到 2 个音箱的距离相等，音箱之间分开 6～8 英尺。听众到音箱的距离，应保证 2 个音箱之间的区域与听众形成一个约 60° 的角。

（2）对于任意一个给定的频率范围，使用的扬声器单元不超过一个，特别是高频扬声器单元。对称阵列（中音扬声器/高频扬声器/中频扬声器）中的多个低频扬声器/中频扬声器也是一样的，80～100Hz 以下的超低频扬声器除外。

（3）小心配对一对立体声中每个音箱的响应曲线。它们应当尽可能的一致。

如果我们把这些要点做些修改后用于车厢，就得到一套可以提升结像性能的准则。

（1）为了产生一个良好的中央音场声像，发出高于 100Hz 信息的主音箱需要放在聆听者的前方[3,4]。这意味着放在后厢的全频域音箱被排除了，因为它们产生的整体声音质量扩散良好，但结像不良。

（2）最好的结像通常是在每个声道使用 2 路分频卫星音箱，一个中低频扬声器单元和一个高频扬声器单元，尽可能相互靠近地安装（3 路结构虽然也可以，但通常需要太多的“地盘”来实施）。放于不同位置的多个中频扬声器和高频扬声器只会搞乱和破坏任何创立中央声道声像感的可能性[5~7]。

在汽车音响中有一个控制声像的技巧几乎不会出现在家用市场上。家用音箱通常把高频扬声器单元装在非常接近中音域发声扬声器单元的位置。但事实上耳朵主要通过高频定位声音。这就是为什么家庭影院要使用偶极型音箱的原因。通过将两个高频扬声器单元按反相的方式工作，它可以在听音区产生一个响应零区，有助于提供更好的声音发散以及更好的声音离箱感。高频扬声器可以安装于仪表板（Dash）与挡风玻璃相连处的角落［根据 Harman-Motive 工程师完成的研究结果[8]，结像最佳的挡风玻璃角度是 55°。Harman-Motive 是提供 JBL 和 Infinity 的汽车 OEM（原始设备制造商）公司］，而不是把高频扬声器和中低频扬声器单元一起装在门或踏脚板的位置。中/低频扬声器单元可以装在车门上（厂家的典型车门位置安装是装在靠近车门的前端底部）或是在踏脚板位置。按这样的方式安装，中部的声像非常优秀，高度较高，一般会在仪表板之上，虽然踏脚板安装的位置是在仪表板之下。这个简单的技术经常在厂方安装时被采用。事实上，我最近的两部汽车，一部 Mitsubishi Eclipse 和一部 Acura CL，高频扬声器单元都是按这种方式安装的，5.25 英寸的低频扬声器单元安装车门上较低的位置，两部车的结像都很优秀。

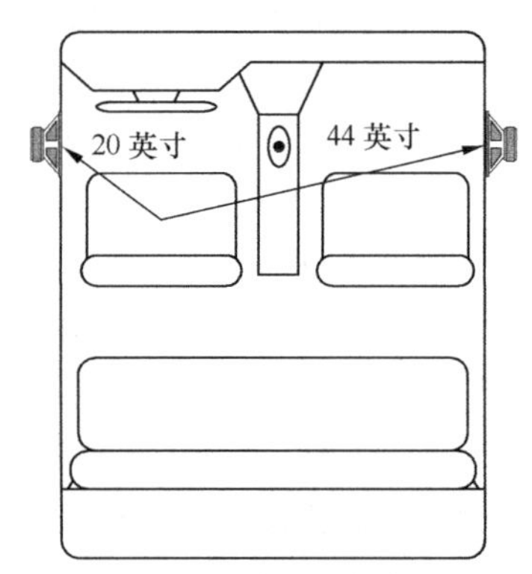

图 11.36　车门安装位置到听音位置的相对距离

（3）工作于 100Hz 以上的中频扬声器和高频扬声器单元应该尽可能与聆听者等距安装。把扬声器单元安装在前部有 3 种可能的安装位置，包括车门、仪表板和踏脚板。图 11.36～图 11.38 所示指出这些安装方式每一种大致的相对距离[9]。可以看出，最接近等距的安装方式是装于仪表板下方的踏脚板角落。虽然这个位置看起来可能显得太低而不能提供正确的声像高度，但结果完全可以接受。主要的不足是它通常需要定制塑料模铸的踏脚板，以便扬声器单元按一定的角度安装，使声音对准听音区域。

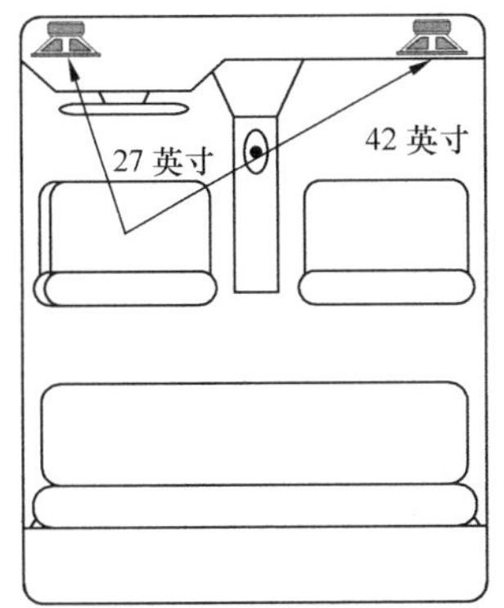

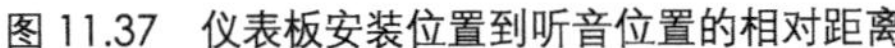

图 11.37 仪表板安装位置到听音位置的相对距离

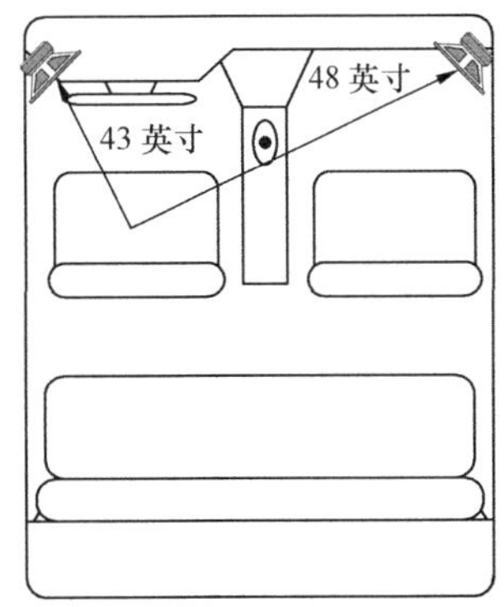

图 11.38 踏脚板安装位置到听音位置的相对距离

（4）为了低频的中央声道声像的正确性而将超低频扬声器安装于汽车的前部并不是必要的。低于 80～100Hz 时，人耳很难判断声音发出的方位。大脑往往将低频判断成来自与它感受到的高频相同的方位，即车厢的前部[10,11]。超低频扬声器的低通网络，无论是主动式还是被动式的，在 80～100Hz 应当具有至少 4 阶的声学斜率。这可以使上部频率得到最大的衰减，使空间感指向低频扬声器单元的物理位置。超低频扬声器的最佳位置也是最可行的位置：后车厢的后窗搁板位置（如图 11.39 所示）。虽然前座安装的超低频扬声器也可以买到，但一般不需要这样做来得到良好的声像定位。

按照这些准则设计的整体系统看起来会像图 11.40 所示的系统：典型的双功放器件（通常是 2 个立体声功放和 1 个电子分频器）和单个 DVC（dual voice coil，双音圈）超低频扬声器或是如图中所示的 2 个超低频扬声器，低频端在 80～100Hz 处有个 18dB/oct 低通分频器。卫星箱可能具有安装于车门上的 5.25 英寸或 6.5 英寸低频扬声器单元，同时 3/4～1 英寸的球顶高频扬声器单元安装于仪表板角落，并使用被动分频器。尽管这个方案只是那些可以提供良好前向中央声像的优秀布局之一，当正确使用时，它可能就像采用售后服务市场（After Market）的成套方案那样简单。

在本书出版时，多声道音乐 DVD 未有任何明显影响到汽车音响市场的迹象。但是，我还是预料带有左、右和中置音箱以及后置环绕音箱的多声道汽车系统将开始出现在高性能汽车音响系统中，就像这种方案开始扎根于家用扬声器系统中（基本上是家庭影院型系统）。

更多关于扬声器安装位置以及汽车音箱整体评价的信息，可参考以下资料。

E. Granier, “Comparing and Optimizing Audio Systems in Cars（车内音响系统的比较与优化）”, 100th AES Convention, May 1996, preprint no. 4283.

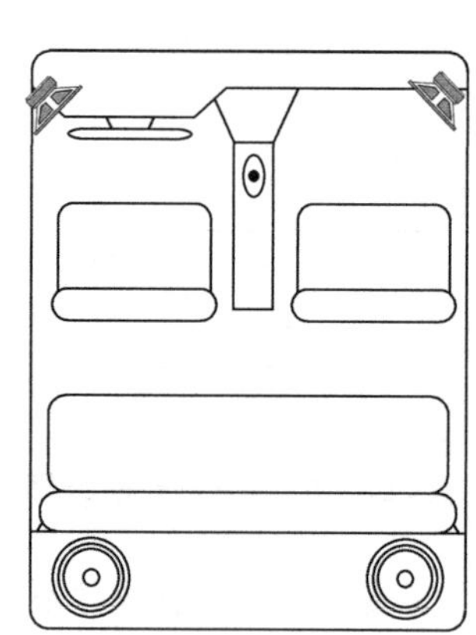

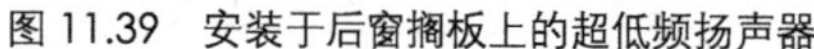

图 11.39　安装于后窗搁板上的超低频扬声器

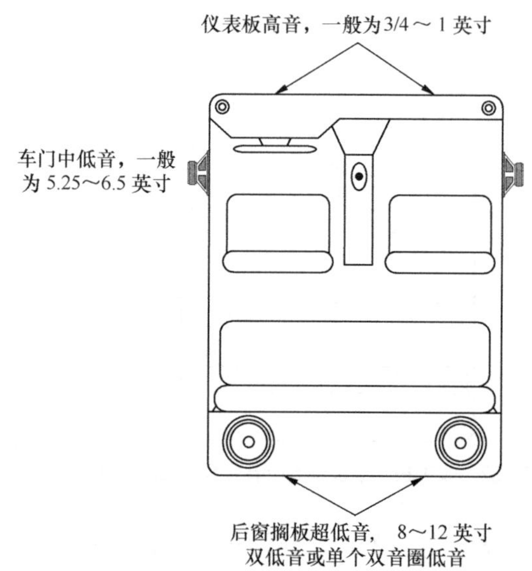

图 11.40　3 路双功放汽车音响扬声器系统单元的典型位置

D. Mikat, “Subjective Evaluations of Automotive Audio Systems（汽车音响系统的主观评价）”, 101st AES Convention, November 1996, preprint No. 4340.

A. Farina and E. Ugolotti, “Automatic Measurement System for Car Audio Applications（汽车音响适用的自动测量系统）”, 104th AES Convention, May 1998, preprint No. 4692.

11.6　噪声控制

在提高汽车音响质量的各种技术中，最经常被忽视的一种方法是噪声抑制技术（竞赛的参赛者除外，他们在降低自己车子的噪声水平中无所不用其极）。车内的环境噪声背景水平与家庭聆听环境相比要高得多，并极大地降低了声音系统的保真度。噪声消除技术方面的新进展提示，可以使用传声器对环境噪声水平进行采样，再用 DSP（Digital Signal Processing，数字信号处理）电路产生一个反相信号，播放到车厢内来降低噪声水平[12]。一个更可行的方法是采用与降低木质音箱箱体振动所用的相同的扩展阻尼技术。去掉车门以及其他位置起装饰作用的面板，并使用阻尼材料，比如“Q”面板（汽车美容店使用的自粘沥青毡板[13]），可以降低外部噪声振动，而使车厢内明显安静下来。声压计有助于寻找其他干扰噪声，比如防火层的空气泄漏，可以用腻子或硅酮胶塞填。由于每一种车都各不相同，寻找各种“吱吱、嘎嘎”的声音需要一些创造性的声音追踪技巧，但这些努力是非常值得的。

参考文献

1. L. Klapproth, "Acoustic Characteristics of the Vehicle Environment", 77th AES Convention, March 1985, preprint No. 2185.

2. J. Atkinson, "As We See It", *Stereophile*, March 1990.

3. Clark and Navone, "Center Stage" , *Autosound 2000 Tech Briefs*, June/July 1993.

4. W. Burton, "Spatial Effects", *Car Audio and Electronics*, February 1993.

5. Clark and Navone, "The Energy Time Curve", *Autosound 2000 Tech Briefs*, December/ January 1992.

6. Clark and Navone, "An Ideal RTA Response", *Autosound 2000 Tech Briefs*, August/ September 1991.

7. D. Staats, "Natural Sound", *Autosound 2000 Tech Briefs*, January 1993.

8. R. Shively and W. House, Harman-Motive, "Perceived Boundary Effects in an Automotive Vehicle Interior", 100th AES Convention, May 1996, AES preprint No. 4245.

9. Clark and Navone, "Speaker Placement and Center Channel", *Autosound 2000 Tech Briefs*, October/ November 1991.

10. Clark and Navone, "Bass Up Front", *Autosound 2000 Tech Briefs*, November 1994.

11. W. Burton, "Lost in Space: How Do We Hear Where Sounds Are Coming From?", *Autosound 2000 Tech Briefs*, August/September 1992.

12. R. Bisping, "Psychoacoustic Shaping of Car Indoor Noises", 91st AES Convention, October 1991, preprint No. 3210.

13. M. Florian, "From Sad to Sparkle: A SAAB Story", *Speaker Builder*, 2/95, P. 10.

第 12 章　2 路系统设计实例：家庭影院音箱及录音室监听音箱

在我的好朋友，同时也是我的出版商，Audio Amateur 公司的 CEO，Ed Dell 先生的要求下，我在本书安排了一章综合的音箱系统的设计教程。这个想法的主要目的在于让读者能够有效地理解如何利用本书中所有涉及的要素来完成一套完整的系统设计，同时让读者在这个过程中可以得到一些较为深刻的领悟。由于篇幅的原因，这个教程里的各种分析不会像其他章节里那么深刻。如果你读完了这本书，还想继续提高你在扬声器系统设计领域的理解和水平，我的另外一本书，《Loudspeaker Recipes（扬声器秘诀）》会是一个不错的开始。

我决定在本章里讨论 2 个设计实例：一套完整的家庭影院扬声器系统，包括前置和中置扬声器，环绕扬声器和有源超低频扬声器；另外一套是录音室监听用扬声器系统的设计，这是一套顶级的 2 路设计，既可以用作录音监听，也可以用作高档的两声道音乐重放系统。实际上我本人作为一个业余的作曲家和演奏家，正需要这样一套系统放在我的录音棚里做监听。在我写这本书之前这个设计就已经完成了，这里就拿来作为一个教程使用了。

这些设计并不是面向业余爱好者的简单设计，但是通过设计结论的使用可以很容易的将这些设计实施为实物，这些设计所需要的工作和我前几年做音响顾问时为我的客户做的那些设计并没有什么不同，而且我的这些设计都受到了来自音响媒体界的一致好评。所有的这些设计都是采用 Linear X LEAP 模拟软件和 LMS 测试软件完成的。但是需要注意的是，我的这些设计都是有我自己的版权的，所以最好不要做出来拿到市场上去卖。

12.1　LDC6 家庭影院系统

本章这两套设计都是在我工作在 Parts Express（www.partsexpress.com）的朋友协

助下完成的。所以如果你想按照我的设计自己做一套的话，所有的部件，扬声器单元或者箱体都可以在一家采购得来。这样有可能会使你的扬声器单元选择范围比较窄，但是鉴于 Parts Express 提供了比较广泛的产品目录，所以一般来说扬声器单元选择不是个问题。

一套家庭影院扬声器系统主要包括前置箱和中置扬声器箱。在理想情况下这 3 个扬声器箱应该采用同样的扬声器单元来获得一致的音色（详细解释可以参考第 10 章）。剩下的还包括左、右的环绕声扬声器箱（能取得和前置一样的音色最好），如果前置箱不是全频域的音箱那你还需要一个超低音系统，大多数的家庭影院系统都是这么配置的。而且一般来说重低音系统都是有源的，所以我们在 Parts Express 又订购了一台新的 250W 功放。

12.2 前置音箱

这套系统的前置箱和中置箱都采用了相同的扬声器单元，我的选择是 Audax 的 AP130Z0 防磁 5.25 英寸中低频扬声器和 Morel MDT40 钕磁丝膜 1 英寸高频扬声器。

12.2.1 中、低频扬声器单元

Audax 的 AP130Z0 扬声器单元是一款比较新的产品，体现了 Audax 厂方目前最新的一些设计理念。我参观过他们在法国召开的新产品展览（1999 年 6 月的《Voice coil》杂志有详细介绍），在那里第一次看到这个扬声器单元。它有一个看起来很漂亮的喷射铸模塑料盆架，很容易被误认为是铸铝的。

塑料盆架的扬声器单元对家庭影院音箱设计来说是很好的选择，因为它可以避免铁质盆架和磁路系统干涉带来多余的磁泄漏。而这种高分子材料盆架可以提供更好的磁屏蔽，防止对你的电视机造成伤害。这款低频扬声器的其他特性包括采用了 H.D.A 的振膜、橡胶折环、1 英寸的的铝制音圈骨架、平面定心支片以及软质的 PVC 防尘帽罩（关于这款扬声器单元的详细评述请参考 1999 年 5 月的《Voice Coil》杂志）。

由于本章里所有的设计都是使用 LEAP 模拟软件来完成的，所以每一个扬声器单元都必须要测量其频响和阻抗曲线。在这里我使用了 LinearX LMS 测试软件，首先测量了 Audax AP130Z0 在自由场和上箱以后的阻抗曲线。图 12.1 所示为其自由场阻抗曲线。我把这些数据导入 LEAP，然后通过计算得出扬声器参数见表 12.1。

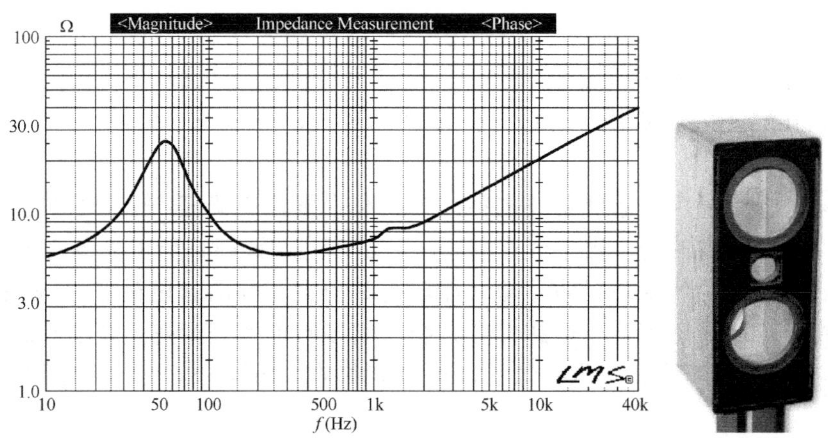

图 12.1 前置音箱低频扬声器单元自由场阻抗曲线

表 12.1 扬声器参数

AUDAX AP130Z0 参数	
f_S	57.8Hz
R_{EVC}	5.25
Q_{MS}	2.11
Q_{ES}	0.54
Q_{TS}	0.43
V_{AS}	75 L
Bl	4.9 TM
灵敏度	87.7dB @ 2.83V
X_{MAX}	2.5mm

在 LEAP 软件中经过分析，我模拟了一个 0.31 立方英尺的箱体，可以得到 81.5Hz 的 f_3 的低频输出。箱体的 Q_{tc} 大约在 0.83，对一个家庭影院系统的卫星箱来说很合适，图 12.2 所示为这个箱体在输入 2.83V 和 7V，内部吸音棉填充百分之百的情况下模拟结果（如图 12.3 所示为输入 2.83V 的群迟延曲线，图 12.4 所示为输入 7V 时的偏移曲线）。7V 的输入主要是看扬声器单元在超过最大冲程 15%且不产生相位失真的情况下的曲线。

7V 功率输入时会产生大约 100dB 的声压，在一般的听音环境下已经足够了。况且这是全频域情况下的模拟结果，实际上所有的家庭影院功放都会自身带有一个针对前置和中置以及环绕扬声器的 2 阶高通滤波，一般大概在 80～100Hz 范围，这样实际的扬声器单元输出能力要比模拟的情况还要高一些。

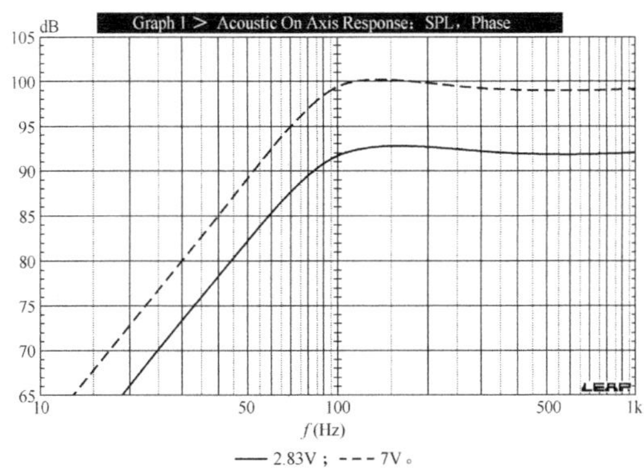

图 12.2　前置音箱低频扬声器单元箱体模拟

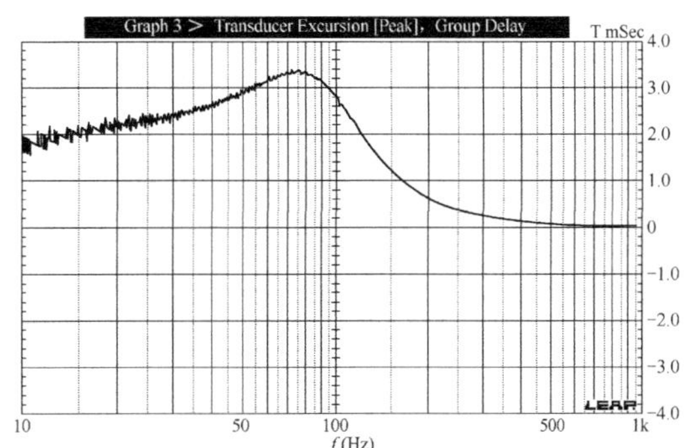

图 12.3　图 12.2 所示 2.83V 曲线的群迟延曲线

接下来我把两个并联连接的低频扬声器单元安装到前置音箱的箱体上（箱体示意图见后面的图片），使用 LMS 测量 2.83V/1m 条件下的 0° 和 30° 的频响曲线。频率范围在 300Hz～40kHz（如图 12.5 所示），从图上可以看到一直延伸到 3kHz，曲线都很平滑，完全可以将分频点分在 3kHz 左右。另外我用地平面法测量了在 1m 距离、20～500Hz 范围的响应曲线，将它与上述曲线叠加成全频域的消声室频响曲线（如图 12.6 所示）。

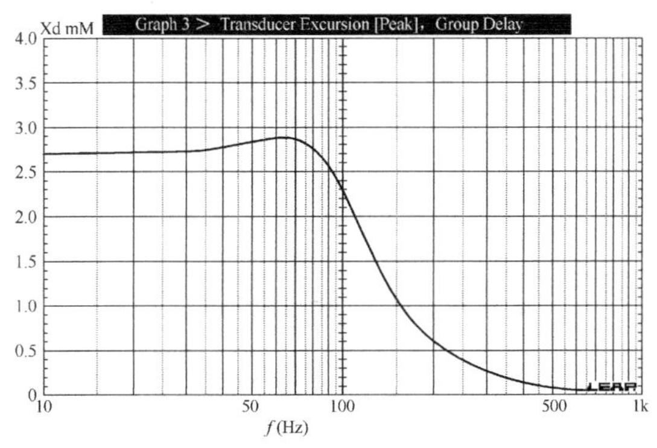

图 12.4　图 12.2 所示 7V 曲线的锥形振膜冲程曲线

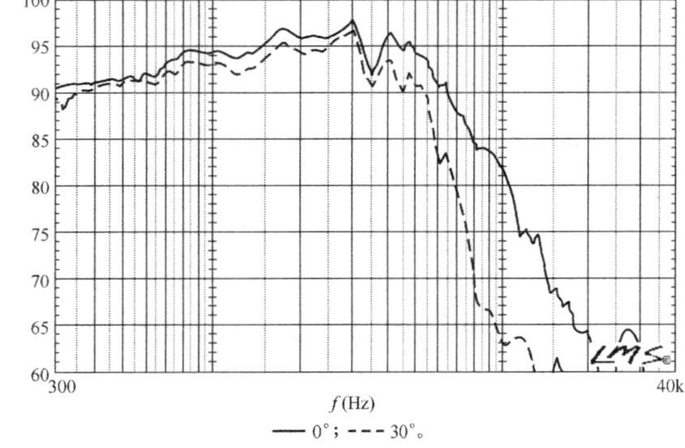

图 12.5　前置音箱低频扬声器单元轴向和偏轴频率响应

接下来的工作就是调整扬声器单元的高低通衰减斜率来接近它们的名义斜率，这里是 12dB/oct。LMS 所测量出来的相位特性曲线非常准确（基本和在消声室靠 2 路正弦信号发生器得出的数据同样准确）。在类似本教程的多路扬声器系统的设计过程中，这种数据的准确性可以保证使用 LEAP 软件对分频器进行模拟时可以得到一个精确的扬声器单元曲线模拟结果。另外一组LEAP模拟所需要的数据是两个低频扬声器单元并联上箱以后的阻抗曲线（如图12.7 所示）。

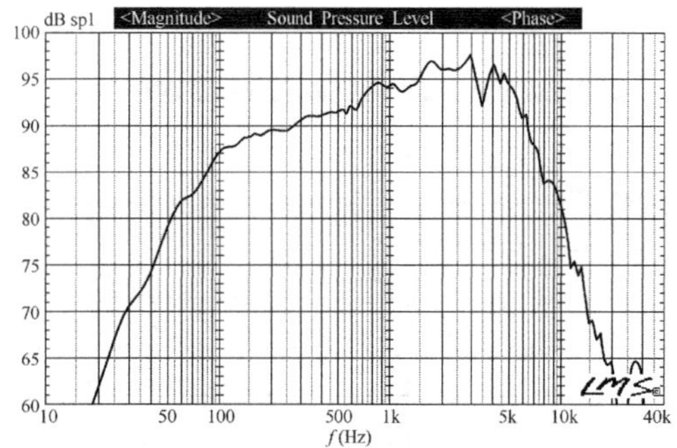

图 12.6 前置音箱低频扬声器单元全频域消声室频率响应

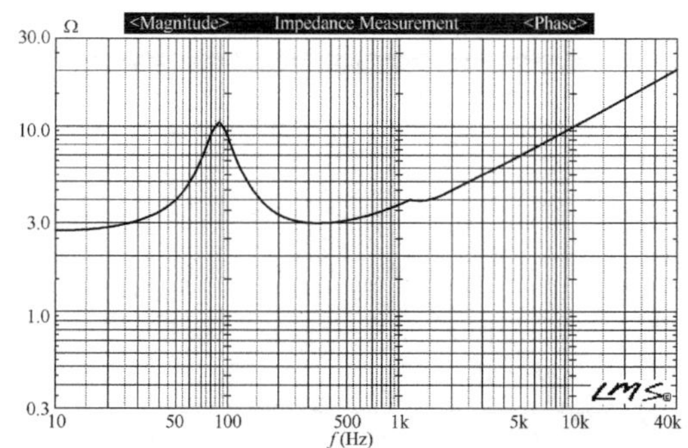

图 12.7 前置音箱低频扬声器单元上箱阻抗曲线

12.2.2 高频扬声器单元

Morel 的 MDT-40 是一款非常不错的钕磁球顶高频扬声器，它有一个很小的前面板。和低频扬声器单元的灵敏度配合也不错，总体来说制造质量也很好。Morel 的产品一般都是不错的，MDT-40 有一个开孔的磁路设计，对这么小的高频扬声器来说比较少见。另外它采用了 Morel 的六角形铝线音圈设计，从而保证了它有不错的功率承受能力。但是这里采用它的最大的原因还是因为它的小面板设计，从而保证中置扬声器箱的两个低频扬声器单元可以尽可能地靠近。具体原因我们后面再详细论述。

接下来，我们把高频扬声器单元上箱测量。图 12.9 所示的是输入信号为 2.83V/1m 时轴向 0° 偏轴 30° 时的频响曲线。可以看到在 2.3kHz 处有一个凸起，2.8kHz 以上比较平滑没有什么异常，偏轴响应也比较典型。对所有 LMS 得出的测量数据我们要调整一下，相位曲线也要计算得出（主要是通过 LEAP 软件实现）。

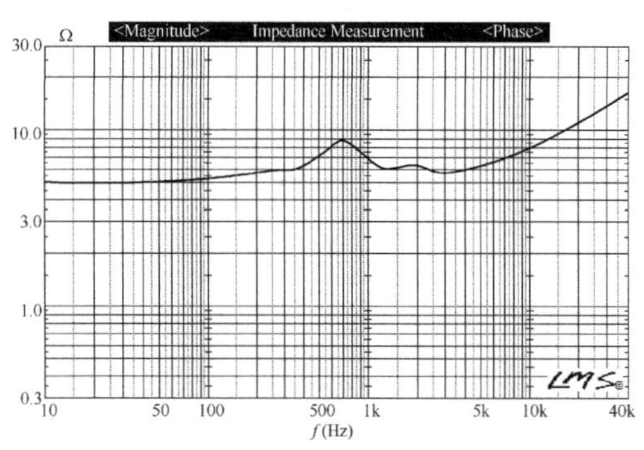

图 12.8 前置音箱高频扬声器单元阻抗曲线

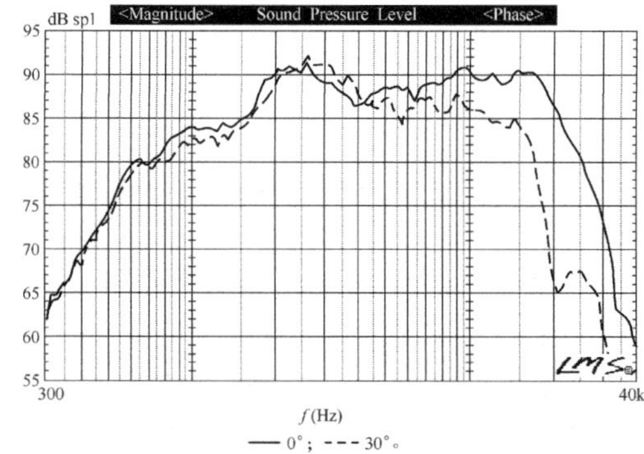

图 12.9 前置音箱高频扬声器单元轴向和偏轴频率响应

12.2.3 分频器模拟

接下来我们把测量的数据导入 LEAP 软件。每个扬声器单元有 3 种曲线需要导入：轴向的频响和相位曲线、偏轴 30° 时的频响和相位曲线、阻抗曲线。所有曲线的范围都是 10Hz～40kHz，图 12.10 所示为轴向高频扬声器和低频扬声器的上箱频响曲线。

从图上可以看出，为了把频响曲线做好，需要从 150Hz 开始压平曲线。我这里选择 3kHz 作为分频点，主要原因有 2 个：第一，低频扬声器单元在 0～30° 的–3dB 衰减频率大概在 4kHz，这就意味着在 3kHz 即使是偏轴 30° 时也可以得到一个平滑的衰减曲线，而且这个扬声器单元在 3～4kHz 存在一个谷，很有可能为合成以后的曲线带来问题。所以这里我们选择了 3kHz 作为分频点（如果想了解关于分频点选择的深层次阐述，请参阅《Loudspeaker Recipes》的第一章）。最终经过分频的低频扬声器单元频响曲线在 88～89dB，相对于高频扬声器单元来说有一点高了，也意味着不需要对高频扬声器进行较大的衰减。

由于我已经进行了太多的分频器设计，所以整个线路的设计对我来说是比较简单的。在这一章里我也不会对为何采用这样的线路结构进行过多的解释（这也是我为何又写了《Loudspeaker Recipes》这本书的原因）。图 12.11 所示的这个线路架构对你所有遇到过的 95%的 2 分频设计都适用：即低音 2 阶、高音 3 阶的物理分频架构。这个架构可以方便的让软件自动优化成 4 阶的林克维兹-瑞利衰减曲线。但是由于高低频扬声器单元之间的安装位差带来的发声点时间差（这里大概是 87μs），优化以后的曲线很难做到对称。

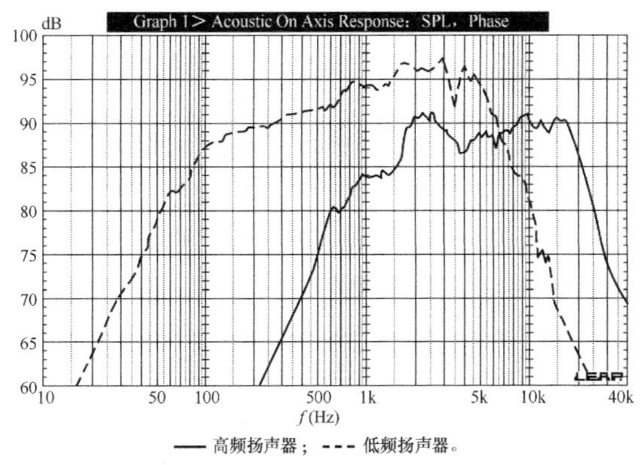

图 12.10 前置音箱无分频轴向计算机模拟

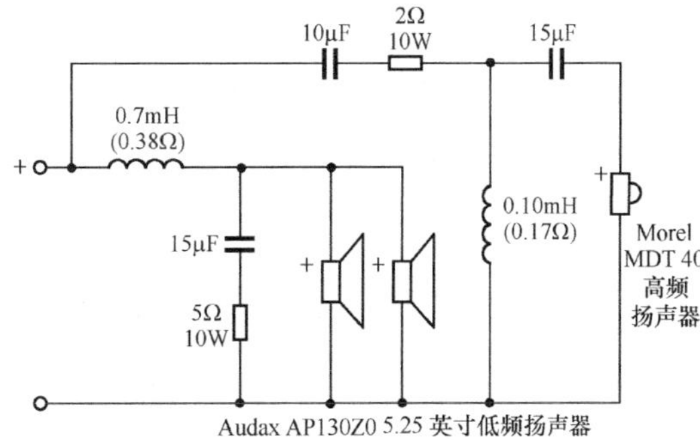

图 12.11 前置/中置分频电路图

这也是我在《Loudspeaker Recipes》这本书中阐述的内容，通过对 4 种不同的设计实例来阐述如何设计分频来达到平坦的合成频响曲线，它并不是单纯的阐述 4 个设计实例，而是一个循序渐进的从简单到高级的设计过程的描述，可以使设计者通过这本书掌握不同的各种深度的设计方法。

其实总的来说，你所要达到的目的就是得到一个平滑的低音衰减曲线和一个符合 4 阶林克维兹—瑞利期望的高音衰减曲线（主要是为了保证最小的曲线偏差和增加功率承受能力）。而这种高低音不对称的滚降主要是为了补偿扬声器单元位差所带来的发声延迟并得到一个平坦的合成曲线。请注意我在低通回路里面使用了一个 CR 线路，这个通常被叫做“Zobel”线路（但是我还是宁愿叫它 CR 线路，就像 LCR 线路一样，可以更明确地描述它的功能）。

换言之，我在设计这个 2 阶的低通回路之前并没有使用 LEAP 优化或者“Zobel”线路去平滑阻抗曲线。这是对计算机模拟优化分频网络的一个错误认识，我通过分频器结构的调整来改变滤波器的增益曲线，配合扬声器单元本身的声学曲线来达到期望得到的衰减，这完全是靠人脑来实现的，只靠计算机是不行的。

图 12.12 所示是 LEAP 模拟的经过分频后的频响曲线图，图 12.11 所示为分频原理图。最终的分频点频率为 3.2kHz。图 12.13 所示为其滤波器网络传输函数，图中可以看出高通的传输函数相当的平缓，而低通的传输函数有两个拐点，就像我前面提到的两个关键的频率区域在 150Hz 和 3kHz 左右，而声学传输函数上反映的为 160Hz 和 2.2kHz。最终我们得到了一个低音的期望衰减曲线，如图 12.12、图 12.14 所示为其阻抗曲线。

最后的轴向和离轴 30° 的合成频响曲线如图 12.15 所示，整个曲线除了在 6.5kHz 有一点不正常以外，其他基本都在±2dB 以内。离轴响应也比较典型，在 1kHz 处有一个谷，这是不可避免的。另外 6.5kHz 处的相位也有些异常。虽然 LEAP 是一个很优秀的软件，但是模拟终究是模拟，和实际的结果还是会有一些差别，而且模拟结果的质量会因为测量样本的某些因素而改变。但即使这样，在进行一些微调以后，最终的结果还是可以达到模拟时的曲线要求。实际上我使用这套系统设计了非常多的音箱系统，包括家用、汽车和专业领域等，基本上在模拟以后没有进行过大的改动，说明这套系统还是很可信的。

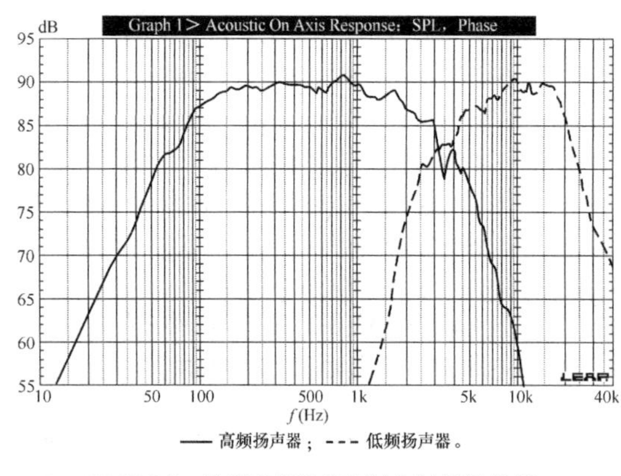

图 12.12　前置音箱带分频轴向计算机模拟

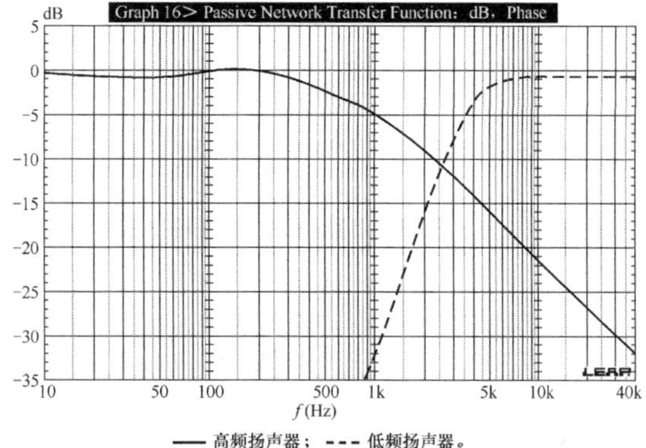

图 12.13　图 12.12 所示模拟网络的传输函数

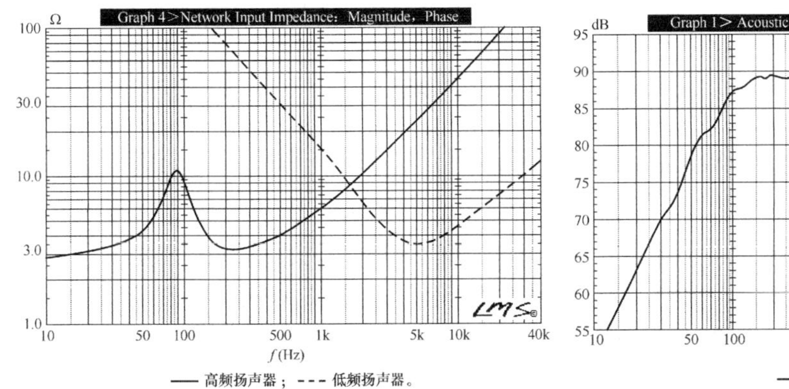

图 12.14　图 12.12 所示模拟网络的阻抗曲线

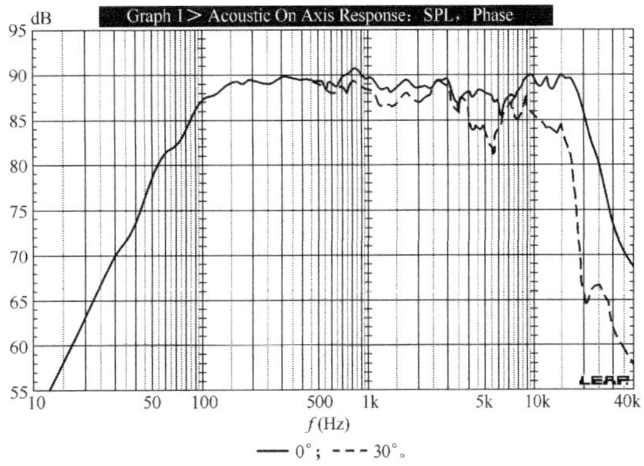

图 12.15　前置音箱带分频轴向和偏轴计算机模拟

我的一个设计准则是在分频点处的相位一定要对准，图 12.16 所示显示了合成的频率响应曲线和当高频扬声器反接时的频响曲线。反接的结果是在分频点频率处出现了一个相当深的谷，显示了在分频点的相位是对齐的。最后图 12.17 所示为整个系统的阻抗曲线图。

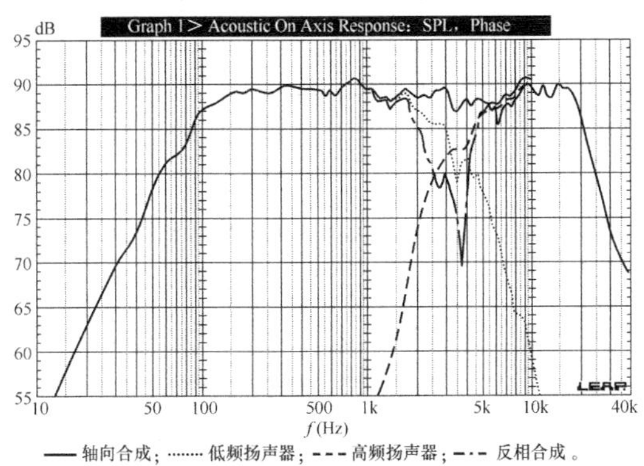

图 12.16　前置音箱轴向合成，低频扬声器、高频扬声器和反相合成

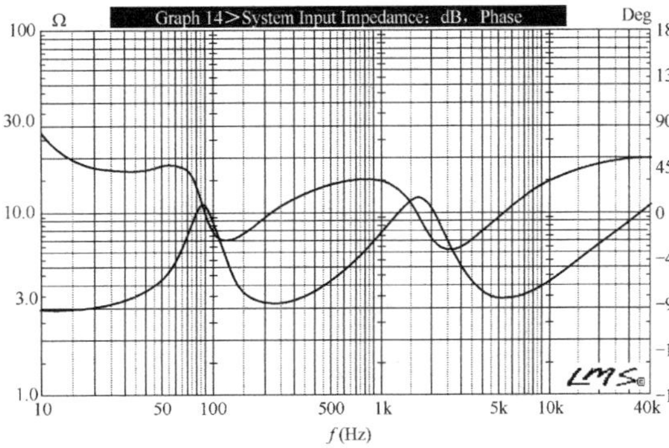

图 12.17　计算机模拟的系统阻抗曲线

12.2.4　成品

当你使用 LEAP 完成了对整个设计的优化以后，下一步就是装好分频器然后进行测试，来确认最终的结果是否和模拟的情况吻合。在测量频响曲线之前，我先测量了在分频频率下所有电感和电容的数值是否准确，并且，高通线路的元件，我在分频点低 1oct 频率下重复测量了一遍，而对低通元件在分频点高 1oct 下也做了二次测量。

单个元件的损耗会使你的最终实际的设计结果和你在 LEAP 中的模拟的结果有非常明显的差别。但是，多年的经验告诉我，这种差别对两分频的设计来说并不致命，起码影响没有对三分频那么大（尤其指 4 阶的带通滤波器），所以这些损耗真的并不是个严重的问题。但是如果你有一台 LC 电桥的话（就像 LMS 自带的那种），对于整个设计来说，这也算是其中的一个步骤。

图 12.18 所示显示了使用 LMS 4 软件（具体介绍在 2000 年 8 月的《Voice coil》杂志）测量的实际轴向频率响应曲线图，输入功率为 2.83V/1m，在这张图上你已经看不到在模拟时大概在 6.5kHz 处的相位异常。整个频响曲线在 112～18.5Hz 范围内保持在±1.84dB 平直，这是一个非常好的结果。偏轴响应的结果也非常不错，非常接近 LEAP 模拟的结果。实际上如果你继续测量在离轴 45° 和 60° 情况下频响曲线（如图 12.20 所示），你会发现这个箱子的功率响应是非常平滑的。

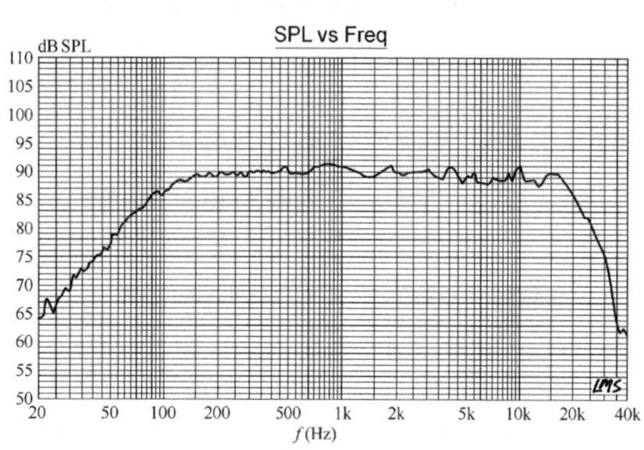

图 12.18　实测前置音箱轴向频率响应

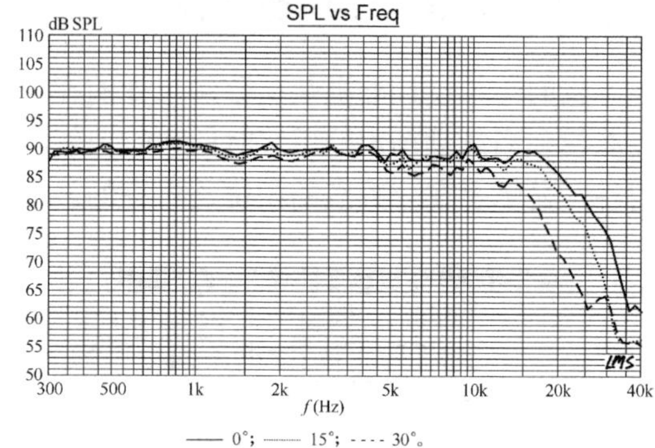

图 12.19　实测前置音箱水平轴向和偏轴频率响应

图 12.21 所示显示了在偏轴上下 15° 和上下 30° 时的垂直响应。图 12.22 所示的是单独对比 15° 上下时的曲线，可以看出曲线相当的对称，没有过多的波瓣现象出现，因为上下的曲线并没有发现太大的不同。同样图 12.23 所示对比了上下 30° 时的测量曲线，结果同样比较对称。

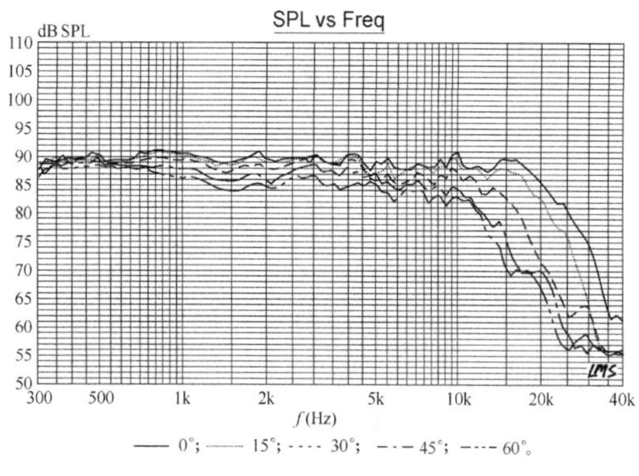

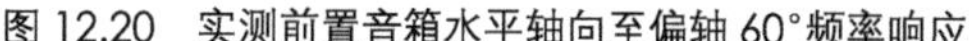

图 12.20　实测前置音箱水平轴向至偏轴 60°频率响应

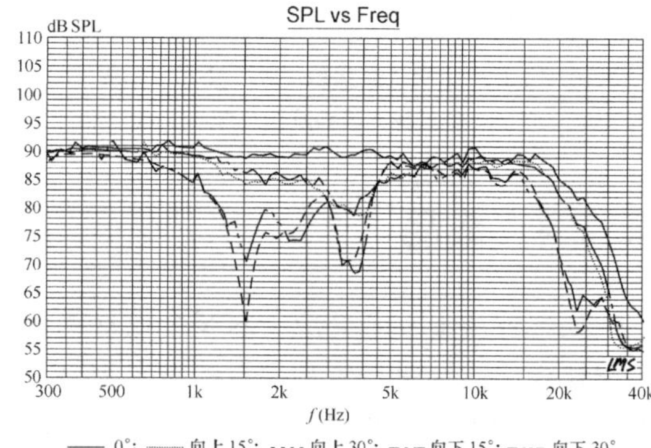

图 12.21　实测前置音箱垂直轴向和偏轴频率响应

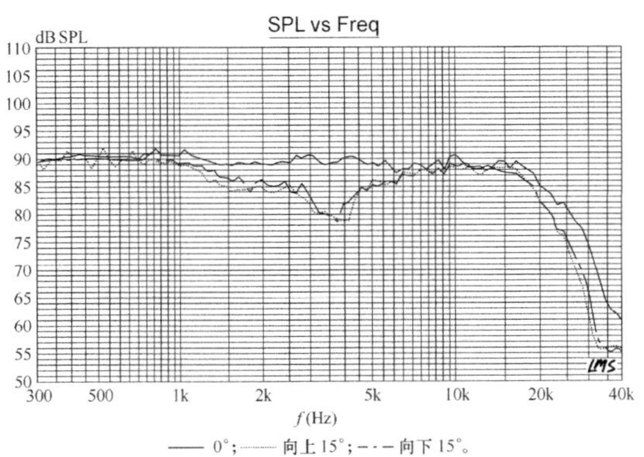

图 12.22　图 12.21 所示的 15°曲线比较

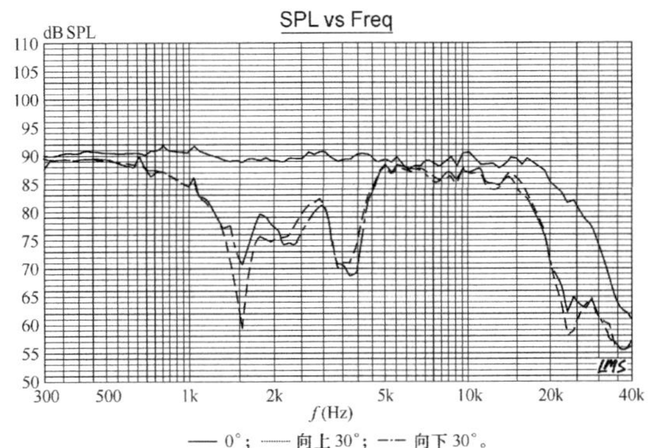

图 12.23　图 12.21 所示的 30°曲线比较

需要注意的是在整个的实测曲线图上有 2 个谷存在。3.5kHz 的谷比较接近分频点处，主要是由于测量传声器距离高频扬声器单元和低频扬声器单元的距离差造成的；而 1.5kHz 的谷则是由于两个低频扬声器单元到测量传声器的不同距离差造成的。这一点在后面中置音箱的设计过程中还会提到。

左、右音箱的频响不平衡度对整个音场定位的影响很大。从图 12.24 所示可以看到左、右频响不平衡度小于 1dB，只是在 4kHz 位置有一些偏差。图 12.25 所示的是最终的阻抗实测图。

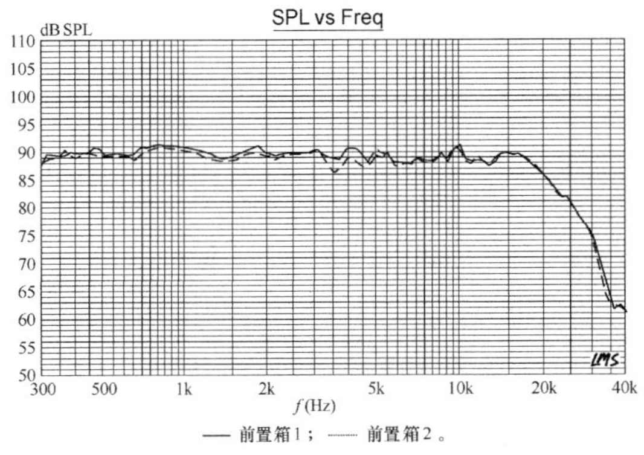

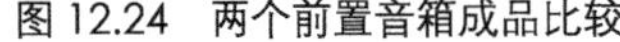
图 12.24　两个前置音箱成品比较

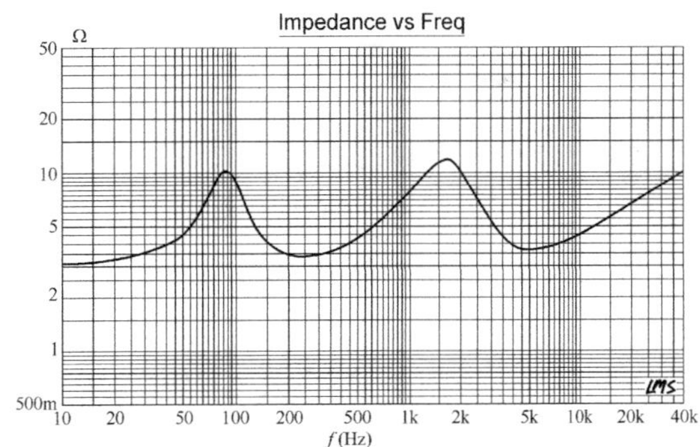

图 12.25　前置音箱实测的系统阻抗曲线

最终完成的成品箱的频响曲线和阻抗曲线和模拟时的数据吻合度非常好。从图 12.26 和图 12.27 所示可以看到，无论是频响还是阻抗，相差不超过 1dB 和 1Ω，虽然我见过比这还好的，但是这是已经算是一个非常好的结果。

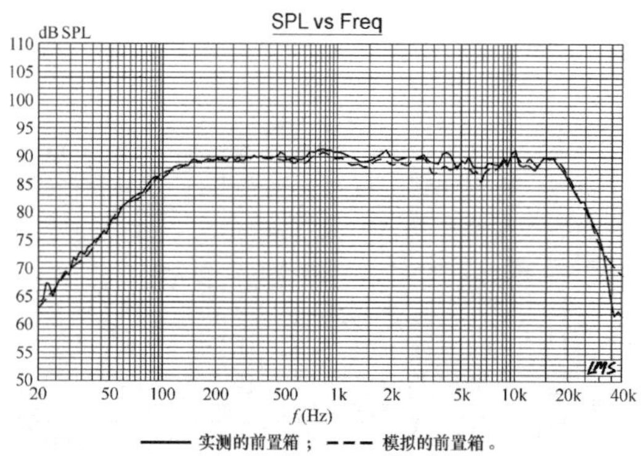

图 12.26　实测的前置音箱轴向频率响应与模拟的轴向响应比较

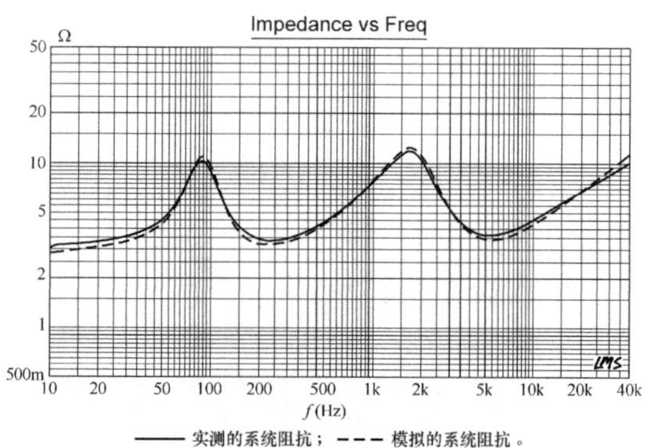

图 12.27　实测的前置音箱系统阻抗与模拟的系统阻抗比较

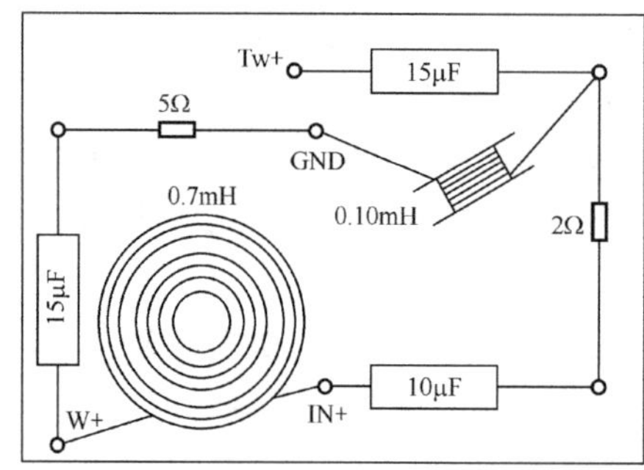

图 12.28　前置/中置分频器结构布置

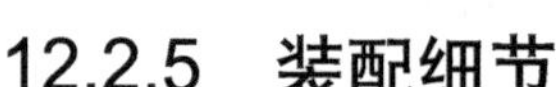

12.2.5　装配细节

这个设计里的箱体、扬声器单元和分频器元件都是从 Parts Express 购买的。箱体的内部容积大概是 0.31 立方英尺，内部尺寸大概为（高/宽/长）：15.75 英寸 × 5.5 英寸 × 6.5 英寸。

箱体板材选用了 0.75 英寸的中密度板，内部填充百分之百的 R19 玻璃纤维。从箱体的布置图（如图 12.29 所示）上可以看出，所有的扬声器单元都靠中线布置并且尽量靠近，分频器元件的布置也比较常见，电容都是选用的聚丙烯薄膜类型，电感为空芯电感，电阻为无感电阻。

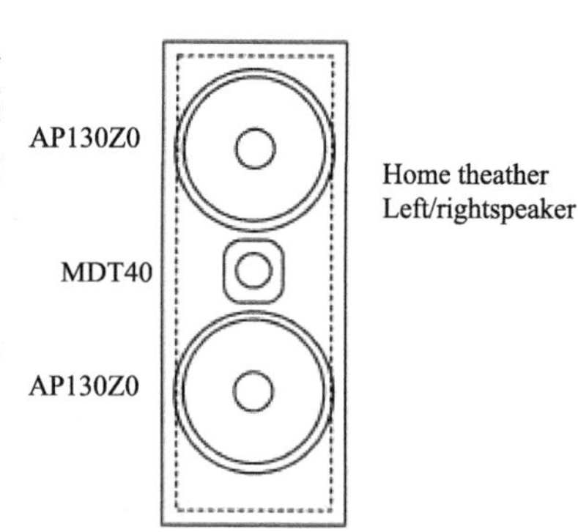

图 12.29　箱体布置图

12.3 中置扬声器箱设计

这套中置扬声器箱的设计基本上和前置系统的设计是一样的，同样的扬声器单元、同样的箱体容积和同样的分频器，唯一不同的是箱体的形状和扬声器单元的布置方式。前置扬声器箱为垂直哑铃式扬声器单元排列，而中置扬声器箱为扬声器单元水平排列形式。

由于大部分的中置扬声器箱都是安放在电视机的上部，所以如果扬声器高度大于宽度的话，会带来视觉上的不适，所以一半的中置扬声器箱都是横置结构的。THX 标准里面对于中置扬声器箱的要求是要和左、右的前置扬声器箱一致的，那是纯粹从声音方面考虑的。作为家用而言，大多数的公众还是喜欢横置排列的扬声器箱作为中置使用。

我在为 Atlantic Technology 设计 350/370 和 450 系列扬声器箱的时候就考虑到了这一点。我采用了 3 路扬声器单元的设计来替以前的 2 路设计，而且这些系列的扬声器都采用了高频扬声器单元中置的排列方式，这一点很被大众所接受。中置扬声器箱可以很方便的放置在电视机的上方，而这种设计也越来越被现在的 THX 产品所采纳。

由于为了视觉上的舒适，现在大多数的中置扬声器箱都是横向布置的，但是这个布置方式会对声音曲线带来一些不好的影响。但幸运的是这个问题并不严重，都是在可以接受的范围以内。对 2 个低频扬声器单元布置的中置扬声器箱而言，你可以采取尽量减小 2 个低频扬声器之间的距离来减小离轴响应时带来的指向性不平均的问题。

通过中置扬声器箱的箱体图，你可以看到高频扬声器单元的安放位置靠上，而且旋转了 45°，这样做的目的是尽量使 2 个低频扬声器单元靠近，这样带来的详细效果后面我们会看到。

12.3.1 低频扬声器单元

由于选用的低频扬声器单元和前置所选用的一致，这里我就不再贴出低频扬声器单元的 T/S 参数和 LEAP 的箱体模拟数据。我们把更多的注意力放在分频器的设计上，我们把 2 个低频扬声器单元固定在箱体上，输入 2.83V/1m 的信号。图 12.30 显示了其轴向和离偏轴 15° 和 30° 的频响曲线。从图中可以看出，在偏轴测量时，由于 2 个低频扬声器单元到测量传声器的距离出现不一致的情况，相位会发生变化，带来的结果就是当偏轴 15° 时在 3.5kHz 处出现了一个谷，偏轴 30° 时谷出现在了 1.7kHz。

图 12.31 所示显示了我把中置扬声器箱竖起来以后测量轴向和偏轴的频响曲线结果。这是我们设计中置扬声器箱分频的一个必须的手段，因为由于上述扬声器单元与传声器的距离问题，当横置时，无法通过分频器的调整来补偿频响曲线的不足。

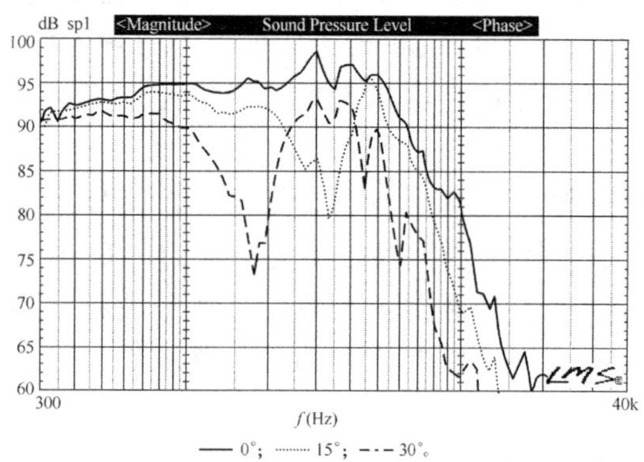

图 12.30 中置音箱水平轴向和偏轴频率响应

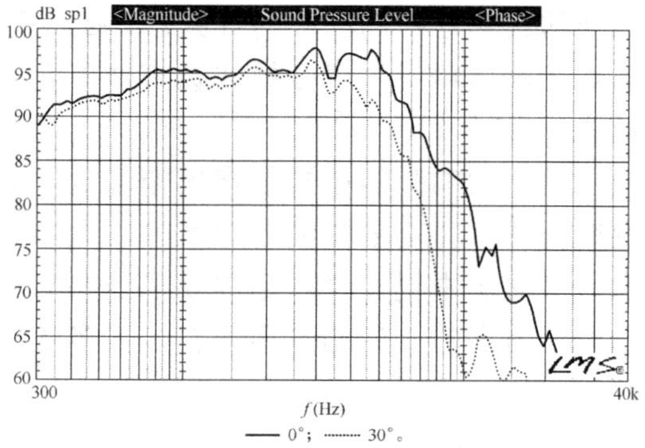

图 12.31 中置音箱垂直轴向和偏轴频率响应

我的想法是通过扬声器单元的特殊布置来尽量改进整个扬声器的偏轴响应，然后把箱体竖起来测量曲线来设计分频器，使其声音指标尽量与左、右前置扬声器箱一致。但是由于在分频设计时还要考虑对横置指向性不均匀进行补偿，所以这个目标不一定可以实现。图 12.32 所示的是低频扬声器装箱的阻抗曲线，我们把它导入 LEAP，在分频设计时进行调用。

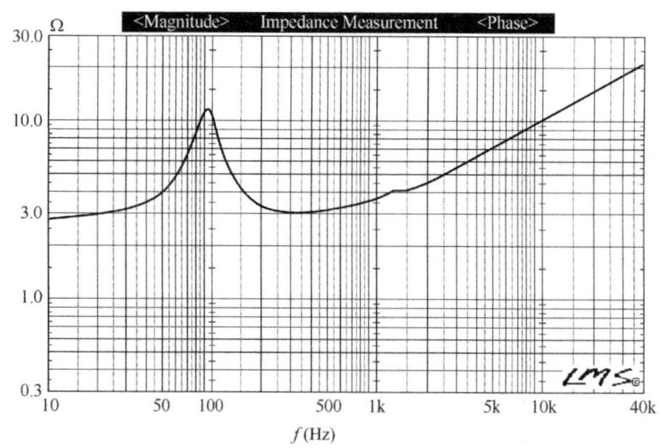

图 12.32 中置低频扬声器装箱阻抗曲线

12.3.2 高频扬声器单元

MDT40 高频扬声器的测试数据基本和前置设计时一致，微小的偏差主要是由于箱体形状不同和扬声器单元安置不一样造成的，但是这些影响都比较微小。图 12.33 所示的是装箱频响曲线，图 12.34 所示的是阻抗曲线。

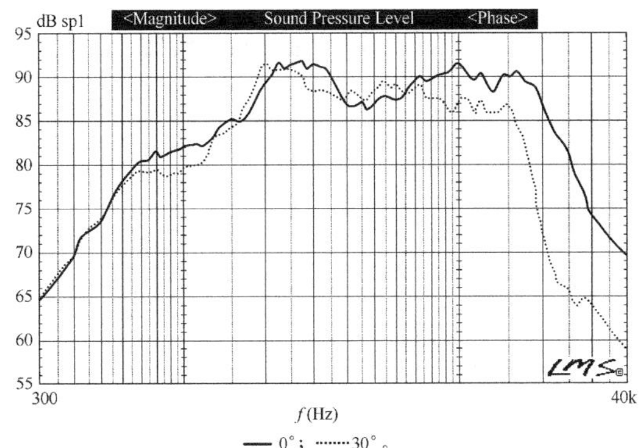

图 12.33 中置高频扬声器单元轴向频率响应

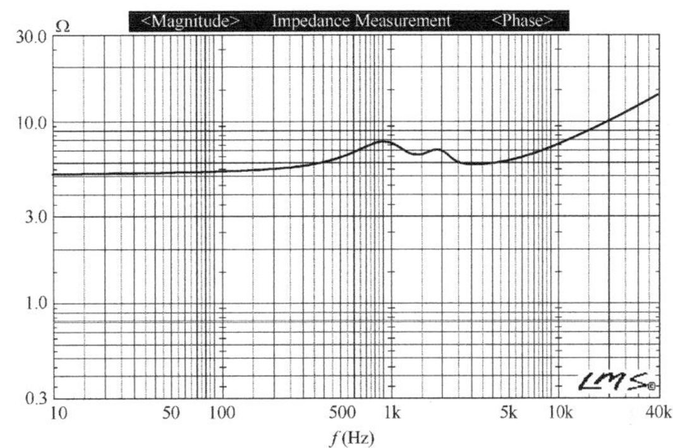

图 12.34 中置高频扬声器单元阻抗曲线

12.3.3 分频器模拟

就像我上面提到的，中置扬声器箱和前置的频响曲线的区别主要是由于箱体形状的区别带来的，图 12.35 所示显示了低频扬声器单元在中置箱体和前置箱体不同频响曲线的对比，图 12.36 所示的是高频扬声器单元的对比频响，你可以看出来，区别真的很小。

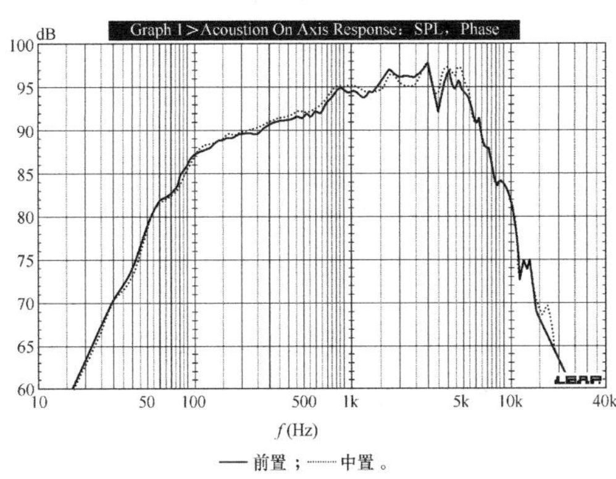

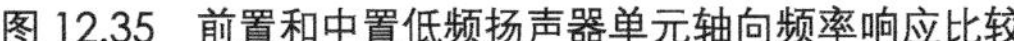

图 12.35 前置和中置低频扬声器单元轴向频率响应比较

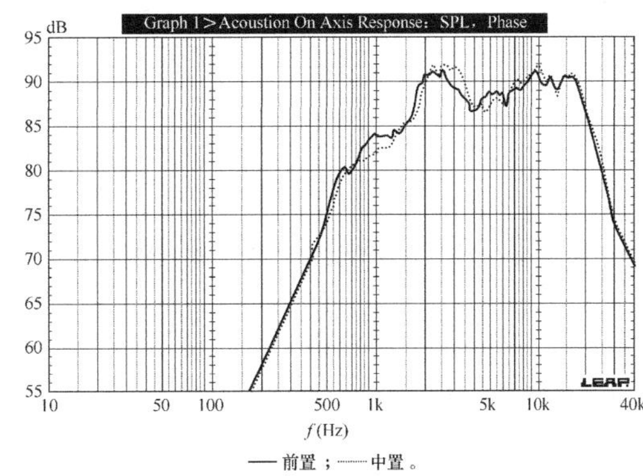

图 12.36 前置和中置高频扬声器单元轴向频率响应比较

接下来的工作是对整个分频器进行优化，我把所有的数据导入 LEAP 的设计库。图 12.37 为 LEAP 界面下的轴向频响曲线，从图上可以看出，和前置设计时的情况一样，当分频点选在 3kHz 处时，低频扬声器单元大概从 120Hz 处开始衰减，而且正如我所预料。分频器的架构和数值与图 12.11 所示的一样。图 12.38 所示为经过分频器滤波后的扬声器单元单独频响，图 12.39 所示的是增益曲线而图 12.40 所示的是阻抗曲线图。

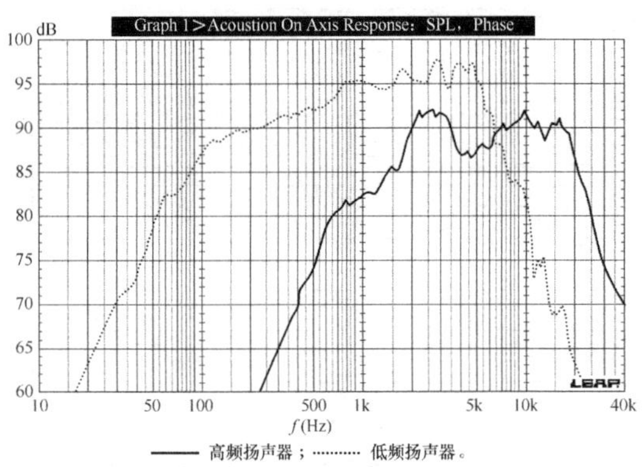

图 12.37　中置无分频轴向频率响应计算机模拟

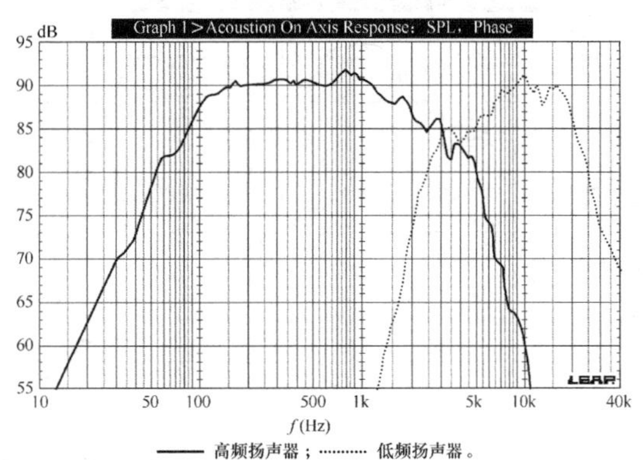

图 12.38　中置带分频轴向频率响应计算机模拟

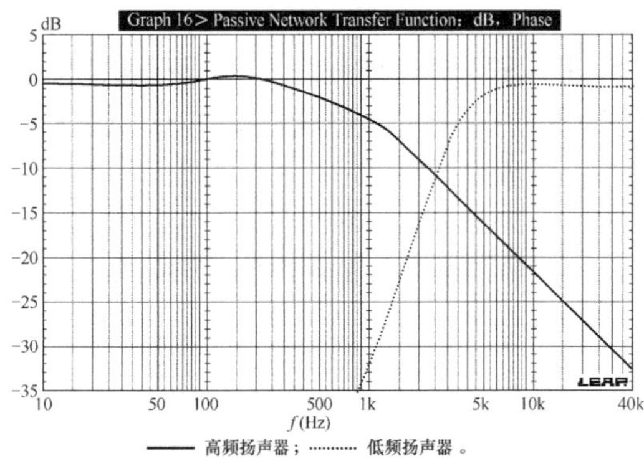

图 12.39　图 12.38 所示的网络传输函数模拟

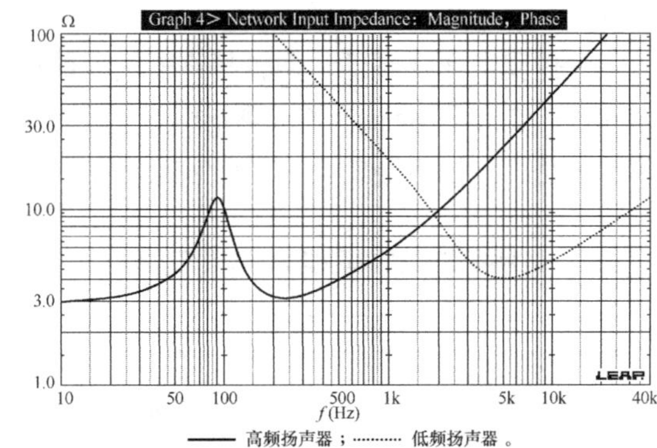

图 12.40　图 12.38 所示的网络阻抗曲线模拟

图 12.41 所示的是最后的低频扬声器单元和高频扬声器单元分别在轴向和离偏轴 30°时的合成频响曲线图，而图 12.42 所示虚线部分为高频扬声器反接时的曲线图，我们可以看到一个很深的谷，说明分频点处的相位契合的非常好，整个系统的阻抗曲线如图 12.43 所示。

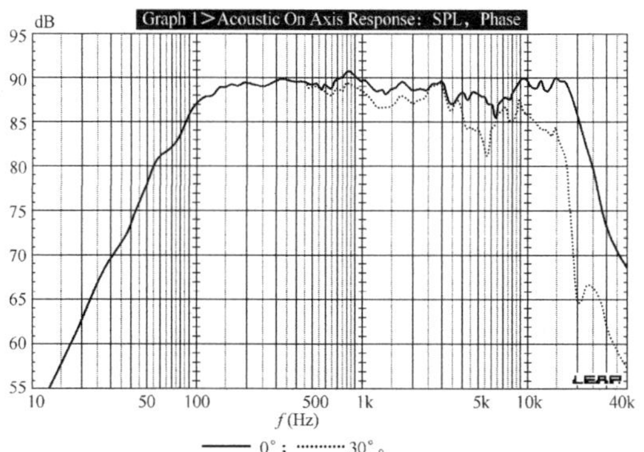

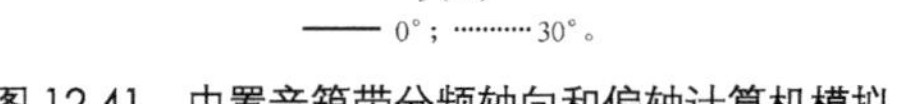

图 12.41　中置音箱带分频轴向和偏轴计算机模拟

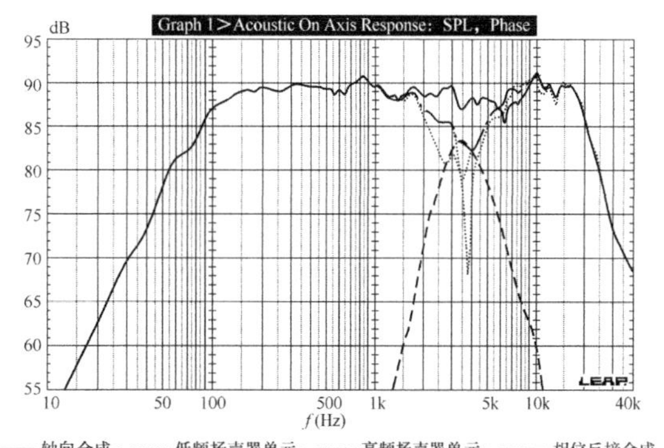

图 12.42　中置音箱模拟的轴向合成，低频扬声器、高频扬声器和相位反接合成

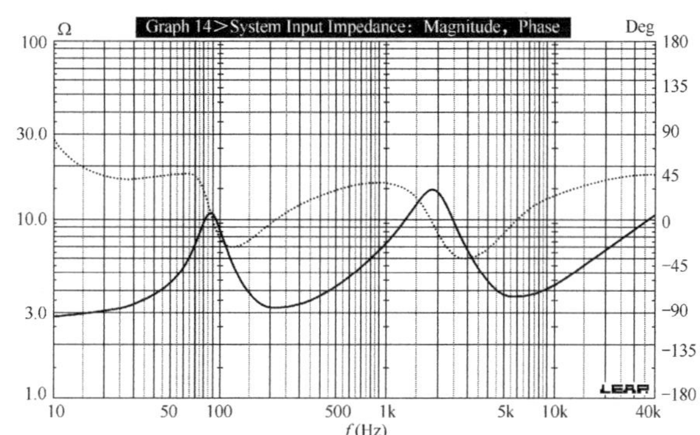

图 12.43　计算机模拟的系统阻抗曲线

12.3.4 成品

最后完工阶段所做的工作基本都是一样的，这里我不再重复。图 12.44 所示显示了使用 LMS4 软件测量的实际轴向频率响应曲线图，输入功率为 2.83V/1m，这个曲线是一个 300Hz～40kHz 的远场曲线和一个 20～500Hz 的近场测量的合成曲线。从图上可以看出来和前置扬声器箱偏测量结果非常相似，我最关心的是当它放在电视机上面时，它的左、右偏轴曲线会有什么变化。

图 12.45 所示显示了在左、右偏轴 15° 和 30° 情况下的频响曲线，然后将 15° 偏轴和 30° 偏轴时的情况拿出来单独显示，如图 12.46 和图 12.47 所示。如果你把中置扬声器箱水平偏轴 30° 时的曲线和前置扬声器箱垂直偏轴 30° 的曲线对比一下，如图 12.48 所示，你会发现中置扬声器箱的扬声器排列方式对偏轴曲线的改善还是比较明显的。

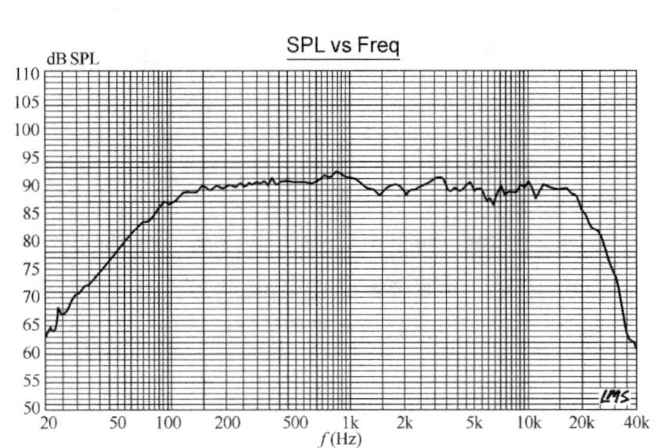

图 12.44　实测的中置音箱轴向频率响应

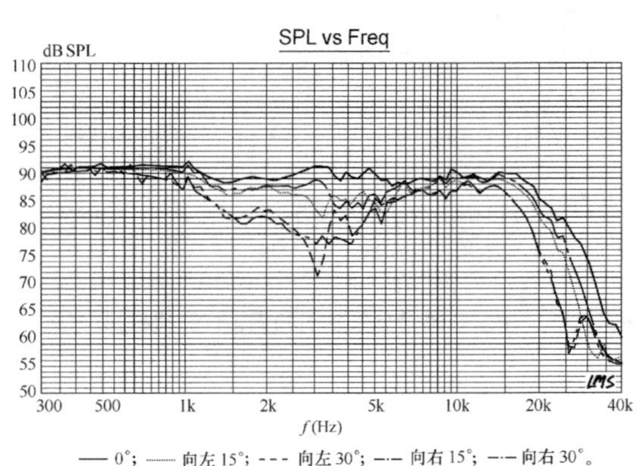

图 12.45　实测的中置音箱水平轴向和偏轴频率响应

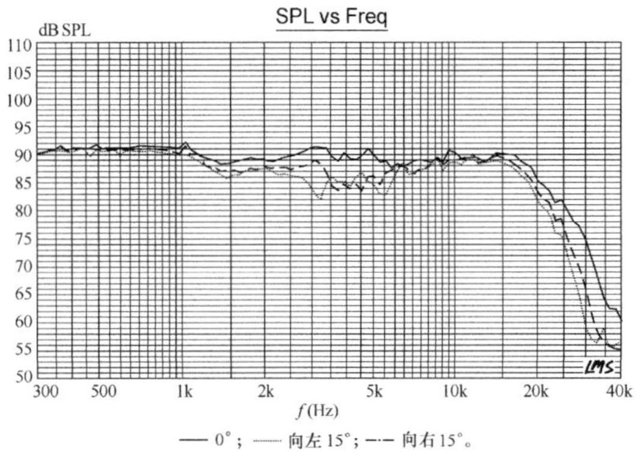

图 12.46　图 12.45 所示的 15° 曲线比较

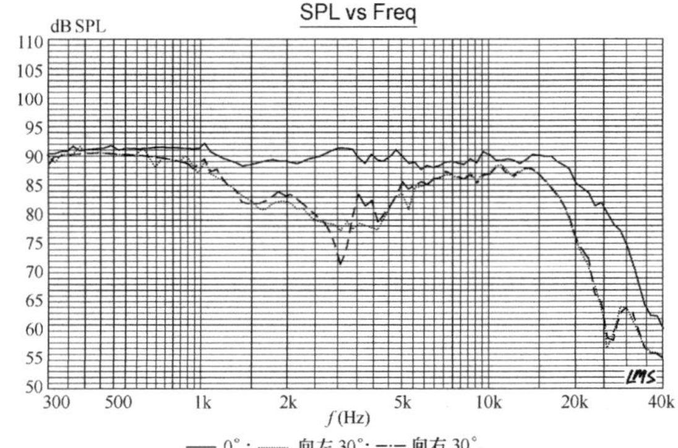

图 12.47　图 12.45 所示的 30° 曲线比较

如果你观察中置扬声器箱的垂直偏轴曲线，如图 12.49 所示，经过和前置扬声器箱的水平偏轴曲线对比一下，你会发现这种扬声器的排列方式对垂直偏轴曲线的改善并不太好。最后图 12.50 所示显示了整个系统的阻抗曲线，基本和前置扬声器箱的阻抗曲线一致，这很好理解，因为单元、分频器和箱体容积都是一样的。

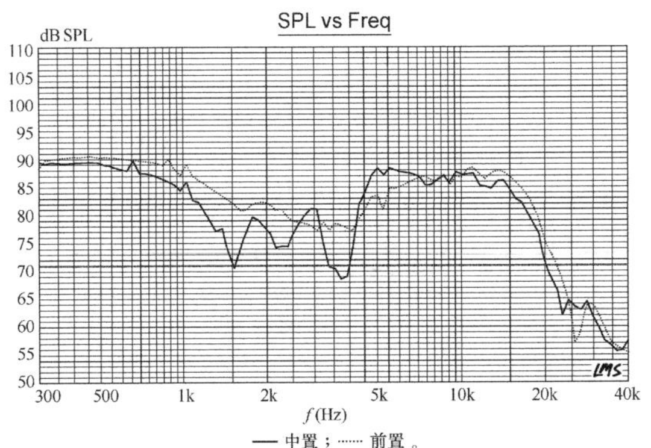

图 12.48 中置音箱水平 30°和前置音箱垂直 30°离轴曲线比较

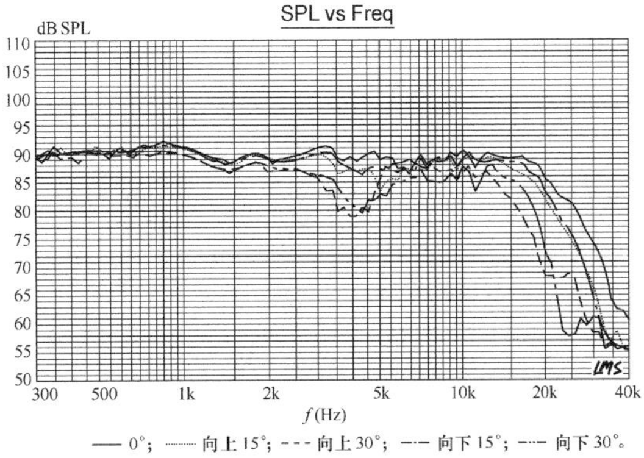

— 0°；…… 向上 15°；--- 向上 30°；—·— 向下 15°；—··— 向下 30°。

图 12.49 中置音箱垂直离轴频率响应

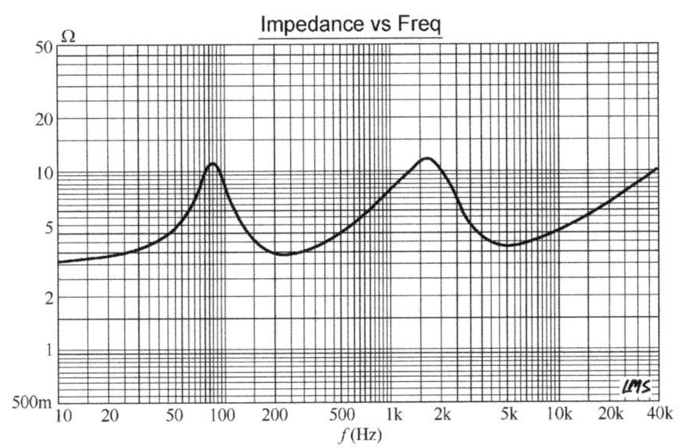

图 12.50 中置音箱系统阻抗曲线

12.3.5 装配细节

和前置扬声器箱一样，这个设计里的箱体、扬声器单元和分频器元件都是从 Parts Express 购买的。箱体的内部容积大概是 0.31 立方英尺，内部尺寸大概为（高/宽/长）：15.75 英寸 × 5.5 英寸 × 6.5 英寸。

箱体板材选用了 0.75 英寸的中密度板，内部填充百分之百的 R19 玻璃纤维。

从箱体图上可以看出各个扬声器单元的布置情况，如图 12.51 所示，分频器的元件布置和前置扬声器箱的一致，如图 12.28 所示。值得注意的是你应该用有机硅胶黏剂或者热熔胶把分频板粘在箱体的内部顶板上，为的是尽量使电感离你的电视机远一点，否则磁泄漏也许会对你的电视机带来影响。

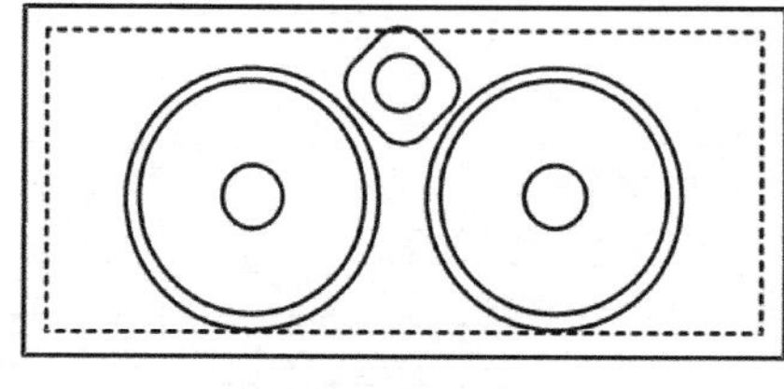

图 12.51 箱体布置图

12.4 后置环绕声扬声器箱设计

环绕声扬声器箱的设计存在一个完全不同于普通扬声器箱设计的问题，它需要提供比普通扬声器箱更漫射的声场，这就需要尽量减小箱体形状对于声音的影响。

典型的偶极设计是采用 2 个低频扬声器和两个高频扬声器单元，分别相对安置，反相连接。这种设计为了避免声短路带来的低音缺失，必须要 2 个低音腔室从内部分开，另外其中一个低频扬声器必须要额外加一个高通线路。我为很多厂家做过此类的设计，其中包括一些 THX 认证的厂家。这种设计效果很好，但是比较复杂，而且成本也比较高，毕竟在 1 个箱体内用了 2 套扬声器单元。

在这里，我做了一个相对妥协的设计，我使用了 1 个低频扬声器单元和 2 个高频扬声器单元来做环绕声扬声器箱，这个妥协可能在高频段的表现有些缺失，但是仍然可以表现出杜比数字录音电影中所要表现的那些环绕声效果，频响的缺失大概要延伸到分频点 3kHz 左右。而对于典型的双偶性环绕声扬声器箱来说，这个频段缺失在 40～1 000Hz 处，这里的设计有着一个良好的声音表现，但是成本方面也不会那么昂贵。

12.4.1 低频扬声器单元

和前面的设计不同，这里只使用了一个 AP120Z0 扬声器单元，所以同等输入功率下声压输出要低了 6dB，最大声压输出也有所减少，但是考虑到环绕声扬声器箱所得到的声音信息相对前置和中置本来就少，这个声压水平已经足够了。特别是考虑到大多数的家庭影院系统功放都在环绕声道输出加了一个 2 阶的高通滤波，截止频率大概在 80～100Hz 处，所以我们根本不用担心声压的问题。

图 12.52 所示的是 LEAP 下的箱体模拟情况，图 12.53 所示的是输入 2.83V 下的群迟延，图 12.54 所示的是输入 7V 下的情况，低音的延伸基本和前置中置差不多，f_3 大概在 86Hz，最大声压输出 95dB。

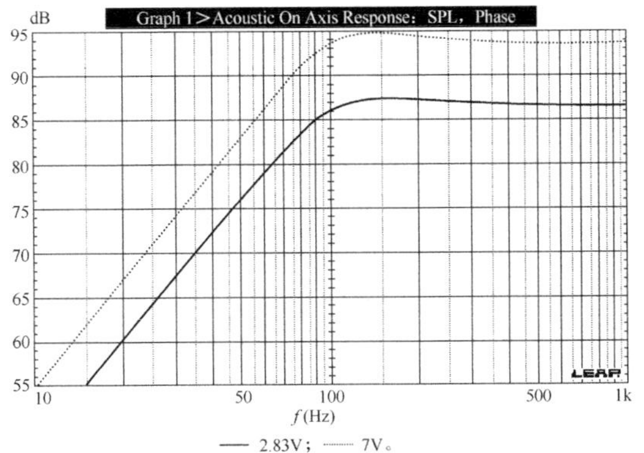

图 12.52 环绕箱低频扬声器单元箱体模拟

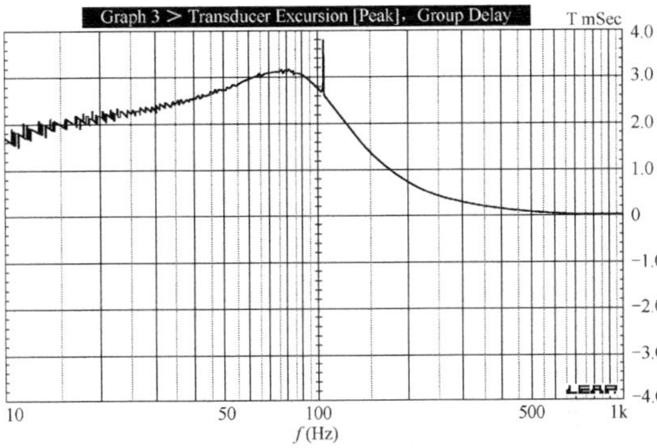

图 12.53 图 12.52 所示 2.83V 曲线的群迟延曲线

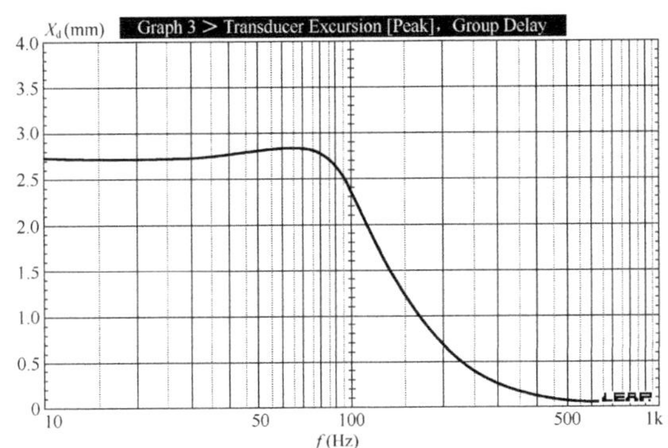

图 12.54 图 12.52 所示 7V 曲线的锥形振膜冲程曲线

接下来，我把扬声器单元装好在箱体上，测量其轴向和离轴 30° 的频响曲线（如图 12.55 所示），和预想的一样，曲线和前置中置扬声器箱比较类似，单个扬声器单元的阻抗曲线如图 12.56 所示。

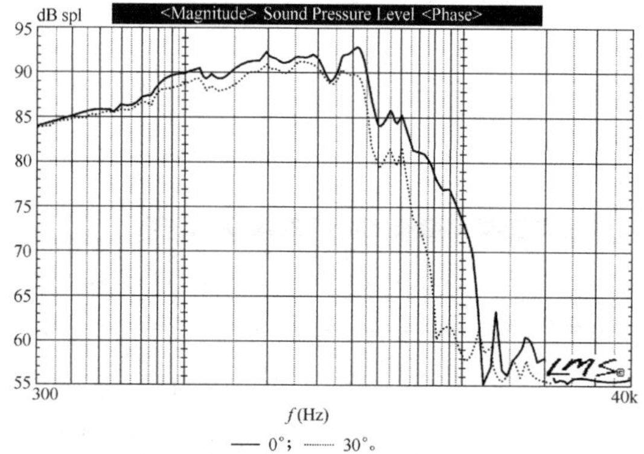

图 12.55　环绕箱低频扬声器单元轴向和偏轴频率响应

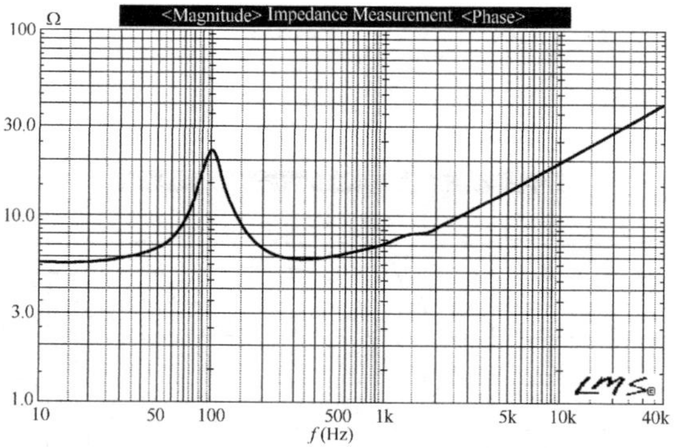

图 12.56　环绕箱低频扬声器单元上箱阻抗曲线

12.4.2　高频扬声器单元

环绕声扬声器箱使用的是两个高频扬声器单元，所以我没有选择比较昂贵的 Morel 扬声器单元，而是选择了比较便宜的 Audax TM025F1 钕磁 1 英寸丝膜高频扬声器（2 个 Audax 高频扬声器价格不到一个 Morel 高频扬声器的 1/3）。由于都是软球顶高频扬声器，所以音色上不会差别太大，声音重放上不会出现大的问题。

首先我们先测量一下高频扬声器单元的装箱频响曲线，输入功率 2.83V，由于这里采用了偶极高音设计，所以在设计时需要进行特殊的考虑，测量时也要有一些特殊的步骤。图 12.57 所示的是低频扬声器轴向和同位置高音频段缺失的频响曲线叠加，测量时 2 个高频扬声器都是同相连接的，为的是看一下功率响应曲线如何。

接下来，我将测量传声器对准低频扬声器单元，测量对比了高频扬声器同相和高频扬声器反接时的频响曲线（如图 12.58 所示），这个图揭示了偶极扬声器存在的零区效应。最后测量的是单个高频扬声器轴向的频响曲线；零区的测量是在对 2 个高频扬声器偏轴 90° 的合成点进行的（如图 12.59 所示）。最后图 12.60 所示的是 2 个高频扬声器并联以后的阻抗曲线。

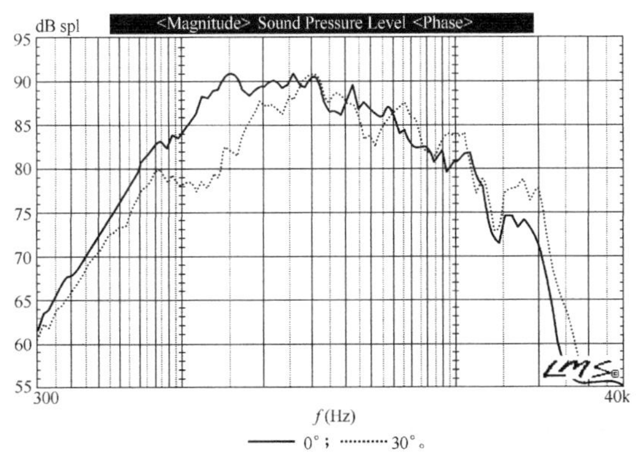

图 12.57 环绕箱高频扬声器单元轴向和偏轴频率响应

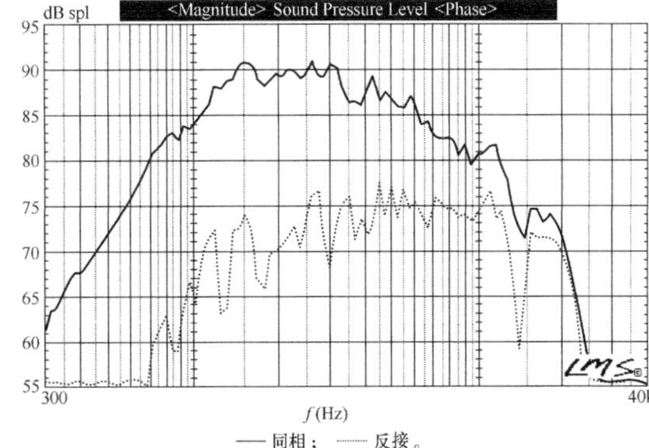

图 12.58 环绕箱高频扬声器单元实测轴向同相和反接的比较

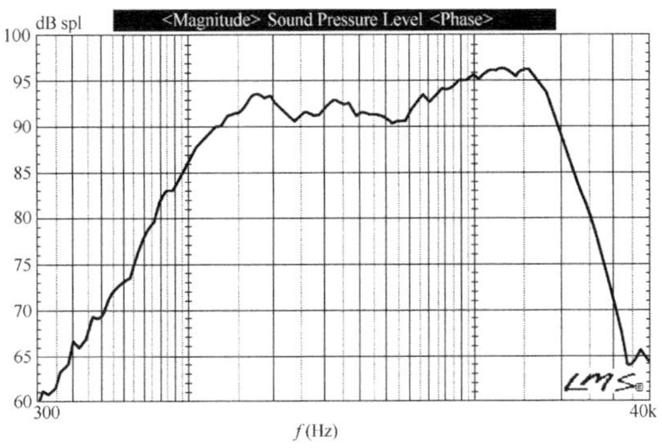

图 12.59 环绕箱单只高频扬声器单元轴向频率响应

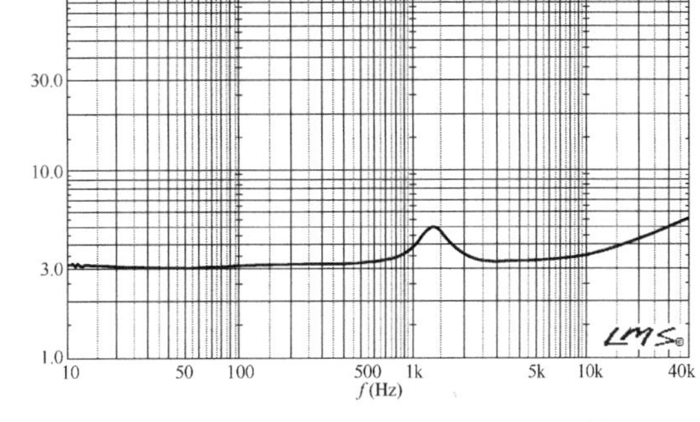

图 12.60 环绕箱两个高频扬声器单元并联阻抗曲线

12.4.3 分频器模拟

我在进行分频器模拟时使用了 3 种曲线来完成：低频扬声器的频响曲线、单独的高频扬声器轴向频响曲线（配合两个高频扬声器并联的阻抗曲线）和两个高频扬声器单元同相连接时的轴向频响曲线（如图 12.61 所示）。最初的分频器元件（如图 12.62 所示）取值是基于单独的高频扬声器轴向频响曲线设计的（配合两个高频扬声器并联的阻抗曲线），这就导致了单独的扬声器单元频响曲线剪掉两个合成的频响曲线（如图 12.63 所示）。这个高频扬声器单元的曲线反映出一些号筒的特性，如果在分频器上没有设计补偿的话，曲线在 6kHz 处的隆起会更加夸张。

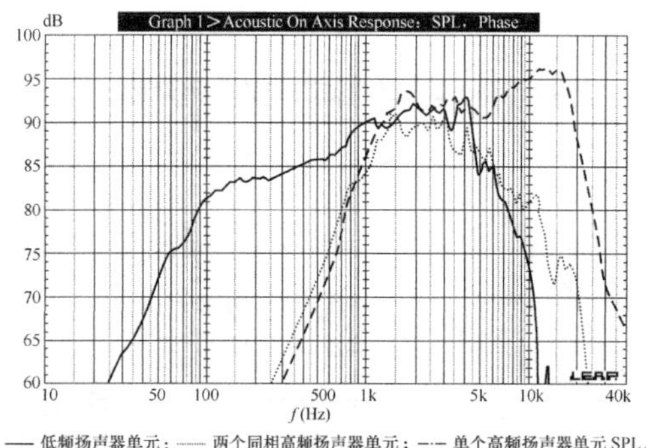

图 12.61　用于环绕箱分频器优化的曲线

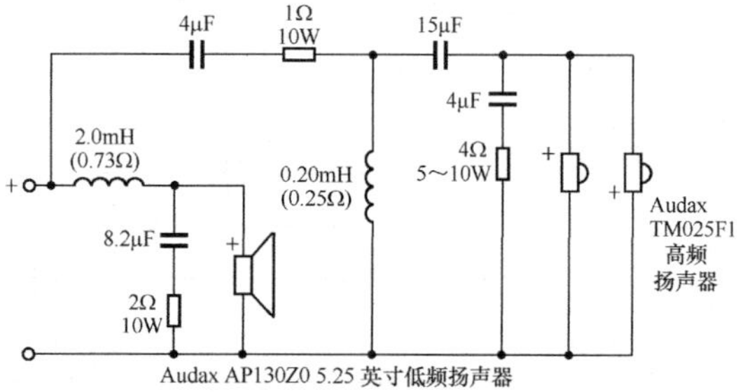

图 12.62　环绕箱分频电路图

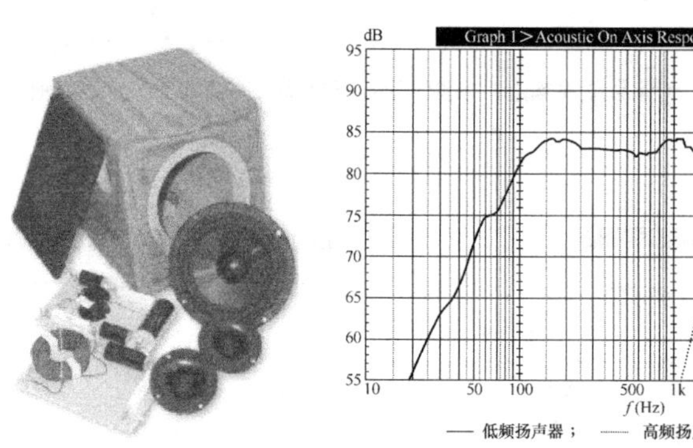

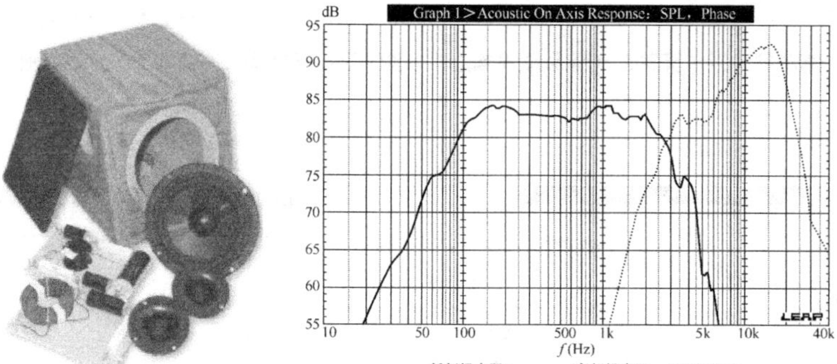

图 12.63　环绕箱带分频轴向计算机模拟

改进分频线路使用了 4Ω/4μF 的共轭电路（如图 12.62 所示），图 12.64 所示的是改进后的测量结果。图 12.65 所示的是轴向的合成曲线（需要注意的是各扬声器单元曲线都是不同轴向单独测量的），高低频扬声器单元的单独曲线和高频扬声器反接的曲线，反接的谷不算很深但是仍然可以接受，表明分频点处的相位还算不错。

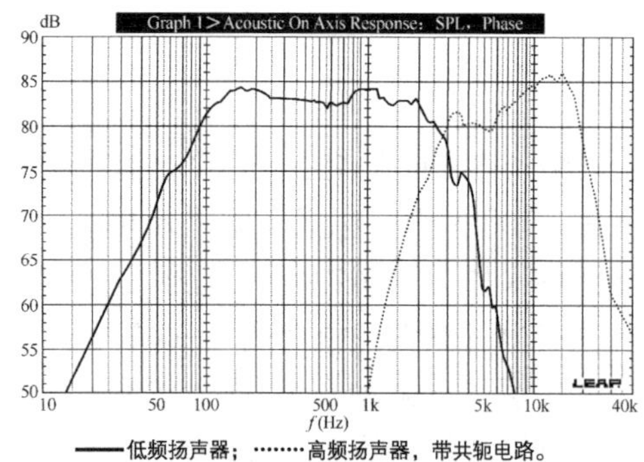

图 12.64　同图 12.63 所示，但带有高频扬声器共轭电路

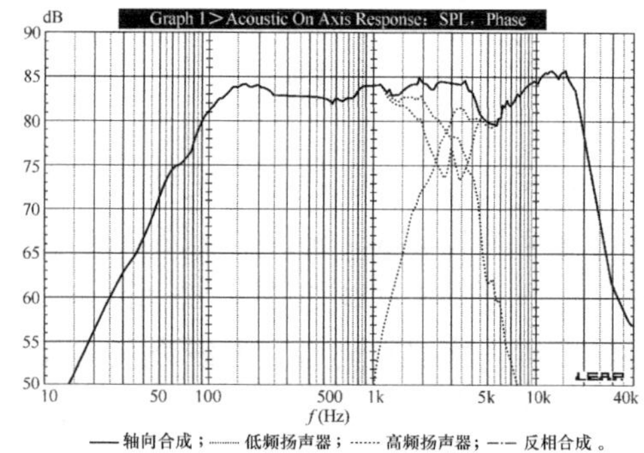

图 12.65　环绕箱模拟的轴向合成，低频扬声器单元、高频扬声器单元和反相合成

接下来我们再看一下 2 个高频扬声器单元同相连接时的数据，单独的扬声器单元频响曲线如图 12.66 所示，图 12.67 所示的是同相和反相连接时的合成曲线，可以看出相位一致性还是不错的。

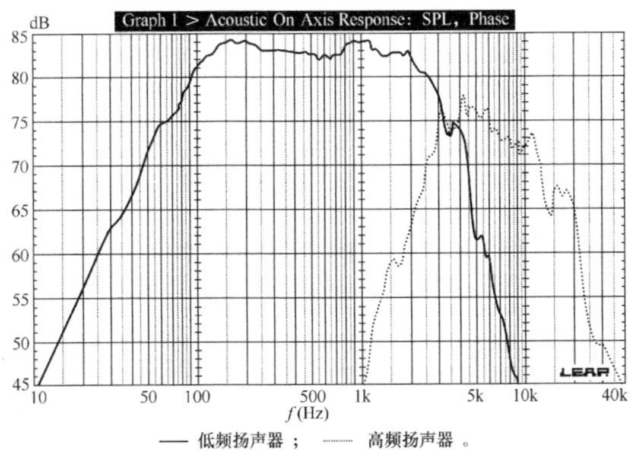

图 12.66 同图 12.64 所示，但使用双高频扬声器 SPL

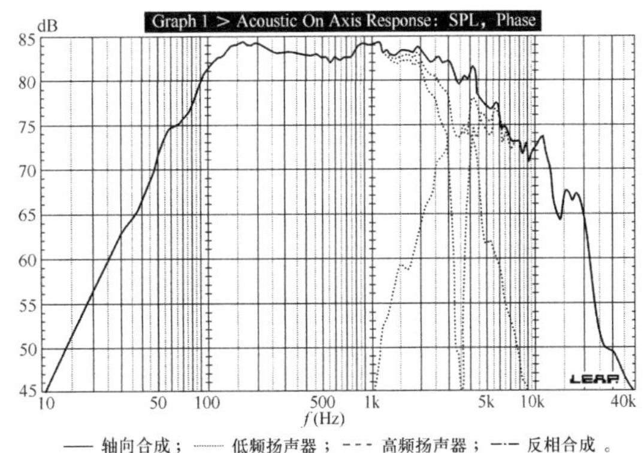

图 12.67 同图 12.65 所示但使用双高频扬声器 SPL

12.4.4 成品

图 12.68 所示为实测的环绕声扬声器箱的频响曲线。和预想的一样，零区从 3kHz 开始，一直延伸到 5kHz 到最深谷。这个设计的摆放位置应该是低频扬声器向前，而且放置在一个较高的架子上，另外也可以挂在墙上，距天花板 15～20 英寸，低频扬声器单元向天花板偏一个角度。

图 12.69、图 12.70 和图 12.71 所示的是偏轴 15°/30° 的频响实测曲线。从图上可以看到零区是比较窄的，但是我们无法避免。

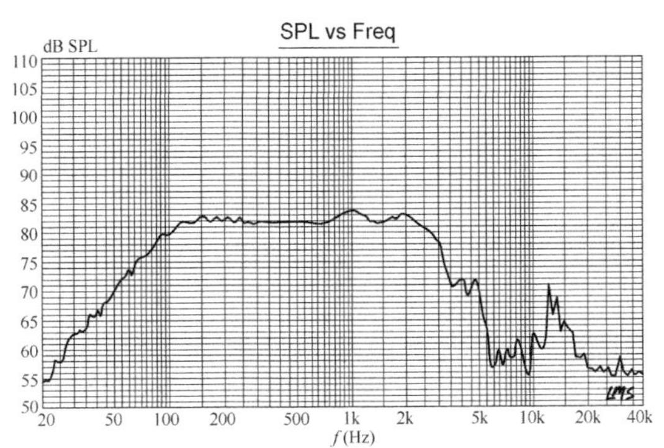

图 12.68 实测环绕箱轴向零区频率响应

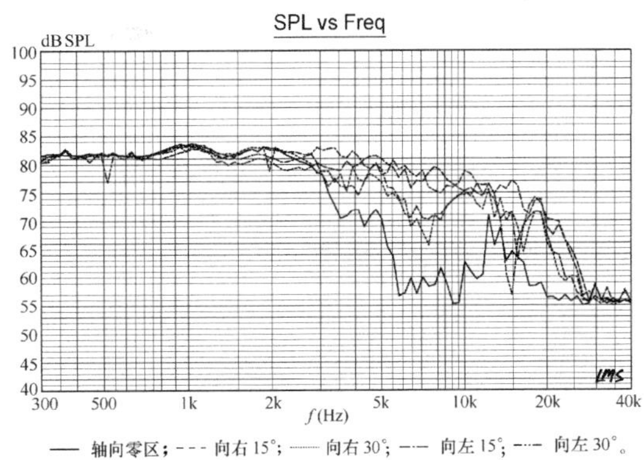

图 12.69 实测环绕箱轴向零区和左/右偏轴频率响应

图 12.72 对 2 个环绕声扬声器箱的频响曲线做了对比，两边扬声器单元都是经过严格配对的。值得注意的是这种偶极高频扬声器（偶极高频扬声器反相连接）的摆放方式，由于 2 个高频扬声器是相对安装的，所以每一个环绕声扬声器箱都有一个高频扬声器可以辐射到中前置扬声器箱，这个技术我们在第 10 章讨论过，如图 10.27 所示。最后图 12.73 所示为整个系统的阻抗图。

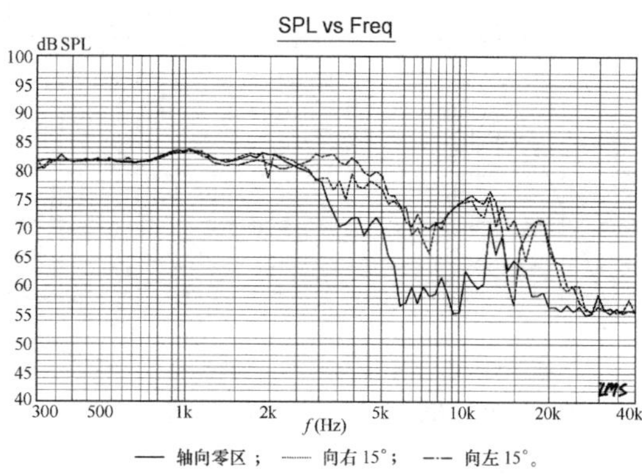

图 12.70　实测环绕箱轴向零区和左/右偏轴频率响应

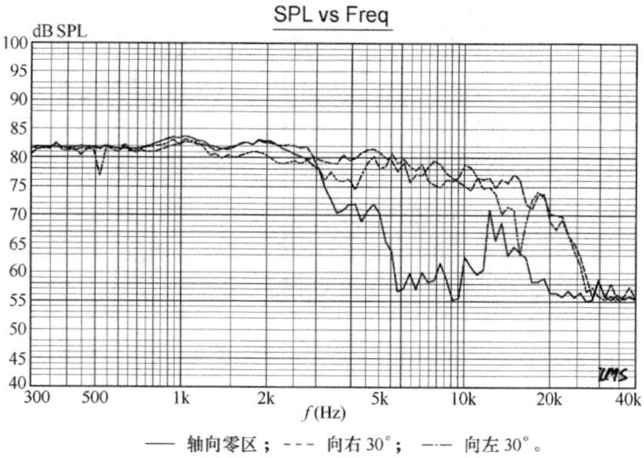

图 12.71　实测环绕箱轴向零区和左/右偏轴频率响应

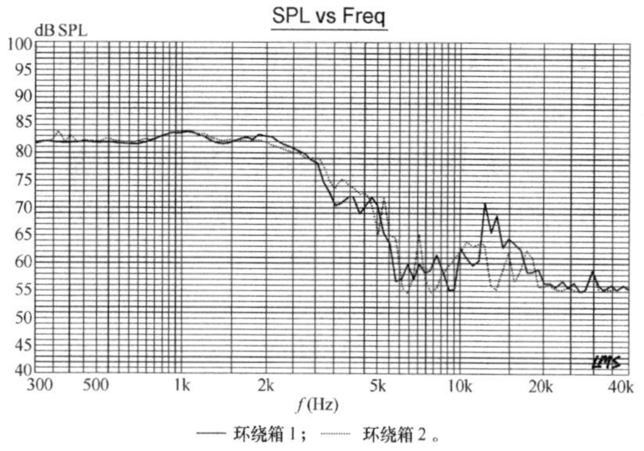

图 12.72　两个环绕箱轴向（零区）比较

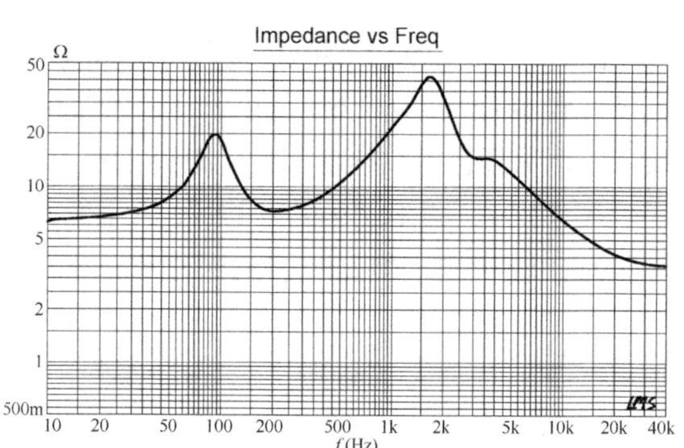

图 12.73　环绕箱系统阻抗

12.4.5　装配细节

和上述设计的扬声器箱一样，这个设计里的箱体、扬声器单元和分频器元件都是从 Parts Express 购买的，箱体的内部容积大概是 0.12 立方英尺，内部尺寸请看箱体布置图。箱体板材选用了 0.75 英寸的中密度板，内部填充百分之百的 R19 玻璃纤维（粉红色填充材料）。

从箱体图上可以看出各个扬声器单元的布置情况，分频器元件的排布非常常规（如图 12.74 所示）。电容选用的都是 PP 薄膜类型，电感为空芯电感，电阻为无感电阻。值得注意的是高通和低通部分，我是做在 2 块分频板上，安装时也分开安装，主要还是为了减小电感之间的干扰。

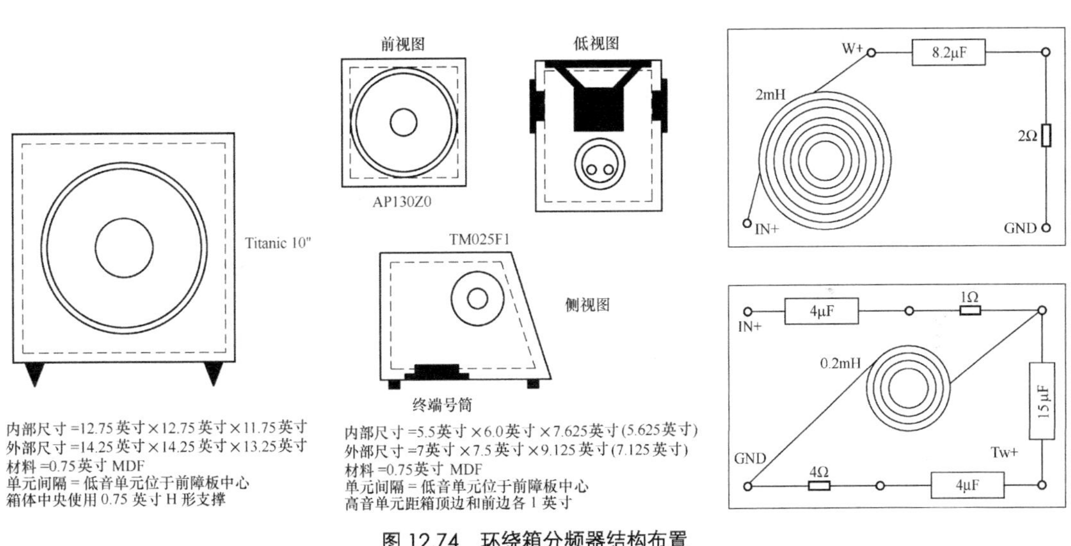

图 12.74 环绕箱分频器结构布置

12.5 有源超低频音箱设计

这一章的设计相当的简单和直接，找一个不错的低频扬声器单元——这里我们选用了 Parts Express Titanic 的 10 英寸扬声器单元——装到一个合适的箱子中，加一个驱动功放然后稍微提升一下低频段输出声压，然后我们就得到了一个很不错的家庭影院超低音音箱。

设计一个超低音音箱的过程比较简单（相对于环绕声和前中置音箱的设计），基本上只需要测试一下扬声器单元然后模拟一下就可以了。这里选用的 Titanic 扬声器单元是由一个业界有名的规模较小的扬声器单元厂 NCA 为 Parts Express OEM 的。

这个扬声器单元不但制造工艺非常好，产品的一致性也不错，结构非常坚固，采用了铸铁的盆架和内掺滑石粉的 PP 振膜和防尘罩，Apical 耐高温音圈骨架和热塑改性橡胶折环，驱动部分有一层高散热性涂层提高散热性能，背板也有通风孔和 5 路接线柱等。

12.5.1 扬声器单元模拟

我使用 LinearX 的 LMS 测试软件进行扬声器单元自由场和顺性、阻抗测量。这个完成以后，我使用 LinearX 的 VIbox 进行进一步的分析，将扬声器单元连接上一个功放，这可以分别进行电压和电流（导纳）测量，然后根据欧姆定律算出阻抗。

图 12.75 所示的是导入 LMS 以前的 VIbox 测量曲线，图 12.76 所示的是最终的自由场阻抗曲线。

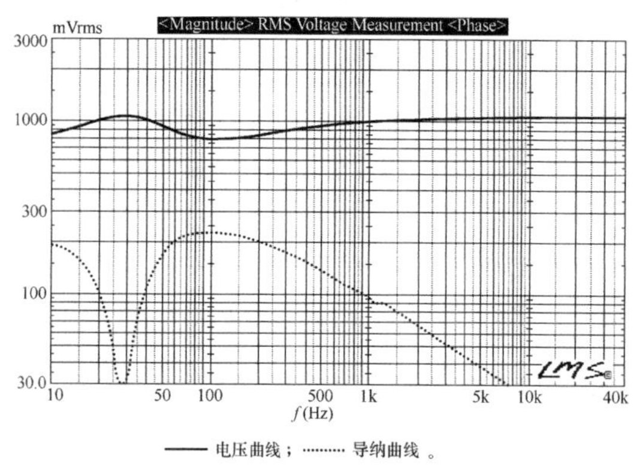

图 12.75　超低音箱阻抗电压和导纳曲线

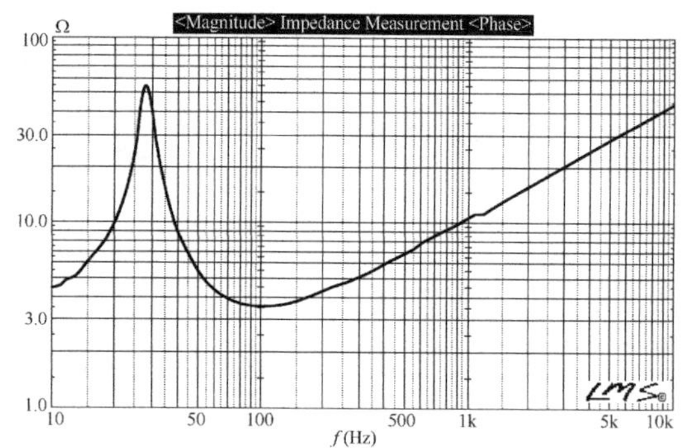

图 12.76　超低音箱自由场阻抗曲线

然后我将数据导入 LEAP，计算出 T/S 参数，见表 12.2。

在模拟过程中我们可以看出扬声器单元已经经过几天的老化。根据导入 LEAP 的数据，我模拟了一个 1.1 立方英尺的闭箱体，内部百分百填充 R19 粉红色玻璃纤维，模拟结果如图 12.77 所示（图 12.78 所示的是输入 2.83V 下的群迟延曲线，图 12.79 所示的是输入 27.5V 时的曲线），我们得到一个 f_3 为 44.2Hz，Q_{TC} 为 0.71 的模拟结果。

表 12.2　　参数表

TITANTIC 10 英寸　参数	
f_S	28.6Hz
R_{EVC}	3.1
Q_{MS}	8.29
Q_{ES}	0.50
Q_{TS}	0.47
V_{AS}	57 L
Bl	9.2 TM
灵敏度	89.9dB @ 2.83V
X_{MAX}	12mm

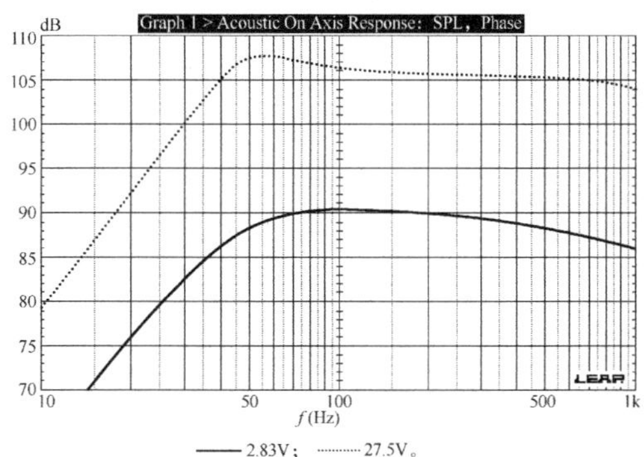

图 12.77　超低音箱体模拟

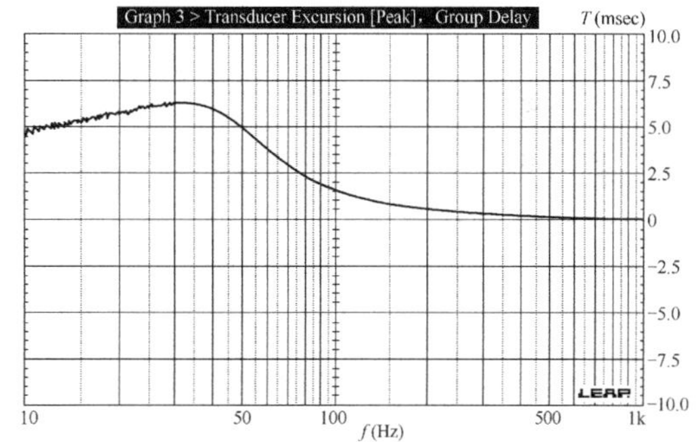

图 12.78　图 12.77 所示 2.83V 曲线的群迟延曲线

低频段的高通衰减将曲线相当的平滑而且阻尼适度。我模拟输入一个 27.5dB 的输入信号，振膜冲程将超过最大线性冲程 15%（这里是 13.8mm），声压输出将到达 107.8dB。这就意味着你可以使用它在 105dB 以上而不会听到失真。

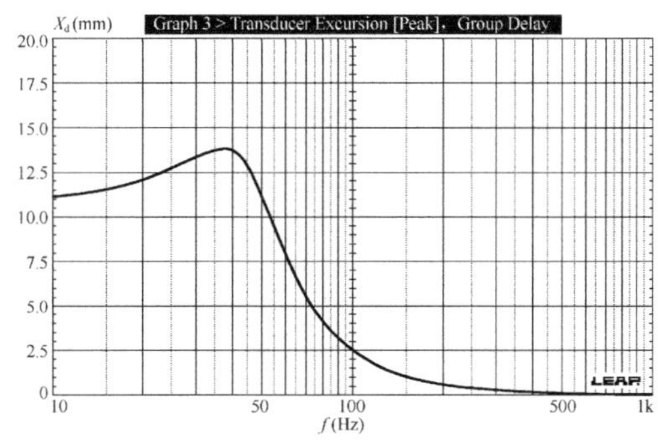

图 12.79　图 12.77 所示 27.5V 曲线的锥形振膜冲程曲线

12.5.2 成品

未接入功放的时候实测 f_3 在 46Hz，Q_{TC} 为 0.73，和 LEAP 的模拟结果很接近。然后我接入功放，进行在不同的截止频率下的近场测量（如图 12.80 所示）。这里使用的 Parts Express 的 250W 功放在 30Hz 处有一个 6dB 的提升，这就导致了低音延伸是一个功放和箱体组合的结果，延伸了不到（2/3）oct。图 12.81 所示的是在接入功放和不接入功放下的近场频响曲线对比。

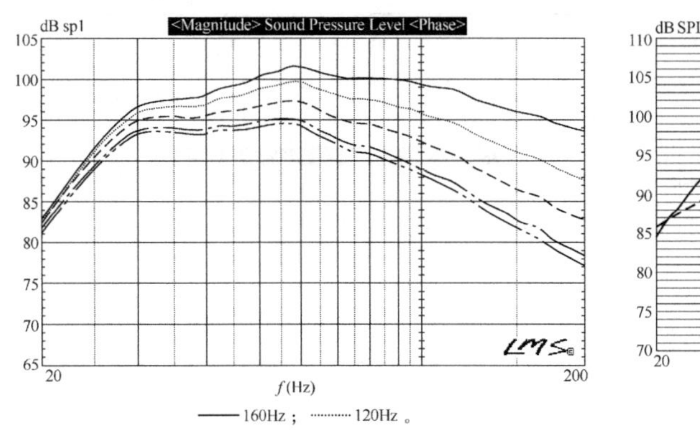

图 12.80 超低音箱采用不同低通设置的地平面测量

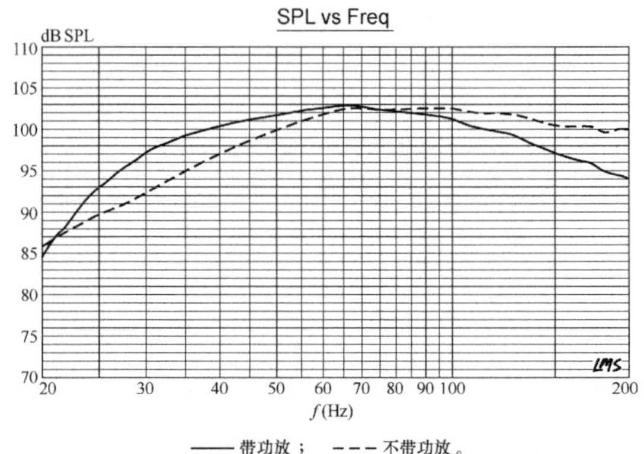

图 12.81 超低音频箱带和不带功放的近场响应比较

12.5.3 装配细节

如图 12.82 所示，箱体内部有一个加强筋，低频扬声器单元为沉孔安装，内部百分百填充 R19 玻璃纤维。

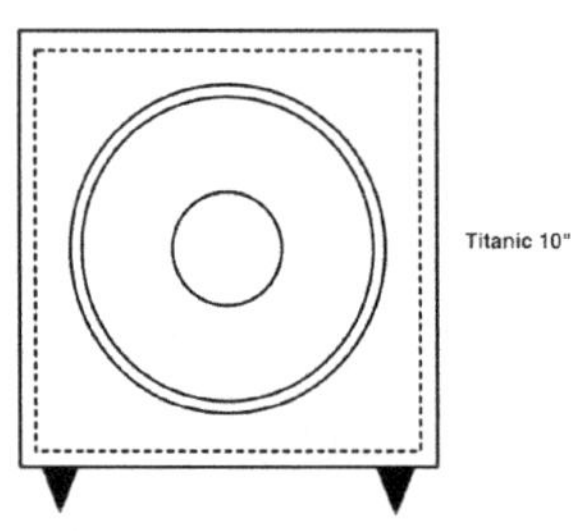

图 12.82 箱体示意图

12.6 LDC6 家庭影院扬声器系统的表现

我请到了我很好的朋友，同时也是我商业上的合作伙伴 Nancy Weiner 来共同评价这套系统的表现。Nancy 曾经和我一起在 Atlantic Technology 工作过（她做市场和营销主任），所以她对声音的鉴赏水平很高。经过我们很长时间的试听，我们认为这套系统表现很好，基本上市场上 2 000 美元或者以上的产品才会有同级的表现。

12.7 LDC6 监听音箱设计

这个设计是我的用心之作，由于目前我仍然在从事音乐作曲和演奏的工作（1965—1970 年间我在科罗拉多一个摇滚乐队担任职业乐手）。我现在录音室使用的是一对我自己设计的键盘演奏重放用的音箱，由于只有这一对扬声器箱，我也用它来做 CD 重放和混音使用。这是对很大的扬声器箱，配合我的 Kawai MP900 钢琴使用很不错，但是对于多轨录音设备来说就不大适合了。

我真正需要的是一对紧凑型的 2 路分音的高级音箱，可以有一定的声压输出而且保持相当中性的音色和声音细节，因为我是用来监听和混音使用的。我在以前也为一些厂家设计过类似的监听音箱，也获得不少正面的评价，比如《Electronic Musician（电声音乐家）》杂志。所以这次的设计也是水到渠成的事，这里我选择了 6.5 英寸的低频扬声器和 1 英寸的丝膜高频扬声器，具体型号是 SCAN SPEAK 的 18W/8545K00 低频扬声器和 SCAN SPEAK 的 D2905 高频扬声器单元。

12.7.1 低频扬声器单元

SCAN SPEAK 的 18W/8545K00 低频扬声器单元是一个非常耐用的扬声器单元。主要特性包括铸铁盆架、橡胶折环、纸质锥形振膜和防尘罩、42mm 的音圈和通风孔设计。我首先测试这个频扬声器单元在自由场和装箱以后的阻抗曲线（图 12.83 所示的是自由场阻抗曲线），然后把这些数据导入 LEAP，计算出扬声器单元的 T/S 参数见表 12.3。

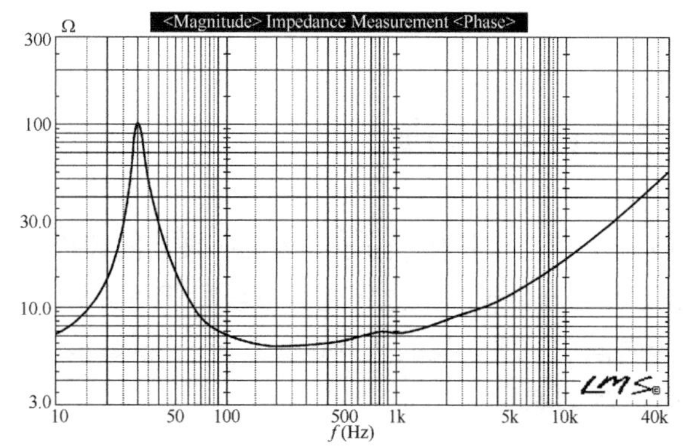

图 12.83　录音室监听箱低频扬声器单元自由场阻抗曲线

表 12.3　参数表

SCAN SPEAK 18W/8545K00	
f_S	31.3Hz
R_{EVC}	5.5
Q_{MS}	9.26
Q_{ES}	0.46
Q_{TS}	0.44
V_{AS}	36L（升）
Bl	6.8 TM
灵敏度	86.9dB @ 2.83V
X_{MAX}	6.5mm

通过 LEAP 的分析，我最后选择了一个 0.28 立方英尺的闭箱体，内部百分百填充 R19 玻璃纤维。这样会得到一个 f_3 在 54Hz 的低音下潜和 0.92 的箱体 Q_{tc}，这样可以为音色上带来一点暖色调并且降低一点在高声压时的冲程输出。图 12.84 所示的是分别输入 2.83V 和 15.5V 时的箱体模拟结果。图 12.85 所示的是 2.83V 信号输入下的群迟延曲线，而图 12.86 所示为输入 15.5V 时的冲程扩展情况。

接下来我想试验一下如果模拟一个较低的箱体 Q 值会不会有其他不一样的结果，所以我在 LEAP 中将 FGEF 系数（玻璃纤维等价系数）调高至 2.5，大概效果等同于 Owens-Corning 公司的 703 玻璃纤维的效果（R19 的 FGEF 系数为 1），然后再看一下模拟的结果。

图 12.87 所示对比了两种不同系数下的频响曲线，703 填充的箱体 f_3 较低，达到 49.6Hz，箱体 Q_{tc} 为 0.75，从图 12.88 所示的群迟延曲线图里也可以看到两者的不同。

但是两种情况下的冲程曲线（如图 12.89 所示）。在最大声压输出时并没有太大的区别（超过最大冲程的 15%时，这里是 7.5mm），但是经过我和 Nancy 的实际试听以后，觉得 703 填充的版本声音要清晰一点，但是整体的表现还是 R19 填充的版本要好一些。

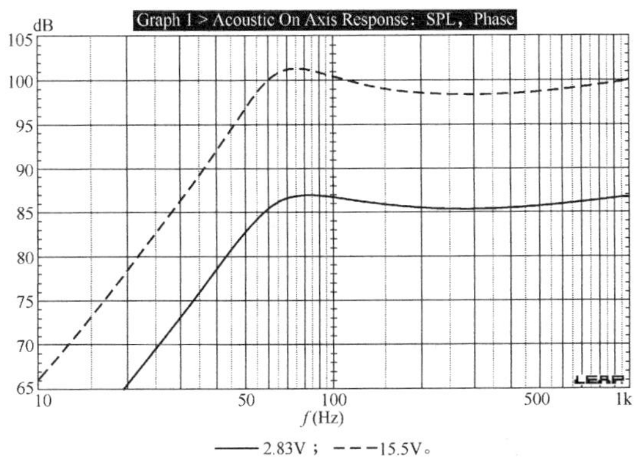

图 12.84 录音室监听箱低频扬声器单元箱体 Q_{TC} = 0.92 模拟

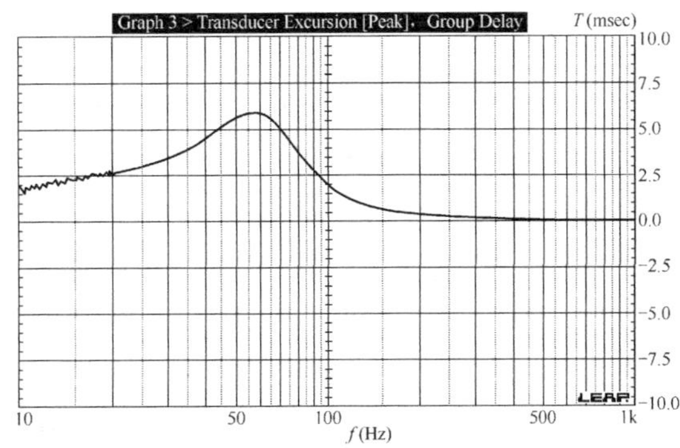

图 12.85 图 12.84 中 2.83V 曲线的群迟延曲线

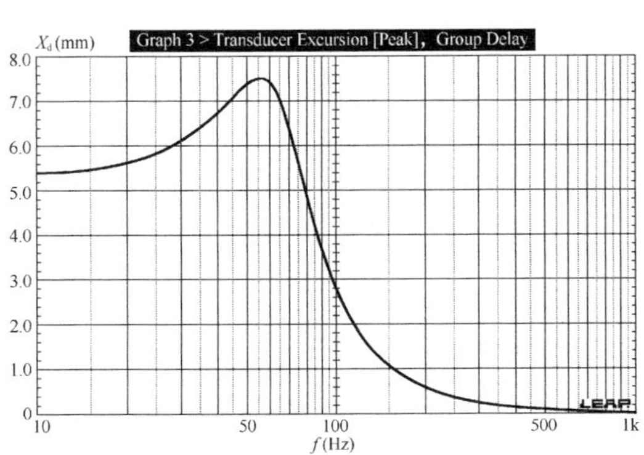

图 12.86 图 12.84 所示 15.5V 曲线的锥频形振膜冲程曲线

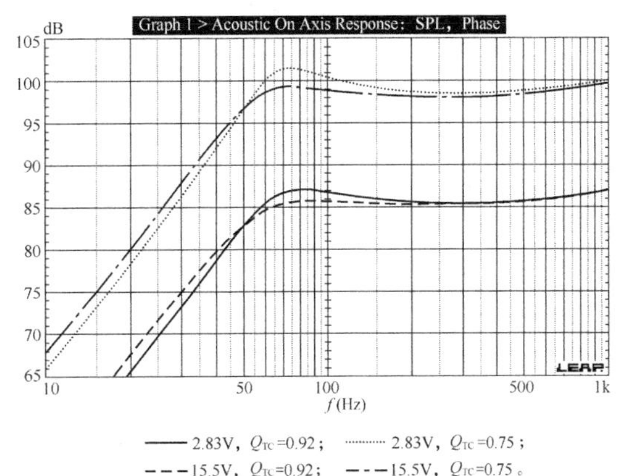

图 12.87 录音室监听箱低频扬声器单元不同 Q_{TC} 箱体模拟比较

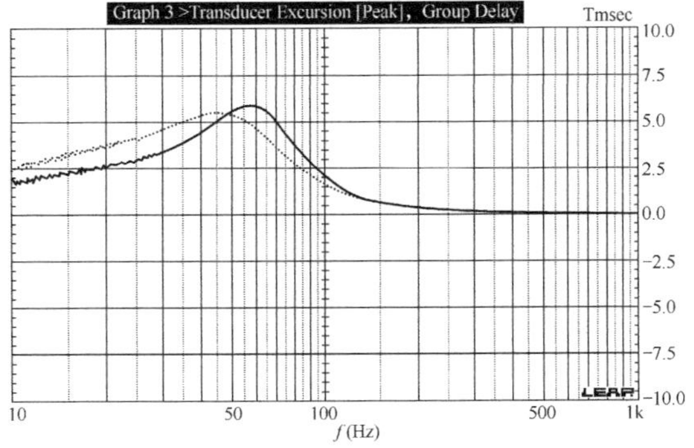

图 12.88 图 12.87 所示 2.83V 群迟延曲线比较

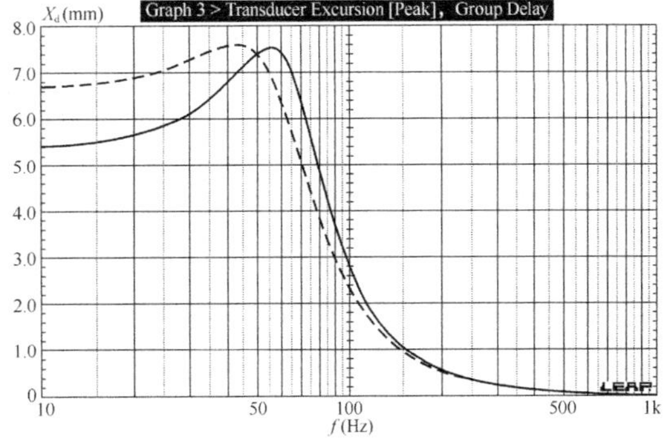

图 12.89 图 12.88 所示 15.5V 锥形振膜冲程曲线比较

接下来我把低频扬声器单元和高频扬声器单元都安装到箱体上，使用 LMS 软件进行轴向和离轴 30° 的频响曲线测量，输入信号 2.83V/1m，测量范围 300Hz～40kHz。低频扬声器单元的曲线并没有前面使用的 Audax 扬声器单元那么平滑（如图 12.90 所示），但是 2.8kHz 之前还算平坦，但是在这个频率以后，频率变化超过了 5dB，这就意味着很难平滑的和高音衰减结合。

如果你读过《Loudspeaker Recipes》这本书的简介，你会明白绝对平滑的频响曲线并不像大多数人想的那么重要，很多杰出的扬声器箱的频响曲线在某些频段都有不同程度的起伏。而某些频响曲线像尺子一样平直的扬声器听起来并没有那么好，简而言之，绝对平直的频响曲线并不能决定一个箱子的声音质量。

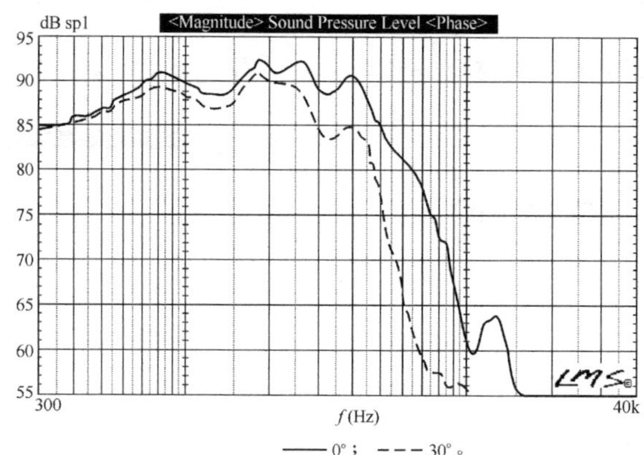

图 12.90 录音室监听箱低频扬声器单元轴向和偏轴频率响应

另外我测量了低频扬声器单元 20～500Hz 的频响曲线，和上面的曲线叠加，得到一个全频域的曲线如图 12.91 所示。下一步就是通过分频器调整高通和低通衰减曲线形状。这里采用的都是 12dB/oct 的衰减斜率，最后图 12.92 所示的是低频扬声器装箱的阻抗曲线。

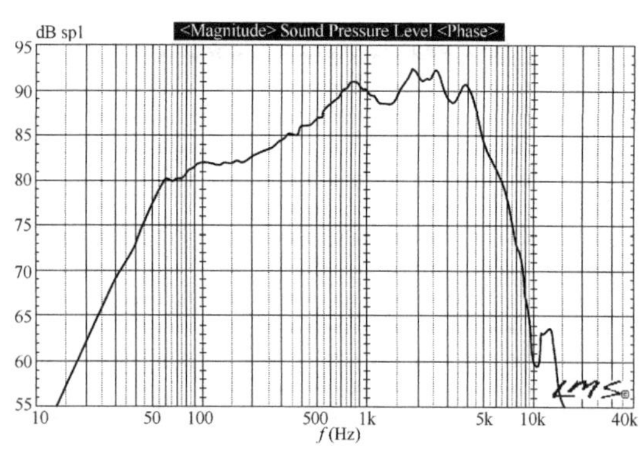

图 12.91 录音室监听箱低频扬声器单元全频域消声室频率响应

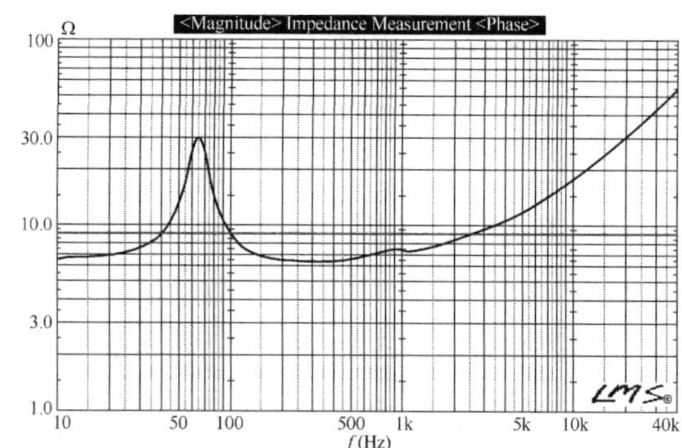

图 12.92 录音室监听箱低频扬声器单元装箱阻抗曲线

12.7.2 高频扬声器单元

SCAN SPEAK 的 D2905 高频扬声器是一款非常优秀的扬声器单元，很适合设计监听音箱使用。它的灵敏度高达 91dB，可惜低频扬声器单元无法和这么高的灵敏度匹配。这款高频扬声器的谐振频率很低，只有 500Hz，可以分在较低的频率。其他的特性包括 1 英寸振膜、28mm 音圈设计，在 12dB/oct、分频点 2.8kHz 时额定输出功率为 225W，另外一点是采用了大尺寸的浅号筒面板，可以加强低频段的能量输出，更适合采用较低的分频点，这也是我在这个设计里面计划的。

首先我测量了这款高频扬声器的轴向和偏轴 30° 的频响曲线，输入信号为 2.83V/1m。结果如图 12.93 所示，整体的曲线还是不错的，10kHz 以上有些小突起，但是并不严重，偏轴曲线在一寸高频扬声器单元里也算好的，最后图 12.94 所示的是其阻抗曲线。

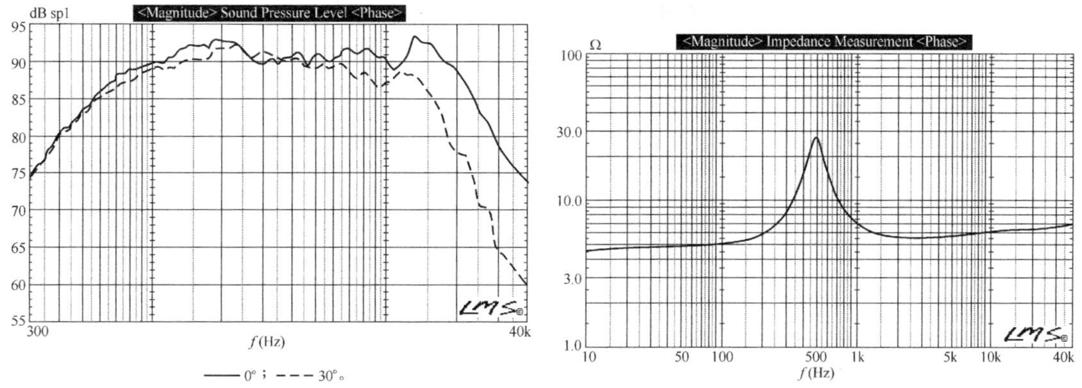

图 12.93 录音室监听箱高频扬声器单元轴向和偏轴频率响应

图 12.94 录音室监听箱高频扬声器单元阻抗曲线

12.7.3 分频器模拟

我将所有的频响曲线（如图 12.95 所示）和阻抗曲线导入 LEAP 程序。在开始模拟分频之前，我先做的是将扬声器单元位差造成的时延 95μs 导入 LEAP 的主动滤波器库内。这种电路结构为 2 阶低通、3 阶高通的 2 路分频格式常常是很好用的。期望曲线为 4 阶林柯维兹-瑞利曲线的设计更加适用。根据前面的经验，我们知道由于这个位差时延的存在，低通的滚降要设计得平缓一点才能合成出平坦的合成曲线。

大部分的高级音箱设计者为了追求开放和多细节的声音表现，都喜欢尽量将分频点取得低于 2kHz，甚至更低一点，但是这样带来的问题是很多高频扬声器都无法承受这么低的分频点，即使是采用高阶的分频方案也很难实现。但是我们这里选用的 D2905 扬声器单元因为其较低的谐振频率，完全可以取得较低的分频点。

然后我们优化分频器使分频点到 2kHz，然后合成一个平坦的整体频响，如图 12.96 所示，图 12.97 所示的是网络传输函数，图 12.98 所示的是阻抗曲线。图 12.99 所示为分频器的原理图。值得注意的是低通的电感为 3mH。这里就存在一个电感类型的选择问题，一般我在这种档次的设计里都会选用 16 号线规的空芯电感，但是这里实在没有这么大的安装空间了。

如果我是生产商的话，我也许会选择在音箱背面加一块夹板，然后分频器外置，这样我就可以装下那些大尺寸的空芯电感了（实际上在专业扬声器箱市场，这些音箱最后都会使用电子分频）。但是在这里我为了不牺牲箱体的内部空间，只能妥协选用铁芯电感，其他的电容我选用了 Solen，电阻采用无感类型，都是可以从 Part Express 采购的。

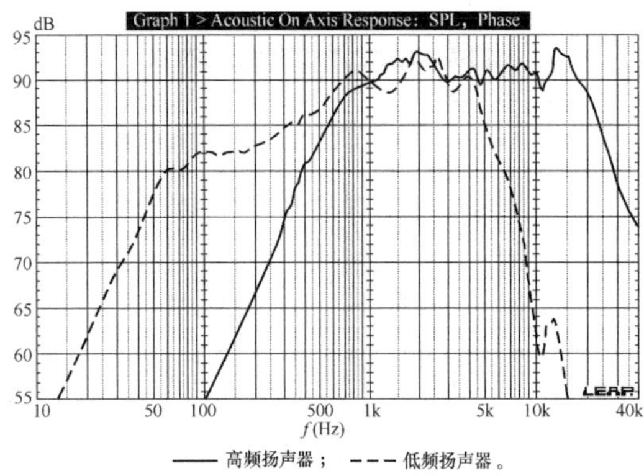

图 12.95 录音室监听箱无分频轴向计算机模拟

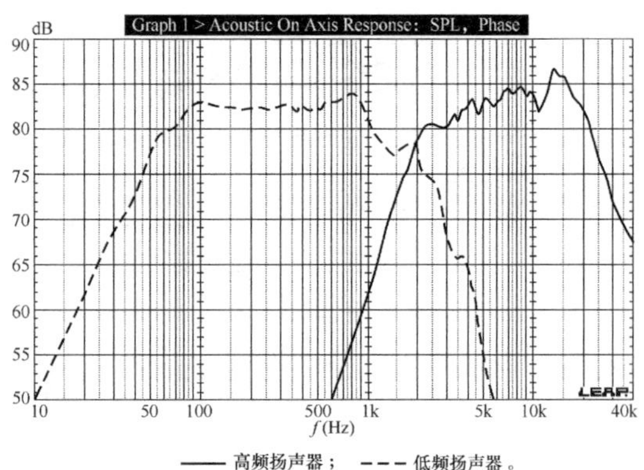

图 12.96 录音室监听箱带分频轴向计算机模拟

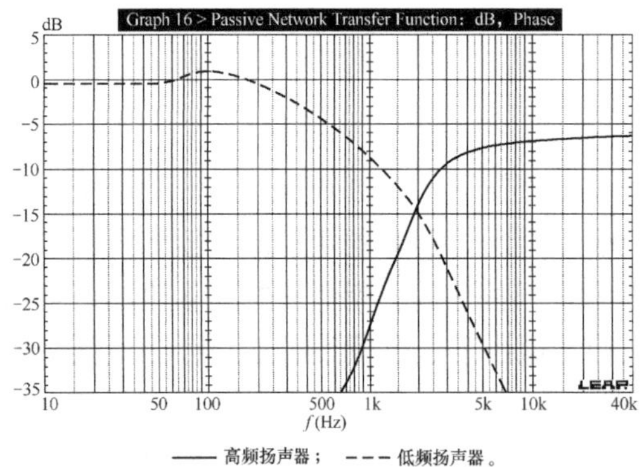

图 12.97 图 12.96 所示模拟网络的传输函数

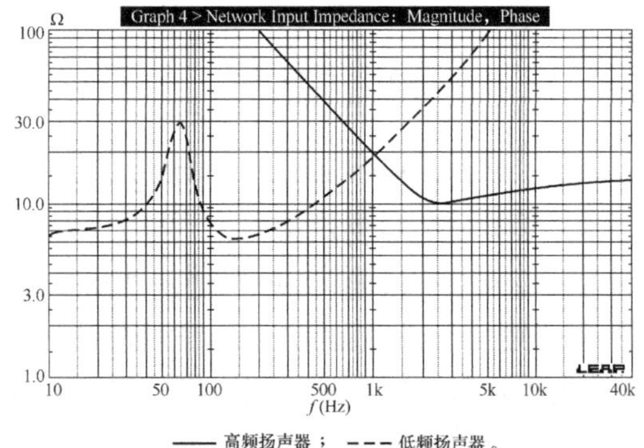

图 12.98 图 12.96 所示模拟网络的阻抗曲线

图 12.100 所示的是合成的轴向频响曲线图，整体来说不算太平直，但是 100Hz～10kHz 区间可以达到±2.15dB。图 12.101 所示为高频扬声器反接时的模拟情况，可以看出分频点的谷还是比较深的，显示了分频点的相位是对准的，最后图 12.102 所示的是整体的阻抗曲线图。

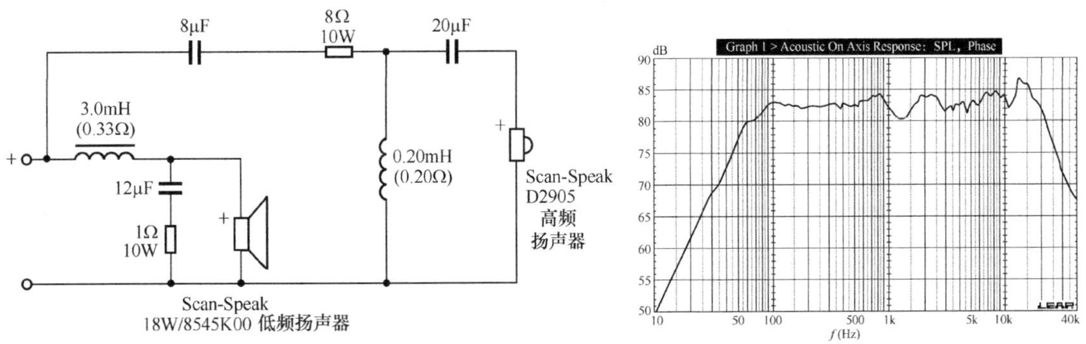

图 12.99 录音室监听箱分频电路图

图 12.100 录音室监听箱轴向全频域消声室频率响应

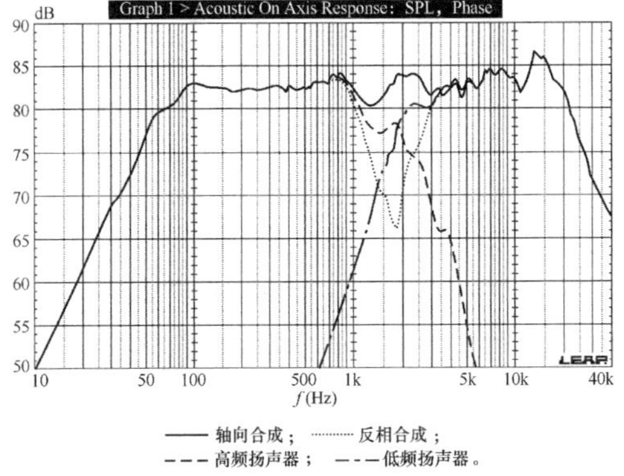

图 12.101 录音室监听箱轴向合成，低频扬声器，高频扬声器和反相合成

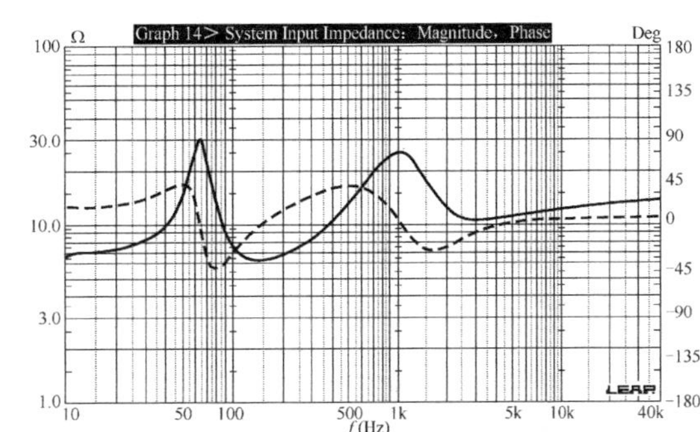

图 12.102 录音室监听箱模拟的系统阻抗曲线

12.7.4 成品

图 12.103 所示的是实测的轴向频响曲线，可以看出起伏在±2.5dB 左右，和模拟的情况有 0.35dB 的误差，这种情况在 LEAP/LMS 设计中是很典型的。

图 12.104 所示的是实测的水平偏轴 30° 的频响曲线，可以看出比较接近于轴向实测曲线，图 12.105 所示的是偏轴 60° 的实测曲线，我们可以看出这套音箱的功率响应曲线也比较平坦，这一点对高级音箱来说是很重要的。然后再看垂直偏轴 15° 和 30° 的实测频响曲线，如图 12.106 所示，曲线相当平均，表明指向性不均匀性也很小。

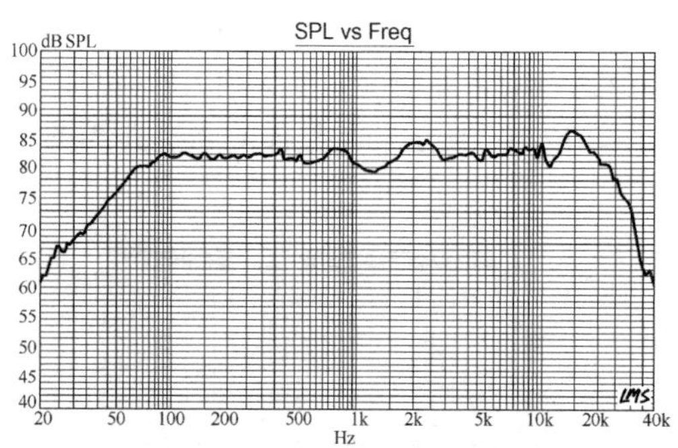

图 12.103　实测录音室监听箱轴向频率响应

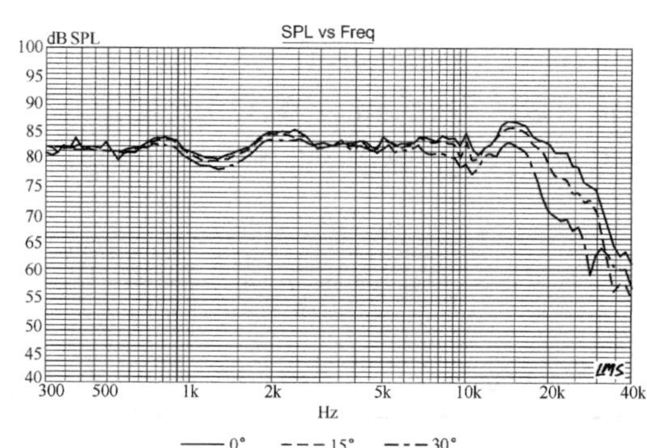

图 12.104　实测录音室监听箱水平轴向和偏轴频率响应

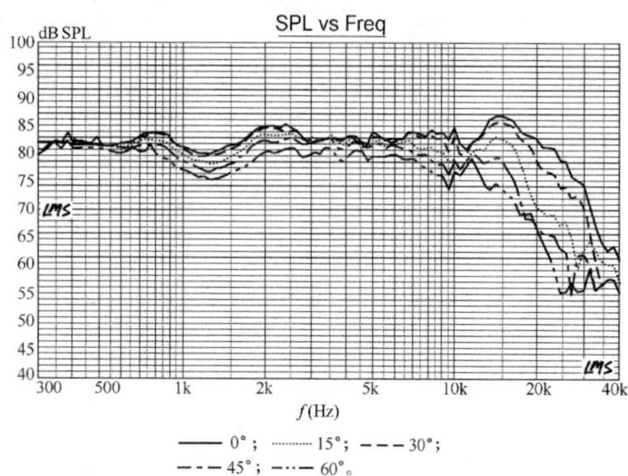

图 12.105　实测录音室监听箱水平轴向至偏轴 60°频率响应

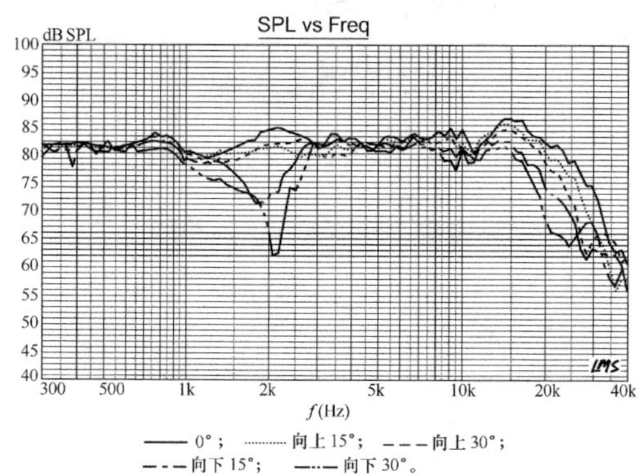

图 12.106　实测录音室监听箱垂直轴向和偏轴频率响应

然后图 12.107 所示的是左、右声道音箱的频响曲线对比，可以看出配对情况不错，偏差只有 0.5dB。最后图 12.108 所示的是整体的阻抗曲线图（内部填充 R19 玻璃纤维），而图 12.109 所示的是填充两种不同玻璃纤维所带来的阻抗曲线的不同对比。

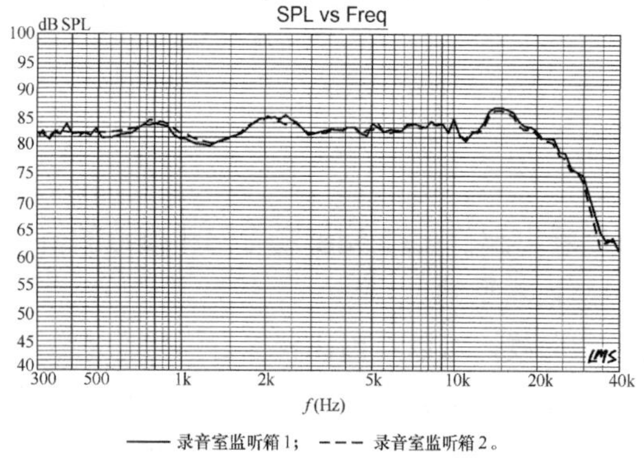

图 12.107　两个录音室监听箱成品比较

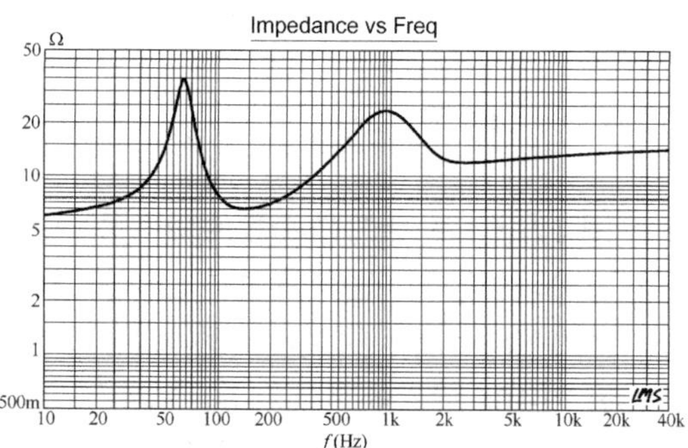

图 12.108　录音室监听箱实测的系统阻抗曲线

12.7.5 装配细节

所有的部件，包括箱体、扬声器单元和分频器元件都是来自于波特兰音频实验室，电子邮件为 dbnelson@teleport.com，箱体的内部净容积大概为 0.28 立方英尺，内部尺寸大概为 12.5 英寸 × 6.5 英寸 × 7.125 英寸，前面板采用 1.125 英寸的中密度板，其他采用了 0.75 英寸的中密度板，内部百分百填充 R19 玻璃纤维。

通过箱体的布置图，你可以看到扬声器单元基本都布置在面板的中线位置，而且尽量靠近安装，分频元件的布置图（如图 12.110 所示）也很典型，由于箱体内部有加强筋设计，所以高、低通分频器要分开安装，我把高通分频器装在顶部，然后低通部分的分频器装在箱体内部底板，这样可防止电感之间互相串扰。

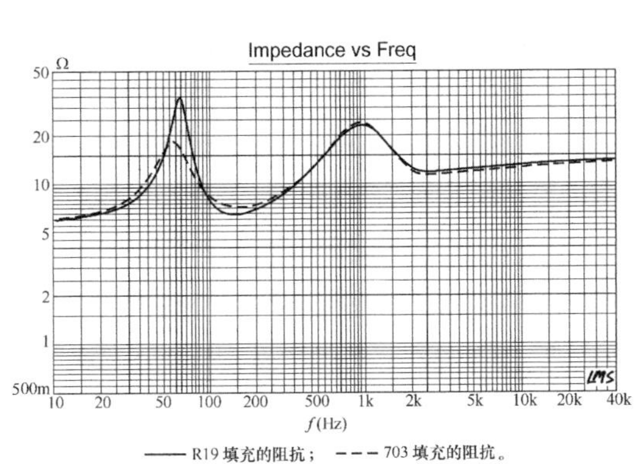

图 12.109 不同箱体 Q_{TC} 的系统阻抗比较

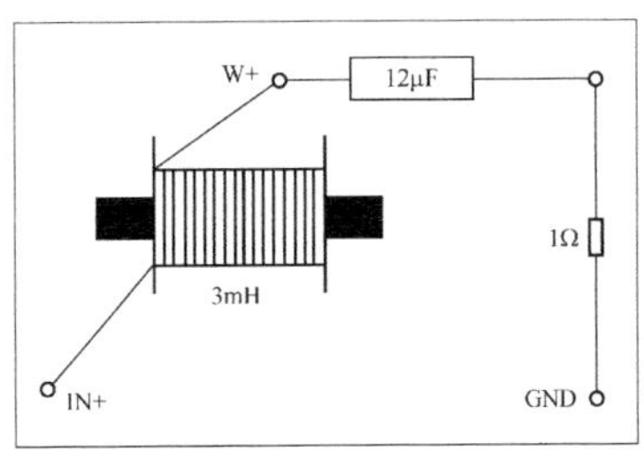

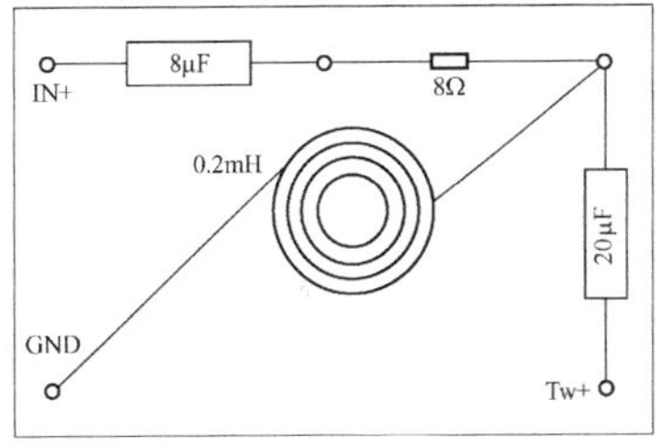

图 12.110 录音室监听箱分频器结构布置

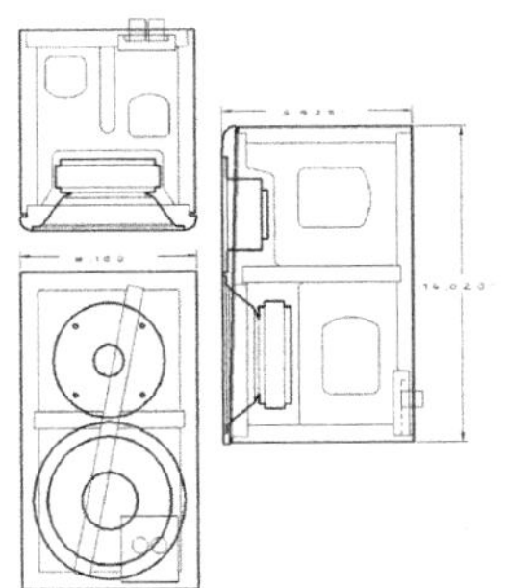

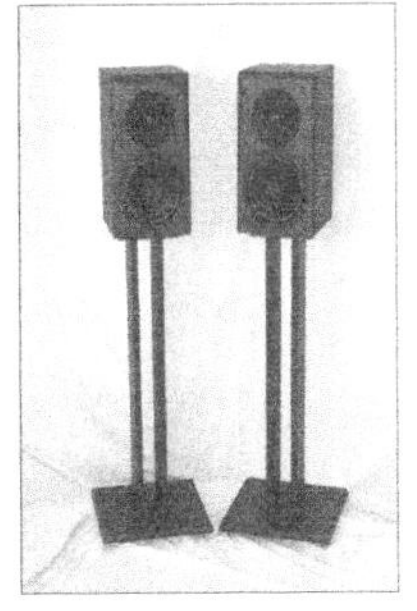

图 12.111 箱体结构示意图及实物照片

12.8 LDC6 监听扬声器箱的主观性能

我曾经请 Nancy 评价过内部填充两种不同吸音棉时候的 LDC6 音箱的声音表现，不单是低频段的表现，还有中、高音的清晰度也要进行考量。经过试听以后我们觉得 R19 版本，Q_{tc} 为 0.92 时的声音更加全面，而 703 版本的清晰度会高一些，更加适合加一个超低音系统来听，最后我们一致认为这套音箱在音场表现、清晰度、细节和整体音乐感上都表现突出，很适合做录音室监听使用。

后　记

在本书第 7 版的最后，我还有几句话想要强调。首先我对那些常年阅读《Voice Coil》杂志的读者致以真诚的感谢。这本杂志是我最近 28 年工作中的重要部分。

在 1995 年 6 月，当时我刚刚完成本书的第 5 版，美国声频工程协会（Audio Engineering Society）为了表彰我对声频教育及声频工业，尤其是扬声器测量、系统及元部件的教育传播方面的长期贡献，颁给了我一个奖状。如果没有广大读者对这个领域的知识如此的渴求，这个奖项就完全不会存在，所以借此机会我要感谢那些读者让我有幸可以从事这个有着如此丰厚回报的职业。

最后，关于我——本书的作者——我还想再次澄清一个可能存在的误会，本书的作者并不单单是一个只懂得分析仪器、数学和物理学，认为所有的答案都是客观存在的事实，并且从不懂得欣赏音乐的死板工程师而已。事实上，我不但喜欢以一种平民的方式欣赏音乐，我甚至自己会写音乐作品！

Vance Dickason
2005.10

AUDIO ENGINEERING SOCIETY, INC

presents this

Citation

To

Vance Dickason

FOR contributions to audio education and the industry, through the dissemination of information related to loudspeaker measurements, systems and components.

By action of the

BOARD OF GOVERNORS

October 6, 1995

附录　常用计量单位的转换

长度

1 英寸（in）= 2.54 厘米（cm）

1 码（yd）= 3 英尺（ft）= 36 英寸

1 英里（mile）= 5 280 英尺（ft）= 1.609 千米（km）

1 海里（n mile）= 1.151 6 英里（mile）

= 1.852 千米（km）

面积

1 平方公里（km^2）= 100 公顷（ha）= 247.1 英亩（acre）= 0.386 平方英里（$mile^2$）

1 平方米（m^2）= 10.764 平方英尺（ft^2）

1 平方英寸（in^2）= 6.452 平方厘米（cm^2）

1 公顷（ha）= 10 000 平方米（m^2）

= 2.471 英亩（acre）

1 英亩（acre）= 0.404 7 公顷（ha）= 4.047×10^{-3} 平方公里（km^2）= 4 047 平方米（m^2）

体积

1 美品脱（pt）= 0.473 升（1）

1 美夸脱（qt）= 0.946 升（1）

1 美加仑（gal）= 3.785 升（1）

1 桶（bbl）= 0.159 立方米（m^3）= 42 美加仑（gal）

1 英亩·英尺 = 1 234 立方米（m^3）

1 立方英寸（in^3）= 16.387 1 立方厘米（cm^3）

1 英加仑（gal）= 4.546 升（1）

1 立方英尺（ft^3）= 0.028 3 立方米（m^3）

= 28.317 升（liter）

1 立方米（m^3）= 1 000 升（liter）
= 35.315 立方英尺（ft^3）
= 6.29 桶（bbl）

质量

1 磅（lb）= 0.454 千克（kg）
1 盎司（oz）= 28.350 克（g）
1 吨（t）= 1 000 千克（kg）= 2 205 磅（lb）

力

1 牛顿（N）= 0.225 磅力（lbf）= 0.102 千克力（kgf）
1 达因（dyn）= 10^{-5} 牛顿（N）

密度

1 磅/立方英尺（lb/ft^3）= 16.02 千克/米 ^{3}（kg/m^3）
1 磅/英加仑（lb/gal）= 99.776 千克/米 ^{3}（kg/m^3）
1 磅/立方英寸（lb/in^3）= 27 679.9 千克/米 ^{3}（kg/m^3）
1 磅/美加仑（lb/gal）= 119.826 千克/米 ^{3}（kg/m^3）
1 磅/（石油）桶（lb/bbl）= 2.853 千克/米 ^{3}（kg/m^3）

温度

K = 5/9（℉ + 459.67）
K = ℃ + 273.15
n℃ = (5/9·n + 32)℉
n℉ = [(n－32) × 5/9] ℃
1℉ = 5/9℃（温度差）

压力

1 巴（bar）= 105 帕（Pa）
1 毫米汞柱（mmHg）= 133.322 帕（Pa）
1 毫米水柱（mmH_2O）= 9.806 65 帕（Pa）
1 工程大气压 = 98.066 5 千帕（kPa）
1 千帕（kPa）= 0.145 磅力/平方英寸（psi）
= 0.010 2 千克力/厘米 ^{2}（kgf/cm^2）
= 0.009 8 大气压（atm）
1 物理大气压（atm）= 101.325 千帕（kPa）
= 14.696 磅/英寸 ^{2}（psi）
= 1.033 3 巴（bar）

比热

1 千卡/（千克·℃）［kcal/(kg·℃)］

= 1 英热单位/（磅·℉）［Btu/(lb·℉)］

= 4 186.8 焦耳/（千克·开尔文）［J/(kg·K)］

热功

1 卡（cal）= 4.186 8 焦耳（J）

1 大卡 = 4 186.75 焦耳（J）

1 千克力米（kgf℃·m）= 9.806 65 焦耳（J）

1 英热单位（Btu）= 1 055.06 焦耳（J）

1 千瓦小时（kW·h）= 3.6 × 106 焦耳（J）

1 英尺磅力（ft·lbf）= 1.355 82 焦耳（J）

1 米制马力小时（hp·h）= 2.647 79 × 10^6 焦耳（J）

1 英马力小时（UKhp·h）= 2.684 52 × 10^6 焦耳（J）

1 焦耳 = 0.102 04 千克·米

= 2.778 × 10^{-7} 千瓦·小时

= 3.777 × 10^{-7} 公制马力/小时

= 3.723 × 10^{-7} 英制马力/小时

= 2.389 × 10^{-4} 千卡

= 9.48 × 10^{-4} 英热单位

功率

1 英热单位/小时（Btu/h）= 0.293 071 瓦（W）

1 千克力·米/秒（kgf·m/s）= 9.806 65 瓦（W）

1 卡/秒（cal/s）= 4.186 8 瓦（W）

1 米制马力（hp）= 735.499 瓦（W）

速度

1 英里/小时（mile/h）= 0.447 04 米/秒（m/s）

1 英尺/秒（ft/s）= 0.304 8 米/秒（m/s）

油气产量

1 桶（bbl）= 0.14 吨（t）（原油，全球平均）

1 吨（t）= 7.3 桶（bbl）(原油，全球平均)